《机械设计手册》（第六版）单行本卷目

●常用设计资料	第1篇　一般设计资料
●机械制图·精度设计	第2篇　机械制图、极限与配合、形状和位置公差及表面结构
●常用机械工程材料	第3篇　常用机械工程材料
●机构·结构设计	第4篇　机构 第5篇　机械产品结构设计
●连接与紧固	第6篇　连接与紧固
●轴及其连接	第7篇　轴及其连接
●轴承	第8篇　轴承
●起重运输件·五金件	第9篇　起重运输机械零部件 第10篇　操作件、五金件及管件
●润滑与密封	第11篇　润滑与密封
●弹簧	第12篇　弹簧
●机械传动	第14篇　带、链传动 第15篇　齿轮传动
●减（变）速器·电机与电器	第17篇　减速器、变速器 第18篇　常用电机、电器及电动（液）推杆与升降机
●机械振动·机架设计	第19篇　机械振动的控制及应用 第20篇　机架设计
●液压传动	第21篇　液压传动
●液压控制	第22篇　液压控制
●气压传动	第23篇　气压传动

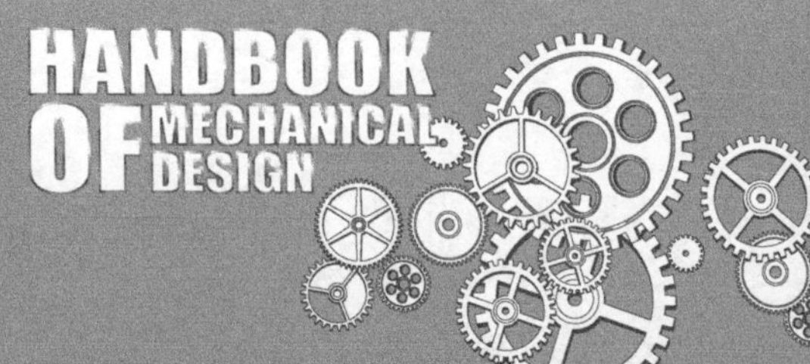

机械设计手册

第六版

单行本

连接与紧固

主编单位　中国有色工程设计研究总院
主　　编　成大先
副 主 编　王德夫　姬奎生　韩学铨
　　　　　姜　勇　李长顺　王雄耀
　　　　　虞培清　成　杰　谢京耀

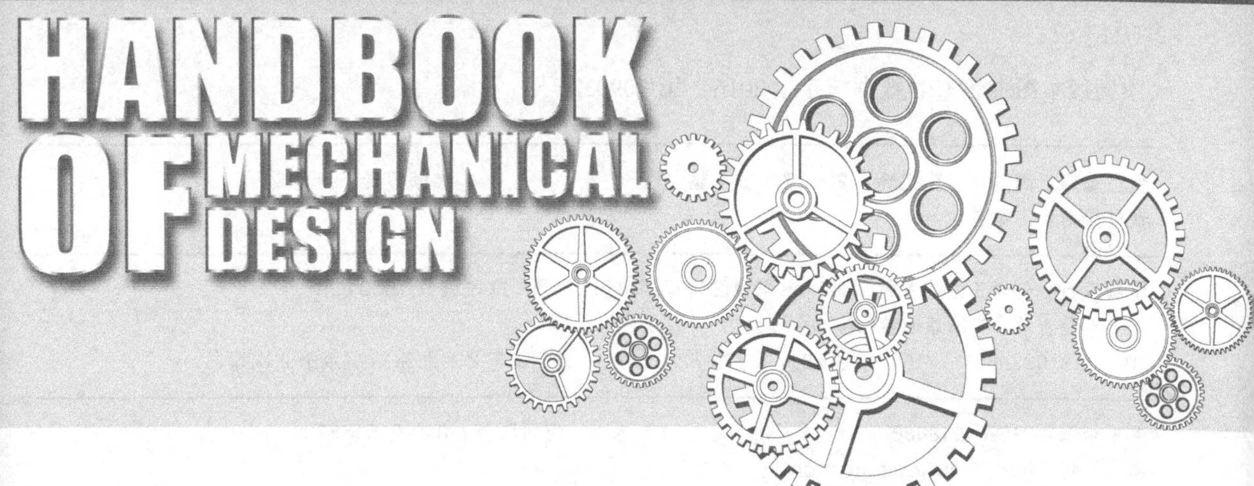

化学工业出版社
·北京·

《机械设计手册》第六版单行本共16分册，涵盖了机械常规设计的所有内容。各分册分别为《常用设计资料》《机械制图·精度设计》《常用机械工程材料》《机构·结构设计》《连接与紧固》《轴及其连接》《轴承》《起重运输件·五金件》《润滑与密封》《弹簧》《机械传动》《减（变）速器·电机与电器》《机械振动·机架设计》《液压传动》《液压控制》《气压传动》。

本书为《连接与紧固》。内容包括螺纹及螺纹连接，铆钉连接，销、键和花键连接，过盈连接，胀紧连接和型面连接，锚固连接，粘接。主要介绍连接和紧固（件）的类型、特点、强度计算、选用，以及常用标准连接与紧固件的规格、特点、尺寸、性能参数等。

本书可作为机械设计人员和有关工程技术人员的工具书，也可供高等院校有关专业师生参考使用。

图书在版编目（CIP）数据

机械设计手册：单行本．连接与紧固/成大先主编．
6版．—北京：化学工业出版社，2017.1（2019.2重印）
ISBN 978-7-122-28704-5

Ⅰ．①机…　Ⅱ．①成…　Ⅲ．①机械设计-技术手册
②联接件-技术手册③紧固件-技术手册　Ⅳ．①TH122-62
②TH13-62

中国版本图书馆CIP数据核字（2016）第309038号

责任编辑：周国庆　张兴辉　贾　娜　曾　越　　装帧设计：尹琳琳
责任校对：王素芹

出版发行：化学工业出版社（北京市东城区青年湖南街13号　邮政编码100011）
印　　装：北京七彩京通数码快印有限公司
787mm×1092mm　1/16　印张23¼　字数824千字　　2019年2月北京第1版第2次印刷

购书咨询：010-64518888　　售后服务：010-64518899
网　　址：http://www.cip.com.cn
凡购买本书，如有缺损质量问题，本社销售中心负责调换。

定　　价：66.00元

撰稿人员

成大先　中国有色工程设计研究总院
王德夫　中国有色工程设计研究总院
刘世参　《中国表面工程》杂志、装甲兵工程学院
姬奎生　中国有色工程设计研究总院
韩学铨　北京石油化工工程公司
余梦生　北京科技大学
高淑之　北京化工大学
柯蕊珍　中国有色工程设计研究总院
杨　青　西北农林科技大学
刘志杰　西北农林科技大学
王欣玲　机械科学研究院
陶兆荣　中国有色工程设计研究总院
孙东辉　中国有色工程设计研究总院
李福君　中国有色工程设计研究总院
阮忠唐　西安理工大学
熊绮华　西安理工大学
雷淑存　西安理工大学
田惠民　西安理工大学
殷鸿樑　上海工业大学
齐维浩　西安理工大学
曹惟庆　西安理工大学
吴宗泽　清华大学
关天池　中国有色工程设计研究总院
房庆久　中国有色工程设计研究总院
李建平　北京航空航天大学
李安民　机械科学研究院
李维荣　机械科学研究院
丁宝平　机械科学研究院
梁全贵　中国有色工程设计研究总院
王淑兰　中国有色工程设计研究总院
林基明　中国有色工程设计研究总院
王孝先　中国有色工程设计研究总院
童祖楹　上海交通大学
刘清廉　中国有色工程设计研究总院
许文元　天津工程机械研究所
孙永旭　北京古德机电技术研究所
丘大谋　西安交通大学
诸文俊　西安交通大学
徐　华　西安交通大学
谢振宇　南京航空航天大学
陈应斗　中国有色工程设计研究总院
张奇芳　沈阳铝镁设计研究院
安　剑　大连华锐重工集团股份有限公司
迟国东　大连华锐重工集团股份有限公司
杨明亮　太原科技大学
邹舜卿　中国有色工程设计研究总院
邓述慈　西安理工大学
周凤香　中国有色工程设计研究总院
朴树寰　中国有色工程设计研究总院
杜子英　中国有色工程设计研究总院
汪德涛　广州机床研究所
朱　炎　中国航宇救生装置公司
王鸿翔　中国有色工程设计研究总院
郭　永　山西省自动化研究所
厉海祥　武汉理工大学
欧阳志喜　宁波双林汽车部件股份有限公司
段慧文　中国有色工程设计研究总院
姜　勇　中国有色工程设计研究总院
徐永年　郑州机械研究所
梁桂明　河南科技大学
张光辉　重庆大学
罗文军　重庆大学
沙树明　中国有色工程设计研究总院
谢佩娟　太原理工大学
余　铭　无锡市万向联轴器有限公司
陈祖元　广东工业大学
陈仕贤　北京航空航天大学
郑自求　四川理工学院
贺元成　泸州职业技术学院
季泉生　济南钢铁集团

方　正　中国重型机械研究院
马敬勋　济南钢铁集团
冯彦宾　四川理工学院
袁　林　四川理工学院
孙夏明　北方工业大学
黄吉平　宁波市镇海减变速机制造有限公司
陈宗源　中冶集团重庆钢铁设计研究院
张　翌　北京太富力传动机器有限责任公司
陈　涛　大连华锐重工集团股份有限公司
于天龙　大连华锐重工集团股份有限公司
李志雄　大连华锐重工集团股份有限公司
刘　军　大连华锐重工集团股份有限公司
蔡学熙　连云港化工矿山设计研究院
姚光义　连云港化工矿山设计研究院
沈益新　连云港化工矿山设计研究院
钱亦清　连云港化工矿山设计研究院
于　琴　连云港化工矿山设计研究院
蔡学坚　邢台地区经济委员会
虞培清　浙江长城减速机有限公司
项建忠　浙江通力减速机有限公司
阮劲松　宝鸡市广环机床责任有限公司
纪盛青　东北大学
黄效国　北京科技大学
陈新华　北京科技大学
李长顺　中国有色工程设计研究总院
申连生　中冶迈克液压有限责任公司
刘秀利　中国有色工程设计研究总院
宋天民　北京钢铁设计研究总院
周　堉　中冶京城工程技术有限公司
崔桂芝　北方工业大学
佟　新　中国有色工程设计研究总院
禤有雄　天津大学
林少芬　集美大学
卢长耿　厦门海德科液压机械设备有限公司
容同生　厦门海德科液压机械设备有限公司
张　伟　厦门海德科液压机械设备有限公司
吴根茂　浙江大学
魏建华　浙江大学
吴晓雷　浙江大学
钟荣龙　厦门厦顺铝箔有限公司
黄　畲　北京科技大学
王雄耀　费斯托（FESTO）（中国）有限公司
彭光正　北京理工大学
张百海　北京理工大学
王　涛　北京理工大学
陈金兵　北京理工大学
包　钢　哈尔滨工业大学
蒋友谅　北京理工大学
史习先　中国有色工程设计研究总院

审稿人员

刘世参　成大先　王德夫　郭可谦　汪德涛　方　正　朱　炎　李钊刚
姜　勇　陈谌闻　饶振纲　季泉生　洪允楣　王　正　詹茂盛　姬奎生
张红兵　卢长耿　郭长生　徐文灿

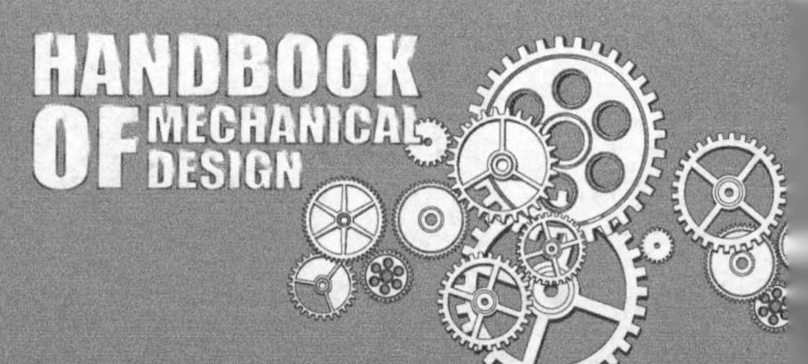

《机械设计手册》（第六版）单行本

出版说明

重点科技图书《机械设计手册》自1969年出版发行以来，已经修订至第六版，累计销售量超过130万套，成为新中国成立以来，在国内影响力最大的机械设计工具书，多次获得国家和省部级奖励。

《机械设计手册》以其技术性和实用性强、标准和数据可靠、便于使用和查询等特点，赢得了广大机械设计工作者和工程技术人员的首肯和好评。自出版以来，收到读者来信数千封。广大读者在对《机械设计手册》给予充分肯定的同时，也指出了《机械设计手册》装帧太厚、太重，不便携带和翻阅，希望出版篇幅小些的单行本，诸多读者建议将《机械设计手册》以篇为单位改编为多卷本。

根据广大读者的反映和建议，化学工业出版社组织编辑人员深入设计科研院所、大中专院校、制造企业和有一定影响的新华书店进行调研，广泛征求和听取各方面的意见，在与主编单位协商一致的基础上，于2004年以《机械设计手册》第四版为基础，编辑出版了《机械设计手册》单行本，并在出版后很快得到了读者的认可。2011年，《机械设计手册》第五版单行本出版发行。

《机械设计手册》第六版（5卷本）于2016年初面市发行，在提高产品开发、创新设计方面，在促进新产品设计和加工制造的新工艺设计方面，在为新产品开发、老产品改造创新提供新型元器件和新材料方面，在贯彻推广标准化工作等方面，都较第五版有很大改进。为更加贴合读者需求，便于读者有针对性地选用《机械设计手册》第六版中的部分内容，化学工业出版社在汲取《机械设计手册》前两版单行本出版经验的基础上，推出了《机械设计手册》第六版单行本。

《机械设计手册》第六版单行本，保留了《机械设计手册》第六版（5卷本）的优势和特色，从设计工作的实际出发，结合机械设计专业具体情况，将原来的5卷23篇调整为16分册21篇，分别为《常用设计资料》《机械制图 · 精度设计》《常用机械工程材料》《机构 · 结构设计》《连接与紧固》《轴及其连接》《轴承》《起重运输件 · 五金件》《润滑与密封》《弹簧》《机械传动》《减（变）速器 · 电机与电器》《机械振动 · 机架设计》《液压传动》《液压控制》《气压传动》。这样，各分册篇幅适中，查阅和携带更加方便，有利于设计人员和广大读者根据各自需要

灵活选购。

《机械设计手册》第六版单行本将与《机械设计手册》第六版（5卷本）一起，成为机械设计工作者、工程技术人员和广大读者的良师益友。

借《机械设计手册》第六版单行本出版之际，再次向热情支持和积极参加编写工作的单位和个人表示诚挚的敬意！向长期关心、支持《机械设计手册》的广大热心读者表示衷心感谢！

由于编辑出版单行本的工作量较大，时间较紧，难免存在疏漏，恳请广大读者给予批评指正。

化学工业出版社

2017年1月

第六版前言

Sixth Edition Preface

《机械设计手册》自1969年第一版出版发行以来，已经修订了五次，累计销售量130万套，成为新中国成立以来，在国内影响力强、销售量大的机械设计工具书。作为国家级的重点科技图书，《机械设计手册》多次获得国家和省部级奖励。其中，1978年获全国科学大会科技成果奖，1983年获化工部优秀科技图书奖，1995年获全国优秀科技图书二等奖，1999年获全国化工科技进步二等奖，2002年获石油和化学工业优秀科技图书一等奖，2003年获中国石油和化学工业科技进步二等奖。1986~2015年，多次被评为全国优秀畅销书。

与时俱进、开拓创新，实现实用性、可靠性和创新性的最佳结合，协助广大机械设计人员开发出更好更新的产品，适应市场和生产需要，提高市场竞争力和国际竞争力，这是《机械设计手册》一贯坚持、不懈努力的最高宗旨。

《机械设计手册》（以下简称《手册》）第五版出版发行至今已有8年的时间，在这期间，我们进行了广泛的调查研究，多次邀请机械方面的专家、学者座谈，倾听他们对第六版修订的建议，并深入设计院所、工厂和矿山的第一线，向广大设计工作者了解《手册》的应用情况和意见，及时发现、收集生产实践中出现的新经验和新问题，多方位、多渠道跟踪、收集国内外涌现出来的新技术、新产品，改进和丰富《手册》的内容，使《手册》更具鲜活力，以最大限度地提高广大机械设计人员自主创新的能力，适应建设创新型国家的需要。

《手册》第六版的具体修订情况如下。

一、在提高产品开发、创新设计方面

1. 新增第5篇“机械产品结构设计”，提出了常用机械产品结构设计的12条常用准则，供产品设计人员参考。

2. 第1篇“一般设计资料”增加了机械产品设计的巧（新）例与错例等内容。

3. 第11篇“润滑与密封”增加了稀油润滑装置的设计计算内容，以适应润滑新产品开发、设计的需要。

4. 第15篇“齿轮传动”进一步完善了符合ISO国际标准的渐开线圆柱齿轮设计，非零变位锥齿轮设计，点线啮合传动设计，多点啮合柔性传动设计等内容，例如增加了符合ISO标准的渐开线齿轮几何计算及算例，更新了齿轮精度等。

5. 第23篇“气压传动”增加了模块化电/气混合驱动技术、气动系统节能等内容。

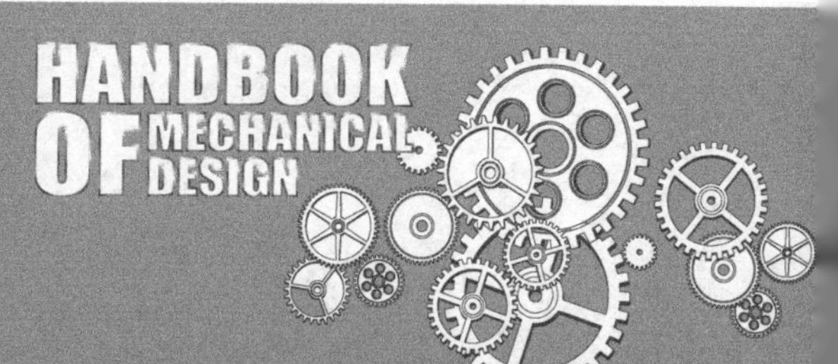

二、在为新产品开发、老产品改造创新，提供新型元器件和新材料方面

1. 介绍了相关节能技术及产品，例如增加了气动系统的节能技术和产品、节能电机等。

2. 各篇介绍了许多新型的机械零部件，包括一些新型的联轴器、离合器、制动器、带减速器的电机、起重运输零部件、液压元件和辅件、气动元件等，这些产品均具有技术先进、节能等特点。

3. 新材料方面，增加或完善了铜及铜合金、铝及铝合金、钛及钛合金、镁及镁合金等内容，这些合金材料由于具有优良的力学性能、物理性能以及材料回收率高等优点，目前广泛应用于航天、航空、高铁、计算机、通信元件、电子产品、纺织和印刷等行业。

三、在贯彻推广标准化工作方面

1. 所有产品、材料和工艺均采用新标准资料，如材料、各种机械零部件、液压和气动元件等全部更新了技术标准和产品。

2. 为满足机械产品通用化、国际化的需要，遵照立足国家标准、面向国际标准的原则来收录内容，如第 15 篇“齿轮传动”更新并完善了符合 ISO 标准的渐开线齿轮设计等。

《机械设计手册》第六版是在前几版的基础上编写而成的。借《机械设计手册》第六版出版之际，再次向参加每版编写的单位和个人表示衷心的感谢！同时也感谢给我们提供大力支持和热忱帮助的单位和各界朋友们！

由于编者水平有限，调研工作不够全面，修订中难免存在疏漏和缺点，恳请广大读者继续给予批评指正。

主　编

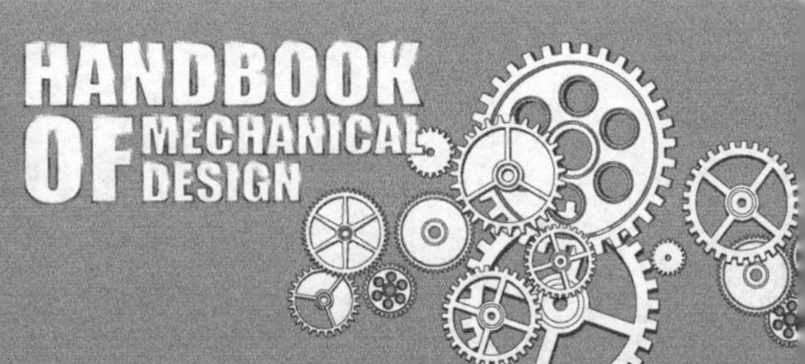

目录
CONTENTS

第6篇 连接与紧固

第2章 铆钉连接

第3章 销、键和花键连接

第4章 过盈连接

机械设计手册

第六版

第2卷

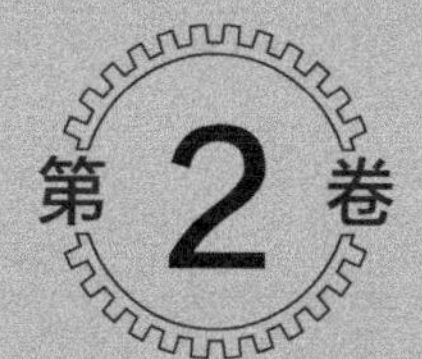

HANDBOOK OF MECHANICAL DESIGN

第6篇 连接与紧固

主要撰稿 房庆久 李建平 韩学铨

审 稿 王德夫 房庆久

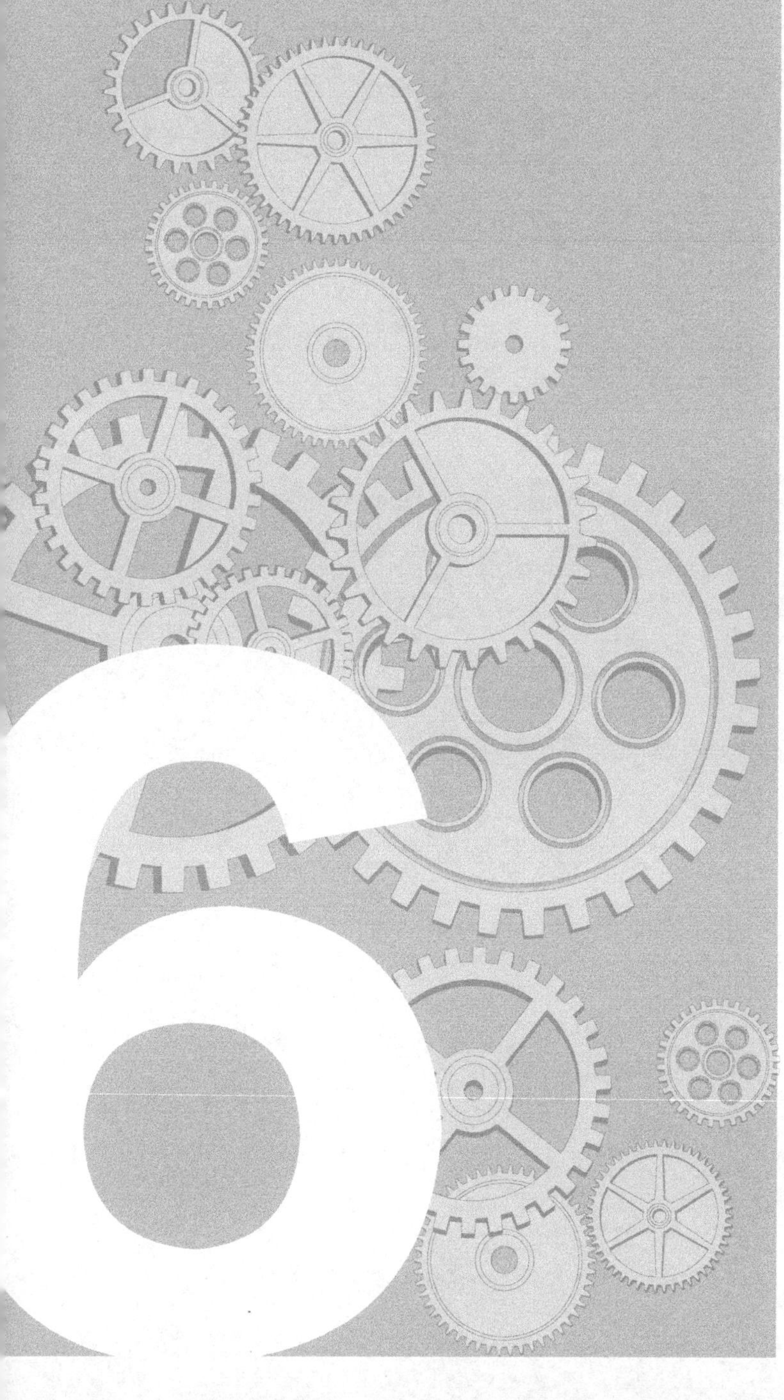

第1章 螺纹及螺纹连接

1 螺 纹

1.1 螺纹术语及其定义（摘自GB/T 14791—2013）

表6-1-1 螺纹术语及其定义

序号	术 语	定 义
1	螺旋线 (a) 在圆柱表面上的螺旋线 (b) 在圆锥表面上的螺旋线	沿着圆柱或圆锥表面运动点的轨迹，该点的轴向位移与相应角位移成定比 a—螺旋线的轴线 b—圆柱形螺旋线 c—圆柱形螺旋线的切线 d—圆锥形螺旋线 e—圆锥形螺旋线的切线 P_h—螺旋线导程 φ—螺旋线导角
2	螺纹	在圆柱或圆锥表面上具有相同牙型、沿螺旋线连续凸起的牙体
3	圆柱螺纹 (a) 单线右旋外螺纹 (b) 单线右旋内螺纹	在圆柱表面上所形成的螺纹 P—螺距
4	圆锥螺纹(见序号62图)	在圆锥表面上所形成的螺纹

续表

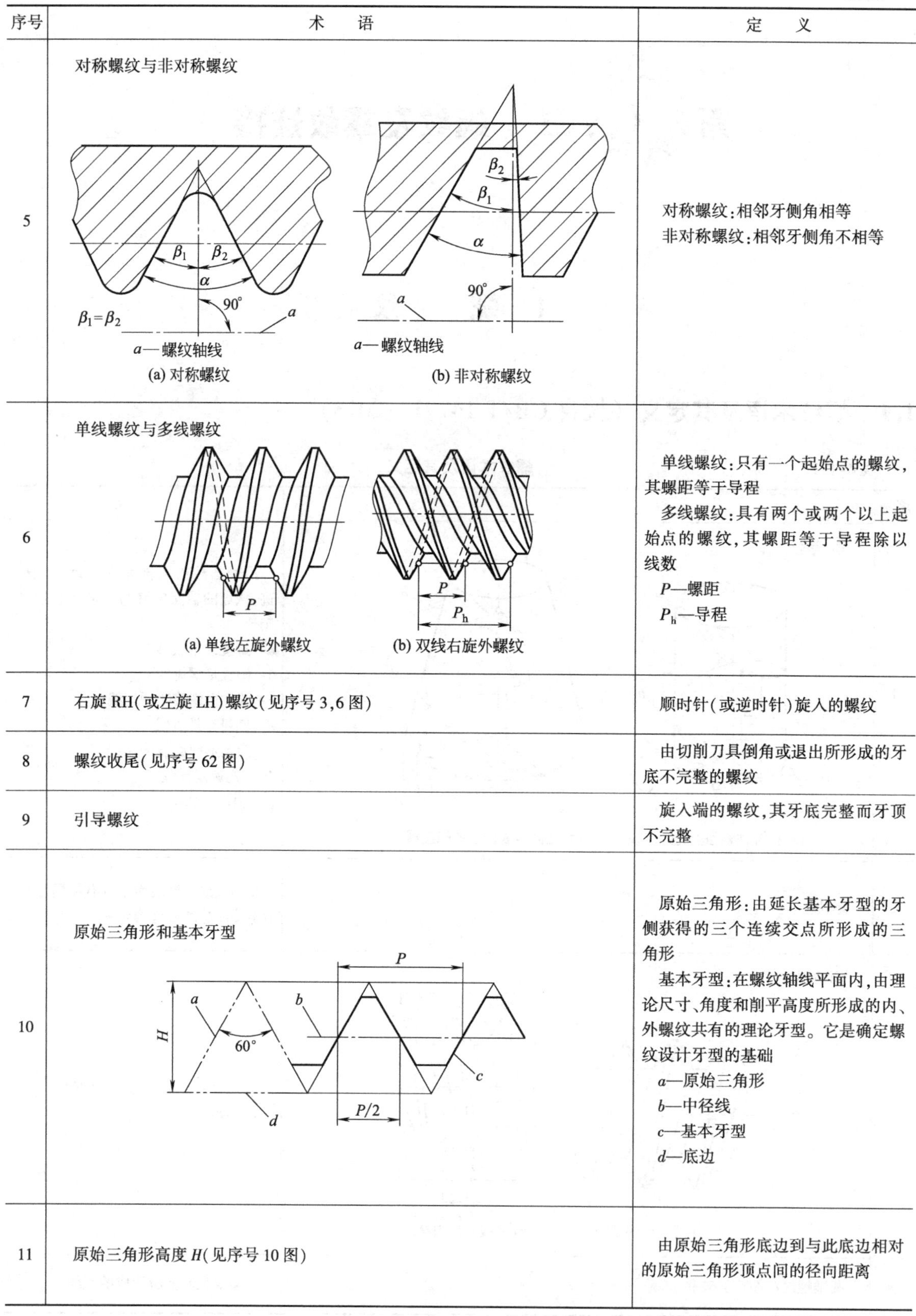

序号	术　语	定　义
5	对称螺纹与非对称螺纹 $\beta_1=\beta_2$ a—螺纹轴线 (a) 对称螺纹 a—螺纹轴线 (b) 非对称螺纹	对称螺纹:相邻牙侧角相等 非对称螺纹:相邻牙侧角不相等
6	单线螺纹与多线螺纹 (a) 单线左旋外螺纹 (b) 双线右旋外螺纹	单线螺纹:只有一个起始点的螺纹,其螺距等于导程 多线螺纹:具有两个或两个以上起始点的螺纹,其螺距等于导程除以线数 P—螺距 P_h—导程
7	右旋 RH(或左旋 LH)螺纹(见序号 3,6 图)	顺时针(或逆时针)旋入的螺纹
8	螺纹收尾(见序号 62 图)	由切削刀具倒角或退出所形成的牙底不完整的螺纹
9	引导螺纹	旋入端的螺纹,其牙底完整而牙顶不完整
10	原始三角形和基本牙型	原始三角形:由延长基本牙型的牙侧获得的三个连续交点所形成的三角形 基本牙型:在螺纹轴线平面内,由理论尺寸、角度和削平高度所形成的内、外螺纹共有的理论牙型。它是确定螺纹设计牙型的基础 a—原始三角形 b—中径线 c—基本牙型 d—底边
11	原始三角形高度 H(见序号 10 图)	由原始三角形底边到与此底边相对的原始三角形顶点间的径向距离

续表

序号	术语	定义
12	削平高度 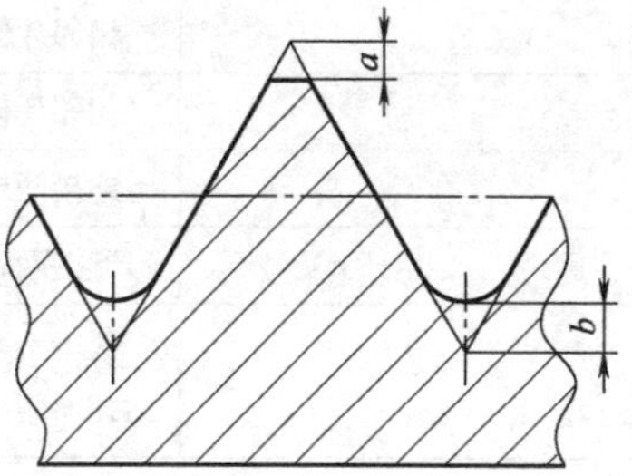	在螺纹牙型上，从牙顶或牙底到它所在原始三角形的最邻近顶点间的径向距离 a—牙顶削平高度 b—牙底削平高度
13	螺纹牙型	在螺纹轴线平面内的螺纹轮廓形状
14	设计牙型 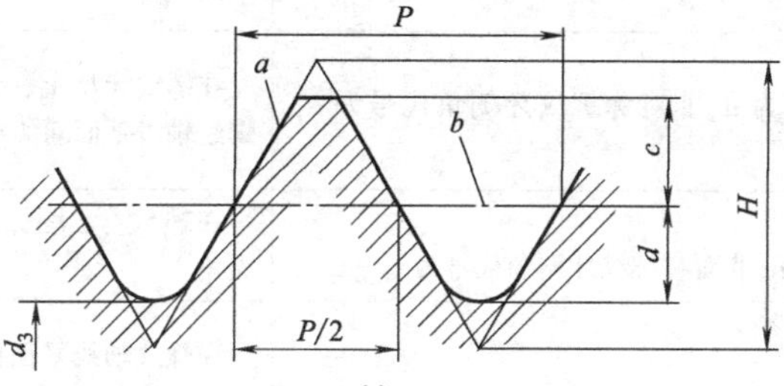 (a) 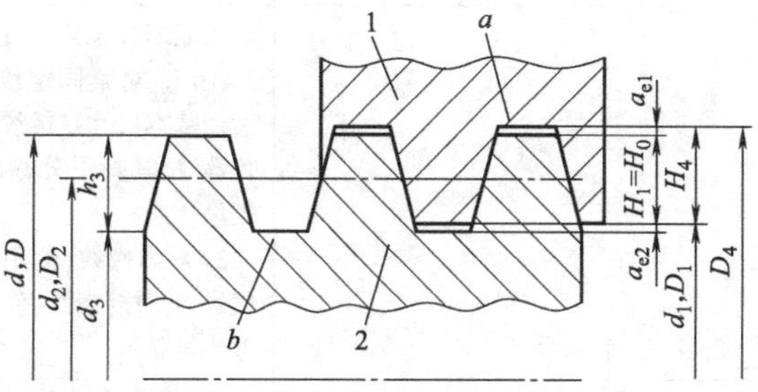 (b)	在基本牙型基础上，具有圆弧或平直形状牙顶和牙底的螺纹牙型 注：设计牙型是内、外螺纹极限偏差的起始点 图(a) a—设计牙型 b—中径线 c—牙顶高 d—牙底高 图(b) 1—内螺纹 2—外螺纹 a—内螺纹设计牙型 b—外螺纹设计牙型
15	最大(最小)实体牙型	具有最大(最小)实体极限的螺纹牙型
16	牙侧 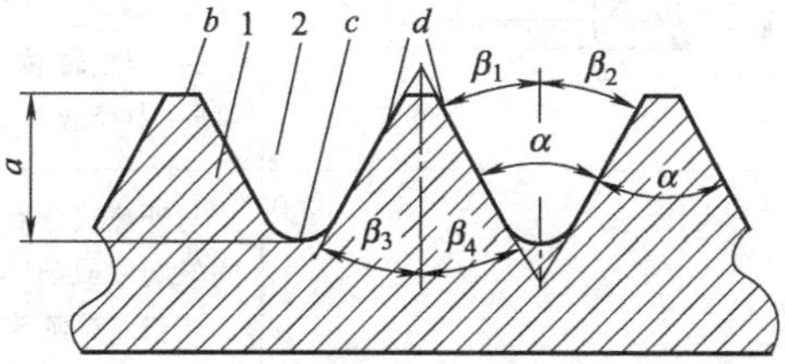	由不平行于螺纹中径线的原始三角线一个边所形成的螺旋表面 1—牙体 2—牙槽 a—牙高 b—牙顶 c—牙底 d—牙侧
17	相邻牙侧	由不平行于螺纹中径线的原始三角形两个边所形成的牙侧

续表

序号	术　语	定　义
18	同名牙侧	处在同一螺旋面上的牙侧
19	牙体(见序号16图)	相邻牙侧间的材料实体
20	牙槽(见序号16图)	相邻牙侧间的非实体空间
21	牙顶(见序号16图)	连接两个相邻牙侧的牙体顶部表面
22	牙底(见序号16图)	连接两个相邻牙侧的牙槽底部表面
23	牙型高度(见序号16图牙高)	从一个螺纹牙体的牙顶到其牙底间的径向距离
24	牙顶高(见序号14图)	从一个螺纹牙体的牙顶到其中径线间的径向距离
25	牙底高(见序号14图)	从一个螺纹牙体的牙底到其中径线间的径向距离
26	牙侧角β(米制螺纹)(见序号5、16图) 注:对寸制螺纹,对称螺纹的牙侧角代号为α,非对称螺纹牙侧角代号为α_1和α_2	在螺纹牙型上,一个牙侧与垂直于螺纹轴线平面间的夹角
27	牙型角α(米制螺纹)(见序号5、16图) 注:对寸制螺纹,对称螺纹牙型角代号为2α,非对称螺纹牙型角代号为$\alpha_1+\alpha_2$	在螺纹牙型上,两相邻牙侧间的夹角
28	牙顶(牙底)圆弧半径R,r	在螺纹轴线平面内,牙顶(牙底)上呈圆弧部分的曲率半径
29	公称直径D,d	代表螺纹尺寸的直径 注:1. 对紧固螺纹和传动螺纹,其大径基本尺寸是螺纹的代表尺寸。对管螺纹,其管子公称尺寸是螺纹的代表尺寸。 2. 对内螺纹,使用直径的大写字母代号D;对外螺纹,使用直径的小写字母代号d
30	大径D,d、D_4(米制螺纹) 直径	与外螺纹牙顶或内螺纹牙底相切的假想圆柱或圆锥的直径 注:1. 对圆锥螺纹,不同螺纹轴线位置处的大径是不同的 2. 当内螺纹设计牙型上的大径尺寸不同于其基本牙型上的大径时,设计牙型上的大径使用代号D_4 a—螺纹轴线 b—中径线
31	小径D_1,d_1,d_3(见序号30,14图)	与外螺纹牙底或内螺纹牙顶相切的假想圆柱或圆锥的直径 注:1. 对圆锥螺纹,不同螺纹轴线位置处的小径是不同的。 2. 当外螺纹设计牙型上的,小径尺寸不同于其基本牙型上的小径时,设计牙型上的小径使用代号d_3

续表

序号	术语	定义
32	顶径 D_1,d(见序号 30,14 图)	与螺纹牙顶相切的假想圆柱或圆锥的直径 注:它是外螺纹的大径或内螺纹的小径
33	底径 D,d_1(见序号 30 图),d_3,D_4(米制螺纹)(见序号 14 图)	与螺纹牙底相切的假想圆柱或圆锥的直径 注:1. 它是外螺纹的小径或内螺纹的大径 2. 当内螺纹的设计牙型上的大径尺寸不同于其基本牙型上的大径时,设计牙型上的大径使用代号 D_4 3. 当外螺纹设计牙型上的小径尺寸不同于其基本牙型上的小径时,设计牙型上的小径使用代号 d_3
34	中径 D_2,d_2(见序号 30 图)	中径圆柱或中径圆锥的直径 注:对圆锥螺纹,不同螺纹轴线位置处的中径是不同的
35	单一中径 D_{2s},d_{2s} 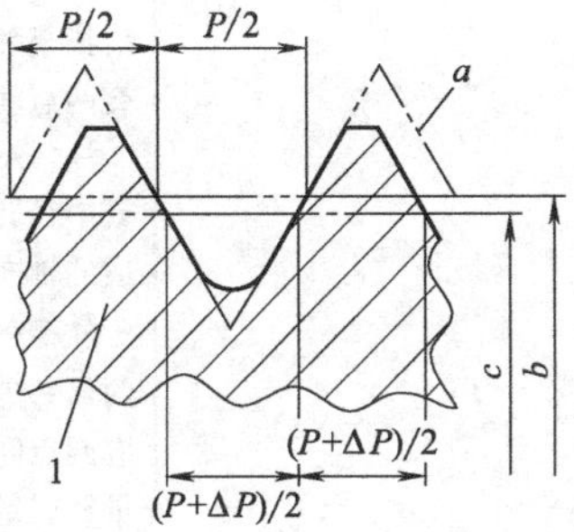 P/2 P/2 a c b 1 (P+ΔP)/2 (P+ΔP)/2	一个假想圆柱或圆锥的直径,该圆柱或圆锥的母线通过实际螺纹上牙槽宽度等于半个基本螺距的地方。通常采用最佳量针或量球进行测量 注:1. 对圆锥螺纹,不同螺纹轴线位置处的单一中径是不同的 2. 对理想螺纹,其中径等于单一中径 1—带有螺距偏差的实际螺纹 a—理想螺纹 b—单一中径 c—中径
36	作用中径 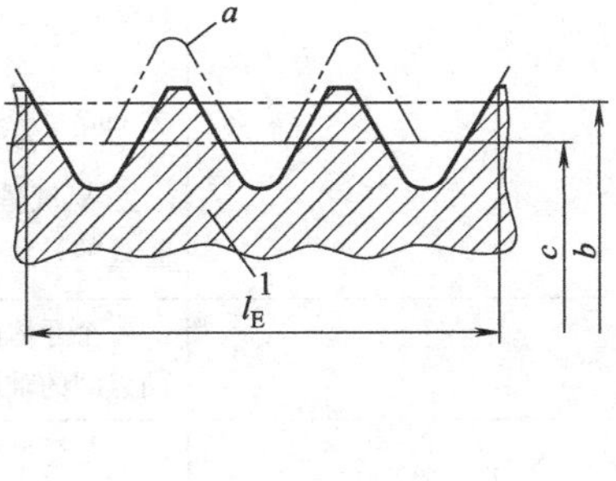 a c b 1 l_E	在规定的旋合长度内,恰好包容(没有过盈或间隙)实际螺纹牙侧的一个假想理想螺纹的中径。该理想螺纹具有基本牙型,并且包容时与实际螺纹在牙顶和牙底处不发生干涉 注:对圆锥螺纹,不同螺纹轴线位置处的作用中径是不同的 1—实际螺纹 l_E—螺纹旋合长度 a—理想内螺纹 b—作用中径 c—中径

续表

序号	术　语	定　义
37	中径轴线,螺纹轴线(见序号 30 图)	中径圆柱或中径圆锥的轴线 注:如果没有误解风险,大多数场合允许用“螺纹轴线”替代“中径轴线”。但不允许用“大径轴线”或“小径轴线”替代“中径轴线”
38	螺距 P,牙槽螺距 P_2,累积螺距 P_{Σ} 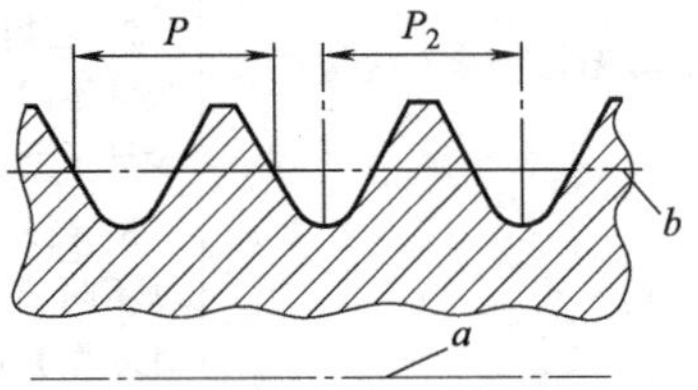	螺距 P:相邻两牙体上的对应牙侧与中径线相交两点间的轴向距离。牙槽螺距 P_2:相邻两牙槽的对称线在中径线上对应两点间的轴向距离。通常采用最佳量针或量球进行测量 注:牙槽螺距仅适用于对称螺纹,其牙槽对称线垂直于螺纹轴线 累计螺距 P_{Σ}:相距两个或两个以上螺距的两个牙体间的各个螺距之和 a—螺纹轴线 b—中径线
39	牙数 n	每 25.4mm 轴向长度内所包含的螺纹螺距个数 注:此术语主要用于寸制螺纹。牙数是英寸螺距值的倒数。
40	导程 P_h(米制螺纹)和 L(寸制螺纹),牙槽导程 P_{h2} 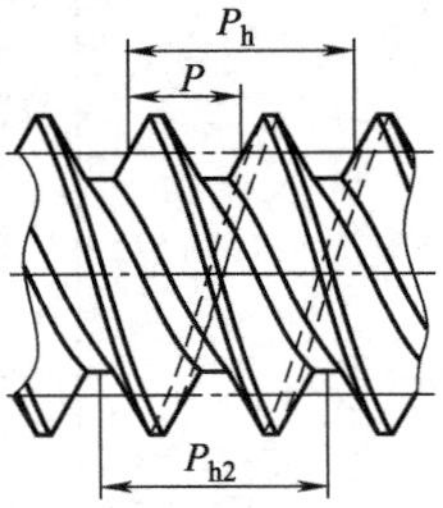	导程:米制螺纹为 P_h,寸制螺纹为 L,指最邻近的两同名牙侧与中径线相交两点间的轴向距离 注:导程是一个点沿着在中径圆柱或中径圆锥上的螺旋线旋转一周所对应的轴向位移 牙槽导程 P_{h2}:处于同一牙槽内的两最邻近牙槽的对称线在中径线上对应两点间的轴向距离。通常采用最佳量针或量球进行测量 注:牙槽导程仅适用于对称螺纹,其牙槽对称线垂直于螺纹轴线
41	升角,导程角,φ(米制螺纹)和 λ(寸制螺纹)	在中径圆柱或中径圆锥上螺旋线的切线与垂直于螺纹轴线平面间的夹角 注:1. 对米制螺纹,其计算公式为 $\tan\varphi=\dfrac{P_h}{\pi d_2}$;对寸制螺纹,其计算公式为 $\tan\lambda=\dfrac{L}{\pi d_2}$ 2. 对圆锥螺纹,其不同螺纹轴线位置处的升角是不同的
42	牙厚(见序号 16)	一个牙体的相邻牙侧与中径线相交两点间的轴向距离
43	牙槽宽(见序号 16)	一个牙槽的相邻牙侧与中径线相交两点间的轴向距离

续表

序号	术　　语	定　　义
44	螺纹接触高度 H_0，牙侧接触高度 H_1 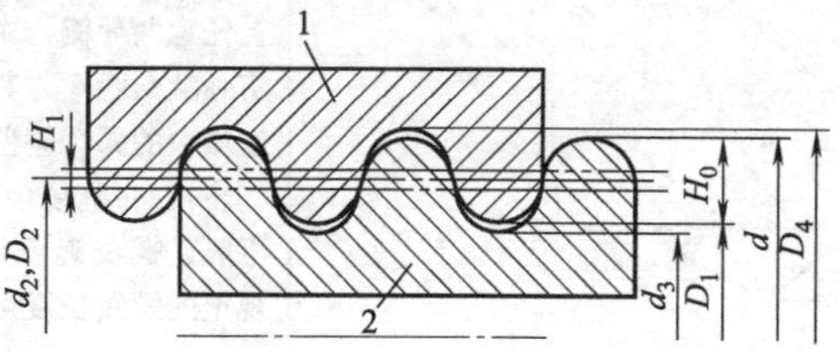	螺纹接触高度：在两个同轴配合螺纹的牙型上，外螺纹牙顶至内螺纹牙顶间的径向距离，即内、外螺纹的牙型重叠径向高度 牙侧接触高度：在两个同轴配合螺纹的牙型上其牙侧重合部分的径向高度 1—内螺纹 2—外螺纹
45	螺纹旋合长度 l_E，螺纹装配长度 l_A 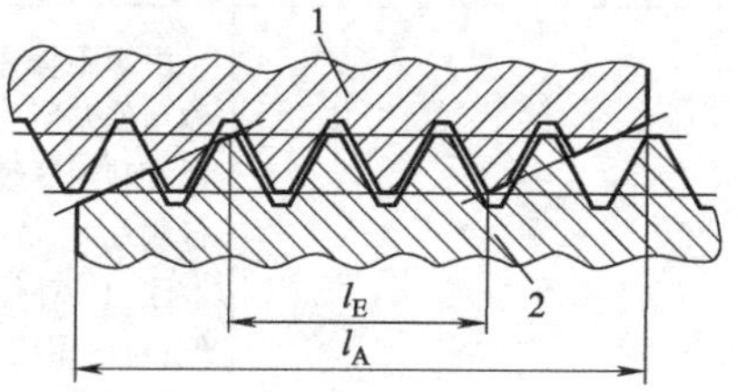	螺纹旋合长度 l_E：两个配合螺纹的有效螺纹相互接触的轴向长度 螺纹装配长度 l_A：两个配合螺纹旋合的轴向长度。 注：螺纹装配长度允许包含引导螺纹的倒角和(或)螺纹收尾 1—内螺纹 2—外螺纹
46	大径间隙 a_{c1}(见序号 14 图)	在设计牙型上，同轴装配的内螺纹牙底与外螺纹牙顶间的径向距离
47	小径间隙 a_{c2}(见序号 14 图)	在设计牙型上，同轴装配的内螺纹牙顶与外螺纹牙底间的径向距离
48	行程 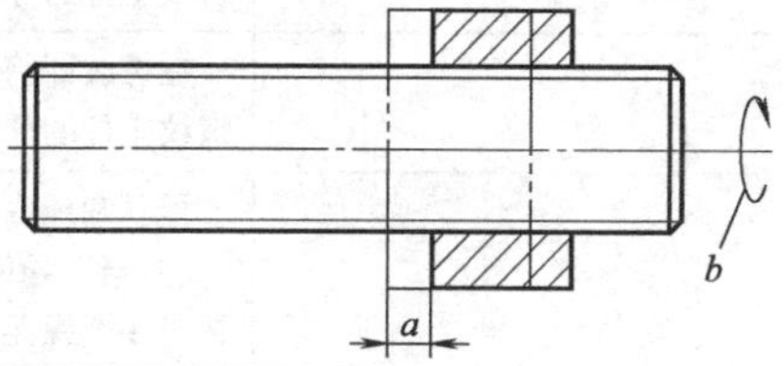	两个配合螺纹相对转动某一角度所产生的相对轴向位移量。此术语通常用于传动螺纹 a—行程 b—转动角度
49	螺距偏差 ΔP	螺距的实际值与其基本值之差
50	牙槽螺距偏差 ΔP_2	牙槽螺距的实际值与其基本值之差
51	累积螺距偏差 ΔP_Σ 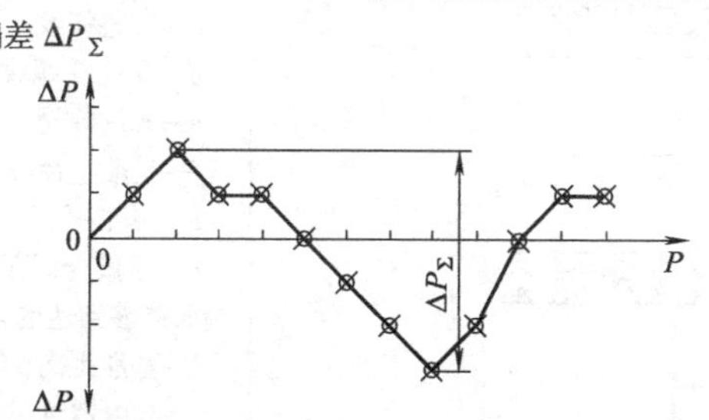	在规定的螺纹长度内，任意两牙体间的实际累积螺距值与其基本累积螺距值之差中绝对值最大的那个偏差 注：在一些场合，此规定的螺纹长度可能是螺纹旋合长度。对管螺纹，此规定的螺纹长度可能是 25.4mm
52	导程偏差 ΔP_h(米制螺纹)和 ΔL(寸制螺纹)	导程的实际值与其基本值之差
53	牙槽导程偏差 ΔP_{h2}	牙槽导程的实际值与其基本值之差
54	行程偏差	行程的实际值与其基本值之差

续表

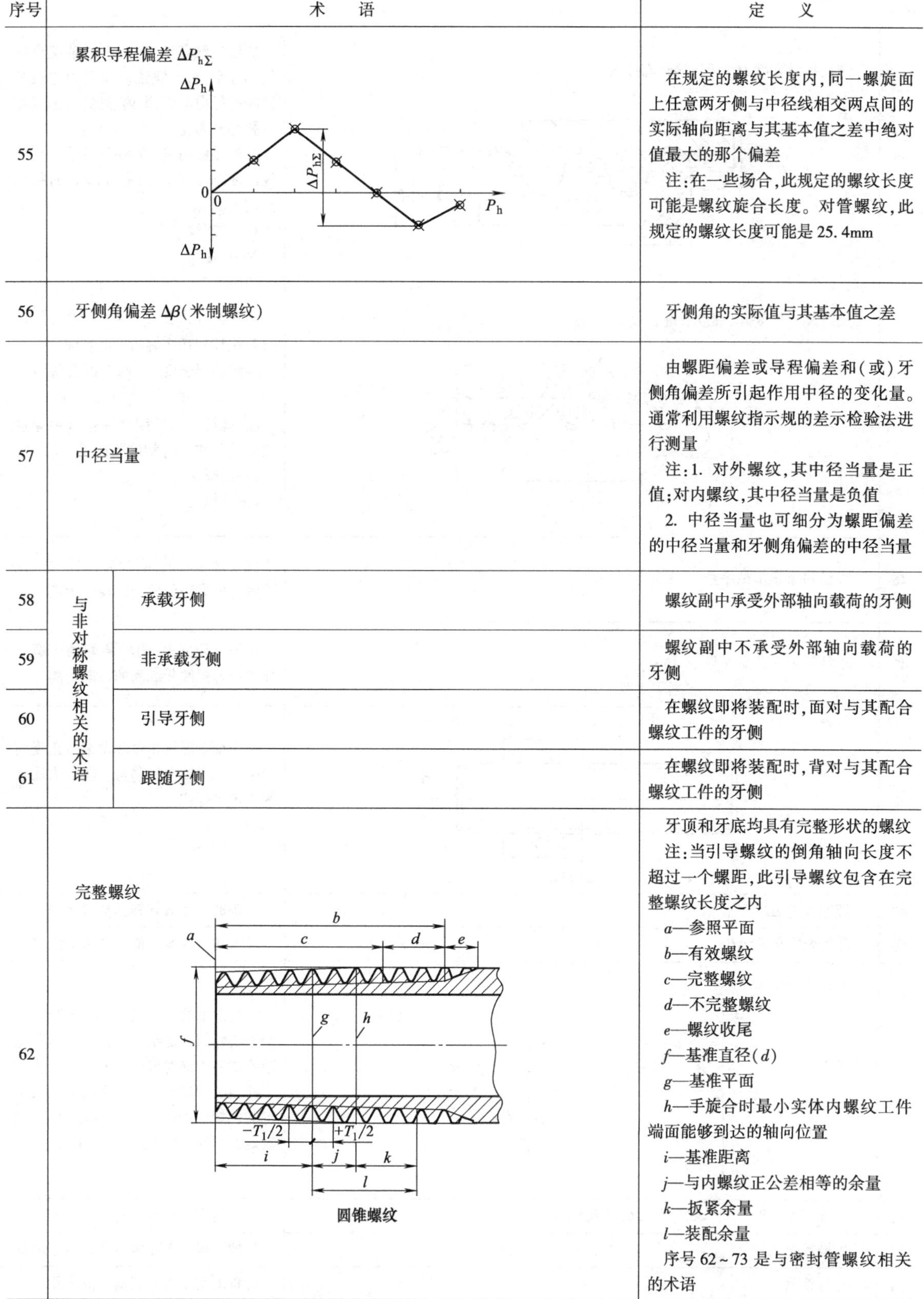

序号	术语		定义
55	累积导程偏差 $\Delta P_{h\Sigma}$		在规定的螺纹长度内，同一螺旋面上任意两牙侧与中径线相交两点间的实际轴向距离与其基本值之差中绝对值最大的那个偏差 注：在一些场合，此规定的螺纹长度可能是螺纹旋合长度。对管螺纹，此规定的螺纹长度可能是25.4mm
56	牙侧角偏差 $\Delta\beta$（米制螺纹）		牙侧角的实际值与其基本值之差
57	中径当量		由螺距偏差或导程偏差和（或）牙侧角偏差所引起作用中径的变化量。通常利用螺纹指示规的差示检验法进行测量 注：1. 对外螺纹，其中径当量是正值；对内螺纹，其中径当量是负值 2. 中径当量也可细分为螺距偏差的中径当量和牙侧角偏差的中径当量
58	与非对称螺纹相关的术语	承载牙侧	螺纹副中承受外部轴向载荷的牙侧
59		非承载牙侧	螺纹副中不承受外部轴向载荷的牙侧
60		引导牙侧	在螺纹即将装配时，面对与其配合螺纹工件的牙侧
61		跟随牙侧	在螺纹即将装配时，背对与其配合螺纹工件的牙侧
62	完整螺纹 圆锥螺纹		牙顶和牙底均具有完整形状的螺纹 注：当引导螺纹的倒角轴向长度不超过一个螺距，此引导螺纹包含在完整螺纹长度之内 *a*—参照平面 *b*—有效螺纹 *c*—完整螺纹 *d*—不完整螺纹 *e*—螺纹收尾 *f*—基准直径（*d*） *g*—基准平面 *h*—手旋合时最小实体内螺纹工件端面能够到达的轴向位置 *i*—基准距离 *j*—与内螺纹正公差相等的余量 *k*—扳紧余量 *l*—装配余量 序号62～73是与密封管螺纹相关的术语

续表

序号	术 语	定 义
63	不完整螺纹(见序号 62 图)	牙底形状完整,牙顶因与工件圆柱表面相交而形状不完整的螺纹
64	有效螺纹(见序号 62 图)	由完整螺纹和不完整螺纹组成的螺纹,不包含螺尾
65	基准直径(见序号 62 图)	为规定密封管螺纹尺寸而设立的基准基本大径
66	基准平面(见序号 62 图)	垂直于密封管螺纹轴线、具有基准直径的平面 注:螺纹环规和塞规利用此平面进行螺纹工件的检验
67	基准距离(见序号 62 图)	从基准平面到圆锥外螺纹小端面的轴向距离
68	装配余量(见序号 62 图)	在圆锥外螺纹基准平面之后的有效螺纹长度。它提供了与最小实体状态内螺纹的装配量
69	扳紧余量(见序号 62 图)	手旋合后用于扳紧所需的有效螺纹长度。扳紧时,它容纳两配合螺纹工件间的相对运动
70	参照平面(见序号 62 图)	检验螺纹时,读取量规检验数值(基准平面的位置偏差)所参照的螺纹工件可见端面 注:它是内螺纹工件的大端面或外螺纹工件的小端面
71	容纳长度	从内螺纹大端面到妨碍外螺纹扳紧旋入所遇到的第一个障碍物间的轴向距离
72	中径圆锥锥度	在中径圆锥上,两个位置的直径差与这两个位置间的轴向距离之比
73	紧密距	在规定的安装力矩或者其他条件下,圆锥螺纹工件或量规上规定参照点间的轴向距离

1.2 螺纹标准

表 6-1-2　　我国常用螺纹标准一览

序号	标 准 名 称	标 准 号	对应的国际标准
1	螺纹术语	GB/T 14791—2013	ISO 5408
2	普通螺纹　基本牙型	GB/T 192—2003	ISO 68
3	普通螺纹　直径与螺距系列	GB/T 193—2003	ISO 261
4	普通螺纹　基本尺寸	GB/T 196—2003	ISO 724
5	普通螺纹　公差	GB/T 197—2003	ISO 965-1
6	普通螺纹　极限偏差	GB/T 2516—2003	ISO 965-3
7	普通螺纹　优选系列	GB/T 9144—2003	
8	普通螺纹　中等精度优选系列的极限尺寸	GB/T 9145—2003	ISO 965-2
9	普通螺纹　粗糙精度优选系列的极限尺寸	GB/T 9146—2003	
10	商品紧固件的普通螺纹选用系列	JB/T 7912—1999	ISO 262
11	普通螺纹　极限尺寸	GB/T 15756—2008	
12	普通螺纹　量规技术条件	GB/T 3934—2003	ISO 1502
13	光学仪器　特种细牙螺纹	JB/T 9313—1999	

续表

序号	标 准 名 称	标 准 号	对应的国际标准
14	光学仪器用目镜螺纹	JB/T 8240—1999	
15	光学仪器用短牙螺纹	JB/T 5450—2007	
16	MJ 螺纹第一部分:通用要求	GJB 3. 1—2003	ISO 5855
17	MJ 螺纹第二部分:螺栓螺母螺纹的极限尺寸	GJB 3. 2—2003	
18	MJ 螺纹第三部分:管路件螺纹的极限尺寸	GJB 3. 3—2003	
19	过渡配合螺纹	GB/T 1167—1996	
20	过盈配合螺纹	GB/T 1181—1998	
21	小螺纹　牙型	GB/T 15054. 1—1994	ISO 1501
22	小螺纹　直径与螺距系列	GB/T 15054. 2—1994	ISO 1501
23	小螺纹　公差	GB/T 15054. 3—1994	ISO 1501
24	小螺纹　极限尺寸	GB/T 15054. 4—1994	ISO 1501
25	梯形螺纹　牙型	GB 5796. 1—2005	ISO 2901
26	梯形螺纹　直径与螺距系列	GB 5796. 2—2005	ISO 2902
27	梯形螺纹　基本尺寸	GB 5796. 3—2005	ISO 2904
28	梯形螺纹　公差	GB 5796. 4—2005	ISO 12903
29	梯形螺纹　极限尺寸	GB/T 12359—2008	
30	机床梯形螺纹丝杠、螺母技术条件	JB/T 2886—2008	
31	锻压阀门用短牙梯形螺纹	JB/T Q374—1985	
32	锯齿形(3°、30°)螺纹牙型	GB/T 13576. 1—2008	
33	锯齿形(3°、30°)螺纹直径与螺距系列	GB/T 13576. 2—2008	
34	锯齿形(3°、30°)螺纹基本尺寸	GB/T 13576. 3—2008	
35	锯齿形(3°、30°)螺纹公差	GB/T 13576. 4—2008	
36	水压机 45°锯齿形螺纹牙型与基本尺寸	JB/T 2001. 73—1999	
37	55°密封管螺纹第一部分:圆柱内螺纹与圆锥外螺纹	GB/T 7306. 1—2000	ISO 7-1
38	55°密封管螺纹第二部分:圆锥内螺纹与圆锥外螺纹	GB/T 7306. 2—2000	ISO 7-1
39	55°非密封管螺纹	GB/T 7307—2001	ISO 228-1
40	60°密封管螺纹	GB/T 12716—2011	
41	用螺纹密封的管螺纹量规	JB/T 10031—1999	ISO 7-2
42	非螺纹密封的管螺纹量规	GB/T 10922—2006	ISO 228-2
43	普通螺纹　管路系列	GB/T 1414—2013	
44	米制密封螺纹	GB/T 1415—2008	
45	气瓶专用螺纹	GB 8335—2011	
46	气瓶专用螺纹量规	GB/T 8336—2011	
47	轮胎气门嘴螺纹	GB/T 9765—2009	ISO 4570
48	气口和螺柱端	GB/T 14038—2008	ISO 7180
49	包装　玻璃容器　螺纹瓶口尺寸	GB/T 17449—1998	ISO 9056
50	螺纹样板	JB/T 7981—2010	
51	普通螺纹　收尾、肩距、退刀槽和倒角	GB/T 3—1997	ISO 3508
52	搓、滚制普通螺纹前的毛坯直径	GB/T 18685—2002	ISO 4755

1.3 英制标准

表 6-1-3　　国外常用英制螺纹的代号名称和标准号

标记代号	名　称	国别及标准号	备　注
B. S. W.	标准惠氏粗牙系列,一般用途圆柱螺纹	英国标准 BS 84	牙型角为 55°的英制螺纹
B. S. F.	标准惠氏细牙系列,一般用途圆柱螺纹		
Whit. S	附加的惠氏可选择系列,一般用途圆柱螺纹		
Whit	惠氏牙型非标准螺纹		
UN	恒定螺距系列统一螺纹	美国标准 ANSI B1. 1	牙型角为 60°的英制螺纹,具有标准牙型(牙底是平的或随意倒圆的)的内、外螺纹
UNC	粗牙系列统一螺纹		
UNF	细牙系列统一螺纹		
UNEF	超细牙系列统一螺纹		
UNS①	特殊系列统一螺纹		
UNR	圆弧牙底恒定螺距系列统一螺纹		牙型角为 60°的英制螺纹,具有圆弧牙底的 UNR、UNRC、UNRF、UNREF、UNRS 只用于外螺纹而没有内螺纹
UNRC	圆弧牙底粗牙系列统一螺纹		
UNRF	圆弧牙底细牙系列统一螺纹		
UNREF	圆弧牙底超细牙系列统一螺纹		
UNRS	圆弧牙底特殊系列统一螺纹		
NPT②	一般用途锥管螺纹	美国标准 ANSI B1. 20. 1	牙型角为 60°的英制管螺纹
NPSC②	管接头用直管螺纹		
NPTR	导杆连接用锥管螺纹		
NPSM	机械连接用直管螺纹		
NPSL	锁紧螺母用直管螺纹		
NPSH	软管连接用直管螺纹		
NPTF	干密封标准型锥管螺纹	美国标准 ANSI B1. 20. 3	Ⅰ型
PTF-SAE SHORT	干密封短型锥管螺纹		Ⅱ型
NPSF	干密封标准型燃油用直管内螺纹		Ⅲ型
NPSI	干密封标准型一般用直管内螺纹		Ⅳ型
ACME③	一般用途梯形螺纹	美国标准 ANSI B1. 5	牙型角为 29°的英制传动螺纹

① 公差使用与标准系列相同的公式计算的标准系列之外的所有直径与螺距组合。

② 我国的 60°圆锥管螺纹 GB/T 12716—2002 包括 NPT 和 NPSC。

③ ACME 螺纹包括一般用途的和定心的两种配合的梯形螺纹，其中一般用途的与 GB/T 5796—2005 规定的梯形螺纹的性能类同。

1.4 螺纹的分类、特点和应用

表 6-1-4 螺纹的分类、特点和应用

螺纹种类	代号	主要特点	主要应用
普通螺纹 GB/T 192~197—2003	M	P d 60° 牙型角 α 为 60°的三角形螺纹，自锁性能好，按螺距分为粗牙和细牙两种，细牙螺纹螺距小、升角小、小径大、螺纹的杆身面积大、强度高、自锁性能较好，但不耐磨、易脱扣，粗牙螺纹的直径和螺距的比例适中、强度好，应用最为广泛	主要用于紧固连接，一般连接多用粗牙螺纹，细牙螺纹用于薄壁零件，也常用于受变载、振动及冲击载荷的连接，还可用于微调机构的调整 普通螺纹也称一般用途的螺纹，是螺纹件数量最多的一种
特种细牙螺纹 JB/T 9313—1999	M	牙型与普通螺纹相同，而螺距比普通螺纹的细牙螺距更小	主要用于光学仪器上大直径小螺距的薄壁零件
过渡配合螺纹 GB/T 1167—1996	M	牙型与普通螺纹相同，选取普通螺纹的部分尺寸，利用内、外螺纹旋合后在中径上形成过渡配合进行锁紧，易产生过松或过紧而影响装配效率和质量	主要用于双头螺柱固定于机体的一端，以防止当拧开螺柱的另一端螺母时，螺柱从机体中脱出，应在中径尺寸之外采用辅助的锁紧措施，防止螺柱松动
过盈配合螺纹 GB/T 1181—1998	M	牙型与普通螺纹相同，利用中径尺寸过盈锁紧螺柱，不允许采用辅助的锁紧措施	主要用于大功率、高转速、工作环境恶劣的动力机械 推荐采用分组装配以提高效益
短牙螺纹 JB/T 5450—2007	MD	牙型角 α 为 60°的三角形螺纹，将牙型高度由普通螺纹的$\frac{5}{8}H$改为$\frac{1}{2}H$，其螺距完全采用普通螺纹的全部细牙螺距，公称直径范围为 8~160mm	用于细牙螺纹不能很好满足的薄壁零件处，多用于光学仪器的调焦
MJ 螺纹 GJB 3.1~3.3—2003	MJ	牙型角 α 为 60°的三角形螺纹，与普通螺纹相比，加大了外螺纹的牙底圆弧半径 R 和小径的削平量，以此来减小应力集中并可提高螺纹强度	主要用于航空和航天器中 MJ 螺纹也称加强螺纹
小螺纹 GB/T 15054.1~5—1994	S	牙型角 α 为 60°的三角形螺纹，为提高小螺纹的强度，基本牙型上小径处的削平高度从普通小螺纹的 0.25H 加大为 0.321H，由于小螺纹的牙槽浅，工艺性将好一些	用于钟表、仪器和电子产品中公称直径小于 1mm 的紧固连接螺纹
方形螺纹 （矩形螺纹）	Tr	P d 牙型角 α 为 0°的正方形螺纹，牙厚为螺距的一半，传动效率高，牙根强度差，对中性不好，磨损后间隙也无法补偿，工艺性差	曾用于力的传递或传导螺旋，如千斤顶、小型压力机等；目前仅用于对传动效率有较高要求的机件 方形螺纹也称矩形螺纹，没有制定国家标准

续表

螺纹种类	代号	主要特点	主要应用
梯形螺纹 GB/T 5796.1~4—2005	Tr	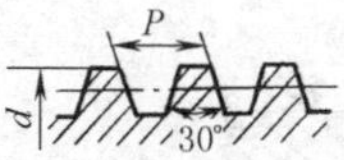 P d 30° 牙型角α为30°的梯形螺纹,牙型高度为0.5P,螺纹副的小径和大径处有相等的间隙,与矩形螺纹相比,效率略低,但工艺性好,牙根强度高,螺纹副对中性好,可以调整间隙(用剖分螺母时)	广泛应用于各种传动和大尺寸机件的紧固连接,常用于传动螺旋、丝杠、刀架丝杠等
短牙梯形螺纹 JB/T Q374~375—1985		牙型角α为30°,牙型高度为0.3P,结构紧凑,强度好,工艺性也好	用于要求径向尺寸小的梯形螺纹的传动,如阀门等,也用于紧固和定位
锯齿形(3°、30°)螺纹 GB/T 13576.1~4—2008		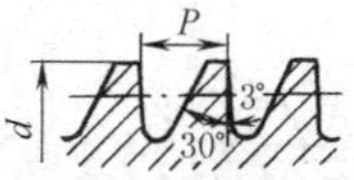 P 3° d 30° 一般情况下,螺纹牙工作面的牙侧角为3°,非工作面的牙侧角为30°,也可根据传动效率来选择承载面的牙侧角,锯齿形螺纹兼有矩形螺纹效率高和梯形螺纹牙强度高、工艺性好的优点,是一种非对称牙型的螺纹,外螺纹的牙底有相当大的圆角,可以减小应力集中,螺纹副的大径处无间隙,便于对中,同时还可任选大径或中径两种不同的定心方式	用于单向受力的传动和定位,如轧钢机的压下螺旋、螺旋压力机、水压机、起重机的吊钩等 目前使用的有3°/30°、3°/45°、7°/45°、0°/45°等数种不同牙侧角的锯齿形螺纹
自攻螺钉用螺纹 GB/T 5280—2002、 自攻锁紧螺钉的螺杆 GB/T 6559—1986	ST	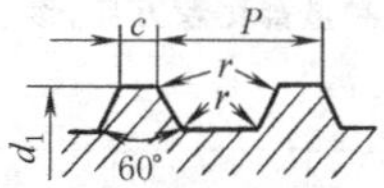 c P r r d_1 60° 随着螺距P的减小,滚压螺纹时所消耗的能量降低,且制造精度有所提高	主要用于金属薄板
圆弧螺纹		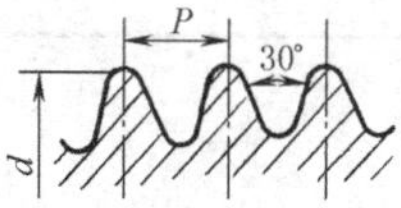 P 30° d 牙型为圆弧形,常用的牙型角α为30°或45°,牙粗、圆角大、螺纹不易碰损并易于消除污垢,内、外螺纹配合时有间隙,用于需要经常拆卸的地方,有较长的寿命,处于动载荷时强度较高	用于经常与污物接触和易生锈的场合,如水管闸门的螺旋导轴,也可用于玻璃器皿的瓶口、吊钩或需消除污物的场合,还可用于薄壁空心零件上
管连接用细牙普通螺纹	M	与普通细牙螺纹相同,不需专用量刃具,制造经济,靠零件端面和密封圈密封	用于液压系统、气动系统、润滑附件和仪表等处
55°非密封管螺纹 GB/T 7307—2001	G	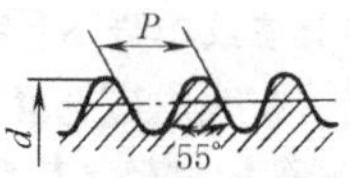 P d 55° 牙型角α为55°,其牙顶和牙底均为圆弧形,公称直径近似为管子内径,内、外螺纹均为圆柱形的管螺纹,内、外螺纹配合后不具有密封性,在管路系统中仅起机械连接的作用	用于电线保护等场合 由于可借助于密封圈在螺纹副之外的端面进行密封,也用于静载荷下的低压管路系统

续表

螺纹种类	代号	主要特点	主要应用
55°密封管螺纹 GB/T 7306.1～2—2000	R	牙型角 α 为55°，公称直径近似为管子内径，内、外螺纹旋紧后不用填料而依靠螺纹牙本身的变形即可保证连接的紧密性。它有两种配合方式：①圆柱内螺纹/圆锥外螺纹，密封性好一些；②圆锥内螺纹/圆锥外螺纹，密封性稍差些，但不易被破坏。圆锥螺纹的锥度为1∶16，牙顶和牙底均为圆弧形	①圆柱内螺纹/圆锥外螺纹的配合，可用于低压、静载，水、煤气管多采用此种配合方式 ②圆锥内螺纹/圆锥外螺纹的配合，可用于高温、高压、承受冲击载荷的系统
60°密封管螺纹 GB/T 12716—2011	NPT	牙型角 α 为60°的密封管螺纹，其锥度为1∶16，与55°密封管螺纹的配合方式及性能类同。该螺纹牙型规定牙顶和牙底均是平的，实际加工中多呈圆弧形，该螺纹牙型来源于美国标准	主要用于汽车、拖拉机、航空机械、机床等燃料、油、水、气输送系统的管连接
米制密封螺纹 GB/T 1415—2008	ZM	基本牙型及尺寸系列均符合普通螺纹规定的管螺纹，性能与其他密封管螺纹类同，其优点是能与普通螺纹组成配合，加工和测量都比较方便，锥度为1∶16	用于气体、液体管路系统依靠螺纹密封的连接
气瓶螺纹 GB/T 8335～8336—2011		牙型角为55°、锥度为3∶25的圆锥螺纹，牙顶与牙底均为圆弧形。螺纹牙分为螺纹牙型的角平分线垂直于螺纹轴线和垂直于圆锥体母线两种。锥螺纹的锥度也不完全相同	用于气瓶的瓶口与瓶阀连接及其他密封连接的锥螺纹(简称圆锥螺纹)，以及瓶帽与颈圈连接的非螺纹密封的圆柱管螺纹(简称圆柱螺纹)

1.5 普通螺纹

我国的普通螺纹标准采用了国际标准中的米制螺纹系列，其内容包括牙型、尺寸、公差和标记等。

普通螺纹基本牙型的原始三角形为60°的等边三角形。在其顶部和底部分别削去 $H/8$ 和 $H/4$ 便构成了普通螺纹的基本牙型。普通螺纹的基本牙型是内、外螺纹共有的牙型并具有基本尺寸。

普通螺纹的尺寸是由直径和螺距两个尺寸共同决定的。标准规定了它们的搭配关系，并称之为直径与螺距的组合。设计者应该按标准的规定选用。

GB/T 193—2003《普通螺纹　直径与螺距系列》对普通螺纹（一般用途米制螺纹）的直径与螺距组合系列进行了如下规定。

① 该标准适用于一般用途的机械紧固螺纹连接，其螺纹本身不具有密封功能。

② 直径与螺距的标准组合系列见表6-1-5的规定，在表内应选择与直径处于同一行内的螺距，并尽可能避免选用括号内的螺距；对于直径，则应优先选用第一系列的直径，其次是第二系列，最后再选择第三系列。

③ 除了标准系列，还规定有直径与螺距的特殊系列，对特殊系列的使用有一些限制。

④ 对于标准系列的直径，如需使用比标准组合系列中规定还要小的特殊螺距，则应从下列螺距中选取：3mm，2mm，1.5mm，0.7mm，0.5mm，0.35mm，0.25mm，0.2mm。选择非标准组合的特殊螺距会增加螺纹的制造难度。

普通螺纹基本尺寸（摘自 GB/T 196—2003）

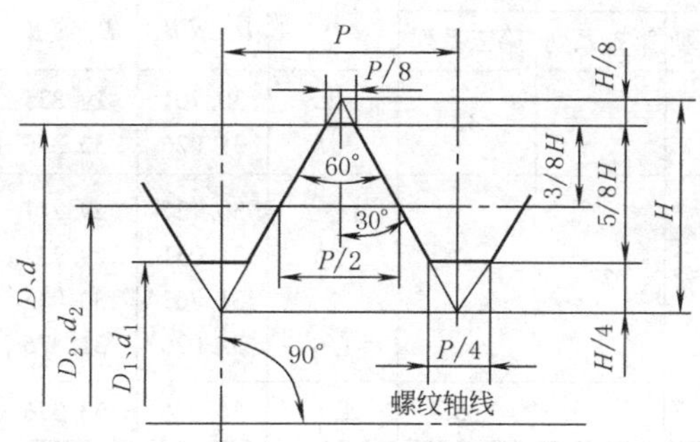

表中数值按下列公式计算，数值圆整到小数点后第三位数：

$$D_2=D-2\times\frac{3}{8}H=D-0.6495P$$

$$d_2=d-2\times\frac{3}{8}H=d-0.6495P$$

$$D_1=D-2\times\frac{5}{8}H=D-1.0825P$$

$$d_1=d-2\times\frac{5}{8}H=d-1.0825P$$

$$H=\frac{\sqrt{3}}{2}P=0.866025404P$$

D—内螺纹的基本大径；d—外螺纹的基本大径；D_2—内螺纹的基本中径；d_2—外螺纹的基本中径；D_1—内螺纹的基本小径；d_1—外螺纹的基本小径；P—螺距；H—原始三角形高度

表 6-1-5

mm

公称直径 D、d			螺距	中径	小径
第一系列	第二系列	第三系列	P	D_2 或 d_2	D_1 或 d_1
1			0.25①	0.838	0.729
			0.2	0.870	0.783
	1.1		0.25①	0.938	0.829
			0.2	0.970	0.883
1.2			0.25①	1.038	0.929
			0.2	1.070	0.983
	1.4		0.3①	1.205	1.075
			0.2	1.270	1.183
1.6			0.35①	1.373	1.221
			0.2	1.470	1.383
	1.8		0.35①	1.573	1.421
			0.2	1.670	1.583
2			0.4①	1.740	1.567
			0.25	1.838	1.729
	2.2		0.45①	1.908	1.713
			0.25	2.038	1.929
2.5			0.45①	2.208	2.013
			0.35	2.273	2.121
3			0.5①	2.675	2.459
			0.35	2.773	2.621
	3.5		(0.6)①	3.110	2.850
			0.35	3.273	3.121
4			0.7①	3.545	3.242
			0.5	3.675	3.459
	4.5		(0.75)①	4.013	3.688
			0.5	4.175	3.959
5			0.8①	4.480	4.134
			0.5	4.675	4.459
		5.5	0.5	5.175	4.959
6			1①	5.350	4.917
			0.75	5.513	5.188
	7		1①	6.350	5.917
			0.75	6.513	6.188
8			1.25①	7.188	6.647
			1	7.350	6.917
			0.75	7.513	7.188
		9	(1.25)①	8.188	7.647
			1	8.350	7.917
			0.75	8.513	8.188
10			1.5①	9.026	8.376
			1.25	9.188	8.647
			1	9.350	8.917
			0.75	9.513	9.188
		11	(1.5)①	10.026	9.376
			1	10.350	9.917
			0.75	10.513	10.188
12			1.75①	10.863	10.106
			1.5	11.026	10.376
			1.25	11.188	10.647
			1	11.350	10.917
	14		2①	12.701	11.835
			1.5	13.026	12.376
			(1.25)	13.188	12.647
			1	13.350	12.917

续表

公称直径 D、d			螺距 P	中径 D_2 或 d_2	小径 D_1 或 d_1
第一系列	第二系列	第三系列			
		15	1.5	14.026	13.376
			(1)	14.350	13.917
16			2[①]	14.701	13.835
			1.5	15.026	14.376
			1	15.350	14.917
		17	1.5	16.026	15.376
			(1)	16.350	15.917
	18		2.5[①]	16.376	15.294
			2	16.701	15.835
			1.5	17.026	16.376
			1	17.350	16.917
20			2.5[①]	18.376	17.294
			2	18.701	17.835
			1.5	19.026	18.376
			1	19.350	18.917
	22		2.5[①]	20.376	19.294
			2	20.701	19.835
			1.5	21.026	20.376
			1	21.350	20.917
24			3[①]	22.051	20.752
			2	22.701	21.835
			1.5	23.026	22.376
			1	23.350	22.917
		25	2	23.701	22.835
			1.5	24.026	23.376
			(1)	24.350	23.917
		26	1.5	25.026	24.376
	27		3[①]	25.051	23.752
			2	25.701	24.835
			1.5	26.026	25.376
			1	26.350	25.917
		28	2	26.701	25.835
			1.5	27.026	26.376
			1	27.350	26.917
30			3.5[①]	27.727	26.211
			(3)	28.051	26.752
			2	28.701	27.835
			1.5	29.026	28.376
			1	29.350	28.917

公称直径 D、d			螺距 P	中径 D_2 或 d_2	小径 D_1 或 d_1
第一系列	第二系列	第三系列			
		32	2	30.701	29.835
			1.5	31.026	30.376
	33		3.5[①]	30.727	29.211
			(3)	31.051	29.752
			2	31.701	30.835
			1.5	32.026	31.376
		35	1.5	34.026	33.376
36			4[①]	33.402	31.670
			3	34.051	32.752
			2	34.701	33.835
			1.5	35.026	34.376
		38	1.5	37.026	36.376
	39		4[①]	36.402	34.670
			3	37.051	35.752
			2	37.701	36.835
			1.5	38.026	37.376
		40	(3)	38.051	36.752
			(2)	38.701	37.835
			1.5	39.026	38.376
42			4.5[①]	39.077	37.129
			(4)	39.402	37.670
			3	40.051	38.752
			2	40.701	39.835
			1.5	41.026	40.376
	45		4.5[①]	42.077	40.129
			(4)	42.402	40.670
			3	43.051	41.752
			2	43.701	42.835
			1.5	44.026	43.376
48			5[①]	44.752	42.587
			(4)	45.402	43.670
			3	46.051	44.752
			2	46.701	45.835
			1.5	47.026	46.376
		50	(3)	48.051	46.752
			(2)	48.701	47.835
			1.5	49.026	48.376
	52		5[①]	48.752	46.587
			(4)	49.402	47.670
			3	50.051	48.752
			2	50.701	49.835
			1.5	51.026	50.376

续表

公称直径 D、d			螺距	中径	小径
第一系列	第二系列	第三系列	P	D_2 或 d_2	D_1 或 d_1
		55	(4)	52.402	50.670
			(3)	53.051	51.752
			2	53.701	52.835
			1.5	54.026	53.376
56			5.5①	52.428	50.046
			4	53.402	51.670
			3	54.051	52.752
			2	54.701	53.835
			1.5	55.026	54.376
		58	(4)	55.402	53.670
			(3)	56.051	54.752
			2	56.701	55.835
			1.5	57.026	56.376
	60		(5.5)①	56.428	54.046
			4	57.402	55.670
			3	58.051	56.752
			2	58.701	57.835
			1.5	59.026	58.376
		62	(4)	59.402	57.670
			(3)	60.051	58.752
			2	60.701	59.835
			1.5	61.026	60.376
64			6①	60.103	57.505
			4	61.402	59.670
			3	62.051	60.752
			2	62.701	61.835
			1.5	63.026	62.376
		65	(4)	62.402	60.670
			(3)	63.051	61.752
			2	63.701	62.835
			1.5	64.026	63.376
	68		6①	64.103	61.505
			4	65.402	63.670
			3	66.051	64.752
			2	66.701	65.835
			1.5	67.026	66.376
		70	(6)	66.103	63.505
			(4)	67.402	65.670
			(3)	68.051	66.752
			2	68.701	67.835
			1.5	69.026	68.376
72			6	68.103	65.505
			4	69.402	67.670
			3	70.051	68.752
			2	70.701	69.835
			1.5	71.026	70.376
		75	(4)	72.402	70.670
			(3)	73.051	71.752
			2	73.701	72.835
			1.5	74.026	73.376
	76		6	72.103	69.505
			4	73.402	71.670
			3	74.051	72.752
			2	74.701	73.835
			1.5	75.026	74.376
		78	2	76.700	75.835
80			6	76.103	73.505
			4	77.402	75.670
			3	78.051	76.752
			2	78.701	77.835
			1.5	79.026	78.376
		82	2	80.701	79.835
	85		6	81.103	78.505
			4	82.402	80.670
			3	83.051	81.752
			2	83.701	82.835
90			6	86.103	83.505
			4	87.402	85.670
			3	88.051	86.752
			2	88.701	87.835
	95		6	91.103	88.505
			4	92.402	90.670
			3	93.051	91.752
			2	93.701	92.835
100			6	96.103	93.505
			4	97.402	95.670
			3	98.051	96.752
			2	98.701	97.835
	105		6	101.103	98.505
			4	102.402	100.670
			3	103.051	101.752
			2	103.701	102.835
110			6	106.103	103.505
			4	107.402	105.670
			3	108.051	106.752
			2	108.701	107.835

续表

公称直径 D、d			螺距 P	中径 D_2 或 d_2	小径 D_1 或 d_1
第一系列	第二系列	第三系列			
	115		6	111.103	108.505
			4	112.402	110.670
			3	113.051	111.752
			2	113.701	112.835
	120		6	116.103	113.505
			4	117.402	115.670
			3	118.051	116.752
			2	118.701	117.835
125			6	121.103	118.505
			4	122.402	120.670
			3	123.051	121.752
			2	123.701	122.835
	130		6	126.103	123.505
			4	127.402	125.670
			3	128.051	126.752
			2	128.701	127.835
		135	6	131.103	128.505
			4	132.402	130.670
			3	133.051	131.752
			2	133.701	132.835
140			6	136.103	133.505
			4	137.402	135.670
			3	138.051	136.752
			2	138.701	137.835
		145	6	141.103	138.505
			4	142.402	140.670
			3	143.051	141.752
			2	143.701	142.835
	150		8	144.804	141.340
			6	146.103	143.505
			4	147.402	145.670
			3	148.051	146.752
			2	148.701	147.835
		155	6	151.103	148.505
			4	152.402	150.670
			3	153.051	151.752
160			8	154.804	151.340
			6	156.103	153.505
			4	157.402	155.670
			3	158.051	156.752
		165	6	161.103	158.505
			4	162.402	160.670
			3	163.051	161.752
	170		8	164.804	161.340
			6	166.103	163.505
			4	167.402	165.670
			3	168.051	166.752
		175	6	171.103	168.505
			4	172.402	170.670
			3	173.051	171.752
180			8	174.804	171.340
			6	176.103	173.505
			4	177.402	175.670
			3	178.051	176.752
		185	6	181.103	178.505
			4	182.402	180.670
			3	183.051	181.752
	190		8	184.804	181.340
			6	186.103	183.505
			4	187.402	185.670
			3	188.051	186.752
		195	6	191.103	188.505
			4	192.402	190.670
			3	193.051	191.752
200			8	194.804	191.340
			6	196.103	193.505
			4	197.402	195.670
			3	198.051	196.752
		205	6	201.103	198.505
			4	202.402	200.670
			3	203.051	201.752
	210		8	204.804	201.340
			6	206.103	203.505
			4	207.402	205.670
			3	208.051	206.752
		215	6	211.103	208.505
			4	212.402	210.670
			3	213.051	211.752
220			8	214.804	211.340
			6	216.103	213.505
			4	217.402	215.670
			3	218.051	216.752
		225	6	221.103	218.505
			4	222.402	220.670
			3	223.051	221.752

续表

公称直径 D、d			螺距	中径	小径
第一系列	第二系列	第三系列	P	D_2 或 d_2	D_1 或 d_1
		230	8	224.804	221.340
			6	226.103	223.505
			4	227.402	225.670
			3	228.051	226.752
		235	6	231.103	228.505
			4	232.402	230.670
			3	233.051	231.752
	240		8	234.804	231.340
			6	236.103	233.505
			4	237.402	235.670
			3	238.051	236.752
		245	6	241.103	238.505
			4	242.402	240.670
			3	243.051	241.752
250			8	244.804	241.340
			6	246.103	243.505
			4	247.402	245.670
			3	248.051	246.752
		255	6	251.103	248.505
			4	252.402	250.670
	260		8	254.804	251.340
			6	256.103	253.505
			4	257.402	255.670
		265	6	261.103	258.505
			4	262.402	260.670
		270	8	264.804	261.340
			6	266.103	263.505
			4	267.402	265.670
		275	6	271.103	268.505
			4	272.402	270.670
280			8	274.804	271.340
			6	276.103	273.505
			4	277.402	275.670
		285	6	281.103	278.505
			4	282.402	280.670
		290	8	284.804	281.340
			6	286.103	283.505
			4	287.402	285.670
		295	6	291.103	288.505
			4	292.402	290.670
	300		8	294.804	291.340
			6	296.103	293.505
			4	297.402	295.670
		310	6	306.103	303.505
			4	307.402	305.670
320			6	316.103	313.505
			4	317.402	315.670
		330	6	326.103	323.505
			4	327.402	325.670
	340		6	336.103	333.505
			4	337.402	335.670
		350	6	346.103	343.505
			4	347.402	345.670
360			6	356.103	353.505
			4	357.402	355.670
		370	6	366.103	363.505
			4	367.402	365.670
	380		6	376.103	373.505
			4	377.402	375.670
		390	6	386.103	383.505
			4	387.402	385.670
400			6	396.103	393.505
			4	397.402	395.670
		410	6	406.103	403.505
	420		6	416.103	413.505
		430	6	426.103	423.505
	440		6	436.103	433.505
450			6	446.103	443.505
	460		6	456.103	453.505
		470	6	466.103	463.505
	480		6	476.103	473.505
		490	6	486.103	483.505
500			6	496.103	493.505
		510	6	506.103	503.505
	520		6	516.103	513.505
		530	6	526.103	523.505
	540		6	536.103	533.505
550			6	546.103	543.505
	560		6	556.103	553.505
		570	6	566.103	563.505
	580		6	576.103	573.505
		590	6	586.103	583.505
600			6	596.103	593.505

① 为粗牙螺距，其余为细牙螺距。

注：1. 直径优先选用第一系列，其次第二系列，第三系列尽可能不用。

2. 括号内的螺距尽可能不用。

3. M14×1.25 仅用于火花塞，M35×1.5 仅用于滚动轴承锁紧螺母。

4. 对直径 150~600mm 的螺纹，需要使用螺距大于 6mm 的螺纹时，应优先选用 8mm 的螺距。

表 6-1-6　　　　普通螺纹公差与配合（摘自 GB/T 197—2003）

外螺纹 公差精度	公差带位置 e S	公差带位置 e N	公差带位置 e L	公差带位置 f S	公差带位置 f N	公差带位置 f L	公差带位置 g S	公差带位置 g N	公差带位置 g L	公差带位置 h S	公差带位置 h N	公差带位置 h L
精密	—	—	—	—	—	—	—	(4g)	(5g4g)	(3h4h)	4h①	(5h4h)
中等	—	6e①	(7e6e)		6f①	—	(5g6g)	【6g①】	(7g6g)	(5h6h)	6h①	(7h6h)
粗糙	—	(8e)	(9e8e)	—	—	—		8g	(9g8g)	—	—	—

内螺纹 公差精度	公差带位置 G S	公差带位置 G N	公差带位置 G L	公差带位置 H S	公差带位置 H N	公差带位置 H L	内、外螺纹公差带位置
精密	—	—	—	4H	5H	6H	内螺纹 + 0 － 基本尺寸 es es es es=0 ei T e f g h H G T ES EI EI=0 外螺纹
中等	(5G)	6G	(7G)	5H①	【6H①】	7H①	
粗糙	—	(7G)	(8G)	—	7H	8H	

普通螺纹的配合选择		
	一般连接螺纹	为保证内、外螺纹有足够的接触高度，应优先采用 H/g、H/h 或 G/h；小于或等于 M1.4 的螺纹，应选用 5H/6h、4H/6h 或更精密的配合
	经常装拆的螺纹	推荐采用 H/g
	高温下工作的螺纹	工作温度在 450℃以下，选用 H/g；高于 450℃时应选用 H/e、G/h 或 G/g
	需要涂层的螺纹	薄镀层螺纹件选用 H/g；中等腐蚀条件、中等镀层厚度的螺纹件选用 H/f；严重腐蚀条件、较厚镀层的螺纹件选用 H/e 或 G/e

标记示例			
	粗牙螺纹	公差带代号由中径公差带代号和顶径公差带代号两部分组成。中径公差带代号在前，顶径公差带代号在后。若两者相同，则只标注一组代号。写在尺寸代号的后面，用“-”分开 直径 10mm，螺距 1.5mm，中径、顶径公差带均为 6H 的内螺纹：M10-6H	顶径指外螺纹大径和内螺纹小径
	细牙螺纹	直径 10mm，螺距 1mm，中径、顶径公差带均为 6g 的外螺纹：M10×1-6g	
	内、外螺纹的配合	表示内、外螺纹配合时，内螺纹公差带代号在前，外螺纹公差带代号在后，中间用斜线分开 对短旋合长度或长旋合长度，宜在公差带代号之后加注旋合长度代号“S”或“L”，用“-”与公差带代号分开，中等旋合长度的螺纹不标注 对左旋螺纹，应在旋合长度代号之后加注“LH”，之间用“-”分开，右旋螺纹不标注 直径 24mm，螺距 2mm，内螺纹公差带 7H 与外螺纹公差带 8g 组成配合，短旋合长度，左旋螺纹：M24×2-7H/8g-S-LH	

① 为优先选用的公差带。

注：1. 括号内的公差带尽可能不用。

2. 大量生产的精制紧固件螺纹，推荐采用带方框的公差带。

3. 精密精度—用于精密螺纹，当要求配合性质变动较小时采用；中等精度——般用途；粗糙精度—对精度要求不高或制造比较困难时采用。

1.6 梯形螺纹

1.6.1 梯形螺纹牙型与基本尺寸

梯形螺纹牙型（摘自 GB/T 5796.1—2005）

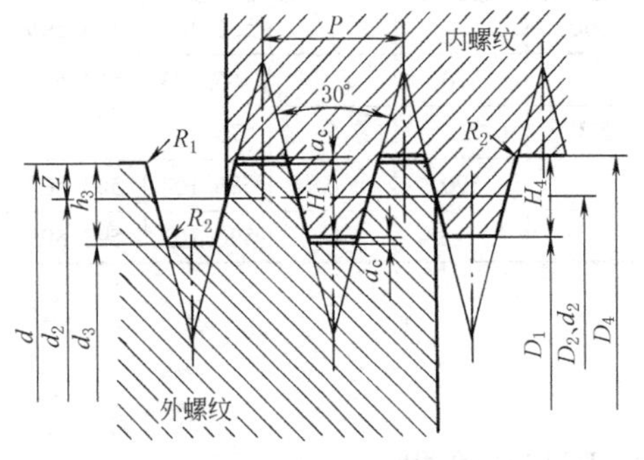

d —外螺纹大径（公称直径）；
P —螺距；
a_c —牙顶间隙；
H_1 —基本牙型高度，$H_1=0.5P$；
h_3 —外螺纹牙高，$h_3=H_1+a_c=0.5P+a_c$；
H_4 —内螺纹牙高，$H_4=H_1+a_c=0.5P+a_c$；
Z —牙顶高，$Z=0.25P=H_1/2$；
d_2 —外螺纹中径，$d_2=d-2Z=d-0.5P$；
D_2 —内螺纹中径，$D_2=d-2Z=d-0.5P$；
d_3 —外螺纹小径，$d_3=d-2h_3$；
D_1 —内螺纹小径，$D_1=d-2H_1=d-P$；
D_4 —内螺纹大径，$D_4=d+2a_c$；
R_1 —外螺纹牙顶圆角，$R_{1max}=0.5a_c$；
R_2 —牙底圆角，$R_{2max}=a_c$

表 6-1-7　　梯形螺纹最大实体牙型尺寸（摘自 GB/T 5796.1—2005） mm

螺距 P	a_c	$H_4=h_3$	R_{1max}	R_{2max}
1.5	0.15	0.9	0.075	0.15
2	0.25	1.25	0.125	0.25
3	0.25	1.75	0.125	0.25
4	0.25	2.25	0.125	0.25
5	0.25	2.75	0.125	0.25
6	0.5	3.5	0.25	0.5
7	0.5	4	0.25	0.5
8	0.5	4.5	0.25	0.5
9	0.5	5	0.25	0.5
10	0.5	5.5	0.25	0.5
12	0.5	6.5	0.25	0.5
14	1	8	0.5	1
16	1	9	0.5	1
18	1	10	0.5	1
20	1	11	0.5	1
22	1	12	0.5	1
24	1	13	0.5	1
28	1	15	0.5	1
32	1	17	0.5	1
36	1	19	0.5	1
40	1	21	0.5	1
44	1	23	0.5	1

表 6-1-8　　梯形螺纹基本尺寸（摘自 GB/T 5796.3—2005） mm

公称直径 d		螺距 P	中径 $d_2=D_2$	大径 D_4	小径	
第一系列	第二系列				d_3	D_1
8		1.5	7.25	8.3	6.2	6.5
	9	1.5	8.25	9.3	7.2	7.5
		2	8.00	9.5	6.5	7.0
10		1.5	9.25	10.3	8.2	8.5
		2	9.00	10.5	7.5	8.0
	11	2	10.00	11.5	8.5	9.0
		3	9.50	11.5	7.5	8.0
12		2	11.00	12.5	9.5	10.0
		3	10.50	12.5	8.5	9.0
	14	2	13	14.5	11.5	12
		3	12.5	14.5	10.5	11
16		2	15	16.5	13.5	14
		4	14	16.5	11.5	12
	18	2	17	18.5	15.5	16
		4	16	18.5	13.5	14
20		2	19	20.5	17.5	18
		4	18	20.5	15.5	16
	22	3	20.5	22.5	18.5	19
		5	19.5	22.5	16.5	17
		8	18	23	13	14
24		3	22.5	24.5	20.5	21
		5	21.5	24.5	18.5	19
		8	20	25	15	16
	26	3	24.5	26.5	22.5	23
		5	23.5	26.5	20.5	21
		8	22	27	17	18
28		3	26.5	28.5	24.5	25
		5	25.5	28.5	22.5	23
		8	24	29	19	20
	30	3	28.5	30.5	26.5	27
		6	27	31	23	24
		10	25	31	19	20
32		3	30.5	32.5	28.5	29
		6	29	33	25	26
		10	27	33	21	22
	34	3	32.5	34.5	30.5	31
		6	31	35	27	28
		10	29	35	23	24
36		3	34.5	26.5	32.5	33
		6	33	27	29	30
		10	31	27	25	26
	38	3	36.5	38.5	34.5	35
		7	34.5	39	30	31
		10	33	39	27	28
40		3	38.5	40.5	36.5	37
		7	36.5	41	32	33
		10	35	41	29	30
	42	3	40.5	42.5	38.5	39
		7	38.5	43	34	35
		10	37	43	31	32
44		3	42.5	44.5	40.5	41
		7	40.5	45	36	37
		12	38	45	31	32
	46	3	44.5	46.5	42.5	43
		8	42.0	47	37	38
		12	40.0	47	33	34
48		3	46.5	48.5	44.5	45
		8	44	49	39	40
		12	42	49	35	36
	50	3	48.5	50.5	46.5	47
		8	46	51	41	42
		12	44	51	37	38
52		3	50.5	52.5	48.5	49
		8	48	53	43	44
		12	46	53	39	40

续表

公称直径 d		螺距 P	中径 $d_2=D_2$	大径 D_4	小径		公称直径 d		螺距 P	中径 $d_2=D_2$	大径 D_4	小径	
第一系列	第二系列				d_3	D_1	第一系列	第二系列				d_3	D_1
	55	3	53.5	55.5	51.5	52	160		6	157	161	153	154
		9	50.5	56	45	46			16	152	162	142	144
		14	48	57	39	41			28	146	162	130	132
60		3	58.5	60.5	56.5	57		170	6	167	171	163	164
		9	55.5	61	50	51			16	162	172	152	154
		14	53	62	44	46			28	156	172	140	142
	65	4	63	65.5	60.5	61	180		8	176	181	171	172
		10	60	66	54	55			18	171	182	160	162
		16	57	67	47	49			28	166	182	150	152
70		4	68	70.5	65.5	66		190	8	186	191	181	182
		10	65	71	59	60			18	181	192	170	172
		16	62	72	52	54			32	174	192	156	158
	75	4	73	75.5	70.5	71	200		8	196	201	191	192
		10	70	76	64	65			18	191	202	180	182
		16	67	77	57	59			32	184	202	166	168
80		4	78	80.5	75.5	76		210	8	206	211	201	202
		10	75	81	69	70			20	200	212	188	190
		16	72	82	62	64			36	192	212	172	174
	85	4	83	85.5	80.5	81	220		8	216	221	211	212
		12	79	86	72	73			20	210	222	198	200
		18	76	87	65	67			36	202	222	182	184
90		4	88	90.5	85.5	86		230	8	226	231	221	222
		12	84	91	77	78			20	220	232	208	210
		18	81	92	70	72			36	212	232	192	194
	95	4	93	95.5	90.5	91	240		8	236	241	231	232
		12	89	96	82	83			22	229	242	216	218
		18	86	97	75	77			36	222	242	202	204
100		4	98	100.5	95.5	96		250	12	244	251	237	238
		12	94	101	87	88			22	239	252	226	228
		20	90	102	78	80			40	230	252	208	210
	110	4	108	110.5	105.5	106	260		12	254	261	247	248
		12	104	111	97	98			22	249	262	236	238
		20	100	112	88	90			40	240	262	218	220
120		6	117	121	113	114		270	12	264	271	257	258
		14	113	122	104	106			24	258	272	244	246
		22	109	122	96	98			40	250	272	228	230
	130	6	127	131	123	124	280		12	274	281	267	268
		14	123	132	114	116			24	268	282	254	256
		22	119	132	106	108			40	260	282	238	240
140		6	137	141	153	134		290	12	284	291	277	278
		14	133	142	124	126			24	278	292	264	266
		24	128	142	114	116			44	268	292	244	246
	150	6	147	151	143	144	300		12	294	301	287	288
		16	142	152	132	134			24	288	302	274	276
		24	138	152	124	126			44	278	302	254	256

注：优先选用第一直径系列，其次是第二系列，第三系列尽量不用。

1.6.2 梯形螺纹公差（摘自 GB/T 5796.4—2005）

外螺纹公差带

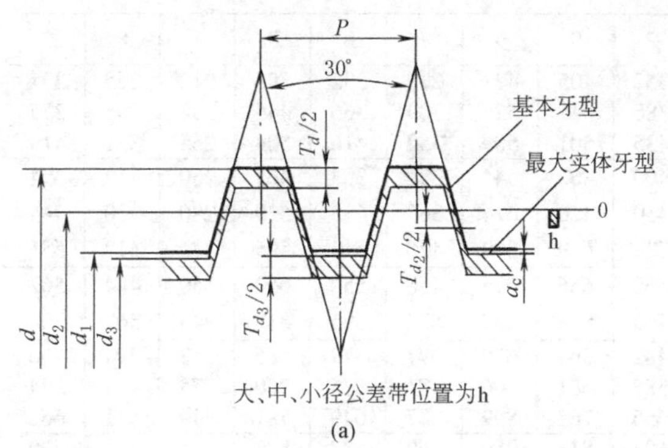

大、中、小径公差带位置为h

(a)

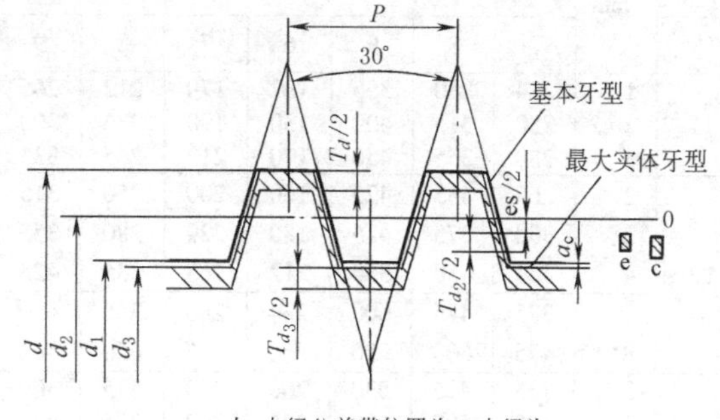

大、小径公差带位置为h，中径为e、c

(b)

内螺纹公差带

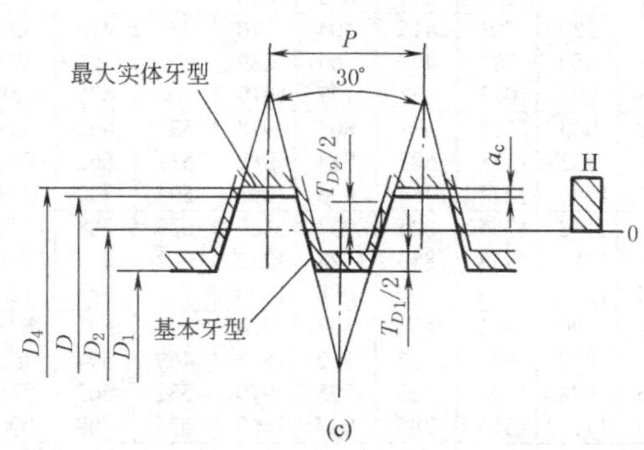

(c)

D_4—内螺纹大径；
T_{D_1}—内螺纹小径公差；
D_2—内螺纹中径；
D_1—内螺纹小径；
T_{D_2}—内螺纹中径公差；
P—螺距；
d—外螺纹大径；
d_2—外螺纹中径；
d_3—外螺纹小径；
es—中径基本偏差；
T_d—外螺纹大径公差；
T_{d_2}—外螺纹中径公差；
T_{d_3}—外螺纹小径公差

表 6-1-9　内、外螺纹中径基本偏差　μm

螺距 P /mm	内螺纹 D_2	外螺纹 d_2			螺距 P /mm	内螺纹 D_2	外螺纹 d_2		
	H EI	c es	e es	h es		H EI	c es	e es	h es
1.5	0	−140	−67	0	14	0	−355	−180	0
2	0	−150	−71	0	16	0	−375	−190	0
3	0	−170	−85	0	18	0	−400	−200	0
4	0	−190	−95	0	20	0	−425	−212	0
5	0	−212	−106	0	22	0	−450	−224	0
6	0	−236	−118	0	24	0	−475	−236	0
7	0	−250	−125	0	28	0	−500	−250	0
8	0	−265	−132	0	32	0	−530	−265	0
9	0	−280	−140	0	36	0	−560	−280	0
10	0	−300	−150	0	40	0	−600	−300	0
12	0	−335	−160	0	44	0	−630	−315	0

注：1. 公差带的位置由基本偏差确定，本标准规定外螺纹的上偏差 es 及内螺纹的下偏差 EI 为基本偏差。

2. 对外螺纹的中径 d_2 规定了三种公差带位置 h（图 a）、e 和 c（图 b）；对大径 d 和小径 d_3，只规定了一种公差带位置 h，h 的基本偏差为零，e 和 c 的基本偏差为负值。对内螺纹的大径 D_4、中径 D_2 及小径 D_1 规定了一种公差带位置 H（图 c），其基本偏差为零。

表 6-1-10　　梯形螺纹公差值　　μm

公称直径 d /mm		螺距 P /mm	内螺纹中径公差 T_{D_2}			外螺纹中径公差 T_{d_2}				外螺纹小径公差 T_{d_3}								
										中径公差带位置为 c			中径公差带位置为 e			中径公差带位置为 h		
			公差等级															
>	≤		7	8	9	6	7	8	9	7	8	9	7	8	9	7	8	9
5.6	11.2	1.5	224	280	355	132	170	212	265	352	405	471	279	332	398	212	265	331
		2	250	315	400	150	190	236	300	388	445	525	309	366	446	238	295	375
		3	280	355	450	170	212	265	335	435	501	589	350	416	504	265	331	419
11.2	22.4	2	265	335	425	160	200	250	315	400	462	544	321	383	465	250	312	394
		3	300	375	475	180	224	280	355	450	520	614	365	435	529	280	350	444
		4	355	450	560	212	265	335	425	521	609	690	426	514	595	331	419	531
		5	375	475	600	224	280	355	450	562	656	775	456	550	669	350	444	562
		8	475	600	750	280	355	450	560	709	828	965	576	695	832	444	562	700
22.4	45	3	335	425	530	200	250	315	400	482	564	670	397	479	585	312	394	500
		5	400	500	630	236	300	375	475	587	681	806	481	575	700	375	469	594
		6	450	560	710	265	335	425	530	655	767	899	537	649	781	419	531	662
		7	475	600	750	280	355	450	560	694	813	950	569	688	825	444	562	700
		8	500	630	800	300	375	475	600	734	859	1015	601	726	882	469	594	750
		10	530	670	850	315	400	500	630	800	925	1087	650	775	937	500	625	788
		12	560	710	900	335	425	530	670	866	998	1223	691	823	1048	531	662	838
45	90	3	355	450	560	212	265	335	425	501	589	701	416	504	616	331	419	531
		4	400	500	630	236	300	375	475	565	659	784	470	564	689	375	469	594
		8	530	670	850	315	400	500	630	765	890	1052	632	757	919	500	625	788
		9	560	710	900	335	425	530	670	811	943	1118	671	803	978	531	662	838
		10	560	710	900	335	425	530	670	831	963	1138	681	813	988	531	662	838
		12	630	800	1000	375	475	600	750	929	1085	1273	754	910	1098	594	750	938
		14	670	850	1060	400	500	630	800	970	1142	1355	805	967	1180	625	788	1000
		16	710	900	1120	425	530	670	850	1038	1213	1438	853	1028	1253	662	838	1062
		18	750	950	1180	450	560	710	900	1100	1288	1525	900	1088	1320	700	888	1125
90	180	4	425	530	670	250	315	400	500	584	690	815	489	595	720	394	500	625
		6	500	630	800	300	375	475	600	705	830	986	587	712	868	469	594	750
		8	560	710	900	335	425	530	670	796	928	1103	663	795	970	531	662	838
		12	670	850	1060	400	500	630	800	960	1122	1335	785	947	1160	625	788	1000
		14	710	900	1120	425	530	670	850	1018	1193	1418	843	1018	1243	662	838	1062
		16	750	950	1180	450	560	710	900	1075	1263	1500	890	1078	1315	700	888	1125
		18	800	1000	1250	475	600	750	950	1150	1338	1588	950	1138	1388	750	938	1188
		20	800	1000	1250	475	600	750	950	1175	1363	1613	962	1150	1400	750	938	1188
		22	850	1060	1320	500	630	800	1000	1232	1450	1700	1011	1224	1474	788	1000	1250
		24	900	1120	1400	530	670	850	1060	1313	1538	1800	1074	1299	1561	838	1062	1325
		28	950	1180	1500	560	710	900	1120	1388	1625	1900	1138	1375	1650	888	1125	1400
180	355	8	600	750	950	355	450	560	710	828	965	1153	695	832	1020	562	700	888
		12	710	900	1120	425	530	670	850	998	1173	1398	823	998	1223	662	838	1062
		18	850	1060	1320	500	630	800	1000	1187	1400	1650	987	1200	1450	788	1000	1250
		20	900	1120	1400	530	670	850	1060	1263	1488	1750	1050	1275	1537	838	1062	1325
		22	900	1120	1400	530	670	850	1060	1288	1513	1775	1062	1287	1549	838	1062	1325
		24	950	1180	1500	560	710	900	1120	1363	1600	1875	1124	1361	1636	888	1125	1400
		32	1060	1320	1700	630	800	1000	1250	1530	1780	2092	1265	1515	1827	1000	1250	1562
		36	1120	1400	1800	670	850	1060	1320	1623	1885	2210	1343	1605	1930	1062	1325	1650
		40	1120	1400	1800	670	850	1060	1320	1663	1925	2250	1363	1625	1950	1062	1325	1650
		44	1250	1500	1900	710	900	1120	1400	1755	2030	2380	1440	1715	2065	1125	1400	1750

螺距 P/mm	1.5	2	3	4	5	6	7	8	9	10	12	14	16	18	20	22	24	28	32	36	40	44
内螺纹小径公差 T_{D_1}（4 级）	190	236	315	375	450	500	560	630	670	710	800	900	1000	1120	1180	1250	1320	1500	1600	1800	1900	2000
外螺纹大径公差 T_d（4 级）	150	180	236	300	335	375	425	450	500	530	600	670	710	800	850	900	950	1060	1120	1250	1320	1400

注：1. 梯形螺纹公差带仅选择并标记中径公差带。

2. 6 级公差值仅是为了计算 7、8、9 级公差值而列出的。

表 6-1-11　　梯形螺纹旋合长度　　mm

公称直径 d >	公称直径 d ≤	螺距 P	旋合长度组 N >	旋合长度组 N ≤	旋合长度组 L >
5.6	11.2	1.5	5	15	15
		2	6	19	19
		3	10	28	28
11.2	22.4	2	8	24	24
		3	11	32	32
		4	15	43	43
		5	18	53	53
		8	30	85	85
22.4	45	3	12	36	36
		5	21	63	63
		6	25	75	75
		7	30	85	85
		8	34	100	100
		10	42	125	125
		12	50	150	150
45	90	3	15	45	45
		4	19	56	56
		8	38	118	118
		9	43	132	132
		10	50	140	140
		12	60	170	170
		14	67	200	200
		16	75	236	236
		18	85	265	265

公称直径 d >	公称直径 d ≤	螺距 P	旋合长度组 N >	旋合长度组 N ≤	旋合长度组 L >
90	180	4	24	71	71
		6	36	106	106
		8	45	132	132
		12	67	200	200
		14	75	236	236
		16	90	265	265
		18	100	300	800
		20	112	335	335
		22	118	355	355
		24	132	400	400
		28	150	450	450
180	355	8	50	150	150
		12	75	224	224
		18	112	335	335
		20	125	375	375
		22	140	425	425
		24	150	450	450
		32	200	600	600
		36	224	670	670
		40	250	750	750
		44	280	850	850

表 6-1-12　　梯形螺纹公差带的选用及标注

<table>
<tr><th colspan="2" rowspan="2">精　度</th><th colspan="2">内　螺　纹</th><th colspan="2">外　螺　纹</th><th rowspan="2">应　用</th></tr>
<tr><th>N</th><th>L</th><th>N</th><th>L</th></tr>
<tr><td colspan="2">中等</td><td>7H</td><td>8H</td><td>7h、7e</td><td>8e</td><td>一般用途</td></tr>
<tr><td colspan="2">粗糙</td><td>8H</td><td>9H</td><td>8e、8c</td><td>9c</td><td>对精度要求不高时采用</td></tr>
<tr><td rowspan="2">标记示例</td><td>内、外螺纹</td><td colspan="2">Tr 40×7-7H
└中径公差带
└螺距
└公称直径
└螺纹种类代号</td><td colspan="3">Tr 40×7-7e
Tr 40 × 7LH-7e
└左旋(右旋不注)
Tr40 ×14(P7)-8e-L(旋合长度为 L 组的多线螺纹)
└螺距
└导程
Tr40×7-7e-140(旋合长度为特殊需要时,可标数值)</td></tr>
<tr><td>螺旋副</td><td colspan="5">Tr40×7-7H/7e</td></tr>
</table>

注：1. 梯形螺纹的公差带代号只标注中径公差带（由表示公差等级的数字及公差位置的字母组成）。

2. 当旋合长度为 N 组时，不标注旋合长度代号。当旋合长度为 L 组时，应将组别代号 L 写在公差带代号的后面，并用“-”隔开。特殊需要时可用具体旋合长度数值代替组别代号 L。

3. 梯形螺纹副的公差带要分别注出内、外螺纹的公差带代号。前面的是内螺纹公差带代号，后面的是外螺纹公差带代号，中间用斜线分开。

表 6-1-13　多线梯形螺纹中径公差系数

线数	2	3	4	≥5
系数	1.12	1.25	1.4	1.6

注：1. 多线螺纹的顶径公差和底径公差与单线螺纹相同。
2. 多线螺纹的中径公差是在单线螺纹中径公差的基础上按线数不同分别乘以本表系数而得。

1.7　锯齿形（3°、30°）螺纹

1.7.1　锯齿形（3°、30°）螺纹牙型与基本尺寸

锯齿形（3°、30°）螺纹牙型（摘自 GB/T 13576.1—2008）

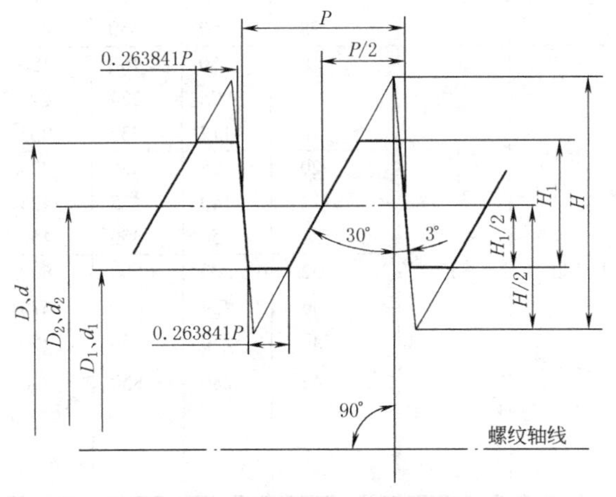

基本牙型

内、外螺纹的设计牙型

D—内螺纹大径；　d_1—外螺纹小径；
d—外螺纹大径；　P—螺距；
D_2—内螺纹中径；　H—原始三角形高度；
d_2—外螺纹中径；　H_1—基本牙型高度
D_1—内螺纹小径；

$H_1=0.75P$；　$D_2=d_2=d-H_1=d-0.75P$；
$a_c=0.117767P$；　$D_1=d-2H_1=d-1.5P$；
$h_3=H_1+a_c=0.867767P$；　$d_3=d-2h_3=d-1.735534P$；
$D=d$；　$R=0.124271P$；
$H=1.587911P$；　牙顶宽=牙底宽=$0.263841P$

表 6-1-14　基本牙型和设计牙型尺寸（摘自 GB/T 13576.1—2008）　mm

螺距	基本牙型			设计牙型			螺距	基本牙型			设计牙型		
P	H	H_1	牙底宽 牙顶宽	a_c	h_3	R	P	H	H_1	牙底宽 牙顶宽	a_c	h_3	R
2	3.176	1.50	0.528	0.236	1.736	0.249	16	25.407	12.00	4.221	1.988	13.884	1.988
3	4.764	2.25	0.792	0.353	2.603	0.373	18	28.582	13.50	4.749	2.120	15.620	2.237
4	6.352	3.00	1.055	0.471	3.471	0.497	20	31.758	15.00	5.277	2.355	17.355	2.485
5	7.940	3.75	1.319	0.589	4.339	0.621	22	34.934	16.50	5.804	2.591	19.091	2.734
6	9.527	4.50	1.583	0.707	5.207	0.746	24	38.110	18.00	6.332	2.826	20.826	2.982
7	11.115	5.25	1.847	0.824	6.074	0.870	28	44.462	21.00	7.388	3.297	24.297	3.480
8	12.703	6.00	2.111	0.942	6.942	0.994	32	50.813	24.00	8.443	3.769	27.769	3.977
9	14.291	6.75	2.375	1.060	7.810	1.118	36	57.165	27.00	9.498	4.240	31.240	4.474
10	15.879	7.50	2.638	1.178	8.678	1.243	40	63.516	30.00	10.554	4.711	34.711	4.971
12	19.055	9.00	3.166	1.413	10.413	1.491	44	69.868	33.00	11.609	5.182	38.182	5.468
14	22.231	10.50	3.694	1.649	12.149	1.740							

表 6-1-15　锯齿形（3°、30°）螺纹基本尺寸（摘自 GB/T 13576.3—2008）　mm

公称直径 d		螺距	中径	小径	
第一系列	第二系列	P	$d_2=D_2$	d_3	D_1
10		2	8.500	6.529	7.000
12		2	10.500	8.529	9.000
		3	9.750	6.793	7.500
	14	2	12.500	10.529	11.000
		3	11.750	8.793	9.500
16		2	14.500	12.529	13.000
		4	13.000	9.058	10.000
	18	2	16.500	14.529	15.000
		4	15.000	11.058	12.000
20		2	18.500	16.529	17.000
		4	17.000	13.058	14.000
	22	3	19.750	16.793	17.500
		5	18.250	13.322	14.500
		8	16.000	8.116	10.000
24		3	21.750	18.793	19.500
		5	20.250	15.322	16.500
		8	18.000	10.116	12.000
	26	3	23.750	20.793	21.500
		5	22.250	17.322	18.500
		8	20.000	12.116	14.000
28		3	25.750	22.793	23.500
		5	24.250	19.322	20.500
		8	22.000	14.116	16.000
	30	3	27.750	24.793	25.500
		6	25.500	19.587	21.000
		10	22.500	12.645	15.000
32		3	29.750	26.793	27.500
		6	27.500	21.587	23.000
		10	24.500	14.645	17.000
	34	3	31.750	28.793	29.500
		6	29.500	23.587	25.000
		10	26.500	16.645	19.000
36		3	33.750	30.793	31.500
		6	31.500	25.587	27.000
		10	28.500	18.645	21.000
	38	3	35.750	32.793	33.500
		7	32.750	25.851	27.500
		10	30.500	20.645	23.000
40		3	37.750	34.793	35.500
		7	34.750	27.851	29.500
		10	32.500	22.645	25.000
	42	3	39.750	36.793	37.500
		7	36.750	29.851	31.500
		10	34.500	24.645	27.000
44		3	41.750	38.793	39.500
		7	38.750	31.851	33.500
		12	35.000	23.174	26.000
	46	3	43.750	40.793	41.500
		8	40.000	32.116	34.000
		12	37.000	25.174	28.000
48		3	45.750	42.793	43.500
		8	42.000	34.116	36.000
		12	39.000	27.174	30.000
	50	3	47.750	44.793	45.500
		8	44.000	36.116	38.000
		12	41.000	29.174	32.000
52		3	49.750	46.793	47.500
		8	46.000	38.116	40.000
		12	43.000	31.174	34.000
	55	3	52.750	49.793	50.500
		9	48.250	39.380	41.500
		14	44.500	30.703	34.000
60		3	57.750	54.793	55.500
		9	53.250	44.380	46.500
		14	49.500	35.703	39.000
	65	4	62.000	58.058	59.000
		10	57.500	47.645	50.000
		16	53.000	37.231	41.000
70		4	67.000	63.058	64.000
		10	62.500	52.645	55.000
		16	58.000	42.231	46.000
	75	4	72.000	68.058	69.000
		10	67.500	57.645	60.000
		16	63.000	47.231	51.000
80		4	77.000	73.058	74.000
		10	72.500	62.645	65.000
		16	68.000	52.231	56.000
	85	4	82.000	78.058	79.000
		12	76.000	64.174	67.000
		18	71.500	53.760	58.000
90		4	87.000	83.058	84.000
		12	81.000	69.174	72.000
		18	76.500	58.760	63.000

续表

公称直径 d 第一系列	公称直径 d 第二系列	螺距 P	中径 $d_2=D_2$	小径 d_3	小径 D_1
	95	4	92.000	88.058	89.000
		12	86.000	74.174	77.000
		18	81.500	63.760	68.000
100		4	97.000	93.058	94.000
		12	91.000	79.174	82.000
		20	85.000	65.289	70.000
	110	4	107.000	103.058	104.000
		12	101.000	89.174	92.000
		20	95.000	75.289	80.000
120		6	115.500	109.587	111.000
		14	109.500	95.703	99.000
		22	103.500	81.818	87.000
	130	6	125.500	119.587	121.000
		14	119.500	105.703	109.000
		22	113.500	91.818	97.000
140		6	135.500	129.587	131.000
		14	129.500	115.703	119.000
		24	122.000	98.347	104.000
	150	6	145.500	139.587	141.000
		16	138.000	122.231	126.000
		24	132.000	108.347	114.000
160		6	155.500	149.587	151.000
		16	148.000	132.231	136.000
		28	139.000	111.405	118.000
	170	6	165.500	159.587	161.000
		16	158.000	142.231	146.000
		28	149.000	121.405	128.000
180		8	174.000	166.116	168.000
		18	166.500	148.760	153.000
		28	159.000	131.405	138.000
	190	8	184.000	176.116	178.000
		18	176.500	158.760	163.000
		32	166.000	134.463	142.000
200		8	194.000	186.116	188.000
		18	186.500	168.760	173.000
		32	176.000	144.463	152.000
	210	8	204.000	196.116	198.000
		20	195.000	175.289	180.000
		36	183.000	147.521	156.000
220		8	214.000	206.116	208.000
		20	205.000	185.289	190.000
		36	193.000	157.521	166.000

公称直径 d 第一系列	公称直径 d 第二系列	螺距 P	中径 $d_2=D_2$	小径 d_3	小径 D_1
	230	8	224.000	216.116	218.000
		20	215.000	195.289	200.000
		36	203.000	167.521	176.000
240		8	234.000	226.116	228.000
		22	223.500	201.818	207.000
		36	213.000	177.521	186.000
	250	12	241.000	229.174	232.000
		22	233.500	211.818	217.000
		40	220.000	180.579	190.000
260		12	251.000	239.174	242.000
		22	243.500	221.818	227.000
		40	230.000	190.579	200.000
	270	12	261.000	249.174	252.000
		24	252.000	228.347	234.000
		40	240.000	200.578	210.000
280		12	271.000	259.174	262.000
		24	262.000	238.347	244.000
		40	250.000	210.579	220.000
	290	12	281.000	269.174	272.000
		24	272.000	248.347	254.000
		44	257.000	213.637	224.000
300		12	291.000	279.174	282.000
		24	282.000	258.347	264.000
		44	267.000	223.637	234.000
	320	12	311.000	299.174	302.000
		44	287.000	243.637	254.000
340		12	331.000	319.174	322.000
		44	307.000	263.637	274.000
	360	12	351.000	339.174	342.000
380		12	371.000	359.174	362.000
	400	12	391.000	379.174	382.000
420		18	406.500	388.760	393.000
	440	18	426.500	408.760	413.000
460		18	446.500	428.760	433.000
	480	18	466.500	448.760	453.000
500		18	486.500	468.760	473.000
	520	24	502.000	478.347	484.000
540		24	522.000	498.347	504.000
	560	24	542.000	518.347	524.000
580		24	562.000	538.347	544.000
	600	24	582.000	558.347	564.000
620		24	602.000	578.347	584.000
	640	24	622.000	598.347	604.000

注：新增第三系列（105，115，125，135，145，155，165，175，185，195）省略。

1.7.2 锯齿形（3°、30°）螺纹公差（摘自 GB/T 13576.4—2008）

锯齿形螺纹中径的基本偏差

外螺纹公差带

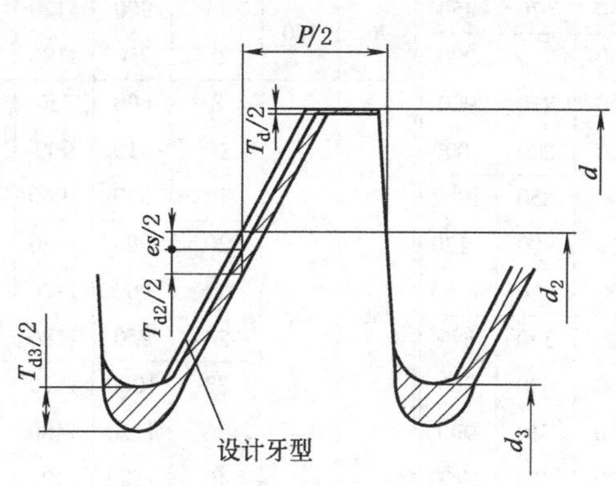

内螺纹公差带

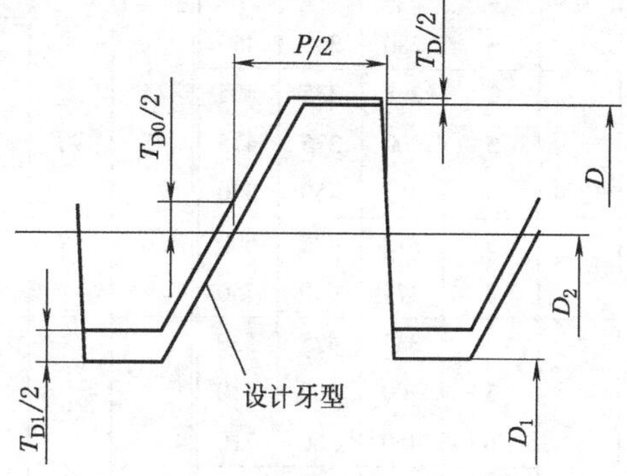

D——内螺纹基本大径；
D_2——内螺纹基本中径；
D_1——内螺纹基本小径；
d——外螺纹基本大径；
d_2——外螺纹基本中径；
d_3——外螺纹小径；
P——螺距；
N——中等旋合长度组；
L——长旋合长度组

l_N——中等旋合长度；
T——公差；
T_D——内螺纹大径公差；
T_{D_2}——内螺纹中径公差；
T_{D_1}——内螺纹小径公差；
T_d——外螺纹大径公差；
T_{d_2}——外螺纹中径公差；
T_{d_3}——外螺纹小径公差；
EI, ei——下偏差；
ES, es——上偏差

表 6-1-16　　锯齿形螺纹中径的基本偏差　　μm

螺距 P /mm		2	3	4	5	6	7	8	9	10	12	14	16	18	20	22	24	28	32	36	40	44
外螺纹 d_2	c es	-150	-170	-190	-212	-236	-250	-265	-280	-300	-335	-355	-375	-400	-425	-450	-475	-500	-530	-560	-600	-630
	e es	-71	-85	-95	-106	-118	-125	-132	-140	-150	-160	-180	-190	-200	-212	-224	-236	-250	-265	-280	-300	-315

注：内螺纹 D_2 的基本偏差 H EI 为零。

表 6-1-17　　内螺纹小径公差 T_{D_1}（公差等级 4 级）　　μm

螺距 P/mm	2	3	4	5	6	7	8	9	10	12	14	16	18	20	22	24	28	32	36	40	44
T_{D_1}	236	315	375	450	500	560	630	670	710	800	900	1000	1120	1180	1250	1320	1500	1600	1800	1900	2000

表 6-1-18　内螺纹中径公差 T_{D_2}　μm

公称直径 d /mm >	公称直径 d /mm ≤	螺距 P /mm	T_{D_2} 公差等级 7	8	9
5.6	11.2	2	250	315	400
		3	280	355	450
11.2	22.4	2	265	335	425
		3	300	375	475
		4	355	450	560
		5	375	475	600
		8	475	600	750
22.4	45	3	335	425	530
		5	400	500	630
		6	450	560	710
		7	475	600	750
		8	500	630	800
		10	530	670	850
		12	560	710	900
45	90	3	355	450	560
		4	400	500	630

公称直径 d /mm >	公称直径 d /mm ≤	螺距 P /mm	T_{D_2} 公差等级 7	8	9
45	90	8	530	670	850
		9	560	710	900
		10	560	710	900
		12	630	800	1000
		14	670	850	1060
		16	710	900	1120
		18	750	950	1180
90	180	4	425	530	670
		6	500	630	800
		8	560	710	900
		12	670	850	1060
		14	710	900	1120
		16	750	950	1180
		18	800	1000	1250
		20	800	1000	1250
		22	850	1060	1320

公称直径 d /mm >	公称直径 d /mm ≤	螺距 P /mm	T_{D_2} 公差等级 7	8	9
90	180	24	900	1120	1400
		28	950	1180	1500
180	355	8	600	750	950
		12	710	900	1120
		18	850	1060	1320
		20	900	1120	1400
		22	900	1120	1400
		24	950	1180	1500
		32	1060	1320	1700
		36	1120	1400	1800
		40	1120	1400	1800
		44	1250	1500	1900
355	640	12	760	950	1200
		18	900	1120	1400
		24	950	1180	1480
		44	1290	1610	2000

表 6-1-19　外螺纹中径公差 T_{d_2}　μm

公称直径 d /mm >	公称直径 d /mm ≤	螺距 P /mm	T_{d_2} 公差等级 7	8	9
5.6	11.2	2	190	236	300
		3	212	265	335
11.2	22.4	2	200	250	315
		3	224	280	355
		4	265	335	425
		5	280	355	450
		8	355	450	560
22.4	45	3	250	315	400
		5	300	375	475
		6	335	425	530
		7	355	450	560
		8	375	475	600
		10	400	500	630
		12	425	530	670
45	90	3	265	335	425
		4	300	375	475

公称直径 d /mm >	公称直径 d /mm ≤	螺距 P /mm	T_{d_2} 公差等级 7	8	9
45	90	8	400	500	630
		9	425	530	670
		10	425	530	670
		12	475	600	750
		14	500	630	800
		16	530	670	850
		18	560	710	900
90	180	4	315	400	500
		6	375	475	600
		8	425	530	670
		12	500	630	800
		14	530	670	850
		16	560	710	900
		18	600	750	950
		20	600	750	950
		22	630	800	1000

公称直径 d /mm >	公称直径 d /mm ≤	螺距 P /mm	T_{d_2} 公差等级 7	8	9
90	180	24	670	850	1060
		28	710	900	1120
180	355	8	450	560	710
		12	530	670	850
		18	630	800	1000
		20	670	850	1060
		22	670	850	1060
		24	710	900	1120
		32	800	1000	1250
		36	850	1060	1320
		40	850	1060	1320
		44	900	1120	1400
355	640	12	560	710	900
		18	670	850	1060
		24	710	900	1120
		44	950	1220	1520

表 6-1-20　外螺纹小径公差（T_{d_3}）　μm

基本大径 d/mm		螺距 P/mm	中径公差带位置为 c			中径公差带位置为 e		
			公差等级			公差等级		
>	≤		7	8	9	7	8	9
5.6	11.2	2	388	445	525	309	366	446
		3	435	501	589	350	416	504
11.2	22.4	2	400	462	544	321	383	465
		3	450	520	614	365	435	529
		4	521	609	690	426	514	595
		5	562	656	775	456	550	669
		8	709	828	965	576	695	832
22.4	45	3	482	564	670	397	479	585
		5	587	681	806	481	575	700
		6	655	767	899	537	649	781
		7	694	813	950	569	688	825
		8	734	859	1015	601	726	882
		10	800	925	1087	650	775	937
		12	866	998	1223	691	823	1048
45	90	3	501	589	701	416	504	616
		4	565	659	784	470	564	689
		8	765	890	1052	632	757	919
		9	811	943	1118	671	803	978
		10	831	963	1138	681	813	988
		12	929	1085	1273	754	910	1098
		14	970	1142	1355	805	967	1180
		16	1038	1213	1438	853	1028	1253
		18	1100	1288	1525	900	1088	1320
90	180	4	584	690	815	489	595	720
		6	705	830	986	587	712	868
		8	796	928	1103	663	795	970
		12	960	1122	1335	785	947	1160
		14	1018	1193	1418	843	1018	1243
		16	1075	1263	1500	890	1078	1315
		18	1150	1338	1588	950	1138	1388
		20	1175	1363	1613	962	1150	1400
		22	1232	1450	1700	1011	1224	1474
		24	1313	1538	1800	1074	1299	1561
		28	1388	1625	1900	1138	1375	1650
		8	828	965	1153	695	832	1020
		12	998	1173	1398	823	998	1223
		18	1187	1400	1650	987	1200	1450
		20	1263	1488	1750	1050	1275	1537
		22	1288	1513	1775	1062	1287	1549
		24	1363	1600	1875	1124	1361	1636
		32	1530	1780	2092	1265	1515	1827
		36	1623	1885	2210	1343	1605	1930
		40	1663	1925	2250	1363	1625	1950
		44	1755	2030	2380	1440	1715	2065
355	640	12	1035	1223	1460	870	1058	1295
		18	1238	1462	1725	1038	1263	1525
		24	1363	1600	1875	1124	1361	1636
		44	1818	2155	2530	1503	1840	2215

表 6-1-21　内外螺纹大径公差　μm

公称直径 d/mm	>6 ≤10	>10 ≤18	>18 ≤30	>30 ≤50	>50 ≤80	>80 ≤120	>120 ≤180	>180 ≤250	>250 ≤315	>315 ≤400	>400 ≤500	>500 ≤630	>630 ≤800
内螺纹公差 T_d/H10	58	70	84	100	120	140	160	185	210	230	250	280	320
外螺纹公差 T_D/h9	36	43	52	62	74	87	100	115	130	140	155	175	200

表 6-1-22　　内、外螺纹直径公差等级

内螺纹			外螺纹		
大径 D	中径 D_2	小径 D_1	大径 d	中径 d_2	小径 d_3
IT10	7,8,9	4	IT9	7,8,9	7,8,9

注：外螺纹小径 d_3 所选取的公差等级必须与其中径 d_2 的公差等级相同。

表 6-1-23　　锯齿形螺纹公差带的选用及标注

精度		内螺纹		外螺纹		应用
		N	L	N	L	
中等		7H	8H	7	8e	一般用途
粗糙		8H	9H	8c	9c	对精度要求不高时采用
标记示例	内、外螺纹	B40×7-7H 7H—中径公差带 7—螺距 40—公称直径 B—螺纹种类代号		B40×7-7e B40×7LH-7e LH—左旋(右旋不注) B40×14(P7)-8e-L(旋合长度为L组的多线螺纹) P7—螺距 14—导程 B40×7-7e-140(旋合长度为特殊需要时,可标数值)		
	螺纹副	B40×7-7H/7e				

表 6-1-24　　多线锯齿形螺纹中径公差系数

线数	2	3	4	≥5
系数	1.12	1.25	1.4	1.6

注：1. 多线锯齿形螺纹的顶径和底径的公差与单线锯齿形螺纹相同。

2. 多线锯齿形螺纹的中径公差是在单线锯齿形螺纹的基础上按线数不同分别乘以本表系数而得。

表 6-1-25　　螺纹旋合长度　　mm

公称直径 d >	公称直径 d ≤	螺距 P	旋合长度组 N >	旋合长度组 N ≤	旋合长度组 L >
5.6	11.2	2	6	19	19
		3	10	28	28
11.2	22.4	2	8	24	24
		3	11	32	32
		4	15	43	43
		5	18	53	53
		8	30	85	85
22.4	45	3	12	36	36
		5	21	63	63
		6	25	75	75
		7	30	85	85
		8	34	100	100
		10	42	125	125
		12	50	150	150
45	90	3	15	45	45
		4	19	56	56

公称直径 d >	公称直径 d ≤	螺距 P	旋合长度组 N >	旋合长度组 N ≤	旋合长度组 L >
45	90	8	38	118	118
		9	43	132	132
		10	50	140	140
		12	60	170	170
		14	67	200	200
		16	75	236	236
		18	85	265	265
90	180	4	24	71	71
		6	36	106	106
		8	45	132	132
		12	67	200	200
		14	75	236	236
		16	90	265	265
		18	100	300	300
		20	112	335	335
		22	118	355	355

公称直径 d >	公称直径 d ≤	螺距 P	旋合长度组 N >	旋合长度组 N ≤	旋合长度组 L >
90	180	24	132	400	400
		28	150	450	450
180	355	8	50	150	150
		12	75	224	224
		18	112	335	335
		20	125	375	375
		22	140	425	425
		24	150	450	450
		32	200	600	600
		36	224	670	670
		40	250	750	750
		44	280	850	850
355	640	12	87	260	260
		18	132	390	390
		24	174	520	520
		44	319	950	950

1.7.3 水系统 45°锯齿形螺纹牙型与基本尺寸（摘自 JB/T 2001.73—1999）

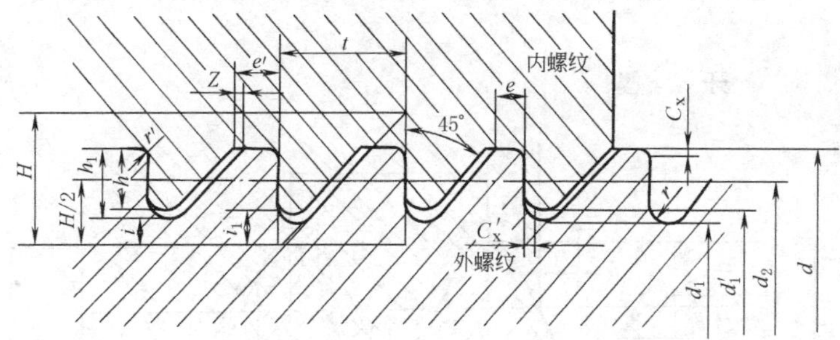

$H=t$　$e=0.25t$　$Z=0.02t+0.16$　$h_1=0.575t$　$i=0.175t$　$r=i/\sqrt{2}$　$h=0.5t$　$i_1=e=0.25t$

标记示例

螺纹外径 250mm，螺距 8mm，左旋单线锯齿形螺纹，标记为：

YS 250×8LH　JB/T 2001.73—1999

螺纹外径 300mm，螺距 10mm，右旋单线锯齿形螺纹，标记为：

YS 300×10　JB/T 2001.73—1999

表 6-1-26　　牙型尺寸　　mm

螺距 P	外螺纹 螺纹高度 h_1	外螺纹 齿顶宽度 e	外螺纹 圆角半径 r	外螺纹 倒角 C_x	间隙 Z	内螺纹 螺纹高度 h	内螺纹 齿顶宽度 e'	内螺纹 圆角半径 r'	内螺纹 倒角 C'_x
6	3.45	1.5	0.74	0.5	0.28	3.0	1.78	0.4	0.5
8	4.60	2.0	0.99	0.5	0.32	4.0	2.32	0.4	0.5
10	5.75	2.5	1.24	1.0	0.36	5.0	2.86	0.8	1.0
12	6.90	3.0	1.49	1.0	0.40	6.0	3.40	0.8	1.0
16	9.20	4.0	1.98	1.0	0.48	8.0	4.48	0.8	1.0
20	11.50	5.0	2.48	1.5	0.56	10.0	5.56	1.2	1.5
24	13.80	6.0	2.97	1.5	0.64	12.0	6.64	1.2	1.5
32	18.40	8.0	3.96	1.5	0.80	16.0	8.80	1.2	1.8
40	23.00	10.0	4.95	1.5	0.96	20.0	10.96	1.2	2.0

表 6-1-27　　基本尺寸　　mm

螺距 P	内、外螺纹 大径 d	内、外螺纹 内径 d_2	外螺纹 内径 d_1	内螺纹 内径 d'_1	外螺纹截面积 F /cm^2
6	150	147	143.1	144	160.8
	160	157	153.1	154	184.1
	170	167	163.1	164	208.9
	180	177	173.1	174	236.3
	190	187	183.1	184	263.3
8	200	196	190.8	192	285.9
	210	206	200.8	202	316.5
	220	216	210.8	212	348.0
	250	246	240.8	242	455.4
10	280	275	268.5	270	566.2
	300	295	288.5	290	653.7
	320	315	308.5	310	747.1
12	350	344	336.2	338	887.3
	380	374	366.2	368	1052.7
16	400	392	381.6	384	1143.7
	420	412	401.6	404	1266.1
	450	442	431.6	434	1463.0
	480	472	461.6	464	1672.6
	500	492	481.6	484	1821.6
20	520	510	497.0	500	1939.0
	550	540	527.0	530	2180.2
	580	570	557.0	560	2436.7
20	600	590	577.0	580	2614.8
	620	610	597.0	600	2797.8
24	650	638	622.4	626	3040.9
	680	668	652.4	656	3341.2
	700	688	672.4	676	3549.2
	720	708	692.4	696	3763.3
	750	738	722.4	726	4098.7
	780	768	752.4	756	4443.9
32	800	784	763.2	768	4572.6
	820	804	783.2	788	4815.2
	850	834	813.2	818	5193.8
	880	864	843.2	848	5580.6
	900	884	863.2	868	5852.1
	920	904	883.2	888	6123.0
	950	934	923.2	918	6549.7
	980	964	943.2	948	6981.8
	1000	984	963.2	968	7286.6
40	1060	1040	1014.0	1020	8075.4
	1120	1100	1074.0	1080	9059.4
	1180	1160	1134.0	1140	10099.9
	1250	1230	1204.0	1210	11385.3

注：1. 本标准规定了 45°锯齿形螺纹牙型与基本尺寸，适用于压力机立柱用 45°锯齿形螺纹。

2. 液压机用 45°锯齿形螺纹用“YS 直径×螺距/线数螺旋方向”表示，单线螺纹不必注明线数，右旋螺纹不必注明螺旋方向。

1.8 55°非螺纹密封的管螺纹（摘自 GB/T 7307—2001）

牙　型

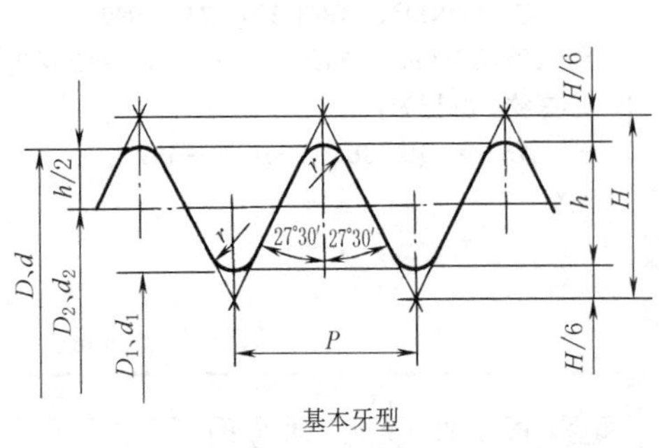

基本牙型

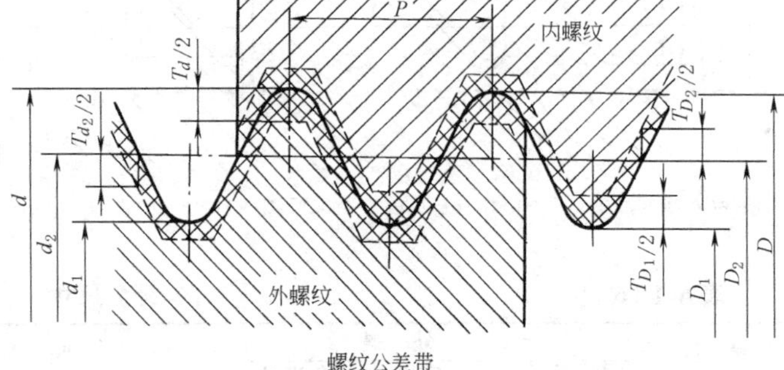

螺纹公差带

$P=\dfrac{25.4}{n}$;　　$H/6=0.160082P$;

$H=0.960491P$;　　$D_2=d_2=d-0.640327P$;

$h=0.640327P$;　　$D_1=d_1=d-1.280654P$

$r=0.137329P$;

标记示例

尺寸代号为1½的左旋圆柱内螺纹，标记为：G1½-LH（右旋不标）

尺寸代号为1½的A级圆柱外螺纹，标记为：G1½A（A、B表示外螺纹公差等级代号，内螺纹则不标）

尺寸代号为1½的B级圆柱外螺纹，标记为：G1½B

尺寸代号为1½的内、外螺纹装配，标记为：G1½/G1½A（仅需标注外螺纹的等级代号）

表 6-1-28　　基本尺寸和公差　　mm

尺寸代号	每25.4mm内的牙数 n	螺距 P	牙高 h	圆弧半径 r ≈	基本直径 大径 $d=D$	基本直径 中径 $d_2=D_2$	基本直径 小径 $d_1=D_1$	外螺纹 大径公差 T_d 下偏差	外螺纹 大径公差 T_d 上偏差	外螺纹 中径公差 T_{d_2}① 下偏差 A级	外螺纹 中径公差 T_{d_2}① 下偏差 B级	外螺纹 中径公差 T_{d_2}① 上偏差	内螺纹 中径公差 T_{D_2}① 下偏差	内螺纹 中径公差 T_{D_2}① 上偏差	内螺纹 小径公差 T_{D_1} 下偏差	内螺纹 小径公差 T_{D_1} 上偏差
1/16	28	0.907	0.581	0.125	7.723	7.142	6.561	-0.214	0	-0.107	-0.214	0	0	+0.107	0	+0.282
1/8	28	0.907	0.581	0.125	9.728	9.147	8.566	-0.214	0	-0.107	-0.214	0	0	+0.107	0	+0.282
1/4	19	1.337	0.856	0.184	13.157	12.301	11.445	-0.250	0	-0.125	-0.250	0	0	+0.125	0	+0.445
3/8	19	1.337	0.856	0.184	16.662	15.806	14.950	-0.250	0	-0.125	-0.250	0	0	+0.125	0	+0.445
1/2	14	1.814	1.162	0.249	20.955	19.793	18.631	-0.284	0	-0.142	-0.284	0	0	+0.142	0	+0.541
5/8	14	1.814	1.162	0.249	22.911	21.749	20.587	-0.284	0	-0.142	-0.284	0	0	+0.142	0	+0.541
3/4	14	1.814	1.162	0.249	26.441	25.279	24.117	-0.284	0	-0.142	-0.284	0	0	+0.142	0	+0.541
7/8	14	1.814	1.162	0.249	30.201	29.039	27.877	-0.284	0	-0.142	-0.284	0	0	+0.142	0	+0.541
1	11	2.309	1.479	0.317	33.249	31.770	30.291	-0.360	0	-0.180	-0.360	0	0	+0.180	0	+0.640
1⅛	11	2.309	1.479	0.317	37.897	36.418	34.939	-0.360	0	-0.180	-0.360	0	0	+0.180	0	+0.640
1¼	11	2.309	1.479	0.317	41.910	40.431	38.952	-0.360	0	-0.180	-0.360	0	0	+0.180	0	+0.640
1½	11	2.309	1.479	0.317	47.803	46.324	44.845	-0.360	0	-0.180	-0.360	0	0	+0.180	0	+0.640
1¾	11	2.309	1.479	0.317	53.746	52.267	50.788	-0.360	0	-0.180	-0.360	0	0	+0.180	0	+0.640
2	11	2.309	1.479	0.317	59.614	58.135	56.656	-0.360	0	-0.180	-0.360	0	0	+0.180	0	+0.640
2¼	11	2.309	1.479	0.317	65.710	64.231	62.752	-0.434	0	-0.217	-0.434	0	0	+0.217	0	+0.640
2½	11	2.309	1.479	0.317	75.184	73.705	72.226	-0.434	0	-0.217	-0.434	0	0	+0.217	0	+0.640
2¾	11	2.309	1.479	0.317	81.534	80.055	78.576	-0.434	0	-0.217	-0.434	0	0	+0.217	0	+0.640
3	11	2.309	1.479	0.317	87.884	86.405	84.926	-0.434	0	-0.217	-0.434	0	0	+0.217	0	+0.640
3½	11	2.309	1.479	0.317	100.330	98.851	97.372	-0.434	0	-0.217	-0.434	0	0	+0.217	0	+0.640
4	11	2.309	1.479	0.317	113.030	111.551	110.072	-0.434	0	-0.217	-0.434	0	0	+0.217	0	+0.640
4½	11	2.309	1.479	0.317	125.730	124.251	122.772	-0.434	0	-0.217	-0.434	0	0	+0.217	0	+0.640
5	11	2.309	1.479	0.317	138.430	136.951	135.472	-0.434	0	-0.217	-0.434	0	0	+0.217	0	+0.640
5½	11	2.309	1.479	0.317	151.130	149.651	148.172	-0.434	0	-0.217	-0.434	0	0	+0.217	0	+0.640
6	11	2.309	1.479	0.317	163.830	162.351	160.872	-0.434	0	-0.217	-0.434	0	0	+0.217	0	+0.640

① 对薄壁管件，此公差适用于平均中径，该中径是测量两个互相垂直直径的算术平均值。

注：本标准适用于管接头、旋塞、阀门及其附件。

1.9 55°密封管螺纹（摘自 GB/T 7306.1~7306.2—2000）

圆柱内螺纹与圆锥外螺纹（GB/T 7306.1—2000）、圆锥内螺纹与圆锥外螺纹（GB/T 7306.2—2000）

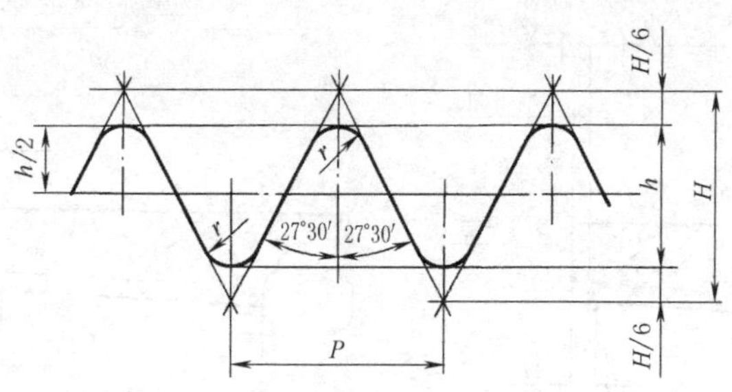

$H=0.960491P$

$h=0.640327P$

$r=0.137329P$

圆柱内螺纹的设计牙型

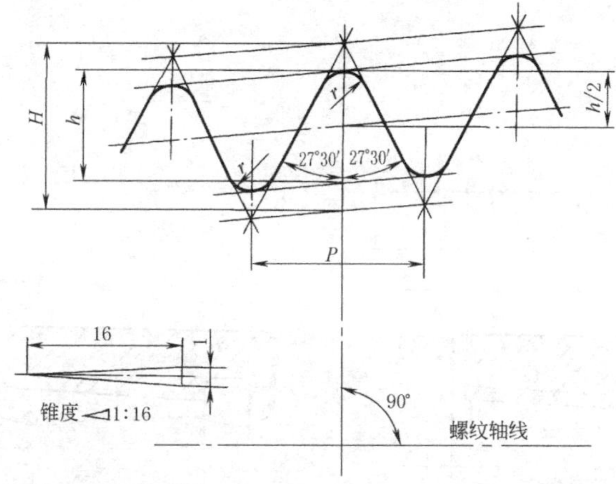

$H=0.960237P$

$h=0.640327P$

$r=0.137278P$

圆锥内、外螺纹的设计牙型（GB/T 7306.1、GB/T 7306.2）

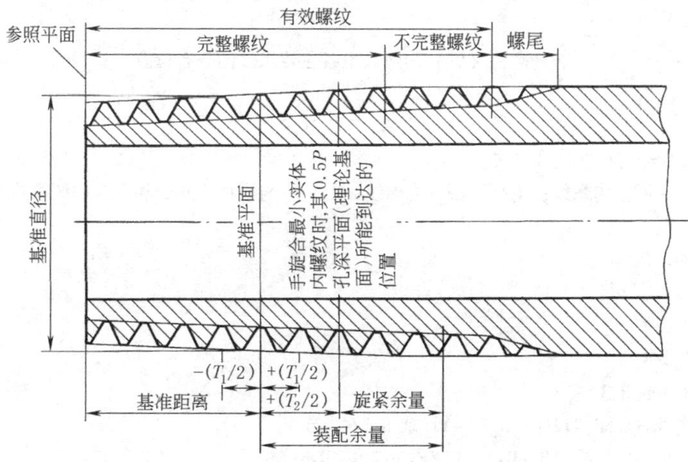

圆锥外螺纹上各主要尺寸的分布位置（GB/T 7306.1、GB/T 7306.2）

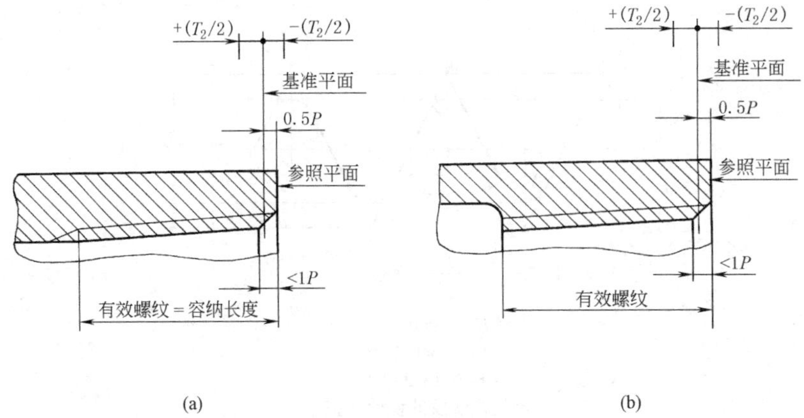

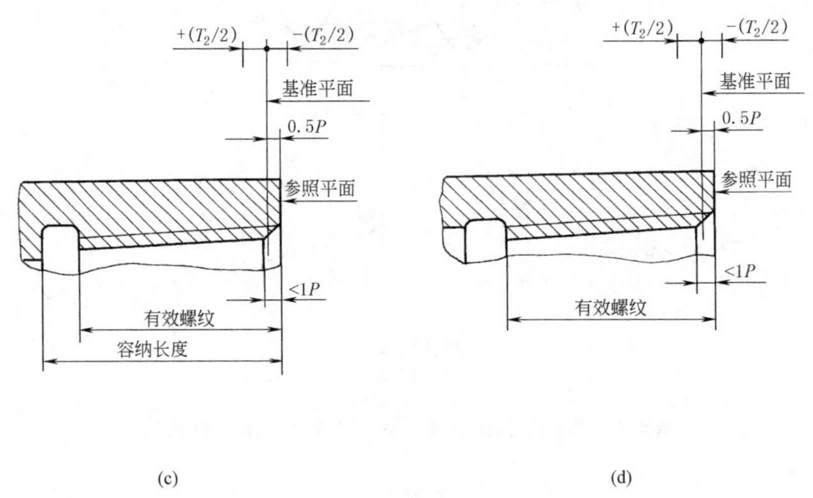

圆柱（锥）内螺纹上各主要尺寸的分布位置

管螺纹的标记由特征代号与尺寸代号组成。

螺纹特征代号：R_p——圆柱内螺纹；R_c——圆锥内螺纹；R_1——与圆柱内螺纹相配合的圆锥外螺纹；R_2——与圆锥内螺纹相配合的圆锥外螺纹。

尺寸代号见表6-1-29。

标记示例

右旋圆柱内螺纹：R_p3/4

右旋圆锥内螺纹：R_c3/4

右旋圆锥外螺纹：$R_1$3 或 $R_2$3

螺纹左旋时，尺寸代号后加注“LH”：R_p3/4-LH 或 R_c3/4-LH

螺纹副特征代号为“R_p/R_1”或“R_c/R_2”：$R_p/R_1$3 或 $R_c/R_2$3

表 6-1-29

基本尺寸及公差

mm

尺寸代号	每25.4mm内的牙数 n	螺距 P	牙高 h	圆弧半径 r ≈	基准平面上的基本直径			基准距离					装配余量		外螺纹的有效螺纹长度 ≥			圆柱内螺纹直径极限偏差 $\pm T_2/2$		圆锥内螺纹基准平面轴向位移极限偏差 $\pm T_2/2$	
					大径（基准直径）$d=D$	中径 $d_2=D_2$	小径 $d_1=D_1$	基本	极限偏差 $\pm T_1/2$		最大	最小	长度 ≈	圈数	基准距离			径向	轴向圈数	≈	圈数
									≈	圈数					基本	最大	最小				
1/16	28	0.907	0.581	0.125	7.723	7.142	6.561	4.0	0.9	1	4.9	3.1	2.5	2¾	6.5	7.4	5.6	0.071	1¼	1.1	1¼
1/8	28	0.907	0.581	0.125	9.728	9.147	8.566	4.0	0.9	1	4.9	3.1	2.5	2¾	6.5	7.4	5.6	0.071	1¼	1.1	1¼
1/4	19	1.337	0.856	0.184	13.157	12.301	11.445	6.0	1.3	1	7.3	4.7	3.7	2¾	9.7	11.0	8.4	0.104	1¼	1.7	1¼
3/8	19	1.337	0.856	0.184	16.662	15.806	14.950	6.4	1.3	1	7.7	5.1	3.7	2¾	10.1	11.4	8.8	0.104	1¼	1.7	1¼
1/2	14	1.814	1.162	0.249	20.955	19.793	18.631	8.2	1.8	1	10.0	6.4	5.0	2¾	13.2	15.0	11.4	0.142	1¼	2.3	1¼
3/4	14	1.814	1.162	0.249	26.441	25.279	24.117	9.5	1.8	1	11.3	7.7	5.0	2¾	14.5	16.3	12.7	0.142	1¼	2.3	1¼
1	11	2.309	1.479	0.317	33.249	31.770	30.291	10.4	2.3	1	12.7	8.1	6.4	2¾	16.8	19.1	14.5	0.180	1¼	2.9	1¼
1¼	11	2.309	1.479	0.317	41.910	40.431	38.952	12.7	2.3	1	15.0	10.4	6.4	2¾	19.1	21.4	16.8	0.180	1¼	2.9	1¼
1½	11	2.309	1.479	0.317	47.803	46.324	44.845	12.7	2.3	1	15.0	10.4	6.4	2¾	19.1	21.4	16.8	0.180	1¼	2.9	1¼
2	11	2.309	1.479	0.317	59.614	58.135	56.656	15.9	2.3	1	18.2	13.6	7.5	3¼	23.4	25.7	21.1	0.180	1¼	2.9	1¼
2½	11	2.309	1.479	0.317	75.184	73.705	72.226	17.5	3.5	1½	21.0	14.0	9.2	4	26.7	30.2	23.2	0.216	1½	3.5	1½
3	11	2.309	1.479	0.317	87.884	86.405	84.926	20.6	3.5	1½	24.1	17.1	9.2	4	29.8	33.3	26.3	0.216	1½	3.5	1½
4	11	2.309	1.479	0.317	113.030	111.551	110.072	25.4	3.5	1½	28.9	21.9	10.4	4½	35.8	39.3	32.3	0.216	1½	3.5	1½
5	11	2.309	1.479	0.317	138.430	136.951	135.472	28.6	3.5	1½	32.1	25.1	11.5	5	40.1	43.6	36.6	0.216	1½	3.5	1½
6	11	2.309	1.479	0.317	163.830	162.351	160.872	28.6	3.5	1½	32.1	25.1	11.5	5	40.1	43.6	36.6	0.216	1½	3.5	1½

注：1. 本标准适用于管子、阀门、管接头、旋塞及其他管路附件的螺纹连接。

2. 允许在螺纹副内添加合适的密封介质，如在螺纹表面缠胶带、涂密封胶等。

3. 圆锥内螺纹小端面和圆柱（锥）内螺纹外端面的倒角轴向长度不得大于 $1P$。

4. 圆锥外螺纹的有效长度不应小于其基准距离的实际值与装配余量之和。对应基准距离为基本、最大和最小尺寸的三种条件，表中分别给出了相应情况所需的最小有效螺纹长度。

5. 当圆柱（锥）内螺纹的尾部未采用退刀结构时，其最小有效螺纹应能容纳表中所规定长度的圆锥外螺纹；当圆柱（锥）内螺纹的尾部采用退刀结构时，其容纳长度应能容纳表中所规定长度的圆锥外螺纹，其最小有效长度应不小于表中所规定长度的 80%。

1.10 60°密封管螺纹（摘自 GB/T 12716—2011）

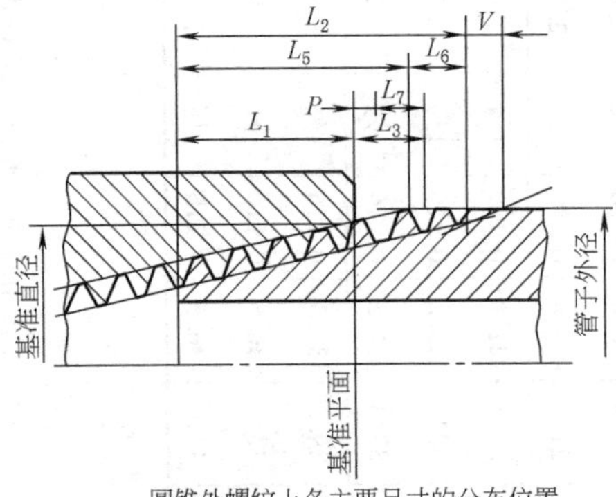

圆锥外螺纹上各主要尺寸的分布位置

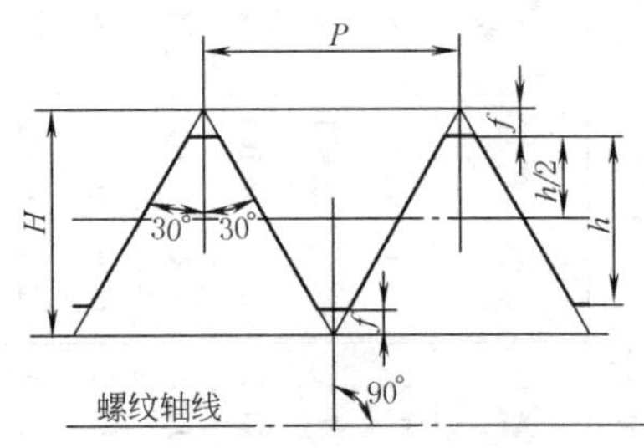

圆柱内螺纹的牙型(NPSC)

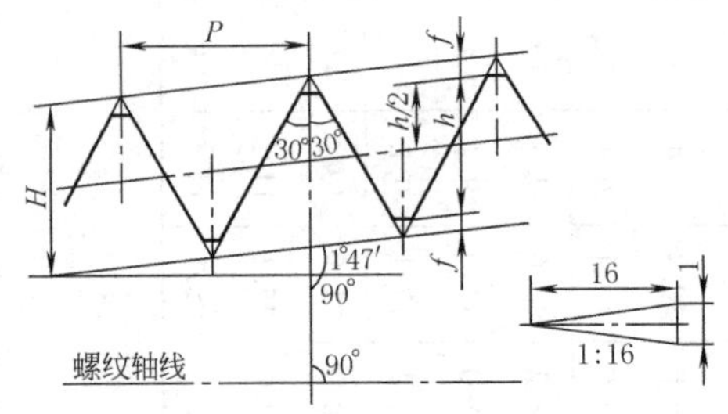

圆锥螺纹的牙型(NPT)

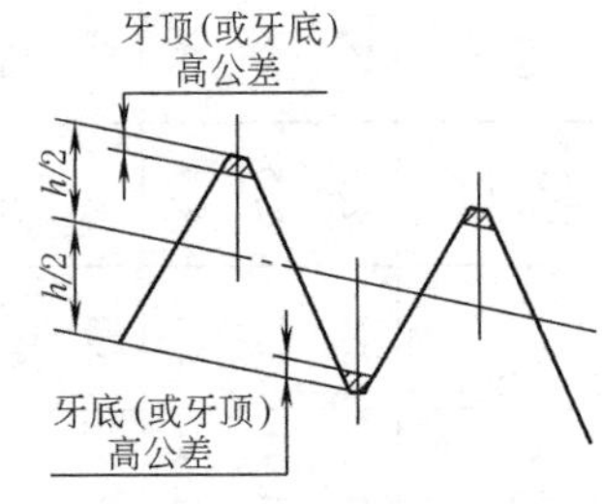

牙顶高和牙底高的公差带位置分布

f—削平高度；　h—螺纹牙型高度；　V—螺尾长度；
L_1—基准距离；　L_2—有效螺纹长度；　L_3—装配余量；
L_5—完整螺纹长度；　L_6—不完整螺纹长度；　L_7—旋紧余量；

$$P=25.4/n;\ H=0.866025P;\ h=0.8P;\ f=0.033P$$

标记示例

尺寸代号为 3/4 的右旋圆柱内螺纹，标记为：NPSC3/4

尺寸代号为 6 的右旋圆锥内螺纹或外螺纹，标记为：NPT6

尺寸代号为 14 O. D. 的左旋圆锥内螺纹或外螺纹，标记为：NPT14 O. D. -LH

表 6-1-30　　圆锥管螺纹的基本尺寸　　mm

尺寸代号	每 25.4mm 内的牙数 n	螺距 P	牙高 h	基准平面内的基本直径			基准距离 L_1		装配余量 L_3		外螺纹小端面内的基本小径
				大径 $d=D$	中径 $d_2=D_2$	小径 $d_1=D_1$	圈数	mm	圈数	mm	
1/16	27	0.941	0.753	7.895	7.142	6.389	4.32	4.064	3	2.822	6.137
1/8	27	0.941	0.753	10.242	9.489	8.736	4.36	4.102	3	2.822	8.481
1/4	18	1.411	1.129	13.616	12.487	11.358	4.10	5.785	3	4.234	10.996
3/8	18	1.411	1.129	17.055	15.926	14.797	4.32	6.096	3	4.234	14.417
1/2	14	1.814	1.451	21.223	19.772	18.321	4.48	8.128	3	5.443	17.813
3/4	14	1.814	1.451	26.568	25.117	23.666	4.75	8.618	3	5.443	23.127
1	11.5	2.209	1.767	33.228	31.461	29.694	4.60	10.160	3	6.627	29.060
1¼	11.5	2.209	1.767	41.985	40.218	38.451	4.83	10.668	3	6.627	37.785
1½	11.5	2.209	1.767	48.054	46.278	44.520	4.83	10.668	3	6.627	43.853

续表

尺寸代号	每25.4mm内的牙数 n	螺距 P	牙高 h	基准平面内的基本直径			基准距离 L_1		装配余量 L_3		外螺纹小端面内的基本小径
				大径 $d=D$	中径 $d_2=D_2$	小径 $d_1=D_1$	圈数	mm	圈数	mm	
2	11.5	2.209	1.767	60.092	58.325	56.558	5.01	11.074	3	6.627	55.867
2½	8	3.175	2.540	72.699	70.159	67.619	5.46	17.323	2	6.350	66.535
3	8	3.175	2.540	88.608	86.068	83.528	6.13	19.456	2	6.350	82.311
3½	8	3.175	2.540	101.316	98.776	96.236	6.57	20.853	2	6.350	94.933
4	8	3.175	2.540	113.973	111.433	108.893	6.75	21.438	2	6.350	107.554
5	8	3.175	2.540	140.952	138.412	135.872	7.50	23.800	2	6.350	134.384
6	8	3.175	2.540	167.792	165.252	162.772	7.66	24.333	2	6.350	161.191
8	8	3.175	2.540	218.441	215.901	213.361	8.50	27.000	2	6.350	211.673
10	8	3.175	2.540	272.312	269.772	267.232	9.68	30.734	2	6.350	265.311
12	8	3.175	2.540	323.032	320.492	317.952	10.88	34.544	2	6.350	315.793
14	8	3.175	2.540	354.905	352.365	349.825	12.50	39.675	2	6.350	347.345
16	8	3.175	2.540	405.784	403.244	400.704	14.50	46.025	2	6.350	397.828
18	8	3.175	2.540	456.565	454.025	451.485	16.00	50.800	2	6.350	448.310
20	8	3.175	2.540	507.246	504.706	502.166	17.00	53.975	2	6.350	498.793
24	8	3.175	2.540	608.608	606.068	603.528	19.00	60.325	2	6.350	599.758

圆锥管螺纹(NPT)的单项要素极限偏差

在25.4mm轴向长度内所包含的牙数 n	中径线锥度(1/16)的极限偏差	有效螺纹的导程累积偏差	牙侧角偏差/(°)
27	+1/96 −1/192	±0.076	±1.25
18,14			±1
11.5,8			±0.75

注：1. D—内螺纹在基准平面内的大径；D_1—内螺纹在基准平面内的小径；D_2—内螺纹在基准平面内的中径；d—外螺纹在基准平面内的大径；d_1—外螺纹在基准平面内的小径；d_2—外螺纹在基准平面内的中径。

2. 对有效螺纹长度大于25.4mm的螺纹，其导程累积误差的最大测量跨度为25.4mm。

3. 螺纹的收尾长度（V）为3.47P。

4. 内、外螺纹可组成两种密封配合型式：圆锥内螺纹与圆锥外螺纹组成“锥/锥”配合，圆柱内螺纹与圆锥外螺纹组成“柱/锥”配合。

5. 本标准适用于管子、阀门、管接头、旋塞及其他管路附件的密封螺纹连接。

6. 为确保螺纹连接密封的可靠性，应在螺纹副内添加合适的密封介质，如缠胶带等。

表6-1-31　圆柱内螺纹（NPSC）的极限尺寸　mm

尺寸代号	每25.4mm内的牙数 n	中径		小径
		最大	最小	最小
1/8	27	9.578	9.401	8.636
1/4	18	12.619	12.358	11.227
3/8	18	16.058	15.794	14.656
1/2	14	19.942	19.601	18.161
3/4	14	25.288	24.948	23.495
1	11.5	31.669	31.255	29.489

续表

尺寸代号	每25.4mm内的牙数 n	中径		小径
		最大	最小	最小
1¼	11.5	40.424	40.010	38.252
1½	11.5	46.495	46.081	44.323
2	11.5	58.532	58.118	56.363
2½	8	70.457	69.860	67.310
3	8	86.365	85.771	83.236
3½	8	99.073	98.478	95.936
4	8	111.730	111.135	108.585

注：可参照最小小径数据选择攻螺纹前的麻花钻直径。

表 6-1-32　　圆锥管螺纹的英寸尺寸　　in

尺寸代号	每25.4mm内的牙数 n	螺距 P	牙高 h	基准平面内的中径 $d_2=D_2$	基准距离 L_1		装配余量 L_3		外螺纹小端面内的基本小径
					圈数	in	圈数	in	
1/16	27	0.03704	0.02963	0.28118	4.32	0.160	3	0.1111	0.2416
1/8	27	0.03704	0.02963	0.37360	4.36	0.1615	3	0.1111	0.3339
1/4	18	0.05556	0.04444	0.49163	4.10	0.2278	3	0.1667	0.4329
3/8	18	0.05556	0.04444	0.62701	4.32	0.240	3	0.1667	0.5676
1/2	14	0.07143	0.05714	0.77843	4.48	0.320	3	0.2143	0.7013
3/4	14	0.07143	0.05714	0.98887	4.75	0.339	3	0.2143	0.9105
1	11.5	0.08696	0.06957	1.23863	4.60	0.400	3	0.2609	1.1441
1¼	11.5	0.08696	0.06957	1.58338	4.83	0.420	3	0.2609	1.4876
1½	11.5	0.08696	0.06957	1.82234	4.83	0.420	3	0.2609	1.7265
2	11.5	0.08696	0.06957	2.29627	5.01	0.436	3	0.2609	2.1995
2½	8	0.12500	0.10000	2.76216	5.46	0.682	2	0.2500	2.6195
3	8	0.12500	0.10000	3.38850	6.13	0.766	2	0.2500	3.2406
3½	8	0.12500	0.10000	3.88881	6.57	0.821	2	0.2500	3.7375
4	8	0.12500	0.10000	4.38712	6.75	0.844	2	0.2500	4.2344
5	8	0.12500	0.10000	5.44929	7.50	0.937	2	0.2500	5.2907
6	8	0.12500	0.10000	6.50597	7.66	0.958	2	0.2500	6.3461
8	8	0.12500	0.10000	8.50003	8.50	1.063	2	0.2500	8.3336
10	8	0.12500	0.10000	10.62094	9.68	1.210	2	0.2500	10.4453
12	8	0.12500	0.10000	12.61781	10.88	1.360	2	0.2500	12.4328
14 O.D.	8	0.12500	0.10000	13.87262	12.50	1.562	2	0.2500	13.6750
16 O.D.	8	0.12500	0.10000	15.87575	14.50	1.812	2	0.2500	15.6625
18 O.D.	8	0.12500	0.10000	17.87500	16.00	2.000	2	0.2500	17.6500
20 O.D.	8	0.12500	0.10000	19.87031	17.00	2.125	2	0.2500	19.6375
24 O.D.	8	0.12500	0.10000	23.86094	19.00	2.375	2	0.2500	23.6125

圆锥管螺纹的单项要素极限偏差

每25.4mm轴向长度内所包含的牙数 n	中径线锥度(1/16)的极限偏差	有效螺纹的导程累积偏差	牙侧角偏差/(°)
27	+1/96 −1/192	±0.003	±1.25
18,14			±1
11.5,8			±0.75

表 6-1-33　　圆柱内螺纹的极限尺寸　　in

尺寸代号	每25.4mm内的牙数 n	中径		小径
		最大	最小	最小
1/8	27	0.3771	0.3701	0.340
1/4	18	0.4968	0.4864	0.442
3/8	18	0.6322	0.6218	0.577
1/2	14	0.7851	0.7717	0.715
3/4	14	0.9956	0.9822	0.925
1	11.5	1.2468	1.2305	1.161
1¼	11.5	1.5915	1.5752	1.506
1½	11.5	1.8305	1.8142	1.745
2	11.5	2.3044	2.2881	2.219
2½	8	2.7739	2.7504	2.650
3	8	3.4002	3.3768	3.277
3½	8	3.9005	3.8771	3.777
4	8	4.3988	4.3754	4.275

1.11　美国一般用途管螺纹的用途和代号

由于 GB/T 12716—2002《60°密封管螺纹》等效地采用了美国标准 ANSI B1.20.1 中的锥螺纹（NPT）和圆柱内螺纹（NPSC）部分，现将美国标准 ANSI B1.20.1—1983《一般用途管螺纹》的用途及代号列入表 6-1-34，供使用者参考。

表 6-1-34

标准号	性能	用途	内锥	外锥	内柱	外柱
ANSI B1.20.1（代替 ASA B2.1）	密封连接	普通用途(管子和附件)	NPT	NPT	—	—
		低压管接头连接	—	NPT	NPSC	—
	机械连接	钢轨连接	NPTR	NPTR	—	—
		设备的自由配合接头	—	—	NPSM	NPSM
		带锁紧螺母的松配合接头	—	—	NPSL	NPSL

1.12　普通螺纹的管路系列（摘自 GB/T 1414—2013）

表 6-1-35　　普通螺纹的管路系列　　mm

公称直径 D、d		螺距 P	公称直径 D、d		螺距 P	公称直径 D、d		螺距 P
第1选择	第2选择		第1选择	第2选择		第1选择	第2选择	
8		1		33	2	80		2
10		1		39	2		85	2
	14	1.5	42		2	90		3,2
16		1.5	48		2	100		3,2
	18	1.5		56	2		115	3,2
20		1.5		60	2	125		2
	22	2,1.5	64		2	140		3,2
24		2		68	2		150	2
	27	2	72		3	160		2
30		2		76	2		170	3

注：1. 本标准适用于一般的管路系统，其螺纹本身不具有密封功能。

2. 标记方法见 GB/T 197。

1.13 米制密封螺纹（摘自 GB/T 1415—2008）

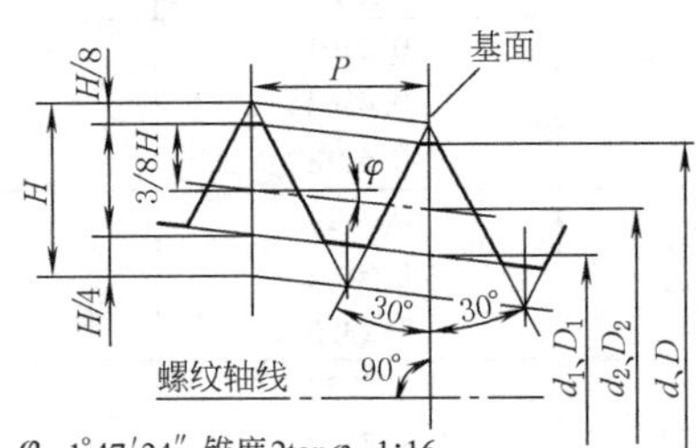

$\varphi=1°47'24''$ 锥度 $2\tan\varphi=1:16$

$H=0.866025404P$

标记示例

公称直径 12mm，螺距 1mm，标准基准距离，右旋圆锥螺纹：Mc12×1（左旋标为：Mc12×1-LH）

公称直径 20mm，螺距 1.5mm，短型基准距离，右旋圆锥外螺纹：Mc20×1.5-S

公称直径 42mm，螺距 2mm，短型基准距离，右旋圆柱内螺纹：Mp42×2-S

表 6-1-36　　米制密封螺纹的基本尺寸　　mm

<table>
<tr><th rowspan="3">公称直径
D、d</th><th rowspan="3">螺距
P</th><th colspan="3">基准平面内的直径①</th><th colspan="2">基准距离 $L_1$②</th><th colspan="2">最小有效螺纹长度 $L_2$②</th></tr>
<tr><th>大径</th><th>中径</th><th>小径</th><th rowspan="2">标准型</th><th rowspan="2">短型</th><th rowspan="2">标准型</th><th rowspan="2">短型</th></tr>
<tr><th>D、d</th><th>D_2、d_2</th><th>D_1、d_1</th></tr>
<tr><td>8</td><td>1</td><td>8.000</td><td>7.350</td><td>6.917</td><td>5.500</td><td>2.500</td><td>8.000</td><td>5.500</td></tr>
<tr><td>10</td><td>1</td><td>10.000</td><td>9.350</td><td>8.917</td><td>5.500</td><td>2.500</td><td>8.000</td><td>5.500</td></tr>
<tr><td>12</td><td>1</td><td>12.000</td><td>11.350</td><td>10.917</td><td>5.500</td><td>2.500</td><td>8.000</td><td>5.500</td></tr>
<tr><td>14</td><td>1.5</td><td>14.000</td><td>13.026</td><td>12.376</td><td>7.500</td><td>3.500</td><td>11.000</td><td>8.500</td></tr>
<tr><td rowspan="2">16</td><td>1</td><td>16.000</td><td>15.350</td><td>14.917</td><td>5.500</td><td>2.500</td><td>8.000</td><td>5.500</td></tr>
<tr><td>1.5</td><td>16.000</td><td>15.025</td><td>14.376</td><td>7.500</td><td>3.500</td><td>11.000</td><td>8.500</td></tr>
<tr><td>20</td><td>1.5</td><td>20.000</td><td>19.026</td><td>18.376</td><td>7.500</td><td>3.500</td><td>11.000</td><td>8.500</td></tr>
<tr><td>27</td><td>2</td><td>27.000</td><td>25.701</td><td>24.835</td><td>11.000</td><td>5.000</td><td>15.000</td><td>12.000</td></tr>
<tr><td>33</td><td>2</td><td>33.000</td><td>31.701</td><td>30.835</td><td>11.000</td><td>5.000</td><td>16.000</td><td>12.000</td></tr>
<tr><td>42</td><td>2</td><td>42.000</td><td>40.701</td><td>39.835</td><td>11.000</td><td>5.000</td><td>16.000</td><td>12.000</td></tr>
<tr><td>48</td><td>2</td><td>48.000</td><td>46.701</td><td>45.835</td><td>11.000</td><td>5.000</td><td>16.000</td><td>12.000</td></tr>
<tr><td>60</td><td>2</td><td>60.000</td><td>58.701</td><td>57.835</td><td>11.000</td><td>5.000</td><td>16.000</td><td>12.000</td></tr>
<tr><td>72</td><td>3</td><td>72.000</td><td>70.051</td><td>68.752</td><td>16.500</td><td>7.500</td><td>24.000</td><td>18.000</td></tr>
<tr><td>76</td><td>2</td><td>76.000</td><td>74.701</td><td>73.835</td><td>11.000</td><td>5.000</td><td>16.000</td><td>12.000</td></tr>
<tr><td rowspan="2">90</td><td>2</td><td>90.000</td><td>88.701</td><td>87.835</td><td>11.000</td><td>5.000</td><td>16.000</td><td>12.000</td></tr>
<tr><td>3</td><td>90.000</td><td>88.051</td><td>86.752</td><td>16.500</td><td>7.500</td><td>24.000</td><td>18.000</td></tr>
<tr><td rowspan="2">115</td><td>2</td><td>115.000</td><td>113.701</td><td>112.835</td><td>11.000</td><td>5.000</td><td>16.000</td><td>12.000</td></tr>
<tr><td>3</td><td>115.000</td><td>113.051</td><td>111.752</td><td>16.500</td><td>7.500</td><td>24.000</td><td>18.000</td></tr>
<tr><td rowspan="2">140</td><td>2</td><td>140.00</td><td>138.701</td><td>137.835</td><td>11.000</td><td>5.000</td><td>16.000</td><td>12.000</td></tr>
<tr><td>3</td><td>140.00</td><td>138.051</td><td>136.752</td><td>16.500</td><td>7.500</td><td>24.000</td><td>18.000</td></tr>
<tr><td>170</td><td>3</td><td>170.000</td><td>168.051</td><td>166.752</td><td>16.500</td><td>7.500</td><td>24.000</td><td>18.000</td></tr>
</table>

<table>
<tr><th rowspan="3">螺距
P</th><th colspan="2">基准平面位置的极限偏差</th><th colspan="4">牙顶高、牙底高的极限偏差</th><th colspan="5">其他要素的极限偏差</th></tr>
<tr><th>外螺纹</th><th>内螺纹</th><th colspan="2">外螺纹</th><th colspan="2">内螺纹</th><th>牙侧角</th><th colspan="2">螺距累积</th><th colspan="2">中径锥角③/(′)</th></tr>
<tr><th>($\pm T_1/2$)</th><th>($\pm T_2/2$)</th><th>牙顶</th><th>牙底</th><th>牙顶</th><th>牙底</th><th>(′)</th><th>L_1 范围内</th><th>L_2 范围内</th><th>外螺纹</th><th>内螺纹</th></tr>
<tr><td>1</td><td>0.7</td><td>1.2</td><td>0
-0.032</td><td>-0.015
-0.020</td><td>±0.030</td><td>±0.030</td><td rowspan="4">±45</td><td rowspan="4">±0.04</td><td rowspan="4">±0.07</td><td rowspan="4">+24
-12</td><td rowspan="4">+12
-24</td></tr>
<tr><td>1.5</td><td>1</td><td>1.5</td><td>0
-0.048</td><td>-0.020
-0.065</td><td>±0.040</td><td>±0.040</td></tr>
<tr><td>2</td><td>1.4</td><td>1.8</td><td>0
-0.050</td><td>-0.025
-0.075</td><td>±0.045</td><td>±0.045</td></tr>
<tr><td>3</td><td>2</td><td>3</td><td>0
-0.055</td><td>-0.030
-0.085</td><td>±0.050</td><td>±0.050</td></tr>
</table>

① 对圆锥螺纹，不同轴向位置平面内的螺纹直径数值是不同的。要注意各直径的轴向位置。

② 基准距离有两种型式：标准型和短型。两种基准距离分别对应两种型式的最小有效螺纹长度，标准型基准距离 L_1 和标准型最小有效螺纹长度 L_1 适用于由圆锥内螺纹与圆锥外螺纹组成的“锥/锥”配合螺纹；短型基准距离 L_1 和短型最小有效螺纹长度 L_2 适用于由圆柱内螺纹与圆锥外螺纹组成的“柱/锥”配合螺纹，选择时要注意两种配合形式对应两组不同的基准距离和最小有效螺纹长度，避免选择错误。

③ 测量中径锥角的测量跨度为 L_1。

注：圆柱内螺纹中径公差带为 5H，其公差值应符合 GB/T 197 的规定。

1.14 管螺纹

切制内、外螺纹前的毛坯尺寸（摘自 JB/ZQ 4168—2006）

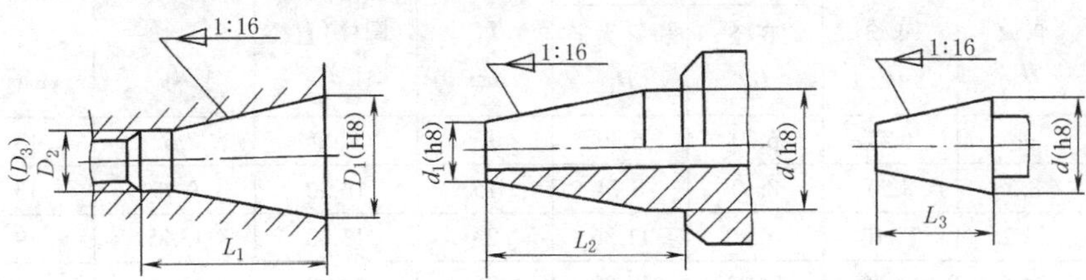

用于GB/T 7306.1～7306.2及GB/T 12716毛坯尺寸

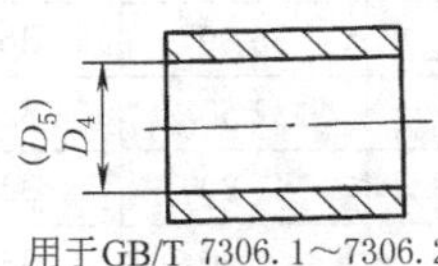

用于GB/T 7306.1～7306.2及GB/T 7307毛坯尺寸

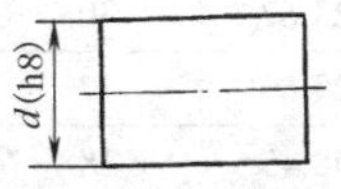

用于GB/T 7307毛坯尺寸

表 6-1-37 mm

尺寸代号（GB/T 7306.1～7306.2）	圆柱内螺纹 Rp		圆锥内螺纹 Rc				圆锥外螺纹 R			
	钻(扩)孔底径 D_4	车(镗)孔底径 D_5	柱孔坯底径 D_2	锥孔坯 底径 D_3	锥孔坯 锥孔大径 D_1	底孔深 L_{on} max	圆锥大端（圆柱）直径 d	圆锥小端直径 d_1	端肩距 L_2 max	螺塞长 L_3
1/16	6.60	6.55	6.40	6.20	6.56	15	7.8	7.45	12.5	9
1/8	8.60	8.55	8.40	8.20	8.57	15	9.8	9.45	12.5	9
1/4	11.50	11.45	11.20	11.00	11.45	22	13.5	13.00	18.5	11
3/8	15.00	14.95	14.75	14.50	14.95	22	16.8	16.25	19.0	12
1/2	18.75	18.65	18.25	18.00	18.63	30	21.1	20.40	25.0	15
3/4	24.25	24.15	23.75	23.50	24.12	31	26.5	25.80	26.5	17
1	30.50	30.35	29.75	29.50	30.29	38	33.4	32.55	31.8	19
1¼	39.00	39.00	38.30	38.00	38.95	40	42.1	41.10	34.2	22
1½	45.00	44.90	44.20	44.00	44.85	40	48.0	47.00	34.2	23
2	57.00	56.70	55.80	55.50	56.66	45	59.8	58.60	38.5	26
2½	73.00	72.30	71.20	70.90	72.23	50	75.4	74.05	43.0	30
3	85.00	85.00	83.70	83.50	84.93	53	88.1	86.55	46.0	32
3½		97.45	96.10	95.80	97.37	55	100.6	98.90	47.8	35
4		110.15	108.60	108.30	110.10	59	113.3	111.40	52.0	38
5		135.50	133.80	133.50	135.50	63	138.8	136.60	56.5	42
6		160.90	159.20	158.80	160.90	63	164.2	162.00	56.5	42

尺寸代号（GB/T 7307）	内螺纹 G 钻(扩)孔底径 D_4	内螺纹 G 车(镗)孔底径 D_5	外螺纹 G 坯径 d	尺寸代号（GB/T 7307）	内螺纹 G 钻(扩)孔底径 D_4	内螺纹 G 车(镗)孔底径 D_5	外螺纹 G 坯径 d
1/16	6.80	6.75	7.7	1¾	51.00	51.30	53.7
1/8	8.80	8.75	9.7	2	57.00	57.15	59.6
1/4	11.80	11.80	13.1	2¼	63.00	63.25	65.7
3/8	15.25	15.30	16.6	2½	73.00	72.70	75.1
1/2	19.00	19.00	20.9	2¾	79.00	79.00	81.5
5/8	21.00	21.00	22.9	3	85.00	85.40	87.8
3/4	24.50	24.55	26.4	3½	98.00	97.85	100.3
7/8	28.25	28.30	30.2	4		110.50	113.0
1	30.75	30.80	33.2	4½		123.20	125.7
1⅛	35.50	35.45	37.8	5		135.90	138.4
1¼	39.50	39.45	41.9	5½		148.60	151.1
1½	45.00	45.35	47.8	6		161.30	163.8

续表

尺寸代号（GB/T 12716）	圆柱内螺纹 NPSC 螺孔坯底径 D_4	圆锥内螺纹 NPT 柱孔坯底径 D_2	圆锥内螺纹 NPT 锥孔坯 底径 D_3	圆锥内螺纹 NPT 锥孔坯 锥孔大径 D_1	圆锥内螺纹 NPT 底孔深 L_1 max	圆锥外螺纹 NPT 圆锥大端（圆柱）直径 d	圆锥外螺纹 NPT 圆锥小端直径 d_1	圆锥外螺纹 NPT 端肩距 L_2 max	圆锥外螺纹 NPT 螺塞长 L_3
1/16	—	6.25	6.00	6.39	15	8.00	7.62	13	9
1/8	8.6	8.50	8.40	8.74	15	10.30	9.95	13	9
1/4	11.2	11.10	10.80	11.36	23	13.80	13.25	19	12
3/8	14.5	14.70	14.25	14.80	23	17.20	16.65	20	12
1/2	18.0	18.00	17.60	18.32	30	21.40	20.70	25	15
3/4	23.5	23.25	23.00	23.67	30	26.70	26.00	26	15
1	29.5	29.25	28.75	29.69	37	33.40	32.50	32	19
1¼	38.0	38.00	37.50	38.45	38	42.20	41.30	32	19
1½	44.0	44.25	43.50	44.52	38	48.30	47.30	33	20
2	56.0	56.25	55.50	56.56	39	60.40	59.40	34	20
2½	67.0	67.00	66.10	67.62	57	73.10	71.60	50	30
3	83.0	83.00	81.90	83.53	59	89.00	87.30	51	34
3½	96.0	95.50	94.50	96.24	60	101.70	100.00	52	34
4	109	108.00	107.10	108.90	61	114.40	112.50	54	37
5	—	135	133.90	135.90	64	141.40	139.40	56	38
6	—	162	160.50	162.70	67	168.40	166.20	59	42
8	—	213	210.90	213.40	72	219.20	216.70	64	46
10	—	267	264.40	267.20	77	273.10	270.30	70	51
12	—	317	314.80	318.00	82	324.00	320.80	75	58

注：1. 本标准适用于切制圆柱管螺纹或圆锥管螺纹前的毛坯尺寸。

2. 引用标准：GB/T 7306.1~7306.2《55°密封管螺纹》；GB/T 7307《非螺纹密封的管螺纹》；GB/T 12716《60°圆锥管螺纹》。

3. 当内螺纹底径由车（镗）削制出时，其公差代号规定为 H10。

4. 本标准中各项尺寸均不包括螺纹倒角。

5. 英文管子尺寸 14 OD~24 OD 省略。

1.15 矩形螺纹

表 6-1-38 **牙型及尺寸** mm

矩形螺纹牙型	尺寸计算 名称	代号	公式
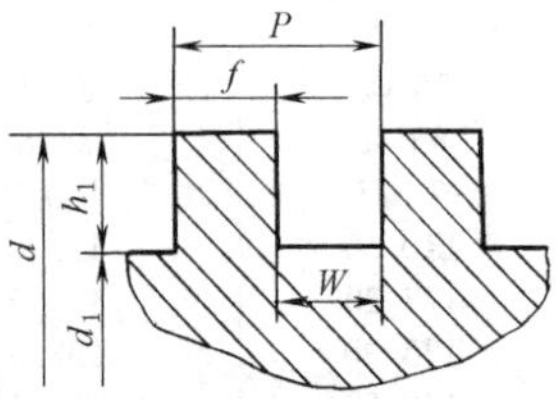	大径(公称)	d	$d=\frac{5}{4}d_1$(取整)
	螺　距	P	$P=\frac{1}{4}d_1$(取整)
	实际牙型高度	h_1	$h_1=0.5P+(0.1\sim0.2)$
	小　径	d_1	$d_1=d-2h_1$
	牙底宽	W	$W=0.5P+(0.03\sim0.05)$
	牙顶宽	f	$f=P-W$

注：矩形螺纹没有标准，对公制矩形螺纹的直径与螺距可按梯形螺纹的直径与螺距选择。

1.16 30°圆弧螺纹

表 6-1-39 **牙型及尺寸** mm

实体牙型	尺寸计算			
	名称及代号			计算公式
	牙型角 α			$\alpha=30°$
	螺距 P			$P=\dfrac{25.4}{n}$
	牙型高度	原始三角形高度 H		$H=1.866P$
		实际高度 h_1		$h_1=0.5P$
		接触高度 h		$h=0.0835P$
	间隙 a_c			$a_c=0.05P$
	大径	外螺纹 d		d（公称直径）
		内螺纹 D		$D=d+2a_c$
	中径 d_2			$d_2=d-0.45P$
	小径	外螺纹 d_1		$d_1=d-2h_1$
		内螺纹 D_1		$D_1=d-2(h_1-a_c)$
	圆弧半径	外螺纹 r		$r=0.2385P$
		内螺纹	R	$R=0.256P$
			R_1	$R_1=0.211P$

注：30°圆弧螺纹以外径和螺距表示大小，牙型角 $\alpha=30°$，内、外螺纹配合时有间隙。通常用于经常和污物接触或容易生锈的场合。

表 6-1-40 **30°圆弧螺纹的直径和每 25.4mm 牙数**

螺纹直径 d /mm	8	9	10	12	14	16	18	20	22	24	26	28	30	32	36	40	44	48	52	55	60	65	68	70	75	80	85	90	95	100
每 25.4mm 牙数 n	10	10	10	10	10	8	8	8	8	8	8	8	8	8	8	6	6	6	6	6	6	6	6	6	6	6	6	6	6	6

注：直径 105~200mm 的螺纹，每 25.4mm 的牙数 $n=4$。

2 螺纹零件结构要素

2.1 紧固件

表 6-1-41 **外螺纹零件的末端**（摘自 GB/T 2—2001） mm

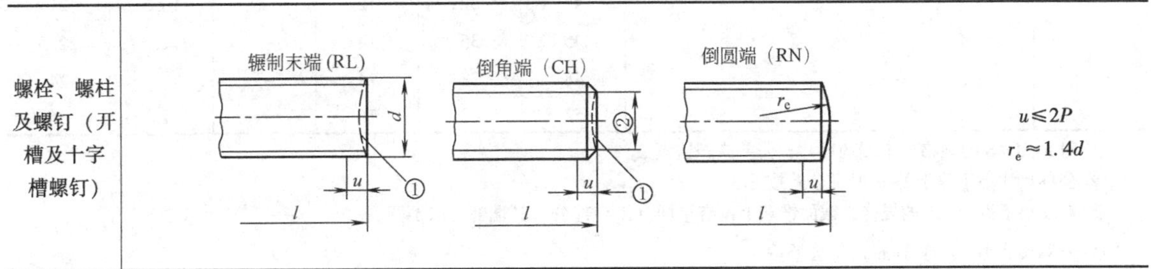

续表

螺钉及自攻螺钉的刮削端

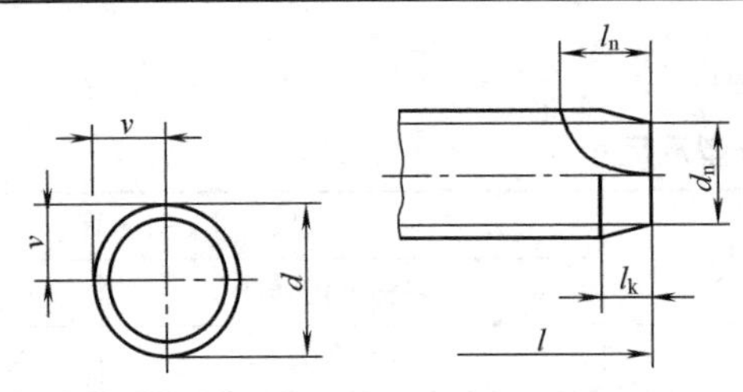

$d_n=d-1.6P$

$v=0.5d\pm0.5$

$l_k=3P\pm0.5$

$l_n=5P\pm0.5P$

紧定螺钉

平端（FL） 短圆柱端（SD） 长圆柱端（LD） 锥端（CN） 截锥端（TC） 凹端(CP)

螺纹直径 d	d_p h14	d_t h16	d_z h14	z_1 $^{+IT14}_{0}$	z_2 $^{+IT14}_{0}$
1.6	0.8	—	0.8	0.4	0.8
1.8	0.9	—	0.9	0.45	0.9
2	1	—	1	0.5	1
2.2	1.2	—	1.1	0.55	1.1
2.5	1.5	—	1.2	0.63	1.25
3	2	—	1.4	0.75	1.5
3.5	2.2	—	1.7	0.88	1.75
4	2.5	—	2	1	2
4.5	3	—	2.2	1.12	2.25
5	3.5	—	2.5	1.25	2.5
6	4	1.5	3	1.5	3
7	5	2	4	1.75	3.5
8	5.5	2	5	2	4
10	7	2.5	6	2.5	5
12	8.5	3	8	3	6
14	10	4	8.5	3.5	7
16	12	4	10	4	8
18	13	5	11	4.5	9
20	15	5	14	5	10
22	17	6	15	5.5	11
24	18	6	16	6	12
27	21	8	—	6.7	13.5
30	23	8	—	7.5	15
33	26	10	—	8.2	16.5
36	28	10	—	9	18
39	30	12	—	9.7	19.5
42	32	12	—	10.5	21
45	35	14	—	11.2	22.5
48	38	14	—	12	24
52	42	16	—	13	26

① 对 d<M1.6 的规格，末端的尺寸和公差应经协议。

② 公称尺寸小于等于 1mm 时，公差按 h13。

③ 对 d 小于等于 M5 的规格，截面锥端上没有平面（d_t）部分，其端部可以倒圆。

④ 公称尺寸小于等于 1mm 时，公差按 $^{+IT13}_{0}$。

2.2 普通螺纹收尾、肩距、退刀槽、倒角（摘自 GB/T 3—1997）

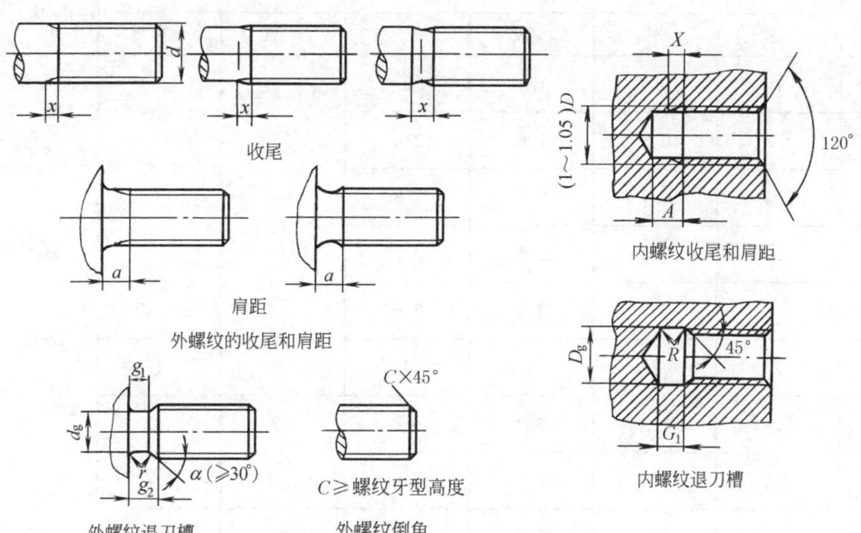

表 6-1-42　外螺纹的收尾、肩距和退刀槽　mm

螺距 P	收尾 x 最大		肩距 a 最大			退刀槽			
	一般	短	一般	长	短	g_1 最小	g_2 最大	d_g	r ≈
0.2	0.5	0.25	0.6	0.8	0.4	—	—	—	—
0.25	0.6	0.3	0.75	1	0.5	0.4	0.75	d-0.4	0.12
0.3	0.75	0.4	0.9	1.2	0.6	0.5	0.9	d-0.5	0.16
0.35	0.9	0.45	1.05	1.4	0.7	0.6	1.05	d-0.6	0.16
0.4	1	0.5	1.2	1.6	0.8	0.6	1.2	d-0.7	0.2
0.45	1.1	0.6	1.35	1.8	0.9	0.7	1.35	d-0.7	0.2
0.5	1.25	0.7	1.5	2	1	0.8	1.5	d-0.8	0.2
0.6	1.5	0.75	1.8	2.4	1.2	0.9	1.8	d-1	0.4
0.7	1.75	0.9	2.1	2.8	1.4	1.1	2.1	d-1.1	0.4
0.75	1.9	1	2.25	3	1.5	1.2	2.25	d-1.2	0.4
0.8	2	1	2.4	3.2	1.6	1.3	2.4	d-1.3	0.4
1	2.5	1.25	3	4	2	1.6	3	d-1.6	0.6
1.25	3.2	1.6	4	5	2.5	2	3.75	d-2	0.6
1.5	3.8	1.9	4.5	6	3	2.5	4.5	d-2.3	0.8
1.75	4.3	2.2	5.3	7	3.5	3	5.25	d-2.6	1
2	5	2.5	6	8	4	3.4	6	d-3	1
2.5	6.3	3.2	7.5	10	5	4.4	7.5	d-3.6	1.2
3	7.5	3.8	9	12	6	5.2	9	d-4.4	1.6
3.5	9	4.5	10.5	14	7	6.2	10.5	d-5	1.6
4	10	5	12	16	8	7	12	d-5.7	2
4.5	11	5.5	13.5	18	9	8	13.5	d-6.4	2.5
5	12.5	6.3	15	20	10	9	15	d-7	2.5
5.5	14	7	16.5	22	11	11	17.5	d-7.7	3.2
6	15	7.5	18	24	12	11	18	d-8.3	3.2
参考值	≈2.5P	≈1.25P	≈3P	=4P	=2P	—	≈3P	—	—

注：1. 应优先选用“一般”长度的收尾和肩距；“短”收尾和“短”肩距仅用于结构受限制的螺纹件上；产品等级为 B 级或 C 级的螺纹紧固件可采用“长”肩距。

2. d 为螺纹公称直径。

3. d_g 公差为 h13（d>3mm）和 h12（d≤3mm）。

表 6-1-43　　　　内螺纹的收尾、肩距和退刀槽　　　　mm

<table>
<tr><th rowspan="3">螺距 P</th><th colspan="2" rowspan="2">收尾 X
最大</th><th colspan="2" rowspan="2">肩距 A</th><th colspan="4">退刀槽</th></tr>
<tr><th colspan="2">G_1</th><th rowspan="2">D_g</th><th rowspan="2">R
≈</th></tr>
<tr><th>一般</th><th>短</th><th>一般</th><th>长</th><th>一般</th><th>短</th></tr>
<tr><td>0.25</td><td>1</td><td>0.5</td><td>1.5</td><td>2</td><td rowspan="5">—</td><td rowspan="5">—</td><td rowspan="10">D+0.3</td><td rowspan="5">—</td></tr>
<tr><td>0.3</td><td>1.2</td><td>0.6</td><td>1.8</td><td>2.4</td></tr>
<tr><td>0.35</td><td>1.4</td><td>0.7</td><td>2.2</td><td>2.8</td></tr>
<tr><td>0.4</td><td>1.6</td><td>0.8</td><td>2.5</td><td>3.2</td></tr>
<tr><td>0.45</td><td>1.8</td><td>0.9</td><td>2.8</td><td>3.6</td></tr>
<tr><td>0.5</td><td>2</td><td>1</td><td>3</td><td>4</td><td>2</td><td>1</td><td>0.2</td></tr>
<tr><td>0.6</td><td>2.4</td><td>1.2</td><td>3.2</td><td>4.8</td><td>2.4</td><td>1.2</td><td>0.3</td></tr>
<tr><td>0.7</td><td>2.8</td><td>1.4</td><td>3.5</td><td>5.6</td><td>2.8</td><td>1.4</td><td>0.4</td></tr>
<tr><td>0.75</td><td>3</td><td>1.5</td><td>3.8</td><td>6</td><td>3</td><td>1.5</td><td>0.4</td></tr>
<tr><td>0.8</td><td>3.2</td><td>1.6</td><td>4</td><td>6.4</td><td>3.2</td><td>1.6</td><td>0.4</td></tr>
<tr><td>1</td><td>4</td><td>2</td><td>5</td><td>8</td><td>4</td><td>2</td><td rowspan="13">D+0.5</td><td>0.5</td></tr>
<tr><td>1.25</td><td>5</td><td>2.5</td><td>6</td><td>10</td><td>5</td><td>2.5</td><td>0.6</td></tr>
<tr><td>1.5</td><td>6</td><td>3</td><td>7</td><td>12</td><td>6</td><td>3</td><td>0.8</td></tr>
<tr><td>1.75</td><td>7</td><td>3.5</td><td>9</td><td>14</td><td>7</td><td>3.5</td><td>0.9</td></tr>
<tr><td>2</td><td>8</td><td>4</td><td>10</td><td>16</td><td>8</td><td>4</td><td>1</td></tr>
<tr><td>2.5</td><td>10</td><td>5</td><td>12</td><td>18</td><td>10</td><td>5</td><td>1.2</td></tr>
<tr><td>3</td><td>12</td><td>6</td><td>14</td><td>22</td><td>12</td><td>6</td><td>1.5</td></tr>
<tr><td>3.5</td><td>14</td><td>7</td><td>16</td><td>24</td><td>14</td><td>7</td><td>1.8</td></tr>
<tr><td>4</td><td>16</td><td>8</td><td>18</td><td>26</td><td>16</td><td>8</td><td>2</td></tr>
<tr><td>4.5</td><td>18</td><td>9</td><td>21</td><td>29</td><td>18</td><td>9</td><td>2.2</td></tr>
<tr><td>5</td><td>20</td><td>10</td><td>23</td><td>32</td><td>20</td><td>10</td><td>2.5</td></tr>
<tr><td>5.5</td><td>22</td><td>11</td><td>25</td><td>35</td><td>22</td><td>11</td><td>2.8</td></tr>
<tr><td>6</td><td>24</td><td>12</td><td>28</td><td>38</td><td>24</td><td>12</td><td>3</td></tr>
<tr><td>参考值</td><td>$=4P$</td><td>$=2P$</td><td>$\approx(5\sim6)P$</td><td>$\approx(6.5\sim8)P$</td><td>$=4P$</td><td>$=2P$</td><td>—</td><td>$\approx0.5P$</td></tr>
</table>

注：1. 应优先选用“一般”长度的收尾和肩距；容屑需要较大空间时可选用“长”肩距，结构受限制时可选用“短”收尾。

2. “短”退刀槽仅在结构受限制时采用。

3. D_g 公差为 H13。

4. D 为螺纹公称直径。

2.3 圆柱管螺纹收尾、退刀槽、倒角

表 6-1-44

mm

外螺纹		内螺纹		倒角
收尾	退刀槽	收尾	退刀槽	
	$b=2$		$b_1=2$	
	$b>3$		$b_1>3$	

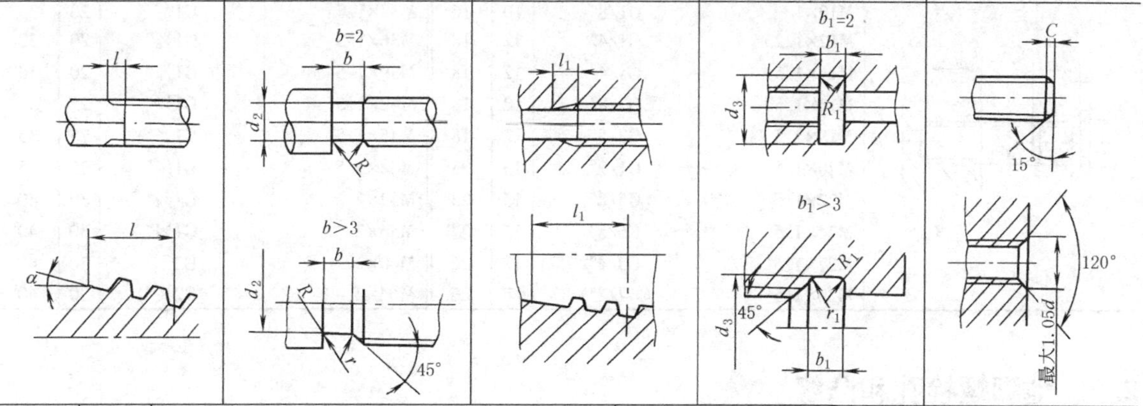

尺寸代号	每英寸牙数 n	外螺纹 $l\leqslant$ ($\alpha=25°$时)	外螺纹 b	外螺纹 d_2	外螺纹 R	外螺纹 r	内螺纹 $l_1\leqslant$	内螺纹 b_1	内螺纹 d_3	内螺纹 R_1	内螺纹 r_1	C
1/8	28	1.5	2	8	0.5	—	2	2	10	0.5	—	0.6
1/4	19	2	3	11	1	0.5	3	3	13.5	1	0.5	1
3/8				14					17			
1/2	14	2.5	4	18			4	4	21.5			1.5
5/8				20					23.5			
3/4				23.5					27			
1	11	3.5	5	29.5	1.5	0.5	5	6	34	1.5	1	
1¼				38					42.5			
1½				44					48.5			
1¾				50					54.5			
2				56					60.5			
2¼				62			6	8	66.5	2		
2½				71					76			
2¾				78					82.5			
3				84			8	10	88.5	3		
3½				96					101			
4				109					114			
5				134.5					139.5			
6				160					165			

注：1. 外螺纹的螺尾角 $\alpha=25°$ 的螺尾数值系列为基本的。内螺纹的螺尾角不予规定，依螺尾长度 l_1 与螺纹牙型高度来确定。

2. 对辗制和铣制的螺尾角不予规定，而螺尾长度 l 不超过表中对 $\alpha=25°$ 时所规定的数值。

3. 螺纹倒角的宽度是指在切制螺纹前的数值。

4. 在必要的情况下，b（或 b_1）的退刀槽宽度可以采用本表规定以外的退刀槽宽度，但不得小于 1.2 倍螺距和不大于 3 倍螺距。

5. 在结构有特殊要求时，允许不按本表规定的退刀槽直径 d_2 与 d_3。

2.4 螺塞与连接螺孔尺寸

表 6-1-45 mm

螺纹直径 d		l	L	螺纹直径 d		l	L
公　制	管牙			公　制	管牙		
M10×1	G1/8″	10	16	M33×1.5	G1″	20	30
M12×1.25	G1/4″	12	18	M36×1.5	G1⅛″	20	30
M14×1.5	G1/4″	12	18	M39×1.5	G1⅛″	20	30
M16×1.5	G3/8″	12	18	M42×1.5	G1¼″	25	35
M18×1.5	G3/8″	12	18	M45×1.5	(G1⅜″)	25	35
M20×1.5	G1/2″	15	23	M48×1.5	G1½″	25	35
M22×1.5	G5/8″	15	23	M52×2	G1¾″	30	40
M24×1.5	G5/8″	15	23	M56×2	G1¾″	30	40
M27×1.5	G3/4″	18	26	M60×2	G2″	30	40
M30×1.5	(G7/8″)	18	26	M64×2	(G2¼″)	30	40

2.5 地脚螺栓孔和凸缘

表 6-1-46 mm

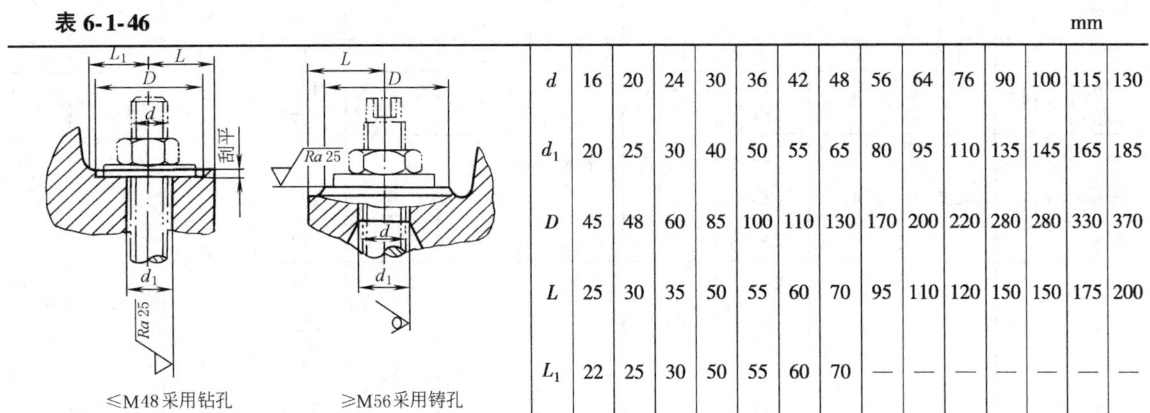

d	16	20	24	30	36	42	48	56	64	76	90	100	115	130
d_1	20	25	30	40	50	55	65	80	95	110	135	145	165	185
D	45	48	60	85	100	110	130	170	200	220	280	280	330	370
L	25	30	35	50	55	60	70	95	110	120	150	150	175	200
L_1	22	25	30	50	55	60	70	—	—	—	—	—	—	—

注：根据结构和工艺要求，必要时尺寸 L 及 L_1 可以变动。

2.6 孔沿圆周的配置

表 6-1-47 mm

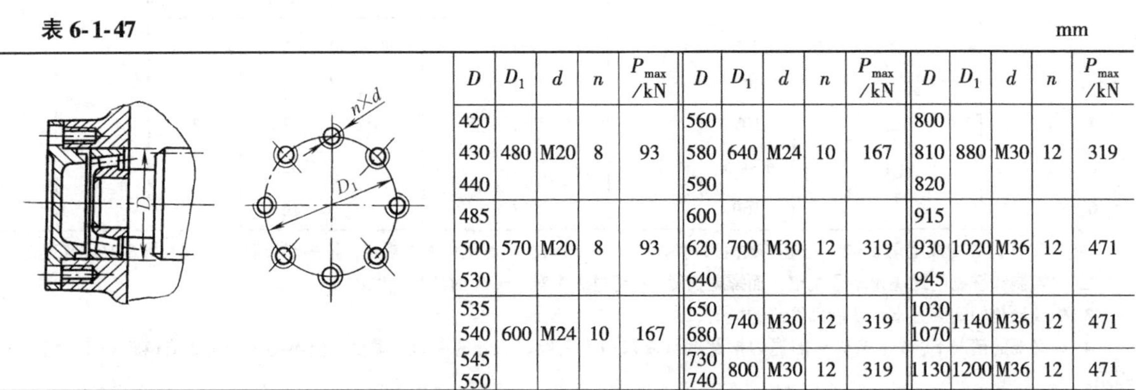

D	D_1	d	n	P_{max} /kN	D	D_1	d	n	P_{max} /kN	D	D_1	d	n	P_{max} /kN
420 430 440	480	M20	8	93	560 580 590	640	M24	10	167	800 810 820	880	M30	12	319
485 500 530	570	M20	8	93	600 620 640	700	M30	12	319	915 930 945	1020	M36	12	471
535 540 545 550	600	M24	10	167	650 680	740	M30	12	319	1030 1070	1140	M36	12	471
					730 740	800	M30	12	319	1130	1200	M36	12	471

注：螺栓上允许最大载荷（P_{max}）是以螺栓承受拉应力 54MPa 计算得出的。

2.7 通孔与沉孔尺寸

表 6-1-48　螺栓和螺钉通孔（摘自 GB/T 5277—1985）　mm

螺纹规格 d		M1	M1.2	M1.4	M1.6	M1.8	M2	M2.5	M3	M3.5	M4	M4.5	M5	M6	M7	M8	M10	M12	M14	M16	M18	M20	M22	M24	M27	M30
螺孔直径（GB/T 5277—1985）	精装配	1.1	1.3	1.5	1.7	2	2.2	2.7	3.2	3.7	4.3	4.8	5.3	6.4	7.4	8.4	10.5	13	15	17	19	21	23	25	28	31
	中等装配	1.2	1.4	1.6	2	2.1	2.4	2.9	3.4	3.9	4.5	5	5.5	6.6	7.6	9	11	13.5	15.5	17.5	20	22	24	26	30	33
	粗装配	1.3	1.5	1.8	2.2	2.4	2.6	3.1	3.6	4.2	4.8	5.3	5.8	7	8	10	12	14.5	16.5	18.5	21	24	26	28	32	35

螺纹规格 d		M33	M36	M39	M42	M45	M48	M52	M56	M60	M64	M68	M76	M80	M85	M90	M95	M100	M105	M110	M115	M120	M125	M130	M140	M150
螺孔直径（GB/T 5277—1985）	精装配	34	37	40	43	46	50	54	58	62	66	70	78	82	87	93	98	104	109	114	119	124	129	134	144	155
	中等装配	36	39	42	45	48	52	56	62	66	70	74	82	86	91	96	101	107	112	117	122	127	132	137	147	158
	粗装配	38	42	45	48	52	56	62	66	70	74	78	86	91	96	101	107	112	117	122	127	132	137	144	155	165

表 6-1-49　六角螺栓和六角螺母用沉孔（摘自 GB/T 152.4—1988）　mm

螺纹规格 d	M1.6	M2	M2.5	M3	M4	M5	M6	M8	M10	M12	M14	M16	M18	M20	M22	M24	M27	M30	M33	M36	M39	M42	M45	M48	M52	M56	M60	M64
d_2(H15)	5	6	8	9	10	11	13	18	22	26	30	33	36	40	43	48	53	61	66	71	76	82	89	98	107	112	118	125
d_3	—	—	—	—	—	—	—	—	—	16	18	20	22	24	26	28	33	36	39	42	45	48	51	56	60	68	72	76
d_1(H13)	1.8	2.4	2.9	3.4	4.5	5.5	6.6	9	11	13.5	15.5	17.5	20	22	24	26	30	33	36	39	42	45	48	52	56	62	66	70

表 6-1-50 **圆柱头用沉孔**（摘自 GB/T 152.3—1988） mm

螺纹规格 d	适用于 GB/T 70												适用于 GB/T 6190、GB/T 6191、GB/T 65								
	M4	M5	M6	M8	M10	M12	M14	M16	M20	M24	M30	M36	M4	M5	M6	M8	M10	M12	M14	M16	M20
d_2（H13）	8	10	11	15	18	20	24	26	33	40	48	57	8	10	11	15	18	20	24	26	33
t（H13）	4.6	5.7	6.8	9.0	11	13	15	17.5	21.5	25.5	32	38	3.2	4	4.7	6	7	8	9	10.5	12.5
d_3	—	—	—	—	—	16	18	20	24	28	36	42	—	—	—	—	—	16	18	20	24
d_1（H13）	4.5	5.5	6.6	9	11	13.5	15.5	17.5	22	26	33	39	4.5	5.5	6.6	9	11	13.5	15.5	17.5	22

表 6-1-51 **沉头用沉孔**（摘自 GB/T 152.2—1988） mm

$90^{\circ}{}^{-2^{\circ}}_{-4^{\circ}}$

螺纹规格 d	适用于沉头螺钉及半沉头螺钉														适用于沉头木螺钉及半沉头螺钉												
	M1.6	M2	M2.5	M3	M3.5	M4	M5	M6	M8	M10	M12	M14	M16	M20	1.6	2	2.5	3	3.5	4	4.5	5	5.5	6	7	8	10
d_2（H13）	3.7	4.5	5.6	6.4	8.4	9.6	10.6	12.8	17.6	20.3	24.4	28.4	32.4	40.4	3.7	4.5	5.4	6.6	7.7	8.6	10.1	11.2	12.1	13.2	15.3	17.3	21.9
$t\approx$	1	1.2	1.5	1.6	2.4	2.7	2.7	3.3	4.6	5	6	7	8	10	1	1.2	1.4	1.7	2	2.2	2.7	3	3.2	3.5	4	4.5	5.8
d_1（H13）	1.8	2.4	2.9	3.4	3.9	4.5	5.5	6.6	9	11	13.5	15.5	17.5	22	1.8	2.4	2.9	3.4	3.9	4.5	5	5.5	6	6.6	7.6	9	11

2.8 普通螺纹的内、外螺纹余留长度、钻孔余留深度、螺栓突出螺母的末端长度（摘自 JB/ZQ 4247—2006）

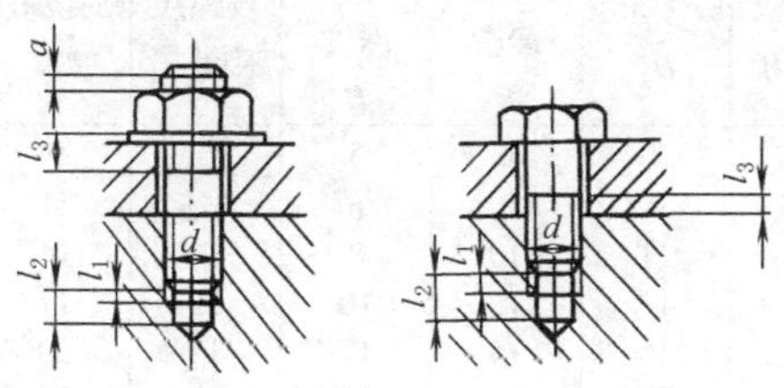

表 6-1-52 mm

<table>
<tr><th rowspan="2">螺距
P</th><th colspan="2">螺 纹 直 径 d</th><th colspan="3">余留长(深)度</th><th rowspan="2">末端长度</th></tr>
<tr><th rowspan="2">粗 牙</th><th rowspan="2">细 牙</th><th>内螺纹</th><th>钻孔</th><th>外螺纹</th></tr>
<tr><th></th><th>l_1</th><th>l_2</th><th>l_3</th><th>a</th></tr>
<tr><td>0.5</td><td>3</td><td>5</td><td>1</td><td>4</td><td>2</td><td>1~2</td></tr>
<tr><td>0.7</td><td>4</td><td></td><td rowspan="3">1.5</td><td>5</td><td rowspan="3">2.5</td><td rowspan="3">2~3</td></tr>
<tr><td>0.75</td><td></td><td>6</td><td rowspan="2">6</td></tr>
<tr><td>0.8</td><td>5</td><td></td></tr>
<tr><td>1</td><td>6</td><td>8,10,14,16,18</td><td>2</td><td>7</td><td>3.5</td><td rowspan="2">2.5~4</td></tr>
<tr><td>1.25</td><td>8</td><td>12</td><td>2.5</td><td>9</td><td>4</td></tr>
<tr><td>1.5</td><td>10</td><td>14,16,18,20,22,24,27,30,33</td><td>3</td><td>10</td><td>4.5</td><td rowspan="2">3.5~5</td></tr>
<tr><td>1.75</td><td>12</td><td></td><td>3.5</td><td>13</td><td>5.5</td></tr>
<tr><td>2</td><td>14,16</td><td>24,27,30,33,36,39,45,48,52</td><td>4</td><td>14</td><td>6</td><td rowspan="2">4.5~6.5</td></tr>
<tr><td>2.5</td><td>18,20,22</td><td></td><td>5</td><td>17</td><td>7</td></tr>
<tr><td>3</td><td>24,27</td><td>36,39,42,45,48,56,60,64,72,76</td><td>6</td><td>20</td><td>8</td><td rowspan="2">5.5~8</td></tr>
<tr><td>3.5</td><td>30</td><td></td><td>7</td><td>23</td><td>9</td></tr>
<tr><td>4</td><td>36</td><td>56,60,64,68,72,76</td><td>8</td><td>26</td><td>10</td><td rowspan="2">7~11</td></tr>
<tr><td>4.5</td><td>42</td><td></td><td>9</td><td>30</td><td>11</td></tr>
<tr><td>5</td><td>48</td><td></td><td>10</td><td>33</td><td>13</td><td rowspan="3">10~15</td></tr>
<tr><td>5.5</td><td>56</td><td></td><td>11</td><td>36</td><td>16</td></tr>
<tr><td>6</td><td>64,72,76</td><td></td><td>12</td><td>40</td><td>18</td></tr>
</table>

2.9 粗牙螺栓、螺钉的拧入深度、攻螺纹深度和钻孔深度

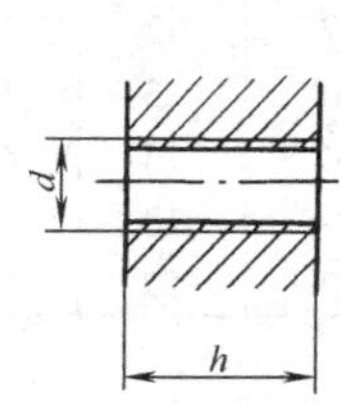

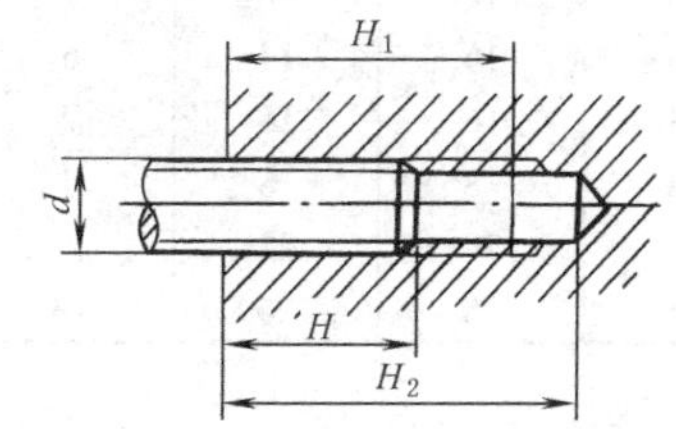

表 6-1-53 mm

公称直径 d	钢和青铜				铸铁				铝			
	通孔	盲孔			通孔	盲孔			通孔	盲孔		
	拧入深度 h	拧入深度 H	攻螺纹深度 H_1	钻孔深度 H_2	拧入深度 h	拧入深度 H	攻螺纹深度 H_1	钻孔深度 H_2	拧入深度 h	拧入深度 H	攻螺纹深度 H_1	钻孔深度 H_2
3	4	3	4	7	6	5	6	9	8	6	7	10
4	5.5	4	5.5	9	8	6	7.5	11	10	8	10	14
5	7	5	7	11	10	8	10	14	12	10	12	16
6	8	6	8	13	12	10	12	17	15	12	15	20
8	10	8	10	16	15	12	14	20	20	16	18	24
10	12	10	13	20	18	15	18	25	24	20	23	30
12	15	12	15	24	22	18	21	30	28	24	27	36
16	20	16	20	30	28	24	28	33	36	32	36	46
20	25	20	24	36	35	30	35	47	45	40	45	57
24	30	24	30	44	42	35	42	55	55	48	54	68
30	36	30	36	52	50	45	52	68	70	60	67	84
36	45	36	44	62	65	55	64	82	80	72	80	98
42	50	42	50	72	75	65	74	95	95	85	94	115
48	60	48	58	82	85	75	85	108	105	95	105	128

2.10 扳手空间（摘自 JB/ZQ 4005—2006）

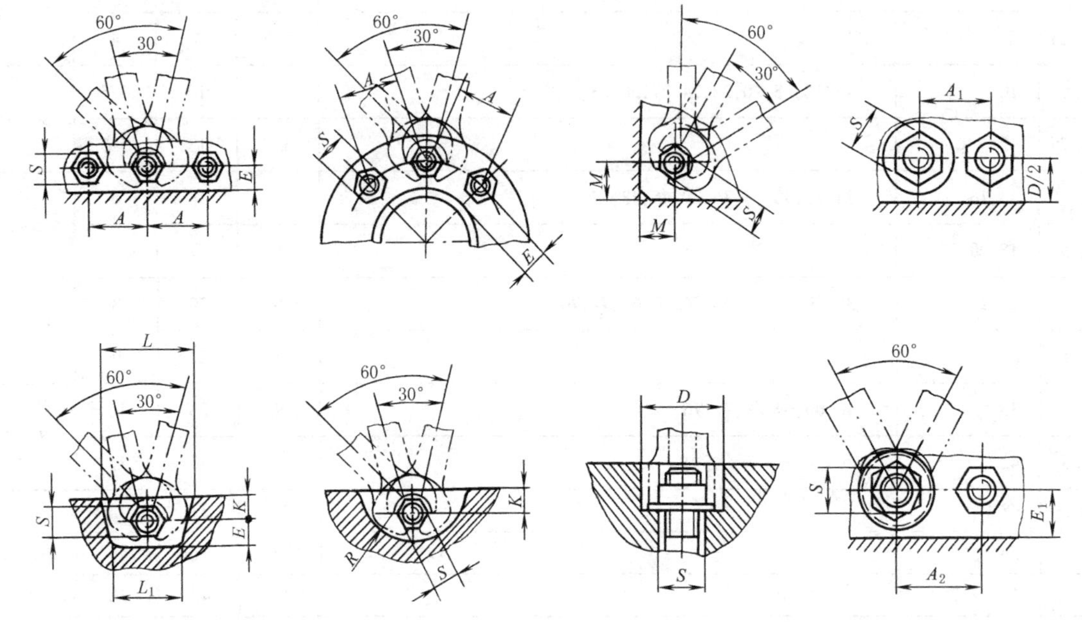

表 6-1-54 mm

螺纹直径 d	S	A	A_1	A_2	E	E_1	M	L	L_1	R	D
3	5.5	18	12	12	5	7	11	30	24	15	14
4	7	20	16	14	6	7	12	34	28	16	16
5	8	22	16	15	7	10	13	36	30	18	20
6	10	26	18	18	8	12	15	46	38	20	24
8	13	32	24	22	11	14	18	55	44	25	28
10	16	38	28	26	13	16	22	62	50	30	30

续表

螺纹直径 d	S	A	A_1	A_2	E	E_1	M	L	L_1	R	D
12	18	42	—	30	14	18	24	70	55	32	—
14	21	48	36	34	15	20	26	80	65	36	40
16	24	55	38	38	16	24	30	85	70	42	45
18	27	62	45	42	19	25	32	95	75	46	52
20	30	68	48	46	20	28	35	105	85	50	56
22	34	76	55	52	24	32	40	120	95	58	60
24	36	80	58	55	24	34	42	125	100	60	70
27	41	90	65	62	26	36	46	135	110	65	76
30	46	100	72	70	30	40	50	155	125	75	82
33	50	108	76	75	32	44	55	165	130	80	88
36	55	118	85	82	36	48	60	180	145	88	95
39	60	125	90	88	38	52	65	190	155	92	100
42	65	135	96	96	42	55	70	205	165	100	106
45	70	145	105	102	45	60	75	220	175	105	112
48	75	160	115	112	48	65	80	235	185	115	126
52	80	170	120	120	48	70	84	245	195	125	132
56	85	180	126	—	52	—	90	260	205	130	138
60	90	185	134	—	58	—	95	275	215	135	145
64	95	195	140	—	58	—	100	285	225	140	152
68	100	205	145	—	65	—	105	300	235	150	158
72	105	215	155	—	68	—	110	320	250	160	168
76	110	225	—	—	70	—	115	335	265	165	—
80	115	235	165	—	72	—	120	345	275	170	178
85	120	245	175	—	75	—	125	360	285	180	188
90	130	260	190	—	80	—	135	390	310	190	208
95	135	270	—	—	85	—	140	405	320	200	—
100	145	290	215	—	95	—	150	435	340	215	238
105	150	300	—	—	98	—	155	450	350	220	—
110	155	310	—	—	100	—	160	460	360	225	—
115	165	330	—	—	108	—	170	495	385	245	—
120	170	340	—	—	108	—	175	505	400	250	—
125	180	360	—	—	115	—	185	535	420	270	—
130	185	370	—	—	115	—	190	545	430	275	—
140	200	385	—	—	120	—	205	585	465	295	—
150	210	420	310	—	130	—	215	625	495	310	350

2.11 对边和对角宽度尺寸（摘自 JB/ZQ 4263—2006）

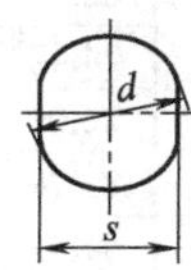

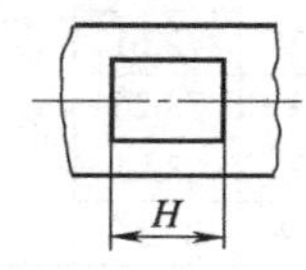

(a)

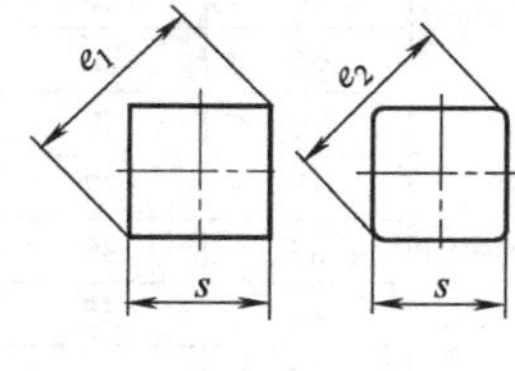

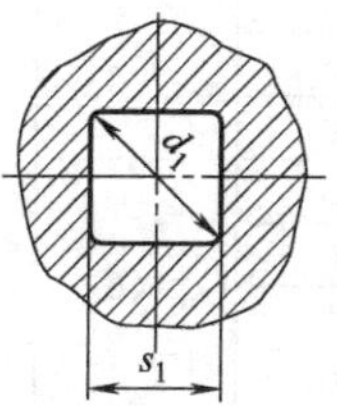

(b)

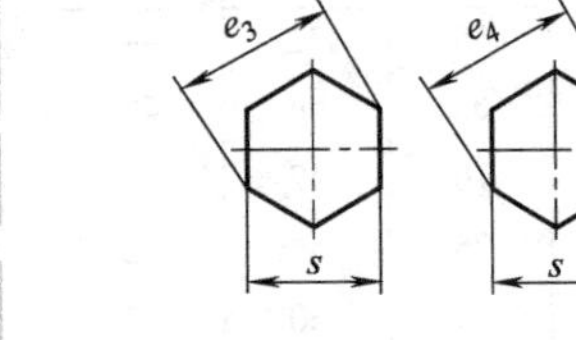

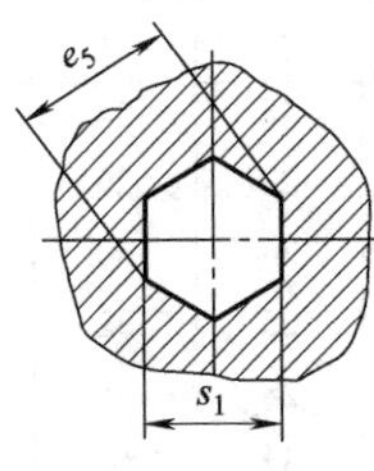

(c)

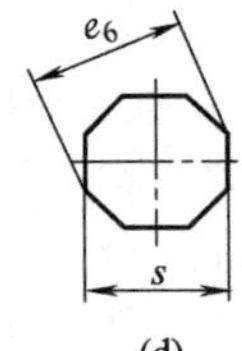

(d)

表 6-1-55

mm

对边基本宽度			d	H	四边形			六边形			八边形
s、s_1	偏差				e_1	e_2	d_1	e_3	e_4	e_5	e_6
	Δs	Δs_1				(h11)	min	min		min	min
5	h14	E12	6	7	7.1	6.5	6.6	5.45	—	5.75	—
5.5			7	8	7.8	7	7.2	6.01		6.32	
6			7	8	8.5	8	8.1	6.58		6.90	
7			8	8	9.9	9	9.1	7.71		8.10	
8			9	8	11.3	10	10.1	8.84		9.21	
9			10	8	12.7	12	12.1	9.92		10.32	
10			12	10	14.1	13	13.1	11.05		11.51	
11			13	10	15.6	14	14.1	12.12		12.63	
12			14	10	17.0	16	16.1	13.25		13.75	
13			15	10	18.4	17	17.1	14.38		14.96	
14			16	12	19.8	18	18.1	15.51		16. 10	
15		D12	17	12	21.2	20	20.2	16.64		17.22	
16			18	12	22.6	21	21.2	17.77		18.32	
17			19	12	24	22	22.2	18.90		19.53	
18			21	12	25.4	23.5	23.7	20.03		21.10	
19	h15		22	14	26.9	25	25.2	21.10		21.85	
20			23	14	28.3	26	26.2	22.23		23.05	
21			24	14	29.7	27	27.2	23.36		24.20	22.7
22			25	14	31.1	28	28.2	24.49		25.35	23.8
23			26	14	32.5	30.5	30.7	25.62		26.32	24.9
24			28	14	33.9	32	32.2	26.75		27.65	26
25			29	16	35.5	33.5	33.7	27.88		28.82	27
26			31	16	36.8	34.5	34.7	29.01		29.96	28.1
27			32	16	38.2	36	36.2	30.14		31.12	29.1
28			33	18	39.6	37.5	37.7	31.27		32.44	30.2
30			35	18	42.4	40	40.2	33.53		34.52	32.5
32			38	20	45.3	42	42.2	35.72		36.81	34.6
34			40	20	48	46	46.2	37.72		39.10	36.7
36			42	22	50.9	48	48.2	39.98		41.61	39
41			48	22	58	54	54.2	45.63		46.95	44.4
46			52	25	65.1	60	60.2	51.28		52.80	49.8
50			58	25	70.7	65	65.2	55.80		57.20	54.1
55			65	28	77.8	72	72.2	61.31		62.98	59.5
60			70	30	84.8	80	80.2	66.96		68.80	64.9
65	h16		75	32	91.9	85	85.2	72.61		74.42	70.3
70			82	35	99	92	92.2	78.26		80.01	75.7
75			88	35	106	98	98.2	83.91		85.70	81.2
80			92	38	113	105	105.2	89.56		91.45	86.6

续表

对边基本宽度			d	H	四边形			六边形			八边形
$s、s_1$	偏差				e_1	e_2	d_1	e_3	e_4	e_5	e_6
	Δs	Δs_1				(h11)	min	min		min	min
85	h16	D12	98	40	120	112	112.2	95.07	—	97.10	92.0
90			105	42	127	118	118.2	100.72		102.80	97.4
95			110	45	134	125	125.2	106.37		108.50	103
100			115	45	141	132	132.2	112.02		114.20	108
105			122	48	148	138	138.2	117.67		119.90	114
110			128	50	156	145	145.2	123.32		125.60	119
115			132	52	163	152	152.2	128.97		131.40	124
120			140	55	170	160	160.2	134.62		137.00	130
130			150	58	184	170	170.2	145.77		148.50	141
135			158	62	191	178	178.2	151.42		154.15	146
145			168	66	205	190	190.2	162.72		165.50	157
150			—	—	—	—	—	168.37	165	171.22	162
155								174.02	170	176.90	168
165								185.32	180	188.32	179
170								190.97	185	194.00	184
175								196.62	192	199.80	189
180								202.27	198	205.50	195
185	h17							207.75	205	211.12	200
190								213.40	210	216.85	206
200								224.70	220	228.21	216
210								236.00	232	239.62	227
220								247.30	242	251.10	238
230								258.60	255	262.42	249
235								264.25	260	268.15	254
245								275.55	270	279.52	265
255								286.68	280	291.10	276
265								297.98	290	302.40	287
270								303.63	298	308.20	292
280								314.93	308	319.50	303
290								326.23	320	330.90	314
300								337.53	330	342.42	325
310								348.83	340	353.80	335
320								360.02	352	365.10	346
330								371.32	362	376.50	357
340								382.62	375	388.00	368
350								393.92	385	399.40	379
365								410.87	400	416.50	395
380								427.82	420	433.50	411
395								444.77	435	450.60	427
410								461.55	452	467.80	444
425								478.50	470	484.80	460
440								495.45	485	502.00	476
455								512.40	500	519.00	492
470								529.35	518	536.20	509
480								540.65	528	547.52	519
495								557.60	545	564.60	536
510								—	560	—	552
525								—	580	—	568

3 螺纹连接

螺纹连接是利用螺纹紧固件和被连接件构成的可拆连接。

3.1 螺纹连接的基本类型

表 6-1-56 螺纹连接的基本类型

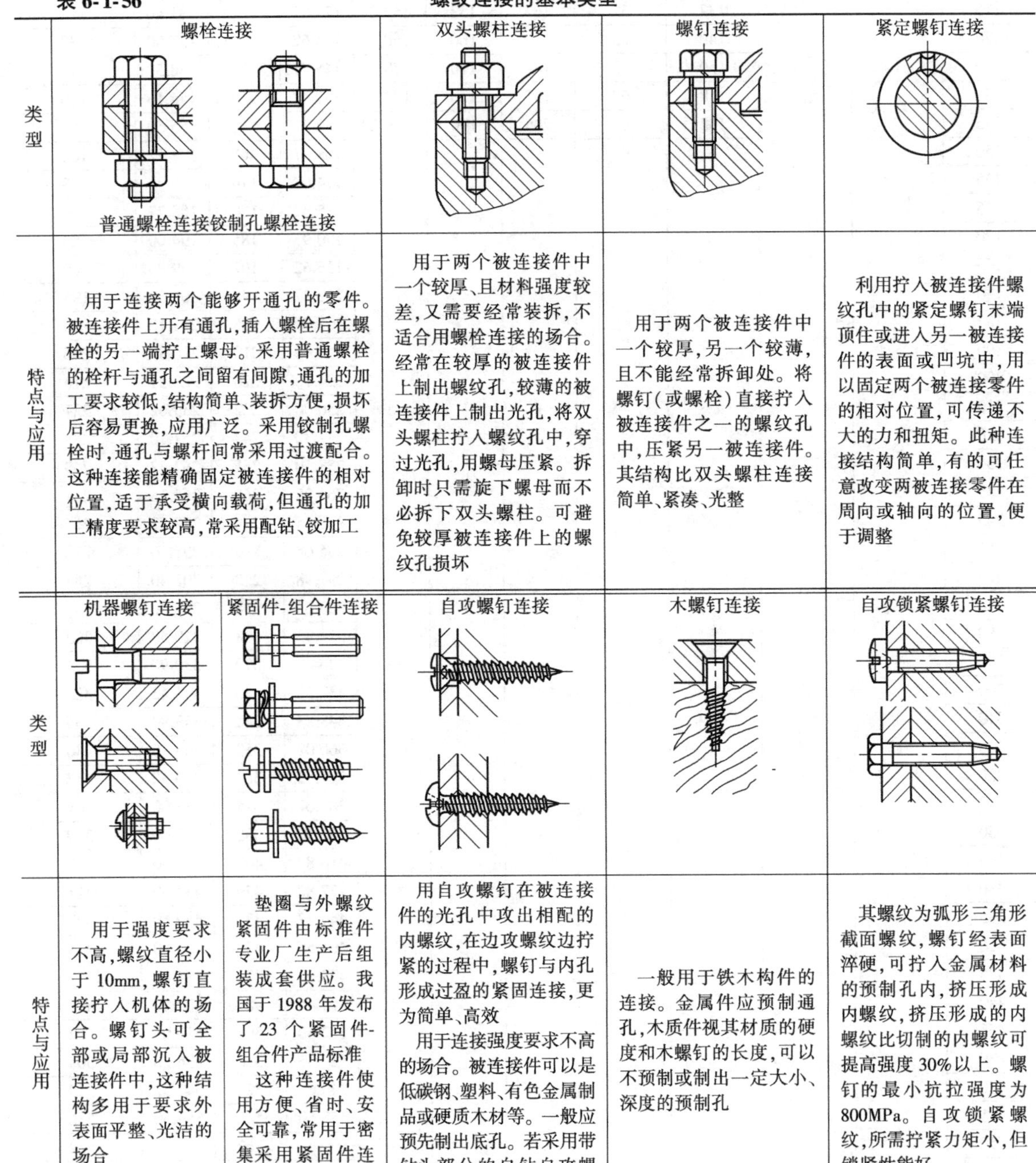

	螺栓连接	双头螺柱连接	螺钉连接	紧定螺钉连接
类型	普通螺栓连接铰制孔螺栓连接			
特点与应用	用于连接两个能够开通孔的零件。被连接件上开有通孔，插入螺栓后在螺栓的另一端拧上螺母。采用普通螺栓的栓杆与通孔之间留有间隙，通孔的加工要求较低，结构简单、装拆方便，损坏后容易更换，应用广泛。采用铰制孔螺栓时，通孔与螺杆间常采用过渡配合。这种连接能精确固定被连接件的相对位置，适于承受横向载荷，但通孔的加工精度要求较高，常采用配钻、铰加工	用于两个被连接件中一个较厚、且材料强度较差，又需要经常装拆，不适合用螺栓连接的场合。经常在较厚的被连接件上制出螺纹孔，较薄的被连接件上制出光孔，将双头螺柱拧入螺纹孔中，穿过光孔，用螺母压紧。拆卸时只需旋下螺母而不必拆下双头螺柱。可避免较厚被连接件上的螺纹孔损坏	用于两个被连接件中一个较厚，另一个较薄，且不能经常拆卸处。将螺钉（或螺栓）直接拧入被连接件之一的螺纹孔中，压紧另一被连接件。其结构比双头螺柱连接简单、紧凑、光整	利用拧入被连接件螺纹孔中的紧定螺钉末端顶住或进入另一被连接件的表面或凹坑中，用以固定两个被连接零件的相对位置，可传递不大的力和扭矩。此种连接结构简单，有的可任意改变两被连接零件在周向或轴向的位置，便于调整

	机器螺钉连接	紧固件-组合件连接	自攻螺钉连接	木螺钉连接	自攻锁紧螺钉连接
类型					
特点与应用	用于强度要求不高，螺纹直径小于 10mm，螺钉直接拧入机体的场合。螺钉头可全部或局部沉入被连接件中，这种结构多用于要求外表面平整、光洁的场合	垫圈与外螺纹紧固件由标准件专业厂生产后组装成套供应。我国于 1988 年发布了 23 个紧固件-组合件产品标准 这种连接件使用方便、省时、安全可靠，常用于密集采用紧固件连接的场合	用自攻螺钉在被连接件的光孔中攻出相配的内螺纹，在边攻螺纹边拧紧的过程中，螺钉与内孔形成过盈的紧固连接，更为简单、高效 用于连接强度要求不高的场合。被连接件可以是低碳钢、塑料、有色金属制品或硬质木材等。一般应预先制出底孔。若采用带钻头部分的自钻自攻螺钉，则不需预制底孔	一般用于铁木构件的连接。金属件应预制通孔，木质件视其材质的硬度和木螺钉的长度，可以不预制或制出一定大小、深度的预制孔	其螺纹为弧形三角形截面螺纹，螺钉经表面淬硬，可拧入金属材料的预制孔内，挤压形成内螺纹，挤压形成的内螺纹比切制的内螺纹可提高强度 30% 以上。螺钉的最小抗拉强度为 800MPa。自攻锁紧螺纹，所需拧紧力矩小，但锁紧性能好

3.2 螺纹连接的常用防松方法

螺纹连接防松的基本原理是防止螺纹副的相对转动。

按照螺纹连接防松的基本原理，常用的防松方法大致可分为：增大摩擦力防松；用机械固定件锁紧防松和破坏螺纹运动副关系防松三种。

表 6-1-57　　螺纹连接的常用防松方法

<table>
<tr><td rowspan="6">增大摩擦力防松</td><td>方法</td><td>弹簧垫圈
GB/T 93—1987</td><td>尖钩端弹簧垫圈
GB/T 859—1987</td><td>双圈弹簧垫圈</td><td>鞍形弹簧垫圈
GB/T 7245—1987</td><td>波形弹簧垫圈
GB/T 7246—1987</td></tr>
<tr><td>特点和应用</td><td colspan="5">依靠拧紧螺母，把弹簧垫圈压平之后所产生的纵向弹力及弹簧垫圈与被连接件的支承面间的摩擦力来起防松作用。该防松方法结构简单、成本低廉、使用方便
GB/T 93—1987、GB/T 859—1987 等传统的弹簧垫圈，由于弹力不匀，可靠性差一些，多用于不太重要的连接。对于不允许划伤的被连接件处和经常装拆的连接处不允许使用
GB/T 7245—1987、GB/T 7246—1987 鞍形或波形弹簧垫圈可明显改善一般弹簧垫圈的不足之处</td></tr>
<tr><td>方法</td><td>波形弹性垫圈
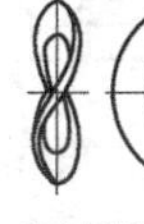
GB/T 955—1987</td><td>鞍形弹性垫圈
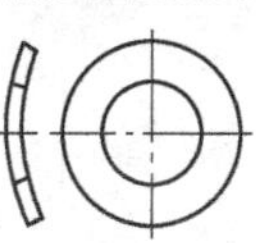
GB/T 860—1987</td><td>锥形弹性垫圈
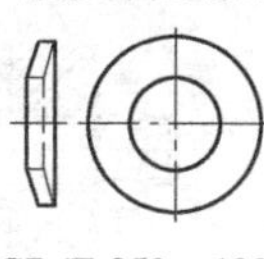
GB/T 859—1987</td><td>外齿锁紧垫圈
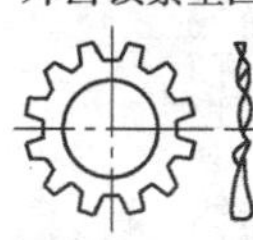
GB/T 862. 1—1987</td><td>内齿锁紧垫圈
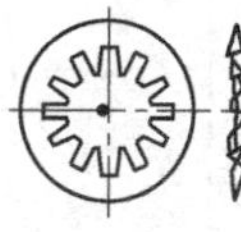
GB/T 861. 1—1987</td></tr>
<tr><td>特点和应用</td><td colspan="5">弹性垫圈依靠将垫圈压平后产生的回弹力来防松。弹力均匀，效果良好。波形弹性垫圈、鞍形弹性垫圈在一定的载荷条件下，弹性好，各种硬度的被连接件均可使用。工作中不会划伤被连接件表面，可用于经常拆卸的场合。常用于连接并调整被连接件间的间隙处，以及低性能等级的连接
齿形锁紧垫圈也是靠垫圈翘齿压平后产生的回弹力，以及齿与连接件和支承面产生的摩擦力来起锁紧作用。外齿应用较多，内齿用于尺寸较小的钉头下。锥形弹性垫圈用于沉孔中。经常拆卸或被连接件材料过硬或过软的场合不宜使用
GB/T 861. 1—1987、GB/T 862. 1—1987 等齿形锁紧垫圈，依靠齿被压平产生的弹力，以及齿与连接件和支承面产生的摩擦力来起锁紧作用。由于齿的强度较低，弹力也有限，一般适用于小规格、低性能等级的连接</td></tr>
<tr><td>方法</td><td>锥形锁紧垫圈
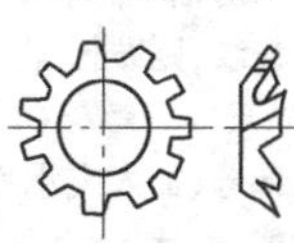
GB/T 956. 1—1987</td><td>外锯齿锁紧垫圈
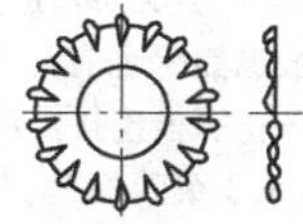
GB/T 862. 2—1987</td><td>内锯齿锁紧垫圈
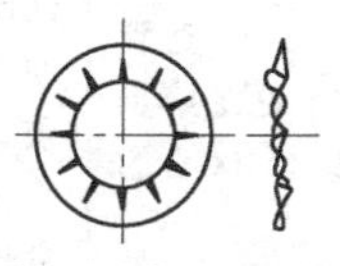
GB/T 861. 2—1987</td><td colspan="2">锥形锯齿锁紧垫圈
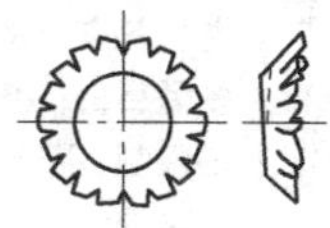
GB/T 956. 2—1987</td></tr>
<tr><td>特点和应用</td><td colspan="5">锯齿（又称错齿型）锁紧垫圈也是依靠齿被压平产生的回弹力，以及齿与连接件和支承面产生的摩擦力来起锁紧作用。锯齿强度高，可适用于性能等级较高及较大的规格，能获得较好的防松效果，如 GB/T 862. 2—1987、GB/T 861. 2—1987 的锯齿锁紧垫圈
GB/T 956. 1—1987、GB/T 956. 2—1987 的锁紧垫圈特点与上述情况类同，仅适用于沉头或半沉头螺钉齿形锁紧垫圈和锯齿锁紧垫圈，均不适宜被连接件材料过硬或过软的场合，否则效果不佳</td></tr>
</table>

续表

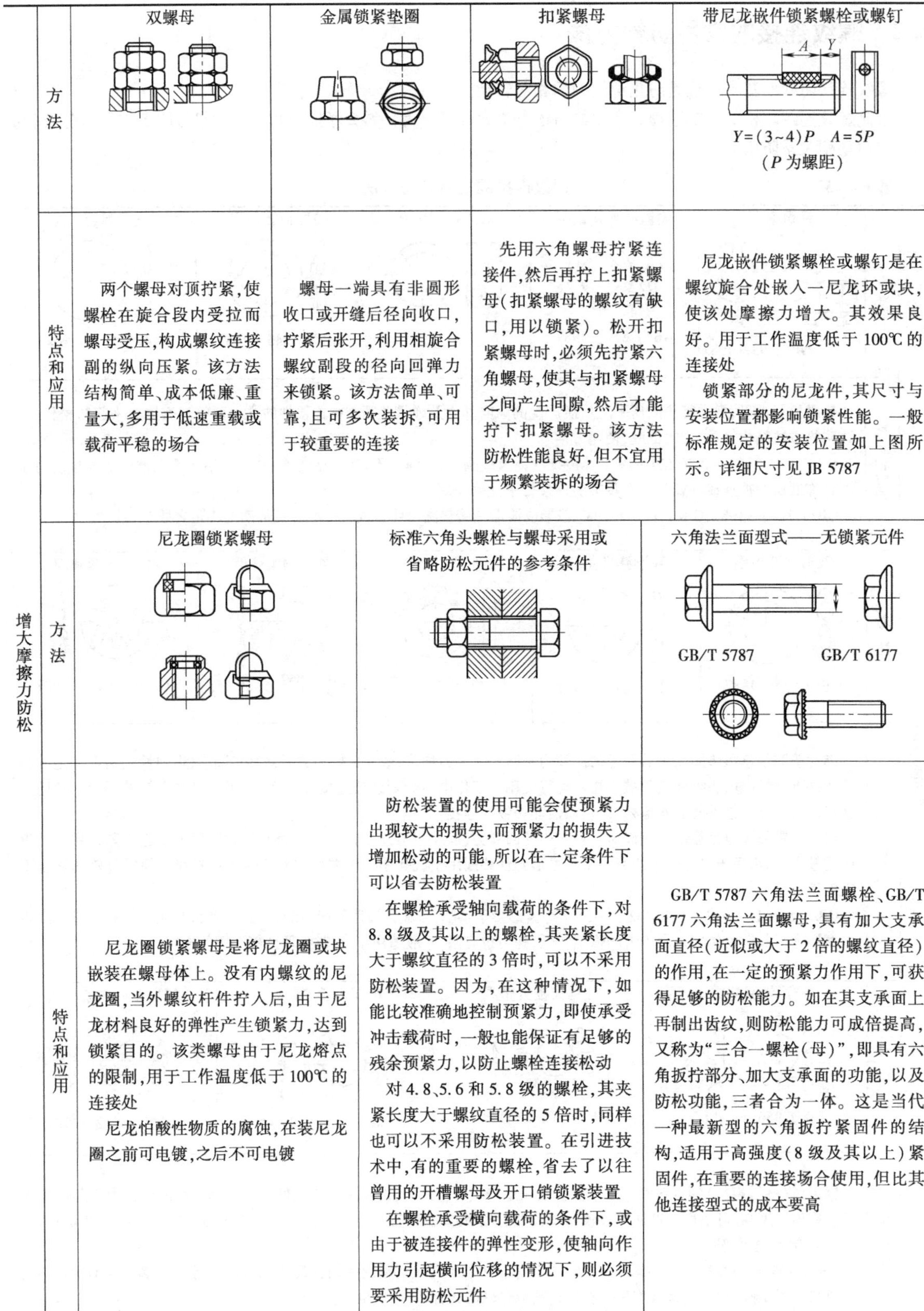

类别	项目	双螺母	金属锁紧垫圈	扣紧螺母	带尼龙嵌件锁紧螺栓或螺钉
增大摩擦力防松	方法				$Y=(3\sim4)P$　$A=5P$ （P为螺距）
	特点和应用	两个螺母对顶拧紧，使螺栓在旋合段内受拉而螺母受压，构成螺纹连接副的纵向压紧。该方法结构简单、成本低廉、重量大，多用于低速重载或载荷平稳的场合	螺母一端具有非圆形收口或开缝后径向收口，拧紧后张开，利用相旋合螺纹副段的径向回弹力来锁紧。该方法简单、可靠，且可多次装拆，可用于较重要的连接	先用六角螺母拧紧连接件，然后再拧上扣紧螺母（扣紧螺母的螺纹有缺口，用以锁紧）。松开扣紧螺母时，必须先拧紧六角螺母，使其与扣紧螺母之间产生间隙，然后才能拧下扣紧螺母。该方法防松性能良好，但不宜用于频繁装拆的场合	尼龙嵌件锁紧螺栓或螺钉是在螺纹旋合处嵌入一尼龙环或块，使该处摩擦力增大。其效果良好。用于工作温度低于100℃的连接处 锁紧部分的尼龙件，其尺寸与安装位置都影响锁紧性能。一般标准规定的安装位置如上图所示。详细尺寸见JB 5787

类别	项目	尼龙圈锁紧螺母	标准六角头螺栓与螺母采用或省略防松元件的参考条件	六角法兰面型式——无锁紧元件
增大摩擦力防松	方法			GB/T 5787　GB/T 6177
	特点和应用	尼龙圈锁紧螺母是将尼龙圈或块嵌装在螺母体上。没有内螺纹的尼龙圈，当外螺纹杆件拧入后，由于尼龙材料良好的弹性产生锁紧力，达到锁紧目的。该类螺母由于尼龙熔点的限制，用于工作温度低于100℃的连接处 尼龙怕酸性物质的腐蚀，在装尼龙圈之前可电镀，之后不可电镀	防松装置的使用可能会使预紧力出现较大的损失，而预紧力的损失又增加松动的可能，所以在一定条件下可以省去防松装置 在螺栓承受轴向载荷的条件下，对8.8级及其以上的螺栓，其夹紧长度大于螺纹直径的3倍时，可以不采用防松装置。因为，在这种情况下，如能比较准确地控制预紧力，即使承受冲击载荷时，一般也能保证有足够的残余预紧力，以防止螺栓连接松动 对4.8、5.6和5.8级的螺栓，其夹紧长度大于螺纹直径的5倍时，同样也可以不采用防松装置。在引进技术中，有的重要的螺栓，省去了以往曾用的开槽螺母及开口销锁紧装置 在螺栓承受横向载荷的条件下，或由于被连接件的弹性变形，使轴向作用力引起横向位移的情况下，则必须要采用防松元件	GB/T 5787六角法兰面螺栓、GB/T 6177六角法兰面螺母，具有加大支承面直径（近似或大于2倍的螺纹直径）的作用，在一定的预紧力作用下，可获得足够的防松能力。如在其支承面上再制出齿纹，则防松能力可成倍提高，又称为“三合一螺栓（母）”，即具有六角扳拧部分、加大支承面的功能，以及防松功能，三者合为一体。这是当代一种最新型的六角扳拧紧固件的结构，适用于高强度（8级及其以上）紧固件，在重要的连接场合使用，但比其他连接型式的成本要高

续表

用机械固定件锁紧防松	方法	螺栓杆带孔和开槽螺母配开口销 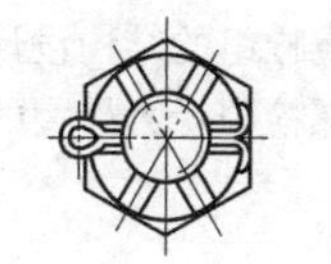	开口销 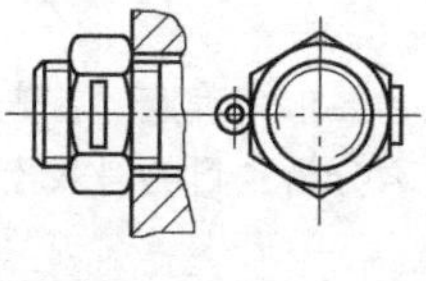	止动垫圈 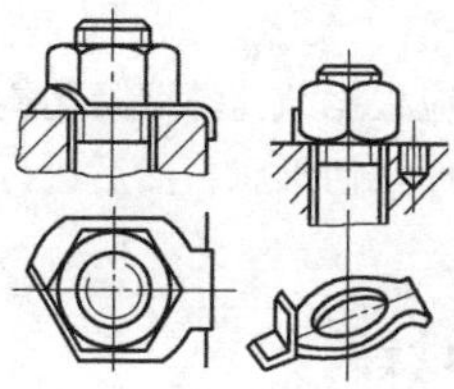	钢丝串接 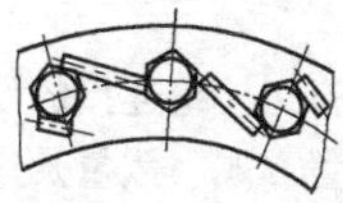
	特点和应用	防松可靠。螺杆上的销孔位置不易与螺母最佳销紧位置的槽口吻合，装配较难。用于变载、有振动场合的重要连接处的防松	普通螺母配以开口销，为便于装配，销孔待螺母拧紧后配钻。适用于单件或零星生产的重要连接，但不适用于高强度紧固件及双头螺柱的防松	利用单耳或双耳止动垫圈把螺母或钉头锁紧。防松可靠。只能用于连接部分有容纳弯耳的场合	用低碳钢丝穿入一组螺栓头部的专用孔后使其相互制约。防松可靠。钢丝的缠绕方向必须正确（图中为右旋螺纹螺栓的缠绕绕向）
	方法	楔压紧 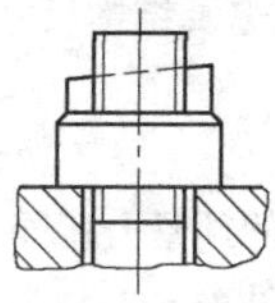	双联止动垫圈 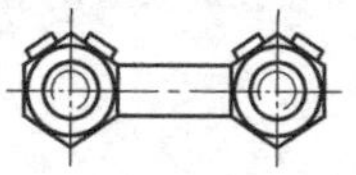	凹锥面锁紧垫圈 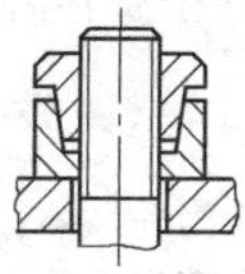	翘形垫圈 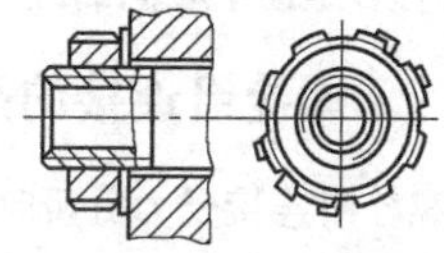
	特点和应用	利用能自锁的横楔楔入螺杆横孔压紧螺母。防松良好。一般用于大直径的螺栓连接	利用双联止动垫圈把成对螺母或螺栓锁住，使之彼此制约，不得转动。防松效果良好	螺母一端为外圆锥体，拧紧螺母时，楔入垫圈相应的凹锥内，借助楔紧的作用可以增大摩擦力。防松效果良好。用于重载或有振动的场合	带翘垫圈的内翘卡在螺纹杆的纵向槽内，圆螺母拧紧后，将对应的外翘锁在螺母的槽口内。防松可靠。多用于较大直径的连接和滚动轴承的紧固
破坏螺纹运动副关系防松	方法	铆接 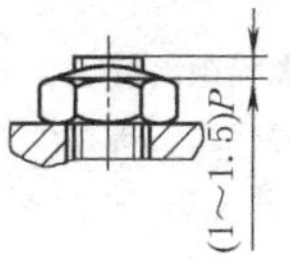 (1～1.5)P	端面冲点 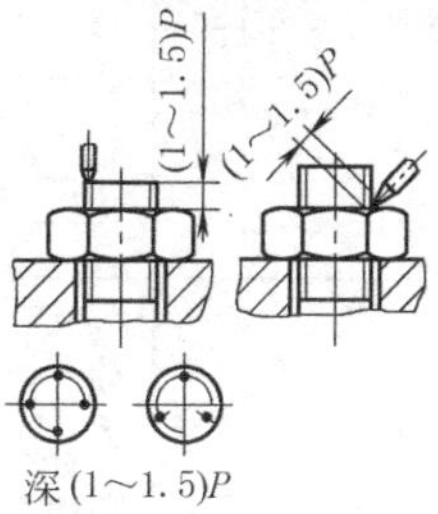 (1～1.5)P (1～1.5)P 深(1～1.5)P	侧面冲点 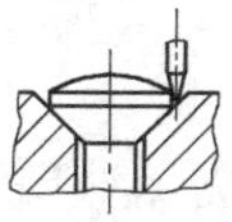	粘接 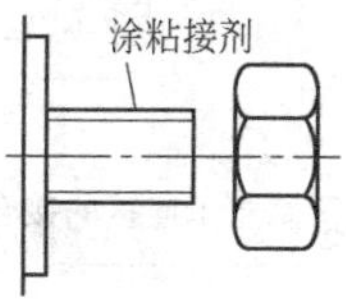 涂粘接剂
	特点和应用	螺栓杆末端外露部分(1~1.5)P长度，拧紧螺母后铆死，用于低强度螺栓，不拆卸的场合	冲点中心在螺栓螺纹的小径处或在钉头直径的圆周上：d>8mm时冲4点，d≤8mm时冲3点	d>8mm时冲3点，d≤8mm时冲2点	粘接螺纹方法简单、经济并有效。其防松性能与粘接剂直接相关。大体分为低强度、中等强度和高温（承受100℃以上）条件，及可以拆卸或不可拆卸等要求，应分别选用适当的粘接剂

注：防松装置和防松方法有很多种，各有各的特点，同一连接常可用不同的方法防松，至于具体用什么防松方法可根据具体的工作情况和使用要求来确定。

3.3 螺栓组连接的设计

进行螺栓组连接的设计时，应根据载荷情况及结构尺寸要求来确定。首先进行螺栓组的结构设计，即确定螺栓的布置方式、数量及连接接合面几何形状；然后进行受力分析，目的是找出一组螺栓中受力最大的螺栓及其受力大小，再进行强度计算。

3.3.1 螺栓组连接的结构设计

① 从加工角度看，螺栓组连接接合面的几何形状应尽量简单、易于加工。尽量设计成轴对称的几何形状，最好为圆形、矩形、方形等。

② 螺栓组的形心应与螺栓组连接接合面的形心相重合，最好有两个相互垂直的对称轴，这样可使加工方便，计算也比较容易。通常采用环状或条状接合面，以便减少加工量、减小接合面不平的影响，同时可以增加连接刚度。

③ 螺栓的位置应使螺栓组受力合理，受力矩作用的螺栓组，布置螺栓应尽量远离对称轴，以减小螺栓的受力，增加连接的可靠性；同一圆周上螺栓的数目应采用 4、6、8、12 等偶数，便于划线和分度。

④ 如螺栓同时承受较大轴向及横向载荷时，可采用销、套筒或键等零件来承受横向载荷。

⑤ 同一组螺栓的直径和长度应尽量相同，并应避免螺栓受附加弯曲载荷的作用。

⑥ 各螺栓中心间的最小距离应不小于扳手空间的最小尺寸，最大距离应按连接用途及结构尺寸大小来确定。

3.3.2 螺栓组连接的受力分析

螺栓组连接受力分析时，假设螺栓为弹性体，其变形在弹性范围内；且每个螺栓的预紧力相同；接合面的压强均布；被连接件为刚体；受载后接合面仍保持平面接触。预紧螺栓组连接受力分析见表 6-1-58。

表 6-1-58　　预紧螺栓组连接的受力分析

螺栓组连接的载荷和螺栓的布置	工作要求	螺栓所受载荷
承受轴向力 Q 的螺栓组 F　Q　D_1　D_2 载荷垂直于连接的接合面，并通过螺栓组的形心	连接应预紧，受载后应保证其紧密性	当各螺栓截面直径一样时，各螺栓所受拉力 F 均相等，为 $F=\frac{Q}{Z}$ 式中　Q——螺栓组所受轴向外力； Z——螺栓组的螺栓个数
承受横向力 R 的普通螺栓组 R　R/2　R/2　螺栓受拉 R　R	连接应预紧，受横向载荷后，被连接件间不得有相对滑动	其工作原理是靠拧紧螺栓后，在其接合面间会产生摩擦力，靠接合面间的摩擦力来平衡外力 R。这时螺栓只受预紧力，当各螺栓截面直径一样时，各螺栓所受预紧力 F' 相等并集中作用在螺栓中心处，根据平衡条件得 $\mu F'mZ=k_fR$　或　$F'=\frac{k_fR}{\mu mZ}$ 式中　R——螺栓组所受横向外力； Z——螺栓组的螺栓个数； m——摩擦面数量，等于被连接件数量减一； μ——连接摩擦副的摩擦因数，见表6-1-59； k_f——考虑摩擦因数的不稳定性而引入的可靠性系数，可取 1.2~1.5

续表

<table>
<tr><th>螺栓组连接的载荷和螺栓的布置</th><th>工作要求</th><th>螺栓所受载荷</th></tr>
<tr><td>承受横向力 R 的铰制孔螺栓组
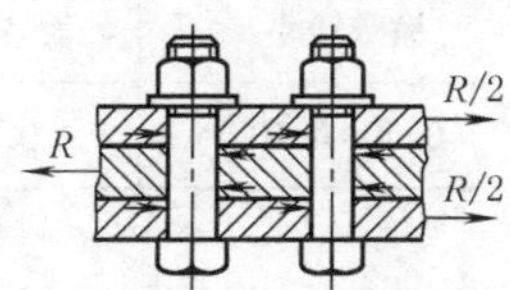

由于需要拧紧各螺栓，连接中就有预紧力和摩擦力，但一般忽略不计。由于板是弹性体，对于受横向力的铰制孔螺栓组，沿受力方向布置的螺栓不宜超过6~8个，以免各螺栓严重受力不均匀</td><td>连接应预紧，受横向载荷后，被连接件间不得有相对滑动</td><td>其工作原理是靠螺栓受剪和螺栓与被连接件相互挤压时的变形来平衡横向载荷 R。这时螺栓受剪切力，各螺栓所受剪切力 F_s 大小相等，为
$$F_s=\frac{R}{Z}$$
式中 R——螺栓组所受横向外力；
Z——螺栓组的螺栓个数</td></tr>
<tr><td>连接承受旋转力矩 T 的螺栓组
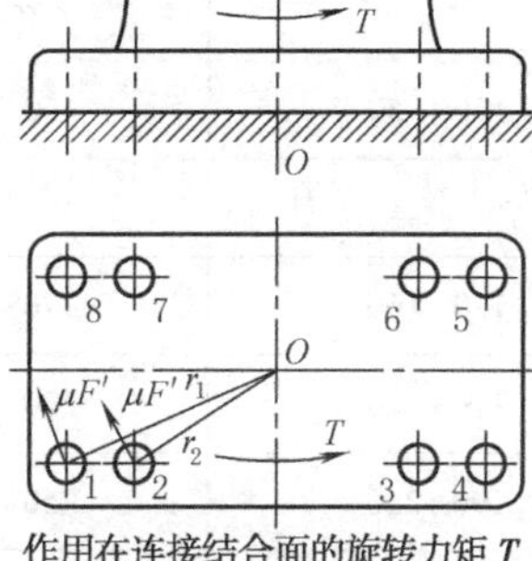

作用在连接结合面的旋转力矩 T</td><td>连接应预紧，受旋转力矩后，被连接件不得有相对滑动</td><td>用普通螺栓组连接承受旋转力矩 T，其工作原理是靠拧紧螺栓后，靠接合面间的摩擦力矩来平衡旋转力矩 T。在此假设各螺栓所受的预紧力相等，即在接合面产生的摩擦力相等，并集中在螺栓中心处，其方向与螺栓中心至底板旋转中心的连线垂直，每个螺栓预紧后在接合面间产生的摩擦力矩之和必与旋转力矩 T 相平衡。各螺栓所受预紧力相等，为
$$F'=\frac{k_f T}{\mu(r_1+r_2+\cdots+r_n)}$$
式中 T——螺栓组所受旋转力矩；
r——螺栓中心至底板旋转中心的距离；
μ——连接摩擦副的摩擦因数，见表6-1-59；
k_f——考虑摩擦因数的不稳定而引入的可靠性系数，可取1.2~1.5
用铰制孔螺栓组连接承受旋转力矩 T，其工作原理是靠螺栓与被连接件间相互剪切挤压来平衡旋转力矩 T。各螺栓所受到的剪切力集中作用在螺栓中心处，其方向与螺栓中心至底板旋转中心的连线垂直，各螺栓受力与其到中心的距离成正比，所以距离螺栓组形心最远处的螺栓受横向剪切力最大，为
$$F_{smax}=\frac{Tr_{max}}{r_1^2+r_2^2+\cdots+r_n^2}$$</td></tr>
<tr><td>承受翻转力矩 M 的普通螺栓组
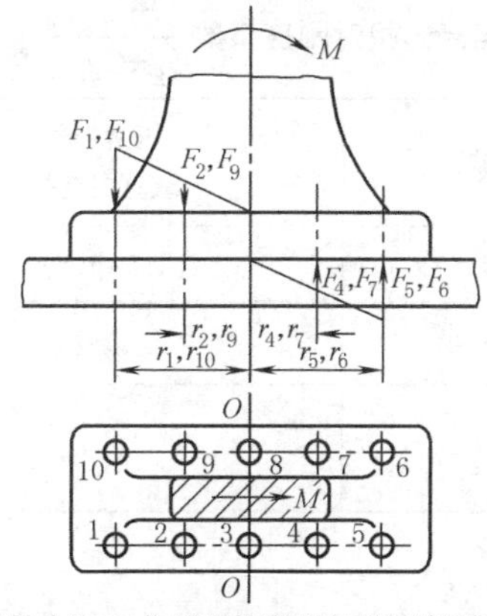

对受翻转力矩 M 作用的螺栓组连接不但要对螺栓组进行受力分析，还要对接合面的受力情况进行受力分析，防止接合面被压溃或分离</td><td>连接应预紧，受载后，接合面不允许开缝和压溃</td><td>受翻转力矩 M 作用后，对称轴线左侧的螺栓被进一步拉紧，其螺栓的轴向拉力进一步增大，对称轴线右侧的螺栓被放松，螺栓的预紧力也被减小。因各螺栓的受力与其到对称轴线的距离是成正比的，故距离螺栓组对称轴最远的螺栓所受拉力最大，为
$$F_{max}=\frac{Mr_{max}}{r_1^2+r_2^2+\cdots+r_n^2}$$
式中 M——螺栓组所受翻转力矩；
r——螺栓中心至底板对称轴线的距离
保证接合面最大受压处不压溃的条件是
$$\sigma_{p,max}=\frac{ZF'}{A}+\frac{M}{W}\leqslant\sigma_{pp}$$
保证接合面最小受压处不分离的条件是
$$\sigma_{p,min}=\frac{ZF'}{A}-\frac{M}{W}>0$$
式中 A——螺栓组底板接合面受压面积；
W——螺栓组底板接合面的抗弯截面系数；
σ_{pp}——接合面许用挤压应力，见表6-1-60</td></tr>
</table>

注：在实际应用中，螺栓组的受力经常是上所述四种情况的不同组合。无论螺栓组受力情况如何，均可利用受力分析方法，将各种受力状态转化为上述四种基本受力状态的组合。

表 6-1-59　预紧连接结合面的摩擦因数 μ 值

被连接件	钢或铸铁零件		钢结构件		
表面状态	干燥的加工表面	有油的加工表面	喷砂处理	涂敷锌漆	轧制、钢刷清理表面
μ 值	0.10~0.16	0.06~0.10	0.45~0.55	0.40~0.50	0.30~0.35

表 6-1-60　底板螺栓连接结合面的许用挤压应力 σ_{pp}　MPa

结合面材料	σ_{pp}	结合面材料	σ_{pp}
钢	$\frac{\sigma_s}{1.25}$	混凝土	2~3
		水泥浆砖砌面	1.2~2
铸铁	$\frac{\sigma_b}{2\sim2.5}$	木材	2~4

表 6-1-61　螺纹连接件常用材料及力学性能　MPa

钢号	抗拉强度 σ_b	屈服点 σ_s	疲劳极限	
			拉压 σ_{-1t}	弯曲 σ_{-1}
10	340~420	210	120~150	160~220
Q215-A	340~420	220		
Q235-A	410~470	240	120~160	170~220
35	540	320	170~220	220~300
45	610	360	190~250	250~340
15MnVB	1000~1200	800		
40Cr	750~1000	650~900	240~340	320~440
30CrMnSi	1080~1200	900		

表 6-1-62　受轴向载荷时预紧螺栓连接所需剩余预紧力 F'' 及螺栓连接的相对刚度系数 $\frac{C_L}{C_L+C_F}$

工作情况	一般连接	变载荷	冲击载荷	压力容器或重要连接
F'' 值	$(0.2\sim0.6)F$	$(0.6\sim1.0)F$	$(1.0\sim1.5)F$	$(1.5\sim1.8)F$
垫片材料	金属(或无垫片)	皮革	铜皮石棉	橡胶
$\frac{C_L}{C_L+C_F}$	0.2~0.3	0.7	0.8	0.9

3.4　单个螺栓连接的强度计算

3.4.1　不预紧螺栓连接、预紧螺栓连接

本节以单个螺栓连接为例介绍螺栓连接的强度计算，也适用于双头螺柱连接和螺钉连接。

表 6-1-63　　单个螺栓连接的受力分析和强度计算

受力分析	计算内容	计算公式	许用应力
受轴向载荷 F 的松螺栓连接 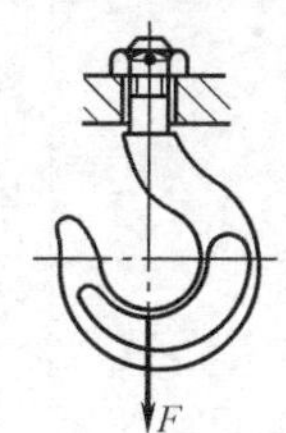 松螺栓连接的特点是,螺栓连接不需要预紧,加上轴向载荷 F 后,螺栓才受力	计算松螺栓的拉伸应力	校核公式:$\sigma_1=\dfrac{F}{\dfrac{\pi d_1^2}{4}}\leqslant\sigma_{1p}$ 设计公式:$d_1\geqslant\sqrt{\dfrac{4F}{\pi\sigma_{1p}}}$ 式中　F——轴向载荷,N; σ_{1p}——螺栓的许用拉应力,MPa	许用拉应力: $\sigma_{1p}=\dfrac{\sigma_s}{1.2\sim1.7}$ 式中　σ_s——螺栓材料屈服点,见表 6-1-61
只受预紧力 F' 的紧螺栓连接 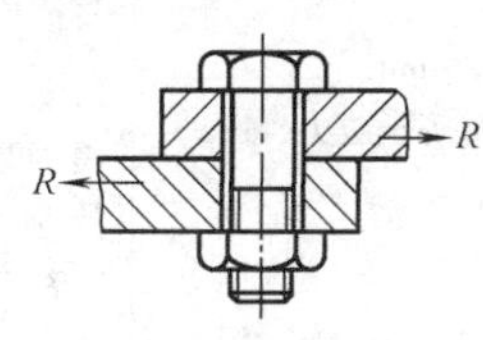 承受横向载荷 R 的普通螺栓连接,其工作原理是拧紧螺栓后,靠接合面间产生的摩擦力来平衡外载荷。这时螺栓只受预紧力 F'。此时的螺栓受到拉应力与拧紧螺栓时的扭转切应力的共同作用,相当于受到复合应力的作用	计算紧螺栓的拉伸应力	由于复合应力大约为拉应力的 1.3 倍,为了简化计算,其计算仍按拉应力计算,但需把拉应力扩大 30%,以此来计入扭转切应力的影响 校核公式:$\sigma_1=\dfrac{1.3F'}{\dfrac{\pi d_1^2}{4}}\leqslant\sigma_{1p}$ 设计公式:$d_1\geqslant\sqrt{\dfrac{4\times1.3F'}{\pi\sigma_{1p}}}$ 式中　F'——螺栓所受预紧力,N; σ_{1p}——螺栓的许用拉应力,MPa	许用拉应力: $\sigma_{1p}=\dfrac{\sigma_s}{S_s}$ 式中　σ_s——螺栓材料屈服点,见表 6-1-61; S_s——安全系数,见表 6-1-64
既受预紧力 F' 又受轴向载荷 F 的紧螺栓连接 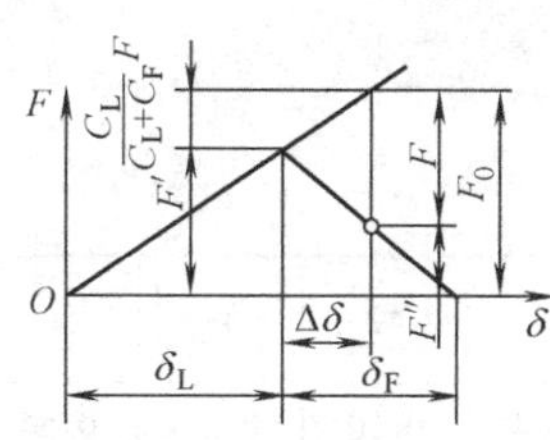 其工作情况是拧紧螺栓后,再加上轴向载荷 F,相当于螺栓连接既受预紧力 F',又受轴向载荷 F 的作用,螺栓的最大拉伸力为 F_0,根据此时螺栓和被连接件的受力变形图可知: $F_0=F''+F$ 或 $F_0=F'+\dfrac{C_L}{C_L+C_F}F$ 式中　F''——螺栓的剩余预紧力,见表 6-1-62; $\dfrac{C_L}{C_L+C_F}$——相对刚度系数,见表 6-1-62	计算紧螺栓的拉伸应力	如果所加轴向载荷 F 为静载荷时,按紧螺栓所受最大拉应力计算 校核公式:$\sigma_1=\dfrac{1.3F_0}{\dfrac{\pi d_1^2}{4}}\leqslant\sigma_{1p}$ 式中　F_0——螺栓所受最大拉伸力,N; σ_{1p}——螺栓的许用拉应力,MPa, $G_{1p}=\dfrac{G_s}{S_s}$ 如果所加轴向载荷 F 为变载何时,除了按紧螺栓所受最大拉伸应力计算外,还要计算螺栓的应力幅 应力幅:$\sigma_a=\dfrac{2F}{\pi d_1^2}\times\dfrac{C_L}{C_L+C_F}\leqslant\sigma_{ap}$ 式中　σ_{ap}——许用应力幅,见表 6-1-65; C_L——连接件刚度; C_F——被连接件刚度,见表 6-1-66	许用应力幅: $\sigma_{ap}=\dfrac{\varepsilon K_t K_u \sigma_{-1t}}{K_\sigma S_a}$ 式中　ε——尺寸因数; K_t——螺纹制造工艺因数; K_u——受力不均匀因数; K_σ——缺口应力集中因数; S_a——安全因数; σ_{-1t}——试件的疲劳极限,见表 6-1-61

续表

受力分析	计算内容	计算公式	许用应力
受横向载荷 F_s 作用的铰制孔螺栓连接 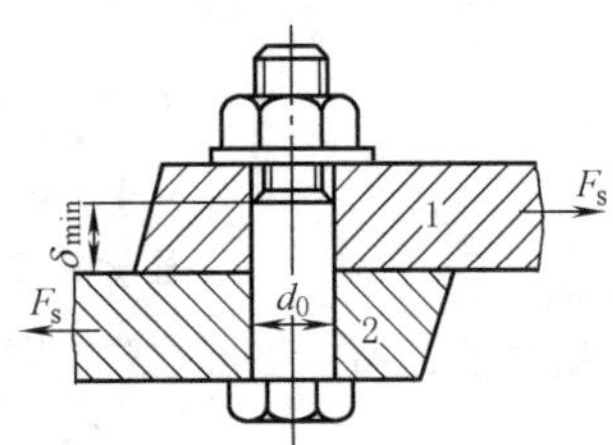 铰制孔螺栓连接受横向载荷 F_s 作用时，铰制孔螺栓受到剪切作用；铰制孔螺栓、被连接件1和2三者均受到挤压作用，当三者材料相同时，取挤压高度最小者为计算对象，当三者材料不相同时，取三者材料中挤压强度最弱者为计算对象	计算铰制孔螺栓的切应力计算铰制孔螺栓、被连接件1和2三者的挤压应力	螺栓切应力计算：$\tau=\dfrac{F_s}{m\dfrac{\pi}{4}d_0^2}\leqslant\tau_p$ 式中 τ_p——螺栓的许用切应力，MPa； d_0——铰制孔螺栓受剪处直径，mm； m——铰制孔螺栓受剪面数 挤压应力计算： $\sigma_p=\dfrac{F_s}{d_0\delta}\leqslant\sigma_{pp}$ 式中 δ——受挤压的高度，mm； σ_{pp}——最弱者的许用挤压应力，MPa	静载荷时许用切应力：$\tau_p=\dfrac{\sigma_s}{2.5}$ 变载荷时许用切应力：$\tau_p=\dfrac{\sigma_s}{3.5\sim5}$ 静载荷时许用挤压应力： 钢 $\sigma_{pp}=\dfrac{\sigma_s}{1.25}$ 铸铁 $\sigma_{pp}=\dfrac{\sigma_s}{2\sim2.5}$ 如是变载荷，将静载荷许用挤压应力值乘以0.7~0.8

表 6-1-64　预紧连接的螺栓安全系数 S_s

材料种类	静载荷			变载荷		
	M6~M16	M16~M30	M30~M60	M6~M16	M16~M30	M30~M60
碳钢	4~3	3~2	2~1.3	10~6.5	6.5	10~6.5
合金钢	5~4	4~2.5	2.5	7.5~5	5	7.5~6

表 6-1-65　螺栓许用应力幅计算公式 $\sigma_{ap}=\dfrac{\varepsilon K_t K_u \sigma_{-1t}}{K_\sigma S_a}$

尺寸因数 ε	螺栓直径 d/mm	<12	16	20	24	30	36	42	48	56	64
	ε	1	0.87	0.80	0.74	0.65	0.64	0.60	0.57	0.54	0.53
螺纹制造工艺因数 K_t	切制螺纹 $K_t=1$，搓制螺纹 $K_t=1.25$										
受力不均匀因数 K_u	受压螺母 $K_u=1$，受拉螺母 $K_u=1.5\sim1.6$										
试件的疲劳极限 σ_{-1t}	见表 6-1-61										
缺口应力集中因数 K_σ	螺栓材料 σ_B/MPa	400		600		800		1000			
	K_σ	3		3.9		4.8		5.2			
安全因数 S_a	安装螺栓情况	控制预紧力				不控制预紧力					
	S_a	1.5~2.5				2.5~5					

3.4.2 受偏心载荷的预紧螺栓连接

图6-1-1所示钩头螺栓连接，螺栓除受轴向拉力 F_Σ 外，还受到偏心弯矩 $F_\Sigma e$ 的作用，螺纹部分危险截面上的最大拉应力为

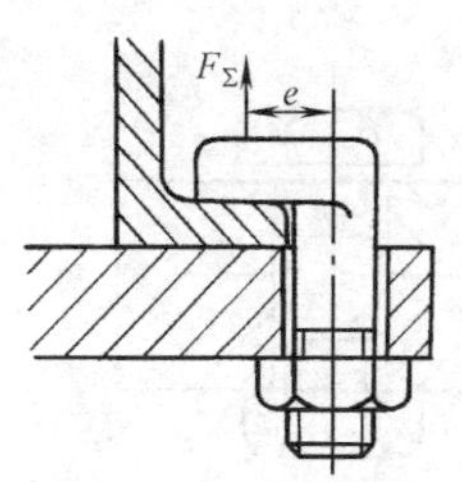

图6-1-1 受偏心载荷的预紧螺栓连接

$$\sigma_{max}=\frac{F_\Sigma}{A_s}+\frac{F_\Sigma e}{W}=\frac{F_\Sigma}{A_s}\left(1+\frac{8e}{d_s}\right)\leqslant\sigma_{1p}$$

式中 A_s——螺纹危险截面积，mm^2；

W——螺纹危险截面系数，mm^3；

e——偏心距，mm；

F_Σ——轴向拉力，N；

d_s——螺纹危险截面的计算直径，mm，$d_s=d_1$；

σ_{1p}——螺栓的许用拉应力，MPa，见表6-1-63。

3.4.3 高温螺栓连接

在高温下工作的螺栓连接，要考虑下列问题：温差载荷，螺栓和被连接件性能的变化，应力松弛。

当螺栓和被连接件的线胀系数不同，或工作温度不同，或两者都不同时，由于热变形不一致而使螺栓受到的温差载荷为

$$F_t=\frac{C_L C_F}{C_L+C_F}(\alpha_F\Delta t_F l_F-\alpha_L\Delta t_L l_L)$$

式中 C_L——连接件刚度，$\frac{1}{C_L}=\frac{1}{E_L}\left(\frac{L_1}{A}+\frac{L_2+L_3}{A_s}\right)$（见表6-1-68）；

C_F——被连接件刚度，C_F 见表6-1-66；

α——材料的线胀系数，$℃^{-1}$；

Δt——温升，℃；

l——常温时的装配长度，mm。

下脚标L代表螺栓，F代表被连接件。

考虑温差载荷后，螺栓的总拉力载荷为

$$F_0=F'+\frac{C_L}{C_L+C_F}F+F_t$$

求出螺栓的总拉力载荷后，按受轴向载荷的预紧连接和高温时材料的性能数据进行强度计算。

为了防止旋合螺纹在高温下咬死，除了合理选择螺栓和螺母材料外，宜采用粗牙螺纹，并适当加大中径间隙。热强钢和合金钢在高温时对缺口敏感性增强，必须注意减少螺栓应力集中。

钢螺栓长期在300~500℃高温下工作，经过一段工作时间后，会产生应力松弛，使连接的紧固作用减小。设计时，必须使剩余预紧力始终大于所要求的值，以保证连接的坚固与紧密。

3.4.4 低温螺栓连接

常用的螺栓钢材在低温下的静强度虽然有所提高，但其塑性却急剧降低，所以，在低温下工作的螺栓可能发生脆性破坏。

辗压螺纹能提高螺纹的常温强度，但其冷硬层会降低螺栓的低温塑性。

设计低温螺栓连接时，应注意以下两点。

① 材料应有较好的低温塑性，即在给定的工作温度下，有一定的冲击韧度（一般应使冲击值 $a_k>0.3J/mm^2$）；

② 材料在低温时对应力集中敏感性增强，必须减少应力集中。

表 6-1-66　　被连接件刚度 C_F 计算式

连接形式	薄圆筒	厚圆筒	平板
螺栓连接	薄圆筒 $D=d_w$ $C_F=\frac{E_F}{L}$①$\times\frac{\pi}{4}(D^2-D_0^2)$	厚圆筒 $D=(1\sim3)d_w$ $C_F=\frac{E_F}{L}\times\frac{\pi}{4}[(D+k_L)^2-D_0^2]$ $k=\frac{1}{10}\left[1-\frac{1}{4}\left(3-\frac{D}{d_w}\right)^2\right]$	平板 $C_F=\frac{E_F}{L}\times\frac{\pi}{4}\left[\left(d_w+\frac{L}{10}\right)^2-D_0^2\right]$
螺柱及螺钉连接	薄圆筒 C_F 计算式同螺栓连接	厚圆筒 $C_F=\frac{E_F}{L}\times\frac{\pi}{4}[(D+2kL)^2-D_0^2]$ $k=\frac{1}{10}\left[1-\frac{1}{4}\left(3-\frac{D}{d_w}\right)^2\right]$	平板 $C_F=\frac{E_F}{L}\times\frac{\pi}{4}\left[\left(d_w+\frac{L}{5}\right)^2-D_0^2\right]$

① E_F 为被连接件材料的弹性模量。

3.4.5　钢结构用高强度螺栓连接

钢结构用高强度螺栓连接靠摩擦力来传递载荷。具有应力集中小、刚性好、应力分布比较均匀、承载能力大等优点。目前，在钢结构中被广泛应用。

为保证传递的载荷，可对被连接件接合面进行喷砂、敷以涂料等特殊处理，以增大摩擦力，要严格控制预紧力，预紧应力可达 $(0.7\sim0.8)\sigma_s$。高强度螺栓计算与普通螺栓相同。

3.5　螺纹连接拧紧力矩的计算和预紧力的控制

3.5.1　拧紧力矩的计算

为了增强螺纹连接的刚性、紧密性、防松能力以及防止受横向载荷螺栓连接的滑动，多数螺纹连接在装配时都要预紧。对于螺栓连接，其拧紧力矩 T 用于克服螺纹副的螺纹阻力矩 T_1 及螺母与被连接件（或垫圈）支承面间的端面摩擦力矩 T_2。施加拧紧力矩时，可用力矩扳手法、螺母转角法、指示垫圈法、测定螺栓伸长法和螺栓预伸长法控制预紧力，后两种方法较准确但使用不便。计算拧紧力矩的计算公式为

$$T=T_1+T_2=F'\tan(\phi+\rho_v)\frac{d_2}{2}+\frac{F'\mu}{3}\times\frac{D_w^3-d_0^3}{D_w^2-d_0^2}=KF'd$$

$$K=\frac{d_2}{2d}\tan(\phi+\rho_v)+\frac{\mu}{3d}\times\frac{D_w^3-d_0^3}{D_w^2-d_0^2}$$

图 6-1-2　拧紧力矩

式中　d——螺纹公称直径，mm；

F'——预紧力，N；

d_2——螺纹中径，mm；

ϕ——螺纹升角；

ρ_v——螺纹当量摩擦角，$\rho_v=\arctan\mu_v$；

μ_v——螺纹当量摩擦因数；

μ——螺母与被连接件支承面间的摩擦因数，见表 6-1-59；

K——拧紧力矩系数。

D_w、d_0 见图 6-1-2。

表 6-1-59 推荐的 μ 值供参考使用，较精确的数值应通过实验取得。

对于普通粗牙 M12~M64 螺纹，当量摩擦因数 $\mu_v=0.10\sim0.20$，取 $\mu=0.15$，则拧紧力矩系数 K 在 0.1~0.3 范围内变动，表 6-1-67 推荐的 K 值可供设计计算时参考。

表 6-1-67　　　　**拧紧力矩系数 K**

摩擦表面状态	精加工表面		一般加工表面		表面氧化		表面镀锌		干燥粗加工表面	
	有润滑	无润滑	有润滑	无润滑	有润滑	无润滑	有润滑	无润滑	有润滑	无润滑
K 值	0.10	0.12	0.13~0.15	0.18~0.21	0.20	0.24	0.18	0.22	—	0.26~0.30

一般来讲，K 值主要取决于两个摩擦副的摩擦因数 μ_v 和 μ，对标准螺栓来说，尺寸大小对 K 值的影响是很小的。为了进一步简化，一般机械中常假设 $\mu_v=\mu=\mu'$（此条件常近似符合工程实际），这样拧紧力矩的公式可简化为如下形式：

一般标准六角螺栓

$$K=1.25\mu',\ T=1.25\mu'F'd$$

小六角螺栓或圆柱头内六角螺钉

$$K=1.2\mu',\ T=1.2\mu'F'd$$

式中，$\mu_v\neq\mu$ 时，取 $\mu'=\frac{1}{2}(\mu_v+\mu)$。

3.5.2　预紧力的控制

预紧力的大小需根据螺栓组受力的大小和连接的工作要求决定。设计时首先保证所需的预紧力，又不应使连接结构的尺寸过大。一般规定拧紧后螺纹连接件预紧应力不得大于其材料的屈服点 σ_s 的 80%。对于一般连接用钢制螺栓，推荐的预紧力 F' 计算如下：

碳素钢螺栓　　$F'=(0.6\sim0.7)\sigma_s A_s$

合金钢螺栓　　$F'=(0.5\sim0.6)\sigma_s A_s$

式中　σ_s——螺栓材料的屈服点，MPa；

A_s——螺栓公称应力截面积，mm^2。

$$A_s=\frac{\pi}{4}\left(\frac{d_2+d_3}{2}\right)^2$$

$$d_3=d_1-\frac{H}{6}$$

式中 d_1——外螺纹小径，mm；

d_2——外螺纹中径，mm；

d_3——螺纹的计算直径，mm；

H——螺纹的原始三角形高度，mm。

对于重要的螺纹连接，必须有一套控制和测量预紧力的方法，常用的控制方法见表 6-1-68。

表 6-1-68　　控制和测量螺栓预紧力的方法

<table>
<tr><th>控制预紧力的方法</th><th colspan="3">特点和应用</th></tr>
<tr><td rowspan="8">感觉法</td><td colspan="3">靠操作者在拧紧时的感觉和经验。拧紧 4.6 级螺栓施加在扳手上的拧紧力 F 如下：</td></tr>
<tr><td>M6</td><td>45N</td><td>只加腕力</td></tr>
<tr><td>M8</td><td>70N</td><td>加腕力和肘力</td></tr>
<tr><td>M10</td><td>130N</td><td>加全手臂力</td></tr>
<tr><td>M12</td><td>180N</td><td>加上半身力</td></tr>
<tr><td>M16</td><td>320N</td><td>加全身力</td></tr>
<tr><td>M20</td><td>500N</td><td>加上全身重量</td></tr>
<tr><td colspan="3">最经济简单，一般认为对有经验的操作者，误差可达±40%，用于普通的螺纹连接</td></tr>
<tr><td>力矩法</td><td colspan="3">用测力矩扳手或定力矩扳手控制预紧力，是国内外长期以来应用广泛的控制预紧力的方法。费用较低，一般认为误差有±25%。若表面有涂层、支承面，螺纹表面质量较好，力矩扳手示值准确，则误差可显著减小。有润滑的控制效果较好</td></tr>
<tr><td>测量螺栓伸长法</td><td colspan="3">用于螺栓在弹性范围内时的预紧力控制。误差在±3%～5%，使用麻烦，费用高。用于特殊需要的场合</td></tr>
<tr><td>螺母转角法</td><td colspan="3">螺栓预紧达到预紧力 F' 时，所需的螺母转角 θ 由下式求得：
$$\theta=\frac{360°}{P}\times\frac{F'}{C_L}$$
式中 P——螺距，mm；
C_L——螺栓的刚度，N/mm
$$\frac{1}{C_L}=\frac{1}{E_L}\left(\frac{L_1}{A}+\frac{L_2+L_3}{A_s}\right)$$
式中 E_L——螺栓材料的弹性模量，MPa；
A——螺栓光杆部分截面积，mm^2；
A_s——螺栓的公称应力截面积，mm^2
L_1、L_2、L_3 见右图，钢螺栓与钢螺纹孔 $L_3=0.5d$；钢螺栓与铸铁螺纹孔 $L_3=0.6d$
采用此法，需先把螺栓副拧紧到“紧贴”位置，再转过角度 θ。误差在±15%。在美国和德国的汽车工业和钢结构中广泛使用 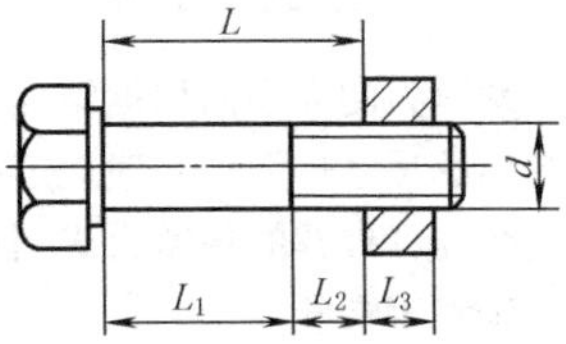
L　d　L_1　L_2　L_3</td></tr>
<tr><td>应变计法</td><td colspan="3">在螺栓的无螺纹部分贴电阻应变片，以控制螺栓杆所受拉力，误差可控制在±1%以内，但费用昂贵</td></tr>
<tr><td>螺栓预胀法</td><td colspan="3">对于较大的螺栓，如汽轮机螺栓，用电阻丝加热到一定温度后拧上螺母（不预紧），冷却后即产生预紧力。通过控制加热温度即可控制预紧力</td></tr>
<tr><td>液压拉伸法</td><td colspan="3">用专门的液压拉伸装置拉伸螺栓，使其受一定轴向力，拧上螺母后，除去外力即可得到预期的预紧力</td></tr>
</table>

3.6 螺纹连接力学性能和材料

表 6-1-69　　螺栓、螺钉和螺柱的材料和力学物理性能（摘自 GB/T 3098.1—2010）

性能等级	材料和热处理	化学成分极限(熔炼分析%)[1]					回火温度/℃
		C		P	S	B[2]	
		min	max	max	max	max	min
4.6[3],[4]	碳钢或添加元素的碳钢	—	0.55	0.050	0.060	未规定	—
4.8[4]							
5.6[3]		0.13	0.55	0.050	0.060		
5.8[4]		—	0.55	0.050	0.060		
6.8[4]		0.15	0.55	0.050	0.060		
8.8[6]	添加元素的碳钢(如硼或锰或铬)淬火并回火或	0.15[5]	0.40	0.025	0.025	0.003	425
	碳钢淬火并回火或	0.25	0.55	0.025	0.025		
	合金钢淬火并回火[7]	0.20	0.55	0.025	0.025		
9.8[6]	添加元素的碳钢(如硼或锰或铬)淬火并回火或	0.15[5]	0.40	0.025	0.025	0.003	425
	碳钢淬火并回火或	0.25	0.55	0.025	0.025		
	合金钢淬火并回火[7]	0.20	0.55	0.025	0.025		
10.9[6]	添加元素的碳钢(如硼或锰或铬)淬火并回火或	0.20[5]	0.55	0.025	0.025	0.003	425
	碳钢淬火并回火或	0.25	0.55	0.025	0.025		
	合金钢淬火并回火[7]	0.20	0.55	0.025	0.025		
12.9[6][8][9]	合金钢淬火并回火[7]	0.30	0.50	0.025	0.025	0.003	425
$12.\underline{9}$[6][8][9]	添加元素的碳钢(如硼或锰或铬或钼)淬火并回火	0.28	0.50	0.025	0.025	0.003	380

① 有争议时,实施成品分析

② 硼的含量可达 0.005%,非有效硼由添加钛和/或铝控制

③ 对 4.6 和 5.6 级冷镦紧固件,为保证达到要求的塑性和韧性,可能需要对其冷镦用线材或冷镦紧固件产品进行热处理

④ 这些性能等级允许采用易切钢制造,其硫、磷和铅的最大含量为:硫 0.34%;磷 0.11%,铅 0.35%

⑤ 对含碳量低于 0.25%的添加硼的碳钢,其锰的最低含量分别为:8.8 级为 0.6%;9.8 级和 10.9 级为 0.7%

⑥ 对这些性能等级用的材料,应有足够的淬透性,以确保紧固件螺纹截面的芯部在"淬硬"状态、回火前获得约 90%的马氏体组织

⑦ 这些合金钢至少应含有下列的一种元素,其最小含量分别为:铬 0.30%;镍 0.30%;钼 0.20%;钒 0.10%。当含有二、三或四种复合的合金成分时,合金元素的含量不能少于单个合金元素含量总和的 70%

⑧ 对 12.9/$12.\underline{9}$级表面不允许有金相能测出的白色磷化物聚集层。去除磷化物聚集层应在热处理前进行

⑨ 当考虑使用 12.9/$12.\underline{9}$级,应谨慎从事。紧固件制造者的能力、服役条件和扳拧方法都应仔细考虑。除表面处理外,使用环境也可能造成紧固件的应力腐蚀开裂

续表

序号	力学或物理性能		性能等级 4.6	4.8	5.6	5.8	6.8	8.8 $d\leqslant$16mm①	8.8 $d>$16mm②	9.8 $d\leqslant$16mm	10.9	12.9/<u>12.9</u>
1	抗拉强度 R_m/MPa	公称③	400		500		600	800		900	1000	1200
		min	400	420	500	520	600	800	830	900	1040	1220
2	下屈服强度 R_{eL}④/MPa	公称③	240	—	300	—	—	—	—	—	—	—
		min	240	—	300	—	—	—	—	—	—	—
3	规定非比例延伸 0.2% 的应力 $R_{P0.2}$/MPa	公称③	—	—	—	—	—	640	640	720	900	1080
		min	—	—	—	—	—	640	660	720	940	1100
4	紧固件实物的规定非比例延伸 0.004 8d 的应力 R_{Pf}/MPa	公称③	—	320	—	400	480	—	—	—	—	—
		min	—	340⑤	—	420⑤	480⑤	—	—	—	—	—
5	保证应力 S_P⑥/MPa	公称	225	310	280	380	440	580	600	650	830	970
	保证应力比	$S_{P,公称}/R_{eL,min}$ 或 $S_{P,公称}/R_{P0.2,min}$ 或 $S_{P,公称}/R_{Pf,min}$	0.94	0.91	0.93	0.90	0.92	0.91	0.91	0.90	0.88	0.88
6	机械加工试件的断后伸长率 A/%	min	22	—	20	—	—	12	12	10	9	8
7	机械加工试件的断面收缩率 Z/%	min	—					52		48	48	44
8	紧固件实物的断后伸长率 A_f(见附录 C)	min	—	0.24	—	0.22	0.20	—	—	—	—	—
9	头部坚固性		不得断裂或出现裂缝									
10	维氏硬度/HV,$F\geqslant$98N	min	120	130	155	160	190	250	255	290	320	385
		max	220⑦				250	320	335	360	380	435
11	布氏硬度/HBW,$F=30D^2$	min	114	124	147	152	181	245	250	286	316	380
		max	209⑦				238	316	331	355	375	429
12	洛氏硬度/HRB	min	67	71	79	82	89	—				
		max	95.0⑦				99.5	—				
	洛氏硬度/HRC	min	—					22	23	28	32	39
		max	—					32	34	37	39	44
13	表面硬度/HV0.3	max	—					⑧			⑧,⑨	⑧,⑩
14	螺纹未脱碳层的高度 E/mm	min	—					1/2H_1			2/3H_1	3/4H_1
	螺纹全脱碳层的深度 G/mm	max	—					0.015				
15	再回火后硬度的降低值/HV	max	—					20				
16	破坏扭矩 M_B/N·m	min	—					按 GB/T 3098.13 的规定				
17	吸收能量 K_V⑪⑫/J	min	—		27	—		27	27	27	27	⑬
18	表面缺陷		GB/T 5779.1⑭									GB/T 5779.3

① 数值不适用于栓接结构
② 对栓接结构 $d\geqslant$M12
③ 规定公称值,仅为性能等级标记制度的需要
④ 在不能测定下屈服强度 R_{eL} 的情况下,允许测量规定非比例延伸 0.2%的应力 $R_{P0.2}$
⑤ 对性能等级 4.8、5.8 和 6.8 的 $R_{Pf,min}$ 数值尚在调查研究中。表中数值是按保证载荷比计算给出的,而不是实测值
⑥ 表 5 和表 7 规定了保证载荷值
⑦ 在紧固件的末端测定硬度时,应分别为:250HV、238HB 或 99.5HRB$_{max}$
⑧ 当采用 HV0.3 测定表面硬度及芯部硬度时,紧固件的表面硬度不应比芯部硬度高出 30HV 单位
⑨ 表面硬度不应超出 390HV
⑩ 表面硬度不应超出 435HV
⑪ 试验温度在−20℃下测定
⑫ 适用于 $d\geqslant$16mm
⑬ K_v 数值尚在调查研究中
⑭ 由供需双方协议,可用 GB/T 5779.3 代替 GB/T 5779.1

表 6-1-70　螺栓的保证载荷（$A_s \times S_p$）（摘自 GB/T 3098.1—2010）

螺纹规格 (d)	螺纹公称应力截面积 $A_{s,公称}$① /mm²	性能等级								
		4.6	4.8	5.6	5.8	6.8	8.8	9.8	10.9	12.9/12.9
		保证载荷 $F_P(A_{s,公称} \times S_{P,公称})$/N								
粗牙螺纹										
M3	5.03	1130	1560	1410	1910	2210	2920	3270	4180	4880
M3.5	6.78	1530	2100	1900	2580	2980	3940	4410	5630	6580
M4	8.78	1980	2720	2460	3340	3860	5100	5710	7290	8520
M5	14.2	3200	4400	3980	5400	6250	8230	9230	11800	13800
M6	20.1	4520	6230	5630	7640	8840	11600	13100	16700	19500
M7	28.9	6500	8960	8090	11000	12700	16800	18800	24000	28000
M8	36.6	8240②	11400	10200②	13900	16100	21200②	23800	30400②	35500
M10	58	13000②	18000	16200②	22000	25500	33700②	37700	48100②	56300
M12	84.3	19000	26100	23600	32000	37100	48900③	54800	70000	81800
M14	115	25900	35600	32200	43700	50600	66700③	74800	95500	112000
M16	157	35300	48700	44000	59700	69100	91000③	102000	130000	152000
M18	192	43200	59500	53800	73000	84500	115000	—	159000	186000
M20	245	55100	76000	68600	93100	108000	147000	—	203000	238000
M22	303	68200	93900	84800	115000	133000	182000	—	252000	294000
M24	353	79400	109000	98800	134000	155000	212000	—	293000	342000
M27	459	103000	142000	128000	174000	202000	275000	—	381000	445000
M30	561	126000	174000	157000	213000	247000	337000	—	466000	544000
M33	694	156000	215000	194000	264000	305000	416000	—	576000	673000
M36	817	184000	253000	229000	310000	359000	490000	—	678000	792000
M39	976	220000	303000	273000	371000	429000	586000	—	810000	947000
细牙螺纹										
M8×1	39.2	8820	12200	11000	14900	17200	22700	25500	32500	38000
M10×1.25	61.2	13800	19000	17100	23300	26900	355000	39800	50800	59400
M10×1	64.5	14500	20000	18100	24500	28400	37400	41900	53500	62700
M12×1.5	88.1	19800	27300	24700	33500	38800	51100	57300	73100	85500
M12×1.25	92.1	20700	28600	25800	35000	40500	53400	59900	76400	89300
M14×1.5	125	28100	38800	35000	47500	55000	72500	81200	104000	121000
M16×1.5	167	37600	51800	46800	63500	73500	96900	109000	139000	162000
M18×1.5	216	48600	67000	60500	82100	95000	130000	—	179000	210000
M20×1.5	272	61200	84300	76200	103000	120000	163000	—	226000	264000
M22×1.5	333	74900	103000	932000	126000	146000	200000	—	276000	323000
M24×2	384	86400	119000	108000	146000	169000	230000	—	319000	372000
M27×2	496	112000	154000	139000	188000	218000	298000	—	412000	481000
M30×2	621	140000	192000	174000	236000	273000	373000	—	515000	602000
M33×2	761	171000	236000	213000	289000	335000	457000	—	632000	738000
M36×3	865	195000	268000	242000	329000	381000	519000	—	718000	839000
M39×3	1030	232000	319000	288000	391000	453000	618000	—	855000	999000

① $A_{s,公称}$的计算见本标准的 9.1.6.1。

② 6az 螺纹（GB/T 22029）的热浸镀锌紧固件，应按 GB/T 5267.3 中附录 A 的规定。

③ 对栓接结构为：50700N（M12）、68800N（M14）和 94500N（M16）。

表 6-1-71　螺母的力学性能

粗牙螺纹（GB/T 3098.2—2000）

性能等级	螺纹规格	保证应力 S_p /MPa	维氏硬度 HV 最小	维氏硬度 HV 最大	螺母 热处理	螺母 类型
04	≤M4	380	188	302	不淬火回火	薄型
	M4~M7					
	M7~M10					
	M10~M16					
	M16~M39					
05	≤M4	500	272	353	淬火并回火	薄型
	M4~M7					
	M7~M10					
	M10~M16					
	M16~M39					
4	≤M4	—	—	—	—	—
	M4~M7					
	M7~M10					
	M10~M16					
	M16~M39	510	117	302	不淬火回火	1
5	≤M4	520	130	302	不淬火回火	1
	M4~M7	580				
	M7~M10	590				
	M10~M16	610				
	M16~M39	630	146			
6	≤M4	600	150	302	不淬火回火	1
	M4~M7	670				
	M7~M10	680				
	M10~M16	700				
	M16~M39	720	170			
8	≤M4	800	180	302	不淬火回火	1
	M4~M7	855	200			
	M7~M10	870				
	M10~M16	880				
	M16~M39	920	233	353	淬火并回火	
	M16~M39	890	180	302	不淬火回火	2
9	≤M4	900	170	302	不淬火回火	2
	M4~M7	915	188			
	M7~M10	940				
	M10~M16	950				
	M16~M39	920				

细牙螺纹（GB/T 3098.4—2000）

性能等级	螺纹直径 D /mm	保证应力 S_p /MPa	维氏硬度 HV 最小	维氏硬度 HV 最大	螺母 热处理	螺母 类型
04	8≤D≤39	370	188	302	不淬火回火	薄型
05		500	272	353	淬火并回火	
5	8≤D≤16	690	175	302	不淬火回火	1
	16<D≤39	720	190			
6	8≤D≤10	770	188			
	10<D≤16	780				
	16<D≤33	870	233			
	33<D≤39	930				
8	8≤D≤10	935	250	353	淬火并回火	1
	10<D≤16					
	16<D≤33	1030	295			
	33<D≤39	1090				
	8≤D≤10	890	188	302	不淬火回火	2
	10<D≤39					

续表

粗牙螺纹(GB/T 3098.2—2000)

性能等级	螺纹规格	保证应力 S_p /MPa	维氏硬度HV 最小	维氏硬度HV 最大	螺母 热处理	螺母 类型
10	≤M4	1040	272	353	淬火并回火	1
10	M4~M7	1040	272	353	淬火并回火	1
10	M7~M10	1040	272	353	淬火并回火	1
10	M10~M16	1050	272	353	淬火并回火	1
10	M16~M39	1060	272	353	淬火并回火	1
12	≤M4	1140	295	353	淬火并回火	1
12	M4~M7	1140	295	353	淬火并回火	1
12	M7~M10	1140	295	353	淬火并回火	1
12	M10~M16	1170	295	353	淬火并回火	1
12	≤M4	1150	272	353	淬火并回火	2
12	M4~M7	1150	272	353	淬火并回火	2
12	M7~M10	1160	272	353	淬火并回火	2
12	M10~M16	1190	272	353	淬火并回火	2
12	M16~M39	1200	272	353	淬火并回火	2

细牙螺纹(GB/T 3098.4—2000)

性能等级	螺纹直径 D /mm	保证应力 S_p /MPa	维氏硬度HV 最小	维氏硬度HV 最大	螺母 热处理	螺母 类型
10	$8 \leqslant D \leqslant 10$	1100	295	353	淬火并回火	1
10	$10 < D \leqslant 16$	1110	295	353	淬火并回火	1
10	$8 \leqslant D \leqslant 10$	1055	250	353	淬火并回火	1
10	$10 < D \leqslant 16$	1055	250	353	淬火并回火	1
10	$16 < D \leqslant 39$	1080	260	353	淬火并回火	2
12	$8 \leqslant D \leqslant 10$	1200	295	353	淬火并回火	2
12	$10 < D \leqslant 16$	1200	295	353	淬火并回火	2
12	$16 < D \leqslant 39$	—	—	—	—	—

注：1. 本标准规定了在环境温度为10~35℃条件下进行试验时，规定保证载荷值的螺母力学性能。该环境温度条件下判定为符合本标准的产品，在较高或较低温度下，力学和物理性能可能不同，使用者应予注意。本标准适合的螺母：螺纹公称直径不大于39mm；符合GB/T 192、GB/T 193、GB/T 196和GB/T 197的规定；有规定的机械要求；对边宽度符合GB/T 3104或相当的规定；公称高度不小于0.5D；由碳钢或合金钢制造。

2. 本标准不适用于有特殊性能要求的螺母，如要求有锁紧性能（GB/T 3098.9）、可焊接性、耐腐蚀性（GB/T 3098.15）的螺母及工作温度高于300℃或低于-50℃的螺母。

3. 最低温度仅对经热处理的螺母或规格太大而不能进行保证载荷试验时，才是强制的；对其他螺母是指导性的。对不淬火回火，而又能满足保证载荷试验的螺母，最低硬度应不作为拒收理由。

4. 对易切钢制造的螺母不能用于250℃以上；对特殊产品，如用于高强度螺栓和热浸镀锌的螺母，有关数据见产品标准。

5. 配合件的螺纹公差大于6H/6g时，将增加脱扣危险。

6. 在其他公差或大于6H的情况下，应考虑降低脱扣强度，见表6-1-72。

表6-1-72　　　螺纹强度的降低（摘自GB/T 3098.2、GB/T 3098.4）

螺纹规格 >	螺纹规格 ≤	试验载荷比率/% 螺纹公差 6H	7H	6G
—	M2.5	100	—	95.5
M2.5	M7	100	95.5	97
M7	M16	100	96	97.5
M16	M39	100	98	98.5

表 6-1-73　　　　　螺母的标记制度和材料（摘自 GB/T 3098.2、GB/T 3098.4）

公称高度	螺母性能等级	相配的螺栓、螺钉和螺柱			螺母				材料化学成分/%			
		性能等级	螺纹规格范围		1型		2型		C	Mn	P	S
					螺纹规格范围				最大	最小	最大	最大
			粗牙	细牙	粗牙	细牙	粗牙	细牙				
≥0.8D	4	3.6、4.6、4.8	>M16	—	>M16	—	—	—	0.50	—	0.060	0.150
	5	3.6、4.6、4.8	≤M16	≤M39	≤M39	≤M39	—	—				
		5.6、5.8	≤M39									
	6	6.8	≤M39	≤M39	≤M39	≤M39	—	—				
	8	8.8	≤M39	≤M39	≤M39	≤M39	>M16 ≤M39	≤M16	0.58	0.25	0.060	0.150
	9	9.8	≤M16	—	—	—	≤M16	—				
	10	10.9	≤M39	≤M39	≤M39	≤M16	—	≤M39	0.58	0.30	0.048	0.058
	12	12.9	≤M39	≤M16	≤M16	—	≤M39	≤M16	0.58	0.45	0.048	0.058
≥0.5D <0.8D	04	公称保证应力/MPa	400		实际保证应力/MPa	380			0.58	0.25	0.060	0.150
	05		500			500			0.58	0.30	0.048	0.058

注：1. 本标准规定了由碳钢或合金钢制造的，在环境温度为 10～35℃条件下进行试验时，螺栓、螺钉和螺柱的力学性能。本标准适用的螺栓、螺钉和螺柱；粗牙螺纹 M1.6～M39；细牙螺纹 M8×1～M39×3；符合 GB/T 192、GB/T 193、GB/T 196 和 GB/T 197 的规定。本标准不适合于紧定螺钉及类似的不受拉力的螺纹紧固件。

2. 本标准未规定以下性能要求：可焊接性，耐腐蚀性，工作温度高于 300℃（对 10.9 级为 250℃）或低于-50℃的性能要求，耐剪切应力和耐疲劳性。

3. 公称高度大于等于 0.8*D*（螺纹有效长度大于等于 0.6*D*）的螺母，用螺栓性能等级标记的第一部分数字标记，该螺栓应为可与螺母相配的性能等级最高的（见表 6-1-71）。

4. 公称高度大于等于 0.6*D* 而小于 0.8*D*（螺栓有效长度大于等于 0.4*D*，而小于 0.6*D*）的螺母，由两位数字标记：第二位数字表示用淬硬试验芯棒测出的公称应力的 1/100（以 MPa 计）；而第一位数字“0”则表示这种螺栓-螺母组合件的承载能力要小，同时也比注 2 规定的螺栓-螺母组合件的承载能力小。

5. 一般来讲，性能等级较高的螺母，可以替换性能等级较低的螺母，螺栓-螺母组合件的应力高于螺栓的屈服点或保证应力是可行的。

6. 性能等级 4、5、6 允许用易切钢制造，其硫、磷及铅的最大含量为：硫 0.34%，磷 0.11%，铅 0.35%。

7. 对于性能等级为 10、12 的螺母，为改善其力学性能，必要时，可增添合金元素。性能等级为 05、8（>M16、1 型）、10 和 12 的螺母应进行淬火并回火处理。

8. 粗牙螺母的 2 型高度比 1 型高 10%（1 型为公称高度大于等于 0.8*D* 的螺母，一般常用 1 型）。

表 6-1-74　　　　螺母的保证载荷　粗牙螺纹保证载荷（摘自 GB/T 3098.2—2000）

螺纹规格	螺距/mm	螺纹的应力截面积 A_s/mm²	性能等级										
			04	05	4	5	6	8		9	10	12	
			保证载荷($A_s \times S_p$)/N										
			薄型	薄型	1型	1型	1型	1型	2型	2型	1型	1型	2型
M3	0.5	5.03	1910	2500	—	2600	3000	4000	—	4500	5200	5700	5800
M3.5	0.6	6.78	2580	3400	—	3550	4050	5400	—	6100	7050	7700	7800
M4	0.7	8.78	3340	4400	—	4550	5250	7000	—	7900	9150	10000	10100
M5	0.8	14.2	5400	7100	—	8250	9500	12140	—	13000	14800	16200	16300
M6	1	20.1	7640	10000	—	11700	13500	17200	—	18400	20900	22900	23100
M7	1	28.9	11000	14500	—	16800	19400	24700	—	26400	30100	32900	33200
M8	1.25	36.6	13900	18300	—	21600	24900	31800	—	34400	38100	41700	42500
M10	1.5	58.0	22000	29000	—	34200	39400	50500	—	54500	60300	66100	67300
M12	1.75	84.3	32000	42200	—	51400	59000	74200	—	80100	88500	98600	100300

续表

螺纹规格	螺距/mm	螺纹的应力截面积 A_s/mm²	性能等级										
			04	05	4	5	6	8		9	10	12	
			保证载荷($A_s \times S_p$)/N										
			薄型	薄型	1 型	1 型	1 型	1 型	2 型	2 型	1 型	1 型	2 型
M14	2	115	43700	57500	—	70200	80500	101200	—	109300	120800	134600	136900
M16	2	157	59700	78500	—	95800	109900	138200	—	149200	164900	183700	186800
M18	2.5	192	73000	96000	97900	121000	138200	176600	170900	176600	203500	—	230400
M20	2.5	245	93100	122500	125000	154400	176400	225400	218100	225400	259700	—	294000
M22	2.5	303	115100	151500	154500	190900	218200	278800	269700	278800	321200	—	363600
M24	3	353	134100	176500	180000	222400	254200	324800	314200	324800	374200	—	423600
M27	3	459	174400	229500	234100	289200	330500	422300	408500	422300	486500	—	550800
M30	3.5	561	213200	280500	286100	353400	403900	516100	499300	516100	594700	—	673200
M33	3.5	694	263700	347000	353900	437200	499700	638500	617700	638500	735600	—	832800
M36	4	817	310500	408500	416700	514700	588200	751600	727100	751600	866000	—	980400
M39	4	976	370900	488000	497800	614900	702700	897900	868600	897900	1035000	—	1171000

注：同表 6-1-73 注 1、2。

表 6-1-75　螺母的保证载荷　细牙螺纹保证载荷（摘自 GB/T 3098.4—2000）

螺纹规格	螺纹的应力截面积 A_s/mm²	性能等级								
		04	05	5	6	8		10		12
		保证载荷($A_s \times S_p$)/N								
		薄型	薄型	1 型	1 型	1 型	2 型	1 型	2 型	2 型
M8×1	39.2	14900	19600	27000	30200	37400	34900	43100	41400	47000
M10×1	64.5	24500	32200	44500	49700	61600	57400	71000	68000	77400
M10×1.25	61.2	23300	30600	44200	47100	58400	54500	67300	64600	73400
M12×1.25	92.1	35000	46000	63500	71800	88000	82000	102200	97200	110500
M12×1.5	88.1	33500	44000	60800	68700	84100	78400	97800	92900	105700
M14×1.5	125	47500	62500	86300	97500	119400	111200	138800	131900	150000
M16×1.5	167	63500	83500	115200	130300	159500	148600	185400	176200	200400
M18×1.5	215	81700	107500	154800	187000	221500	—	—	232200	—
M18×2	204	77500	102000	146900	177500	210100	—	—	220300	—
M20×1.5	272	103400	136000	195800	236600	280200	—	—	293800	—
M20×2	258	98000	129000	185800	224500	265700	—	—	278600	—
M22×1.5	333	126500	166500	239800	289700	343000	—	—	359600	—
M22×2	318	120800	159000	229000	276700	327500	—	—	343400	—
M24×2	384	145900	192000	276500	334100	395500	—	—	414700	—
M27×2	496	188500	248000	351100	431500	510900	—	—	535700	—
M30×2	621	236000	310500	447100	540300	639600	—	—	670700	—
M33×2	761	289200	380500	547900	662100	783800	—	—	821900	—
M36×3	865	328700	432500	622800	804400	942800	—	—	934200	—
M39×3	1030	391400	515000	741600	957900	1123000	—	—	1112000	—

注：同表 6-1-73 注 1、2。

表 6-1-76　紧定螺钉的力学性能（摘自 GB/T 3098.3—2000）

性能等级	力学性能											材料					
	维氏硬度 HV 10		布氏硬度 HB $P=30D^2$		洛氏硬度 HRB		洛氏硬度 HRC		螺纹未脱碳层的最小高度 E	全脱碳层的最大深度 G_{max} /mm	表面硬度 HV 0.3	钢的类别	热处理	化学成分/% C		P	S
	最小	最大	最小	最大	最小	最大	最小	最大	最小		最大			最大	最小	最大	最大
14H	140	290	133	276	75	105	—	—	—	—	—	碳钢	—	0.50	—	0.11	0.15
22H	220	300	209	285	95	—	—	30	$\frac{1}{2}H_1$	0.015	320	碳钢	淬火并回火	0.50	—	0.05	0.05
33H	330	440	314	418	—	—	38	44	$\frac{2}{3}H_1$	0.015	450	碳钢	淬火并回火	0.50	—	0.05	0.05
45H	450	560	428	532	—	—	45	53	$\frac{3}{4}H_1$	—	580	合金钢	淬火并回火	0.50	0.19	0.05	0.05

注：1. 本标准规定了由碳钢或合金钢制造的、在环境温度为 10~35℃条件下进行试验时，螺纹公称直径为 1.6~24mm 的紧定螺钉及类似不受拉力的紧固件力学性能；不适用于特殊性能要求的紧定螺钉，如规定拉应力、可焊接性、耐腐蚀性、工作温度高于 300℃或低于-50℃的要求。

2. 性能等级的标记代号由数字和字母组成。数字表示最低的维氏硬度的 1/10；字母 H 表示硬度。

3. 内六角紧定螺钉没有 14H、22H 级；45H 级不允许有全脱碳层。

4. 表内 H_1 为最大实体条件下外螺纹的牙型高度。

表 6-1-77　自攻螺钉的力学性能（摘自 GB/T 3098.5—2000）

力学性能

渗碳层深度		ST2.2 ST2.6	ST2.9 ST3.3 ST3.5	ST3.9 ST4.2 ST4.8 ST5.5	ST6.3 ST8	表面硬度	心部硬度
螺纹规格							
渗碳层深度/mm	最小	0.04	0.05	0.10	0.15	大于等于 450HV 0.3	≤ST3.9 270~390HV5，≥ST4.2 270~390 HV10
	最大	0.10	0.18	0.23	0.28		

最小破坏扭矩/N·m 螺纹规格	ST2.2	ST2.6	ST2.9	ST3.3	ST3.5	ST3.9	ST4.2	ST4.8	ST5.5	ST6.3	ST8
螺纹大径/mm 最大	2.24	2.57	2.90	3.30	3.53	3.91	4.22	4.80	5.46	6.25	8.00
破坏扭矩/N·m 最小	0.45	0.90	1.5	2.0	2.7	3.4	4.4	6.3	10.0	13.6	30.5

注：本标准规定了渗碳钢自攻螺钉的性能及相应的试验方法。其螺纹应符合 GB/T 5280，螺纹规格为 ST2.2~ST8。

表 6-1-78　自挤螺钉的力学性能（摘自 GB/T 3098.7—2000）

力学性能

表面渗碳层深度										
螺纹公称直径/mm	2	2.5	3	3.5	4	5	6	8	10	12
表面渗碳层深度/mm 最小	0.04		0.05		0.10		0.15		0.15	
表面渗碳层深度/mm 最大	0.12		0.18		0.25		0.28		0.32	

表面硬度	心部硬度
最低 450HV 0.3	290~370HV 10

扭矩分类	最小破坏扭矩(A),最大拧入扭矩(B)/N·m									
	螺纹公称直径/mm									
	2	2.5	3	3.5	4	5	6	8	10	12
A	0.5	1.2	2.1	3.4	4.9	10	17	42	85	150
B	0.3	0.6	1.1	1.7	2.5	5	8.5	21	43	75

材料

化学成分/%(极限)		
分析	碳	锰
桶样	0.15~0.25	0.70~1.65
检验	0.13~0.27	0.64~1.71

注：1. 本标准规定了表面淬火并回火的自挤螺钉的技术条件。符合本标准的自挤螺钉能挤出多种普通（内）螺纹，其规格范围为 2~12mm，用于机电产品。自挤螺钉应由渗碳钢冷镦制造。GB/T 3098.1 不适用于按本标准制造的螺钉。

2. 通过添加钛和（或）铝使硼受到控制，硼含量可达 0.005%。

表 6-1-79　不锈钢螺栓、螺钉和螺柱的力学性能（摘自 GB/T 3098.6—2000）

性能标记

材料		性能等级					
类别	组别	45	50	60	70	80	110
A 奥氏体	A1	—	A1-50	—	A1-70	A1-80	—
	A2	—	A2-50	—	A2-70	A2-80	—
	A3	—	A3-50	—	A3-70	A3-80	—
	A4	—	A4-50	—	A4-70	A4-80	—
	A5	—	A5-50	—	A5-70	A5-80	—

力学性能

性能等级			螺栓、螺钉和螺柱			
组别	性能等级	螺纹公称直径 d /mm	抗拉强度 σ_b /MPa 最小	规定非比例伸长应力 $\sigma_{p0.2}$ /MPa 最小	断后伸长量 δ 最小	硬度 HV
A1 A2 A3 A4 A5	50	≤39	500	210	0.6d	—
	70	≤24	700	450	0.4d	—
	80	≤24	800	600	0.3d	—

类别与组别		化学成分/%				
		C	Si	Mn	P	S
A	A1	0.12	1	6.5	0.2	0.15~0.35
	A2	0.1	1	2	0.05	0.03
	A3	0.08	1	2	0.045	0.03
	A4	0.08	1	2	0.045	0.03
	A5	0.08	1	2	0.045	0.03
C	C1	0.09~0.15	1	1	0.05	0.03
	C3	0.17~0.25	1	1	0.04	0.03
	C4	0.08~0.15	1	1.5	0.06	0.15~0.35
F	F1	0.12	1	1	0.04	0.03

续表

性能标记								力学性能				
材料		性能等级						性能等级	螺栓、螺钉和螺柱			
类别	组别	45	50	60	70	80	110	螺纹公称直径 d /mm	抗拉强度 σ_b /MPa 最小	规定非比例伸长应力 $\sigma_{p0.2}$ /MPa 最小	断后伸长量 δ 最小	硬度 HV
C 马氏体	C1	—	C1-50	—	C1-70	—	C1-110	50 70 110	500 700 1100	250 410 820	0.2d 0.2d 0.2d	155~220 220~330 350~440
	C3	—	—	—	—	C3-80	—	80	800	640	0.2d	240~340
	C4	—	C4-50	—	C4-70	—	—	50 70	500 700	250 410	0.2d 0.2d	155~220 220~330
F 铁素体	F1	F1-45	—	F1-60	—	—	—	45 60	450 600	250 410	0.2d 0.2d	135~220 180~285

类别与组别		化学成分/%			
		Cr	Mo	Ni	Cu
A	A1	16~19	0.7	5~10	1.75~2.25
	A2	15~20	—	8~19	4
	A3	17~19	—	9~12	1
	A4	16~18.5	2~3	10~15	1
	A5	16~18.5	2~3	10.5~14	1
C	C1	11.5~14	—	1	—
	C3	16~18	—	1.5~2.5	—
	C4	12~14	0.6	1	—
F	F1	15~18	—	1	—

注：1. 本标准规定了由奥氏体、马氏体和铁素体耐腐蚀不锈钢制造的，在环境温度为15~25℃条件下进行试验时，螺栓、螺钉和螺柱的力学性能。在较高或较低的温度下，性能可能不同。本标准适用的螺栓、螺钉和螺柱：螺纹公称直径 $d \leqslant 39$mm；符合 GB/T 192、GB/T 193、GB/T 196 和 GB/T 197 的规定；任何形状的。本标准不适合有特殊要求的紧固件，如可焊性要求。本标准未规定特殊环境下耐腐蚀性和氧化性。

2. 螺栓、螺钉和螺柱的不锈钢组别和性能等级的标记由短划隔开的两部分组成：第一部分标记钢的组别，由字母和一位数字组成，字母表示钢的类别，数字表示该类钢的化学成分范围；第二部分标记性能等级，由两位数字组成，并表示紧固件抗拉强度的1/10。

3. F1的螺纹公称直径 $d \leqslant 24$mm。螺纹公称直径 $d>24$mm、奥氏体性能等级70和80的，其力学性能由供需双方协议，可按本表给出的组别和性能等级标记。性能等级110的C1组别淬火并回火，最低回火温度为275℃。组别A2和A4的含碳量低于0.03%的低碳不锈钢，可增加标记‘L’，如A4L-80。

4. 马氏体及铁素体的硬度本表仅列出HV值，其HB及HRC值请见GB/T 3098.6中表3。

表 6-1-80　　不锈钢螺母的力学性能（摘自 GB/T 3098.15—2000）

类别	组别	性能等级		保证应力 S_p /MPa		硬度			螺纹公称直径 D /mm
		1 型螺母 ($m \geqslant 0.8D$)	薄型螺母 ($0.5D \leqslant m < 0.8D$)	1 型螺母 ($m \geqslant 0.8D$)	薄型螺母 ($0.5D \leqslant m < 0.8D$)	HB	HRC	HV	
奥氏体	A1	50	0.25	500	250	—	—	—	≤39
	A2、A3	70	0.35	700	350	—	—	—	≤24①
	A4、A5	80	0.40	800	400	—	—	—	≤24①
马氏体	C1	50	0.25	500	250	147~209	—	155~220	
		70	—	700	—	209~314	20~34	220~330	
		110③	0.55③	1100	550	—	36~45	350~440	
	C3	80	0.40	800	400	228~323	21~35	240~340	
	C4	50	—	500	—	147~209	—	155~220	
		70	0.35	700	350	209~314	20~34	220~330	
铁素体	F1②	45	0.20	450	200	128~209	—	135~220	
		60	0.30	600	300	171~271	—	180~285	

类别	组别	化学成分 /%								
		C	Si	Mn	P	S	Cr	Mo	Ni	Cu
奥氏体	A1	0.12	1	6.5	0.2	0.15~0.35	16~19	0.7	5~10	1.75~2.25
	A2	0.1	1	2	0.05	0.03	15~20	—	8~19	4
	A3	0.08	1	2	0.045	0.03	17~19	—	9~12	1
	A4	0.08	1	2	0.045	0.03	16~18.5	2~3	10~15	1
	A5	0.08	1	2	0.045	0.03	16~18.5	2~3	10.5~14	1
马氏体	C1	0.09~0.15	1	1	0.05	0.03	11.5~14	—	1	—
	C3	0.17~0.25	1	1	0.04	0.03	16~18	—	1.5~2.5	—
	C4	0.08~0.15	1	1.5	0.06	0.15~0.35	12~14	0.6	1	—
铁素体	F1	0.12	1	1	0.04	0.03	15~18	—	1	—

① 螺纹公称直径 $D>24$mm 的紧固件，其力学性能由供需双方协议，可按本表给出的组别和性能等级标记。

② 螺纹公称直径 $D \leqslant 24$mm。

③ 淬火并回火，最低回火温度为 275℃。

注：1. 本标准规定了由奥氏体、马氏体和铁素体耐腐蚀不锈钢制造的，在环境温度为 15~25℃条件下进行试验时螺母的力学性能。在较高或较低温度下，性能可能不同。本标准适合的螺母：螺纹公称直径 $D \leqslant 39$mm；符合 GB/T 192 规定的普通螺纹；符合 GB/T 193 的直径与螺距组合；符合 GB/T 196 规定的基本尺寸；符合 GB/T 197 规定的公差；任何形状的；对边宽度符合 GB/T 3104；公称高度大于等于 $0.5D$。本标准未规定以下性能要求：锁紧性，可焊接性，特殊环境下的耐腐蚀性和耐氧化性。

2. 螺母的不锈钢组别和性能等级的标记由短划隔开的两部分组成：第一部分标记钢的组别，第二部分标记性能等级。钢的组别由字母和一位数字组成：A 为奥氏体钢，C 为马氏体钢，F 为铁素体钢；数字表示化学成分范围。性能等级标记：对 $m \geqslant 0.8D$（1 型）螺母，由两位数字组成，表示保证载荷应力的 1/10；对 $0.5D \leqslant m < 0.8D$ 的薄型螺母，由 3 位数字组成，第一位表示降低承载能力的螺母，后两位表示保证载荷应力的 1/10。

3. A1 为机械加工专门设计的。A2 为最广泛使用的不锈钢，用于厨房和化工装置。A3 为稳定型的不锈钢，与 A2 同。A4 为耐酸钢含 Mo 元素。A5 为稳定型的耐酸钢。F1 不能淬硬，即使在某些情况下有可能，也不应淬火，该组有磁性。C1 耐腐蚀性有限，用于涡轮、泵和刀具。C3 耐腐蚀比 C1 好，用于泵和阀。C4 用于机械加工材料，与 C1 类似。

4. 化学成分的详细说明请见 GB/T 3098.15—2000。

5. 含碳量低于 0.03%低碳不锈钢，可增加标记“L”，如 A4L-80。

表 6-1-81　　不锈钢紧定螺钉的力学性能（摘自 GB/T 3098.16—2000）

保　证　扭　矩

螺纹公称直径 d/mm	紧定螺钉试件的最小长度①/mm				保证扭矩/N·m 性能等级	
	平　端	锥　端	圆柱端	凹　端	12H	21H
1.6	2.5	3	3	2.5	0.03	0.05
2	4	4	4	3	0.06	0.1
2.5	4	4	5	4	0.18	0.3
3	4	5	6	5	0.25	0.42
4	5	6	8	6	0.8	1.4
5	6	8	8	6	1.7	2.8
6	8	8	10	8	3	5
8	10	10	12	10	7	12
10	12	12	16	12	14	24
12	16	16	20	16	25	42
16	20	20	25	20	63	105
20	25	25	30	25	126	210
24	30	30	35	30	200	332

类别	组别	化学成分/%								
		C	Si	Mn	P	S	Cr	Mo	Ni	Cu
奥氏体	A1	0.12	1	6.5	0.2	0.15~0.35	16~19	0.7	5~10	1.75~2.25
	A2	0.1	1	2	0.05	0.03	15~20	—	8~19	4
	A3	0.08	1	2	0.045	0.03	17~19	—	9~12	1
	A4	0.08	1	2	0.045	0.03	16~18.5	2~3	10~15	1
	A5	0.08	1	2	0.045	0.03	16~18.5	2~3	10.5~14	1

硬　度	性能等级	
	12H	21H
维氏硬度 HV	125~209	210(最小)
布氏硬度 HB	123~213	214(最小)
洛氏硬度 HRB	70~95	96(最小)

① 试件的最小长度是产品标准中阶梯虚线下方的长度。

注：1. 本标准规定了由奥氏体、马氏体和铁素体耐腐蚀不锈钢制造的，在环境温度为 15~25℃条件下进行试验时，紧定螺钉及类似的不受拉应力的紧固件的力学性能。在较高或较低温度下，性能可能不同。本标准适合的紧定螺钉及类似的不受拉应力的紧固件：螺纹公称直径为 1.6~24mm；符合 GB/T 192 规定的普通螺纹；符合 GB/T 193 的直径与螺距组合；符合 GB/T 196 规定的基本尺寸；符合 GB/T 197 规定的公差（任何形状的）。本标准不适合于有特殊要求（如焊接性）的紧固件。本标准未规定特殊环境下的耐腐蚀性和耐氧化性。

2. 紧定螺钉的不锈钢组别和性能等级的标记由短划隔开的两部分组成：第一部分标记钢的组别；第二部分标记性能等级。钢的组别由字母和一位数字组成：A 为奥氏体钢；数字表示化学成分范围。性能等级标记由表示最小维氏硬度 1/10 的数字和表示硬度的字母 H 组成。含碳量低于 0.03%的低碳不锈钢，可增加标记“L”，如 A4L-21H。

3. A1 为机械加工专门设计的。A2 为最广泛使用的不锈钢，用于厨房和化工装置。A3 为稳定型的不锈钢，与 A2 同。A4 为耐酸钢含 Mo 元素。A5 为稳定型的耐酸钢。

4. 化学成分的详细说明请见 GB/T 3098.16—2000。

5. 表中列出奥氏体不锈钢的化学成分，其他类别及特性见 GB/T 3098.1 附录 A。

3.7 螺纹连接的标准元件

3.7.1 紧固件的标记方法（摘自 GB/T 1237—2000）

① 紧固件的完整标记内容及顺序如下：

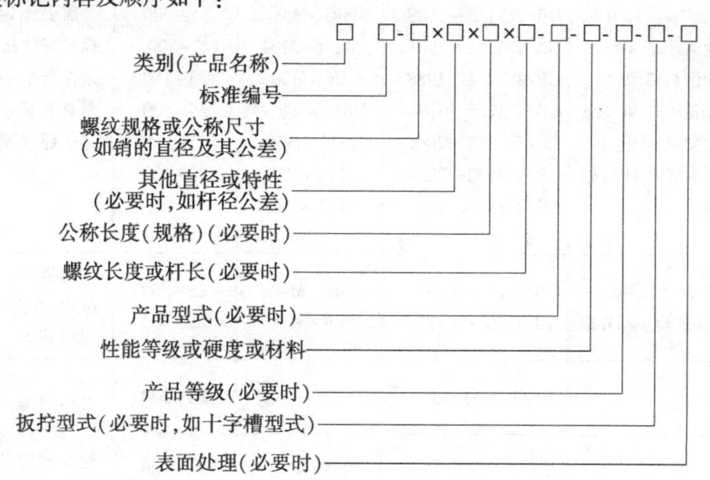

② 标记示例：

螺纹规格 d=M12、公称长度 l=80mm、性能等级为 10.9 级、表面氧化、产品等级为 A 级的六角头螺栓，标记为：GB/T 5783—2000-M12×80-10.9-A-O（完整标记）。

③ 紧固件名称、标准编号、型式与尺寸的标记方法按相应紧固件产品国家标准的规定。

④ 紧固件性能等级或材料、热处理（硬度）、产品等级、扳拧型式的标记方法按有关紧固件基础标准的规定。

⑤ 紧固件表面处理的标记方法，按 GB/T 13911 的规定。

⑥ 标记的简化原则：类别（名称）、标准年代号及其前面的“—”，允许全部或部分省略，省略年代的标准应以现行标准为准，标记中的“—”，允许全部或部分省略，标记中的“其他直径或特性”前面的“×”，允许省略，省略后不应造成对标记的误解，一般以空字代替为宜；当产品标准中规定一种产品型式、性能等级或硬度或材料、产品等级、扳拧型式及表面处理时，允许全部或部分省略。当产品标准中规定两种及以上的产品型式、性能等级或硬度或材料、产品等级、扳拧型式及表面处理时，应规定可以省略其中一种，并在产品标准的标记示例下给出省略后的简化标记。

⑦ 在后面各标准件中的标记示例，其标记方法均属省略后的简化标记，它代表了标准件的全部特征。

3.7.2 螺栓

表 6-1-82　　螺栓、螺柱汇总表

类别	名称	标准号	规格范围/mm		主要用途
			d	l	
六角头	六角头螺栓 C 级	GB/T 5780—2000	M5～M64	10～500	六角头螺栓应用普遍,产品等级分为 A、B 和 C 级,A 级最精确,C 级最不精确。A 级用于重要的、装配精度高的以及受较大冲击、振动或变载荷的地方。A 级用于d=1.6～24mm 和 l≤10d 或l≤150mm 的螺栓,B 级用于 d>24mm 或 l>10d 或 l≥150mm 的螺栓,C 级为 M5～M64,细杆 B 级为 M3～M20 六角法兰面螺栓,防松性能好 钢结构用高强度大六角头螺栓用于高强度连接;主要用于公路与铁路桥梁、工业与民用建筑、塔架、起重机
	六角头螺栓全螺纹 C 级	GB/T 5781—2000	M5～M64	10～500	
	六角头螺栓	GB/T 5782—2000	M1.6～M64	2～500	
	六角头螺栓全螺纹	GB/T 5783—2000	M1.6～M64	2～500	
	六角头螺栓细杆 B 级	GB/T 5784—1986	M3～M20	20～150	
	六角头螺栓细牙	GB/T 5785—2000	M8×1～M64×4	40～500	
	六角头螺栓细牙全螺纹	GB/T 5786—2000	M8×1～M64×4	16～500	
	A 级小系列六角法兰面螺栓	GB/T 16674—1996	M5～M16	25～160	
	六角法兰面螺栓 B 级加大系列	GB/T 5789—1986	M5～M20	10～200	
	六角法兰面螺栓 B 级细杆加大系列	GB/T 5790—1986	M5～M20	30～200	

续表

类别	名　称	标准号	规格范围/mm		主要用途
			d	l	
六角头	六角头头部带槽螺栓 A 和 B 级	GB/T 29.1—2013	M1.6～M64	2～500	需要锁定时用栓接结构大六角螺栓与栓接结构大六角螺母，栓接结构与平垫圈配套使用，可使连接副具有高水平的防止因超拧而引起的螺纹脱扣
	六角头螺杆带孔螺栓 A 和 B 级	GB/T 31.1—2013	M1.6～M64	2～500	
	六角头螺杆带孔螺栓细杆 B 级	GB/T 31.2—1988	M6～M20	25～150	
	六角头螺杆带孔螺栓细牙 A 和 B 级	GB/T 31.3—1988	M8×1～M48×3	35～300	
	六角头头部带孔螺栓 A 和 B 级	GB/T 32.1—1988	M1.6～M64	2～500	
	六角头头部带孔螺栓细杆 B 级	GB/T 32.2—1988	M6～M20	25～150	
	六角头头部带孔螺栓细牙 A 和 B 级	GB/T 32.3—1988	M8×1～M48×3	35～400	
	钢结构用高强度大六角头螺栓	GB/T 1228—2006	M12～M30	35～260	
	钢结构用扭剪型高强度螺栓连接副	GB/T 3632—2008	M16～M24	40～180	
	栓接结构用大六角螺栓	GB/T 18230.1～2—2000	M12～M36	30～200	
	六角头铰制孔用螺栓 A 和 B 级	GB/T 27—2013	M6～M48	25～300	能精确地固定被连接件的相互位置，并能承受由横向力产生的剪切和挤压
	六角头螺杆带孔铰制孔用螺栓 A 和 B 级	GB/T 28—2013	M6～M48	25～300	
方头	方头螺栓 C 级	GB/T 8—1988	M10～M48	20～300	方头有较大的尺寸，便于扳手口卡住或靠住其他零件，起止转作用，有时也用于 T 形槽中，便于螺栓在槽中松动调整位置。常用在一些比较粗糙的结构上
	小方头螺栓 B 级	GB/T 35—2013	M5～M48	20～300	
沉头	沉头方颈螺栓	GB/T 10—1988	M6～M20	25～200	多用于零件表面要求平坦或光滑不阻挂东西的地方（方颈或榫起止转作用）
	沉头带榫螺栓	GB/T 11—1988	M6～M24	25～200	
半圆头	半圆头方颈螺栓	GB/T 12—2013	M6～M20	16～200	多用于结构受限制（不能用其他螺栓头）或零件表面要求较光滑的地方。半圆头方颈多用于金属零件，大半圆头用于木制零件，加强半圆头则用于受冲击、振动及变载荷的地方
	加强半圆头方径螺栓	GB/T 794—1993	M6～M20	20～200	
	大半圆头方颈螺栓 C 级	GB/T 14—1998	M6～M24	20～200	
	大半圆头带榫螺栓 C 级	GB/T 15—1988	M6～M24	20～200	
	半圆头带榫螺栓 C 级	CB/T 13—1988	M6～M24	20～200	
T 形	T 形槽用螺栓	GB/T 37—1988	M5～M48	25～300	多用于螺栓只能从被连接件一边进行连接的地方，此时螺栓从被连接件的 T 形孔中插入将螺栓转动 90°，也用于结构要求紧凑的地方
铰链用	活节螺栓	GB/T 798—1988	M4～M36	20～300	多用于需经常拆开连接的地方和工装上
地脚	地脚螺栓	GB/T 799—1988	M6～M48	80～1500	用于水泥基础中固定机架
	地脚螺栓	JB/ZQ 4363—2006	M8～M72	80～3200	
	直角地脚螺栓	JB/ZQ 4364—2006	M16～M56	300～2600	
	T 形头地脚螺栓	JB/ZQ 4362—2006	M24～M160	按设计要求	
双头	等长双头螺柱 C 级	GB/T 953—1988	M8～M48	100～2500	多用于被连接件太厚而不便使用螺栓连接或因拆卸频繁不宜使用螺钉连接的地方，或使用在结构要求比较紧凑的地方 一般双头螺柱用于一端需拧入螺孔固定死的地方，等长双头螺柱则两端都配带螺母来连接零件
	等长双头螺柱 B 级	GB/T 901—1988	M2～M56	10～500	
	双头螺柱 B 级 $b_m=1d$	GB/T 897—1988	M5～M48	16～300	
	双头螺柱 B 级 $b_m=1.25d$	GB/T 898—1988	M5～M48	16～300	
	双头螺柱 B 级 $b_m=1.5d$	GB/T 899—1988	M2～M48	12～300	
	双头螺柱 B 级 $b_m=2d$	GB/T 900—1988	M2～M48	12～300	
	U 形螺栓	JB/ZQ 4321—2006	M6～M16	98～680	用于固定管子
	手工焊用焊接螺柱	GB/T 902.1—2008	M3～M20	10～300	用于焊接
	机动弧焊用焊接螺柱	GB/T 902.2—2010	M3～M20	12～100	

六角头螺栓 C 级（摘自 GB/T 5780—2000）

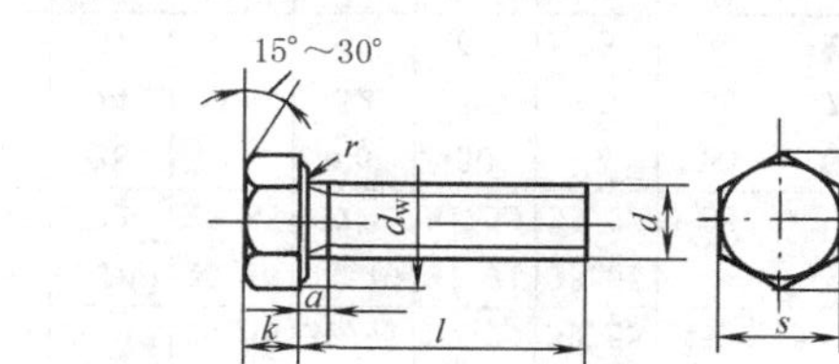

六角头螺栓全螺纹 C 级（摘自 GB/T 5781—2000）

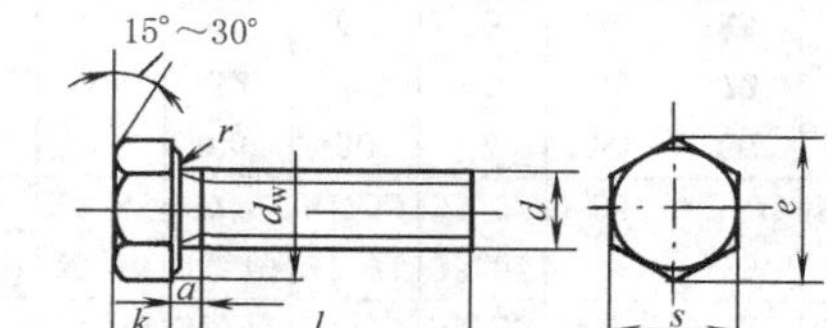

标记示例

螺纹规格 d=M12、公称长度 l=80mm、性能等级 4.8 级、不经表面处理、C 级六角头螺栓，标记为：螺栓　GB/T 5780　M12×80

表 6-1-83

mm

螺纹规格 d		M5	M6	M8	M10	M12	(M14)	M16	(M18)	M20	(M22)	M24	(M27)	M30	M36	M42	M48	M56	M64
s(公称)		8	10	13	16	18	21	24	27	30	34	36	41	46	55	65	75	85	95
k(公称)		3.5	4	5.3	6.4	7.5	8.8	10	11.5	12.5	14	15	17	18.7	22.5	26	30	35	40
r(最小)		0.2	0.25	0.4	0.4	0.6	0.6	0.6	0.6	0.8	0.8	0.8	1	1	1	1.2	1.6	2	2
e(最小)		8.6	10.9	14.2	17.6	19.9	22.8	26.2	29.6	33	37.3	39.6	45.2	50.9	60.8	71.3	82.6	93.6	104.9
a(最大)		2.4	3	4	4.5	5.3	6	6	7.5	7.5	7.5	7.5	9	10.5	12	13.5	15	16.5	18
d_w(最小)		6.7	8.7	11.5	14.5	16.5	19.2	22	24.9	27.7	31.4	33.3	38	42.8	51.1	60	69.5	78.7	88.2
b(参考)	l≤125	16	18	22	26	30	34	38	42	46	50	54	60	66	78	—	—	—	—
	125<l≤200	—	—	28	32	36	40	44	48	52	56	60	66	72	84	96	108	124	140
	l>200	—	—	—	—	—	53	57	61	65	69	73	79	85	97	109	121	137	153
l(公称) GB/T 5780—2000		25～50	30～60	40～80	45～100	55～120	60～140	65～160	80～180	80～200	90～220	100～240	110～260	120～300	140～360	180～420	200～480	240～500	260～500
全螺纹长度 l GB/T 5781—2000		10～50	12～60	16～80	20～100	25～120	30～140	35～160	35～180	40～200	45～220	50～240	55～280	60～300	70～360	80～420	100～480	110～500	120～500
100mm 长的质量/kg≈		0.013	0.020	0.037	0.063	0.090	0.127	0.172	0.223	0.282	0.359	0.424	0.566	0.721	1.100	1.594	2.174	3.226	4.870
l 系列(公称)		10,12,16,20,25,30,35,40,45,50,55,60,65,70,80,90,100,110,120,130,140,150,160,180,200,220,240,260,280,300,320,340,360,380,400,420,440,460,480,500																	

技术条件	GB/T 5780　螺纹公差:8g	材料:钢	性能等级:d≤M39, 3.6、4.6、4.8;d>M39,按协议	表面处理:不经处理,电镀,非电解锌粉覆盖	产品等级:C
	GB/T 5781　螺纹公差:8g				

注：1. M5～M36 为商品规格，为销售储备的产品最通用的规格。2. M42～M64 为通用规格，较商品规格低一档，有时买不到要现制造。3. 带括号的为非优选的螺纹规格（其他各表均相同），非优选螺纹规格除表列外还有 M33、M39、M45、M52 和 M60。4. 末端按 GB/T 2 规定。5. 本表尺寸对原标准进行了摘录，以后各表均相同。6. 标记示例“螺栓 GB/T 5780　M12×80”为简化标记，它代表了标记示例的各项内容，此标准件为常用及大量供应的，与标记示例内容不同的不能用简化标记，应按 3.7.1 中 GB/T 1237—2000 规定标记，以后各螺纹连接件均同。7. 表面处理：电镀技术要求按 GB/T 5267；非电解锌粉覆盖技术要求按 ISO 10683；如需其他表面镀层或表面处理，应由双方协议。8. GB/T 5780 增加了短规格，推荐采用 GB/T 5781 全螺纹螺栓。

六角头螺栓（摘自 GB/T 5782—2000）

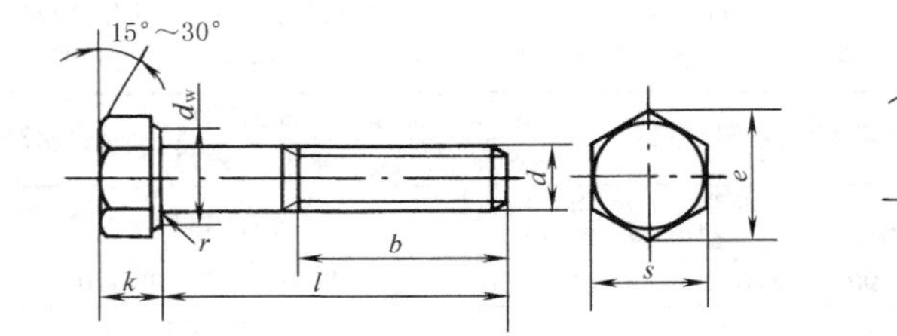

六角头螺栓全螺纹（摘自 GB/T 5783—2000）

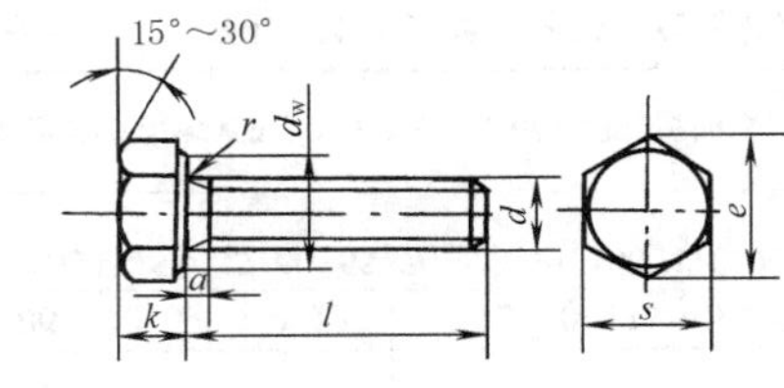

六角头螺杆带孔螺栓 A 和 B 级（摘自 GB/T 31.1—2013）

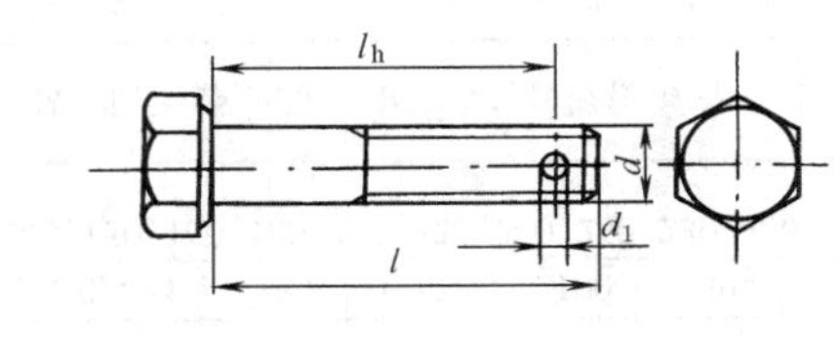

其余的型式与尺寸按 GB/T 5782 规定

六角头头部带孔螺栓 A 和 B 级（摘自 GB/T 32.1—1988）

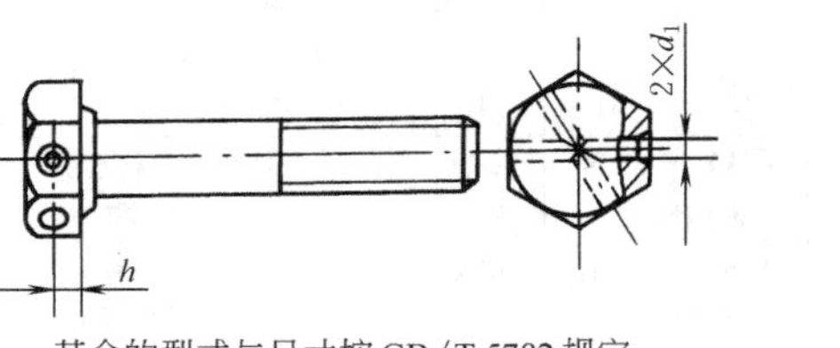

其余的型式与尺寸按 GB/T 5782 规定

六角头头部带槽螺栓 A 和 B 级（摘自 GB/T 29.1—2013）

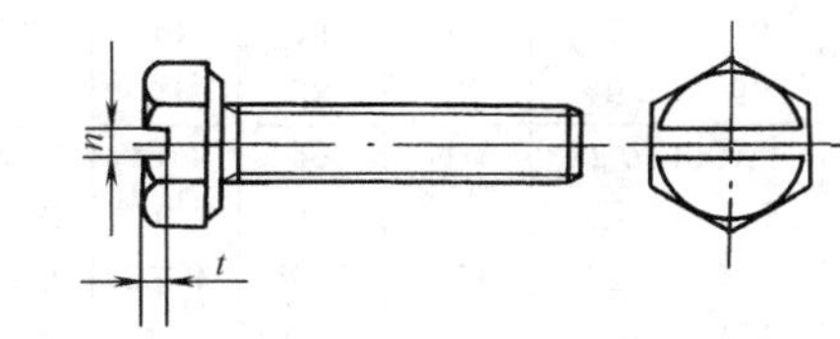

其余的型式与尺寸按 GB/T 5783 规定

标记示例

螺纹规格 d=M12、公称长度 l=80mm、性能等级 8.8 级、表面氧化、A 级六角头螺栓，标记为：

螺栓　GB/T 5782　M12×80

螺纹规格 d=M12、公称长度 l=80mm、性能等级 8.8 级、不经表面处理、A 级的六角头螺杆带孔螺栓，标记为：

螺栓　GB/T 31.1　M12×80

表 6-1-84　　mm

螺纹规格 d		M1.6	M2	M2.5	M3	M4	M5	M6	M8	M10	M12	(M14)	M16	(M18)	M20	(M22)	M24	(M27)	M30	M36	M42	M48	M56	M64
s(公称)		3.2	4	5	5.5	7	8	10	13	16	18	21	24	27	30	34	36	41	46	55	65	75	85	95
k(公称)		1.1	1.4	1.7	2	2.8	3.5	4	5.3	6.4	7.5	8.8	10	11.5	12.5	14	15	17	18.7	22.5	26	30	35	40
r(最小)		0.1	0.1	0.1	0.1	0.2	0.2	0.25	0.4	0.4	0.6	0.6	0.6	0.6	0.8	0.8	0.8	1	1	1	1.2	1.6	2	2
e(最小)	A	3.41	4.32	5.45	6.01	7.66	8.79	11.05	14.38	17.77	20.03	23.36	26.75	30.14	33.53	37.72	39.98	—	—	—	—	—	—	—
	B	3.28	4.18	5.31	5.88	7.50	8.63	10.89	14.20	17.59	19.85	22.78	26.17	29.56	32.95	37.29	39.55	45.2	50.85	60.79	71.3	82.6	93.56	104.86
d_w(最小)	A	2.27	3.07	4.07	4.57	5.88	6.88	8.88	11.63	14.63	16.63	19.64	22.49	25.34	28.19	31.71	33.61	—	—	—	—	—	—	—
	B	2.3	2.95	3.95	4.45	5.74	6.74	8.74	11.47	14.47	16.47	19.15	22	24.85	27.7	31.35	33.25	38	42.75	51.11	59.95	69.45	78.86	88.16
b(参考)	l≤125	9	10	11	12	14	16	18	22	26	30	34	38	42	46	50	54	60	66	—	—	—	—	—
	125<l≤200	15	16	17	18	20	22	24	28	32	36	40	44	48	52	56	60	66	72	84	96	108	—	—
	l>200	28	29	30	31	33	35	37	41	45	49	53	57	61	65	69	73	79	85	97	109	121	137	153
a		—	—	—	1.5	2.1	2.4	3	3.75	4.5	5.25	6	6	7.5	7.5	7.5	9	9	10.5	12	13.5	15	16.5	18
h		—	—	—	0.8	1.2	1.2	1.6	2	2.5	3	—	—	—	—	—	—	—	—	—	—	—	—	—

螺纹规格 d	M1.6	M2	M2.5	M3	M4	M5	M6	M8	M10	M12	(M14)	M16	(M18)	M20	(M22)	M24	(M27)	M30	M36	M42	M48	M56	M64
t	—	—	—	0.7	1	1.2	1.4	1.9	2.4	3	—	—	—	—	—	—	—	—	—	—	—	—	—
d_1	—	—	—	—	—	—	1.6	2	2.5	3.2	3.2	4	4	4	5	5	5	6.3	6.3	8	8	—	—
$h\approx$	—	—	—	—	—	—	2	2.6	3.2	3.7	4.4	5	5.7	6.2	7	7.5	8.5	9.3	11.2	13	15	—	—
l_h	—	—	—	—	—	—	27~57	31~76	36~96	40~115	45~135	49~154	54~174	59~194	63~213	73~233	82~292	81~291	100~290	118~288	128~288	—	—
l	12~16	16~20	16~25	20~30	25~40	25~50	30~60	40(35)~80	45(40)~100	50(45)~120	60(50)~140	65(55)~160	70(60)~180	80(65)~200	90(70)~220	90(80)~240	100~260(90~300)	110(90)~300	140~360(110~300)	160~440(130~300)	180~480(140~300)	220~500	260~500
全螺纹长度 l	2~16	4~20	5~25	6~30	8~40	10~50	12~60	16~80	20~100	25~120	30~140	30~150	35~150	40~150	45~150	50~150	55~200	60~200	70~200	80~200	100~200	110~200	120~200
100mm 长的质量/kg	—	—	—	—	0.008	0.013	0.020	0.037	0.066	0.094	0.132	0.178	0.229	0.289	0.366	0.431	0.569	0.722	1.099	1.611	2.254	3.224	4.427
l 系列	2,3,4,5,6,8,10,12,16,20,25,30,35,40,45,50,55,60,65,70,80,90,100,110,120,130,140,150,160,180,200,220,240,260,280,300,320,340,360,380,400,420,440,460,480,500																						

技术条件		材　料	钢	不　锈　钢	有色金属	螺纹公差：6g	产品等级：A、B
	性能等级	GB/T 5782	M3≤d≤M39：5.6、8.8、10.9 M3≤d≤M16：9.8 d<M3 和 d>M39：按协议	d≤M24：A2-70、A4-70 M24<d≤M39：A2-50、A4-50 d>M39：按协议	CU2、CU3、AL4		
		GB/T 5783					
	表面处理		氧化	简单处理	简单处理		

注：1. 产品等级 A 级用于 d≤M24 和 l≤10d 或 l≤150mm 的螺栓，B 级用于 d>M24 和 l>10d 或>150mm 的螺栓（按较小值，A 级比 B 级精确）。

2. M3~M36 为商品规格，M42~M64 为通用规格，非优选螺纹的规格（除表列外）还有 M33、M39、M45、M52 和 M60。

3. l_h 随 l 变化，相同螺纹直径变量相等。l_h 的公差按+IT14。

4. 螺纹末端按 GB/T 2 规定。

5. 表面处理与表 6-1-83 注 7 同。

6. 技术条件 GB/T 31.1、GB/T 32.1 与 GB/T 5782 同；GB/T 29.1 与 GB/T 5783 同。

7. l 括号中数字按 GB/T 31.1—1988。

六角头螺栓细杆 B 级

（摘自 GB/T 5784—1986）

其余的型式与尺寸按 GB/T 5784 规定

六角头螺杆带孔螺栓细杆 B 级

（摘自 GB/T 31.2—1988）

六角头头部带孔螺栓细杆 B 级

（摘自 GB/T 32.2—1988）

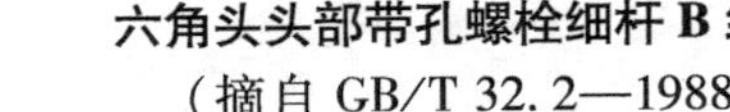

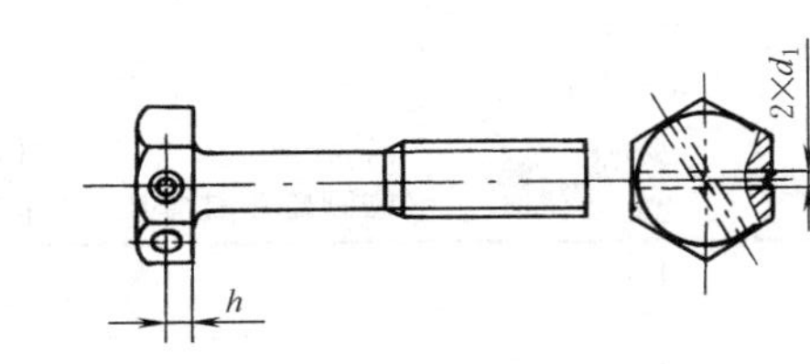

其余的型式与尺寸按 GB/T 5784 规定

标记示例

螺纹规格 d=M12、公称长度 l=80mm、性能等级 5.8 级、不经表面处理、B 级的六角头螺栓，标记为：螺栓　GB/T 5784　M12×80

表 6-1-85

mm

螺纹规格 d		M3	M4	M5	M6	M8	M10	M12	(M14)	M16	M20
s		5.5	7	8	10	13	16	18	21	24	30
k		2	2.8	3.5	4	5.3	6.4	7.5	8.8	10	12.5
r		0.1	0.2	0.2	0.25	0.4	0.4	0.6	0.6	0.6	0.8
e		6	7.5	8.6	10.9	14.2	17.6	19.9	22.8	26.2	33
b(参考)	l≤125	12	14	16	18	22	26	30	34	38	46
	125<l≤200	—	—	—	—	28	32	36	40	44	52
d_1	GB/T 32.2	—	—	—	1.6	2	2	2	3.2	3	3
	GB/T 31.2	—	—	—	1.6	2	2.5	3.2	3.2	4	4
l_h		—	—	—	22~67	26~76	36~96	40~115	45~135	49~144	59~144
h≈		—	—	—	2	2.6	3.2	3.7	4.4	5	6.2
商品规格长度 l		20~30	20~40	25~50	25~70	30~80	40~100	45~120	50~140	55~150	65~150
100mm 长的质量/kg≈		0.005	0.008	0.014	0.020	0.038	0.061	0.089	0.125	0.172	0.287
l 系列		20,25,30,35,40,45,50,(55),60,(65),70,80,90,100,110,120,130,140,150									
技术条件	材　料	钢		不　锈　钢	螺纹公差:6g	产品等级:B					
	性能等级	5.8、6.8、8.8		A2-70							
	表面处理	不经处理;镀锌钝化;氧化		不经处理							

注：1. l_h 随 l 变化，相同螺纹直径变量相等。

2. l_h 的公差按 IT14。

六角头螺栓细牙（摘自 GB/T 5785—2000）

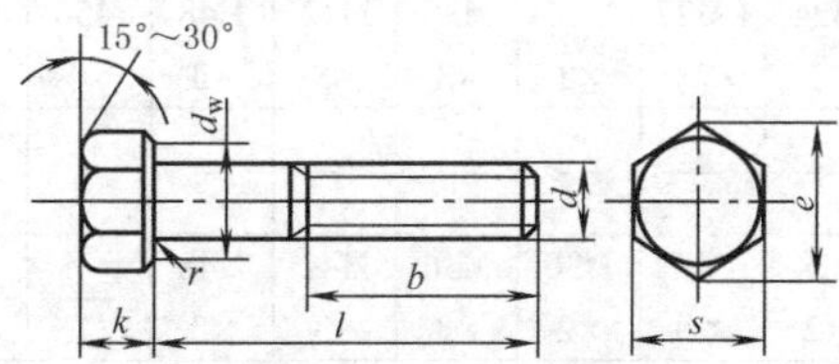

六角头螺栓细牙全螺纹（摘自 GB/T 5786—2000）

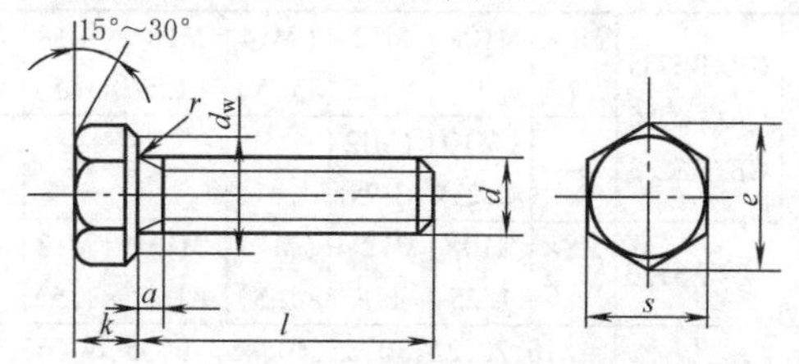

六角头螺杆带孔螺栓细牙 A 和 B 级（摘自 GB/T 31.3—1988）

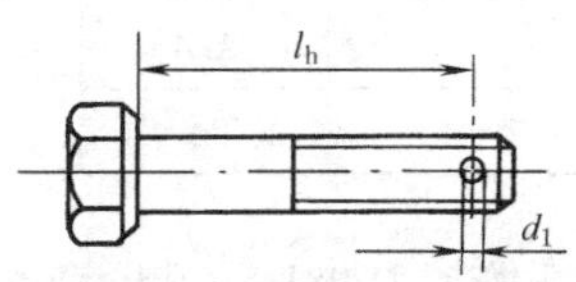

其余的型式与尺寸按 GB/T 5785 规定

六角头头部带孔螺栓细牙 A 和 B 级（摘自 GB/T 32.3—1988）

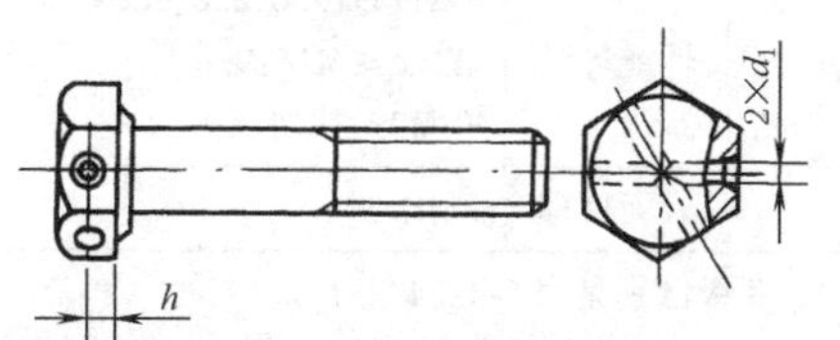

其余的型式与尺寸按 GB/T 5785 规定

标记示例

螺纹规格 d=M12×1.5、公称长度 l=80mm、性能等级 8.8 级、表面氧化、A 级六角头螺栓，标记为：

螺栓　GB/T 5785　M12×1.5×80

表 6-1-86　　mm

项目		M8	M10	M12	M14	M16	M18	M20	M22	M24	M27	M30	M36	M42	M48	M56	M64
螺纹规格 $d×P$	GB/T 5785 GB/T 5786 GB/T 32.3	M8×1	M10×1	M12×1.5	(M14×1.5)	M16×1.5	(M18×1.5)	M20×1.5	(M22×1.5)	M24×2	(M27×2)	M30×2	M36×3	M42×3	M48×3	M56×4	M64×4
		—	(M10×1.25)	(M12×1.25)	—	—	—	(M20×2)	—	—	—	—	—	—	—	—	—
	GB/T 31.3	M8×1	M10×1.25	M12×1.5	(M14×1.5)	M16×1.5	(M18×1.5)	M20×2	(M22×1.5)	M24×2	(M27×2)	M30×2	M36×3	M42×3	M48×3	—	—
s		13	16	18	21	24	27	30	34	36	41	46	55	65	75	85	95
k		5.3	6.4	7.5	8.8	10	11.5	12.5	14	15	17	18.7	22.5	26	30	35	40
r		0.4	0.4	0.6	0.6	0.6	0.6	0.8	0.8	0.8	1	1	1	1.2	1.6	2	2
e(最小)	A	14.38	17.77	20.03	23.36	26.75	30.14	33.53	37.72	39.88	—	—	—	—	—	—	—
	B	14.2	17.59	19.85	22.78	26.17	29.56	32.95	37.29	39.55	45.2	50.85	60.79	71.3	82.6	93.56	104.86
d_w(最小)	A	11.63	14.63	16.63	19.64	22.49	25.34	28.19	31.71	33.61	—	—	—	—	—	—	—
	B	11.47	14.47	16.47	19.15	22	24.85	27.7	31.35	33.25	38	42.75	51.11	59.95	69.45	78.66	88.16
b（参考）	l≤125	22	26	30	34	38	42	46	50	54	60	66	78	—	—	—	—
	125<l≤200	28	32	36	40	44	48	52	56	60	66	72	84	96	108	124	140
	l>200	41	45	49	57	57	61	65	69	73	79	85	97	109	121	137	153
a		3	3.75	4.5					6				9			12	
d_1	GB/T 31.3	2	2.5	3.2		4			5			6.3		8		—	—
	GB/T 32.3	2				3							4				
h≈		2.6	3.2	3.7	4.4	5	5.7	6.2	7	7.5	8.5	9.3	11.2	13	15	—	—
l_h		31～76	36～96	40～115	45～135	49～154	54～174	59～194	63～213	73～233	82～252	81～291	100～290	118～288	128～288	—	—
l(GB/T 31.3)		35～80	40～100	45～120	50～140	55～160	60～180	65～200	70～220	80～240	90～260	90～300	110～300	130～300	140～300	—	—
l(GB/T 5785)		40～80	45～100	50～120	60～140	65～160	70～180	80～200	90～220	100～240	110～260	120～300	140～360	160～440	200～480	220～500	260～500
全螺纹长度 l		16～80	20～100	25～120	30～140	35～160	40～180	40～200	40～200	40～200	40～200	40～200	40～200	90～420	100～480	120～500	130～500
100mm 长的质量/kg≈		0.039	0.067	0.096	0.125	0.181	0.237	0.295	0.372	0.445	0.586	0.753	1.131	1.652	1.898	3.295	4.534

续表

螺纹规格 $d \times P$																	
	GB/T 5785 GB/T 5786	M8×1	M10×1	M12×1.5	(M14×1.5)	M16×1.5	(M18×1.5)	M20×1.5	(M22×1.5)	M24×2	(M27×2)	M30×2	M36×3	M42×3	M48×3	M56×4	M64×4
	GB/T 32.3	—	(M10×1.25)	(M12×1.25)	—	—	—	(M20×2)	—	—	—	—	—	—	—	—	—
	GB/T 31.3	M8×1	M10×1.25	M12×1.5	(M14×1.5)	M16×1.5	(M18×1.5)	M20×2	(M22×1.5)	M24×2	(M27×2)	M30×2	M36×3	M42×3	M48×3	—	—
l 系列		16,20,25,30,35,40,45,50,55,60,65,70,80,90,100,110,120,130,140,150,160,180,200,220,240,260,280,300,320,340,360,380,400,420,440,460,480,500															

技术条件	材料	钢	不锈钢	有色金属	螺纹公差：6g	产品等级：A、B
	性能等级	$d \leqslant$ M39：5.6、8.8、10.9 M3<$d \leqslant$ M16：9.8 d>M39：按协议	$d \leqslant$ M24：A2-70、A4-70 M24<$d \leqslant$ M39：A2-50、A4-50 d>M39：按协议	CU2 CU3 AL4		
	表面处理	氧化	简单处理	简单处理		

注：1. A、B 级区别见表 6-1-84 注 1。

2. M8×1～M36×3 为商品规格；M42×3～M64×4 为通用规格。GB/T 32.3 中 M20×2 为优选，M20×1.5 为非优选。

3. l_h 随 l 变化，相同螺纹直径变量相等。l_h 的公差按+IT14。

4. 末端按 GB/T 2 规定。

5. 表面处理见表 6-1-83 注 7。

6. 括号内为非优选规格，GB/T 5785 除表中所列的非优选螺纹规格外，还有 M33×2、M39×3、M45×3、M52×4、M60×4。

A 级小系列六角法兰面螺栓（摘自 GB/T 16674.1—2004）

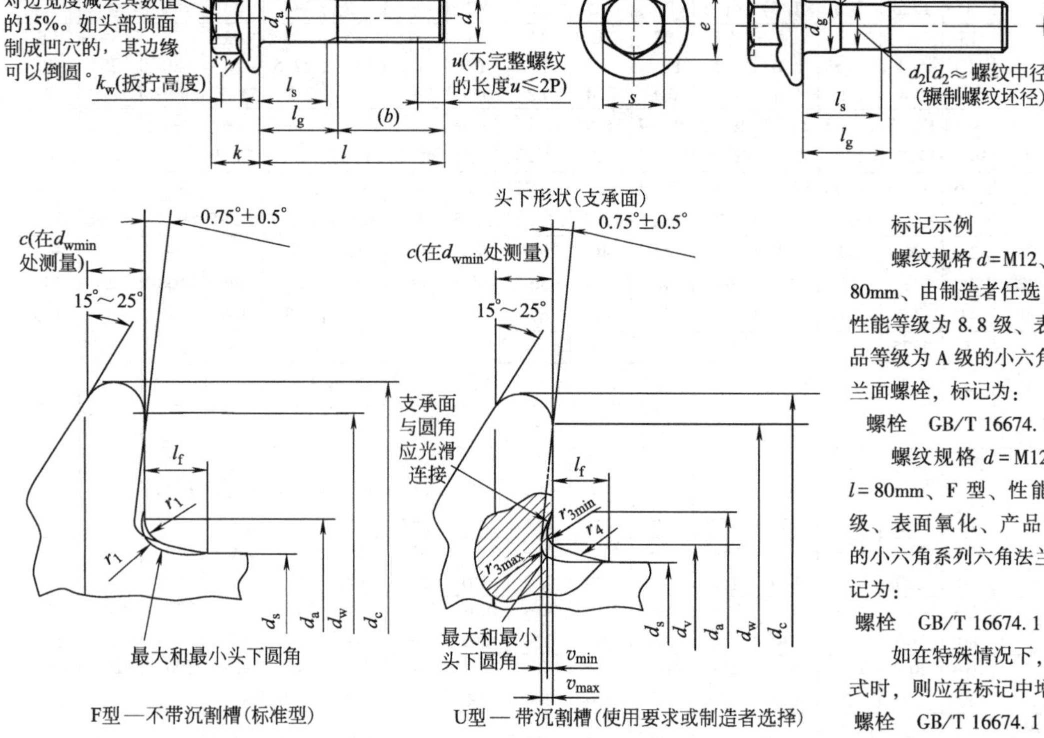

F型—不带沉割槽(标准型)　U型—带沉割槽(使用要求或制造者选择)

标记示例

螺纹规格 d=M12、公称长度 l=80mm、由制造者任选 F 型或 U 型、性能等级为 8.8 级、表面氧化、产品等级为 A 级的小六角系列六角法兰面螺栓，标记为：

螺栓　GB/T 16674.1　M12×80

螺纹规格 d=M12、公称长度 l=80mm、F 型、性能等级为 8.8 级、表面氧化、产品等级为 A 级的小六角系列六角法兰面螺栓，标记为：

螺栓　GB/T 16674.1　M12×80-F

如在特殊情况下，要求细杆型式时，则应在标记中增加"R"：

螺栓　GB/T 16674.1　M12×80-R

表 6-1-87

mm

螺纹规格 d		M5	M6	M8	M10	M12	(M14)[a]	M16
P		0.8	1	1.25	1.5	1.75	2	2
$b_{参考}$	c	16	18	22	26	30	34	38
	d	—	—	28	32	36	40	44
c	min	1	1.1	1.2	1.5	1.8	2.1	2.4
d_a max	F 型	5.7	6.8	9.2	11.2	13.7	15.7	17.7
	U 型	6.2	7.5	10	12.5	15.2	17.7	20.5
d_c	max	11.4	13.6	17	20.8	24.7	28.6	32.8
d_s	max	5.00	6.00	8.00	10.00	12.00	14.00	16.00
	min	4.82	5.82	7.78	9.78	11.73	13.73	15.73
d_v	max	5.5	6.6	8.8	10.8	12.8	14.8	17.2
d_w	min	9.4	11.6	14.9	18.7	22.5	26.4	30.6
e	min	7.59	8.71	10.95	14.26	16.5	19.86	23.15
k	max	5.6	6.9	8.5	9.7	12.1	12.9	15.2
k_w	min	2.3	2.9	3.8	4.3	5.4	5.6	6.8
l_f	max	1.4	1.6	2.1	2.1	2.1	2.1	3.2
r_1	min	0.2	0.25	0.4	0.4	0.6	0.6	0.6
r_2	max	0.3	0.4	0.5	0.6	0.7	0.9	1
r_3	max	0.25	0.26	0.36	0.45	0.54	0.63	0.72
	min	0.10	0.11	0.16	0.20	0.24	0.28	0.32
r_4	参考	4	4.4	5.7	5.7	5.7	5.7	8.8
s	max	7.00	8.00	10.00	13.00	15.00	18.00	21.00
	min	6.78	7.78	9.78	12.73	14.73	17.73	20.67
v	max	0.15	0.20	0.25	0.30	0.35	0.45	0.50
	min	0.05	0.05	0.10	0.15	0.15	0.20	0.25

注：长度 l 系列尺寸为 10、12、16、20~70（5 进位）、70~160（10 进位）。

六角法兰面螺栓 B 级加大系列（摘自 GB/T 5789—1986）、B 级细杆加大系列（摘自 GB/T 5790—1986）

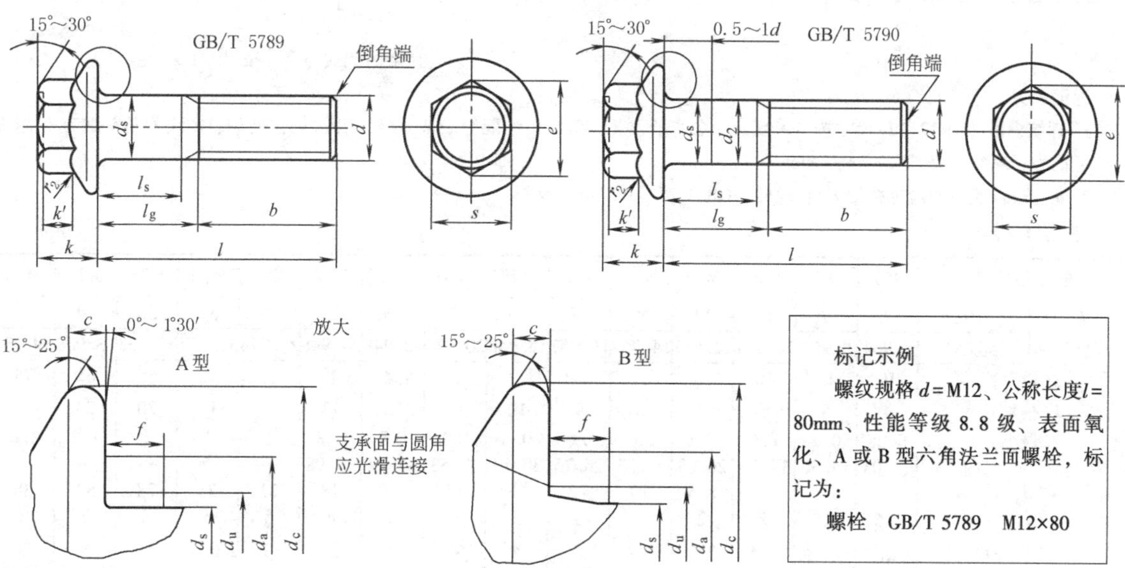

表 6-1-88 mm

螺纹规格 d(6g)		M5	M6	M8	M10	M12	(M14)	M16	M20
b	$l \leqslant 125$	16	18	22	26	30	34	38	46
	$125 < l \leqslant 200$	—	—	28	32	36	40	44	52
d_a（最大）	A 型	5.7	6.8	9.2	11.2	13.7	15.7	17.7	22.4
	B 型	6.2	7.4	10	12.6	15.2	17.7	20.7	25.7
c(最小)		1	1.1	1.2	1.5	1.8	2.1	2.4	3
d_c(最大)		11.8	14.2	18	22.3	26.6	30.5	35	43
d_u(最大)		5.5	6.6	9	11	13.5	15.5	17.5	22
d_s(最大)		5	6	8	10	12	14	16	20
f(最大)		1.4	2	2	2	3	3	3	4
e(最小)		8.56	10.8	14.08	16.32	19.68	22.58	25.94	32.66
k(最大)		5.4	6.6	8.1	9.2	10.4	12.4	14.1	17.7
s(最大)		8	10	13	15	18	21	24	30
l①	GB/T 5789	10~50	12~60	16~80	20~100	25~120	30~140	35~160	40~200
	GB/T 5790	30~50	35~60	40~80	45~100	50~120	55~140	60~160	70~200
性能等级	钢	8.8,10.9							
	不锈钢	A2-70							
表面处理	钢	氧化;镀锌钝化							
	不锈钢	不经处理							

① 长度系列（单位为 mm）为 10、12、16、20~50（5 进位）、(55)、60、(65)、70~200（10 进位）。

注：1. 尽可能不采用括号内的规格。

2. 表中未列出 l_s、l_g、k'、r_2 值，加工时请查阅本标准。

六角头铰制孔用螺栓 A 和 B 级（摘自 GB/T 27—2013）

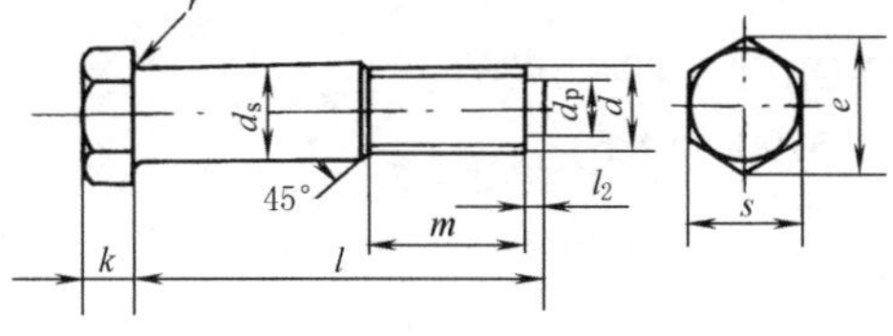

六角头螺杆带孔铰制孔用螺栓 A 和 B 级（摘自 GB/T 28—2013）

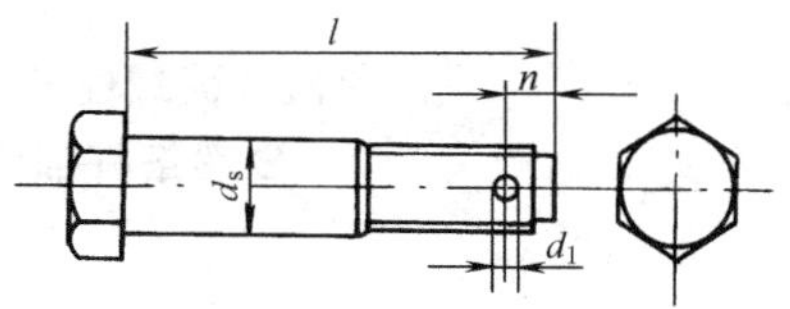

其余的型式与尺寸按 GB/T 27 规定

标记示例

1. 螺纹规格 d=M12、d_s 尺寸按本表规定、公称长度 l=80mm、性能等级 8.8 级、表面氧化处理、A 级六角头铰制孔用螺栓，标记为：螺栓　GB/T 27　M12×80

2. d_s 按 m6 制造时应加标记 m6：螺栓　GB/T 27　M12×m6×80

表 6-1-89 mm

螺纹规格 d		M6	M8	M10	M12	(M14)	M16	(M18)	M20	(M22)	M24	(M27)	M30	M36	M42	M48
d_s	（最大）	7	9	11	13	15	17	19	21	23	25	28	32	38	44	50
(h9)	（最小）	6.964	8.964	10.957	12.957	14.957	16.957	18.948	20.948	22.948	24.948	27.948	31.938	37.938	43.938	49.938
s(最大)		10	13	16	18	21	24	27	30	34	36	41	46	55	65	75
k(公称)		4	5	6	7	8	9	10	11	12	13	15	17	20	23	26
r(最小)		0.25	0.4	0.4	0.6	0.6	0.6	0.6	0.8	0.8	0.8	1	1	1	1.2	1.6
e		11.05	14.38	17.77	20.03	23.35	26.75	30.14	33.53	37.72	39.98	—	—	—	—	—
d_p		4	5.5	7	8.5	10	12	13	15	17	18	21	23	28	33	38
l_2		1.5	1.5	2	2	3	3	3	4	4	4	5	5	6	7	8
d_1(最小)		1.6	2	2.5	3.2	3.2	4	4	4	5	5	5	6.3	6.3	8	8

续表

螺纹规格 d	M6	M8	M10	M12	(M14)	M16	(M18)	M20	(M22)	M24	(M27)	M30	M36	M42	M48
l	25~65	25~80	30~120	35~180	40~180	45~200	50~200	55~200	60~200	65~200	75~200	80~230	90~300	110~300	120~300
m	12	15	18	22	25	28	30	32	35	38	42	50	55	65	70
n	4.5	5.5	6	7	8	9	9	10	11	11	13	14	16	19	20
100mm 长的质量/kg≈	0.020	0.036	0.078	0.110	0.148	0.195	0.247	0.303	0.381	0.450	0.587	0.762	1.132	1.515	2.091
l 系列	25,(28),30,(32),35,(38),40,45,50,(55),60,(65),70,(75),80,(85),90,(95),100,110,120,130,140,150,160,170,180,190,200,210,220,230,240,250,260,280,300														
技术条件	材料:钢	螺纹公差:6g		性能等级:d≤M39 时为 8.8;d>M39 时按协议							表面处理:氧化		产品等级:A、B		

注：1. A、B 级区别见表 6-1-84 注 1。

2. 根据使用要求，螺杆上无螺纹部分杆径（d_s）允许按 m6、u8 制造。按 m6 制造的螺栓，螺杆上无螺纹部分的表面粗糙度为 $Ra1.6$；螺杆上无螺纹部分（d_s）末端倒角 45°，根据制造工艺，允许制成大于 45°，小于 1.5P（螺距）的颈部。

3. 尽可能不采用括号内的规格。

钢结构用高强度大六角头螺栓（摘自 GB/T 1228—2006）

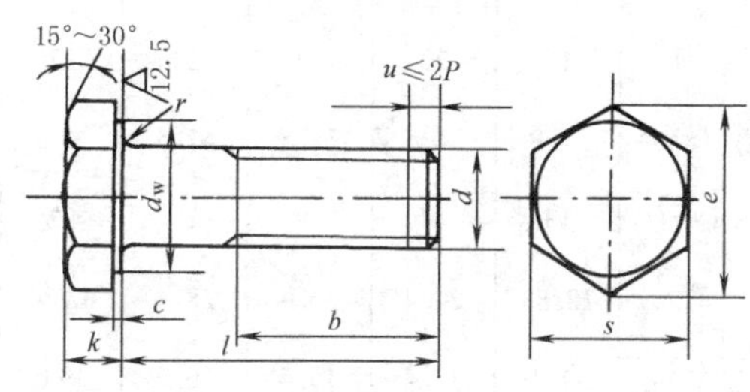

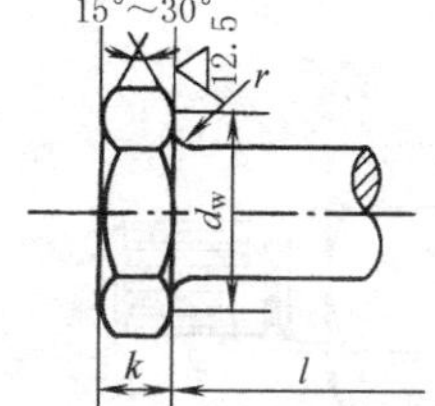

头部可选择的型式

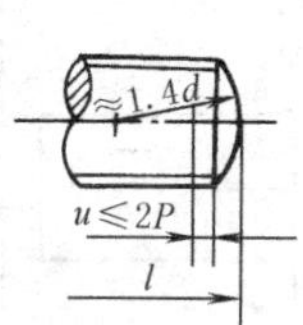

末端可选择的型式

标记示例

螺纹规格 d=M20、公称长度 l=100mm、性能等级 10.9S 级的钢结构用高强度大六角头螺栓，标记为：

螺栓 GB/T 1228 M20×100

螺纹规格 d=M20、公称长度 l=100mm、性能等级 8.8S 级的钢结构用高强度大六角头螺栓，标记为：

螺栓 GB/T 1228 M20×100-8.8S

表 6-1-90

mm

	螺纹规格 d	M12	M16	M20	(M22)	M24	(M27)	M30
GB/T 1228—2006	d_w （最小）	19.2	24.9	31.4	33.3	38	42.8	46.5
	e （最小）	22.78	29.56	37.29	39.55	45.2	50.85	55.3
	k （公称）	7.5	10	12.5	14	15	17	18.7
	r （最小）	1	1	1.5	1.5	1.5	2	2
	s （最大）	21	27	34	36	41	46	50
	c （最大）	0.8						
	$\frac{b}{l}$	$\frac{25}{35\sim40}$ $\frac{30}{45\sim75}$	$\frac{30}{45\sim50}$ $\frac{35}{55\sim130}$	$\frac{35}{50\sim60}$ $\frac{40}{65\sim160}$	$\frac{40}{55\sim65}$ $\frac{45}{70\sim220}$	$\frac{45}{60\sim70}$ $\frac{50}{75\sim240}$	$\frac{50}{65\sim75}$ $\frac{55}{80\sim260}$	$\frac{55}{70\sim80}$ $\frac{60}{85\sim260}$
	100mm 长的质量/kg≈	0.108	0.203	0.334	0.407	0.502	0.666	0.828
	l 系列(公称)	35~100(按 5 进级),110~200(按 10 进级),220,240,260						
	公称应力截面积 A_s /mm^2	84.3	157	245	303	353	459	561
	拉力载荷/N	$A_s \times \sigma_b$						

续表

	螺纹规格 d	M12	M16	M20	(M22)	M24	(M27)	M30	
GB/T 1231	技术条件	性能等级	抗拉强度 σ_b /MPa	屈服强度 $\sigma_{0.2}$ /MPa	推荐材料	洛氏硬度 HRC	通用规格	螺纹公差带	产品等级
		10.9S	1040~1240	940	20MnTiB	33~39	≤M24	6g	C
					35VB		≤M30		
		8.8S	830~1030	660	40B	24~31	≤M24		
					45		≤M22		
					35		≤M20		

表 6-1-91 钢结构用扭剪型高强度螺栓连接副螺栓（摘自 GB/T 3632—2008） mm

螺栓连接副型式

d	M16	M20	(M22)	M24	(M27)	M30
d_0(公称)	10.9	13.6	15.1	16.4	18.6	20.6
d_s(公称)	16	20	22	24	27	30
d_w(最小)	27.9	34.5	38.5	41.5	42.8	46.5
d_e≈	13	17	18	20	22	24
d_a(最大)	18.83	24.4	26.4	28.4	32.84	35.84
d_b(公称)	11.1	13.4	15.4	16.7	19.0	21.1
d_c≈	12.8	16.1	17.8	19.3	21.9	24.4
d_k(最大)	30	37	41	44	50	55
k(公称)	10	13	14	15	17	19
k'(公称)	12	14	15	16	17	18
k''(最大)	17	19	21	23	24	25
r(最小)	1.2	1.2	1.2	1.6	2.0	2.0
l	40~130	45~160	50~180	55~200	65~220	70~220
$\frac{b}{l}$	$\frac{30}{40\sim50}$	$\frac{35}{45\sim60}$	$\frac{40}{50\sim65}$	$\frac{45}{55\sim70}$	$\frac{50}{65\sim75}$	$\frac{55}{70\sim80}$
	$\frac{35}{55\sim130}$	$\frac{40}{65\sim160}$	$\frac{45}{70\sim180}$	$\frac{50}{75\sim200}$	$\frac{55}{80\sim220}$	$\frac{60}{85\sim220}$
l 系列（公称）	40~100(5 进位),110~180(10 进位),200~220(20 进位)					
技术条件	性能等级	10.9S				
	推荐材料	≤M24	20MnTiB,ML20MnTi8			
		M27,M30	35VB,35CrMn			

标记示例

粗牙普通螺纹，d=M20、l=100mm、性能等级 10.9S、表面防锈处理钢结构用扭剪型高强度螺纹连接，标记为：

螺纹连接副 GB/T 3632 M20×100

注：1. 括号内的规格尽可能不采用。

2. 本标准适用于工业及民用建筑、公路与铁路桥梁、塔架、管路支架、起重机械及其他钢结构用摩擦型连接的扭剪型高强度螺栓连接副（包括一个螺栓、一个螺母和一个垫圈），如表图所示。该表仅为螺栓尺寸，其他见相应表格，螺母见表 6-1-132，垫圈见表 6-1-160。订货时以连接副型式。

栓接结构用大六角头螺栓
螺纹长度按 GB/T 3160 C 级 8.8 和 10.9 级
（摘自 GB/T 18230.1—2000）

栓接结构用大六角头螺栓
短螺纹长度 C 级 8.8 和 10.9 级
（摘自 GB/T 18230.2—2000）

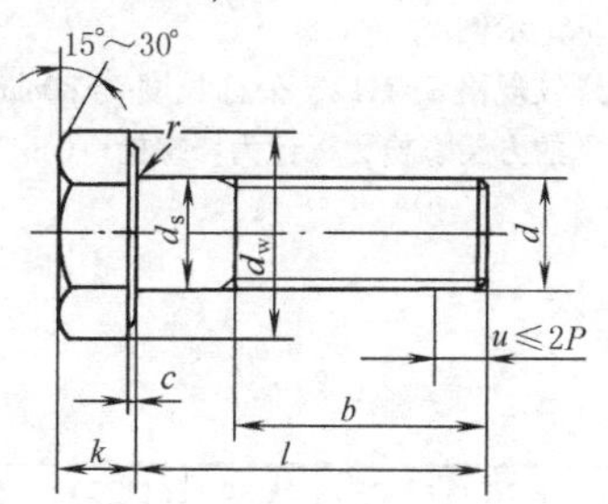

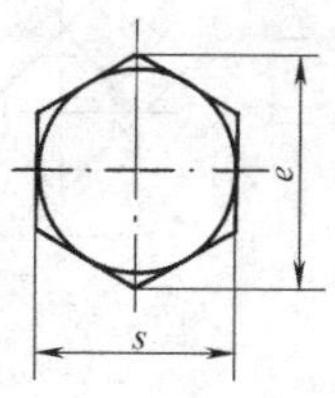

标记示例

螺纹规格 d=M16、公称长度 l=80mm、性能等级 8.8 级表面氧化、产品等级 C 级、螺纹长度按 GB/T 3160（短螺纹长度）的栓接结构用大六角螺栓，标记为：螺栓　GB/T 18230.1（GB/T 18230.2）　M16×80

如需要镀前按 6az 规定制造，则标记中增加字母“U”：螺母 GB/T 18230.1（.2）　M16×80 8.8s U［见 GB/T 18230.1（.2）第 7 章］

表 6-1-92

mm

螺纹规格 d		M12	M16	M20	（M22）	M24	（M27）	M30	M36
螺距 P		1.75	2	2.5	2.5	3	3	3.5	4
b①	1	30	38	46	50	54	60	66	78
	2	—	44	52	56	60	66	72	84
	3	—	—	65	69	73	79	85	97
	4	25	31	36	38	41	44	49	56
	5	32	38	43	45	48	51	56	63
c(最大)		0.8	0.8	0.8	0.8	0.8	0.8	0.8	0.8
d_w(最大)		d_w(最大)=s(实际)							
e(最小)		22.78	29.56	37.29	39.55	45.2	50.85	55.37	66.44
k(公称)		7.5	10	12.5	14	15	17	18.7	22.5
r(最小)		1.2	1.2	1.5	1.5	1.5	2	2	2
s(最大)		21	22	34	36	41	46	50	60
s(最小)		20.16	26.16	33	35	40	45	49	58.8
l系列		30~100(按 5 进级),100~200(按 10 进级)							
l②	GB/T 18230.1	35~100	40~150	45~150	50~150	55~200	60~200	70~200	85~200
	GB/T 18230.2	40~100	45~100	55~150	60~150	65~200	70~200	80~200	90~200
技术条件		名称	材料	螺纹公差	性能等级	产品等级	表面处理	配套螺母	配套垫圈
		GB/T 18230.1	钢	6g	8.8,10.9	C 级	氧化常规	GB/T 18230.3	GB/T 18230.5
		GB/T 18230.2	钢	6g	8.8,10.9	C 级	氧化常规	GB/T 18230.4	GB/T 18230.5

① 按 GB/T 18230.1—2000 规定：1 用于公称长度 $l_{公称} \leq 100mm$；2 用于公称长度 $100mm < l_{公称} \leq 200mm$；3 用于公称长度 $l_{公称} > 200mm$；按 GB/T 18230.2—2000 规定：4 用于公称长度 $l_{公称} \leq 100mm$；5 用于公称长度 $l_{公称} > 100mm$。

② 商品规格长度。

注：1. 产品等级除 c、d_w（最小）［0.95 s（最小）］、r 和长度大于 150mm 的公差按±4.0mm 外，其余按 C 级。

2. 表面处理除常规外，可选择的有镀锌钝化（GB/T 5267）、镀镉钝化（GB/T 5267）、热浸镀锌（GB/T 13912）和粉末机械镀锌（JB/T 5067），粉末机械镀锌必须有驱氢措施，其他表面处理由供需双方协议，但不应损伤力学性能。

3. 螺纹的公差适用于电镀或热浸镀锌前的螺纹。热浸镀锌螺栓也可按供需双方的协议供货，详见 GB/T 18230.1（.2）—2000 附录 A。

4. 对于电镀或热浸镀锌的紧固件，制造者应在螺栓或相配的螺母上涂适当的润滑剂，以保证装配时不会咬死，有关润滑剂涂层效果的试验资料，详见 GB/T 18230.1（.2）—2000 附录 B。

5. 配套螺母与配套垫圈为推荐。

方头螺栓 C 级（摘自 GB/T 8—1988）

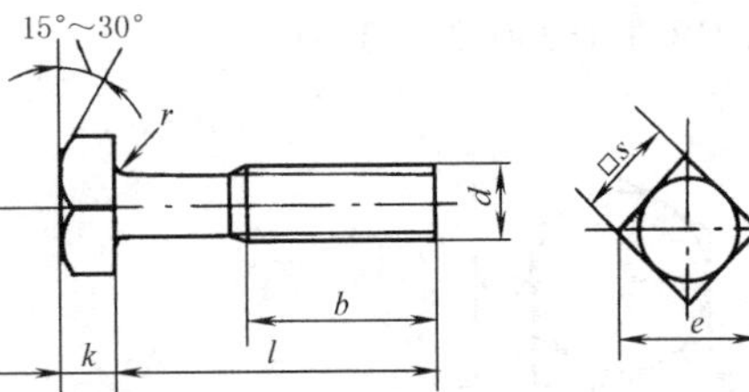

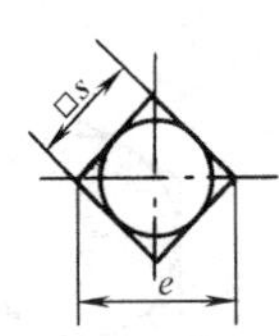

标记示例

螺纹规格 d=M12、公称长度 l=80mm、性能等级 4.8 级、不经表面处理的方头螺栓，标记为：螺栓　GB/T 8　M12×80

表 6-1-93　　mm

螺纹规格 d		M10	M12	(M14)	M16	(M18)	M20	(M22)	M24	(M27)	M30	M36	M42	M48
b	l≤125	26	30	34	38	42	46	50	54	60	66	78	—	—
	125<l≤200	32	36	40	44	48	52	56	60	66	72	84	96	108
	l>200	—	—	53	57	61	65	69	73	79	85	97	109	121
e(最小)		20.24	22.84	26.21	30.11	34.01	37.91	42.9	45.5	52	58.5	69.94	82.03	95.03
k(公称)		7	8	9	10	12	13	14	15	17	19	23	26	30
r(最小)		0.4	0.6	0.6	0.6	0.8	0.8	0.8	0.8	1	1	1	1.2	1.6
s(最大)		16	18	21	24	27	30	34	36	41	46	55	65	75
商品规格长度 l		20～100	25～120	25～140	30～160	35～180	35～200	50～220	55～240	60～260	60～300	80～300	80～300	110～300
100mm 长的质量/kg≈		0.060	0.087	0.122	0.166	0.216	0.277	0.353	0.416	0.560	0.721	1.117	1.611	2.276
l 系列		20,25,30,35,40,45,50,(55),60,(65),70,80,90,100,110,120,130,140,150,160,180,200,220,240,260,280,300												

技术条件	材料	螺纹公差	性能等级	产品等级	表面处理
	钢	8g	d≤M39:4.8 级;d>M39:按协议	C	不经处理;氧化;镀锌钝化

小方头螺栓 B 级（摘自 GB/T 35—2013）

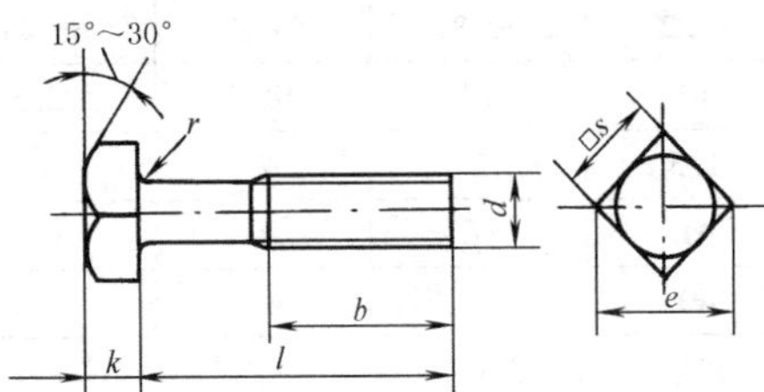

标记示例

螺纹规格 d=M12、公称长度 l=80mm、性能等级 5.8 级、不经表面处理的小方头螺栓，标记为：螺栓　GB/T 35　M12×80

表 6-1-94　　mm

螺纹规格 d		M5	M6	M8	M10	M12	(M14)	M16	(M18)	M20	(M22)	M24	(M27)	M30	M36	M42	M48
b	l≤125	16	18	22	26	30	34	38	42	46	50	54	60	66	78	—	—
	125<l≤200	—	—	28	32	36	40	44	48	52	56	60	66	72	84	96	108
	l>200	—	—	—	—	—	—	57	61	65	69	73	79	85	97	109	121
e(最小)		9.93	12.53	16.34	20.24	22.84	26.21	30.11	34.01	37.91	42.9	45.5	52	58.5	69.94	82.03	95.05
k(公称)		3.5	4	5	6	7	8	9	10	11	12	13	15	17	20	23	26
r(最小)		0.2	0.25	0.4	0.4	0.6	0.6	0.6	0.8	0.8	0.8	0.8	1	1	1	1.2	1.6
s(最大)		8	10	13	16	18	21	24	27	30	34	36	41	46	55	65	75
通用规格长度 l		20～50	30～60	35～80	40～100	45～120	55～140	55～160	60～180	65～200	70～220	80～240	90～260	90～300	110～300	130～300	140～300
100mm 长的质量/kg≈		0.013	0.020	0.036	0.059	0.085	0.119	0.163	0.208	0.266	0.338	0.400	0.539	0.694	1.060	1.611	2.276
l 系列		20,25,30,35,40,45,50,(55),60,(65),70,80,90,100,110,120,130,140,150,160,180,200,220,240,260,280,300															

技术条件	材料	螺纹公差	性 能 等 级	产品等级	表 面 处 理
	钢	6g	d≤M39:5.8,8.8;d>M39:按协议	B	不经处理;镀锌钝化

半圆头方颈螺栓（摘自 GB/T 12—2013）　　加强半圆头方颈螺栓（摘自 GB/T 794—1993）

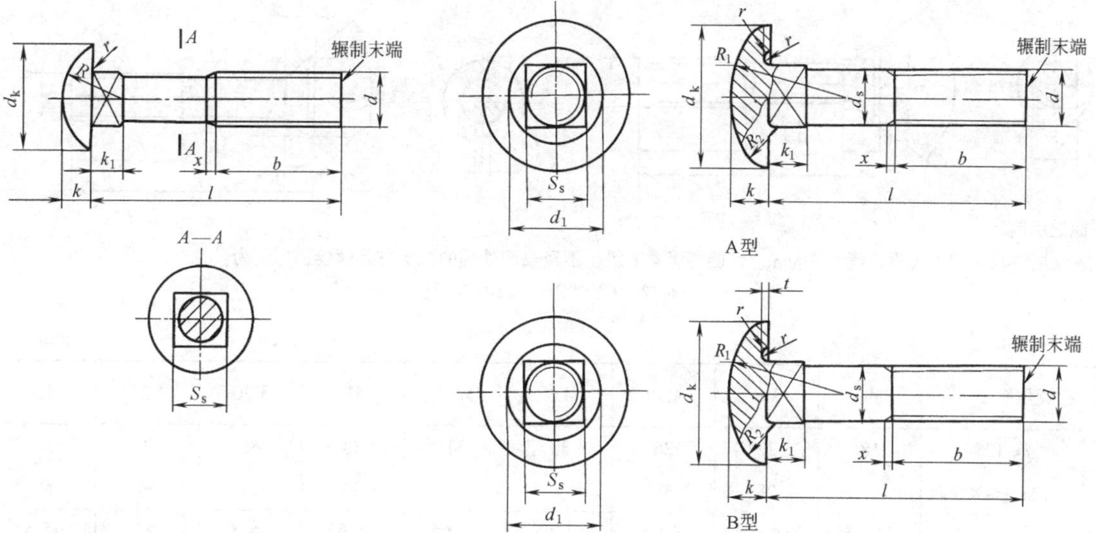

标记示例

螺纹规格 d=M10、公称直径 l=70mm、性能等级为 4.8 级、不经表面处理的半圆头方颈螺栓，标记为：

螺栓　GB/T 12　M10×70

螺纹规格 d=M10、公称直径 l=70mm、性能等级为 8.8 级、不经表面处理的 A 型加强半圆头方颈螺栓，标记为：

螺栓　GB/T 794　M10×70

表 6-1-95

mm

螺纹规格 d		M6	M8	M10	M12	(M14)	M16	M20
b	l≤125	18	22	26	30	34	38	46
	125<l<200	—	28	32	36	40	44	52
d_k(最大)	GB/T 12	13.1	17.1	21.3	25.3	29.3	33.6	41.6
	GB/T 794	15.1	19.1	24.3	29.3	33.6	36.6	45.6
k_1(最大)		4.4	5.4	6.4	8.45	9.45	10.45	12.55
k(最大)	GB/T 12	4.08	5.28	6.48	8.9	9.9	10.9	13.1
	GB/T 794	3.98	4.98	6.28	7.48	8.9	9.9	11.9
S_s(最大)		6.3	8.36	10.36	12.43	14.43	16.43	20.52
r(最小)	GB/T 12	0.5	0.5	0.5	0.8	0.8	1	1
	GB/T 794	0.25	0.4	0.4	0.6	0.6	0.6	0.8
R		7	9	11	13	15	18	22
x(最大)		2.5	3.2	3.8	4.3	5	5	6.3
d_1 GB/T 794		10	13.5	16.5	20	23	26	32
R_1		14	18	24	26	30	34	40
R_2		4.5	5	7	9	10	10.5	14
d_s(最大)		6	8	10	12	14	16	20
商品规格长度 l	GB/T 12	16~60	16~80	25~100	30~110	40~140	45~160	60~200
	GB/T 794	20~60	25~80	40~100	45~120	50~140	55~160	65~200
l 系列	GB/T 12	16,20,25,30,35,40,45,50,(55),60,(65),70,80,90,100,110,120,130,140,150,160,180,200						
	GB/T 794	20,25,30,35,40,45,50,(55),60,(65),70,(75),80,(85),90,(95),100,110,120,130,140,150,160,(170),180,200						

技术条件	标　准	材料	螺纹公差	性能等级	产品等级	表面处理
	GB/T 12	钢	8g	3.6,4.6,4.8	C	不经处理;氧化;镀锌钝化
	GB/T 794	钢	A 型:6g	8.8	B	氧化
		钢	B 型:8g	3.6,4.8	C	不经处理;氧化

注：1. 长度 l 不能满足表中规定螺纹长度的螺栓，制成全螺纹（GB/T 794）。

2. 允许制成无螺纹部分杆径（d_s）约等于螺纹中径的型式（GB/T 794-A 型）。

沉头方颈螺栓（摘自 GB/T 10—2013）

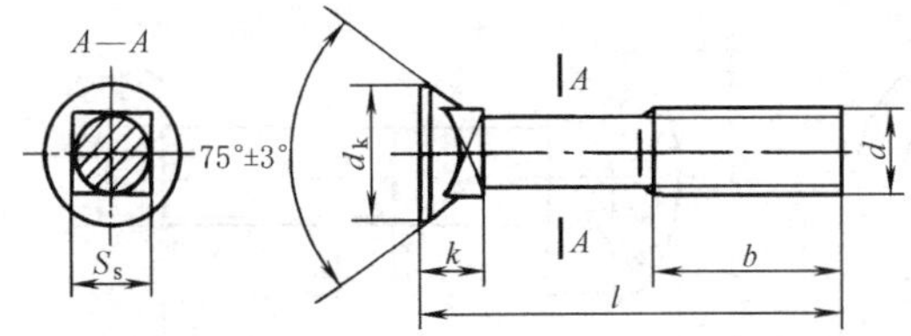

沉头带榫螺栓（摘自 GB/T 11—2013）

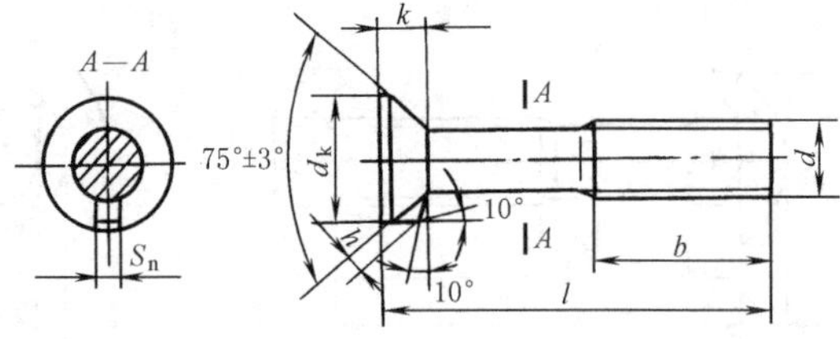

标记示例

螺纹规格 d=M10、公称长度 l=70mm、性能等级 4.8 级、不经表面处理的沉头方颈螺栓，标记为：

螺栓 GB/T 10 M10×70

表 6-1-96 mm

螺纹规格 d		M6	M8	M10	M12	（M14）	M16	M20	（M22）	M24
b	l≤125	18	22	26	30	34	38	46	50	54
	125<l≤200	—	28	32	36	40	44	52	56	60
d_k（最大）		11.05	14.55	17.55	21.65	24.65	28.65	36.8	40.8	45.8
S_n（最大）		2.7	2.7	3.8	3.8	4.3	4.8	4.8	6.3	6.3
h（最大）		1.2	1.6	2.1	2.4	2.9	3.3	4.2	4.5	5
k	GB/T 11	4.1	5.3	6.2	8.5	8.9	10.2	13	14.3	16.5
	GB/T 10（最大）	6.1	7.25	8.45	11.05	—	13.05	15.05	—	—
S_s（最大）		6.36	8.36	10.36	12.43	—	16.43	20.52	—	—
商品规格长度 l	GB/T 10	25~60	25~80	30~100	30~120	—	45~160	55~200	—	—
	GB/T 11	25~60	30~80	35~100	40~120	45~140	50~160	60~200	65~200	80~200
100mm 长的质量/kg≈		0.018	0.034	0.054	0.080	0.105	0.150	0.242	0.290	0.354
l 系列		25,30,35,40,45,50,(55),60,(65),70,80,90,100,110,120,130,140,150,160,180,200								
技术条件		材料	螺纹公差	性能等级	表面处理			产品等级：C		
		钢	8g	3.6,4.6,4.8	不经处理	GB/T 10 氧化 GB/T 11 镀锌钝化				

T 形槽用螺栓（摘自 GB/T 37—1988）

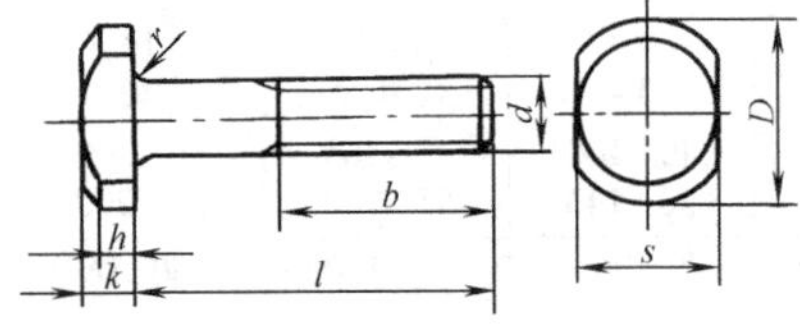

标记示例

螺纹规格 d=M10、公称长度 l=100mm、性能等级 8.8 级、表面氧化的 T 形槽用螺栓，标记为：螺栓 GB/T 37 M10×100

表 6-1-97 mm

螺纹规格 d		M5	M6	M8	M10	M12	M16	M20	M24	M30	M36	M42	M48
b	l≤125	16	18	22	26	30	38	46	54	66	78	—	—
	125<l≤200	—	—	28	32	36	44	52	60	72	84	96	108
	l>200	—	—	—	—	—	57	65	73	85	97	109	121
D		12	16	20	25	30	38	46	58	75	85	95	105

续表

螺纹规格 d	M5	M6	M8	M10	M12	M16	M20	M24	M30	M36	M42	M48
k(最大)	4.24	5.24	6.24	7.29	8.89	11.95	14.35	16.35	20.42	24.42	28.42	32.50
r(最小)	0.20	0.25	0.4	0.4	0.6	0.6	0.8	0.8	1	1	1.2	1.6
h	2.8	3.4	4.1	4.8	6.5	9	10.4	11.8	14.5	18.5	22	26
s(公称)	9	12	14	18	22	28	34	44	56	67	76	86
通用规格长度 l	25~50	30~60	35~80	40~100	45~120	55~160	65~200	80~240	90~300	110~300	130~300	140~300
100mm 长的质量/kg≈	0.016	0.027	0.046	0.075	0.117	0.225	0.363	0.580	1.045	1.587	2.256	3.088
l 系列	25, 30, 35, 40, 45, 50, (55), 60, (65), 70, 80, 90, 100, 110, 120, 130, 140, 150, 160, 180, 200, 220, 240, 260 280, 300											
技术条件	材料	螺纹公差		性能等级					产品等级	表面处理		
	钢	6g		d≤M39:8.8 级;d>M39:按协议					B	氧化;镀锌钝化		

注：末端按 GB/T 2 的规定。

活节螺栓（摘自 GB/T 798—1988）

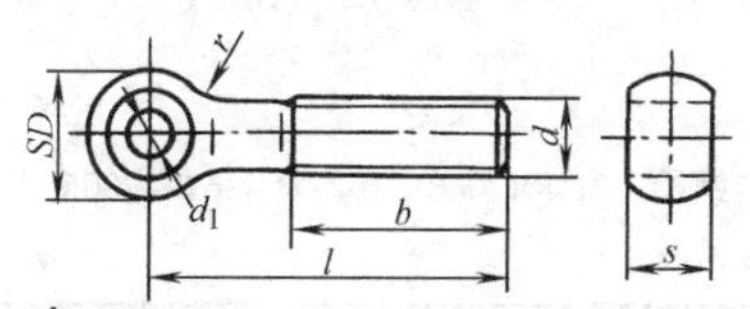

标记示例

螺纹规格 d=M10、公称长度 l=100mm、性能等级 4.6 级、不经表面处理的活节螺栓，标记为：螺栓 GB/T 798 M10×100

表 6-1-98

mm

螺纹规格 d	M4	M5	M6	M8	M10	M12	M16	M20	M24	M30	M36
d_1	$3^{+0.16}_{+0.06}$	$4^{+0.19}_{+0.07}$	$5^{+0.19}_{+0.07}$	$6^{+0.19}_{+0.07}$	$8^{+0.23}_{+0.08}$	$10^{+0.23}_{+0.08}$	$12^{+0.275}_{+0.095}$	$16^{+0.275}_{+0.095}$	$20^{+0.32}_{+0.11}$	$25^{+0.32}_{+0.11}$	$30^{+0.32}_{+0.11}$
s	$5^{-0.07}_{-0.25}$	$6^{-0.07}_{-0.25}$	$8^{-0.08}_{-0.3}$	$10^{-0.08}_{-0.3}$	$12^{-0.095}_{-0.365}$	$14^{-0.095}_{-0.365}$	$18^{-0.095}_{-0.365}$	$22^{-0.11}_{-0.44}$	$26^{-0.11}_{-0.44}$	$34^{-0.12}_{-0.5}$	$40^{-0.13}_{-0.52}$
b	14	16	18	22	26	30	38	52	60	72	84
SD	8	10	12	14	18	20	28	34	42	52	64
r(最小)	3	4	5	5	6	8	10	12	16	20	22
商品规格长度 l	20~35	25~45	30~55	35~70	40~110	50~130	60~160	70~180	90~260	110~300	130~300
100mm 长的质量/kg≈	0.009	0.014	0.021	0.037	0.060	0.084	0.171	0.270	0.414	0.698	1.114
l 系列	20, 25, 30, 35, 40, 45, 50, (55), 60, (65), 70, 80, 90, 100, 110, 120, 130, 140, 150, 160, 180, 200, 220, 240, 260, 280, 300										
技术条件	材料:钢	螺纹公差:8g		性能等级:4.6,5.6			产品等级:C		表面处理:不经处理;镀锌钝化		

注：由于结构原因，不进行楔承载及头杆结合强度试验。

地脚螺栓（摘自 GB/T 799—1988）

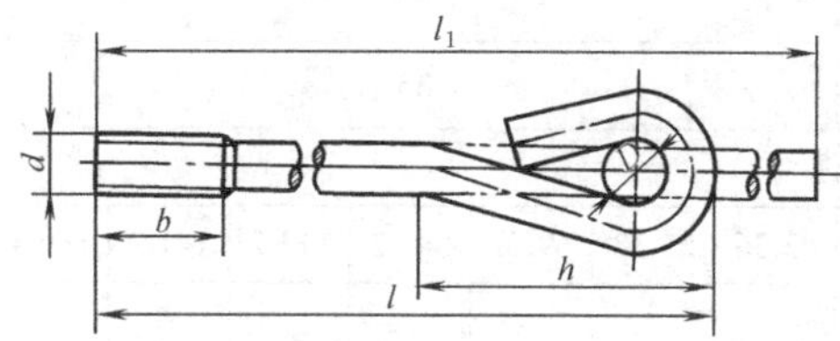

标记示例

螺纹规格 d=M20、公称长度 l=400mm、性能等级 3.6 级、不经表面处理的地脚螺栓，标记为：螺栓 GB/T 799 M20×400

表 6-1-99

mm

螺纹规格 d	M6	M8	M10	M12	M16	M20	M24	M30	M36	M42	M48
b(最小)	24	28	32	36	44	52	60	72	84	96	108
D	10	10	15	20	20	30	30	45	60	60	70
h	41	46	65	82	93	127	139	192	244	261	302
l_1	l+37	l+37	l+53	l+72	l+72	l+110	l+110	l+165	l+217	l+217	l+255
商品规格长度 l	80~160	120~220	160~300	160~400	220~500	300~630	300~800	400~1000	500~1000	630~1250	630~1500
100mm 长的质量/kg≈	0.024	0.043	0.075	0.123	0.225	0.430	0.619	1.238	2.151	2.945	4.327
l 系列	80,120,160,220,300,400,500,630,800,1000,1250,1500										
技术条件	材料	螺纹公差	性能等级				产品等级	表面处理			
	钢	8g	d≤M39:3.6 级;d>M39:按协议				C	不经处理;氧化;镀锌钝化			

注：由于结构的原因，不进行楔承载及头杆结合强度试验。

T 形头地脚螺栓（摘自 JB/ZQ 4362—2006）

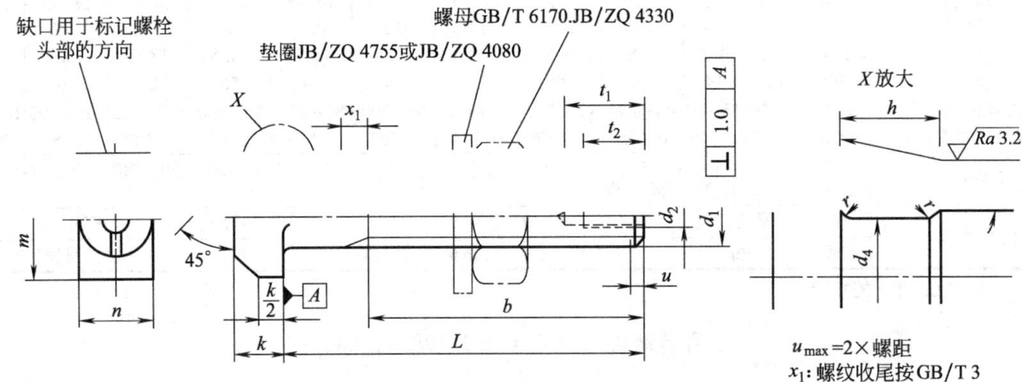

标记示例：

螺纹规格 d=M48、长度 l=2000mm、产品等级 C 级的 T 形头地脚螺栓的标记：螺栓 M48×2000 JB/ZQ 4362—2006

表 6-1-100 mm

d_1	M24	M30	M36	M42	M48	M56	M64	M72×6	M80×6	M90×6	M100×6	M110×6	M125×6	M140×6	M160×6
b	100	120	160	180	210	250	280	300	320	360	400	440	500	560	640
d_2	—		M12			M16			M20						
d_4	20	26	31	37	42	49	57	65	73	83	93	103	118	133	153
h_{max}	12	15	18	21	24	28	32	36	36	45	45	55	55	70	70
k	15	19	23	26	30	35	40	45	50	55	62	67	78	85	100
m	43	54	66	80	88	102	115	128	140	155	170	190	215	240	275
n	24	30	36	42	48	56	64	72	80	90	100	110	125	140	160
r	2		3			4			5						
t_1 max	—		40			48			53						
t_2 max	—		23			30			33						
L	质量/(kg/件)														
1000	3.66	5.77	8.36	11.48	15.09	20.71	27.31	34.87	43.36	55.33	69.07	84.52	111.2	141.2	189.1
每增加 100mm 的质量	0.36	0.55	0.80	1.09	1.42	1.93	2.53	3.20	3.95	4.99	6.17	7.46	9.63	12.08	15.78
基础的锚固力 F_A/kN	37	60	88	123	162	222	284	364	454	587	736	903	1176	1479	1959
强度级为 5.6 级的螺栓预紧力 F_V/kN	66	111	159	226	291	396	536	697	879	1140	1430	1750	2300	2920	3860
强度级为 8.8 级的螺栓预紧力 F_V/kN	74	117	171	235	309	426	562	727	912	1174	1470	1798	2352	2982	3927

T形头地脚螺栓用单孔锚板（摘自 JB/ZQ 4172—2006）

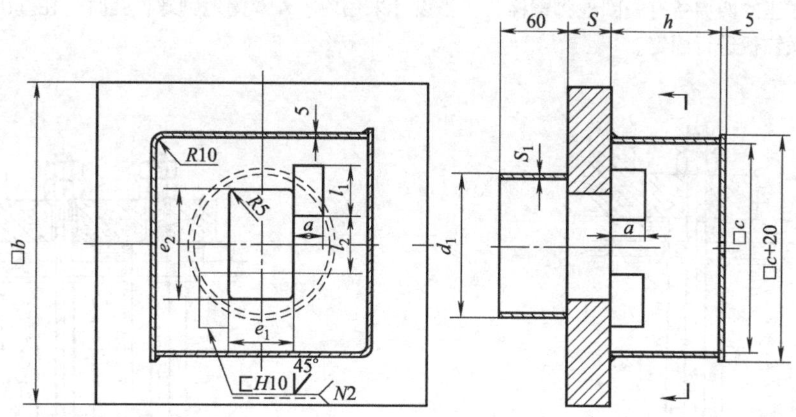

标记示例：

T形头地脚螺栓 M48 用单孔锚板的标记为：单孔锚板　48　JB/ZQ 4172—2006

表 6-1-101

mm

型号	S	b	$e_1{}^{+2}_{0}$	$e_2{}^{+2}_{0}$	a	l_1	l_2	c	h	W	T形头地脚螺栓	锚板围管 $d_1 \times S_1$	每件质量 /kg ≈	基础孔护管 外径×管厚
24	20	180	27	54	20	40	28	130	50	500	M24	ϕ83×3.5	7.0	ϕ114×4
30	25	210	34	68			34	140	60	600	M30	ϕ95×3.5	11.0	
36	30	240	40	82			40	160	75	700	M36	ϕ121×4	17.0	ϕ140×4.5
42		270	47	94	30	50	46	180	85	800	M42		22	
48	35	300	53	102			52	200	100	1000	M48	ϕ140×4.5	30	ϕ180×5
56		330	62	116			60	220	110	1100	M56		36	
64	40	370	70	128			68	240	130	1300	M64	ϕ168×4	50	ϕ194×5
72		410	78	142	40	80	76	280	145	1400	M72×6	ϕ194×5	63	ϕ219×6
80		450	87	154			84	300	160	1600	M80×6		75	
90	50	500	97	170			94	320	180	1800	M90×6	ϕ219×6	109	ϕ245×6.5
100		550	107	185			104	350	200	2000	M100×6	ϕ245×6.5	129	ϕ273×6.5
110	60	600	118	205	50	100	114	380	220	2200	M110×6	ϕ273×6.5	182	ϕ299×7.5
125		660	133	230			129	400	250	2500	M125×6	ϕ299×7.5	220	ϕ325×7.5
140	80	750	148	255	60	120	144	460	270	2800	M140×6	ϕ325×7.5	366	ϕ351×8
160		850	168	290			164	500	280	3200	M160×6	ϕ377×9	466	ϕ402×9

注：1. 锚板材质一般采用 Q235A。

2. 除图上已注明的焊缝处，其余焊缝为连续角焊缝，焊角高 K 为 4mm。

3. T形头地脚螺栓按 JB/ZQ 4362 选用。

4. 锚板围管及基础孔护管按《结构用无缝钢管》（GB/T 8162）选用，材质一般采用 10 或 20 钢，亦可用钢板弯制。

附录　T形头地脚螺栓用双联锚板（摘自原JB/ZQ 4172的附录）

通常在设备底座的四周备有一圈地脚螺栓孔，当设计采用内、外双圈地脚螺栓孔时，在基础孔中的T形头地脚螺栓可利用双联锚板进行固定。

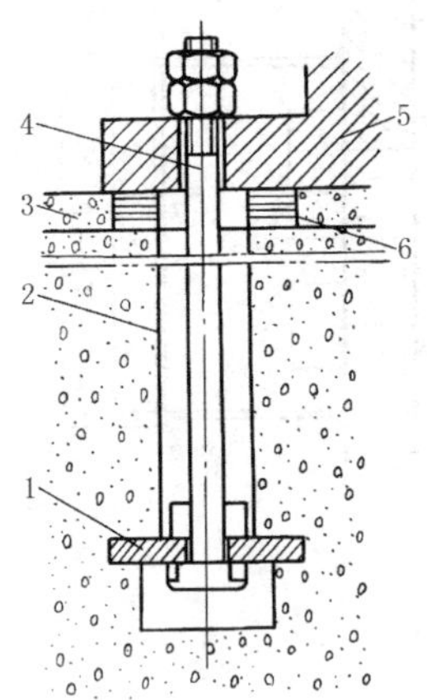

图 6-1-3　T形头地脚螺栓用锚板在基础内的预埋形式

1—锚板；2—护管；3—二次灌浆层；4—T形头地脚螺栓；5—底座；6—调整垫板

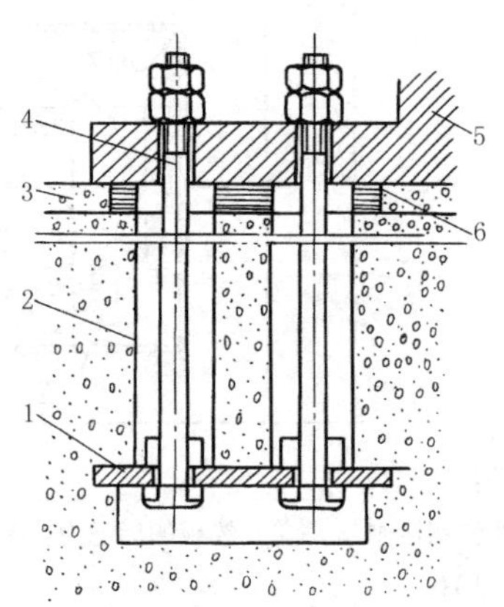

图 6-1-4　T形头地脚螺栓用双联锚板在基础内的预埋形式

1—双联锚板；2~6 同图 6-1-3

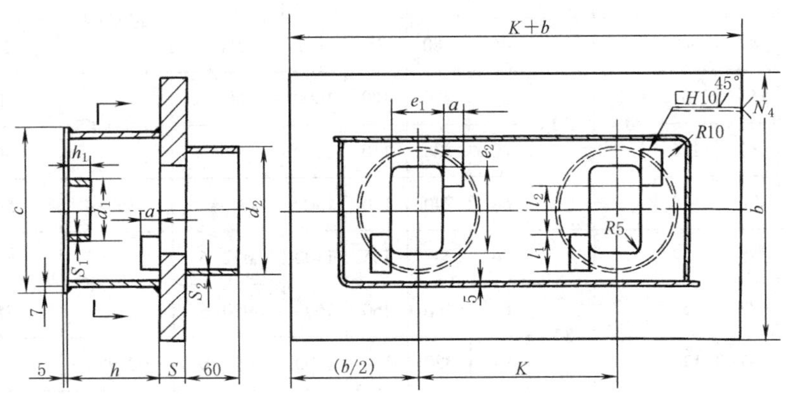

表 6-1-102

mm

T形头地脚螺栓	K	每件质量/kg≈	T形头地脚螺栓	K	每件质量/kg≈	T形头地脚螺栓	K	每件质量/kg≈	T形头地脚螺栓	K	每件质量/kg≈
M24	100	11.7	M30	130	18.3	M36	150	27.9	M42	160	34.7
	125	12.5		160	19.6		170	29.4		210	38.2
	160	13.6		200	21.5		220	32.5		240	40.3

续表

T形头地脚螺栓	K	每件质量/kg≈	T形头地脚螺栓	K	每件质量/kg≈	T形头地脚螺栓	K	每件质量/kg≈	T形头地脚螺栓	K	每件质量/kg≈
M48	170	47.0	M72×6	220	96.9	M100×6	320	209.1	M140×6	460	595.7
	210	50.6		270	103.9		390	225.2		560	644.8
	250	54.2		320	110.9		460	241.4		670	698.9
	290	57.8		400	122.1		540	259.9		780	753.0
M56	180	55.8	M80×6	250	116.9	M110×6	360	295.0	M160×6	500	741.6
	220	59.8		300	124.6		430	315.9		600	797.3
	260	63.7		360	133.8		520	342.9		720	864.0
	300	67.7		450	147.6		600	366.8		840	930.7
M64	200	77.2	M90×6	290	172.5	M125×6	400	355.2			
	250	83.5		340	183.0		470	378.2			
	300	89.8		410	197.7		570	411.1			
	350	96.1		480	212.4		660	440.8			

注：仅供参考。

直角地脚螺栓（摘自 JB/ZQ 4364—2006）

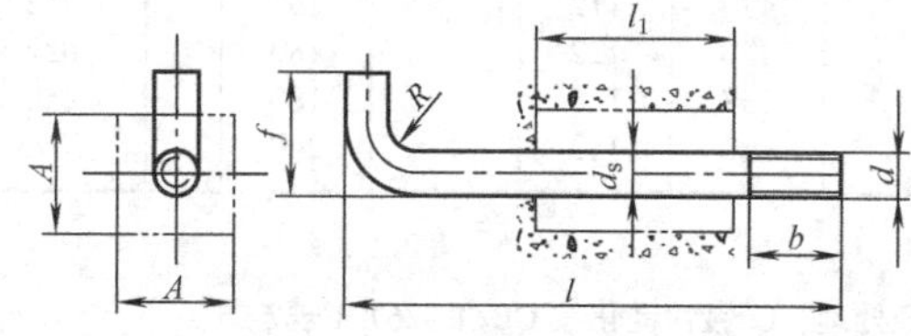

标记示例

螺纹直径 $d=42$mm、长 $l=1400$mm 的直角地脚螺栓，标记为：

螺栓 M42×1400 JB/ZQ 4364

表 6-1-103

mm

d	M16	M20	M24	M30	M36	M42	M48	M56
d_s	16	20	24	30	36	42	48	56
b(最小)	45	60	75	90	110	120	140	160
f	65	80	100	120	150	170	190	220
R≈	12	15	20	25	30	35	40	45
A	—	100	100	130	130	160	160	180
l_1	—	200	200	300	300	400	400	500
l	每个质量/kg≈							
300	0.54							
400	0.70	1.1						
600		1.6	2.3					
800		2.1	3.0					
1000		2.6	3.7	5.9	8.6			
1200			4.4	7.0	10.3			
1400			5.2	8.1	11.8	16.1	21.2	
1600				9.2	13.4	18.3	24.0	
1800					15.0	20.5	27.0	
2000					16.7	22.7	29.6	41.3
2300						26.0	34.0	47.2
2600							38.0	53.0
技术条件	材料:Q235	螺纹公差:8g		性能等级:3.6		产品等级:C		

U 形螺栓（摘自 JB/ZQ 4321—2006）

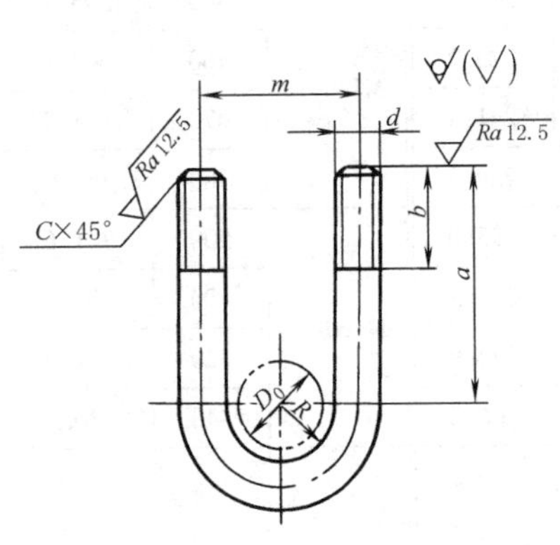

标记示例

外径 $D_0=25$mm 管子用的 U 形螺栓，标记为：

U 形螺栓　25　JB/ZQ 4321—2006

外径 $D_0=25$mm 管子用的表面镀锌 U 形螺栓，标记为：

U 形螺栓　25-Zn JB/ZQ 4321—2006

表 6-1-104　　mm

管子外径 D_0	R	d	毛坯长 l	a	b	m	C	1000 件质量/kg
14	8	M6	98	33	22	22	1	22
18	10		108	35		26		24
22	12	M10	135	42	28	34	1.5	83
25	14		143	44		38		88
33	18		160	48		46		99
38	20	M12	192	55	32	52	2	171
42	22		202	57		56		180
45	24		210	59		60		188
48	25		220	60		62		196
51	27		225	62		66		200
57	31		240	66		74		214
60	32		250	67		76		223
76	40		289	75		92		256
83	43		310	78		98		276
89	46		325	81		104		290
102	53	M16	365	93	38	122		575
108	56		390	96		128		616
114	59		405	99		134		640
133	69		450	109		154		712
140	72		470	112		160		752
159	82		520	122		180		822
165	85		538	125		186		850
219	112		680	152		240		1075

注：1. 螺纹公差 6g。
2. 材料为 Q235-A。
3. 表面处理：①不经处理；②镀锌钝化按 GB/T 5267.1 规定。

3.7.3　螺柱

双头螺柱

GB/T 897—1988（$b_m=1d$）　GB/T 898—1988（$b_m=1.25d$）　GB/T 899—1988（$b_m=1.5d$）　GB/T 900—1988（$b_m=2d$）

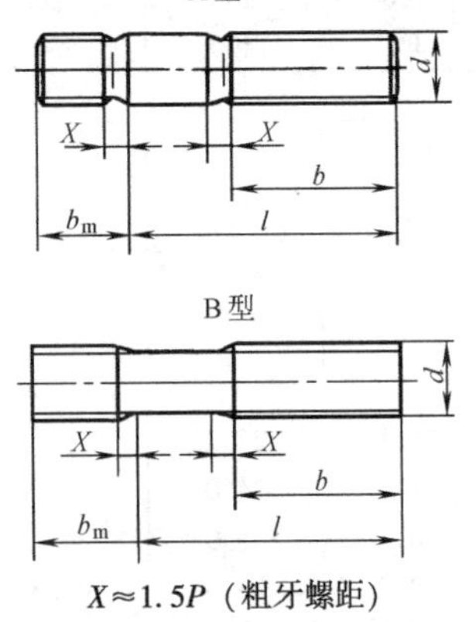

$X\approx1.5P$（粗牙螺距）

标记示例

两端型式	d/mm	l/mm	性能等级	表面处理	型号	b_m/mm	标　记
两端均为粗牙普通螺纹	10	50	4.8	不处理	B	1d	螺柱 GB/T 897M10×50
旋入机体一端为粗牙普通螺纹，旋螺母一端为螺距 $P=1$mm 的细牙普通螺纹	10	50	4.8	不处理	A	1d	螺柱 GB/T 897AM10-M10×1×50
旋入机体一端为过渡配合螺纹的第一种配合，旋螺母一端为粗牙普通螺纹	10	50	8.8	镀锌钝化	B	1d	螺柱 GB/T 897 GM10-M10×50-8.8-Zn・D
旋入机体一端为过盈配合螺纹，旋螺母一端为粗牙普通螺纹	10	50	8.8	镀锌钝化	A	2d	螺柱 GB/T 900 AYM10-M10×50-8.8-Zn・D

表 6-1-105

mm

螺纹规格 *d*		M2	M2.5	M3	M4	M5	M6	M8	M10	M12	(M14)	M16	(M18)	M20	(M22)	M24	(M27)	M30	(M33)	M36	(M39)	M42	M48	
b_m	GB/T 897	—	—	—	—	5	6	8	10	12	14	16	18	20	22	24	27	30	33	36	39	42	48	
	GB/T 898	—	—	—	—	6	8	10	12	15	—	20	—	25	—	30	—	38	—	45	—	52	60	
	GB/T 899	3	3.5	4.5	6	8	10	12	15	18	21	24	27	30	33	36	40	45	49	54	58	63	72	
	GB/T 900	4	5	6	8	10	12	16	20	24	28	32	36	40	44	48	54	60	66	72	78	84	96	
l		*b*																						*l*
12																								140
(14)		6																						150
16			8							36	40													160
(18)				6	8	10						44	48	52	56	60	66	72	78	84	90	96	108	170
20		10					10	12																180
(22)																								190
25			11						14															200
(28)							14	16		16														210
30				12																				220
(32)					14				16		18	20						85						230
35						16				20									91	97	103	109	121	240
(38)													22	25										250
40											25													260
45												30			30	30								280
50							18						35	35										300
(55)								22									35							
60															40			40						
(65)																45								
70																			45	45				
(75)																	50				50	50		
80									26	30	34							50						
(85)																			60				60	
90												38	42	46	50					60	65	70		
(95)																54								
100																	60	66					80	
110																			72	78	84	90	102	
120																								
130									32															
100mm 长的质量/kg≈		0.002	0.003	0.005	0.009	0.015	0.022	0.041	0.065	0.096	0.134	0.183	0.235	0.301	0.377	0.454	0.604	0.766	0.968	1.197	1.463	1.737	2.409	

技术条件	材料	性能等级	过渡及过盈配合螺纹	螺纹公差	表面处理(GB/T 897、GB/T 898)	表面处理(GB/T 899、GB/T 900)	产品等级:B
	钢	4.8,5.8,6.8,8.8,10.9,12.9	GM,G3M,YM(GB/T 900)	6g	不经处理;氧化;镀锌钝化	不经处理;氧化;镀锌钝化	
	不锈钢	A2-50,A2-70	GM,G2M(GB/T 897,GB/T 898,GB/T 899)			不经处理	

注:1. 左边的 *l* 系列查左边两粗黑线之间的 *b* 值,右边的 *l* 系列查右边的粗黑线上方的 *b* 值。2. 当 $(b-b_m)\leqslant5$mm 时,旋螺母一端应制成倒圆端。3. 允许采用细牙螺纹和过渡配合螺纹。4. GB/T 898—1988 d=M5~M20 为商品规格,其余均为通用规格。5. $b_m=d$ 一般用于钢对钢;$b_m=(1.25\sim1.5)d$,一般用于钢对铸铁;$b_m=2d$ 一般用于钢对铝合金。6. 末端按 GB/T 2 规定。

等长双头螺柱 B 级（摘自 GB/T 901—1988）

标记示例

螺纹直径 d=12mm、长度 l=100mm、性能等级 4.8 级、不经表面处理的等长双头螺柱，标记为：

螺柱 GB/T 901　M12×100

表 6-1-106

mm

螺纹规格 d	M2	M2.5	M3	M4	M5	M6	M8	M10	M12	(M14)	M16	(M18)	M20	(M22)	M24	(M27)	M30	(M33)	M36	(M39)	M42	M48	M56
b	10	11	12	14	16	18	28	32	36	40	44	48	52	56	60	66	72	78	84	89	96	108	124
l	10~60	10~80	12~250	16~300	20~300	25~300	32~300	40~300	50~300	60~300	60~300	60~300	70~300	80~300	90~300	100~300	120~400	140~400	140~500	140~500	140~500	150~500	190~500
100mm 长的质量/kg≈	0.002	0.003	0.004	0.007	0.012	0.017	0.031	0.049	0.071	0.097	0.131	0.162	0.205	0.252	0.295	0.381	0.467	0.574	0.678	0.806	0.929	1.219	1.674
l 系列	10,12,(14),16,(18),20,(22),25,(28),30,(32),35,(38),40,45,50,(55),60,(65),70,(75),80,(85),90,(95),100,110,120,130,140,150,160,170,180,190,200,(210),220,(230),(240),250,(260),280,300,320,350,380,400,420,450,480,500																						
技术条件	材　料			钢				不锈钢				普通螺纹公差:6g				产品等级:B							
	性能等级			4.8、5.8、6.8、8.8、10.9、12.9				A2-50、A2-70															
	表面处理			不经处理;镀锌钝化				不经处理															

注：1. 根据使用要求，可采用 30Cr、40Cr、30CrMnSi、35CrMoA、40MnA 及 40B 等材料制造螺柱，其性能按供需双方协议。2. 当 $l\leqslant50$mm 或 $l\leqslant2b$ 时，允许螺柱上全部制出螺纹；但当$l\leqslant2b$ 时，也允许制出长度不大于 $4P$（粗牙螺纹螺距）的无螺纹部分。3. M2~M27 为商品规格。M30~M56 为通用规格。4. 末端按 GB/T 2 规定。

等长双头螺柱 C 级（摘自 GB/T 953—1988）

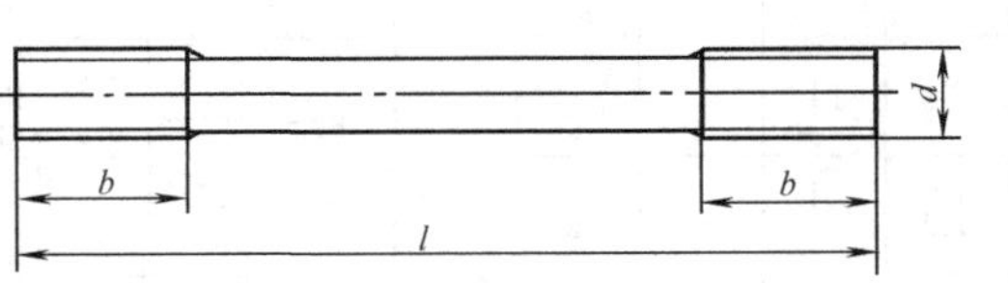

标记示例

螺纹直径 d=10mm、长度 l=100mm、螺纹长度 b=26mm、性能等级 4.8 级、不经表面处理的等长双头螺柱，标记为：

螺柱 GB/T 953　M10×100

需要加长螺纹时，应加标记“Q”：螺柱 GB/T 953　M10×100-Q

表 6-1-107

mm

螺纹规格 d		M8	M10	M12	(M14)	M16	(M18)	M20	(M22)	M24	(M27)	M30	(M33)	M36	(M39)	M42	M48
b	标准	22	26	30	34	38	42	46	50	54	60	66	72	78	84	90	102
	加长	41	45	49	53	57	61	65	69	73	79	85	91	97	103	109	121
通用规格长度 l		100~600	100~800	150~1200		200~1500		260~1500	260~1800	300~1800	300~2000	350~2500				500~2500	
l 系列		100~200(10 进位),220~320(20 进位),350,380,400,420,450,480,500~1000(50 进位),1100~2500(100 进位)															
100mm 长的质量/kg≈		0.031	0.049	0.071	0.097	0.131	0.162	0.205	0.252	0.300	0.383	0.471	0.576	0.683	0.812	0.927	1.217
技术条件		材料:钢		性能等级:4.8、6.8、8.8					螺纹公差:8g		产品等级:C	表面处理:不经处理;镀锌钝化					

注：末端按 GB/T 2 规定。

手工焊用焊接螺柱(摘自 GB/T 902.1—2008)

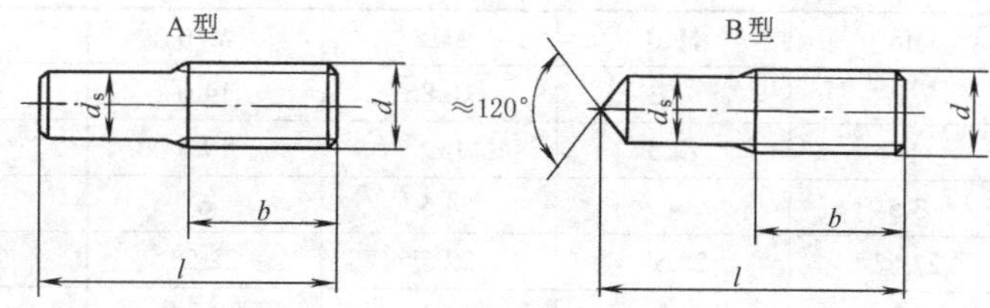

标记示例

螺纹规格 d=M10、公称长度 l=50mm、性能等级 4.8 级、不经表面处理、按 A 型制造的手工焊用焊接螺柱,标记为:螺柱 GB/T 902.1 M10×50

需要加长螺纹时,应加标记"Q":螺柱 GB/T 902.1 M10×50-Q

按 B 型制造时,应加标记"B":螺柱 GB/T 902.1 M10×50-B

表 6-1-108

mm

螺纹规格 d		M3	M4	M5	M6	M8	M10	M12	(M14)	M16	(M18)	M20
b_{0}^{+2P}	标准	12	14	16	18	22	26	30	34	38	42	46
	加长	15	20	22	24	28	45	49	53	57	61	65
商品规格长度 l		10~80	10~80	12~90	16~100	20~200	25~240	30~240	35~280	45~280	50~300	60~300
l 系列		10,12,16,20,25,30,35,40,45,50,(55),60,(65),70,80,90,100,110,120,130,140,150,160,180,200,220,240,260,280,300										
技术条件		材料:普碳钢		公差等级:6g		性能等级:4.8				表面处理:不经处理;镀锌钝化		

注:1. d_s 约等于螺纹中径;末端按 GB/T 2 的规定制成倒角端,如需方同意也可制成辗制末端。

2. P 为螺距。

电弧螺柱焊用焊接螺柱(摘自 GB/T 902.2—2010)

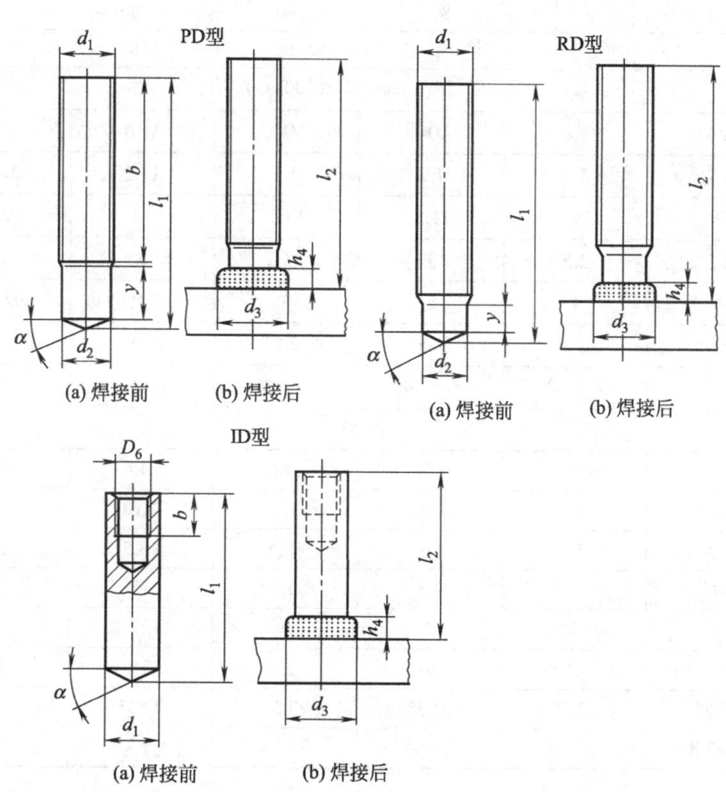

表 6-1-109　　螺纹螺柱尺寸　　mm

PD 型

d_1	M6		M8		M10		M12		M16		M20		M24	
d_2	5.35		7.19		9.03		10.86		14.6		18.38		22.05	
d_3	8.5		10		12.5		15.5		19.5		24.5		30	
h_4	3.5		3.5		4		4.5		6		7		10	
α±2.5°	22.5°		22.5°		22.5°		22.5°		22.5°		22.5°		22.5°	
l_1±1	l_2+2.2		l_2+2.4		l_2+2.6		l_2+3.1		l_2+3.9		l_2+4.3		l_2+5.1	
l_2	y_{min}	b	y_{min}	b	y_{min}	b	y_{min}	b	y_{min}	b	y_{min}	b	y_{min}	b
15	9	—	—	—	—	—	—	—	—	—	—	—	—	—
20	9	—	9	—	9.5	—	—	—	—	—	—	—	—	—
25	9	—	9	—	9.5	—	11.5	—	—	—	—	—	—	—
30	9	—	9	—	9.5	—	11.5	—	13.5	—	—	—	—	—
35	—	20	9	—	9.5	—	11.5	—	13.5	—	15.5	—	—	—
40	—	20	9	—	9.5	—	11.5	—	13.5	—	15.5	—	—	—
45	—	—	9	—	9.5	—	11.5	—	13.5	—	15.5	—	—	—
50	—	—	—	40	—	40	—	40	13.5	—	—	35	20	—
55	—	—	—	—	—	—	—	—	—	40	—	40	—	—
60	—	—	—	—	—	—	—	—	—	40	—	40	—	—
65	—	—	—	—	—	—	—	—	—	40	—	40	—	—
70	—	—	—	—	—	—	—	—	—	—	—	40	—	50
80	—	—	—	—	—	—	—	—	—	—	—	50	—	50
100	—	—	—	—	—	40	—	40	—	80	—	70	—	70
140	—	—	—	—	—	80	—	80	—	80	—	—	—	—
150	—	—	—	—	—	80	—	80	—	80	—	—	—	—
160	—	—	—	—	—	80	—	80	—	80	—	—	—	—

RD 型（15mm≤l_2≤100mm）

d_1	M6	M8	M10	M12	M16	M20	M24
d_2	4.7	6.2	7.9	9.5	13.2	16.5	20
d_3	7	9	11.5	13.5	18	23	28
h_4	2.5	2.5	3	4	5	6	7
y_{min}	4	4	5	6	7.5/11[a]	9/13[a]	12/15[a]
α±2.5°	22.5°	22.5°	22.5°	22.5°	22.5°	22.5°	22.5°
l_1±1	l_2+2.0	l_2+2.2	l_2+2.4	l_2+2.8	l_2+3.6	l_2+3.9	l_2+4.7

ID 型

d_1	10	10	12	14.6	14.6	16	18
D_6	M5	M6	M8	M8	M10	M10	M12
d_3	13	13	16	18.5	18.5	21	23
b	7	9	9.5	15	15	15	18
h_4	4	4	5	6	6	7	7
l_2	15	15	20	25	25	25	30
α±2.5°	22.5°	22.5°	22.5°	22.5°	22.5°	22.5°	22.5°
l_1±1	l_2+2.8	l_2+2.8	l_2+3.4	l_2+3.9	l_2+3.9	l_2+3.9	l_2+4.2

3.7.4 螺钉

表 6-1-110　　螺钉汇总表

类别	名　称	标准号	规　格/mm		特性和用途
			d	L或l	
机螺钉	十字槽盘头螺钉	GB/T 818—2000	M1.6~M10	3~60	**开槽**(一字槽)　多用于较小零件的连接 **十字槽**　螺钉旋拧时对中性好,易实现自动化装配,外形美观,生产效率高,槽的强度高,不易拧秃、打滑,需用专用旋具装卸 **内六角**　可施加较大的拧紧力矩,连接强度高,一般能代替六角螺栓,头部能埋入零件内,用于结构要求紧凑、外形平滑的连接处 **方头**　可施加更大的拧紧力矩,顶紧力大,不易拧秃,但头部较大,不便埋入零件内,不安全,特别是运动部位不宜使用 **紧定螺钉锥端**(有尖)　借锐利的端头直接顶紧零件,一般用于安装后不常拆卸处,或顶紧硬度小的零件 尖端——适用于硬度较小的零件 凹端——适用于硬度较大的零件 **紧定螺钉锥端**(无尖)　在零件的顶紧面上要打坑眼,使锥面压在坑眼边上,锥端压在坑中能大大增加传递载荷的能力 **紧定螺钉平端圆尖端**　端头平滑,顶紧后不伤零件表面,多用于常调节位置的连接处,传递载荷较小 平端——接触面积大,可用于顶硬度大的零件,顶紧面应是平面 圆尖端——圆弧头除顶压平面外,还可压在零件表面的U形沟、V形槽或圆窝中 **紧定螺钉圆柱端**　用于经常调节位置或固定装在管轴(薄壁件)上的零件,圆柱端头进入在管轴上打的孔眼中,端头靠剪切作用可传递较大的载荷,使用这种螺钉应有防止松脱的装置 **紧定螺钉硬度**　应比被紧定零件高,一般紧定螺钉热处理硬度为28~38HRC **不脱出螺钉**　多用于振动较大需不脱出的场合,可在细的螺钉杆处装上防脱零件 **自攻螺钉**　多用于连接较薄的钢板和有色金属板。螺钉较硬,一般热处理硬度为50~58HRC,在被连接件上可不预先制出螺纹,在连接时利用螺钉直接攻出螺纹 **吊环螺钉**　安装和运输时起重用
	十字槽半沉头螺钉	GB/T 820—2000	M1.6~M10	3~60	
	十字槽沉头螺钉	GB/T 819.1—2000	M1.6~M10	3~60	
	十字槽沉头螺钉	GB/T 819.2—1997	M2~M10	3~60	
	十字槽圆柱头螺钉	GB/T 822—2000	M2.5~M8	2~80	
	开槽圆柱头螺钉	GB/T 65—2000	M1.6~M10	2~80	
	开槽盘头螺钉	GB/T 67—2008	M1.6~M10	2~80	
	开槽沉头螺钉	GB/T 68—2000	M1.6~M10	2.5~80	
	开槽半沉头螺钉	GB/T 69—2000	M1.6~M10	2.5~80	
	内六角圆柱头螺钉	GB/T 70.1—2008	M1.6~M64	2.5~300	
	内六角平圆头螺钉	GB/T 70.2—2008	M3~M16	6~50	
	内六角沉头螺钉	GB/T 70.3—2008	M3~M20	6~100	
紧定螺钉	开槽锥端紧定螺钉	GB/T 71—1985	M1.2~M12	2~60	
	开槽平端紧定螺钉	GB/T 73—1985	M1.2~M12	2~60	
	开槽凹端紧定螺钉	GB/T 74—1985	M1.6~M12	2~60	
	开槽长圆柱端紧定螺钉	GB/T 75—1985	M1.6~M12	2~60	
	内六角平端紧定螺钉	GB/T 77—2007	M1.6~M24	2~60	
	内六角锥端紧定螺钉	GB/T 78—2007	M1.6~M24	2~60	
	内六角凹端紧定螺钉	GB/T 80—2007	M1.6~M24	2~60	
	内六角圆柱端紧定螺钉	GB/T 79—2007	M1.6~M24	2~60	
	方头长圆柱球面端紧定螺钉	GB/T 83—1988	M8~M20	16~100	
	方头凹端紧定螺钉	GB/T 84—1988	M5~M20	10~100	
	方头长圆柱端紧定螺钉	GB/T 85—1988	M5~M20	12~100	
	方头平端紧定螺钉	GB/T 821—1988	M5~M20	8~100	
	方头短圆柱锥端紧定螺钉	GB/T 86—1988	M5~M20	12~100	
定位螺钉	开槽锥端定位螺钉	GB/T 72—1988	M3~M12	4~50	
不脱出螺钉	六角头不脱出螺钉	GB/T 838—1988	M5~M16	14~100	
	开槽沉头不脱出螺钉	GB/T 948—1988	M3~M10	10~60	
自攻螺钉和木螺钉	十字槽盘头自攻螺钉	GB/T 845—1985	ST2.2~M9.5	4.5~50	
	十字槽沉头自攻螺钉	GB/T 846—1985	ST2.2~M9.5	4.5~50	
	十字槽半沉头自攻螺钉	GB/T 847—1985	ST2.2~M9.5	4.5~50	
	六角头自攻螺钉	GB/T 5285—1985	ST2.2~M9.5	4.5~50	
	十字槽盘头自攻锁紧螺钉	GB/T 6560—1986	M2~M6	4~40	
	十字槽沉头自攻锁紧螺钉	GB/T 6561—1986	M2.5~M6	6~40	
	六角头自攻锁紧螺钉	GB/T 6563—1986	M5~M12	6~80	
	十字槽沉头木螺钉	GB/T 951—1986	2~10	6~120	
	十字槽半沉头木螺钉	GB/T 952—1986	2~10	6~120	
	十字槽圆头木螺钉	GB/T 950—1986	2~10	6~120	
	开槽圆头木螺钉	GB/T 99—1986	1.6~10	6~120	
	开槽沉头木螺钉	GB/T 100—1986	1.6~10	6~120	
	开槽半沉头木螺钉	GB/T 101—1986	1.6~10	6~120	
	六角头木螺钉	GB/T 102—1986	6~20	35~250	
吊环螺钉	吊环螺钉	GB/T 825—1988	M8~M100	16~140	

十字槽盘头螺钉（摘自 GB/T 818—2000）

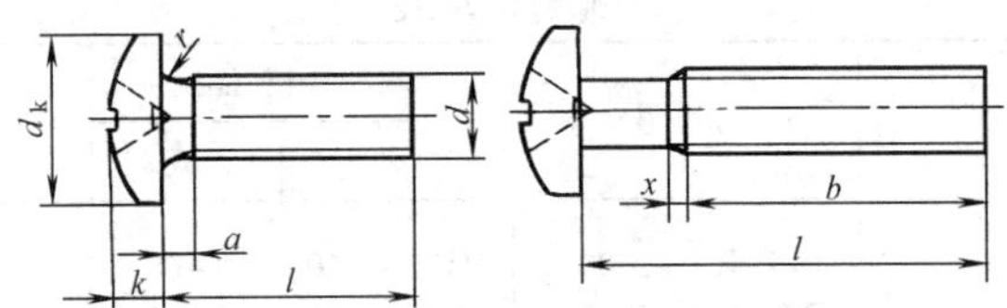

十字槽沉头螺钉（摘自 GB/T 819.1—2000）

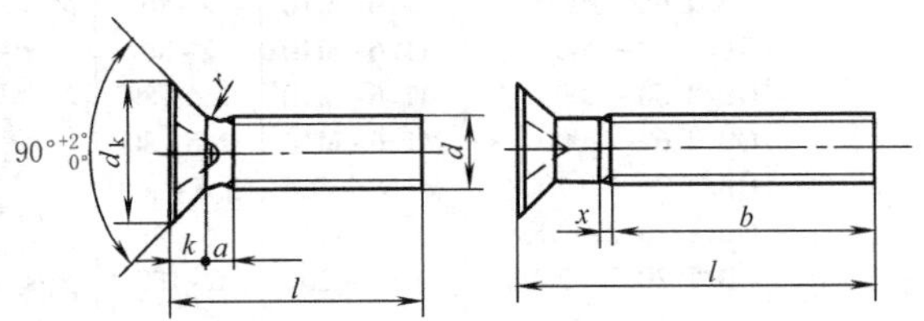

十字槽半沉头螺钉（摘自 GB/T 820—2000）

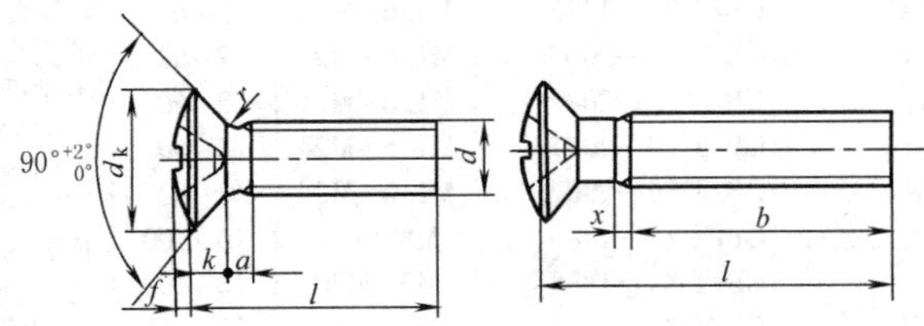

标记示例

螺纹规格 d=M5、公称长度 l=20mm、性能等级为4.8级、不经表面处理的H型十字槽盘头螺钉，标记为：

螺钉　GB/T 818 M5×20

表 6-1-111　　mm

螺纹规格 d		M1.6	M2	M2.5	M3	(M3.5)	M4	M5	M6	M8	M10
a(最大)		0.7	0.8	0.9	1	1.2	1.4	1.6	2	2.5	3
b(最小)		25	25	25	25	38	38	38	38	38	38
x(最大)		0.9	1	1.1	1.25	1.5	1.75	2	2.5	3.2	3.8
商品规格长度 l		3~16	3~20	3~25	4~30	5~30	5~40	6~45	8~60	10~60	12~60
GB/T 818	d_k(最大)	3.2	4	5	5.6	7	8	9.5	12	16	20
	k(最大)	1.3	1.6	2.1	2.4	2.6	3.1	3.7	4.6	6	7.5
	r(最小)	0.1	0.1	0.1	0.1	0.1	0.2	0.2	0.25	0.4	0.4
	全螺纹长度 b	3~25	3~25	3~25	4~25	5~40	5~40	6~40	8~40	10~40	12~40

续表

螺纹规格 d		M1.6	M2	M2.5	M3	(M3.5)	M4	M5	M6	M8	M10
GB/T 819.1 GB/T 820	d_k(最大)	3	3.8	4.7	5.5	7.3	8.4	9.3	11.3	15.8	18.3
	$f\approx$	0.4	0.5	0.6	0.7	0.8	1	1.2	1.4	2	2.3
	k(最大)	1	1.2	1.5	1.65	2.35	2.7	2.7	3.3	4.65	5
	r(最大)	0.4	0.5	0.6	0.8	0.9	1	1.3	1.5	2	2.5
	全螺纹长度 b	3~30	3~30	3~30	4~30	5~45	5~45	6~45	8~45	10~45	12~45
l 系列		3,4,5,6,8,10,12,(14),16,20,25,30,35,40,45,50,(55),60									

技术条件	材　料	钢	不锈钢	有色金属	螺纹公差:6g	产品等级:A
	性能等级	4.8	A2-50、A2-70	CU2、CU3、AL4		
	表面处理	不经处理	简单处理	简单处理		

注：GB/T 819.1—2000 仅有钢制，4.8 级螺钉。

十字槽沉头螺钉（摘自 GB/T 819.2—1997）

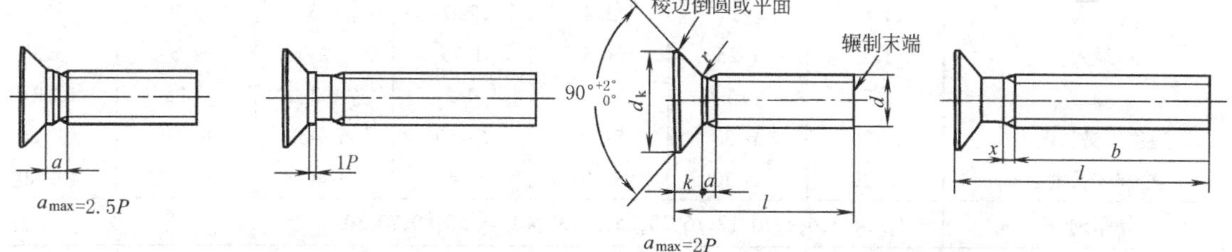

头下带台肩的螺钉（见 GB/T 5279.2），用于插入深度系列 1（深的）　　头下不带台肩的螺钉（见 GB/T 5279.2），用于插入深度系列 2（浅的）

标记示例

螺纹规格 d=M5、公称长度 l=20mm、性能等级为 8.8 级、不经表面处理的十字槽沉头螺钉，标记为：

螺钉　GB/T 819.2　M5×20

表 6-1-112　　mm

螺纹规格 d	M2	M2.5	M3	(M3.5)	M4	M5	M6	M8	M10
螺距 P	0.4	0.45	0.5	0.6	0.7	0.8	1	1.25	1.5
b(最小)	25	25	25	38	38	38	38	38	38
d_k(最大)	4.4	5.5	6.3	8.2	9.4	10.4	12.6	17.3	20
k(最大)	1.2	1.5	1.65	2.35	2.7	2.7	3.3	4.65	5
r(最小)	0.5	0.6	0.8	0.9	1	1.3	1.5	2	2.5
商品长度 l	3~20	3~25	4~30	5~35	5~40	6~50	8~60	10~60	12~60
l 系列	3,4,5,6,8,10,12,(14),16,20,25,30,35,40,45,50,(55),60								

技术条件	材　料	钢	不锈钢	有色金属	螺纹公差	6g	产品等级	A
	性能等级	8.8	A2-70	CU2,CU3				
	表面处理	不经处理或简单处理;镀锌钝化;如需不同电镀技术要求或需其他的表面处理,应由供需双方协议						

十字槽圆柱头螺钉（摘自 GB/T 822—2000）

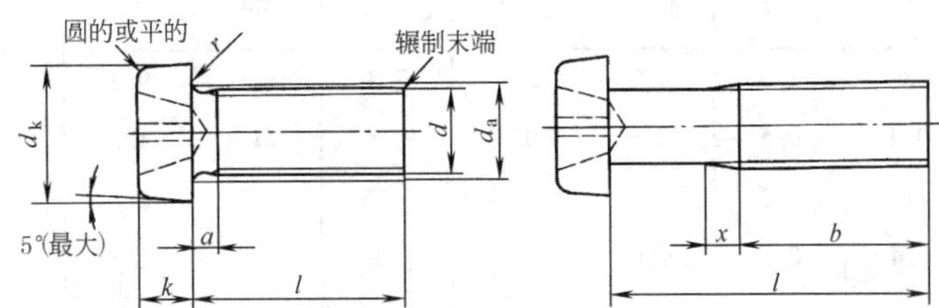

标记示例

螺纹规格d=M5、公称长度l=20mm、性能等级4.8级、不经表面处理的H型十字槽圆柱头螺钉，标记为：

螺钉　GB/T 822　M5×20

表 6-1-113　　mm

螺纹规格 d	M2.5	M3	（M3.5）	M4	M5	M6	M8
a(最大)	0.9	1	1.2	1.4	1.6	2	2.5
b(最小)	25	25	25	38	38	38	38
d_a(最大)	3.1	3.5	4.1	4.7	5.7	6.8	9.2
d_k(最大)	4.5	5.5	6	7	8.5	10	13
k(最大)	1.8	2	2.4	2.6	3.3	3.9	5
x(最大)	1.1	1.25	1.5	1.75	2	2.5	3.2
r	0.1	0.1	0.1	0.2	0.2	0.25	3.2
通用规格长度 l	3~25	4~30	5~35	5~40	6~45	8~60	10~80
全螺纹长度 l	3~30	4~30	5~40	5~40	6~40	8~40	10~40
l 系列	2,3,4,5,6,8,10,12,16,20,25,30,35,40,45,50,60,70,80						
技术条件	材　料	钢	不锈钢	有色金属	螺纹公差：6g	产品等级：A	
	性能等级	4.8,5.8	A2-70	CU2,CU3,AL4			
	表面处理	不经处理	简单处理	简单处理			

开槽圆柱头螺钉（摘自 GB/T 65—2000）、开槽盘头螺钉（摘自 GB/T 67—2008）

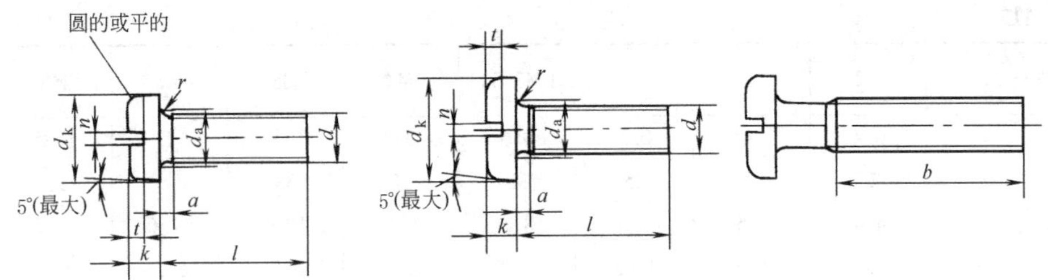

开槽沉头螺钉（摘自 GB/T 68—2000）

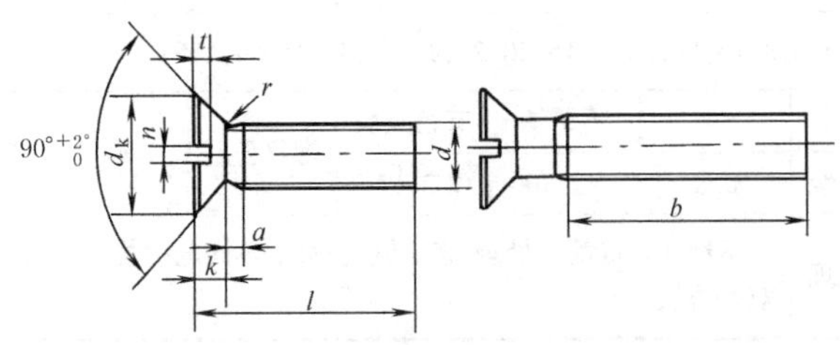

开槽半沉头螺钉（摘自 GB/T 69—2000）

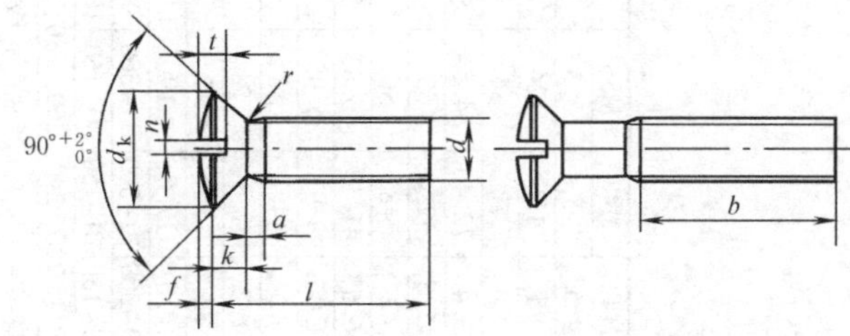

标记示例

螺纹规格d=M5、公称长度l=20mm、性能等级4.8级、不经表面处理的开槽圆柱头螺钉，标记为：

螺钉　GB/T 65　M5×20

表 6-1-114　　　　mm

	螺纹规格 d	M1.6	M2	M2.5	M3	(M3.5)	M4	M5	M6	M8	M10
	a(最大)	0.7	0.8	0.9	1	1.2	1.4	1.6	2	2.5	3
	b(最小)	25	25	25	25	38	38	38	38	38	38
	n(公称)	0.4	0.5	0.6	0.8	1	1.2	1.2	1.6	2	2.5
GB/T 65	d_k(最大)	3	3.8	4.5	5.5	6	7	8.5	10	13	16
	k(最大)	1.1	1.4	1.8	2	2.4	2.6	3.3	3.9	5	6
	t(最小)	0.45	0.6	0.7	0.85	1	1.1	1.3	1.6	2	2.4
	d_a(最大)	2	2.6	3.1	3.6	4.1	4.7	5.7	6.8	9.2	11.2
	r(最小)	0.1	0.1	0.1	0.1	0.1	0.2	0.2	0.25	0.4	0.4
	商品规格长度 l	2~16	3~20	3~25	4~30	5~35	5~40	6~50	8~60	10~80	12~80
	全螺纹长度 l	2~30	3~30	3~30	4~30	5~40	5~40	6~40	8~40	10~40	12~40
GB/T 67	d_k(最大/最小)	3.2/2.9	4/3.7	5/4.7	5.6/5.3	7/6.64	8/7.64	9.5/9.14	12/11.57	16/15.57	20/19.48
	k(最大/最小)	1/0.85	1.3/1.16	1.5/1.36	1.8/1.66	2.1/1.96	2.4/2.26	3/2.86	3.6/3.3	4.8/4.5	6/5.7
	t(最小)	0.35	0.5	0.6	0.7	0.8	1	1.2	1.4	1.9	2.4
	d_a(最大)	2	2.6	3.1	3.6	4.1	4.7	5.7	6.8	9.2	11.2
	r(最小)	0.1	0.1	0.1	0.1	0.1	0.2	0.2	0.25	0.4	0.4
	商品规格长度 l	2~16	2.5~20	3~25	4~30	5~35	5~40	6~50	8~60	10~80	12~80
	全螺纹长度 l	2~30	2.5~30	3~30	4~30	5~40	5~40	6~40	8~40	10~40	12~40
GB/T 68 GB/T 69	d_k(最大)	3	3.8	4.7	5.5	7.3	8.4	9.3	11.3	15.8	18.3
	k(最大)	1	1.2	1.5	1.65	2.35	2.7	2.7	3.3	4.65	5
	r(最大)	0.4	0.5	0.6	0.8	0.9	1	1.3	1.5	2	2.5
	t(最小) GB/T 68	0.32	0.4	0.5	0.6	0.9	1	1.1	1.2	1.8	2
	t(最小) GB/T 69	0.64	0.8	1	1.2	1.45	1.6	2	2.4	3.2	3.8
	f≈	0.4	0.5	0.6	0.7	0.8	1	1.2	1.4	2	2.3
	商品规格长度 l	2.5~16	3~20	4~25	5~30	6~35	6~40	8~50	8~60	10~80	12~80
	全螺纹长度 l	2.5~30	3~30	4~30	5~30	6~45	6~45	8~45	8~45	10~45	12~45

注：技术条件同表6-1-111，但材料为钢时的性能等级多一个5.8级。

内六角圆柱头螺钉（摘自 GB/T 70.1—2008）

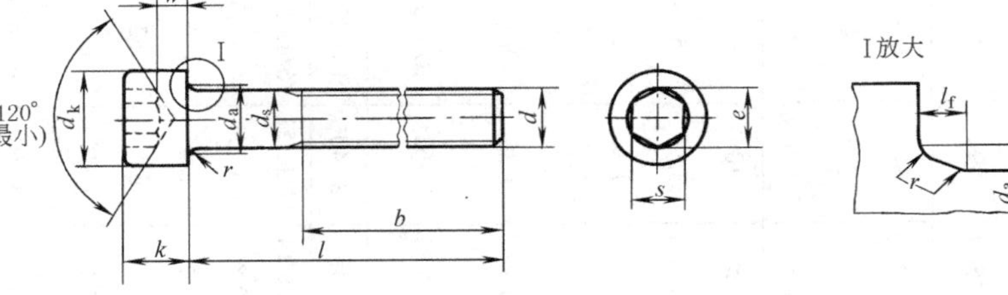

标记示例

螺纹规格 D=M5、公称长度 l=20mm、性能等级 8.8 级、表面氧化的 A 级内六角圆柱螺钉，标记为：GB/T 70.1　M5×20

表 6-1-115

mm

螺纹规格 d	M1.6	M2	M2.5	M3	M4	M5	M6	M8	M10	M12	(M14)	M16	M20	M24	M30	M36	M42	M48	M56	M64
螺距 P	0.35	0.4	0.45	0.5	0.7	0.8	1	1.25	1.5	1.75	2	2	2.5	3	3.5	4	4.5	5	5.5	6
b	15	16	17	18	20	22	24	28	32	36	40	44	52	60	72	84	96	106	124	140
d_k(最大)①	3	3.8	4.5	5.5	7	8.5	10	13	16	18	21	24	30	36	45	54	63	72	84	96
d_k(最大)②	3.14	3.98	4.68	5.68	7.22	8.72	10.22	13.27	16.27	18.27	21.33	24.33	30.33	36.39	45.39	54.46	63.46	72.46	84.54	96.54
d_a(最大)	2	2.6	3.1	3.6	4.7	5.7	6.8	9.2	11.2	13.7	15.7	17.7	22.4	26.4	33.4	39.4	45.6	52.6	63	71
d_s(最大)	1.6	2	2.5	3	4	5	6	8	10	12	14	16	20	24	30	36	42	48	56	64
e(最小)	1.73	1.73	2.3	2.87	3.44	4.58	5.72	7.78	9.15	11.43	13.72	16	19.44	21.73	25.15	30.85	36.57	41.13	46.83	52.53
l_f(最大)	0.34	0.51	0.51	0.51	0.6	0.6	0.68	1.02	1.02	1.45	1.45	1.45	2.04	2.04	2.89	2.89	3.06	3.91	5.95	5.95
k(最大)	1.6	2	2.5	3	4	5	6	8	10	12	14	16	20	24	30	36	42	48	56	64
r(最小)	0.1	0.1	0.1	0.1	0.2	0.2	0.25	0.4	0.4	0.6	0.6	0.6	0.8	0.8	1	1	1.2	1.6	2	2
s(公称)	1.5	1.5	2	2.5	3	4	5	6	8	10	12	14	17	19	22	27	32	36	41	46
w(最小)	0.55	0.55	0.85	1.15	1.4	1.9	2.3	3.3	4	4.8	5.8	6.8	8.8	10.4	13.1	15.3	16.3	17.5	19	22
商品规格长度 l	2.5~16	3~20	4~25	5~30	6~40	8~50	10~60	12~80	16~100	20~120	25~140	25~160	30~200	40~200	45~200	55~200	60~300	70~300	80~300	90~300
全螺纹长度 l	2.5~16	3~16	4~20	5~20	6~20	8~20	10~30	12~35	16~40	20~50	25~55	25~60	30~70	40~80	45~100	55~110	60~130	70~150	80~160	100~180
l 系列	2.5, 3, 4, 5, 6, 8, 10, 12, 16, 20, 25, 30, 35, 40, 45, 50, 55, 60, 65, 70, 80, 90, 100, 110, 120, 130, 140, 150, 160, 180, 200, 220, 240, 260, 280, 300																			

技术条件	材　料	钢	不　锈　钢	有色金属	螺纹公差	产品等级
	性能等级	d<M3 或 d>M39：按协议 M3≤d≤M39：8.8、10.9、12.9	d≤M24：A2-70、A3-70、A4-70、A5-70 M24<d≤M39：A2-50、A3-50、A4-50、A5-50 d>M39：按协议	CU2、CU3	12.9 级：5g、6g 其他等级：6g	A
	表面处理	氧　化	简单处理	简单处理		
		①电镀技术要求按 GB/T 5267.1 ②非电解锌粉覆盖层技术要求按 GB/T 5267.2 ③如需其他表面镀层或表面处理，应由供需双方协议				

①光滑头部。②滚花头部。

内六角平圆头螺钉（摘自 GB/T 70.2—2008）　　**内六角沉头螺钉**（摘自 GB/T 70.3—2008）

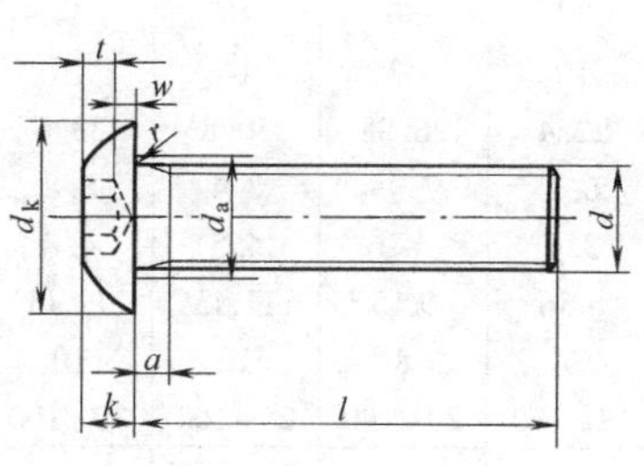

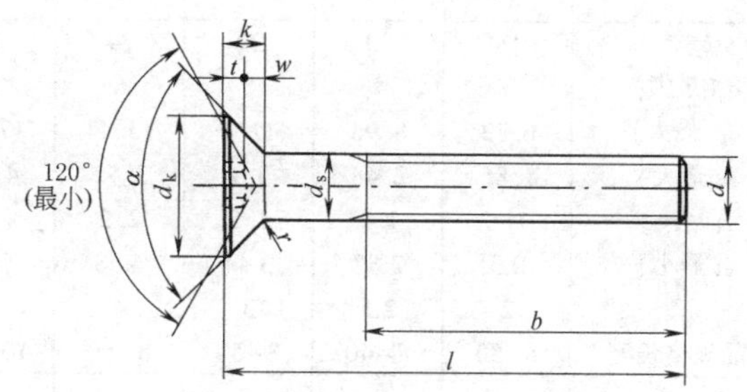

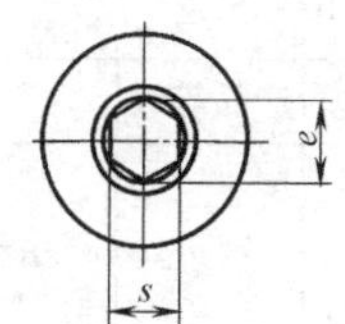

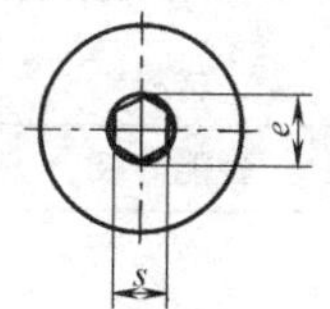

标记示例

螺纹规格 d=M12、公称长度 l=40mm、性能等级 12.9 级、表面氧化的 A 级内六角平圆头螺钉，标记为：

螺钉　GB/T 70.2　M12×40

螺纹规格 d=M12、公称长度 l=40mm、性能等级 8.8 级、表面氧化的 A 级内六角沉头螺钉，标记为：

螺钉　GB/T 70.3　M12×40

表 6-1-116

mm

螺纹规格 d		M3	M4	M5	M6	M8	M10	M12	M16
螺距 P		0.5	0.7	0.8	1	1.25	1.5	1.75	2
s(公称)		2	2.5	3	4	5	6	8	10
s(最大)①		2.045	2.56	3.071	4.084	5.084	6.095	8.115	10.115
s(最大)②		2.06	2.58	3.08	4.095	5.14	6.14	8.175	10.175
GB/T 70.2	e(最小)	2.3	2.87	3.44	4.58	5.72	6.86	9.15	11.43	—
	r(最小)	0.1	0.2	0.2	0.25	0.4	0.4	0.6	0.6	—
	a(最大)	1	1.4	1.6	2	2.5	3	3.5	4	—
	d_a(最大)	3.6	4.7	5.7	6.8	9.2	11.2	14.2	18.2	—
	d_k(最大)	5.7	7.6	9.5	10.5	14	17.5	21	28	—
	k(最大)	1.65	2.2	2.75	3.3	4.4	5.5	6.6	8.8	—
	t(最小)	1.04	1.3	1.56	2.08	2.6	3.12	4.16	5.2	—
	w(最小)	0.2	0.3	0.38	0.74	1.05	1.45	1.63	2.25	—
	商品规格长度 l	6~12	8~16	10~30	10~30	10~40	16~40	16~50	20~50	—

续表

螺纹规格 *d*		M3	M4	M5	M6	M8	M10	M12	(M14)	M16	M20
GB/T 70.3	*b*(参考)	18	20	22	24	28	32	36	40	44	52
	d_s(最大)	3	4	5	6	8	10	12	14	16	20
	d_k(最大)	6.72	8.96	11.2	13.44	17.92	22.4	26.88	30.8	33.6	40.32
	k(最大)	1.86	2.48	3.1	3.72	4.96	6.2	7.44	8.4	8.8	10.16
	t(最小)	1.1	1.5	1.9	2.2	3	3.6	4.3	4.5	4.8	5.6
	e(最小)	2.3	2.87	3.44	4.58	5.72	6.86	9.15	11.43	11.43	13.72
	s	2	2.5	3	4	5	6	8	10	10	12
	商品规格长度 *l*	8~30	8~40	8~50	8~60	10~80	12~100	20~100	25~100	30~100	35~100
全螺纹长度 *l*		8~25	8~25	8~30	8~35	10~45	12~50	20~60	25~65	30~80	35~90
l 系列		6,8,10,12,16,20,25,30,35,40,45,50,55,60,65,70,80,90,100									

技术性能					
材料	钢	螺纹公差	产品等级	其　他
性能等级	8.8,10.9,12.9	12.9级;5g、6g 其他级别:6g	A	由于头部结构的原因,该螺钉可能达不到8.8、10.9、12.9级的最小拉力载荷(GB/T 3098.1,B类试验项目),但这些螺钉仍应符合GB/T 3098.1规定的材料和其他要求
表面处理	①氧化 ②电镀技术要求按GB/T 5267.1 ③非电解锌粉覆盖层技术要求按GB/T 5267.2 ④如需其他表面处理层或表面处理,应由供需双方协议			

① 用于12.9级。

② 用于其他性能等级。

注:1. $\alpha=90°\sim92°$。

2. *l* 系列中6~50mm用于GB/T 70.2,6~100mm用于GB/T 70.3。

开槽锥端紧定螺钉(摘自GB/T 71—1985)

开槽锥端定位螺钉(摘自GB/T 72—1988)

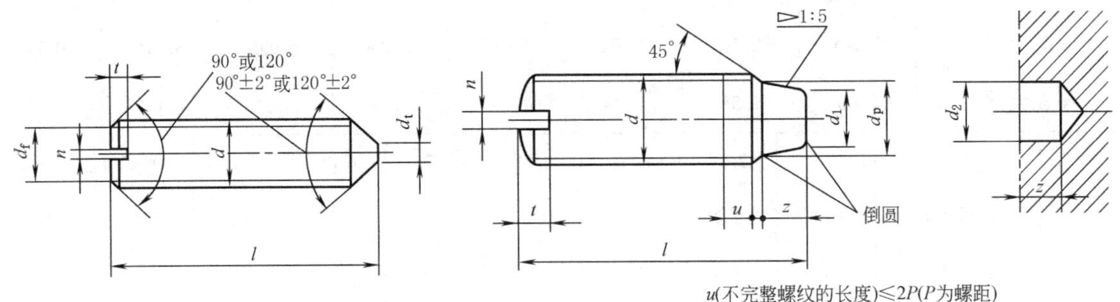

开槽平端紧定螺钉(摘自GB/T 73—1985)

开槽凹端紧定螺钉(摘自GB/T 74—1985)

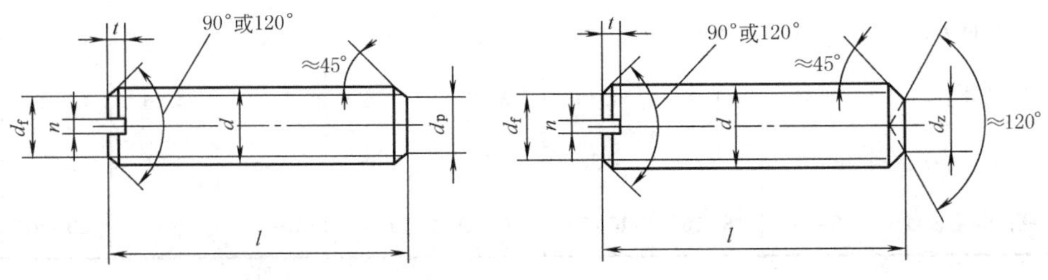

开槽长圆柱端紧定螺钉（摘自 GB/T 75—1985）

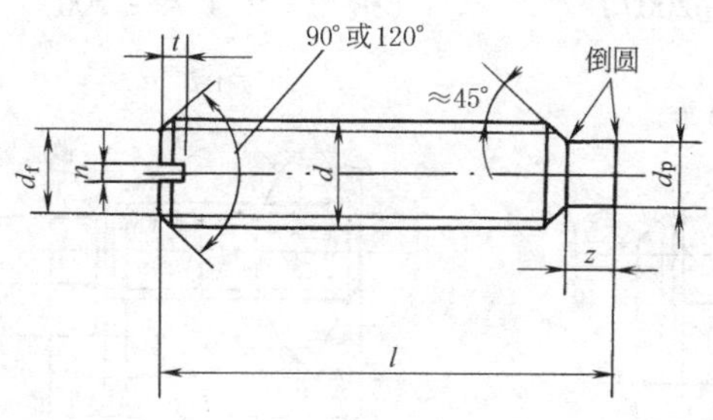

标记示例

螺纹规格 d=M5、公称长度 l=12mm、性能等级 14H 级、表面氧化的开槽锥端紧定螺钉，标记为：螺钉 GB/T 71 M5×12

表 6-1-117

mm

螺纹规格 d		M1.2	M1.6	M2	M2.5	M3	M4	M5	M6	M8	M10	M12
螺距 P		0.25	0.35	0.4	0.45	0.5	0.7	0.8	1	1.25	1.5	1.75
d_f		≈螺纹小径										
n(公称)		0.2	0.25	0.25	0.4	0.4	0.6	0.8	1	1.2	1.6	2
t(最大)		0.52	0.74	0.84	0.95	1.05	1.42	1.63	2	2.5	3	3.6
d_1≈		—	—	—	—	1.7	2.1	2.5	3.4	4.7	6	7.3
d_2(推荐)		—	—	—	—	1.8	2.2	2.6	3.5	5	6.5	8
d_z(最大)		—	0.8	1	1.2	1.4	2	2.5	3	5	6	8
d_t(最大)		0.12	0.16	0.2	0.25	0.3	0.4	0.5	1.5	2	2.5	3
d_p(最大)		0.6	0.8	1	1.5	2	2.5	3.5	4	5.5	7	8.5
z	GB/T 75	—	1.05	1.25	1.5	1.75	2.25	2.75	3.25	4.3	5.3	6.3
	GB/T 72	—	—	—	—	1.5	2	2.5	3	4	5	6
商品规格长度 l	GB/T 71	2~6	2~8	3~10	3~12	4~16	6~20	8~25	8~30	10~40	12~50	14~60
	GB/T 72	—	—	—	—	4~16	4~20	5~20	6~25	8~35	10~45	12~50
	GB/T 73	2~6	2~8	2~10	2.5~12	3~16	4~20	5~25	6~30	8~40	10~50	12~60
	GB/T 74	—	2~8	2.5~10	3~12	3~16	4~20	5~25	6~30	8~40	10~50	12~60
	GB/T 75	—	2.5~8	3~10	4~12	5~16	6~20	8~25	8~30	10~40	12~50	14~60
l系列		2,2.5,3,4,5,6,8,10,12,(14),16,20,25,30,35,40,45,50,(55),60										

<table>
<tr><td rowspan="5">技术条件</td><td colspan="2">材 料</td><td>钢</td><td>不 锈 钢</td><td rowspan="5">螺纹公差:6g</td><td rowspan="5">产品等级:A</td></tr>
<tr><td rowspan="2">性能等级</td><td>GB/T 72</td><td>14H、33H</td><td>A1-50、C4-50</td></tr>
<tr><td>其他</td><td>14H、22H</td><td>A1-50</td></tr>
<tr><td rowspan="2">表面处理</td><td>GB/T 72</td><td>不经处理;氧化;镀锌钝化</td><td rowspan="2">不经处理</td></tr>
<tr><td>其他</td><td>氧化;镀锌钝化</td></tr>
</table>

注：GB/T 72 没有 M1.2、M1.6、M2、M2.5 规格；GB/T 74、75 没有 M1.2 规格。

内六角平端紧定螺钉
（摘自 GB/T 77—2007）

内六角锥端紧定螺钉
（摘自 GB/T 78—2007）

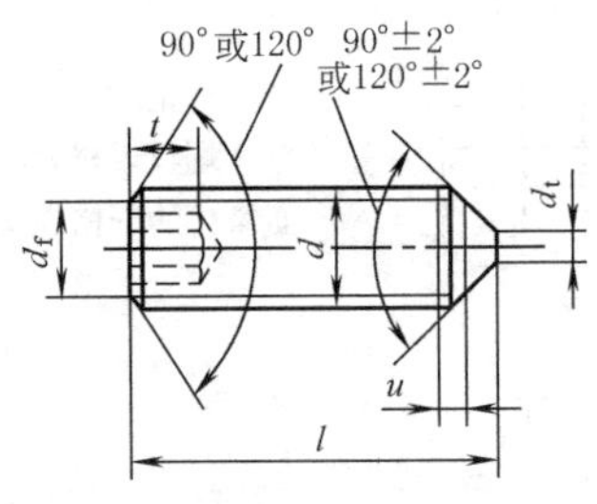

内六角圆柱端紧定螺钉
（摘自 GB/T 79—2007）

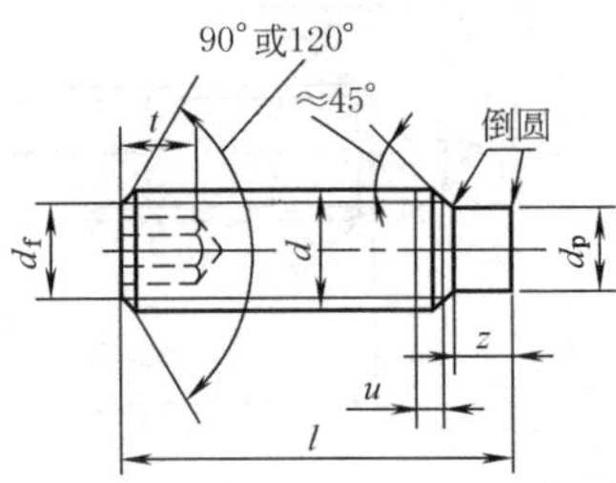

内六角凹端紧定螺钉
（摘自 GB/T 80—2007）

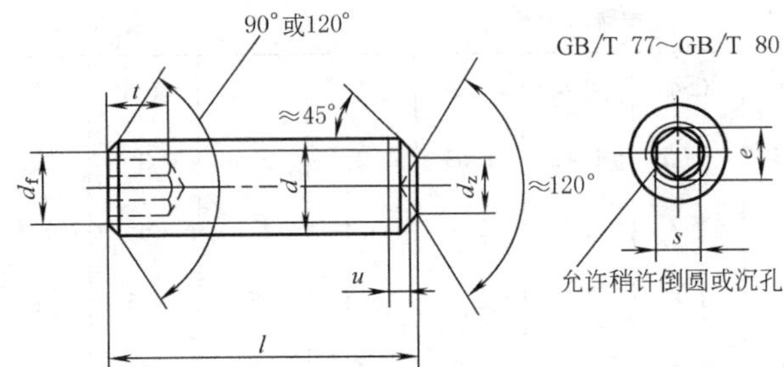

标记示例

螺纹规格 d=M6、公称长度 l=12mm、性能等级45H、表面氧化的内六角平端紧定螺钉，标记为：

螺钉 GB/T 77 M6×12

表 6-1-118 mm

螺纹规格 d	M1.6	M2	M2.5	M3	M4	M5	M6	M8	M10	M12	M16	M20	M24
螺距 P	0.35	0.4	0.45	0.5	0.7	0.8	1.0	1.25	1.5	1.75	2.0	2.5	3.0
u(不完整螺纹长度)	≤2P												
d_f	≈螺纹小径												
d_p(最大)	0.8	1	1.5	2	2.5	3.5	4	5.5	7	8.5	12	15	18
d_t(最大)	0.4	0.5	0.65	0.75	1	1.25	1.5	2	2.5	3	4	5	6
d_z(最大)	0.8	1	1.2	1.4	2	2.5	3	5	6	8	10	14	16
e(最小)	0.809	1.011	1.454	1.733	2.303	2.873	3.443	4.583	5.724	6.863	9.149	11.429	13.716
s(公称)	0.7	0.9	1.3	1.5	2	2.5	3	4	5	6	8	10	12
z(最大) 短圆柱端	0.65	0.75	0.88	1	1.25	1.5	1.75	2.25	2.75	3.25	4.3	5.3	6.3
z(最大) 长圆柱端	1.05	1.25	1.5	1.75	2.25	2.75	3.25	4.3	5.3	6.3	8.36	10.36	12.43
规格长度 l GB/T 77	2~8	2~10	2~12	2~16	2.5~20	3~25	4~30	5~40	6~50	8~60	10~60	12~60	16~60
规格长度 l GB/T 78	2~8	2~10	2.5~12	2.5~16	3~20	4~25	5~30	6~40	8~50	10~60	12~60	14~60	20~60
规格长度 l GB/T 79	2~8	2.5~10	3~12	4~16	5~20	6~25	8~30	8~40	10~50	12~60	14~60	20~60	25~60
规格长度 l GB/T 80	2~8	2~10	2~12	2.5~16	3~20	4~25	5~30	6~40	8~50	10~60	12~60	14~60	20~60
l 系列	2,2.5,3,4,5,6,8,10,12,16,20,25,30,35,40,45,50,(55),60												

技术条件						
	材料	钢	不锈钢	有色金属	螺纹公差：45H级为5g、6g，其他等级为6g	产品等级：A
	性能等级	45H	A1-12H,A2-21H,A3-21H,A4-21H,A5-21H	CU2,CU3,AL4		
	表面处理	氧化	简单处理	简单处理		

注：表面处理电镀技术要求按 GB/T 5267。如需其他表面镀层或表面处理，应由供需双方协议。

方头长圆柱球面端紧定螺钉（摘自 GB/T 83—1988）

方头凹端紧定螺钉（摘自 GB/T 84—1988）

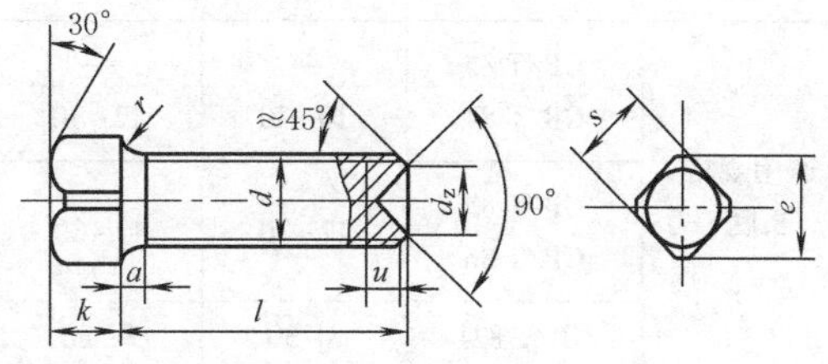

方头长圆柱端紧定螺钉（摘自 GB/T 85—1988）

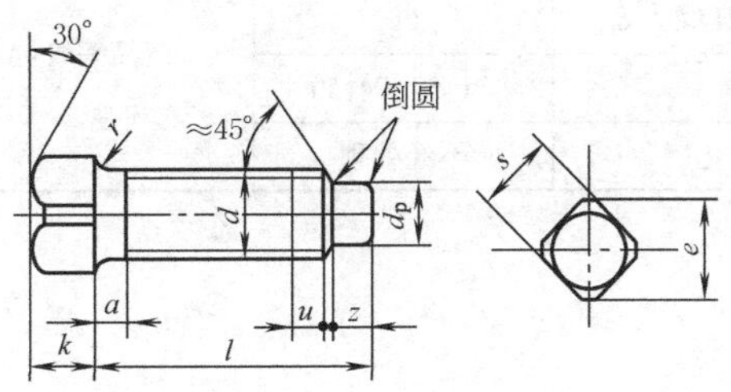

方头短圆柱锥端紧定螺钉（摘自 GB/T 86—1988）

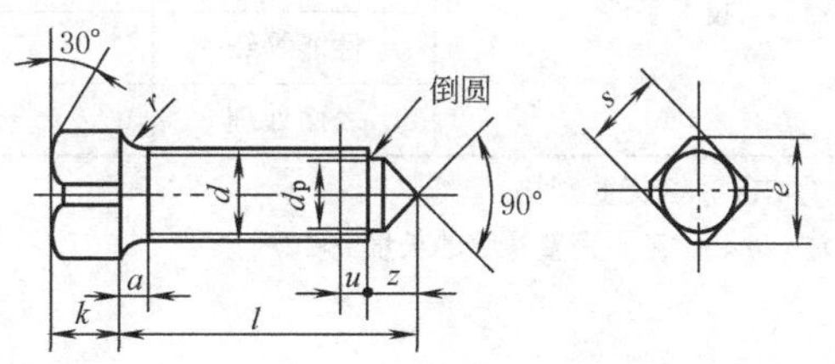

方头平端紧定螺钉（摘自 GB/T 821—1988）

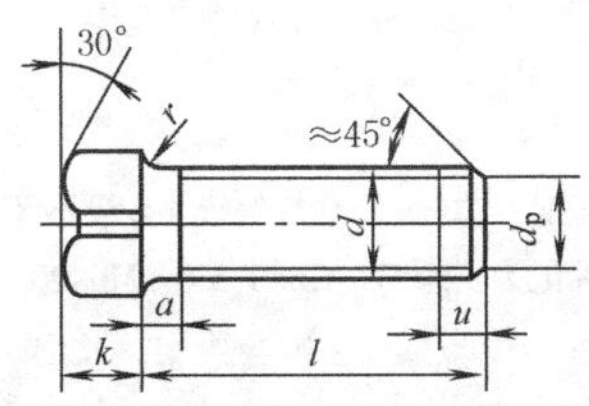

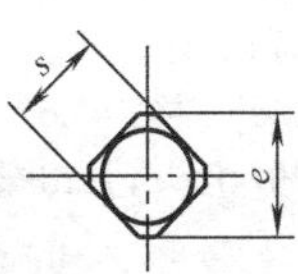

标记示例

螺纹规格 d=M10、公称长度 l=30mm、性能等级 33H、表面氧化的方头长圆柱球面端紧定螺钉，标记为：螺钉 GB/T 83 M10×30

表 6-1-119 mm

<table>
<tr><th colspan="2">螺纹规格 d</th><th>M5①</th><th>M6①</th><th>M8</th><th>M10</th><th>M12</th><th>M16</th><th>M20</th></tr>
<tr><td colspan="2">d_p(最大)</td><td>3.5</td><td>4</td><td>5.5</td><td>7.0</td><td>8.5</td><td>12</td><td>15</td></tr>
<tr><td colspan="2">d_z(最大)</td><td>2.5</td><td>3</td><td>5</td><td>6</td><td>7</td><td>10</td><td>13</td></tr>
<tr><td colspan="2">e(最小)</td><td>6</td><td>7.3</td><td>9.7</td><td>12.2</td><td>14.7</td><td>20.9</td><td>27.1</td></tr>
<tr><td colspan="2">s(公称)</td><td>5</td><td>6</td><td>8</td><td>10</td><td>12</td><td>17</td><td>22</td></tr>
<tr><td rowspan="2">k(公称)</td><td>GB/T 83</td><td>—</td><td>—</td><td>9</td><td>11</td><td>13</td><td>18</td><td>23</td></tr>
<tr><td>其他</td><td>5</td><td>6</td><td>7</td><td>8</td><td>10</td><td>14</td><td>18</td></tr>
<tr><td rowspan="2">z(最小)</td><td>GB/T 86</td><td>3.5</td><td>4</td><td>5</td><td>6</td><td>7</td><td>9</td><td>11</td></tr>
<tr><td>其他</td><td>2.5</td><td>3</td><td>4</td><td>5</td><td>6</td><td>8</td><td>10</td></tr>
<tr><td rowspan="2">r</td><td>GB/T 83
GB/T 84</td><td>0.2</td><td>0.25</td><td>0.4</td><td>0.5</td><td>0.6</td><td>0.6</td><td>0.8</td></tr>
<tr><td>其他</td><td>0.2</td><td>0.25</td><td>0.4</td><td>0.4</td><td>0.6</td><td>0.6</td><td>0.8</td></tr>
<tr><td colspan="2">c≈</td><td>—</td><td>—</td><td>2</td><td colspan="2">3</td><td>4</td><td>5</td></tr>
</table>

续表

<table>
<tr><td colspan="2">螺纹规格 d</td><td>M5①</td><td>M6①</td><td>M8</td><td>M10</td><td>M12</td><td>M16</td><td>M20</td></tr>
<tr><td rowspan="3">通用规格长度 l</td><td>GB/T 83
GB/T 84</td><td>—
10~30</td><td>—
12~30</td><td>16~40
14~40</td><td>20~50
20~50</td><td>25~60
25~60</td><td>30~80
30~80</td><td>35~100
40~100</td></tr>
<tr><td>GB/T 85
GB/T 86</td><td>12~30</td><td>12~30</td><td>14~40</td><td>20~50</td><td>25~60</td><td>25~80</td><td>40~100</td></tr>
<tr><td>GB/T 821</td><td>8~30</td><td>8~30</td><td>10~40</td><td>12~50</td><td>14~60</td><td>20~80</td><td>40~100</td></tr>
<tr><td colspan="2">l 系列</td><td colspan="7">8,10,12,(14),16,20,25,30,35,40,45,50,(55),60,70,80,90,100</td></tr>
<tr><td colspan="2" rowspan="4">技术条件</td><td>材料</td><td colspan="2">钢</td><td colspan="2">不锈钢</td><td colspan="2" rowspan="4">产品等级:A</td></tr>
<tr><td>螺纹公差</td><td colspan="2">45H 级为 5g、6g;33H 级为 6g</td><td colspan="2">6g</td></tr>
<tr><td>性能等级</td><td colspan="2">33H、45H</td><td colspan="2">A1-50、C4-50</td></tr>
<tr><td>表面处理</td><td colspan="2">氧化;镀锌钝化</td><td colspan="2">不经处理</td></tr>
</table>

① GB/T 83 无此规格。

注：$a \leqslant 4P$；不完整螺纹的长度 $u \leqslant 2P$。

六角头不脱出螺钉（摘自 GB/T 838—1988）

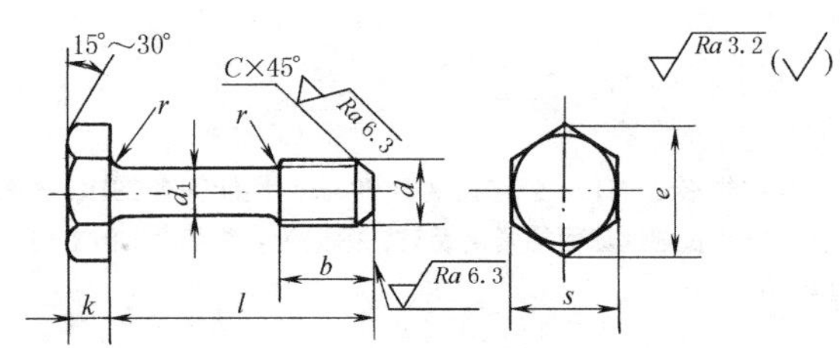

标记示例

螺纹规格 d=M6、公称长度 l=20mm、性能等级 4.8 级不经表面处理的六角头不脱出螺钉，标记为：螺钉 GB/T 838 M6×20

表 6-1-120 mm

<table>
<tr><td>螺纹规格 d</td><td>M5</td><td>M6</td><td>M8</td><td>M10</td><td>M12</td><td>(M14)</td><td>M16</td></tr>
<tr><td>d_1(最大)</td><td>3.5</td><td>4.5</td><td>5.5</td><td>7</td><td>9</td><td>11</td><td>12</td></tr>
<tr><td>s(最大)</td><td>8</td><td>10</td><td>13</td><td>16</td><td>18</td><td>21</td><td>24</td></tr>
<tr><td>k(公称)</td><td>3.5</td><td>4</td><td>5.3</td><td>6.4</td><td>7.5</td><td>8.8</td><td>10</td></tr>
<tr><td>b</td><td>8</td><td>10</td><td>12</td><td>15</td><td>18</td><td>20</td><td>24</td></tr>
<tr><td>r(最小)</td><td>0.2</td><td>0.25</td><td>0.4</td><td>0.4</td><td>0.6</td><td>0.6</td><td>0.6</td></tr>
<tr><td>C</td><td>1.6</td><td>2</td><td>2.5</td><td>3</td><td>4</td><td>5</td><td>6</td></tr>
<tr><td>e(最小)</td><td>8.79</td><td>11.05</td><td>14.38</td><td>17.77</td><td>20.03</td><td>23.35</td><td>26.75</td></tr>
<tr><td>通用规格长度 l</td><td>14~40</td><td>20~50</td><td>25~65</td><td>30~80</td><td>30~100</td><td>35~100</td><td>40~100</td></tr>
<tr><td>l 系列</td><td colspan="7">(14),16,20,25,30,35,40,45,50,(55),60,(65),70,75,80,90,100</td></tr>
<tr><td rowspan="3">技术条件</td><td>材料</td><td colspan="2">钢</td><td>不锈钢</td><td rowspan="3">螺纹公差:6g</td><td colspan="2" rowspan="3">产品等级:A</td></tr>
<tr><td>性能等级</td><td colspan="2">4.8</td><td>A1-50,C4-50</td></tr>
<tr><td>表面处理</td><td colspan="2">不经处理;镀锌钝化</td><td>不经处理</td></tr>
</table>

开槽沉头不脱出螺钉（摘自 GB/T 948—1988）

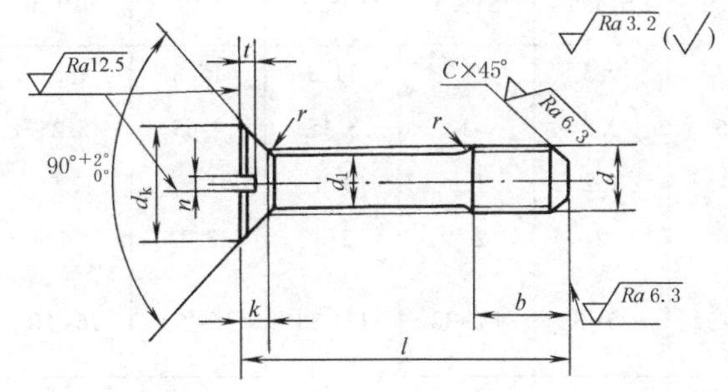

标记示例

螺纹规格 d=M5、公称长度 l=16mm、性能等级为 4.8 级、不经表面处理的开槽沉头不脱出螺钉，标记为：

螺钉 GB/T 948 M5×16

表 6-1-121 mm

螺纹规格 d	M3	M4	M5	M6	M8	M10
d_k(最大)	5.5	8.4	9.3	11.3	15.8	18.3
k(最大)	1.65	2.7	2.7	3.3	4.65	5.0
n(公称)	0.8	1.2	1.2	1.6	2.0	2.5
t(最大)	0.85	1.3	1.4	1.6	2.3	2.6
d_1(最大)	2.0	2.8	3.5	4.5	5.5	7.0
b	4	6	8	10	12	15
r(最大)	0.8	1.0	1.3	1.5	2.0	2.5
C≈	1.0	1.2	1.6	2.0	2.5	3.0
通用规格长度 l	10~25	12~30	14~40	20~50	25~60	30~60
l 系列	10,12,(14),16,20,25,30,35,40,45,50,(55),60					

十字槽盘头自攻螺钉（摘自 GB/T 845—1985） 十字槽沉头自攻螺钉（摘自 GB/T 846—1985） 十字槽半沉头自攻螺钉（摘自 GB/T 847—1985）

C 型——锥端　C 型——锥端　C 型——锥端 F 型——平端

(GB/T 845~GB/T 847)

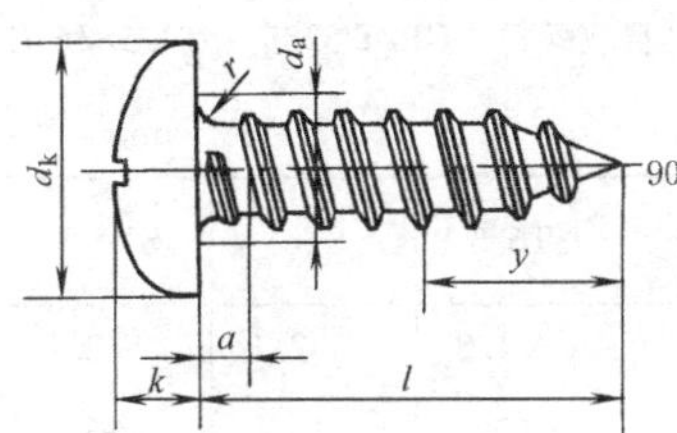

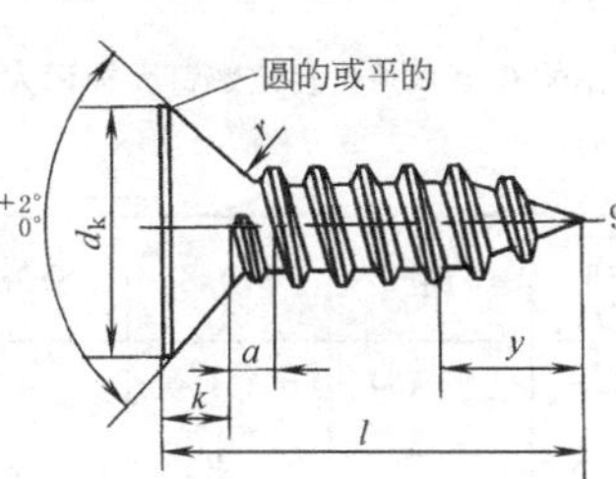

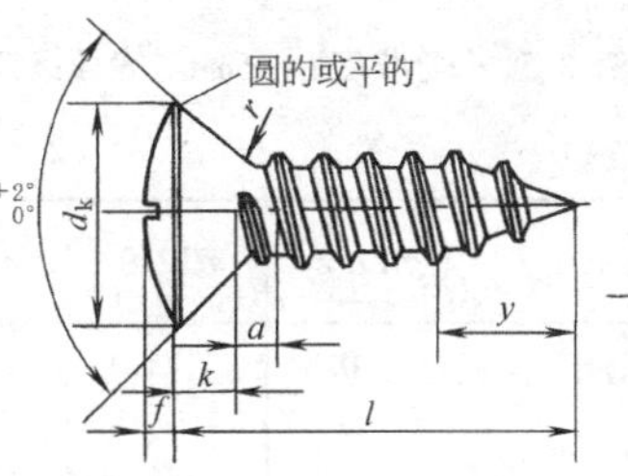

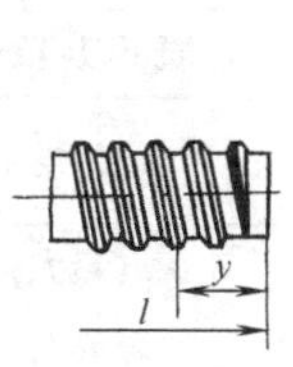

标记示例

螺纹规格 ST3.5、公称长度 l=16mm、H 型槽镀锌钝化的 C 型十字槽盘头自攻螺钉，标记为：

自攻螺钉 GB/T 845 ST3.5×16

表 6-1-122 mm

螺纹规格		ST2.2	ST2.9	ST3.5	ST4.2	ST4.8	ST5.5	ST6.3	ST8	ST9.5
a(最大)		0.8	1.1	1.3	1.4	1.6	1.8	1.8	2.1	2.1
y(参考)	C 型	2	2.6	3.2	3.7	4.3	5	6	7.5	8
	F 型	1.6	2.1	2.5	2.8	3.2	3.6	3.6	4.2	4.2
GB/T 845	d_k(最大)	4	5.6	7	8	9.5	11	12	16	20
	k(最大)	1.6	2.4	2.6	3.1	3.7	4	4.6	6	7.5
	d_a(最大)	2.8	3.5	4.1	4.9	5.6	6.3	7.1	9.2	10.7
	r(最小)	0.1	0.1	0.1	0.2	0.2	0.25	0.25	0.4	0.4
	商品规格长度 l	4.5~16	6.5~19	9.5~25	9.5~32	9.5~38	13~38	13~38	16~50	16~50

续表

螺纹规格		ST2.2	ST2.9	ST3.5	ST4.2	ST4.8	ST5.5	ST6.3	ST8	ST9.5
GB/T 846 GB/T 847	d_k(最大)	3.8	5.5	7.3	8.4	9.3	10.3	11.3	15.8	18.3
	k(最大)	1.1	1.7	2.35	2.6	2.8	3	3.15	4.65	5.25
	f≈	0.5	0.7	0.8	1	1.2	1.3	1.4	2	2.3
	r	0.8	1.2	1.4	1.6	2	2.2	2.4	3.2	4
	商品规格长度 l	4.5~16	6.5~19	9.5~25	9.5~32	9.5~32	13~38	13~38	16~50	16~50
l 系列		4.5,6.5,9.5,13,16,19,22,25,32,38,45,50								

注：1. 螺纹规格中数字表示螺纹公称外径。十字槽有H型和Z型。
2. 自攻螺钉安装前需预制孔，在实际使用时，应根据具体条件，经过适当的工艺验证，确定最佳预制孔尺寸。
3. 自攻螺钉应由渗碳钢制造。其表面硬度不低于45HRC。
4. 产品等级为A级。
5. 自攻螺钉用板厚 δ=1.2~5.1mm。

六角头自攻螺钉（摘自GB/T 5285—1985）

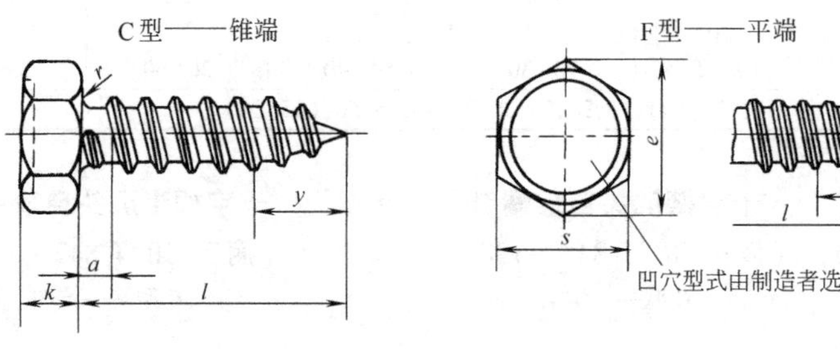

标记示例

螺纹规格ST 3.5、公称长度 l=16mm、表面镀锌钝化的C型六角头自攻螺钉，标记为：自攻螺钉　GB/T 5285　ST3.5×16-C

表 6-1-123　　mm

螺纹规格		ST2.2	ST2.9	ST3.5	ST4.2	ST4.8	ST5.5	ST6.3	ST8	ST9.5
a(最大)		0.8	1.1	1.3	1.4	1.6	1.8	1.8	2.1	2.1
s(最大)		3.2	5	5.5	7	8	8	10	13	16
e(最小)		3.38	5.4	5.96	7.59	8.71	8.71	10.95	14.26	17.62
k(最大)		1.6	2.3	2.6	3	3.8	4.1	4.7	6	7.5
r(最小)		0.1	0.1	0.1	0.2	0.2	0.25	0.25	0.4	0.4
y(参考)	C型	2	2.6	3.2	3.7	4.3	5	6	7.5	8
	F型	1.6	2.1	2.5	2.8	3.2	3.6	3.6	4.2	4.2
l	通用规格	4.5~16	6.5~19	6.5~22	9.5~25	9.5~32	13~32	13~38	13~50	16~50
	特殊规格	19~50	22~50	25~50	32~50	38~50	38~50	45~50	—	—
l 系列		4.5,6.5,9.5,13,16,19,22,25,32,38,45,50								
技术条件		螺纹:GB/T 5280		产品等级:A		表面处理:镀锌钝化			机械性能:按GB/T 3098.5	

注：同表6-1-122注2。

十字槽沉头自攻锁紧螺钉（摘自 GB/T 6561—1986）

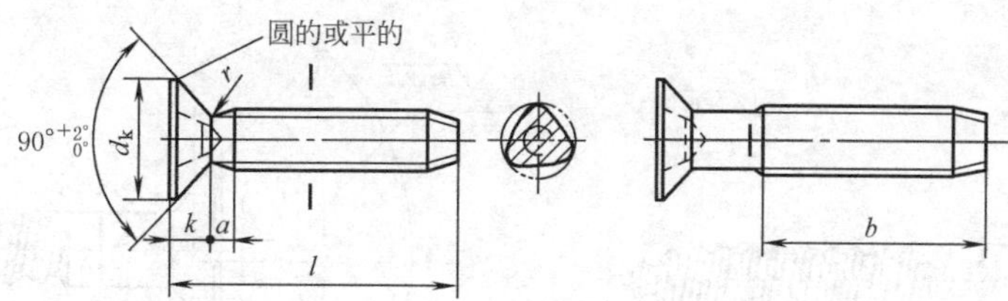

六角头自攻锁紧螺钉（摘自 GB/T 6563—1986）

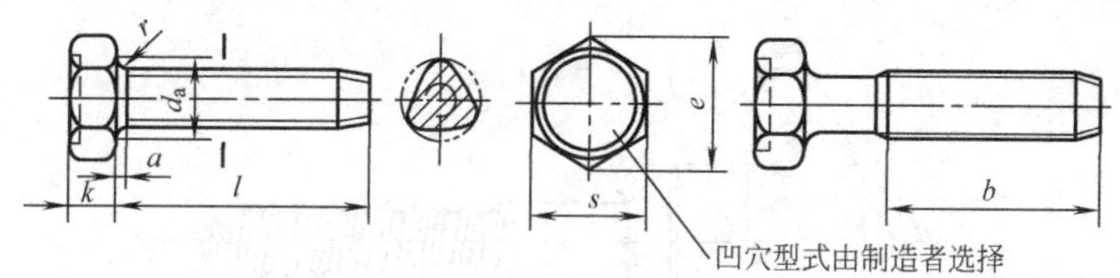

标记示例

螺纹规格 d=M5、公称长度 l=20mm、性能等级 B 级、表面镀锌钝化的十字槽沉头自攻锁紧螺钉，标记为：

自攻螺钉　GB/T 6561　M5×20

表 6-1-124

mm

GB/T 6561—1986						GB/T 6563—1986					
螺纹规格 d	M2.5	M3	M4	M5	M6	螺纹规格 d	M5	M6	M8	M10	M12
a(最大)	0.9	1	1.4	1.6	2	a(最大)	2.4	3	3.75	4.5	5.25
b(最小)	12	18	24	30	35	b(最小)	30	35	35	35	35
d_k(最大)	4.7	5.5	8.4	9.3	11.3	s(最大)	8	10	13	16	18
k(最大)	1.5	1.65	2.7	2.7	3.3	e(最小)	8.79	11.05	14.38	17.77	20.03
r(最小)	0.6	0.8	1	1.3	1.5	k(公称)	3.5	4	5.3	6.4	7.5
						d_a(最大)	5.7	6.8	9.2	11.2	13.7
						r(最小)	0.2	0.25	0.4	0.4	0.6
商品规格长度 l	6~16	8~20	10~30	12~35	14~40	商品规格长度 l	10~50	12~60	16~80	20~80	25~80
全螺纹长度 l	6~12	8~16	10~25	12~30	14~30	全螺纹长度 l	10~30	12~35	16~35	20~35	25~35
l 系列	6,8,10,12,(14),16,20,25,30,35,40,45,50,(55),60,(65),70,80										
技术条件	螺杆尺寸	GB/T 6559				公差标准：GB/T 3103.1			产品等级：A		
	性能等级	A、B									
	表面处理	镀锌钝化									

注：1. 同表 6-1-122 注 1、2。

2. GB/T 6561 l 系列范围为 6~40。

开槽圆头木螺钉（摘自 GB/T 99—1986）

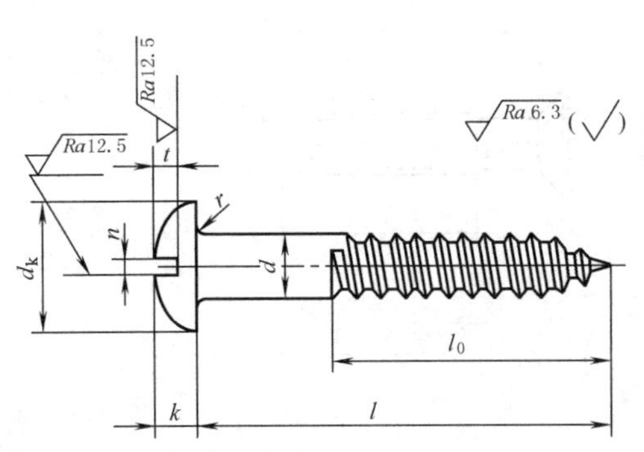

开槽沉头木螺钉（摘自 GB/T 100—1986）

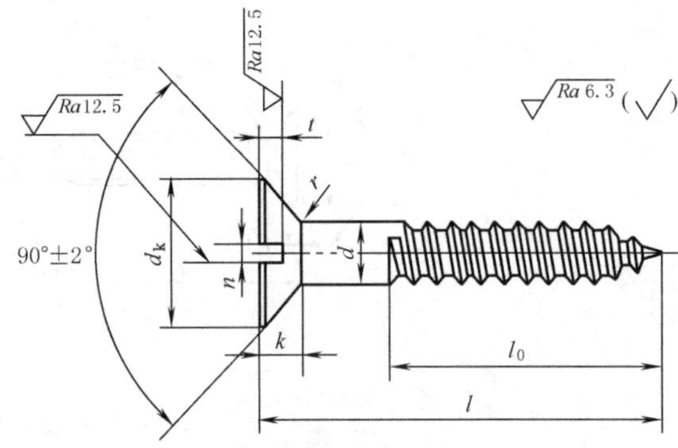

十字槽沉头木螺钉（摘自 GB/T 951—1986）

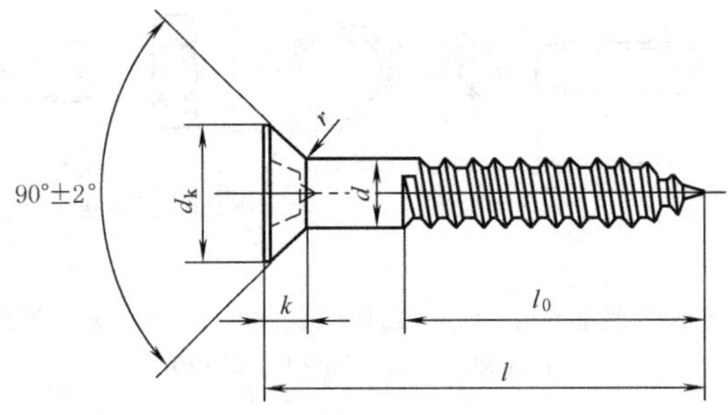

标记示例

公称直径 10mm、长度 100mm、材料 Q235、不经表面处理的开槽圆头木螺钉，标记为：木螺钉　GB/T 99　10×100

表 6-1-125　　mm

d		1.6	2	2.5	3	3.5	4	(4.5)	5	(5.5)	6	7	8	10
n(公称)		0.4	0.5	0.6	0.8	0.9	1	1.2		1.4	1.6	1.8	2	2.5
r≈		0.2				0.4						0.5		
GB/T 99	d_k(最大)	3.2	3.9	4.6	5.8	6.8	7.7	8.6	8.5	10.5	11.1	13.4	15.2	18.9
	k(最大)	1.4	1.6	2	2.4	2.7	3	3.3	3.5	4	4.3	4.9	5.5	6.8
	t(最大)	1	1.1	1.3	1.5	1.7	2	2.2	2.5	2.7	2.8	3.1	3.7	4.3
	商品规格长度 l	6~12	6~14	6~22	8~25	8~38	12~65	14~80	16~90	22~90	22~120	38~120	38~120	65~120
GB/T 100 GB/T 951	d_k(最大)	3.2	4	5	6	7	8	9	10	11	12	14	16	20
	k	1	1.2	1.4	1.7	2	2.2	2.7	3	3.2	3.5	4	4.5	5.8
	t(最大)	0.7	0.8	1	1.1	1.4	1.5	1.7	1.9	2.1	2.2	2.6	2.8	3.5
	商品规格长度 l	6~12	6~16	6~25	8~30	8~40	12~70	16~85	18~100	25~100	25~120	40~120	40~120	75~120
l_0	4,5,6,8,9,10,12,13,14,17,20,21,23,25,26,30,33,36,40,43,46,50,52,56,60,66,80													
l 系列	6,8,10,12,14,16,18,20,(22),25,30,(32),35,(38),40,45,50,(55),60,(65),70,(75),80,(85),90,100,120													

注：1. GB/T 951 无直径 1.6 规格。

2. 标记示例中的材料为最常用的主要材料，其他材料详见 GB/T 922。

吊环螺钉（摘自 GB/T 825—1988）

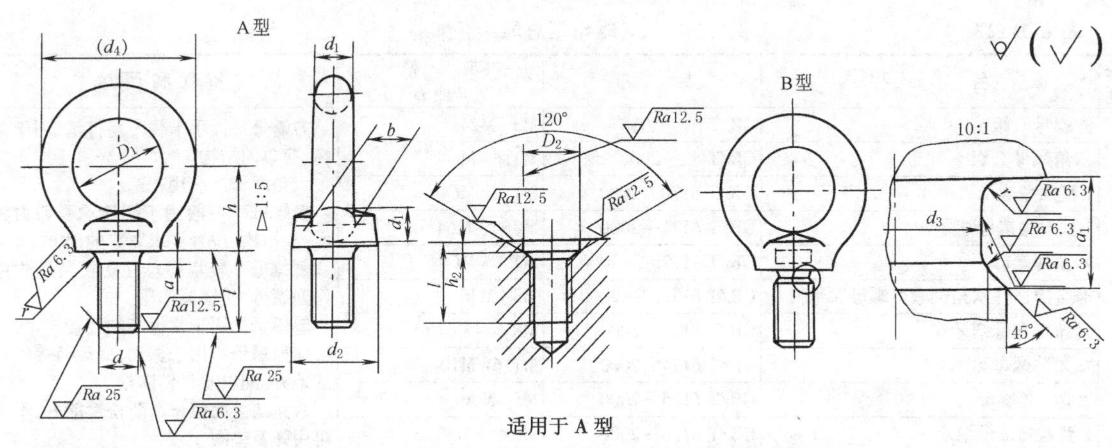

标记示例

规格 20mm、材料 20 钢、经正火处理、不经表面处理的 A 型吊环螺钉，标记为：螺钉 GB/T 825 M20

表 6-1-126

mm

规格 d	M8	M10	M12	M16	M20	M24	M30	M36	M42	M48	M56	M64	M72×6	M80×6	M100×6
d_1(最大)	9.1	11.1	13.1	15.2	17.4	21.4	25.7	30	34.4	40.7	44.7	51.4	63.8	71.8	79.2
D_1(公称)	20	24	28	34	40	48	56	67	80	95	112	125	140	160	200
d_2(最大)	21.1	25.1	29.1	35.2	41.4	49.4	57.7	69	82.4	97.7	114.7	128.4	143.8	163.8	204.2
l(公称)	16	20	22	28	35	40	45	55	65	70	80	90	100	115	140
d_4(参考)	36	44	52	62	72	88	104	123	144	171	196	221	260	296	350
h	18	22	26	31	36	44	53	63	74	87	100	115	130	150	175
r(最小)	1	1	1	1	1	2	2	3	3	3	4	4	4	4	5
a_1(最大)	3.75	4.5	5.25	6	7.5	9	10.5	12	13.5	15	16.5	18	18	18	18
d_3(公称)	6	7.7	9.4	13	16.4	19.6	25	30.8	35.6	41	48.3	55.7	63.7	71.7	91.7
a(最大)	2.5	3	3.5	4	5	6	7	8	9	10	11	12	12	12	12
b	10	12	14	16	19	24	28	32	38	46	50	58	72	80	88
D_2(公称)	13	15	17	22	28	32	38	45	52	60	68	75	85	95	115
h_2(公称)	2.5	3	3.5	4.5	5	7	8	9.5	10.5	11.5	12.5	13.5	14	14	14
每 1000 个的质量/kg≈	40.5	77.9	131.7	233.7	385.2	705.3	1205	1998	3070	4947	7155	10382	17758	25892	40273
轴向保证载荷/tf	3.2	5	8	12.5	20	32	50	80	125	160	200	320	400	500	800
最大起重量(平稳起吊)/t 单螺钉起吊(最大)	0.16	0.25	0.4	0.63	1	1.6	2.5	4	6.3	8	10	16	20	25	40
最大起重量(平稳起吊)/t 双螺钉起吊(最小) 45°(最大)	0.08	0.125	0.2	0.32	0.5	0.8	1.25	2	3.2	4	5	8	10	12.5	20
技术条件	材料:20 或 25 钢				螺纹公差:8g		热处理:整体铸造,正火处理				表面处理:不处理;镀锌钝化;镀铬 按 GB/T 5267 规定				

注：1. M8~M36 为商品规格。吊环螺钉应进行硬度试验，其硬度值为 67~95HRB。

2. 1tf=9.80665×10^3N。

3.7.5 螺母

表 6-1-127 螺母汇总表

类别	名称	标准	规格 d 或 D	特性和用途
方形及六角形	方螺母 C 级	GB/T 39—1988	M3～M24	**方螺母** 扳手卡住不易打滑，用于粗糙、简单的结构 **六角螺母** 应用普遍 **扁螺母** 一般用于螺栓承受剪力为主，或结构、位置要求紧凑的地方 **薄螺母** 较扁螺母在防松装置中用作副螺母，起锁紧作用 **厚螺母** 用于常拆卸的连接 **槽形螺母** 用于振动、变载荷等松动的地方，配以开口销防松 **六角法兰面螺母** 防松性能好，不需再用弹簧垫圈 **带嵌件的六角锁紧螺母** 嵌件在靠拧紧时攻出螺纹，所以防松性能好，弹性也好 **扣紧螺母** 用作锁母，与六角螺母配合使用，防止螺母回松，防松效果良好 **圆螺母** 多为细牙螺纹，常用于直径较大的连接，这种螺母便于使用钩头扳手装拆，一般配用圆螺母止动垫圈。常与滚动轴承配套使用。小圆螺母由于外径和厚度较小，结构紧凑，适用于两件成组使用，可进行轴向微量调整 **盖形螺母** 用在端部螺纹需要罩盖的地方 **蝶形、环形螺母** 一般不用工具即可装拆，通常用于需经常拆开和受力不大的场合 **滚花螺母、带槽圆螺母** 多用于工装上 **钢结构用高强度大六角螺母** 与相应的钢结构用高强度大六角头螺栓、垫圈配套使用，用于钢结构件 **六角开槽螺母** 配以开口销机械防松，工作可靠，用于振动变载荷等处 六角螺母产品等级 A、B、C 分别与相对应精度的螺栓、螺钉及垫圈相配。A 级用于 $D \leqslant 16$mm 的螺母，B 级用于 $D >16$mm 的螺母，C 级为 M5～M64 的螺母 2 型六角螺母较 1 型六角螺母约高 10%，性能等级稍高 **栓接结构用六角螺母** 与相应的栓接结构大六角头螺栓、平垫圈配套使用，使连接副具有高水平的防止因超拧而引起的螺纹脱扣
	六角螺母 C 级	GB/T 41—2000	M1.6～M64	
	1 型六角螺母	GB/T 6170—2000	M1.6～M64	
	1 型六角螺母细牙	GB/T 6171—2000	M8×1～M64×4	
	六角薄螺母	GB/T 6172.1—2000	M1.6～M64	
	非金属嵌件六角锁紧薄螺母	GB/T 6172.2—2000	M3～M36	
	六角薄螺母细牙	GB/T 6173—2000	M8×1～M64×4	
	六角薄螺母无倒角	GB/T 6174—2000	M1.6～M10	
	2 型六角螺母	GB/T 6175—2000	M5～M36	
	2 型六角螺母细牙	GB/T 6176—2000	M8×1～M36×3	
	六角厚螺母	GB/T 56—1988	M16～M48	
	小六角特扁细牙螺母	GB/T 808—1988	M4×0.5～M24×1	
	六角法兰面螺母粗牙	GB/T 6177.1—2000	M5～M20	
	六角法兰面螺母细牙	GB/T 6177.2—2000	M8×1～M20×1.5	
	1 型六角开槽螺母 A 和 B 级	GB/T 6178—1986	M4～M36	
	1 型六角开槽螺母 C 级	GB/T 6179—1986	M5～M36	
	2 型六角开槽螺母 A 和 B 级	GB/T 6180—1986	M5～M36	
	六角开槽薄螺母 A 和 B 级	GB/T 6181—1986	M5～M36	
	2 型非金属嵌件六角锁紧螺母 A 和 B 级	GB/T 6182—2010	M5～M36	
	非金属嵌件六角法兰面锁紧螺母粗牙	GB/T 6183.1—2000	M5～M20	
	非金属嵌件六角法兰面锁紧螺母细牙	GB/T 6183.2—2000	M8×1～M20×1.5	
	1 型全金属六角锁紧螺母 A 和 B 级	GB/T 6184—2000	M5～M36	
	2 型全金属六角锁紧螺母粗牙	GB/T 6185.1—2000	M5～M36	
	2 型全金属六角锁紧螺母细牙	GB/T 6185.2—2000	M8×1～M36×3	
	2 型全金属六角锁紧螺母 9 级	GB/T 6186—2000	M5～M36	
	全金属六角法兰面锁紧螺母粗牙	GB/T 6187.1—2000	M5～M20	
	全金属六角法兰面锁紧螺母细牙	GB/T 6187.2—2000	M8×1～M20×1.5	
	扣紧螺母	GB/T 805—1988	M6×1～M48×5	
	钢结构用高强度大六角螺母	GB/T 1229—2006	M12～M30	
	钢结构用扭剪型高强度螺栓连接副螺母	GB/T 3632—2008	M16～M24	
	栓接结构用大六角螺母	GB/T 18230.3(.4)—2000	M12～M36	
	栓接结构用六角螺母	GB/T 18230.6(.7)—2000	M10～M36	
	1 型六角开槽螺母细牙 A 和 B 级	GB/T 9457—1988	M8×1～M36×3	
	2 型六角开槽螺母细牙 A 和 B 级	GB/T 9458—1988	M8×1～M36×3	
	六角开槽薄螺母细牙 A 和 B 级	GB/T 9459—1988	M8×1～M36×3	
异形	滚花高螺母	GB/T 806—1988	M1.4～M10	
	滚花薄螺母	GB/T 807—1988	M1.4～M10	
	小圆螺母	GB/T 810—1988	M10×1～M200×3	
	圆螺母	GB/T 812—1988	M10×1～M200×3	
	带锁紧槽圆螺母		M10×1～M100×2	
	组合式盖形螺母	GB/T 802.1—2008	M5～M24	
	盖形螺母	GB/T 923—2009	M3～M24	
	环形螺母	GB/T 63—1988	M12～M24	
	蝶形螺母	GB/T 62.1—2004	M3×0.5～M16×1.5	

方螺母 C 级（摘自 GB/T 39—1988）

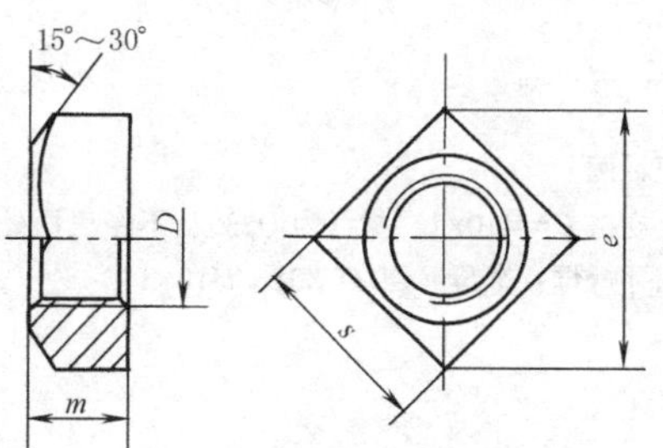

标记示例

螺纹规格 D=M16、性能等级 5 级、不经表面处理、C 级方螺母，标记为：螺母 GB/T 39　M16

表 6-1-128　　mm

螺纹规格 D	M3	M4	M5	M6	M8	M10	M12	(M14)	M16	(M18)	M20	(M22)	M24
s(最大)	5.5	7	8	10	13	16	18	21	24	27	30	34	36
m(最小)	2.4	3.2	4	5	6.5	8	10	11	13	15	16	18	19
e(最小)	6.76	8.63	9.93	12.53	16.34	20.24	22.84	26.21	30.11	34.01	37.91	42.9	45.5
每 1000 个的质量/kg≈	0.22	0.49	0.85	1.92	4.2	8.31	12.97	18.12	29.29	44.26	59.38	89.57	101.9
技术条件	材料:钢		螺纹公差:7H		性能等级:4,5				产品等级:C		表面处理:不经处理;镀锌钝化		

六角厚螺母（摘自 GB/T 56—1988）

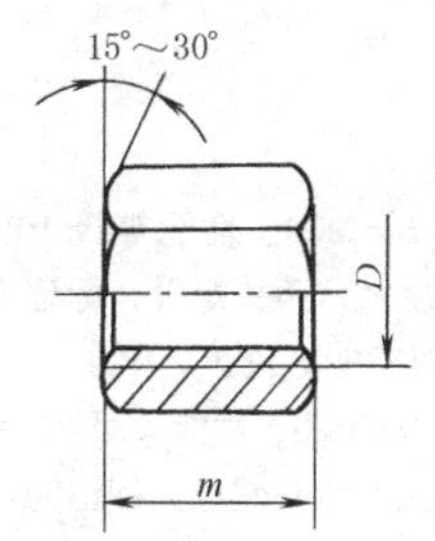

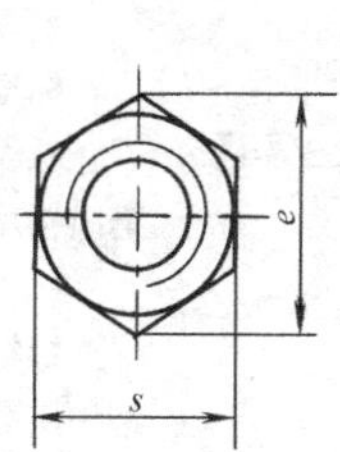

标记示例

螺纹规格 D=M20、性能等级 5 级、不经表面处理的六角厚螺母，标记为：螺母 GB/T 56　M20

表 6-1-129　　mm

螺纹规格 D	M16	(M18)	M20	(M22)	M24	(M27)	M30	M36	M42	M48
s(最大)	24	27	30	34	36	41	46	55	65	75
e(最小)	26.17	29.56	32.95	37.29	39.55	45.2	50.85	60.79	72.09	82.6
m(最大)	25	28	32	35	38	42	48	55	65	75
每 1000 个的质量/kg≈	45.94	66.33	92.72	136.3	160	237.7	352	572.6	979.5	1495
技术条件	材料:钢	螺纹公差:6H		性能等级:5,8,10			产品等级:B	表面处理:不经处理;氧化		

小六角特扁细牙螺母（摘自 GB/T 808—1988）

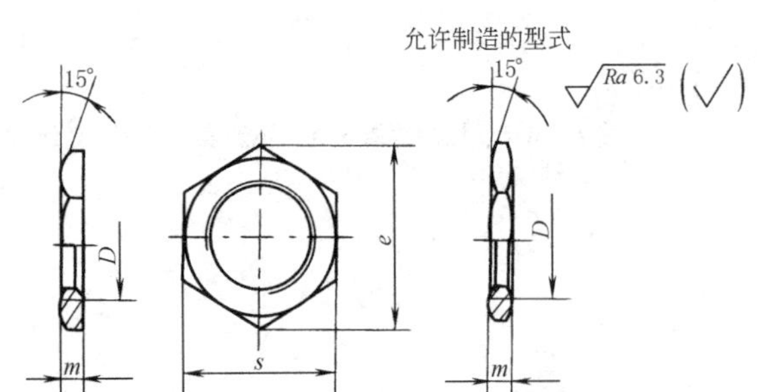

标记示例

螺纹规格 D=M10×1、材料为 Q235、不经表面处理的小六角特扁细牙螺母：螺母 GB/T 808 M10×1

表 6-1-130 mm

螺纹规格 $D×P$	M4×0.5	M5×0.5	M6×0.75	M8×1	M8×0.75	M10×1	M10×0.75	M12×1.25	M12×1
s(最大)	7	8	10	12	12	14	14	17	17
e(最小)	7.7	8.8	11.1	13.3	13.3	15.5	15.5	18.9	18.9
m(最大)	1.7	1.7	2.4	3.0	2.4	3.0	2.4	3.7	3.0
每1000个的质量/kg≈	0.28	0.33	0.86	1.45	1.09	1.78	1.33	3.4	2.65
螺纹规格 $D×P$	M14×1	M16×1.5	M16×1	M18×1.5	M18×1	M20×1	M22×1	M24×1.5	M24×1
s(最大)	19	22	22	24	24	27	30	32	32
e(最小)	21.1	24.5	24.5	26.8	26.8	30.1	33.5	35.7	35.7
m(最大)	3.2	4.2	3.2	4.2	3.4	3.7	3.7	4.2	3.7
每1000个的质量/kg≈	3.26	6.22	4.47	6.95	5.27	7.53	9.47	12.07	10.18
技术条件	材料		螺纹公差	产品等级		表面处理			
	Q215、Q235	HPb59-1	6H	A 用于 $D≤$M16；B 用于 $D>$M16		不经处理；镀锌钝化 GB/T 5267			

钢结构用高强度大六角螺母（摘自 GB/T 1229—2006）

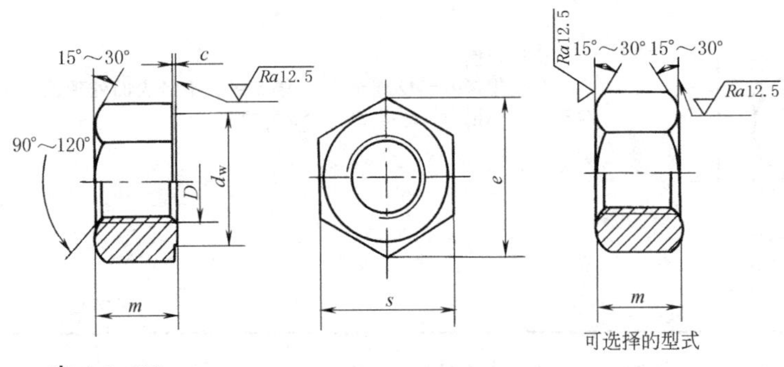

可选择的型式

标记示例

螺纹规格 D=M20、性能等级 10H 级的钢结构用高强度大六角头螺母，标记为：

螺母 GB/T 1229 M20

螺纹规格 D=M20、性能等级 8H 级的钢结构用高强度大六角头螺母，标记为：

螺母 GB/T 1229 M20-8H

表 6-1-131 mm

螺纹规格 D		M12	M16	M20	M(22)	M24	M(27)	M30
d_w(最小)		19.2	24.9	31.4	33.3	38.0	42.8	46.6
e(最小)		22.78	29.56	37.29	39.55	45.20	50.85	55.37
m(最大)		12.3	17.1	20.7	23.6	24.2	27.6	30.7
c(最大)		0.8	0.8	0.8	0.8	0.8	0.8	0.8
s(最大)		21	27	34	36	41	46	50
每1000个的质量/kg≈		27.68	61.51	118.77	146.59	202.67	288.51	374.01
保证载荷/N	10H	87700	163000	255000	315000	367000	477000	583000
	8H	70000	130000	203000	251000	293000	381000	466000
技术条件（GB/T 1231—2006）		性能等级	10H	8H	螺纹公差：6H		产品等级：C	
		推荐材料	45、35、15MnVB	35				

钢结构用扭剪型高强度螺栓连接副螺母（摘自 GB/T 3632—2008）

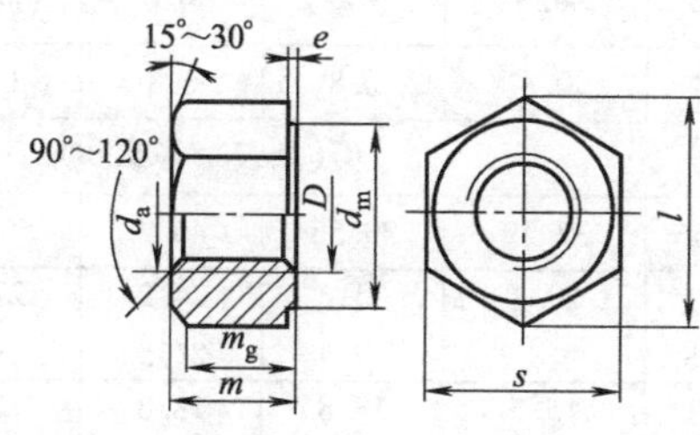

表 6-1-132

mm

螺纹规格 D		M16	M20	(M22)	M24	(M27)	M30
P		2	2.5	2.5	3	3	3.5
d_a	max	17.3	21.6	23.8	25.9	29.1	32.4
	min	16	20	22	24	27	30
d_w	min	24.9	31.4	33.3	38.0	42.8	46.5
l	min	29.56	37.29	39.55	45.20	50.85	55.37
m	max	17.1	20.7	23.6	24.2	27.6	30.7
	min	16.4	19.4	22.3	22.9	25.3	29.1
m_w	min	11.5	13.6	15.6	16.0	18.4	20.4
e	max	0.8	0.8	0.8	0.8	0.8	0.8
	min	0.4	0.4	0.4	0.4	0.4	0.4
s	max	27	34	36	41	46	50
	min	26.16	33	35	40	45	49
支承面对螺纹轴线的全跳动公差		0.38	0.47	0.50	0.57	0.64	0.70
每1000件钢螺母的质量/kg		61.51	118.77	146.59	202.67	288.51	374.01
技术条件		性能等级：	10H	推荐材料：	45,35,ML35		

注：括号内的规格为第二选择系列，应优先选用第一系列（不带括号）的规格

栓接结构用大六角螺母 B 级，8 和 10 级（摘自 GB/T 18230.3—2000）

栓接结构用大六角螺母 B 级，10 级（摘自 GB/T 18230.4—2000）

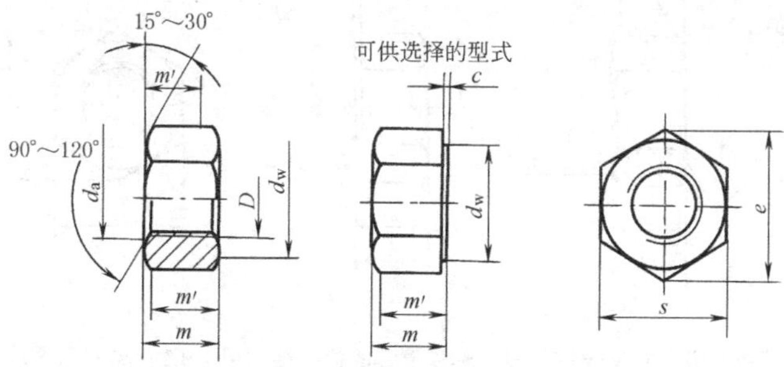

标记示例

螺纹规格 D=M20、性能等级 8 级、表面氧化的栓接结构用大六角螺母，标记为：

螺母 GB/T 18230.3（GB/T 18230.4） M20

表 6-1-133

mm

螺纹规格 D	M12	M16	M20	(M22)	M24	(M27)	M30	M36
螺距 P	1.75	2	2.5	2.5	3	3	3.5	4
d_a(最大)	13	17.3	21.6	23.8	25.9	29.1	32.4	38.9

续表

螺纹规格 D	M12	M16	M20	(M22)	M24	(M27)	M30	M36
c(最大)	0.8(0.6)	0.8	0.8	0.8	0.8	0.8	0.8	0.8
d_w(最大)	d_w(最大)= s(实际)							
e(最小)	22.78	29.56	37.29	39.55	45.2	50.85	55.37	66.44
m①	12.3	17.1	20.7	23.6	24.2	27.6	30.7	36.6
m(最小)②	10.8	14.8	18	19.4	21.5	23.8	25.6	31
m'①	9.5	13.1	15.5	17.8	18.3	21	23.3	28
m(最小)②	8.3	11.28	13.52	14.48	16.16	18	19.44	23.52
s(最大)	21	27	34	36	41	46	50	60
技术条件	标准	材料	螺纹公差	性能等级	产品等级	表面处理	配套螺栓	配套垫圈
	GB/T 18230.3	钢	6H 或 6AX	8、10	B	氧化常规	GB/T 18230.1	GB/T 18230.5
	GB/T 18230.4	钢	6H 或 6AZ	10	B	氧化常规	GB/T 18230.2	GB/T 18230.5

① 用于 GB/T 18230.3—2000。

② 用于 GB/T 18230.4—2000。

注：1. 产品等级除 m、c 和支承面垂直度公差外，其余按 B 级。

2. 表面处理除常规外，可选择的有镀锌钝化（GB/T 5267）、镀镉钝化（GB/T 5267）、热浸镀锌（GB/T 13912）和粉末机械镀锌（JB/T 5067），粉末机械镀锌必须有驱氢措施；其他表面处理由供需双方协议，但不应损伤力学性能。

3. 对热浸镀锌螺母为镀前尺寸。为加大热浸镀锌螺母的攻螺纹尺寸，可采用6AH（6AZ）螺纹公差带［详见 GB/T 18230.3（.4）—2000 附录 A］，或按供需双方协议提供镀后为 6H 的螺纹。6H 热浸镀锌螺母仅与 8.8 或 10.9SU 的螺栓配套使用。

4. 对于电镀或热浸镀锌的紧固件，制造者应在螺母或相配的螺栓上涂适当的润滑剂，以保证装配时不会咬死，有关润滑剂涂层效果的试验资料，详见 GB/T 18230.3（.4）—2000 附录 B。

5. 保证载荷详见 GB/T 18230.3（.4）—2000 第 6 章。

6. 由于技术原因，M12 不是优选规格；尽可能不采用括号内的尺寸。

7. 配套螺栓和配套垫圈为推荐的。

栓接结构用 1 型六角螺母热浸镀锌（加大攻螺纹尺寸）A 和 B 级，5、6 和 8 级（摘自 GB/T 18230.6—2000）；栓接结构用 2 型六角螺母热浸镀锌（加大攻螺纹尺寸）B 级，10 级（摘自 GB/T 18230.7—2000）

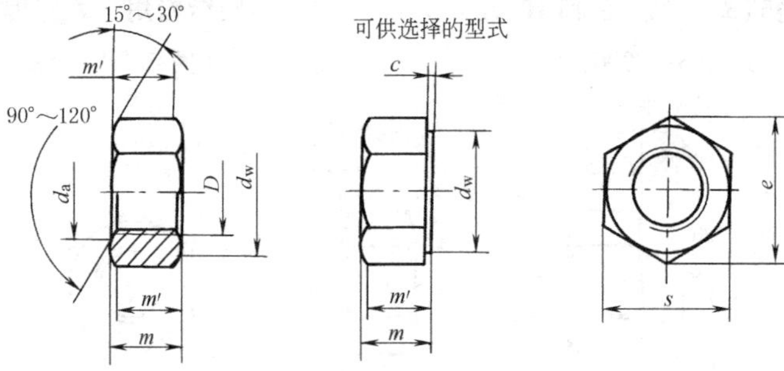

标记示例

螺纹规格 D=M12、性能等级 8 级、6AX 螺纹、表面热浸镀锌的栓接结构用 1（2）型六角螺母，标记为：

螺母 GB/T 18230.6（GB/T 18230.7） M12

表 6-1-134 mm

螺纹规格 D	M10	M12	(M14)	M16	M20	M24	M30	M36
螺距 P	1.5	1.5	2	2	2.5	3	3.5	4
d_a(最大)	10.8	13	15.1	17.3	21.6	25.9	32.4	38.9

续表

螺纹规格 D	M10	M12	(M14)	M16	M20	M24	M30	M36
c(最大)	0.6	0.6	0.6	0.8	0.8	0.8	0.8	0.8
d_w(最小)	14.6	16.6	19.6	22.5	27.7	33.2	42.7	51.1
e(最小)	17.77	20.03	23.35	26.75	32.95	39.55	50.85	60.79
m①	8.4	10.8	12.8	14.8	18	21.5	25.6	31
m(最大)②	9.3	12	14.1	16.4	—	—	—	—
m'①	6.43	8.3	9.68	11.28	13.52	16.16	19.44	23.52
m(最小)②	7.15	9.26	10.7	12.6	—	—	—	—
s(最大)	16	18	21	24	30	36	46	55
技术条件	标准	材料	螺纹公差	性能等级	产品等级	表面处理：热浸镀锌 GB/T 13912 粉末机械镀锌 JB/T 5067		
	GB/T 18230.6	钢	6AX	5,6,8	B			
	GB/T 18230.7	钢	6AX	9	B			

① 用于 GB/T 18230.6—2000。

② 用于 GB/T 18230.7—2000。

注：1. 产品等级 GB/T 18230.6—2000 中除第 3 章规定外，其余按 A 用于 $D \leqslant$ M16；B 用于 $D>$M16。GB/T 18230.7—2000 中除第 3 章规定外，其余按 A 级。

2. 为加大热浸镀锌螺母的攻螺纹尺寸，可采用 6AX（6AZ）螺纹公差带［详见 GB/T 18230.6（.7）—2000 附录 A］，或特殊需要，由供需双方协议提供镀后为 6H 的螺纹。

3. 保证载荷详见 GB/T 18230.6（.7）—2000 第 5 章。

4. 尽可能不采用括号内的规格。

六角螺母 C 级（摘自 GB/T 41—2000）

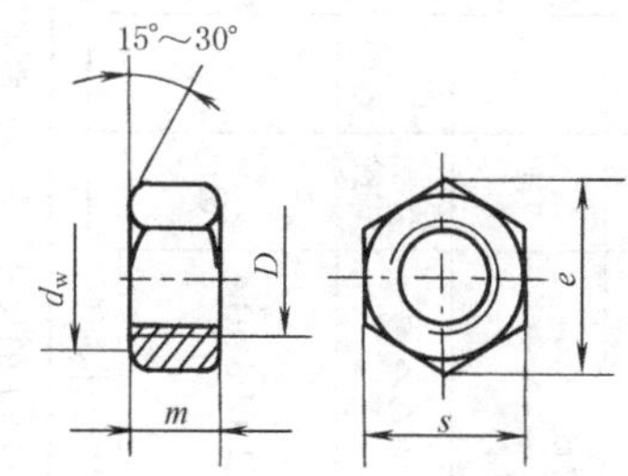

标记示例

螺纹规格 D=M12、性能等级 5 级、不经表面处理、产品等级为 C 级的六角螺母，标记为：螺母　GB/T 41　M12

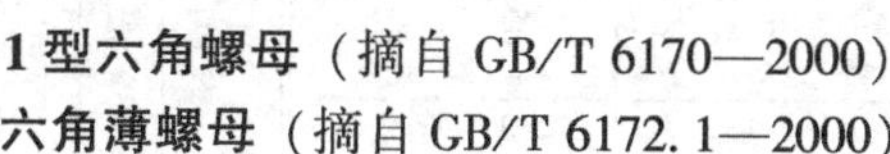

1 型六角螺母（摘自 GB/T 6170—2000）
六角薄螺母（摘自 GB/T 6172.1—2000）

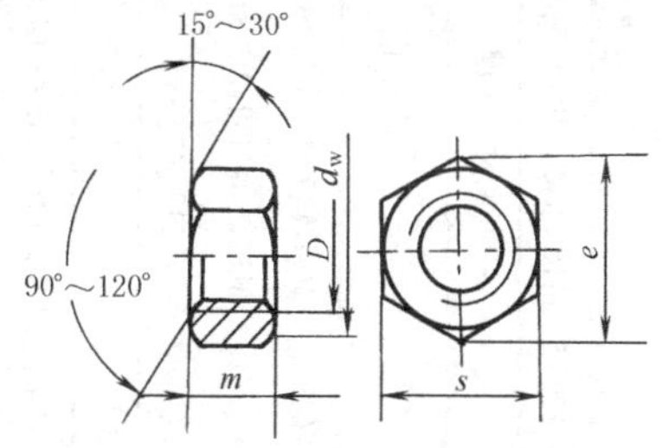

标记示例

螺纹规格 D=M12、性能等级 10 级、不经表面处理、A 级的 1 型六角螺母，标记为：螺母　GB/T 6170　M12

螺纹规格 D=M12、性能等级 04 级、不经表面处理、A 级的六角薄螺母，标记为：螺母　GB/T 6172.1　M12

六角薄螺母无倒角（摘自 GB/T 6174—2000）

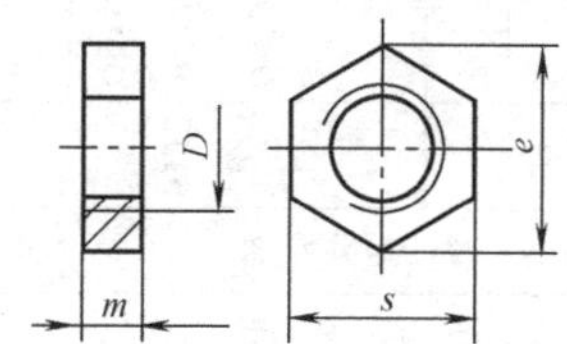

标记示例

螺纹规格 D=M6、硬度 110HV、不经表面处理、B 级的六角薄螺母，标记为：螺母　GB/T 6174　M6

表 6-1-135　　mm

螺纹规格 D		M1.6	M2	M2.5	M3	(M3.5)	M4	M5	M6	M8	M10	M12	(M14)	M16	(M18)	M20	(M22)	M24	(M27)	M30	M36	M42	M48	M56	M64
e(最小)	①	3.3	4.2	5.3	5.9	6.4	7.5	8.6	10.9	14.2	17.6	19.9	22.8	26.2	29.6	33	37.3	39.6	45.2	50.9	60.8	71.3	82.6	93.6	104.9
	②	3.4	4.3	5.5	6	6.6	7.7	8.8	11	14.4	17.8	20	23.4	26.8	29.6	33	37.3	39.6	45.2	50.9	60.8	71.3	82.6	93.6	104.9
s(公称)		3.2	4	5	5.5	6	7	8	10	13	16	18	21	24	27	30	34	36	41	46	55	65	75	85	95
d_w(最小)	①	—	—	—	—	—	—	6.7	8.7	11.5	14.5	16.5	19.2	22	24.9	27.7	31.4	33.3	38	42.8	51.1	60	69.5	78.7	88.2
	②	2.4	3.1	4.1	4.6	5.1	5.9	6.9	8.9	11.6	14.6	16.6	19.6	22.5	24.9	27.7	31.4	33.3	38	42.8	51.1	60	69.5	78.7	88.2
m（最大）	GB/T 6170	1.3	1.6	2	2.4	2.8	3.2	4.7	5.2	6.8	8.4	10.8	12.8	14.8	15.8	18	19.4	21.5	23.8	25.6	31	34	38	45	51
	GB/T 6172.1 GB/T 6174	1	1.2	1.6	1.8	2	2.2	2.7	3.2	4	5	6	7	8	9	10	11	12	13.5	15	18	21	24	28	32
	GB/T 41	—	—	—	—	—	—	5.6	6.4	7.9	9.5	12.2	13.9	15.9	16.9	19	20.2	22.3	24.7	26.4	31.9	34.9	38.9	45.9	52.4
每 1000 个的质量/kg≈	GB/T 6170 GB/T 41	0.05	0.09	0.2	0.27	0.36	0.58	1.05	1.95	4.22	7.94	11.93	18.89	29	36.87	51.55	73.85	88.8	132.4	184.4	317	502.9	744.4	1091	1053
	GB/T 6172.1 GB/T 6174	0.03	0.07	0.15	0.2	0.26	0.39	0.58	1.15	2.43	4.64	6.56	10.03	15.26	20.56	27.76	40.43	47.92	72.97	105.5	182.5	305.8	464.3	671.1	930.7

技术条件

标准	性能等级			公差等级	产品等级
GB/T 41	钢			7H	C
	D≤M16:5；M16<D≤M39:4、5；D>M39:按协议				
	不经处理③				
GB/T 6170	钢	不锈钢	有色金属	6H	A B
	D≤M3:按协议 M3<D≤M39:6、8、10 D>M39:按协议	D≤M24:A2-70、A4-70 M24<D≤M39:A2-50、A4-50 D>M39:按协议	CU2、CU3、AL4		
	不经处理③	简单处理③	简单处理③		
GB/T 6172.1	钢	不锈钢	有色金属	6H	A B
	D≤M3:按协议 M3<D≤M39:04、05 D>M39:按协议	D≤M24:A2-035、A4-035 M24<D≤M39:A2-035、A4-025 D>M39:按协议	CU2、CU3、AL4		
	不经处理③	简单处理③	简单处理③		
GB/T 6174	钢	有色金属		6H	B
	硬度 110HV30(最小)	CU2、CU3、AL4			
	不经处理③	简单处理③			

①为 GB/T 41 及 GB/T 6174 的尺寸。②为 GB/T 6170 及 GB/T 6172.1 的尺寸。③为各种规格的表面处理要求，详细要求（如电镀及锌粉覆盖等）请查阅国家标准。

注：1. A 级用于 D≤M16 的螺母，B 级用于 D>M16 的螺母。

2. 尽量不采用括号中的尺寸，除表中所列外，还有 M33、M39、M45、M52 和 M60。

3. GB/T 41 的螺纹规格为 M5～M60；GB/T 6174 的螺纹规格为 M1.6～M10。

非金属嵌件六角锁紧薄螺母（摘自 GB/T 6172.2—2000）

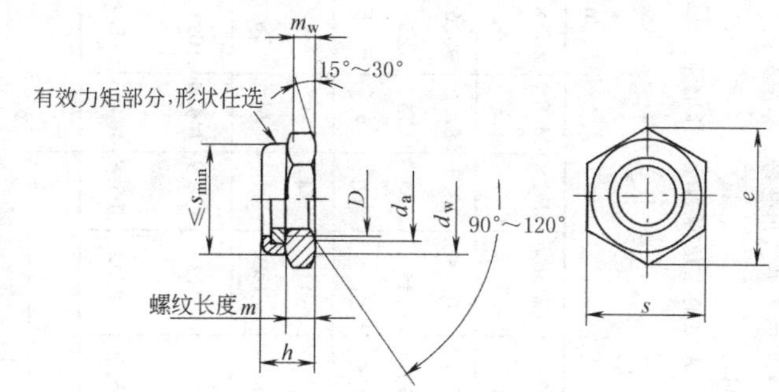

标记示例

螺母规格 D=M12、性能等级 04 级、不经表面处理、产品等级为 A 级的非金属嵌件六角锁紧薄螺母，标记为：

螺母　GB/T 6172.2　M12

表 6-1-136

mm

螺纹规格 D		M3	M4	M5	M6	M8	M10	M12	(M14)	M16	M20	M24	M30	M36
螺距 P(最小)		0.5	0.7	0.8	1	1.25	1.5	1.75	2	2	2.5	3	3.5	4
d_a	最大	3.45	4.6	5.75	6.75	8.75	10.8	13	15.1	17.3	21.6	25.9	32.4	38.9
	最小	3	4	5	6	8	10	12	14	16	20	24	30	36
d_w(最小)		4.6	5.9	6.9	8.9	11.6	14.6	16.6	19.6	22.5	27.7	33.2	42.8	51.1
e(最小)		6.01	7.66	8.79	11.05	14.38	17.77	20.03	23.35	26.75	32.95	39.55	50.85	60.79
h	最大	3.9	5	5	6	6.76	8.56	10.23	11.32	12.42	14.9	17.8	22.2	25.5
	最小	3.42	4.52	4.52	5.52	6.18	7.98	9.53	10.22	11.32	13.1	16	20.1	23.4
m(最小)		1.55	1.95	2.45	2.9	3.7	4.7	5.7	6.42	7.42	9.1	10.9	13.9	16.9
m_w(最小)		1.24	1.56	1.96	2.32	2.96	3.76	4.56	5.14	5.94	7.28	8.72	11.12	13.52
s	最大	5.5	7	8	10	13	16	18	21	24	30	36	48	55
	最小	5.32	6.78	7.78	9.78	12.73	15.73	17.73	20.67	23.67	29.16	35	45	53.8

技术条件	材料		公差等级	性能等级	产品等级	表面处理
	螺母体	嵌件	6H	04、05	D≤M16:A D>M16:B	不经处理;电镀技术要求按 GB/T 5267;如需其他表面镀层或表面处理,应由供需双方协议
	钢	尼龙 66 (推荐)				

注：尽可能不采用括号内的规格。

1 型六角螺母细牙（摘自 GB/T 6171—2000）

六角薄螺母细牙（摘自 GB/T 6173—2000）

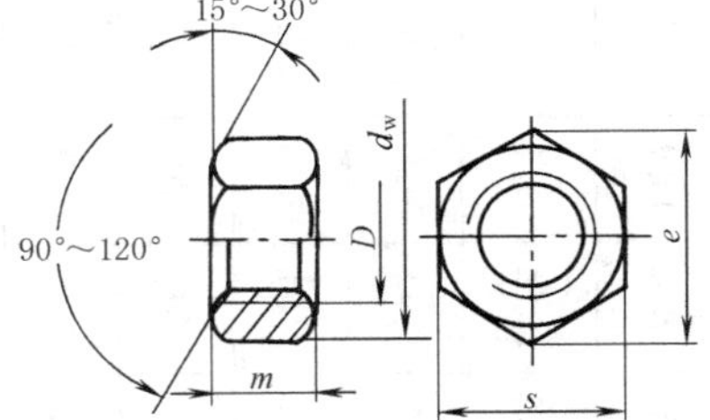

标记示例

螺纹规格 D=M12×1.5、性能等级 8 级、不经表面处理、A 级的 1 型六角螺母，标记为：

螺母 GB/T 6171 M12×1.5

螺纹规格 D=M16×1.5、性能等级 04 级、不经表面处理、A 级的六角薄螺母，标记为：

螺母 GB/T 6173 M16×1.5

表 6-1-137

mm

螺纹规格 $D×P$		M8×1	M10×1 (M10×1.25)	M12×1.5 (M12×1.25)	(M14×1.5)	M16×1.5	(M18×1.5)	M20×1.5 (M20×2)	(M22×1.5)	M24×2	(M27×2)	M30×2	(M33×2)	(M36×3)	M42×3	M48×3	M56×4	M64×4
e(最小)		14.4	17.8	20	23.4	26.8	29.6	33	37.3	39.6	45.2	50.9	55.4	60.8	72.3	82.6	93.6	104.9
s(公称)		13	16	18	21	24	27	30	34	36	41	46	50	55	65	75	85	95
d_w(最小)		11.6	14.6	16.6	19.6	22.5	24.9	27.7	31.4	33.3	38	42.8	46.6	51.1	60	69.5	78.7	88.2
m（最大）	GB/T 6171	6.8	8.4	10.8	12.8	14.8	15.8	18	19.4	21.5	23.8	25.6	28.7	31	34	38	45	51
	GB/T 6173	4	5	6	7	8	9	10	11	12	13.5	15	16.5	18	21	24	28	32
每 1000 个的质量/kg≈	GB/T 6171—1986	4.22	7.94	11.93	18.89	29	36.87	51.55	73.85	88.8	132.4	184.4	232	317	502.9	744.4	1091	1503
	GB/T 6173—1986	2.43	4.64	6.56	10.03	15.26	20.56	27.76	40.39	47.92	72.97	87.76	105.5	182.2	305.8	464.3	671.1	930.7

技术条件		GB/T 6171			GB/T 6173			
	材料	钢	不锈钢铁	有色金属	钢	不锈钢铁	有色金属	螺纹公差：6H
	性能等级	D≤M39：6、8 D≤M16：10 D>M39：按协议	D≤M24：A2-70、A4-70 M24<D≤M39：A2-50、A4-50 D>M39：按协议	CU2、CU3、AL4	D≤M39：04、05 D>M39：按协议	D≤M24：A2-035、A4-035 M24<D≤M39：A2-025、A4-025 D>M39：按协议	CU2、CU3、AL4	
	表面处理	不经处理	简单处理	简单处理	不经处理	简单处理	简单处理	

注：1.（$D×P$）≤M36×3 的为商品规格，（$D×P$）>M36×3 的为通用规格。

2. 非优选的螺纹规格除表中括号内标出外，还有 M39×3、M45×3、M52×4 及 M60×4。

2型六角螺母（摘自GB/T 6175—2000）

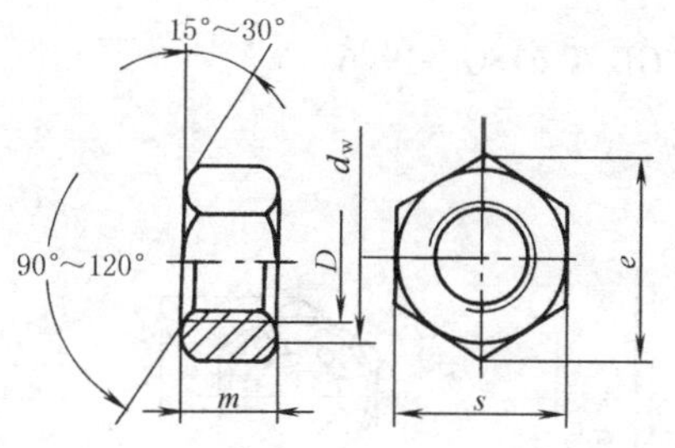

标记示例

螺纹规格 D=M16、性能等级9级、不经表面处理、A级的2型六角螺母，标记为：螺母 GB/T 6175 M16

表 6-1-138

mm

螺纹规格 D	M5	M6	M8	M10	M12	(M14)	M16	M20	M24	M30	M36
e(最小)	8.8	11.1	14.4	17.8	20.1	23.4	26.8	33	39.6	50.9	60.8
s(最大)	8	10	13	16	18	21	24	30	36	46	55
m(最大)	5.1	5.7	7.5	9.3	12	14.1	16.4	20.3	23.9	28.6	34.7
d_w(最小)	6.9	8.9	11.6	14.6	16.6	19.6	22.5	27.7	33.2	42.7	51.1
每1000个的质量/kg≈	1.14	2.15	4.68	8.83	13.31	20.92	32.29	57.95	99.35	207.1	356.9
技术条件	材料：钢	性能等级：9、12	螺纹公差：6H	表面处理：氧化；电镀技术要求按GB/T 5267；非电解锌粉覆盖层技术要求按ISO 10683；如需其他表面镀层或表面处理，应由供需双方协议							

注：A级用于 D≤M16；B级用于 D>M16。

2型六角螺母细牙（摘自GB/T 6176—2000）

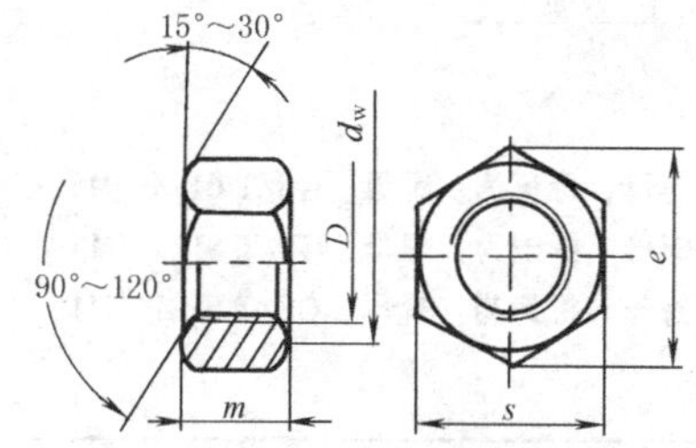

标记示例

螺纹规格 D=M16×1.5、性能等级10级、不经表面处理、A级的2型六角螺母，标记为：螺母 GB/T 6176 M16×1.5

表 6-1-139

mm

螺纹规格 $D×P$	M8×1	M10×1	M12×1.5	(M14×1.5)	M16×1.5	M20×1.5	M24×2	M30×2	M36×3
	—	(M10×1.25)	(M12×1.25)	—	—	(M20×2)	—	—	—
e(最小)	14.4	17.8	20	23.4	26.8	33	39.6	50.9	60.8
s(最大)	13	16	18	21	24	30	36	46	55
m(最大)	7.5	9.3	12	14.1	16.4	20.3	23.9	28.6	34.7
d_w(最小)	11.63	14.63	16.63	19.64	22.49	27.7	33.25	42.75	51.11
每1000个的质量/kg≈	4.68	8.83	13.31	20.92	32.29	57.95	99.35	207.1	356.9
技术条件	材料：钢	性能等级：D≤M16：8、12 D≤M39：10	螺纹公差：6H	表面处理：氧化；电镀技术要求按GB/T 5267；非电解锌粉覆盖层技术要求按ISO 10683；如需其他表面镀层或表面处理，应由供需双方协议					

注：1. A级用于 D≤M16；B级用于 D>M16。2. 非优选的螺纹规格还有M18×1.5、M22×1.5、M27×2、M33×2。

1 型六角开槽螺母 A 和 B 级（摘自 GB/T 6178—1986）

2 型六角开槽螺母 A 和 B 级（摘自 GB/T 6180—1986）

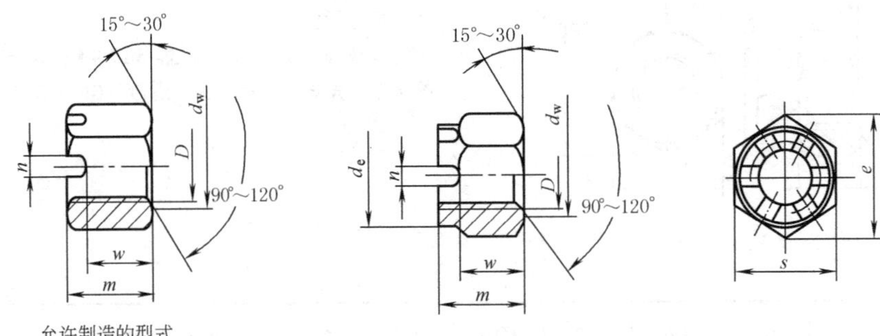

允许制造的型式

1 型六角开槽螺母 C 级（摘自 GB/T 6179—1986）　六角开槽薄螺母 A 和 B 级（摘自 GB/T 6181—1986）

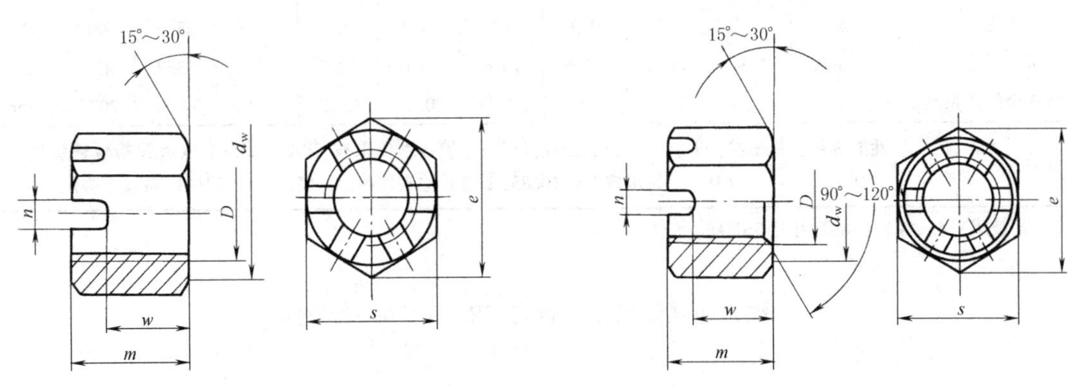

标记示例

螺纹规格 D=M5、性能等级 8 级、不经表面处理、A 级的 1 型六角开槽螺母，标记为：螺母　GB/T 6178　M5

螺纹规格 D=M5、性能等级 5 级、不经表面处理、C 级的 1 型六角开槽螺母，标记为：螺母　GB/T 6179　M5

螺纹规格 D=M12、性能等级 04 级、不经表面处理、A 级的六角开槽薄螺母，标记为：螺母　GB/T 6181　M12

表 6-1-140　mm

螺纹规格 D		M5	M6	M8	M10	M12	(M14)	M16	M20	M24	M30	M36
n(最大)		2	2.6	3.1	3.4	4.3	4.3	5.7	5.7	6.7	8.5	8.5
d_e(最大)		—	—	—	—	—	—	—	28	34	42	50
s(最大)		8	10	13	16	18	21	24	30	36	46	55
e(最小)	①	8.8	11	14.4	17.8	20	23.4	26.8	33	39.6	50.9	60.8
	②	8.6	10.9	14.2	17.6	19.9	22.8	26.2	33	39.6	50.9	60.8
d_w(最小)	①	6.9	8.9	11.6	14.6	16.6	19.6	22.5	27.7	33.2	42.7	51.1
	②	6.9	8.7	11.5	14.5	16.5	19.2	22	27.7	33.2	42.7	51.1
m (最大)	GB/T 6178	6.7	7.7	9.8	12.4	15.8	17.8	20.8	24	29.5	34.6	40
	GB/T 6179	6.7	7.7	9.8	12.4	15.8	17.8	20.8	24	29.5	34.6	40
	GB/T 6180	6.9	8.3	10	12.3	16	19.1	21.1	26.3	31.9	37.6	43.7
	GB/T 6181	5.1	5.7	7.5	9.3	12	14.1	16.4	20.3	23.9	28.6	34.7
w (最大)	1 型	4.7	5.2	6.8	8.4	10.8	12.8	14.8	18	21.5	25.6	31
	2 型	5.1	5.7	7.5	9.3	12	14.1	16.4	20.3	23.9	28.6	34.7
	薄	3.1	3.2	4.5	5.3	7	9.1	10.4	14.3	15.9	19.6	23.7

续表

螺纹规格 D		M5	M6	M8	M10	M12	(M14)	M16	M20	M24	M30	M36
每 1000 个的质量/kg≈	GB/T 6178 GB/T 6179 GB/T 6180	1.43	2.69	5.79	11.23	16.72	26.33	40.23	71.87	124.7	256	434.2
	GB/T 6181	0.96	1.71	3.87	7.35	11	18.38	27.67	52.71	88.88	186.1	332.9
开　口　销		1.2×12	1.6×14	2×16	2.5×20	3.2×22	3.2×26	4×28	4×36	5×40	6.3×50	6.3×63

<table>
<tr><td rowspan="5">技术条件</td><td>GB/T 6179</td><td rowspan="5">性能等级</td><td rowspan="3">钢</td><td>4,5</td><td>螺纹公差:7H</td><td rowspan="3">表面处理</td><td colspan="2">不经处理;镀锌钝化</td></tr>
<tr><td>GB/T 6178</td><td>6,8,10</td><td rowspan="4">螺纹公差:6H</td><td colspan="2">氧化;不经处理;镀锌钝化</td></tr>
<tr><td>GB/T 6180</td><td>9,12</td><td colspan="2">氧化;镀锌钝化</td></tr>
<tr><td rowspan="2">GB/T 6181</td><td>钢</td><td>不锈钢</td><td rowspan="2">表面处理</td><td>钢</td><td>不锈钢</td></tr>
<tr><td>04,05</td><td>A2-50</td><td>不经处理;镀锌钝化;氧化</td><td>不经处理</td></tr>
</table>

① 为 GB/T 6178—1986、GB/T 6180—1986、GB/T 6181—1986 的尺寸。

② 为 GB/T 6179—1986 的尺寸。

1 型六角开槽螺母细牙 A 和 B 级（摘自 GB/T 9457—1988）

2 型六角开槽螺母细牙 A 和 B 级（摘自 GB/T 9458—1988）

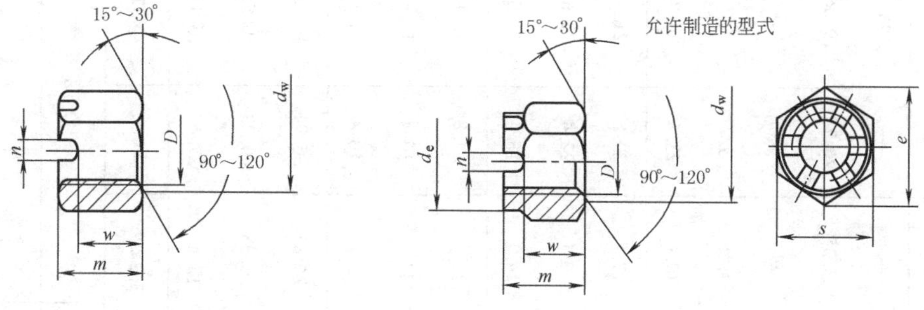

六角开槽薄螺母细牙 A 和 B 级（摘自 GB/T 9459—1988）

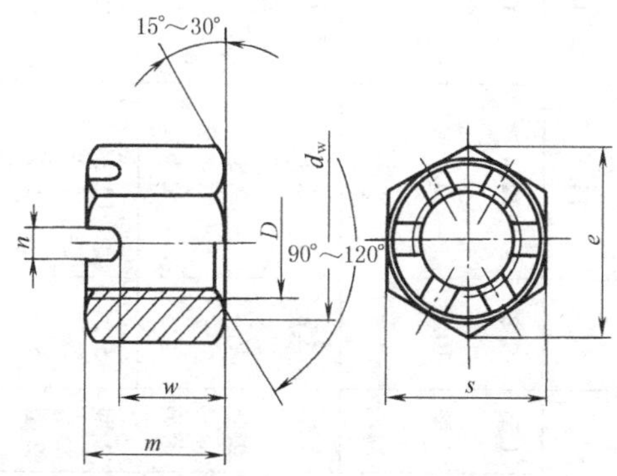

标记示例

螺纹规格 D=M8×1、性能等级 8 级、不经表面处理、A 级的 1 型六角开槽螺母，标记为：螺母　GB/T 9457　M8×1

螺纹规格 D=M10×1、性能等级 04 级、不经表面处理、A 级的六角开槽薄螺母，标记为：螺母　GB/T 9459　M10×1

表 6-1-141

mm

螺纹规格 $D\times P$		M8×1	M10×1 (M10×1.25)	M12×1.5 (M12×1.25)	(M14×1.5)	M16×1.5	(M18×1.5)	M20×2 (M20×1.5)	M22×1.5	M24×2	(M27×2)	M30×2	(M33×2)	M36×3
d_e(最大)		—	—	—	—	—	25	28	30	34	38	42	46	50
e(最小)		14.38	17.77	20.03	23.35	26.75	29.56	32.95	37.29	39.55	45.2	50.85	55.37	60.79
s(最大)		13	16	18	21	24	27	30	34	36	41	46	50	55
n(最大)		3.1	3.4	4.25	4.25	5.7	5.7	5.7	6.7	6.7	6.7	8.5	8.5	8.5
d_w		11.6	14.6	16.6	19.6	22.5	24.8	27.7	31.4	33.2	38	42.7	46.6	51.1
m (最大)	1型	9.8	12.4	15.8	17.8	20.8	21.8	24	27.4	29.5	31.8	34.6	37.7	40
	2型	10.5	13.3	17	19.1	22.4	23.6	26.3	29.8	31.9	34.7	37.6	41.5	43.7
	薄型	7.5	9.3	12	14.1	16.4	17.6	20.3	21.8	23.9	26.7	28.6	32.5	34.7
w (最大)	1型	6.8	8.4	10.8	12.8	14.8	15.8	18	19.4	21.5	23.8	25.6	28.7	31
	2型	7.5	9.3	12	14.1	16.4	17.6	20.3	21.8	23.9	26.7	28.6	32.5	34.7
	薄型	4.5	5.3	7	9.1	10.4	11.6	14.3	14.8	15.9	18.7	19.6	23.5	25.7
每1000个的质量/kg≈	1型	5.21	10.34	15.34	24.87	36.94	46.15	64.99	97.04	114.7	168.1	233.2	302	394.3
	2型	5.79	11.23	16.72	26.38	40.23	50.55	71.81	106.2	124.7	184.4	256	333.7	434.2
	薄型	3.87	7.35	11	18.41	27.67	36.11	52.74	73.16	88.88	136.9	186.1	252.2	332.9
开口销		2×16	2.5×20	3.2×22	3.2×26	4×28	4×32	4×36	5×40	5×40	5×45	6.3×50	6.3×60	6.3×65

技术条件	材料	螺纹公差	性能等级			产品等级	表面处理(GB/T 9459)
			1型	2型	薄型		
	钢	6H	6、8、10	8、10	04、05	A级用于 $D\leqslant$M16；B级用于 $D>$M16	不经处理(不适用2型)；镀锌钝化；氧化

六角法兰面螺母粗牙、细牙(摘自 GB/T 6177.1—2000、GB/T 6177.2—2000)

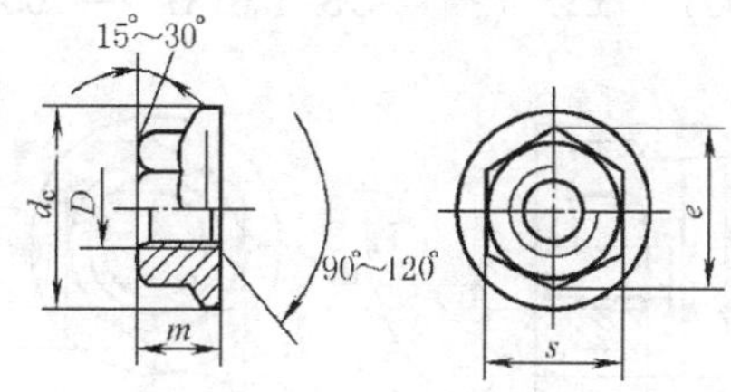

标记示例

螺纹规格 D=M12、性能等级 10 级、表面氧化、A 级六角法兰面螺母,标记为:螺母　GB/T 6177.1　M12

表 6-1-142

mm

螺纹规格(6H)		M5	M6	M8	M10	M12	(M14)	M16	M20
	D	M5	M6	M8	M10	M12	(M14)	M16	M20
	D×P	—	—	M8×1	M10×1.25	M12×1.25	(M14×1.5)	M16×1.5	M20×1.5
		—	—	—	(M10×1)	(M12×1.5)	—	—	—
d_c(最小)		11.8	14.2	17.9	21.8	26	29.9	34.5	42.8
e(最小)		8.79	11.05	14.38	16.64	20.03	23.36	26.75	32.95
s	最大	8	10	13	15	18	21	24	30
	最小	7.78	9.78	12.73	14.73	17.73	20.67	23.67	29.16
m	最大	5	6	8	10	12	14	16	20
	最小	4.7	5.7	7.64	9.64	11.57	13.3	15.3	18.7
性能等级	钢	8~12							
	不锈钢	A2-70							
表面处理	钢	氧化;不经处理;镀锌钝化							

注：尽可能不采用括号内的规格。

2 型非金属嵌件六角锁紧螺母 A 和 B 级（摘自 GB/T 6128—2010）

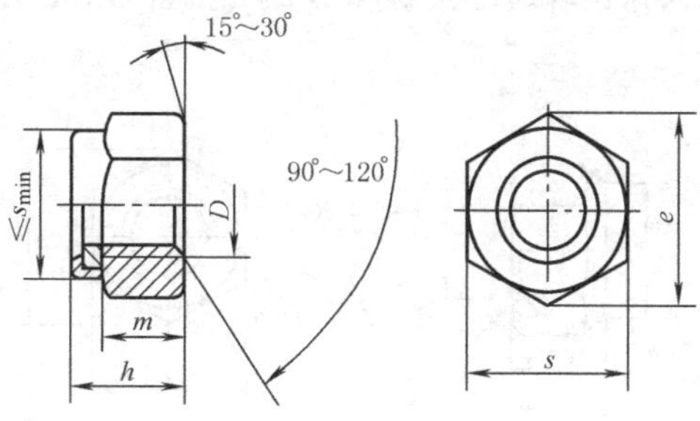

标记示例

螺纹规格 D=M12、性能等级 9 级、表面氧化、A 级 2 型非金属嵌件六角锁紧螺母，标记为：螺母　GB/T 6182　M12

表 6-1-143

mm

螺纹规格 D(6H)		M5	M6	M8	M10	M12	(M14)	M16	M20	M24	M30	M36
e(最小)		8.79	11.05	14.38	17.77	20.03	23.35	26.75	32.95	39.55	50.85	60.79
s	最大	8	10	13	16	18	21	24	30	36	46	55
	最小	7.78	9.78	12.73	15.73	17.73	20.67	23.67	29.16	35	45	53.8
h(最大)		7.2	8.5	10.2	12.8	16.1	18.3	20.7	25.1	29.5	35.6	42.6
m(最小)		4.8	5.4	7.14	8.94	11.57	13.4	15.7	19	22.6	27.3	33.1
材料:螺母体钢;嵌体,推荐用尼龙 66				性能等级:9,12		表面处理:氧化;镀锌钝化						

注：尽可能不采用括号内的规格。

非金属嵌件粗牙（摘自 GB/T 6183.1—2000）、细牙（摘自 GB/T 6183.2—2000）和全金属粗牙（摘自 GB/T 6187.1—2000）、细牙（摘自 GB/T 6187.2—2000）六角法兰面锁紧螺母

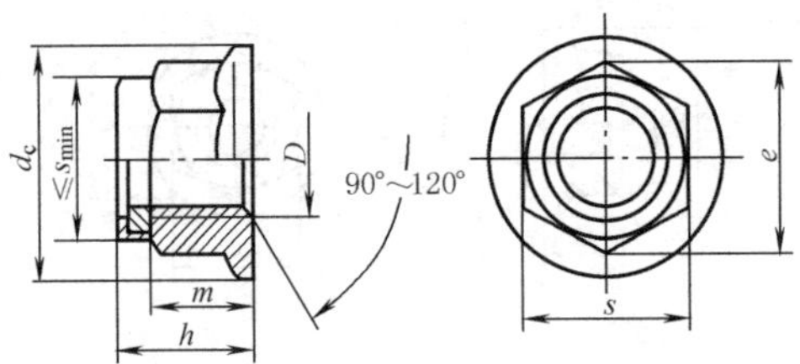

标记示例

螺纹规格　$D \times P$=M12×1.5、性能等级 8 级、表面氧化、产品等级为 A 级的全金属六角法兰面锁紧螺母，标记为：

螺母　GB/T 6187.2　M12×1.5

表 6-1-144　　mm

螺纹规格(6H)		M5	M6	M8	M10	M12	(M14)	M16	M20
	D	M5	M6	M8	M10	M12	(M14)	M16	M20
	D×P	—	—	M8×1	M10×1	M12×1.5	(M14×1.5)	M16×1.5	M20×1.5
		—	—	—	M10×1.25	M12×1.25	—	—	—
d_c(最小)		11.8	14.2	17.9	21.8	26	29.9	34.5	42.8
e(最小)		8.79	11.05	14.38	16.64	20.03	23.36	26.75	32.95
h(最大)	GB/T 6183	7.10	9.10	11.1	13.5	16.1	18.2	20.3	24.8
	GB/T 6187	6.2	7.3	9.4	11.4	13.8	15.9	18.3	22.4
m(最小)		4.7	5.7	7.64	9.54	11.57	13.3	15.3	18.7
s	最大	8	10	13	15	18	21	24	30
	最小	7.78	9.78	12.73	14.73	17.73	20.67	23.67	29.16
性能等级	GB/T 6183	GB/T 6183.1:8、9、10;GB/T 6183.2:6、8、10							
	GB/T 6187	GB/T 6187.1:8、9、10、12;GB/T 6187.2:6、8、10							
表面处理		氧化;镀锌钝化							

注：尽可能不采用括号内的规格。

1 型全金属六角锁紧螺母 A 级和 B 级（摘自 GB/T 6184—2000）

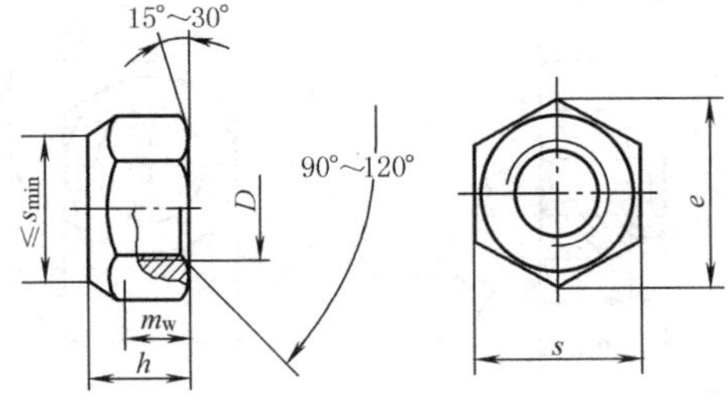

标记示例

螺纹规格　*D*=M12、性能等级 8 级、表面氧化、A 级 1 型全金属六角锁紧螺母，标记为：螺母　GB/T 6184　M12

表 6-1-145　　mm

螺纹规格 *D*(6H)		M5	M6	M8	M10	M12	(M14)	M16	(M18)	M20	(M22)	M24	M30	M36
e(最小)		8.79	11.05	14.38	17.77	20.03	23.36	26.75	29.56	32.95	37.29	39.55	50.85	60.79
s	最大	8	10	13	16	18	21	24	27	30	34	36	46	55
	最小	7.78	9.78	12.73	15.73	17.73	20.67	23.67	26.16	29.16	33	35	45	53.8
h	最大	5.3	5.9	7.1	9	11.6	13.2	15.2	17	19	21	23	26.9	32.5
	最小	4.8	5.4	6.44	8.04	10.37	12.1	14.1	15.01	16.9	18.1	20.2	24.3	29.4
m_w(最小)		3.52	3.92	5.15	6.43	8.3	9.68	11.28	12.08	13.52	14.5	16.16	19.44	23.52
材料:钢		性能等级:5、8、10　表面处理:氧化;镀锌钝化												

注：尽可能不采用括号内的规格。

2 型全金属六角锁紧螺母粗牙（摘自 GB/T 6185.1—2000）**和细牙**（摘自 GB/T 6185.2—2000）

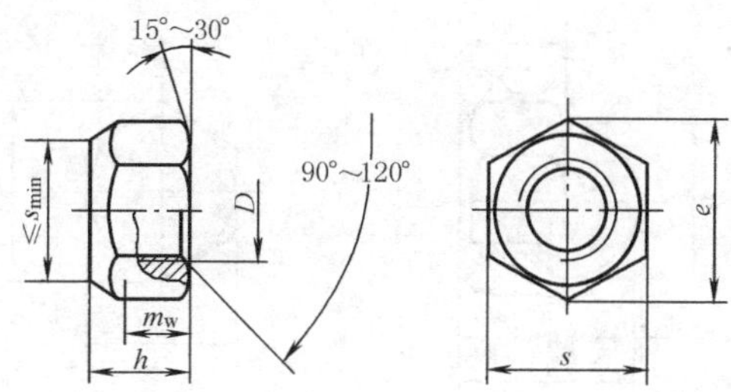

标记示例

螺纹规格 D=M12、性能等级 8 级、表面氧化、A 级 2 型全金属六角锁紧螺母，标记为：螺母　GB/T 6185.1　M12

表 6-1-146

mm

螺纹规格(6H)		M5	M6	M8	M10	M12	(M14)	M16	M20	M24	M30	M36
	D	M5	M6	M8	M10	M12	(M14)	M16	M20	M24	M30	M36
	$D \times P$	—	—	M8×1	M10×1.25	M12×1.25	(M14×1.5)	M16×1.5	M20×1.5	M24×2	M30×2	M36×3
		—	—	—	M10×1	M12×1.5	—	—	—	—	—	—
e(最小)		8.79	11.05	14.38	17.77	20.03	23.35	26.75	32.95	39.55	50.85	60.79
s	最大	8	10	13	16	18	21	24	30	36	46	55
	最小	7.78	9.78	12.73	15.73	17.73	20.67	23.67	29.16	35	45	53.8
h	最大	5.1	6	8	10	12	14.1	16.4	20.3	23.9	30	36
	最小	4.8	5.4	7.14	8.94	11.57	13.4	15.7	19	22.6	27.3	33.1
m_w(最小)		3.52	3.92	5.15	6.43	8.3	9.68	11.28	13.52	16.16	19.44	23.52
性能等级	钢	GB/T 6185.1:5、8、10、12;GB/T 6185.2:8、10、12										
表面处理	钢	氧化;镀锌钝化										

注：尽可能不采用括号内的规格。

2 型全金属六角锁紧螺母 9 级（摘自 GB/T 6186—2000）

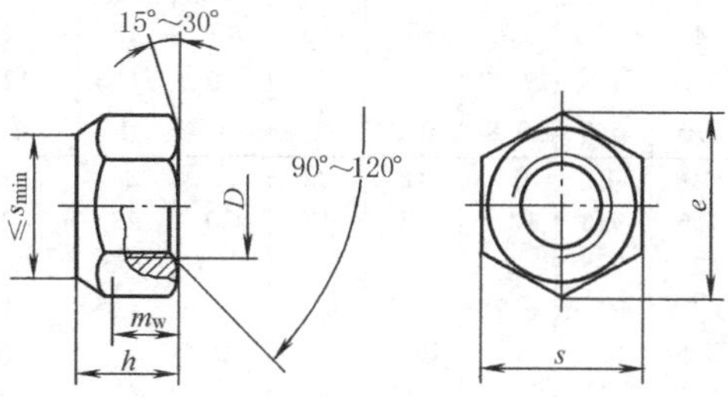

标记示例

螺纹规格 D=M12、性能等级 9 级、表面氧化、A 级 2 型全金属六角锁紧螺母，标记为：螺母　GB/T 6186　M12

表 6-1-147

mm

螺纹规格 D(6H)		M5	M6	M8	M10	M12	(M14)	M16	M20	M24	M30	M36
e(最小)		8.79	11.05	14.38	17.77	20.03	23.36	26.75	32.95	39.55	50.85	60.79
s	最大	8	10	13	16	18	21	24	30	36	46	55
	最小	7.78	9.78	12.73	15.73	17.73	20.67	23.67	29.16	35	45	53.8
h	最大	5.3	6.7	8	10.5	13.3	15.4	17.9	21.8	26.4	31.8	38.5
	最小	4.8	5.4	7.14	8.94	11.57	13.4	15.7	19	22.6	27.3	33.1
m_w(最小)		3.84	4.32	5.71	7.15	9.26	10.7	12.6	15.2	18.1	21.8	26.5
材料:钢		性能等级:9　表面处理:氧化;镀锌钝化										

注：尽可能不采用括号内的规格。

组合式盖形螺母（摘自 GB/T 802.1—2008）

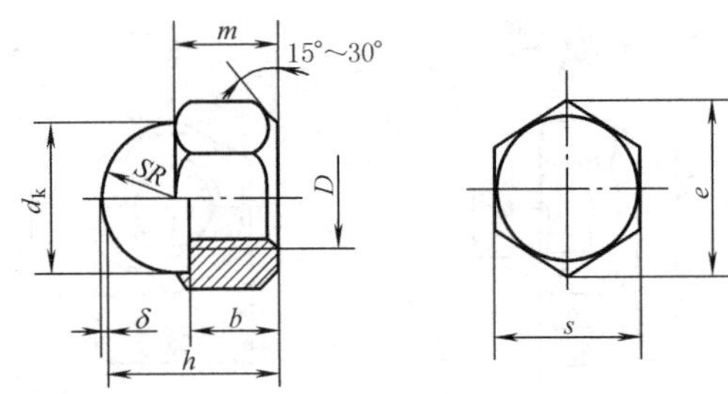

盖形螺母（GB/T 923—2009）

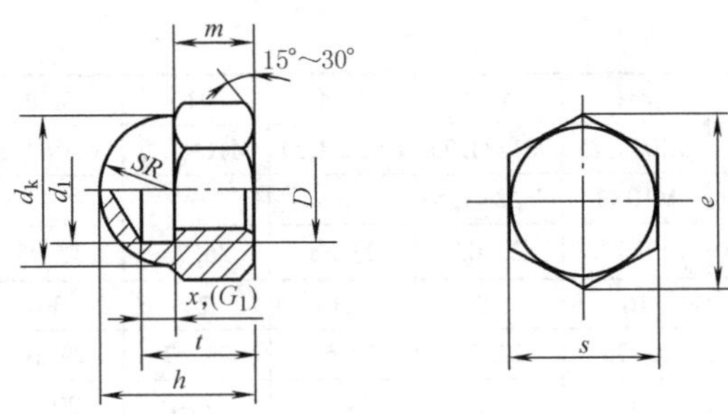

标记示例

螺纹规格 D=M12、性能等级 6 级、表面氧化的组合式盖形螺母，标记为：螺母 GB/T 802 M12

表 6-1-148 mm

螺纹规格 D		M4	M5	M6	M8	M10	M12	(M14)	M16	(M18)	M20	(M22)	M24
e(最小)		7.66	8.79	11.05	14.38	17.77	20.03	23.35	26.75	29.56	32.95	37.29	39.55
m		4.5	5.5	6.5	8	10	12	13	15	17	19	21	22
s		7	8	10	13	16	18	21	24	27	30	34	36
GB/T 802.1	h	7	9	11	15	18	22	24	26	30	35	38	40
	d_k≈	6.2	7.2	9.2	13	16	18	20	22	25	28	30	34
	b	2.5	4	5	6	8	10	11	13	14	16	18	19
	SR≈	3.2	3.6	4.6	6.5	8	9	10	11.5	12.5	14	15	17
	δ	—	0.5	0.8	0.8	0.8	1	1	1	1.2	1.2	1.2	1.2
GB/T 923	h	8	10	12	15	18	22	25	28	32	34	39	42
	d_k≈	6.5	7.5	9.5	12.5	15	17	20	23	26	28	33	34
	G_1(最小)	—	2	2.5	3	4	6.4	7.3	7.3	9.3	9.3	9.3	10.7
	SR≈	3.25	3.75	4.75	6.25	7.5	8.5	10	11.5	13	14	16.5	17
	d_1	—	5.5	6.5	8.5	10.5	13	15	17	19	21	23	25
	x(最大)	1.4	1.6	2	2.5	3	—	—	—	—	—	—	—
	t(最大)	5.74	7.79	8.29	11.35	13.35	16.35	18.35	21.42	25.42	26.42	29.42	31.5
每1000个的质量/kg≈	GB/T 802.1	—	1.59	3.28	6.71	12.14	17.35	24.76	36.79	49.85	68.52	97.88	112.5
	GB/T 923	1.04	1.25	2.77	6.73	12.88	17.46	24.66	39.84	48.78	71.96	102	127.8

技术条件

材料		钢	不锈钢	有色金属
螺纹公差		—	6H	—
力学性能等级	GB/T 802.1	6.8	A2-50,A2-70 A4-50,A4-70	CU2,CU3,AL4
	GB/T 923	6	A1-50	CU3 或 CU6
产品公差等级		D≤16mm:A;D>16mm:B		
表面处理		氧化;镀锌钝化	简单处理	简单处理

注：G_1—退刀槽尺寸。

x—螺纹收尾尺寸。

环形螺母（摘自 GB/T 63—1988）

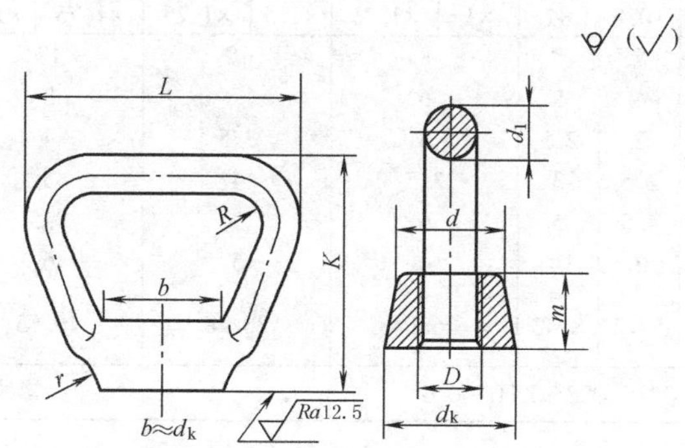

标记示例

螺纹规格 D=M16、材料 ZCuZn40Mn2、不经表面处理的环形螺母，标记为：螺母　GB/T 63　M16

表 6-1-149

mm

螺纹规格 D	d_k	d	m	K	L	d_1	R	r	每1000个的质量/kg≈
M12 (M14)	24	20	15	52	66	10	6	6	153.9 149.3
M16 (M18)	30	26	18	60	76	12	6	8	262.9 256.3
M20 (M22)	36	30	22	72	86	13	8	11	370 358.1
M24	46	38	26	84	98	14	10	14	568.9
技术条件	材料:ZCuZn40Mn2			螺纹公差:6H					

蝶形螺母（摘自 GB/T 62.1—2004）

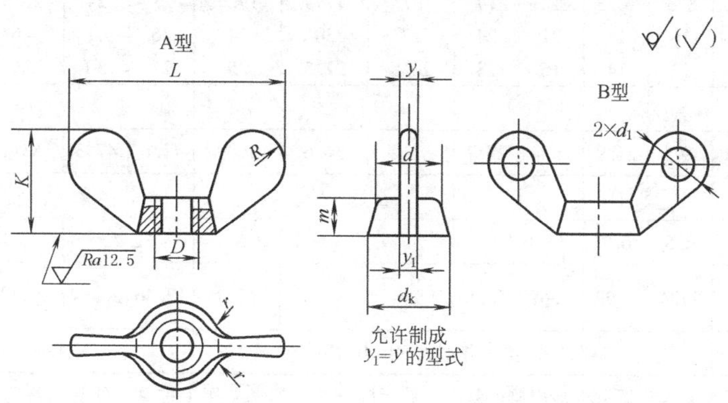

标记示例

螺纹规格 D=M10、材料 Q215、不经表面处理、A 型蝶形螺母，标记为：螺母　GB/T 62　M10

表 6-1-150

mm

螺纹规格 $D\times P$	M3 ×0.5	M4 ×0.7	M5 ×0.8	M6 ×1	M8 ×1	M8 ×1.25	M10 ×1.5	M10 ×1.25	M12 ×1.75	M12 ×1.5	(M14 ×2)	(M14 ×1.5)	M16 ×2	M16 ×1.5
d_k	7	8	10	12	15		18		22		26		30	
d	6	7	8	10	13		15		19		23		26	
L	20	24	28	32	40		48		58		64		72	
K	8	10	12	14	18		22		27		30		32	

续表

螺纹规格 $D\times P$	M3 ×0.5	M4 ×0.7	M5 ×0.8	M6 ×1	M8 ×1	M8 ×1.25	M10 ×1.5	M10 ×1.25	M12 ×1.75	M12 ×1.5	(M14 ×2)	(M14 ×1.5)	M16 ×2	M16 ×1.5
m	3.5	4	5	6	8		10		12		14		14	
d_1	3	4	4	5	6		7		8		9		10	
y	1.25	1.5	2	2.5	3		3.5		4		5		6	
y_1	1.5	2	2.5	3	3.5		4		5		6		7	
R	3	3.5	4.5	5	6		7		8.5		9		10	
r	2	2.5	3	3.5	4		5		6		7		8	
每1000个的质量/kg≈	1.72	2.72	5.12	8.42	16.04		26.28		46.55		71.64		98.86	
技术条件	材料:Q215、Q235、KTH300-6						螺纹公差:6H							

扣紧螺母（摘自 GB/T 805—1988）

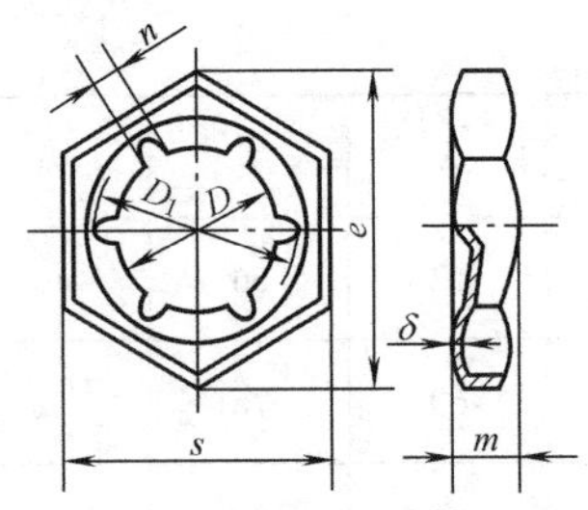

标记示例

螺纹规格 D=M12、材料 65Mn、热处理硬度 30~40HRC、表面氧化的扣紧螺母，标记为：螺母 GB/T 805 M12

表 6-1-151 mm

螺纹规格 $D\times P$	M6 ×1	M8 ×1.25	M10 ×1.5	M12 ×1.75	(M14 ×2)	M16 ×2	(M18 ×2.5)	M20 ×2.5	(M22 ×2.5)	M24 ×3	(M27 ×3)	M30 ×3.5	M36 ×4	M42 ×4.5	M48 ×5
D(最小)	5	6.8	8.5	10.3	12	14	15.5	17.5	19.5	21	24	26.5	32	37.5	43
s(最大)	10	13	16	18	21	24	27	30	34	36	41	46	55	65	75
D_1	7.5	9.5	12	14	16	18	20.5	22.5	25	27	30	34	40	47	54
n	1			1.5			2			2.5			3		
e	11.5	16.2	19.6	21.9	25.4	27.7	31.2	34.6	36.9	41.6	47.3	53.1	63.5	75	86.5
m	3	4	5		6		7			9			12		14
δ	0.4	0.5	0.6	0.7	0.8		1			1.2		1.4		1.8	
每100个的质量/kg≈	0.52	1.26	2.24	2.99	4.68	5.16	8.4	9.66	10.4	17.46	20.94	29.06	43.99	72.37	97.16
技术条件	材料:65Mn	热处理:淬火并回火 30~40HRC								表面处理:氧化,镀锌钝化					

注：使用方法为先用普通六角螺母将被连接件紧固，然后旋上扣紧螺母并用手拧紧，使其与普通螺母的支承面接触，再用扳手旋紧 60°~90°即可；松开扣紧螺母时，必须再拧紧普通六角螺母，使其与扣紧螺母之间产生间隙，才能松开扣紧螺母，以免划伤螺栓的螺纹。

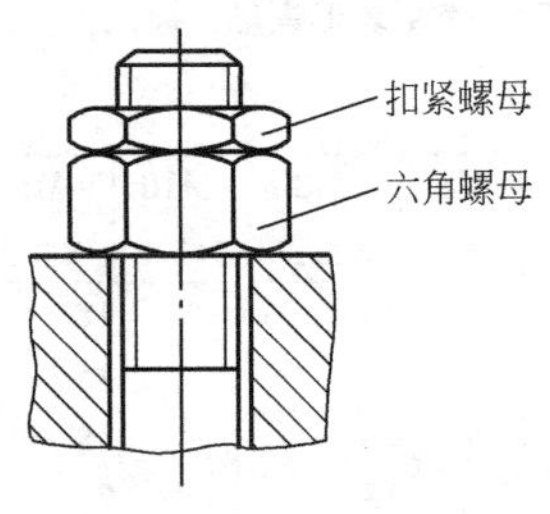

滚花高螺母（摘自 GB/T 806—1988）　滚花薄螺母（摘自 GB/T 807—1988）

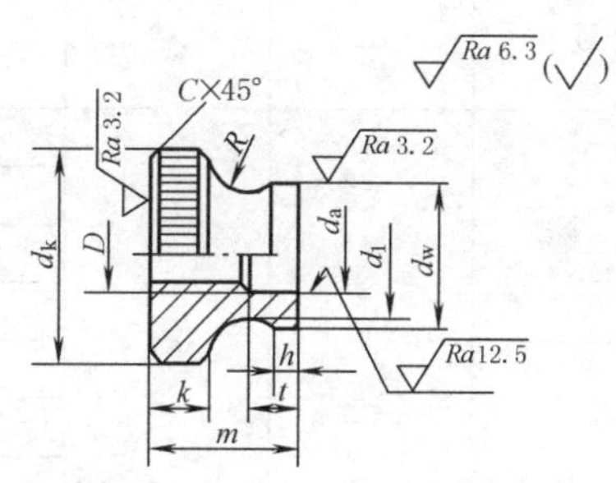

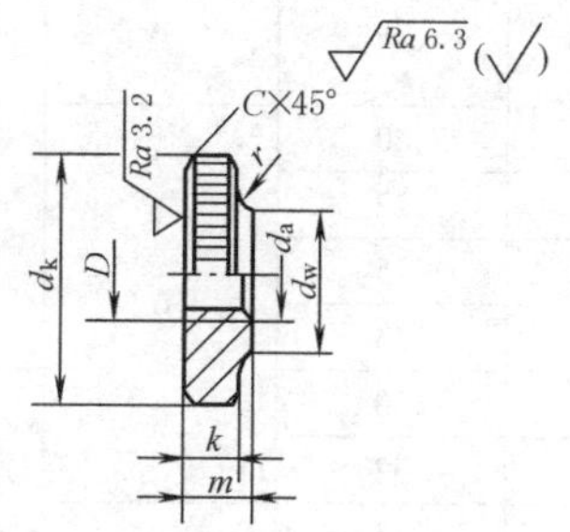

标记示例

螺纹规格 D=M5、性能等级 5 级、不经表面处理的滚花高螺母，标记为：螺母　GB/T 806　M5

螺纹规格 D=M5、性能等级 5 级、不经表面处理的滚花薄螺母，标记为：螺母　GB/T 807　M5

表 6-1-152　　mm

螺纹规格 D		M1.4	M1.6	M2	M2.5	M3	M4	M5	M6	M8	M10
d_k(滚花前)(最大)		6	7	8	9	11	12	16	20	24	30
k		1.5	2		2.2	2.8	3	4	5	6	8
d_w(最大)		3.5	4	4.5	5	6	8	10	12	16	20
C		0.2				0.3		0.5		0.8	
GB/T 806—1988	m(最大)	—	4.7	5	5.5	7	8	10	12	16	20
	d_a(最小)	—	1.8	2.2	2.7	3.2	4.2	5.2	6.2	8.5	10.5
	t(最大)	—	1.5		2		2.5	3	4	5	6.5
	R(最小)	—	1.25		1.5	2		2.5	3	4	5
	h	—	0.8	1		1.2	1.5	2	2.5	3	3.8
	d_1	—	3.6	3.8	4.4	5.2	6.4	9	11	13	17.5
GB/T 807—1988	m(最大)	2	2.5	2.5	2.5	3	3	4	5	6	8
	d_a(最小)	1.4	1.6	2	2.5	3	4	5	6	8	10
	r	0.5							1		2
1000 个钢螺母质量/kg≈	GB/T 806	—	0.77	0.99	1.34	2.51	3.54	8.25	15.68	24.91	54.89
	GB/T 807	0.32	0.59	0.77	0.96	1.76	2.10	5.15	9.63	16.97	32.69
技术条件		材料	钢	螺纹公差：6H		产品等级：A		滚花：直纹	表面处理：不经处理；镀锌钝化		
		性能等级	5								

小圆螺母（摘自 GB/T 810—1988）

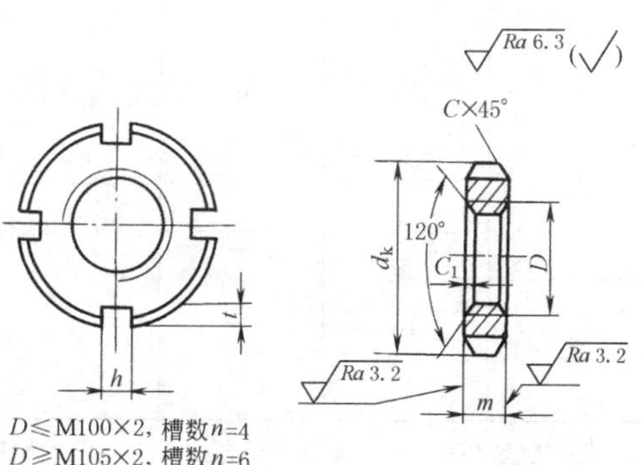

标记示例

螺纹规格 D=M16×1.5、材料 45 钢、槽或全部热处理后硬度 35~45HRC、表面氧化的小圆螺母，标记为：螺母　GB/T 810　M16×1.5

表 6-1-153 mm

<table>
<tr><th>螺纹规格 $D\times P$</th><th>d_k</th><th>m</th><th>h(最小)</th><th>t(最小)</th><th>C_1</th><th>C</th><th>每 1000 个的质量/kg≈</th></tr>
<tr><td>M10×1</td><td>20</td><td rowspan="6">6</td><td rowspan="4">4</td><td rowspan="4">2</td><td rowspan="17">0.5</td><td rowspan="8">0.5</td><td>9.53</td></tr>
<tr><td>M12×1.25</td><td>22</td><td>11</td></tr>
<tr><td>M14×1.5</td><td>25</td><td>14.27</td></tr>
<tr><td>M16×1.5</td><td>28</td><td>17.91</td></tr>
<tr><td>M18×1.5</td><td>30</td><td rowspan="7">5</td><td rowspan="7">2.5</td><td>18.83</td></tr>
<tr><td>M20×1.5</td><td>32</td><td>20.6</td></tr>
<tr><td>M22×1.5</td><td>35</td><td rowspan="9">8</td><td>33.2</td></tr>
<tr><td>M24×1.5</td><td>38</td><td>39.42</td></tr>
<tr><td>M27×1.5</td><td>42</td><td rowspan="15">1</td><td>47.6</td></tr>
<tr><td>M30×1.5</td><td>45</td><td>52.01</td></tr>
<tr><td>M33×1.5</td><td>48</td><td>56.43</td></tr>
<tr><td>M36×1.5</td><td>52</td><td rowspan="5">6</td><td rowspan="5">3</td><td>64.51</td></tr>
<tr><td>M39×1.5</td><td>55</td><td>69.22</td></tr>
<tr><td>M42×1.5</td><td>58</td><td>73.92</td></tr>
<tr><td>M45×1.5</td><td>62</td><td>84.65</td></tr>
<tr><td>M48×1.5</td><td>68</td><td rowspan="6">10</td><td>136.5</td></tr>
<tr><td>M52×1.5</td><td>72</td><td rowspan="6">8</td><td rowspan="6">3.5</td><td>143.2</td></tr>
<tr><td>M56×2</td><td>78</td><td rowspan="19">1</td><td>171.9</td></tr>
<tr><td>M60×2</td><td>80</td><td>162.8</td></tr>
<tr><td>M64×2</td><td>85</td><td>183</td></tr>
<tr><td>M68×2</td><td>90</td><td>204.2</td></tr>
<tr><td>M72×2</td><td>95</td><td rowspan="7">12</td><td>271.9</td></tr>
<tr><td>M76×2</td><td>100</td><td rowspan="5">10</td><td rowspan="5">4</td><td>295.5</td></tr>
<tr><td>M80×2</td><td>105</td><td rowspan="13">1.5</td><td>325</td></tr>
<tr><td>M85×2</td><td>110</td><td>343.4</td></tr>
<tr><td>M90×2</td><td>115</td><td>361.8</td></tr>
<tr><td>M95×2</td><td>120</td><td>380.2</td></tr>
<tr><td>M100×2</td><td>125</td><td rowspan="4">12</td><td rowspan="4">5</td><td>391.1</td></tr>
<tr><td>M105×2</td><td>130</td><td rowspan="6">15</td><td>497.7</td></tr>
<tr><td>M110×2</td><td>135</td><td>520.7</td></tr>
<tr><td>M115×2</td><td>140</td><td>543.7</td></tr>
<tr><td>M120×2</td><td>145</td><td rowspan="6">14</td><td rowspan="6">6</td><td>549.8</td></tr>
<tr><td>M125×2</td><td>150</td><td>572.8</td></tr>
<tr><td>M130×2</td><td>160</td><td>740.5</td></tr>
<tr><td>M140×2</td><td>170</td><td rowspan="4">18</td><td>954.8</td></tr>
<tr><td>M150×2</td><td>180</td><td>1021</td></tr>
<tr><td>M160×3</td><td>195</td><td rowspan="5">1.5</td><td rowspan="5">2</td><td>1299</td></tr>
<tr><td>M170×3</td><td>205</td><td rowspan="4">16</td><td rowspan="4">7</td><td>1353</td></tr>
<tr><td>M180×3</td><td>220</td><td rowspan="3">22</td><td>2041</td></tr>
<tr><td>M190×3</td><td>230</td><td>2149</td></tr>
<tr><td>M200×3</td><td>240</td><td>2257</td></tr>
<tr><td rowspan="2">技术条件</td><td>材料</td><td colspan="2">螺纹公差</td><td colspan="4">热处理及表面处理</td></tr>
<tr><td>45 钢</td><td colspan="2">6H</td><td colspan="4">槽或全部热处理后 35~45HRC;调质 24~30HRC;氧化</td></tr>
</table>

圆螺母（摘自 GB/T 812—1988）

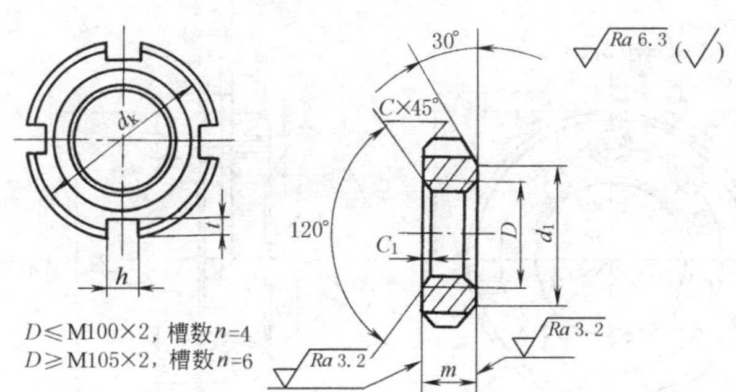

标记示例

螺纹规格 D =M16×1.5、材料 45 钢、槽或全部热处理后硬度 35~45HRC、表面氧化的圆螺母，标记为：

螺母　GB/T 812　M16×1.5

表 6-1-154　　mm

螺纹规格 D×P	d_k	d_1	m	h(最小)	t(最小)	C	C_1	每1000个的质量/kg≈
M10×1	22	16	8	4	2	0.5	0.5	16.82
M12×1.25	25	19						21.58
M14×1.5	28	20						26.82
M16×1.5	30	22		5	2.5			28.44
M18×1.5	32	24						31.19
M20×1.5	35	27						37.31
M22×1.5	38	30	10					54.91
M24×1.5	42	34				1		68.88
M25×1.5①								65.88
M27×1.5	45	37						75.49
M30×1.5	48	40						82.11
M33×1.5	52	43		6	3			92.32
M35×1.5①								84.99
M36×1.5	55	46				1.5		100.3
M39×1.5	58	49						107.3
M40×1.5①								102.5
M42×1.5	62	53						121.8
M45×1.5	68	59						153.6
M48×1.5	72	61	12	8	3.5			201.2
M50×1.5①								186.8
M52×1.5	78	67						238
M55×2①								214.4
M56×2	85	74					1	290.1
M60×2	90	79						320.3
M64×2	95	84						351.9
M65×2①								342.4
M68×2	100	88						380.2
M72×2	105	93	15	10	4			518
M75×2①								477.5
M76×2	110	98						562.4
M80×2	115	103						608.4
M85×2	120	108						640.6
M90×2	125	112	18	12	5			796.1
M95×2	130	117						834.7
M100×2	135	122						873.3
M105×2	140	127						895
M110×2	150	135		14	6			1076
M115×2	155	140	22					1369
M120×2	160	145						1423
M125×2	165	150						1477
M130×2	170	155						1531
M140×2	180	165	26					1937
M150×2	200	180		16	7			2651
M160×3	210	190				2	1.5	2810
M170×3	220	200						2970
M180×3	230	210	30					3610
M190×3	240	220						3794
M200×3	250	230						3978
技术条件	材料	螺纹公差		热处理及表面处理				
	45 钢	6H		槽或全部热处理后 35~45HRC；调质 24~30HRC；氧化				

① 多用于滚动轴承锁紧装置，易于买到。

带锁紧槽圆螺母

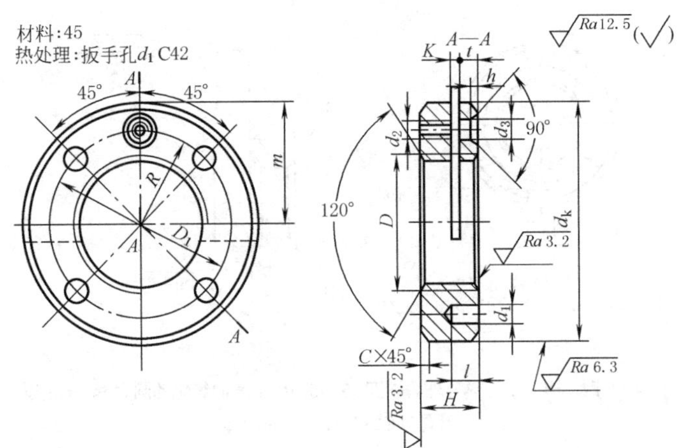

标记示例

细牙普通螺纹、直径 24mm、螺距 1.5mm 的带锁紧槽圆螺母，标记为：圆螺母　JB 24-59　M24×1.5

表 6-1-155　　mm

D×P	d_k	D_1 公称尺寸	D_1 允差	H 公称尺寸	H 允差	d_1 公称尺寸	d_1 允差	d_2	d_3	R	l	h 公称尺寸	h 允差	t	K	m	C	螺钉 GB 68—1985
M10×1	22	16	+0.12	6	−0.3	3	+0.25	M2	2.5	8	3	1.2	−0.3	1.2	1.5	15	0.2	M2×4
M12×1.25	25	18								9								
M16×1.5	30	22	+0.14	8	−0.36	3.5	+0.25	M3	3.6	11.5	4	1.5	−0.3	1.5	1.5	20	0.5	M3×6
M18×1.5	32	24					+0.3			12.5								
M20×1.5	35	27				4				13.5								
(M22×1.5)	38	30		10				M4	4.8	15	5	2	−0.4	2	2	25		M4×8
M24×1.5	42	34	+0.17							16.5							1	
(M27×1.5)	45					4.5				18						30		
M30×1.5	48	38								19.5	6							
(M33×1.5)	52	42						M5	6	20.5		2.5		3		35		M5×8
M36×1.5	55	46								23								
(M39×1.5)	58					5.5				24.5						40		
M42×1.5	62	54	+0.2							26	7							
(M45×1.5)	68									28.5						45		
M48×1.5	72	62		12	−0.43			M6	7	30		3		4	3			M6×10
(M52×1.5)	78					6.5				32.5						50		
M56×2	85	72					+0.36			35.5								
(M60×2)	90					7.5				38						55		
M64×2	95	80								40	8							
(M68×2)	100					9				42				5		60		M6×12
M72×2	105	90	+0.23	15						44	10						1.5	
(M76×2)	110							M8	9	46.5		4	−0.5					M8×12
M80×2	115	100								49								
(M85×2)	120									51						65		
M90×2	125	110		18						54				6				M8×15
(M95×2)	130									56.5								
M100×2	135	120								59						70		

注：1. 括号内规格尽量不用。

2. 表面发蓝处理。

3.7.6 垫圈及挡圈

表 6-1-156　　垫圈及挡圈汇总表

类别	名称	标准号及规格	特性和用途
圆形垫圈	平垫圈 C级	GB/T 95—2002 1.6~64	一般用于金属零件，以增加支承面，遮盖较大的孔眼，以及防止损伤零件表面。大垫圈多用于木制零件
	大垫圈 A和C级	GB/T 96.1(.2)—2002 3~36	
	平垫圈 A级	GB/T 97.1—2002 1.6~64	
	平垫圈倒角型A级	GB/T 97.2—2002 5~64	
	销轴用平垫圈	GB/T 97.3—2002 3~100	
	小垫圈 A级	GB/T 848—2002 1.6~36	
	特大垫圈 C级	GB/T 5287—2002 5~36	
	钢结构用高强度扭剪型螺栓连接副垫圈	GB/T 3632—2008 16~24	与本类高强度螺栓、螺母配套使用
	钢结构用高强度垫圈	GB/T 1230—2006 12~30	
	栓接结构用平垫圈淬火并回火	GB/T 18230.5—2000 12~30	与本类栓接结构用螺栓、螺母配套使用
	高强度螺栓专用垫圈	JB/ZQ 4080—2006 36~160	
异形垫圈	工字钢用方斜垫圈	GB/T 852—1988 6~36	用来将槽钢、工字钢翼缘之类倾斜面垫平，使螺母支承面垂直于螺杆，使螺杆免受弯曲
	槽钢用方斜垫圈	GB/T 853—1988 6~36	
	球面垫圈	GB/T 849—1988 6~48	球面垫圈和锥面垫圈配合使用，具有自动调位的作用，使螺母支承面与螺杆垂直，消除螺杆受的弯曲，多用于工装
	锥面垫圈	GB/T 850—1988 6~48	
弹簧垫圈及弹性垫圈	重型弹簧垫圈	GB/T 7244—1987 6~36	广泛用于经常拆开的连接处，靠弹性及斜口摩擦防止紧固件的松动
	轻型弹簧垫圈	GB/T 859—1987 3~30	
	标准弹簧垫圈	GB/T 93—1987 2~48	
	波形弹性垫圈	GB/T 955—1987 3~30	靠本身的弹性变形压紧紧固件不松动 波形——弹力大，变形小，着力均匀 鞍形——变形大，支承面积小
	鞍形弹性垫圈	GB/T 860—1987 2~10	
锁紧垫圈	锥形(锯齿)锁紧垫圈	GB/T 956.1(.2)—1987 3~12	圆周上具有许多翘齿、刺压在支承面上，能极其可靠地阻止紧固件松动，弹力均匀，防松效果良好，不宜用于材料较软或常拆卸处 内齿用于头部尺寸较小的螺钉头下，外齿应用较多，多用于螺栓头和螺母下，锥形用于沉孔中
	内(锯)齿锁紧垫圈	GB/T 861.1(.2)~—1987 2~20	
	外(锯)齿锁紧垫圈	GB/T 862.1(.2)~—1987 2~20	
止动垫圈	单耳止动垫圈	GB/T 854—1988 2.5~48	允许螺母拧紧在任意位置加以锁定
	双耳止动垫圈	GB/T 855—1988 2.5~48	
	外舌止动垫圈	GB/T 856—1988 2.5~48	
	圆螺母用止动垫圈	GB/T 858—1988 10~200	与圆螺母配合使用，主要用于滚动轴承的固定
挡圈	锥销锁紧挡圈	GB/T 883—1986 8~130	配合销钉、螺钉固定在轴上，防止轴肩零件轴向位移
	螺钉锁紧挡圈	GB/T 884—1986 8~200	
	带锁圈的螺钉锁紧挡圈	GB/T 885—1986 8~200	
	螺钉紧固轴端挡圈	GB/T 891—1986 20~100	用来锁紧固定在轴端的零件
	螺栓紧固轴端挡圈	GB/T 892—1986 20~100	
	钢丝锁圈	GB/T 921—1986 15~236	
	轴肩挡圈	GB/T 886—1986 30~120	套在轴上用以加大原有轴肩的支承面，多用于滚动轴承的安装
	孔用弹性挡圈A型	GB/T 893.1—1986 8~200	卡在轴槽或孔槽中供滚动轴承装入后止退用，钢丝挡圈也可定位其他零件，挡圈靠本身弹性便于装卸
	孔用弹性挡圈B型	GB/T 893.2—1986 20~200	
	轴用弹性挡圈A型	GB/T 894.1—1986 3~200	
	轴用弹性挡圈B型	GB/T 894.2—1986 20~200	
	孔用钢丝挡圈	GB/T 895.1—1986 7~125	
	轴用钢丝挡圈	GB/T 895.2—1986 4~125	
	夹紧挡圈	GB/T 960—1986 1.5~10	卡在轴槽中起轴肩作用，装入后收口装死不拆

平垫圈 C 级（摘自 GB/T 95—2002）、**平垫圈 A 级**（摘自 GB/T 97.1—2002）、**平垫圈倒角型 A 级**（摘自 GB/T 97.2—2002）

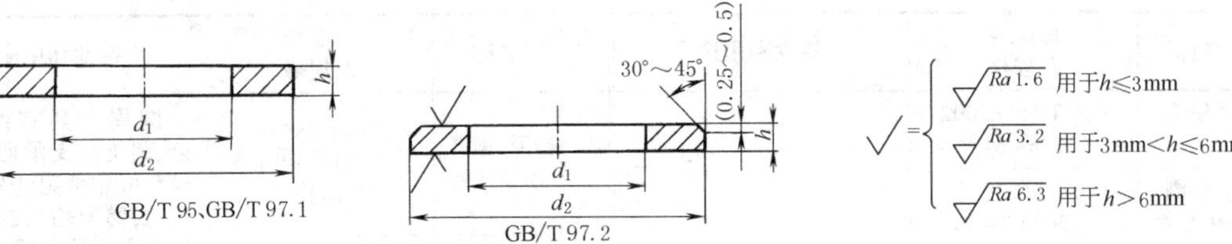

标记示例

标准系列、规格 8mm、由钢制造的硬度等级 200HV、不经表面处理、产品等级 A 级的平垫圈，标记为

垫圈 GB/T 97.1 8

不锈钢组别：A2、F1、C1、A4、C4（按 GB/T 3098.6）

表 6-1-157

规格(螺纹大径)		GB/T 95			GB/T 97.1			GB/T 97.2		
		内径 d_1	外径 d_2	厚度 h	内径 d_1	外径 d_2	厚度 h	内径 d_1	外径 d_2	厚度 h
优选尺寸	1.6	1.8	4	0.3	1.7	4	0.3	—	—	—
	2	2.4	5	0.3	2.2	5	0.3	—	—	—
	2.5	2.9	6	0.5	2.7	6	0.5	—	—	—
	3	3.4	7	0.5	3.2	7	0.5	—	—	—
	4	4.5	9	0.8	4.3	9	0.8	—	—	—
	5	5.5	10	1	5.3	10	1	5.3	10	1
	6	6.6	12	1.6	6.4	12	1.6	6.4	12	1.6
	8	9	16	1.6	8.4	16	1.6	8.4	16	1.6
	10	11	20	2	10.5	20	2	10.5	20	2
	12	13.5	24	2.5	13	24	2.5	13	24	2.5
	16	17.5	30	3	17	30	3	17	30	3
	20	22	37	3	21	37	3	21	37	3
	24	26	44	4	25	44	4	25	44	4
	30	33	56	4	31	56	4	31	56	4
	36	39	66	5	37	66	5	37	66	5
	42	45	78	8	45	78	8	45	78	8
	48	52	92	8	52	92	8	52	92	8
	56	62	105	10	62	105	10	62	105	10
	64	70	115	10	70	115	10	70	115	10
非优选尺寸	3.5	3.9	8	0.5	—	—	—	—	—	—
	14	15.5	28	2.5	15	28	2.5	15	28	2.5
	18	20	34	3	19	34	3	19	34	3
	22	24	39	3	23	39	3	23	39	3
	27	30	50	4	28	50	4	28	50	4
	33	36	60	5	34	60	5	34	60	5
	39	42	72	6	42	72	6	42	72	6
	45	48	85	8	48	85	8	48	85	8
	52	56	98	8	56	98	8	56	98	8
	60	66	110	10	66	110	10	66	110	10

技术条件和引用标准

材　料		钢	材料	硬度等级	硬度范围
力学性能	硬度等级	100HV	钢	200HV 300HV	200～300HV 300～370HV
	硬度范围	100～200HV			
精度等级		C(GB/T 95)、A(GB/T 97.1～2)	不锈钢	200HV	200～300HV

表面处理：不经表面处理，即垫圈应是本色的并涂有防锈油或按协议的涂层；电镀技术要求按 GB/T 5267.1；非电解锌片涂层技术要求按 GB/T 5267.2；对淬火回火的垫圈应采用适当的涂或镀工艺以免氢脆，当电镀或磷化处理垫圈时，应在电镀或涂层后立即进行适当处理，以驱除有害的氢脆，所有公差适用于镀或涂前尺寸

大垫圈A级（摘自GB/T 96.1—2002）、C级（摘自GB/T 96.2—2002）和小垫圈A级（摘自GB/T 848—2002）及特大垫圈C级（摘自GB/T 5287—2002）

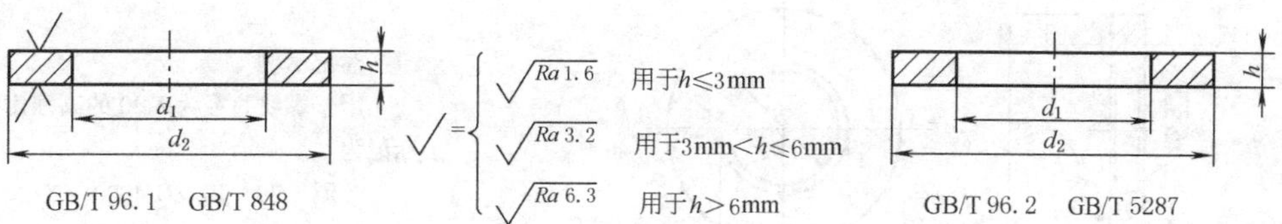

标记示例

大系列、公称规格8mm、由钢制造的硬度等级200HV级、不经表面处理、产品等级A级的平垫圈，标记为：垫圈　GB/T 96.1　8

大系列、公称规格8mm、由A2组不锈钢制造的硬度等级200HV级、不经表面处理、产品等级A级的平垫圈，标记为：

垫圈　GB/T 96.1　8　A2

大系列、公称规格8mm、由钢制造的硬度等级100HV级、不经表面处理、产品等级C级的平垫圈，标记为：垫圈　GB/T 96.2　8

不锈钢组别：A2、F1、C1、A4、C4（按GB/T 3098.6）

表6-1-158

规格(螺纹大径)		GB/T 96.1			GB/T 96.2			GB/T 848			GB/T 5287		
		内径 d_1	外径 d_2	厚度 h	内径 d_1	外径 d_2	厚度 h	内径 d_1	外径 d_2	厚度 h	内径 d_1	外径 d_2	厚度 h
优选尺寸	1.6	—	—	—	—	—	—	1.7	3.5	0.3	—	—	—
	2	—	—	—	—	—	—	2.2	4.5	0.3	—	—	—
	2.5	—	—	—	—	—	—	2.7	5	0.5	—	—	—
	3	3.2	9	0.8	3.4	9	0.8	3.2	6	0.5	—	—	—
	4	4.3	12	1	4.5	12	1	4.3	8	0.5	—	—	—
	5	5.3	15	1	5.5	15	1	5.3	9	1	5.5	18	2
	6	6.4	18	1.6	6.6	18	1.6	6.4	11	1.6	6.6	22	2
	8	8.4	24	2	9	24	2	8.4	15	1.6	9	28	3
	10	10.5	30	2.5	11	30	2.5	10.5	18	1.6	11	34	3
	12	13	37	3	13.5	37	3	13	20	2	13.5	44	4
	16	17	50	3	17.5	50	3	17	28	2.5	17.5	56	5
	20	21	60	4	22	60	4	21	34	3	22	72	6
	24	25	72	5	26	72	5	25	39	4	26	85	6
	30	33	92	6	33	92	6	31	50	4	33	105	6
	36	39	110	8	39	110	8	37	60	5	39	125	8
非优选尺寸	3.5	3.7	11	0.8	3.9	11	0.8	3.7	7	0.5	—	—	—
	14	15	44	3	15.5	44	3	15	24	2.5	15.5	50	4
	18	19	56	4	20	56	4	19	30	3	20	60	5
	22	23	66	5	24	66	5	23	37	3	24	80	6
	27	30	85	6	30	85	6	28	44	4	30	98	6
	33	36	105	6	36	105	6	34	56	5	36	115	8

技术条件和引用标准

材料		钢	材料	硬度等级	硬度范围
力学性能	硬度等级	100HV	钢	200HV 300HV	200~300HV 300~370HV
	硬度范围	100~200HV			
精度等级		C	不锈钢	200HV	200~300HV
表面处理：不经表面处理，即垫圈应是本色的并涂有防锈油或按协议的涂层；电镀技术要求按GB/T 5267.1；非电解锌片涂层技术要求按GB/T 5267.2；对淬火回火的垫圈应采用适当的涂或镀工艺以免氢脆，当电镀或磷化处理垫圈时，应在电镀或涂层后立即进行适当处理，以驱除有害的氢脆，所有公差适用于镀或涂前尺寸					

高强度螺栓专用垫圈（摘自 JB/ZQ 4080—2006）

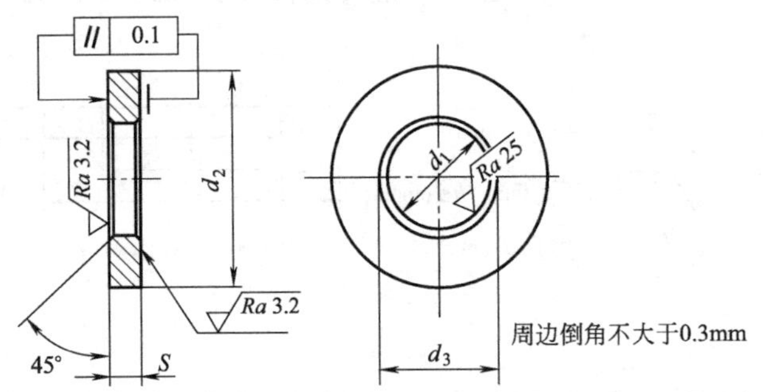

标记示例

用于螺纹直径为 M20 的高强度专用垫圈的标记为：

垫圈 20 JB/ZQ 4080—2006

表 6-1-159 mm

d_1	d_2		d_3	S	每个质量/kg	适用于螺纹直径	d_1	d_2		d_3	S	每个质量/kg	适用于螺纹直径
6.4	11	±1	7	2	0.001	M6	58	100	±2	64	11	0.52	M56
8.4	16		9.5	2.5	0.003	M8	66	110		72		0.60	M64
10.5	20		11.5		0.005	M10	74	120		80	12	0.75	M72
13	24	±1	14	3	0.007	M12	82	140	±5	88	14	1.11	M80
(15)	28		16	3.5	0.01	(M14)	93	160		98	11	1.67	M90
17	30		18	4	0.02	M16	104	175		108		1.95	M100
21	35	±1	23	4.5	0.03	M20	114	185	±5	118		2.09	M110
25	45		27	5	0.04	M24	(124)	210		128		2.83	(M120)
31	55		34	6	0.08	M30	129	220		133	22	4.30	M125
37	65	±2	40	7	0.13	M36	144	240	±5	148		5.00	M140
43	75		46	8	0.21	M42	164	270		168		6.24	M160
50	90		53	10	0.37	M48							

注：材料：钢。

用于螺纹规格小于或等于 M90 的垫圈，其材料的抗拉强度不小于 900N/mm^2。

用于螺纹规格 M100~M160 的垫圈，其材料的抗拉强度不低于 700N/mm^2。

钢结构用高强度垫圈（摘自 GB/T 1230—2006）
钢结构用高强度扭剪型螺栓连接副垫圈（摘自 GB/T 3632—2008）

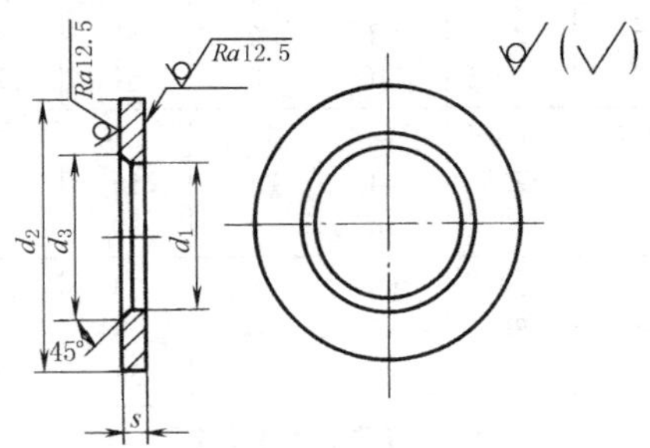

标记示例

规格 20mm、热处理硬度 35~45HRC 的钢结构用高强度垫圈，标记为：垫圈 GB/T 1230 20

表 6-1-160 mm

规格(螺纹大径)	12	16	20	(22)	24	(27)	30
d_1(最小)	13	17	21	23	25	28	31
d_2(最大)	25	33	40	42	47	52	56
d_3(最小)	16.03	19.23	24.32	26.32	28.32	32.84	35.84

续表

规格(螺纹大径)	12	16	20	(22)	24	(27)	30
s(最大)	3.8	4.8		5.8			
每1000个的质量/kg≈	10.47	23.40	33.55	43.34	55.76	66.52	75.42
技术条件 (GB/T 1231—1991)	推荐材料:45、35		性能等级:35~45HRC			产品等级:C	

注：1. GB/T 3632 垫圈用于钢结构用扭剪型高强度螺栓连接副，与螺栓和螺母配合使用，本表仅为垫圈尺寸，与之相配的螺栓见表 6-1-91，螺母见表 6-1-132。

2. GB/T 3632 垫圈无规格 12。

栓接结构用平垫圈淬火并回火（摘自 GB/T 18230.5—2000）

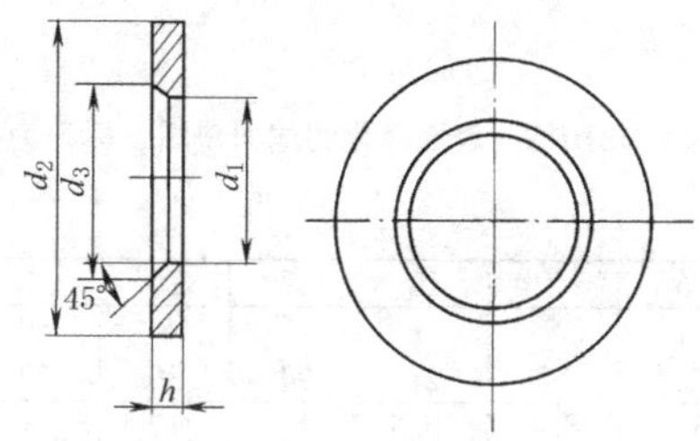

标记示例

规格 16mm 淬火并回火的栓接结构用平垫圈，标记为：垫圈　GB/T 18230.5　16

表 6-1-161

mm

规格(螺纹大径)		12	16	20	(22)	24	(27)	30	36
d_1	最小	13	17	21	23	25	28	31	37
	最大	13.43	17.43	21.52	23.52	25.52	28.52	31.62	37.62
d_2	最小	23.7	31.4	38.4	40.4	45.4	50.1	54.1	64.1
	最大	25	33	40	42	47	52	56	66
h	公称	3	4	4	5	5	5	5	5
	最小	2.5	3.5	3.5	4.5	4.5	4.5	4.5	4.5
	最大	3.8	4.8	4.8	5.8	5.8	5.8	5.8	5.8
d_3	最小	15.2	19.2	24.4	26.4	28.4	32.4	35.4	42.4
	最大	16.04	20.04	25.24	27.44	29.44	33.4	36.4	43.4
技术条件		材料	硬度	产品等级	表面处理				
					常规的	可选择的			
		钢	35~45 HRC	d_1:A d_2、d_3:C h:IT17	氧化	电镀锌 GB/T 5267	电镀镉 GB/T 5267	热浸镀锌 GB/T 13912	粉末渗锌 JB/T 5067

注：1. 热浸镀锌垫圈的最低硬度为 26HRC。

2. 尽可能不采用括号内的规格。

3. 可选择的四种热处理必须有驱氢措施。

球面垫圈（摘自 GB/T 849—1988）

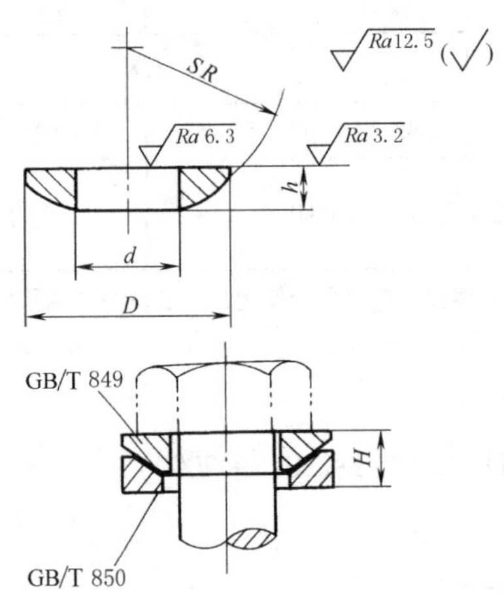

锥面垫圈（摘自 GB/T 850—1988）

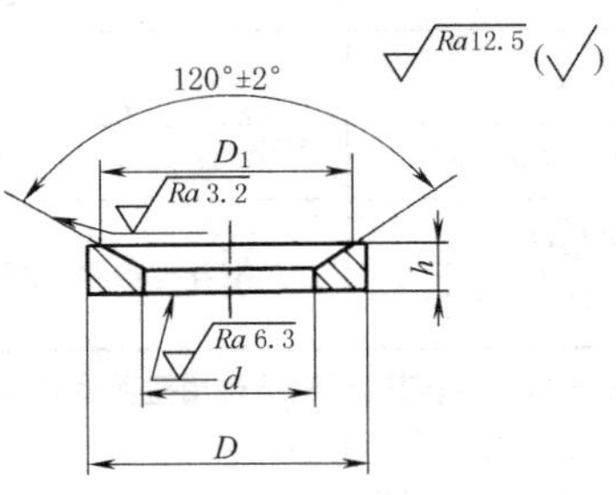

标记示例

规格 16mm、材料 45 钢、热处理硬度 40~48HRC、表面氧化的球面垫圈，标记为：垫圈 GB/T 849 16

表 6-1-162 mm

规格(螺纹大径)		6	8	10	12	16	20	24	30	36	42	48
$H\approx$		4	5	6	7	8	10	13	16	19	24	30
D(最大)		12.5	17	21	24	30	37	44	56	66	78	92
GB/T 849	d(最小)	6.4	8.4	10.5	13	17	21	25	31	37	43	50
	h(最大)	3	4	4	5	6	6.6	9.6	9.8	12	16	20
	SR	10	12	16	20	25	32	36	40	50	63	70
每 1000 个的质量/kg≈		0.97	2.52	3.71	5.93	10.88	17.86	38.79	63.95	108.7	211.9	376.5
GB/T 850	d(最小)	8	10	12.5	16	20	25	30	36	43	50	60
	h(最大)	2.6	3.2	4	4.7	5.1	6.6	6.8	9.9	14.3	14.4	17.4
	D_1	12	16	18	23.5	29	34	38.5	45.2	64	69	78.6
每 1000 个的质量/kg≈		0.91	2.34	5.2	6.12	10.5	22.69	34.54	96.88	165.8	260.9	448.6
技术条件		材料:45		性能等级:40~48HRC			表面处理:氧化					

注：GB/T 849 球面、GB/T 850 锥面（120°）如需抛光应在订单中注明。

工字钢用方斜垫圈（摘自 GB/T 852—1988）

槽钢用方斜垫圈（摘自 GB/T 853—1988）

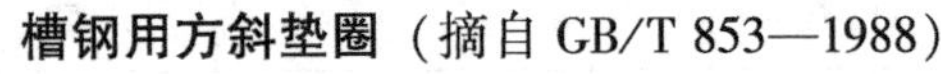

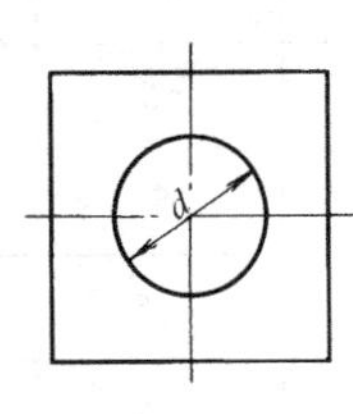

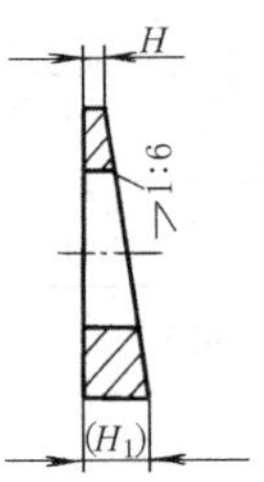

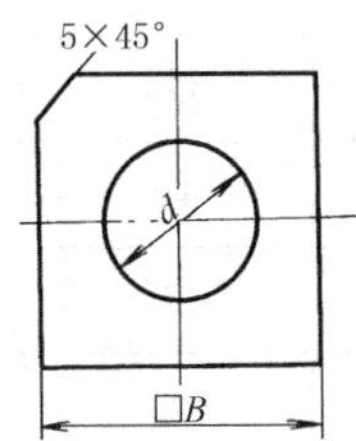

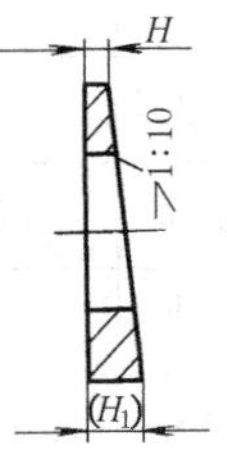

标记示例

规格 16mm、材料 Q235、不经表面处理的工字钢用方斜垫圈，标记为：垫圈 GB/T 852 16

表 6-1-163 mm

规格(螺纹大径)		6	8	10	12	16	(18)	20	(22)	24	(27)	30	36
d(最小)		6.6	9	11	13.5	17.5	20	22	24	26	30	33	39
B		16	18	22	28	35	40	40	40	50	50	60	70
H		2					3						
H_1	GB/T 852	4.7	5	5.7	6.7	7.8	9.7	9.7	9.7	11.3	11.3	13	14.7
	GB/T 853	3.6	3.8	4.2	4.8	5.4	7	7	7	8	8	9	10
每 1000 个的质量/kg≈	GB/T 852	5.8	7.11	11.69	21.76	37.6	56.9	60.47	63.73	99.91	109.8	171.3	255.9
	GB/T 853	4.75	5.79	9.31	16.9	28.22	44.61	47.43	50	76.78	84.33	128.3	187.7

注：1. 材料：Q235。

2. 全部为商品规格。尽可能不采用括号内的规格。

销轴用平垫圈（摘自 GB/T 97.3—2000）

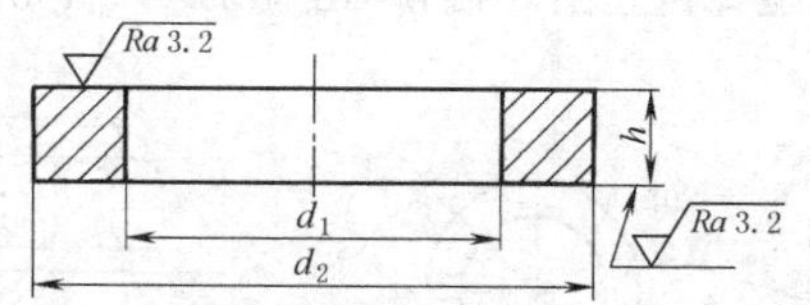

标记示例

规格 8mm、性能等级 160HV、不经表面处理的销轴用平垫圈，标记为：垫圈　GB/T 97.3　8

表 6-1-164

mm

规格（螺纹大径）	内径 d_1		外径 d_2		厚度 h		
	公称(最小)	最大	公称(最大)	最小	公称	最大	最小
3	3	3.14	6	5.70	0.8	0.9	0.7
4	4	4.18	8	7.64	0.8	0.9	0.7
5	5	5.18	10	9.64	1	1.1	0.9
6	6	6.18	12	11.57	1.6	1.8	1.4
8	8	8.22	15	14.57	2	2.2	1.8
10	10	10.22	18	17.57	2.5	2.7	2.3
12	12	12.27	20	19.48	3	3.3	2.7
14	14	14.27	22	21.48	3	3.3	2.7
16	16	16.27	24	23.48	3	3.3	2.7
18	18	18.27	28	27.48	4	4.3	3.7
20	20	20.33	30	29.48	4	4.3	3.7
22	22	22.33	34	33.38	4	4.3	3.7
24	24	24.33	37	36.38	4	4.3	3.7
25	25	25.33	38	37.38	4	4.3	3.7
27	27	27.52	39	38	5	5.6	4.4
28	28	28.52	40	39	5	5.6	4.4
30	30	30.52	44	43	5	5.6	4.4
32	32	32.62	46	45	5	5.6	4.4
33	33	33.62	47	46	5	5.6	4.4
36	36	36.62	50	49	6	6.6	5.4
40	40	40.62	56	54.8	6	6.6	5.4
45	45	45.62	60	58.8	6	6.6	5.4
50	50	50.62	66	64.8	8	9	7
55	55	55.74	72	70.8	8	9	7
60	60	60.74	78	76.8	10	11	9
70	70	70.74	92	90.6	10	11	9
80	80	80.74	98	96.6	12	13.2	10.8
90	90	90.87	110	108.6	12	13.2	10.8
100	100	100.87	120	118.6	12	13.2	10.8

技术条件		
技术条件	材　料	钢
	性能等级	160HV
	公差等级	A
	表面处理	不经处理;镀锌钝化按 GB/T 5267;磷化按 GB/T 11367;其他表面镀层或表面处理,应按供需双方协议

标准型弹簧垫圈（摘自 GB/T 93—1987）、轻型弹簧垫圈（摘自 GB/T 859—1987）、重型弹簧垫圈（摘自 GB/T 7244—1987）

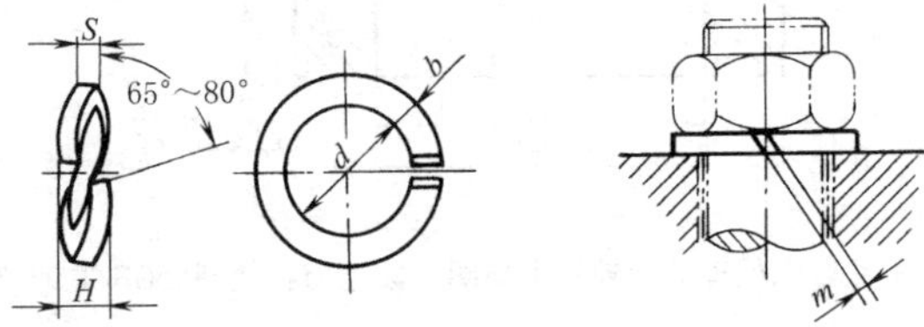

标记示例

规格 16mm、材料 65Mn、表面氧化的标准型弹簧垫圈，标记为：垫圈　GB/T 93　16

表 6-1-165　　mm

规格（螺纹大径）	d（最小）	GB/T 93				GB/T 859					GB/T 7244				
		S(b)（公称）	H（最大）	m≤	每 1000 个的质量/kg≈	S（公称）	b（公称）	H（最大）	m≤	每 1000 个的质量/kg≈	S（公称）	b（公称）	H（最大）	m≤	每 1000 个的质量/kg≈
2	2.1	0.5	1.25	0.25	0.01	—	—	—	—	—	—	—	—	—	—
2.5	2.6	0.65	1.63	0.33	0.01	—	—	—	—	—	—	—	—	—	—
3	3.1	0.8	2	0.4	0.02	0.6	1	1.5	0.3	0.03	—	—	—	—	—
4	4.1	1.1	2.75	0.55	0.05	0.8	1.2	2	0.4	0.05	—	—	—	—	—
5	5.1	1.3	3.25	0.65	0.08	1.1	1.5	2.75	0.55	0.11	—	—	—	—	—
6	6.1	1.6	4	0.8	0.15	1.3	2	3.25	0.65	0.21	1.8	2.6	4.5	0.9	0.39
8	8.1	2.1	5.25	1.05	0.35	1.6	2.5	4	0.8	0.43	2.4	3.2	6	1.2	0.84
10	10.2	2.6	6.5	1.3	0.68	2	3	5	1	0.81	3	3.8	7.5	1.5	1.56
12	12.2	3.1	7.75	1.55	1.15	2.5	3.5	6.25	1.25	1.41	3.5	4.3	8.75	1.75	2.44
(14)	14.2	3.6	9	1.8	1.81	3	4	7.5	1.5	2.24	4.1	4.8	10.25	2.05	3.69
16	16.2	4.1	10.25	2.05	2.68	3.2	4.5	8	1.6	3.08	4.8	5.3	12	2.4	5.4
(18)	18.2	4.5	11.25	2.25	3.65	3.6	5	9	1.8	4.31	5.3	5.8	13.25	2.65	7.31
20	20.2	5	12.5	2.5	5	4	5.5	10	2	5.84	6	6.4	15	3	10.11
(22)	22.5	5.5	13.75	2.75	6.76	4.5	6	11.25	2.25	7.96	6.6	7.2	16.5	3.3	13.97
24	24.5	6	15	3	8.76	5	7	12.5	2.5	11.2	7.1	7.5	17.75	3.55	16.96
(27)	27.5	6.8	17	3.4	12.6	5.5	8	13.75	2.75	16.04	8	8.5	20	4	24.33
30	30.5	7.5	18.75	3.75	17.02	6	9	15	3	21.89	9	9.3	22.5	4.5	33.11
(33)	33.5	8.5	21.25	4.25	23.84	—	—	—	—	—	9.9	10.2	24.75	4.95	43.86
36	36.5	9	22.5	4.5	29.32	—	—	—	—	—	10.8	11	27	5.4	56.13
(39)	39.5	10	25	5	38.92	—	—	—	—	—	—	—	—	—	—
42	42.5	10.5	26.25	5.25	46.44	—	—	—	—	—	—	—	—	—	—
(45)	45.5	11	27.5	5.5	54.84	—	—	—	—	—	—	—	—	—	—
48	48.5	12	30	6	69.2	—	—	—	—	—	—	—	—	—	—

注：1. 标记示例中的材料为最常用的主要材料，其他技术条件按 GB/T 94.1 规定。

2. 本表为商品紧固件品种，应优先选用。尽量不采用括号内的规格。

3. m 应大于零。

内齿锁紧垫圈（摘自 GB/T 861.1—1987）内锯齿锁紧垫圈（摘自 GB/T 861.2—1987）外齿锁紧垫圈（摘自 GB/T 862.1—1987）外锯齿锁紧垫圈（摘自 GB/T 862.2—1987）

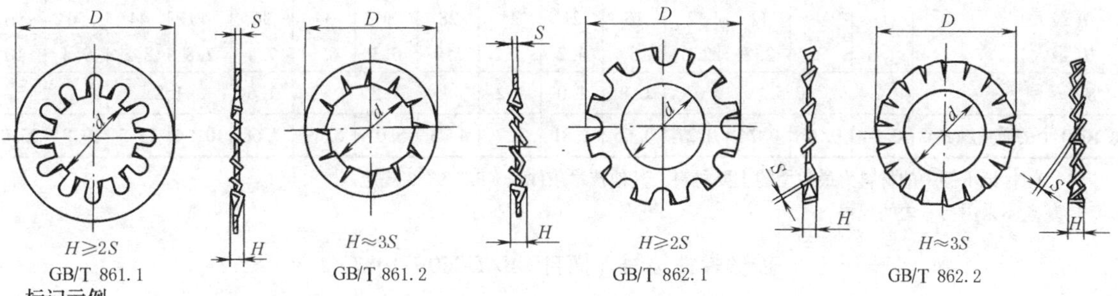

标记示例

规格 6mm、材料 65Mn、表面氧化的内齿锁紧垫圈，标记为：垫圈 GB/T 861.1 6

表 6-1-166

mm

规格(螺纹大径)		2	2.5	3	4	5	6	8	10	12	(14)	16	(18)	20
d(最小)		2.2	2.7	3.2	4.3	5.3	6.4	8.4	10.5	12.5	14.5	16.5	19	21
D(最大)		4.5	5.5	6	8	10	11	15	18	20.5	24	26	30	33
S		0.3		0.4	0.5	0.6		0.8	1.0		1.2		1.5	
齿数	GB/T 861.1 GB/T 862.1	6			8				9	10		12		
	GB/T 861.2 GB/T 862.2	7 9			8 11		9 12	10 14	12 16		14 18			16 20
每 1000 个的质量 /kg≈	GB/T 861.2	0.02	0.04	0.05	0.12	0.24	0.26	0.69	1.22	1.49	2.51	2.77	4.67	5.58
	GB/T 862.2	0.02	0.03	0.05	0.08	0.24	0.24	0.79	1.4	1.44	2.88	2.73	5.44	6.37
	GB/T 861.1	0.02	0.02	0.04	0.09	0.18	0.19	0.54	0.92	1.08	1.94	2.07	3.66	4.34
	GB/T 862.1	0.02	0.03	0.04	0.1	0.18	0.21	0.47	0.8	1.12	1.69	2.1	3.14	3.8

注：1. 标记示例中的材料为最常用的主要材料，其他技术条件按 GB/T 94.2 规定。

2. 本表为商品紧固件品种，应优先选用。尽量不采用括号内的规格。

波形弹性垫圈（摘自 GB/T 955—1987）

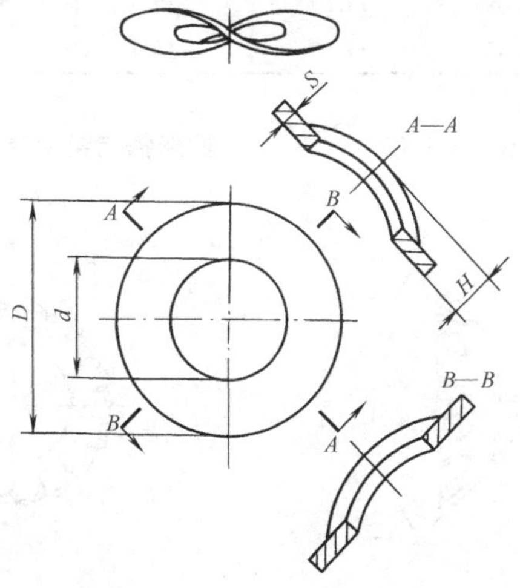

标记示例

规格 6mm、材料 65Mn、表面氧化的波形弹性垫圈，标记为：垫圈 GB/T 955 6

表 6-1-167 mm

规格(螺纹大径)	3	4	5	6	8	10	12	(14)	16	(18)	20	(22)	24	(27)	30
d(最小)	3.2	4.3	5.3	6.4	8.4	10.5	13	15	17	19	21	23	25	28	31
D(最大)	8	9	11	12	15	21	24	28	30	34	36	40	44	50	56
H(最大)	1.6	2	2.2	2.6	3	4.2	5	5.9	6.3	6.5	7.4	7.8	8.2	9.4	10
S	0.5				0.8	1.0	1.2	1.5			1.6	1.8		2	
每1000个的质量/kg≈	0.14	0.16	0.24	0.27	0.66	1.81	2.7	4.71	5.07	6.69	7.68	10.94	13.5	19.81	25.02

注：1. 标记示例中的材料为最常用的主要材料，其他技术条件按 GB/T 94.3 规定。
2. 尽量不采用括号内的规格。

鞍形弹性垫圈（摘自 GB/T 860—1987）

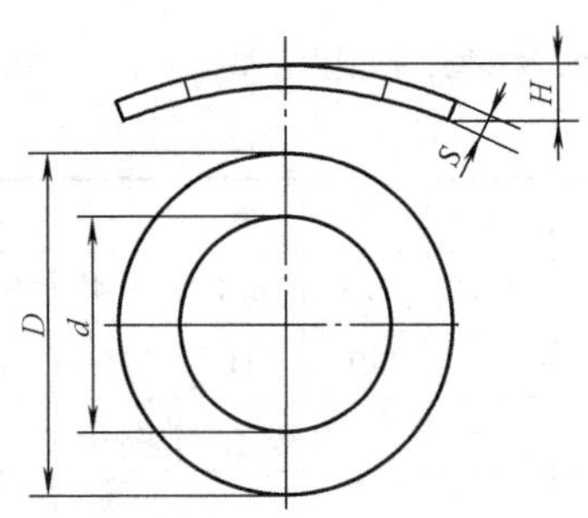

标记示例

规格 6mm、材料 65Mn、表面氧化的鞍形弹性垫圈，标记为：垫圈 GB/T 860

表 6-1-168 mm

规格(螺纹大径)	*d*		*D*		*H*		*S*
	最小	最大	最小	最大	最小	最大	
2	2.2	2.45	4.2	4.5	0.5	1	0.3
2.5	2.7	2.95	5.2	5.5	0.55	1.1	0.3
3	3.2	3.5	5.7	6	0.65	1.3	0.4
4	4.3	4.6	7.64	8	0.8	1.6	0.5
5	5.3	5.6	9.64	10	0.9	1.8	0.5
6	6.4	6.76	10.57	11	1.1	2.2	0.5
8	8.4	8.76	14.57	15	1.7	3.4	0.5
10	10.5	10.93	17.57	18	2	4	0.8

锥形锁紧垫圈（摘自 GB/T 956.1—1987）

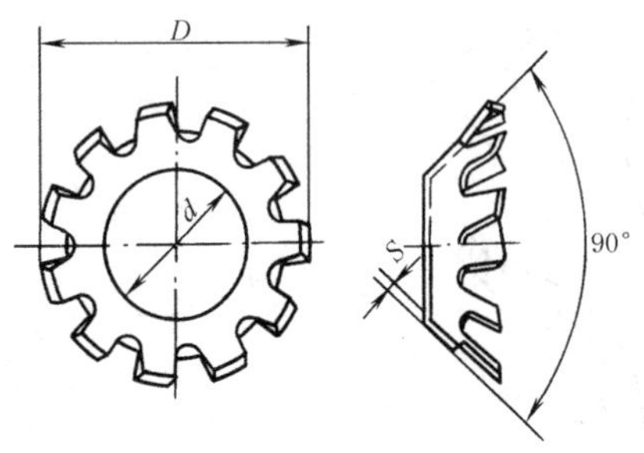

锥形锯齿锁紧垫圈（摘自 GB/T 956.2—1987）

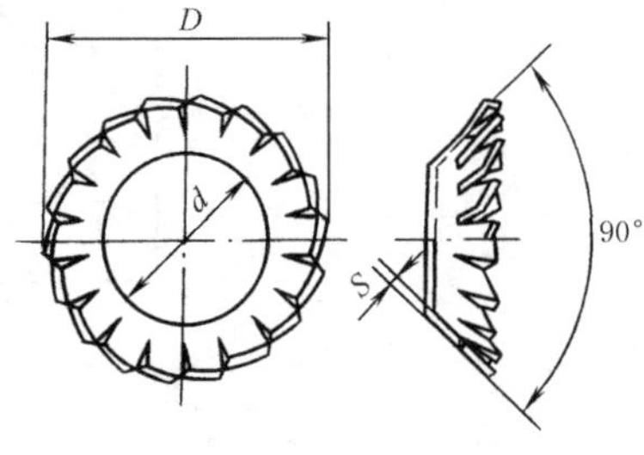

标记示例

规格 6mm、材料 65Mn、表面氧化的锥形锁紧垫圈，标记为：垫圈 GB/T 956.1 6

表 6-1-169

mm

规格(螺纹大径)		3	4	5	6	8	10	12
d(最小)		3.2	4.3	5.3	6.4	8.4	10.5	12.5
$D\approx$		6	8	9.8	11.8	15.3	19	23
S		0.4	0.5	0.6	0.6	0.8	1.0	1.0
齿数	GB/T 956.1	6	8	8	10	10	10	10
	GB/T 956.2	12	14	14	16	18	20	26

注：同表 6-1-165 注 1。

单耳止动垫圈（摘自 GB/T 854—1988）

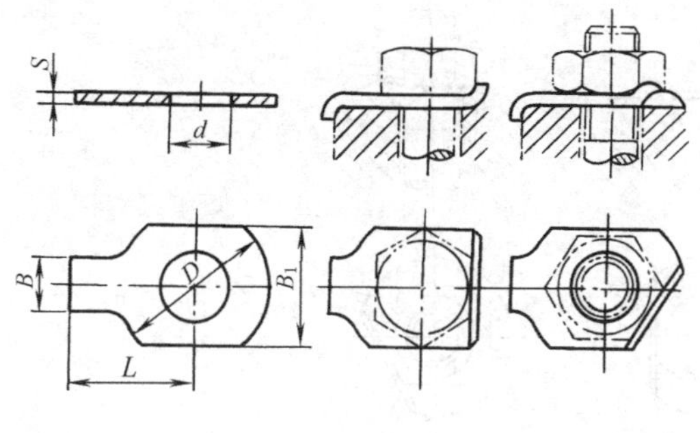

双耳止动垫圈（摘自 GB/T 855—1988）

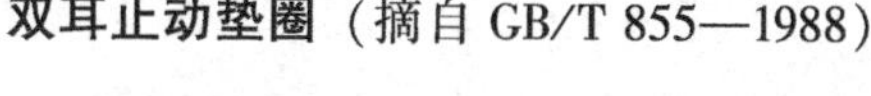

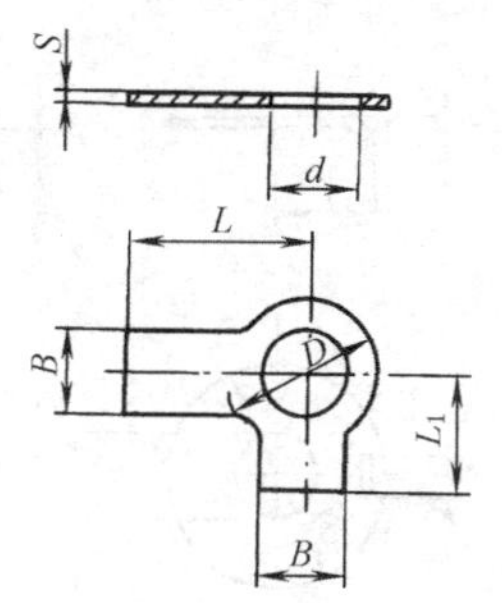

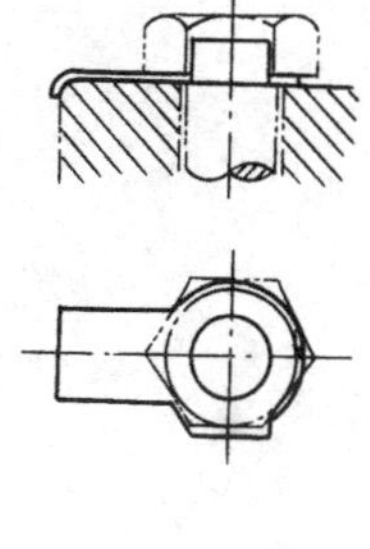

标记示例

规格 10mm、材料 Q215、经退火、不经表面处理的单耳止动垫圈，标记为：垫圈 GB/T 854 10

表 6-1-170

mm

规格(螺纹大径)	d(最小)	L(公称)	L_1	S	B	B_1	D(最大) 单耳	D(最大) 双耳	每1000个的质量/kg≈ 单耳	每1000个的质量/kg≈ 双耳
2.5	2.7	10	4	0.4	3	6	8	5	0.17	0.12
3	3.2	12	5		4	7	10	5	0.25	0.17
4	4.2	14	7		5	9	14	8	0.42	0.3
5	5.3	16	8	0.5	6	11	17	9	0.74	0.48
6	6.4	18	9		7	12	19	11	0.91	0.64
8	8.4	20	11		8	16	22	14	1.27	0.81
10	10.5	22	13		10	19	26	17	1.7	1.11
12	13	28	16	1	12	21	32	22	4.8	3.43
(14)	15					25			5.12	3.78
16	17	32	20		15	32	40	27	8.21	5.32
(18)	19	36	22		18	38	45	32	10.93	7.27
20	21								11.83	7.78
(22)	23	42	25		20	39	50	36	12.61	8.43
24	25					42			13.68	9.01

续表

规格（螺纹大径）	d（最小）	L（公称）	L_1	S	B	B_1	D（最大）		每1000个的质量/kg≈	
							单耳	双耳	单耳	双耳
(27)	28	48	30	1.5	24	48	58	41	25.81	17.54
30	31	52	32		26	55	63	46	31.17	20.95
36	37	62	38		30	65	75	55	43.81	29.39
42	43	70	44		35	78	88	65	60.28	39.81
48	50	80	50		40	90	100	75	77.9	51.84

注：全部为商品规格。尽量不采用括号内的规格。

外舌止动垫圈（摘自GB/T 856—1988）

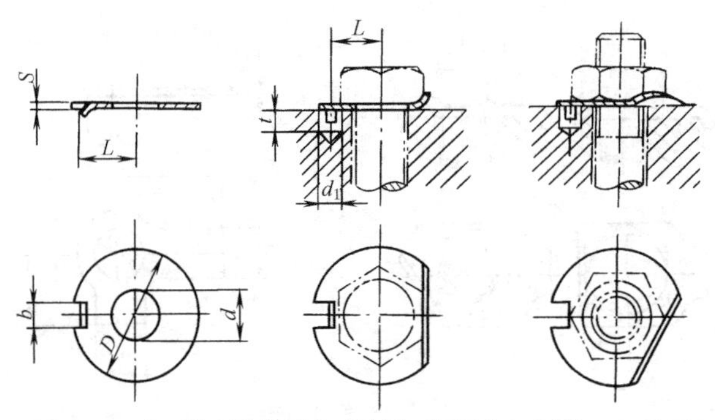

标记示例

规格10mm、材料Q235、经退火、不经表面处理的外舌止动垫圈，标记为：垫圈 GB/T 856 10

表6-1-171 mm

规格（螺纹大径）	d（最小）	D（最大）	b（最大）	L（公称）	S	d_1	t	每1000个的质量/kg≈
2.5	2.7	10	2	3.5	0.4	2.5	3	0.21
3	3.2	12	2.5	4.5		3		0.3
4	4.2	14	2.5	5.5				0.41
5	5.3	17	3.5	7	0.5	4	4	0.75
6	6.4	19	3.5	7.5				0.92
8	8.4	22	3.5	8.5				1.2
10	10.5	26	4.5	10		5	5	1.65
12	13	32	4.5	12	1		6	4.65
(14)	15	32	4.5	12				5
16	17	40	5.5	15		6		7.73
(18)	19	45	6	18		7	7	9.36
20	21	45	6	18				9.85
(22)	23	50	7	20		8		11.11
24	25	50	7	20				11.7
(27)	28	58	8	23	1.5	9	10	22.92
30	31	63	8	25				26.79
36	37	75	11	31		12		38.09
42	43	88	11	36			12	52.77
48	50	100	13	40		14	13	67.33

注：尽量不采用括号内的规格。

圆螺母用止动垫圈（摘自 GB/T 858—1988）

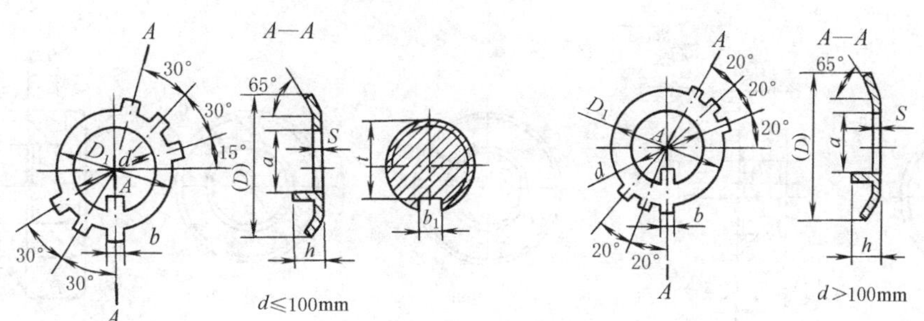

标记示例

规格 16mm、材料 Q215、经退火、表面氧化的圆螺母用止动垫圈，标记为：垫圈　GB/T 858　16

表 6-1-172

mm

规格（螺纹大径）	d	D（参考）	D_1	S	b	a	h	每1000个的质量/kg≈	轴端 b_1	轴端 t	规格（螺纹大径）	d	D（参考）	D_1	S	b	a	h	每1000个的质量/kg≈	轴端 b_1	轴端 t
10	10.5	25	16	1	3.8	8	3	1.91	4	7	64	65	100	84	1.5	7.7	61	6	30.35	8	60
12	12.5	28	19			9		2.3		8	65①	66	100	84			62		31.55		—
14	14.5	32	20			11		2.5		10	68	69	105	88		9.6	65		33.9	10	64
16	16.5	34	22		4.8	13		2.99	5	12	72	73	110	93			69	7	34.69		68
18	18.5	35	24			15	4	3.04		14	75①	76	110	93			71		37.9		—
20	20.5	38	27			17		3.5		16	76	77	115	98			72		41.27		70
22	22.5	42	30			19		4.14		18	80	81	120	103			76		44.7		74
24	24.5	45	34			21		5.01		20	85	86	125	108			81		46.72		79
25①	25.5	45	34			22		5.4		—	90	91	130	112	2	11.6	86		64.82	12	84
27	27.5	48	37			24	5	5.7		23	95	96	135	117			91		67.4		89
30	30.5	52	40			27		5.87		26	100	101	140	122			96		69.97		94
33	33.5	56	43	1.5	5.7	30		8.75	6	29	105	106	145	127			101		72.54		99
35①	35.5	56	43			32		10.01		—	110	111	156	135		13.5	106		89.08	14	104
36	36.5	60	46			33		10.33		32	115	116	160	140			111		91.33		109
39	39.5	62	49			36		10.76		35	120	121	166	145			116		94.96		114
40①	40.5	62	49			37		11.06		—	125	126	170	150			121		97.21		119
42	42.5	66	53			39		12.55		38	130	131	176	155			126		100.8		122
45	45.5	72	59			42		16.3		41	140	141	186	165			136		106.7		132
48	48.5	76	61		7.7	45	6	15.86	8	44	150	151	206	180	2.5	15.5	146		175.9	16	142
50①	50.5	76	61			47		17.67		—	160	161	216	190			156	8	185.1		149
52	52.5	82	67			49		17.68		48	170	171	226	200			166		194		159
55①	56	82	67			52		21.12		—	180	181	236	210			176		202.9		169
56	57	90	74			53		26		52	190	191	246	220			186		211.7		179
60	61	94	79			57		28.4		56	200	201	256	230			196		220.6		189

① 仅用于滚动轴承锁紧装置。

锥销锁紧挡圈（摘自 GB/T 883—1986）　　　　**螺钉锁紧挡圈**（摘自 GB/T 884—1986）

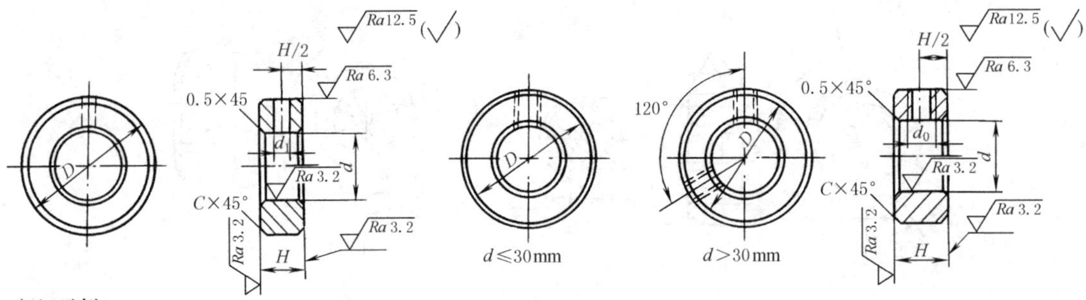

标记示例

公称直径 d=20mm、材料 Q215、不经表面处理的锥销锁紧挡圈，标记为：挡圈　GB/T 883　20

表 6-1-173　　　　mm

公称直径 d		H		D	GB/T 883				GB/T 884			
基本尺寸	极限偏差	基本尺寸	极限偏差		d_1	C	圆锥销 GB/T 117（推荐）	每1000个的质量 /kg≈	d_0	C	螺钉 GB/T 71（推荐）	每1000个的质量 /kg≈
8	+0.036 0	10	0 −0.36	20	3	0.5	3×22	20.25	M5	0.5	M5×8	19.85
(9)		10		22				23.19				22.79
10		10						24.33				23.89
12	+0.043 0	10		25			3×25	27.6				27.2
(13)		10						29.11				28.67
14		12	0 −0.43	28	4		4×28	42.54	M6	1	M6×10	42
(15)		12		30			4×32	46.66				46.12
16		12						48.89				48.31
(17)		12		32				50.77				50.23
18		12						53.3				52.72
(19)	+0.052 0	12		35			4×35	59.91				59.33
20		12						62.73				62.11
22		12		38	5	1	5×40	69.35				69.17
25		14		42			5×45	96.39	M8		M8×12	95
28		14		45				105.1				103.7
30		14		48	6		6×50	118.4				117.6
32	+0.062 0	14		52			6×55	141.9				137.8
35		16		56				185	M10		M10×16	176.8
40		16		62			6×60	217.5				209
45		18		70			6×70	314.3				304.6

续表

公称直径 d		H		D	GB/T 883				GB/T 884			
基本尺寸	极限偏差	基本尺寸	极限偏差		d_1	C	圆锥销 GB/T 117（推荐）	每1000个的质量/kg≈	d_0	C	螺钉 GB/T 71（推荐）	每1000个的质量/kg≈
50	+0.062 0	18	0 −0.43	80	8	1	8×80	424.2	M10	1	M10×20	415.1
55	+0.074 0	18		85			8×90	457.3				448.2
60		20	0 −0.52	90				545.5				536.4
65		20		95	10		10×100	578.9				573.1
70		20		100				615.7				609.9
75		22		110			10×110	861.9	M12		M12×25	847.4
80		22		115			10×120	909.1				894.7
85	+0.087 0	22		120				956.3				941.7
90		22		125				1004				988.9
95		25		130		1.5	10×130	1195		1.5		1181
100		25		135			10×140	1249				1234
105		25		140				1303				1288
110		30		150	12		12×150	1894				1882
115		30		155				1967				1956
120		30		160			12×160	2041				2030
(125)	+0.100 0	30		165				2114				2103
130		30		170			12×180	2188				2177
(135)		30		175								2250
140		30		180								2324
(145)		30		190							M12×30	2738
150		30		200								3180
160		30		210								3364
170		30		220								3548
180		30		230								3731
190	+0.115 0	30		240								3915
200		30		250								4099

注：1. 锥销锁紧挡圈的 d_1 孔在加工时只钻一面，如图示，在装配时钻透并铰孔。

2. 标记示例中的材料为最常用的主要材料，其他技术条件按 GB/T 959.3 规定。

3. 尽量不采用括号内的规格。

带锁圈的螺钉锁紧挡圈（摘自 GB/T 885—1986）　　**钢丝锁圈**（摘自 GB/T 921—1986）

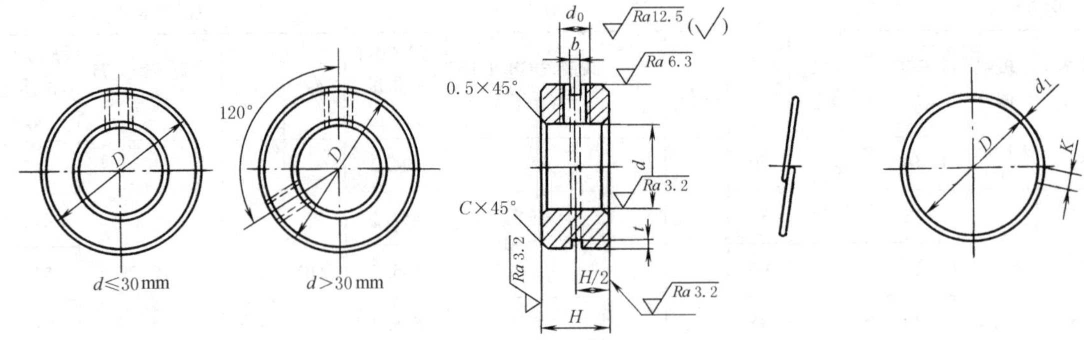

标记示例

公称直径 d=20mm、材料 Q215、不经表面处理的带锁圈的螺钉锁紧挡圈，标记为：挡圈　GB/T 885　20

公称直径 D=30mm、材料碳素弹簧钢丝、经低温回火及表面氧化处理的锁圈，标记为：锁圈　GB/T 921　30

表 6-1-174　　mm

GB/T 885													GB/T 921			
公称直径 d		H		b		t		D	d_0	C	螺钉 GB/T 71（推荐）	每 1000 个的质量 /kg≈	公称直径 D	d_1	K	每 1000 个的质量 /kg≈
基本尺寸	极限偏差	基本尺寸	极限偏差	基本尺寸	极限偏差	基本尺寸	极限偏差									
8	+0.036 0	10	0 -0.36	1	+0.20 +0.06	1.8	±0.18	20	M5	0.5	M5×8	19	15	0.7	2	0.15
(9)		10		1		1.8		22				22	17			0.17
10		10		1		1.8						23				
12	+0.043 0	10		1		1.8		25				26	20			0.2
(13)		10		1		1.8						28				
14		12	0 -0.43	1		2	±0.20	28	M6	1	M6×10	41	23	0.8	3	0.3
15		12		1		2		30				45	25			0.33
16		12		1		2						47				
17		12		1		2		32				51	27			0.35
18		12		1		2						58				
(19)	+0.052 0	12		1		2		35				59	30			0.39
20		12		1		2						61				
22		12		1		2		38				67	32			0.42
25		14		1.2	+0.31 +0.06	2.5	±0.25	42	M8		M8×12	92	35	1	6	0.73
28		14		1.2		2.5		45				101	38			0.79
30		14		1.2		2.5		48				114	41			0.85
32	+0.062 0	14		1.2		2.5		52				134	44			0.9

续表

GB/T 885													GB/T 921			
公称直径 d		H		b		t		D	d_0	C	螺钉 GB/T 71（推荐）	每1000个的质量/kg≈	公称直径 D	d_1	K	每1000个的质量/kg≈
基本尺寸	极限偏差	基本尺寸	极限偏差	基本尺寸	极限偏差	基本尺寸	极限偏差									
35	+0.062 0	16	0 −0.43	1.6	+0.31 +0.06	3	±0.30	56	M10	1	M10×16	171	47	1.4	6	1.9
40		16		1.6		3		62				202	54			2.16
45		18		1.6		3		70				297	62			2.46
50		18		1.6		3		80			M10×20	406	71		9	2.84
55	+0.074 0	18		1.6		3		85				439	76			3.03
60		20	0 −0.52	1.6		3		90				526	81			3.22
65		20		1.6		3		95				562	86			3.4
70		20		1.6		3		100				599	91			3.59
75		22		2		3.6	±0.36	110	M12		M12×25	829	100	1.8		6.53
80		22		2		3.6		115				875	105			6.84
85	+0.087 0	22		2		3.6		120				921	110			7.15
90		22		2		3.6		125				968	115			7.46
95		25		2		3.6		130		1.5		1159	120			7.77
100		25		2		3.6		135				1211	124		12	8.08
105		25		2		3.6		140				1264	129			8.39
110		30		2		4.5	±0.45	150				1850	136			8.83
115		30		2		4.5		155				1923	142			9.2
120		30		2		4.5		160				1995	147			9.52
(125)	+0.100 0	30		2		4.5		165				2068	152			9.83
130		30		2		4.5		170				2140	156			10.08
(135)		30		2		4.5		175				2212	162			10.45
140		30		2		4.5		180				2285	166			10.7
(145)		30		2		4.5		190			M12×30	2697	176			11.33
150		30		2		4.5		200				3137	186			11.95
160		30		2		4.5		210				3319	196			12.57
170		30		2		4.5		220				3500	206			13.2
180		30		2		4.5		230				3682	216			13.82
190	+0.115 0	30		2		4.5		240				3863	226			14.44
200		30		2		4.5		250				4045	236			15.07

注：1. 同表 6-1-173 注 2。

2. 钢丝锁圈（GB/T 921—1986）与带锁圈的螺钉锁紧挡圈（GB/T 885—1986）配套使用。

3. 尽量不采用括号内的规格。

轴肩挡圈（摘自 GB/T 886—1986）

标记示例

公称直径 d=30mm、外径 D=36mm、材料 35 钢、不经热处理及表面处理的轴肩挡圈，标记为：

挡圈　GB/T 886　30×36

表 6-1-175

mm

轻系列径向轴承用							中系列径向轴承和轻系列径向推力轴承用							重系列径向轴承和中系列径向推力轴承用						
公称直径 d		D	H		$d_1 \geq$	每 1000 个的质量/kg≈	公称直径 d		D	H		$d_1 \geq$	每 1000 个的质量/kg≈	公称直径 d		D	H		$d_1 \geq$	每 1000 个的质量/kg≈
基本尺寸	极限偏差		基本尺寸	极限偏差			基本尺寸	极限偏差		基本尺寸	极限偏差			基本尺寸	极限偏差		基本尺寸	极限偏差		
30	+0.13 0	36	4	0 -0.30	32	9.7	20	+0.13 0	27	4	0 -0.30	22	8.06	20	+0.13 0	30	5	0 -0.30	22	15.32
35	+0.16 0	42	4		37	13.21	25		32	4		27	9.78	25		35	5		27	18.38
40		47	4		42	14.92	30		38	4		32	13.33	30		40	5		32	21.44
45		52	4		47	16.64	35		45	4		37	19.6	35	+0.17 0	47	5		37	30.14
50		58	4		52	21.17	40	+0.16 0	50	4		42	22.05	40		52	5		42	33.82
55	+0.19 0	65	5		58	36.76	45		55	4		47	24.5	45		58	5		47	41.01
60		70	5		63	39.82	50		60	4		52	26.95	50		65	5		52	52.84
65		75	5		68	42.88	55	+0.19 0	68	5		58	48.52	55	+0.19 0	70	6		58	68.92
70		80	5		73	45.95	60		72	5		63	48.98	60		75	6		63	74.43
75		85	5		78	49.01	65		78	5		68	55.87	65		80	6		68	79.95
80		90	6		83	62.49	70		82	5		73	56.94	70		85	6		73	85.46
85	+0.22 0	95	6		88	66.16	75		88	5		78	64.91	75		90	6		78	90.97
90		100	6		93	69.84	75		95	5		83	96.49	80		100	8	0 -0.36	83	176.4
95		110	6		98	113	85	+0.22 0	100	6		88	102	85	+0.22 0	105	8		88	186.2
100		115	8	0 -0.36	103	158.1	90		105	6		93	107.5	90		110	8		93	196
105		120	8		109	165.4	95		110	6		98	113	95		115	8		98	205.8
110		125	8		114	172.8	100		115	8	0 -0.36	103	158.1	100		120	10		103	269.6
120		135	8		124	187.5	105		120	8		109	165.4	105		130	10		109	399.5
							110		130	8		114	235.2	110		135	10		114	375.2
							120		140	8		124	254.9	120		145	10		124	405.9

注：同表 6-1-175 注 2。

螺钉紧固轴端挡圈（摘自 GB/T 891—1986）　　　　**螺栓紧固轴端挡圈（摘自 GB/T 892—1986）**

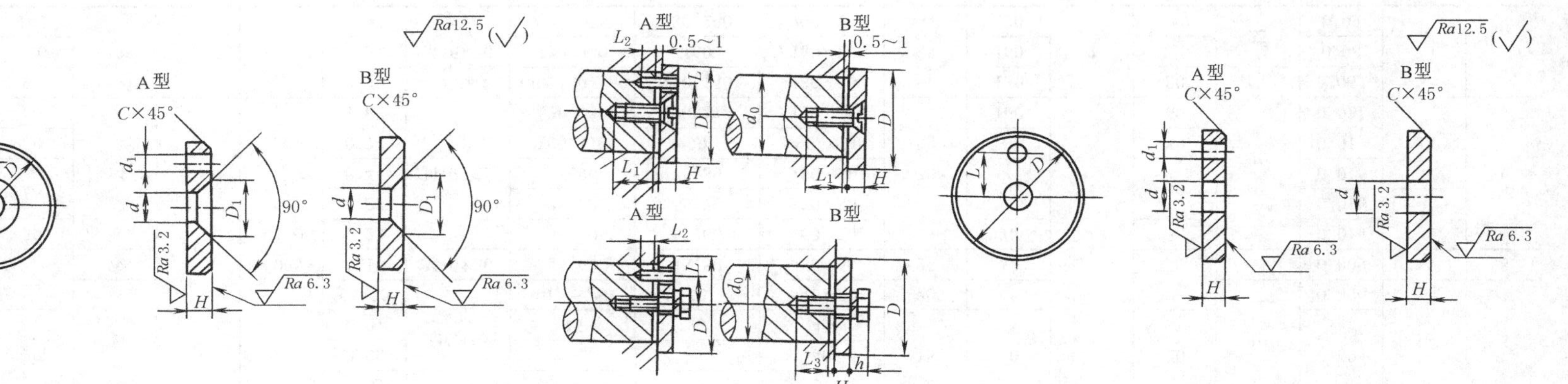

标记示例

公称直径 D=45mm、材料 Q215、不经表面处理的 A 型螺钉紧固轴端挡圈，标记为：挡圈　GB/T 891　45

按 B 型制造时，应加标记“B”：挡圈　GB/T 891　B45

表 6-1-176　　mm

轴径 $d_0 \leqslant$	公称直径 D	H 基本尺寸	H 极限偏差	L 基本尺寸	L 极限偏差	d	d_1	C	D_1	GB/T 891 螺钉 GB/T 819（推荐）	GB/T 891 圆柱销 GB/T 119（推荐）	GB/T 891 每1000个的质量/kg≈ A型	GB/T 891 每1000个的质量/kg≈ B型	GB/T 892 螺栓 GB/T 5783（推荐）	GB/T 892 圆柱销 GB/T 119（推荐）	GB/T 892 垫圈 GB/T 93（推荐）	GB/T 892 每1000个的质量/kg≈ A型	GB/T 892 每1000个的质量/kg≈ B型	安装尺寸 L_1	安装尺寸 L_2	安装尺寸 L_3	安装尺寸 h
14	20	4	0 −0.30	—	±0.110	5.5	—	0.5	11	M5×12	—	8.27	8.38	M5×16	—	5	8.95	8.61	14	6	16	5.1
16	22	4		—								10.33	10.44				11.01	11.12				
18	25	4		—								13.79	13.89				14.47	14.58				
20	28	4		7.5			2.1				A2×10	17.68	17.78		A2×10		18.36	18.47				
22	30	4		7.5								20.53	20.64				21.2	21.31				
25	32	5		10		6.6	3.2	1	13	M6×16	A3×12	28.62	28.94	M6×20	A3×12	6	29.72	30.04	18	7	20	6
28	35	5		10								34.78	35.09				35.87	36.19				
30	38	5		10								41.49	41.81				42.58	42.90				
32	40	5		12	±0.135							46.27	46.59				47.36	47.68				
35	45	5		12								59.28	59.6				60.38	60.7				
40	50	5		12								73.83	74.15				74.93	75.25				
45	55	6		16		9	4.2	1.5	17	M8×20	A4×14	105.3	105.9	M8×25	A4×14	8	107.6	108.25	22	8	24	8
50	60	6		16								126.4	127.05				128.7	129.35				
55	65	6		16								149.4	150.05				151.7	152.35				
60	70	6		20	±0.165							174.2	174.85				176.5	177.15				
65	75	6		20								200.8	201.45				203.1	203.75				
70	80	6		20								229.3	229.95				231.6	232.25				
75	90	8	0 −0.36	25		13	5.2	2	25	M12×25	A5×16	379.9	381.23	M12×30	A5×16	12	387.4	388.73	26	10	28	11.5
85	100	8		25								473.0	474.33				480.5	481.83				

注：1. 当挡圈装在带中心孔的轴端时，紧固用螺钉（螺栓）允许加长。2. 同表 6-1-173 注 2。

双孔轴端挡圈（摘自 JB/ZQ 4349—2006）

轴端止动垫片（摘自 JB/ZQ 4347—2006）

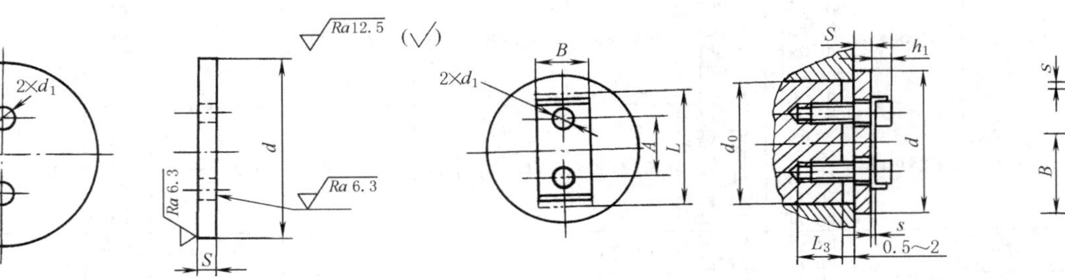

标记示例

d=50mm 的双孔轴端挡圈，标记为：挡圈　50　JB/ZQ 4349

B=20mm、L=45mm 的轴端止动垫片，标记为：止动垫　20×45　JB/ZQ 4347

表 6-1-177

mm

d	A	d_1	JB/ZQ 4349							JB/ZQ 4347						安装尺寸	
			S		每个质量/kg≈	螺钉尺寸	轴径 d_0			B	L	s	L_1	L_2	每个质量/kg≈	L_3	h_1
			基本尺寸	极限偏差			球轴承	柱轴承	联轴器								
40	20	7	5	+0.5 -1.0	0.05	M6×16	—	—	35	15	40	1	20	10	0.004	18	5
45					0.06		—	—	40								
50					0.07		35	35	45								
60	25		6		0.125		40,45,50	40	>45~50	20	45		25		0.006		
70		12			0.17	M10×20	55,60	45,50	>50~60	25	55			15	0.009	24	8
80	30	14			0.22	M12×25	65,70	55,60	>60~70	30	70		30	20	0.014	30	9
90	40				0.28		75,80	65,70	>70~80		80		40		0.016		
100			8		0.47		85,90	75,80	>80~90						0.016	28	
125	50				0.74		100,110	90	>90~110		90		50		0.019		
150	60				1.08		120,130	100,110	>110~130		100		60		0.021		
180	80	18	12		2.33	M16×30	140,150,160	120,140	>130~160	35	130	2	80		0.063	30	12
220	110				3.57		180,200	160	>160~200		160		110	25	0.08		
260	140				4.93		—	180,200	>200~240		190		140		0.09		

注：1. 挡圈适用于不受轴向载荷的部位，当用于受轴向载荷的部位时，应验算螺栓的强度。

2. 挡圈锐角倒钝。

3. 材料为 Q235-A，轴端止动垫片退火处理，表面氧化处理。

轴端挡板（摘自 JB/ZQ 4348—2006）

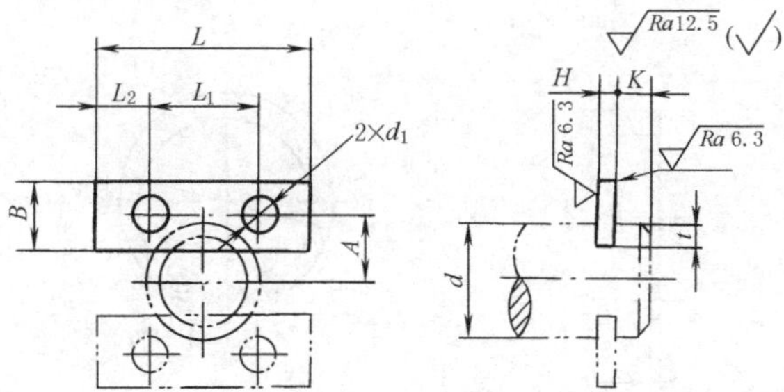

标记示例

轴径 d=50mm 的轴端挡板，标记为：挡板 50 JB/ZQ 4348

表 6-1-178

mm

d	L	B	L_1	L_2	H	d_1	一端板数	螺栓直径	t	K（最小）	A	每个质量/kg≈
40	100	30	60	20	6	14	1	M12	5	10	30	0.13
45									6	10	31.5	
50									7	12	33	
55									8	12	34.5	
60	130	40	90	20	8	18	1	M16	9	14	41	0.3
65									9	14	43.5	
70									10	14	45	
75									11	14	46.5	
80									12	15	48	
90	170	50	120	25	10	22	1	M20	13	15	57	0.52
100									14	15	61	
110									16	20	64	
120	200	60	150	25	12	22	2	M20	17	20	73	1.07
130									19	20	76	
140									20	20	80	

d	L	B	L_1	L_2	H	d_1	一端板数	螺栓直径	t	K（最小）	A	每个质量/kg≈
150	240	70	180	30	12	22	2	M20	22	20	88	1.5
160									23	25	92	
170									25	25	95	
180	280	80	210	35	14	22	2	M20	26	25	104	2.4
190									28		107	
200									30		110	
210									30		115	
220									30		120	
250	280	80	210	35	19	26	2	M24	30	25	135	2.4
280	320	80	240	40	22	26	2	M24	30	25	150	4.24
300											160	
320											170	
350	370	90	280	45	25	33	2	M30	35	25	185	6.2
400											210	

注：1. 挡板适用于不受轴向载荷的部位。

2. 锐角倒钝。

3. 材料为 Q235-A。

孔用弹性挡圈 A 型（摘自 GB/T 893.1—1986）　　**孔用弹性挡圈 B 型**（摘自 GB/T 893.2—1986）

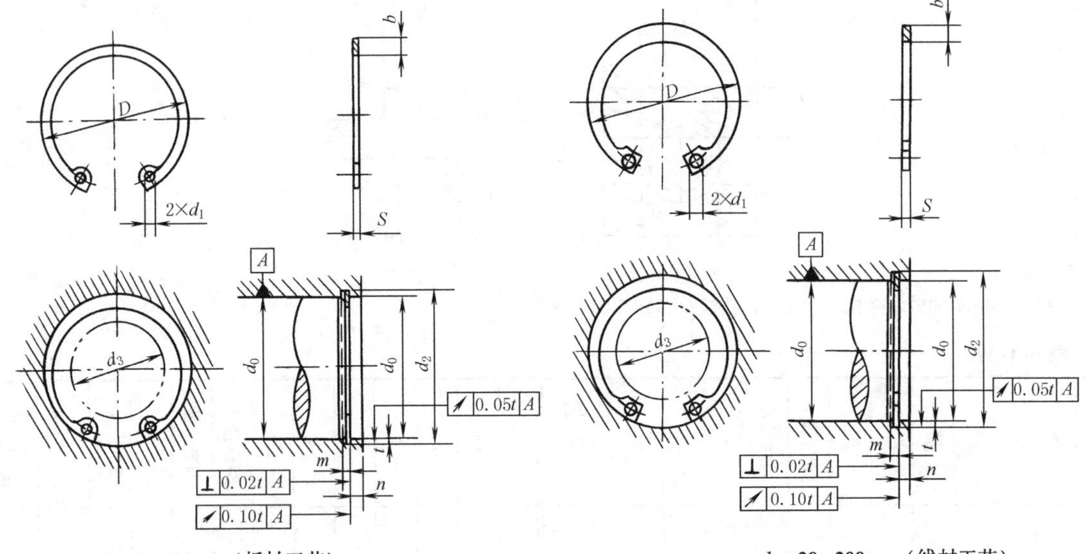

d_0 = 8～200mm（板材工艺）　　d_0 = 20～200mm（线材工艺）

标记示例

孔径 d_0 = 50mm、材料 65Mn、热处理硬度 44～51HRC、经表面氧化处理的 A 型孔用弹性挡圈，标记为：

挡圈　GB/T 893.1　50

孔径 d_0 = 40mm、材料 65Mn、热处理硬度 47～54HRC、经表面氧化处理的 B 型孔用弹性挡圈，标记为：

挡圈　GB/T 893.2　40

表 6-1-179　　mm

孔径 d_0	挡圈						沟槽(推荐)					轴	每1000个的质量 /kg≈
	D		S		b ≈	d_1	d_2		m		n≥	d_3≤	
	基本尺寸	极限偏差	基本尺寸	极限偏差			基本尺寸	极限偏差	基本尺寸	极限偏差			
8	8.7	+0.36 -0.10	0.6	+0.04 -0.07	1	1	8.4	+0.09 0	0.7	+0.14 0	0.6	2	0.09
9	9.8				1.2		9.4						0.1
10	10.8		0.8	+0.04 -0.10	1.7	1.5	10.4	+0.11 0	0.9				0.23
11	11.8						11.4					3	0.26
12	13						12.5				0.9	4	0.28
13	14.1					1.7	13.6						0.31
14	15.1		1	+0.05 -0.13	2.1		14.6		1.1			5	0.5
15	16.2						15.7				1.2	6	0.54
16	17.3						16.8					7	0.57
17	18.3	+0.42 -0.13					17.8					8	0.61
18	19.5						19	+0.13 0			1.5	9	0.64
19	20.5				2.5	2	20					10	0.8
20	21.5						21						0.84
21	22.5						22					11	0.88
22	23.5						23					12	0.92

续表

孔径 d_0	挡圈						沟槽(推荐)					轴	每1000个的质量/kg≈
	D		S		b ≈	d_1	d_2		m		n≥	d_3≤	
	基本尺寸	极限偏差	基本尺寸	极限偏差			基本尺寸	极限偏差	基本尺寸	极限偏差			
24	25.9	+0.42 −0.21	1.2	+0.05 −0.13	2.5	2	25.2	+0.21 0	1.3	+0.14 0	1.8	13	1.21
25	26.9				2.8		26.2					14	1.39
26	27.9						27.2					15	1.45
28	30.1	+0.50 −0.25			3.2		29.4				2.1	17	1.63
30	32.1						31.4	+0.25 0				18	1.9
31	33.4					2.5	32.7				2.6	19	1.97
32	34.4						33.7					20	2.02
34	36.5		1.5	+0.06 −0.15	3.6		35.7		1.7			22	3.04
35	37.8						37				3	23	3.13
36	38.8						38					24	3.22
37	39.8						39					25	3.31
38	40.8						40					26	3.39
40	43.5	+0.90 −0.39			4		42.5				3.8	27	4.13
42	45.5					3	44.5					29	4.33
45	48.5				4.7		47.5					31	5.24
47	50.5	+1.00 −0.46					49.5					32	5.47
48	51.5						50.5	+0.30 0				33	5.56
50	54.2		2	+0.06 −0.18			53		2.2		4.5	36	7.4
52	56.2						55					38	7.68
55	59.2						58					40	8.49
56	60.2				5.2		59					41	9.67
58	62.2						61					43	10.28
60	64.2						63					44	10.62
62	66.2						65					45	10.97
63	67.2						66					46	11.48
65	69.2		2.5	+0.07 −0.22			68		2.7			48	14.63
68	72.5				5.7		71					50	16.89
70	74.5						73					53	17.37
72	76.5						75					55	17.84
75	79.5				6.3		78					56	20.2

续表

孔径 d_0	挡圈						沟槽(推荐)					轴	每1000个的质量/kg≈
	D		S		b ≈	d_1	d_2		m		n≥	d_3≤	
	基本尺寸	极限偏差	基本尺寸	极限偏差			基本尺寸	极限偏差	基本尺寸	极限偏差			
78	82.5	+1.30 −0.54	2.5	+0.07 −0.22	6.3	3	81	+0.35 0	2.7	+0.14 0	4.5	60	20.84
80	85.5				6.8		83.5				5.3	63	23.34
82	87.5						85.5					65	24.32
85	90.5						88.5					68	25.18
88	93.5				7.3		91.5					70	27.82
90	95.5						93.5					72	28.7
92	97.5				7.7		95.5					73	30.64
95	100.5						98.5					75	31.89
98	103.5						101.5					78	33.26
100	105.5						103.5					80	34.2
102	108		3		8.1	4	106	+0.54 0	3.2	+0.18 0	6	82	43.49
105	112						109					83	45.82
108	115				8.8		112					86	50.09
110	117						114					88	50.99
112	119				9.3		116					89	54.61
115	122	+1.50 −0.63					119					90	56.43
120	127						124	+0.63 0				95	58.77
125	132				10		129					100	65.48
130	137				10.7		134					105	72.78
135	142						139					110	75.55
140	147						144					115	78.31
145	152				10.9		149					118	83.27
150	158				11.2		155				7.5	121	88.67
155	164				11.6		160					125	95.53
160	169						165					130	98.53
165	174.5				11.8		170					136	104.2
170	179.5				12.3		175					140	111.3
175	184.5	+1.70 −0.72			12.7		180					142	117.5
180	189.5				12.8		185	+0.72 0				145	121.9
185	194.5				12.9		190					150	124.6
190	199.5				13.1		195					155	129.9
195	204.5						200					157	133.9
200	209.5				13.2		205					165	138.7

注：1. A 型是采用板材-冲切工艺制成；B 型是采用线材-冲制工艺制成。A、B 型互相通用。B 型性能优于 A 型。

2. d_3 为允许套入的最大轴径。

3. 标记示例中的材料为最常用的主要材料，其他技术条件按 GB/T 959.1 规定。

轴用弹性挡圈 A 型（摘自 GB/T 894.1—1986）　　**轴用弹性挡圈 B 型**（摘自 GB/T 894.2—1986）

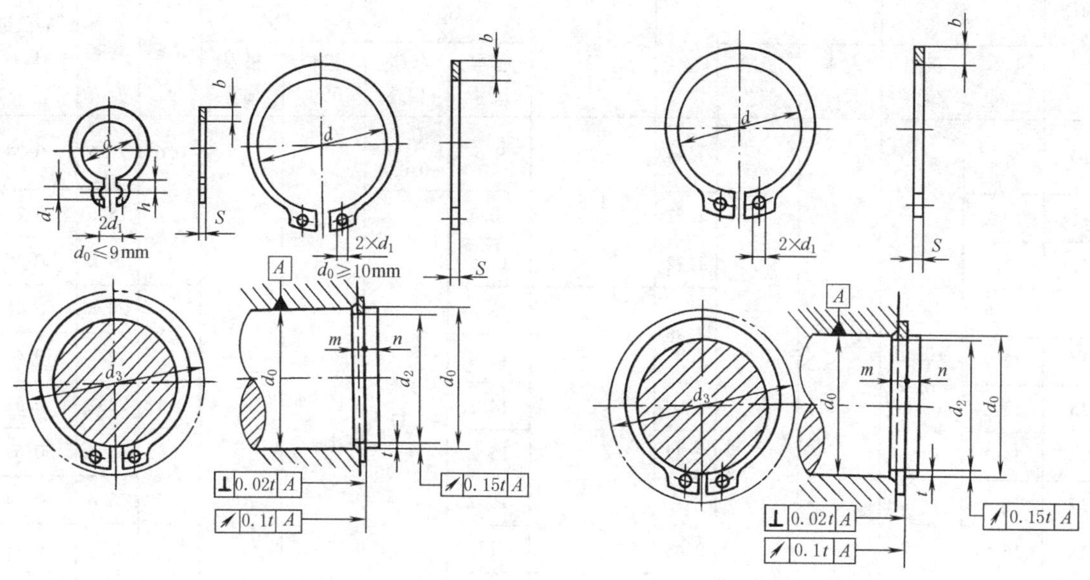

d_0 = 3～200mm（板材工艺）　　d_0 = 20～200mm（线材工艺）

标记示例

轴径 d_0 = 50mm、材料 65Mn、热处理硬度 44～51HRC、经表面氧化处理的 A 型轴用弹性挡圈，标记为：

挡圈　GB/T 894.1　50

表 6-1-180

mm

轴径 d_0	挡圈							沟槽(推荐)					孔	每 1000 个的质量 /kg≈
	d		S		b ≈	d_1	h	d_2		m		n≥	d_3≥	
	基本尺寸	极限偏差	基本尺寸	极限偏差				基本尺寸	极限偏差	基本尺寸	极限偏差			
3	2.7	+0.04 −0.15	0.4	+0.03 −0.06	0.8	1	0.95	2.8	0 −0.040	0.5	+0.14 0	0.3	7.2	略
4	3.7				0.88		1.1	3.8	0 −0.048				8.8	
5	4.7		0.6	+0.04 −0.07	1.12		1.25	4.8		0.7			10.7	
6	5.6				1.32	1.2	1.35	5.7				0.5	12.2	
7	6.5	+0.06 −0.18					1.55	6.7	0 −0.058				13.8	
8	7.4		0.8	+0.04 −0.10			1.6	7.6		0.9		0.6	15.2	
9	8.4				1.44		1.65	8.6					16.4	

续表

轴径 d_0	挡圈						沟槽(推荐)					孔	每1000个的质量/kg≈
	d		S		b ≈	d_1	d_2		m		n≥	d_3≥	
	基本尺寸	极限偏差	基本尺寸	极限偏差			基本尺寸	极限偏差	基本尺寸	极限偏差			
10	9.3	+0.10 -0.36	1	+0.05 -0.13	1.44	1.5	9.6	0 -0.058	1.1	+0.14 0	0.6	17.6	0.24
11	10.2				1.52		10.5	0 -0.11			0.8	18.6	0.28
12	11				1.72		11.5					19.6	0.35
13	11.9				1.88	1.7	12.4				0.9	20.8	0.41
14	12.9						13.4					22	0.44
15	13.8				2		14.3				1.1	23.2	0.51
16	14.7				2.32		15.2				1.2	24.4	0.65
17	15.7				2.48		16.2					25.6	0.74
18	16.5						17				1.5	27	0.78
19	17.5					2	18					28	0.81
20	18.5	+0.13 -0.42			2.68		19	0 -0.13				29	1.12
21	19.5						20					31	1.16
22	20.5						21					32	1.2
24	22.2	+0.21 -0.42	1.2		3.32		22.9	0 -0.21	1.3		1.7	34	1.92
25	23.2						23.9					35	2
26	24.2						24.9					36	2.06
28	25.9				3.6		26.6				2.1	38.4	2.51
29	26.9				3.72		27.6					39.8	2.66
30	27.9						28.6					42	2.73
32	29.6				3.92	2.5	30.3	0 -0.25			2.6	44	2.98
34	31.5	+0.25 -0.50	1.5	+0.06 -0.15	4.32		32.3		1.7			46	4.31
35	32.2				4.52		33				3	48	4.75
36	33.2						34					49	4.88
37	34.2						35					50	5
38	35.2				5		36					51	5.65
40	36.5	+0.39 -0.90					37.5				3.8	53	5.99
42	38.5					3	39.5					56	6.18
45	41.5						42.5					59.4	6.57
48	44.5						45.5					62.8	6.96
50	45.8		2	+0.06 -0.18	5.48		47		2.2		4.5	64.8	10.37

续表

轴径 d_0	挡圈						沟槽(推荐)					孔	每1000个的质量/kg≈
	d		S		b ≈	d_1	d_2		m		n≥	d_3≥	
	基本尺寸	极限偏差	基本尺寸	极限偏差			基本尺寸	极限偏差	基本尺寸	极限偏差			
52	47.8	+0.39 −0.90	2	+0.06 −0.18	5.48	3	49	0 −0.25	2.2	+0.14 0	4.5	67	10.77
55	50.8	+0.46 −1.10					52	0 −0.30				70.4	11.34
56	51.8				6.12		53					71.7	12.99
58	53.8						55					73.6	13.44
60	55.8						57					75.8	14.17
62	57.8						59					79	14.59
63	58.8		2.5	+0.07 −0.22			60		2.7			79.6	18.51
65	60.8						62					81.6	19.04
68	63.5				6.32		65					85	20.41
70	65.5						67					87.2	20.98
72	67.5						69					89.4	21.72
75	70.5						72					92.8	22.56
78	73.5						75					96.2	23.39
80	74.5				7		76.5				5.3	98.2	26.27
82	76.5						78.5					101	27
85	79.5						81.5	0 −0.35				104	28.02
88	82.5	+0.54 −1.30					84.5					107.3	28.93
90	84.5				7.6		86.5					110	32.5
95	89.5				9.2		91.5					115	41.31
100	94.5						96.5					121	44.94
105	98		3		10.7		101	0 −0.54	3.2	+0.18 0	6	132	63.95
110	103				11.3	4	106					136	70.97
115	108				12		111					142	78.58
120	113						116					145	81.77
125	118				12.6		121	0 −0.63				151	89.97
130	123	+0.63 −1.50					126					158	93.87
135	128				13.2		131					162.8	102.7
140	133						136					168	106.3
145	138						141					174.4	110
150	142				14		145				7.5	180	112.7

续表

轴径 d_0	挡圈						沟槽(推荐)					孔	每1000个的质量/kg≈
	d		S		b ≈	d_1	d_2		m		n≥	d_3≥	
	基本尺寸	极限偏差	基本尺寸	极限偏差			基本尺寸	极限偏差	基本尺寸	极限偏差			
155	146	+0.63 -1.50	3	+0.07 -0.22	14	4	150	0 -0.63	3.2	+0.18 0	7.5	186	122.7
160	151						155					190	126.4
165	155.5				14.4		160					195	133.7
170	160.5						165					200	137
175	165.5				15		170					206	144.4
180	170.5						175					212	152
185	175.5				15.2		180					218	158.1
190	180.5	+0.72 -1.70					185	0 -0.72				223	162.5
195	185.5				15.6		190					229	171.8
200	190.5						195					235	176.4

注：1. A型采用板材-冲切工艺制成；B型采用线材-冲制工艺制成。

2. d_3 为允许套入的最小孔径。

3. 标记示例中材料说明同表6-1-179注3。

孔用钢丝挡圈（摘自GB/T 895.1—1986）　　**轴用钢丝挡圈**（摘自GB/T 895.2—1986）

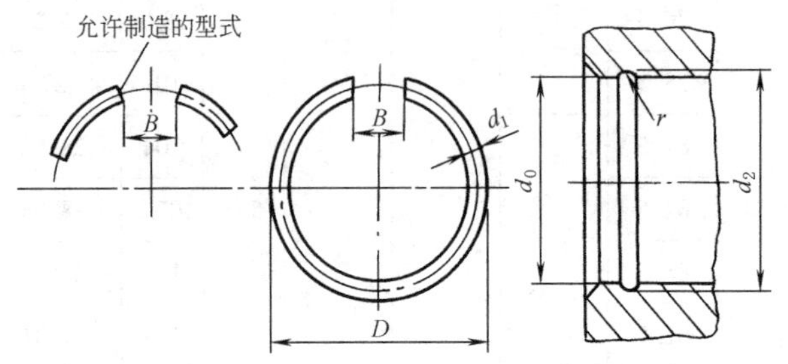

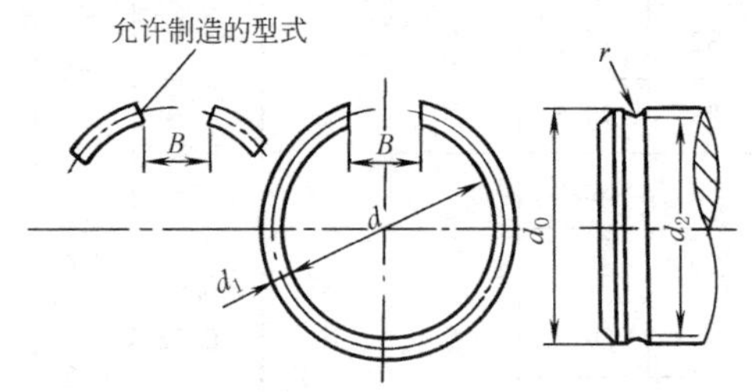

标记示例

孔径 d_0=40mm、材料碳素弹簧钢丝、经低温回火及表面氧化处理的孔用钢丝挡圈，标记为：挡圈　GB/T 895.1　40

表6-1-181　　mm

孔径/轴径 d_0	d_1	r	挡圈						沟槽(推荐)			
			GB/T 895.1			GB/T 895.2			GB/T 895.1		GB/T 895.2	
			D		B≈	d		B≈	d_2		d_2	
			基本尺寸	极限偏差		基本尺寸	极限偏差		基本尺寸	极限偏差	基本尺寸	极限偏差
4			—			3			—		3.4	
5	0.6	0.4	—	—	—	4	0 -0.18	1	—	—	4.4	±0.037
6			—			5			—		5.4	

续表

孔径/轴径 d_0	d_1	r	挡圈 GB/T 895.1 D 基本尺寸	挡圈 GB/T 895.1 D 极限偏差	挡圈 GB/T 895.1 $B≈$	挡圈 GB/T 895.2 d 基本尺寸	挡圈 GB/T 895.2 d 极限偏差	挡圈 GB/T 895.2 $B≈$	沟槽(推荐) GB/T 895.1 d_2 基本尺寸	沟槽(推荐) GB/T 895.1 d_2 极限偏差	沟槽(推荐) GB/T 895.2 d_2 基本尺寸	沟槽(推荐) GB/T 895.2 d_2 极限偏差
7	0.8	0.5	8	+0.22 0	4	6	0 −0.22	2	7.8	±0.045	6.2	±0.045
8			9			7			8.8		7.2	
10			11	+0.43 0		9			10.8	±0.055	9.2	
12	1.0	0.6	13.5		6	10.5	0 −0.47	3	13.0		11.0	±0.055
14			15.5			12.5			15.0		13.0	
16	1.6	0.9	18		8	14.0			17.6		14.4	
18			20	+0.52 0		16.0			19.6	±0.065	16.4	
20	2.0	1.1	22.5		10	17.5			22.0	±0.105	18.0	±0.090
22			24.5			19.5	0 −0.52		24.0		20.0	±0.105
24			26.5			21.5			26.0		22.0	
25			27.5			22.5			27.0		23.0	
26			28.5			23.5			28.0		24.0	
28			30.5	+0.62 0		25.5			30.0		26.0	
30			32.5			27.5			32.0	±0.125	28.0	
32	2.5	1.4	35		12	29.0		4	34.5		29.5	
35			38	+1.00 0		32.0	0 −1.00		37.6		32.5	±0.125
38			41			35.0			40.6		35.5	
40			43			37.0			42.6		37.5	
42			45		16	39.0			44.5		39.5	
45			48			42.0			47.5		42.5	
48			51	+1.20 0		45.0			50.5	±0.150	45.5	
50			53			47.0			52.5		47.5	
55	3.2	1.8	59		20	51.0	0 −1.20		58.2		51.8	±0.150
60			64			56.0			63.2		56.8	
65			69			61.0			68.2		61.8	
70			74		25	66.0		5	73.2		66.8	
75			79			71.0			78.2		71.8	
80			84	+1.40 0		76.0			83.2	±0.175	76.8	
85			89			81.0	0 −1.40		88.2		81.8	
90			94			86.0			93.2		86.8	
95			99		32	91.0			98.2		91.8	
100			104			96.0			103.2		96.8	
105			109			101.0			108.2		101.8	
110			114			106.0			113.2		106.8	
115			119			111.0			118.2		111.8	
120			124	+1.60 0		116.0			123.2	±0.200	116.8	
125			129			121.0	0 −1.60		128.2		121.8	±0.200

4 新型螺纹连接型式和防松装置

随着时代的进步和科学技术的不断发展，近年来在生产实际中又出现了一些新的螺纹连接形式和防松装置。现介绍几种，以满足紧固件技术领域的特殊需要，并已有企业标准。

4.1 唐氏螺纹连接副

4.1.1 唐氏螺纹连接副的防松原理及安装要求

唐氏螺纹的螺栓的同一螺纹段具有左右两种旋向的螺纹，它既可与左旋螺纹配合，又可与右旋螺纹配合。图6-1-5所示为唐氏螺纹紧固件。

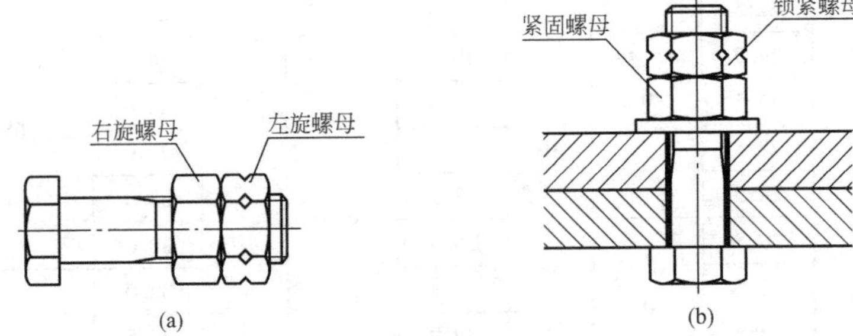

图6-1-5 唐氏螺纹紧固件

在连接时，使用左、右两种不同旋向的螺母。被连接件支承面上的螺母称为紧固螺母，非支承面上的螺母称为锁紧螺母。使用时先将紧固螺母拧紧，然后再将锁紧螺母拧紧。

在有振动、冲击的情况下，紧固螺母和锁紧螺母可能都有松动的趋势，但由于紧固螺母的松退方向是锁紧螺母的拧紧方向，锁紧螺母的拧紧正好阻止了紧固螺母的松退。

唐氏螺纹紧固件的安装要求：在使用唐氏螺纹紧固件时，其紧固螺母和锁紧螺母的预紧力是不一样的，锁紧螺母的预紧力一定要大于紧固螺母的预紧力，否则会影响其防松效果。一般要求紧固螺母的预紧力应是锁紧螺母预紧力的80%左右。

4.1.2 唐氏螺纹连接副的防松性能

唐氏螺纹紧固件经过120s振动仍保持82%的预紧力，而普通螺纹加弹簧垫圈的防松方式经过1~2s的振动其预紧力已下降为80%左右，经过15s的振动，预紧力基本损失殆尽（图6-1-6）。

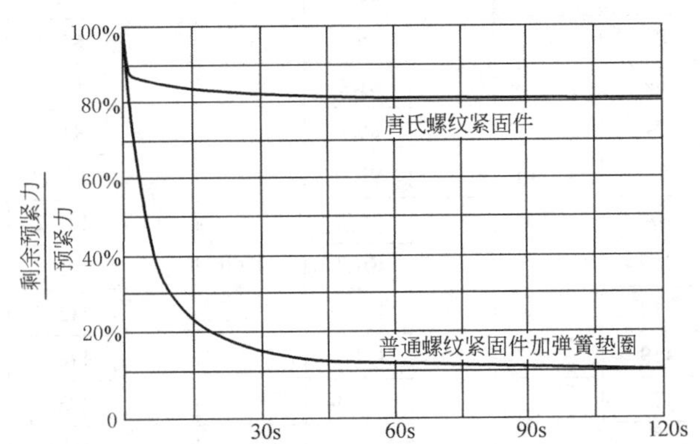

图6-1-6 唐氏螺纹紧固件与普通螺纹紧固件振松性能对比实验

4.1.3 唐氏螺纹连接副的保证载荷及企业标准件

表 6-1-182　　唐氏螺纹连接副的保证载荷　　N

螺纹规格 *d*	3.6 级	4.8 级	6.8 级	8.8 级	10.9 级	12.9 级
TM16	22600	38900	55300	72800	104000	122000
TM18	27600	47600	67600	92200	127000	149000
TM20	35300	60800	86200	118000	163000	190000
TM22	43600	75100	107000	145000	201000	235000
TM24	50800	87500	124000	169000	234000	274000
TM30	80800	139000	197000	269000	373000	435000
TM36	118000	203000	288000	392000	542000	634000
TM42	161000	278000	394000	538000	744000	869000
TM48	212000	365000	517000	706000	976000	1140000
TM56	292000	503000	715000	974000	1350000	1580000
TM64	385000	664000	942000	1280000	1780000	2080000

表 6-1-183　　唐氏螺纹六角头螺栓连接副（摘自 Q/TANGS 5782）

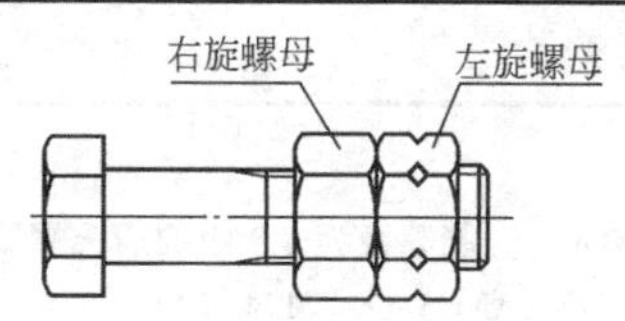

标记示例

螺纹规格 *d*=TM20，公称长度 *l*=100mm，性能等级为 8.8 级的唐氏螺纹六角头螺栓连接副：唐氏螺栓连接副　Q/TANGS　5782-TM20×100

唐氏螺纹六角头螺栓

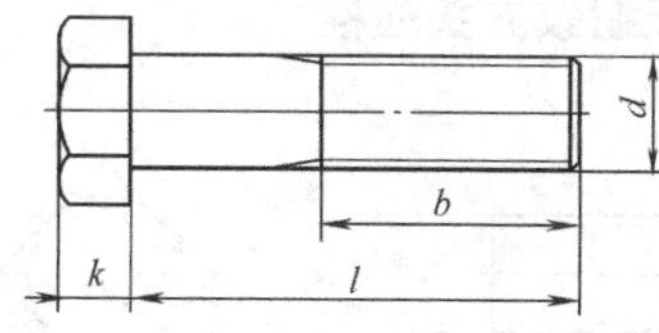

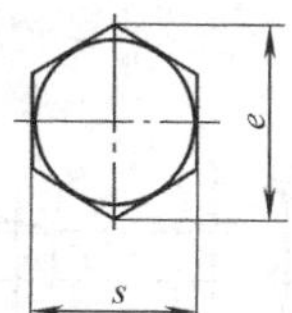

表 6-1-184　　mm

螺纹规格 *d*		TM16	TM18	TM20	TM22	TM24	TM30	TM36	TM42	TM48	TM56	TM64
s		24	27	30	34	36	46	55	65	75	85	95
k		10	11.5	12.5	14	15	18.7	22.5	26	30	35	40
e		26.8	30	33.5	37.7	40	50.9	60.8	72	82.6	93.6	104.9
b	*l*≤125	38	42	46	50	54	66	78	—	—	—	—
	125<*l*≤200	44	48	52	56	60	72	84	96	108	124	140
	l>200	57	61	65	69	73	85	97	109	121	137	153
l		65~160	70~180	80~200	90~220	90~240	110~300	140~360	160~440	180~480	220~500	260~500
l 系列		65,70,80,90,100,110,120,130,140,150,160,180,200,220,240,260,280,300,320,340,360,380,400,420,440,460,480,500										
技术条件		材料:钢	螺纹公差:6g		性能等级:8.8,10.9,12.9			产品等级:B		表面处理:调质、发蓝、发黑		

注：1. 除螺纹外，其余尺寸与 GB/T 5782 一致。

2. 唐氏螺纹六角头螺栓连接副一套包括唐氏六角头螺栓一个，左旋及右旋螺母各一个。

3. 表格之外的螺栓连接副按图纸加工。

唐氏螺纹六角头螺母

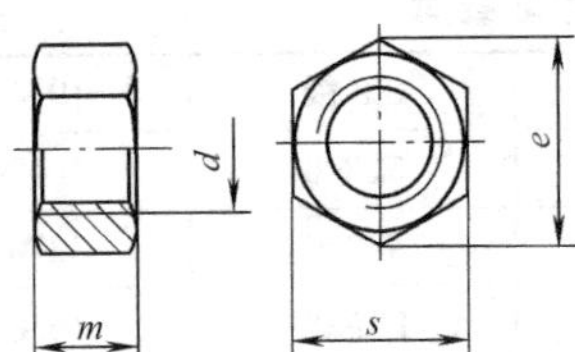

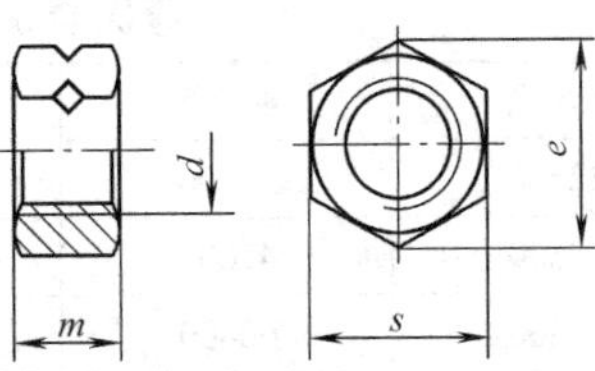

表 6-1-185 mm

螺纹规格 d	TM16	TM18	TM20	TM22	TM24	TM30	TM36	TM42	TM48	TM56	TM64
e	26.8	29.6	33	37.3	39.6	50.9	60.8	72	82.6	93.6	104.9
m	14.8	15.8	18	19.4	21.5	25.6	31	34	38	45	51
s	24	27	30	34	36	46	55	65	75	85	95
技术条件	材料:钢		螺纹公差:6H		性能等级:8,10,12			产品等级:B		表面处理:发黑	

注：1. 除螺纹外，其余尺寸与 GB/T 5782 一致。

2. 唐氏螺纹六角头螺栓连接副一套包括唐氏六角头螺栓一个，左旋及右旋螺母各一个。

3. 表格之外的螺栓连接副按图纸加工。

表 6-1-186 **唐氏螺纹方头螺栓连接副**（摘自 Q/TANGS 8）

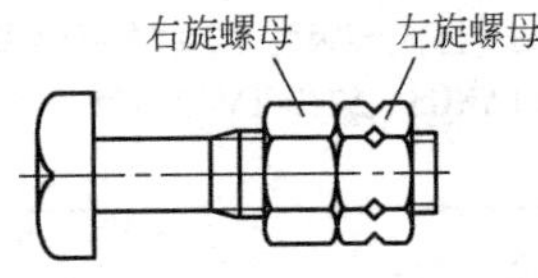

标记示例

螺纹规格 d=TM24,公称长度 l=100mm,性能等级为 8.8 级的唐氏螺纹方头螺栓连接副:唐氏方头螺栓连接副 Q/TANGS 8-TM24×100

六角螺母同 GB/T 6170—2000

唐氏螺纹方头螺栓

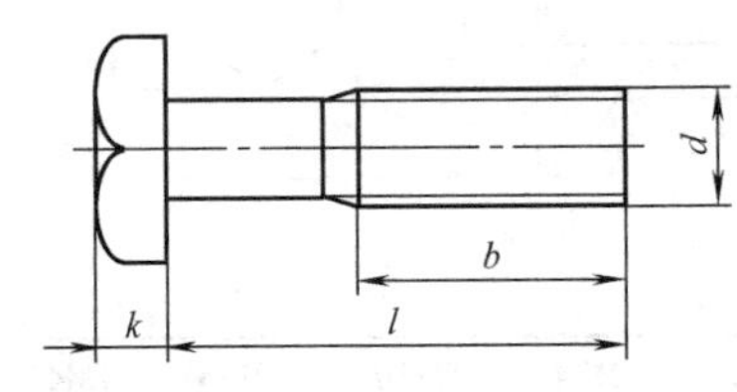

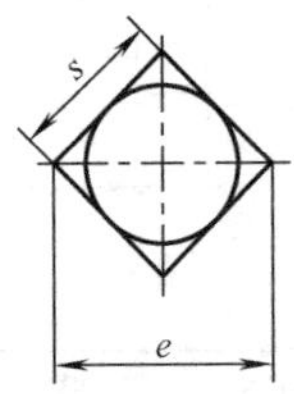

表 6-1-187 mm

螺纹规格 d		TM16	TM18	TM20	TM22	TM24	TM30	TM36	TM42	TM48
b	l≤125	38	42	46	50	54	66	78	—	—
	125<l≤200	44	48	52	56	60	72	84	96	108
	l>200	57	61	65	69	73	85	97	109	121
e		30.11	34.01	37.91	42.9	45.5	58.5	69.94	82.03	95.03
k		10	12	13	14	15	19	23	26	30
s		24	27	30	34	36	46	55	65	75
l		55~160	60~180	65~200	70~220	80~240	90~300	110~300	130~300	140~300
l 系列		55,60,65,70,80,90,100,110,120,130,140,150,160,180,200,220,240,260,280,300								
技术条件		材料:钢	螺纹公差:6g		性能等级:8.8		产品等级:C		表面处理:调质、发蓝、发黑	

注：1. 除螺纹外，其余尺寸与 GB/T 8 一致。

2. 唐氏螺纹方头螺栓连接副一套包括唐氏方头螺栓一个，左旋及右旋螺母各一个。

3. 表格之外的螺栓连接副按图纸加工。

表 6-1-188　　唐氏螺纹等长双头螺柱连接副（摘自 Q/TANGS 901）

左旋螺母　右旋螺母　右旋螺母　左旋螺母	标记示例 螺纹规格 *d*=TM18，公称长度 *l*=100mm，性能等级为 8.8 级的唐氏螺纹等长双头螺柱连接副：唐氏螺柱连接副　Q/TANGS 901-TM18×100 六角螺母同 GB/T 6170—2000

唐氏螺纹等长双头螺柱

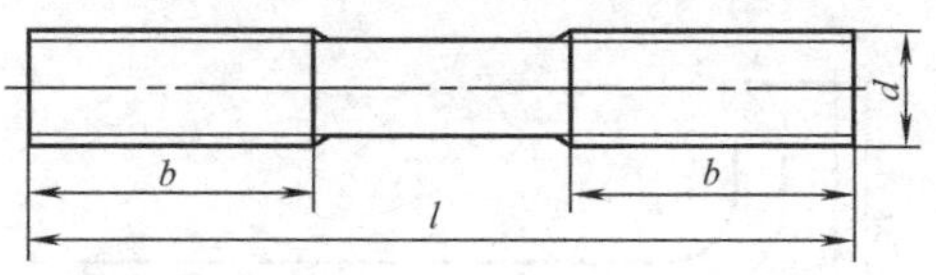

表 6-1-189　　　mm

螺纹规格 *d*	TM16	TM18	TM20	TM22	TM24	TM30	TM36	TM42	TM48	TM56
b	44	48	52	56	60	72	84	96	108	124
l	40～300	40～300	60～300	80～300	90～300	120～300	120～300	120～400	130～500	150～500
l 系列	40，45，50，55，60，65，70，80，90，100，110，120，130，140，150，160，180，200，220，240，260，280，300，320，350，380，400，420，450，480，500									
技术条件	材料：钢		螺纹公差：6g		性能等级：8.8		产品等级：C		表面处理：发黑	

注：1. 除螺纹外，其余尺寸与 GB/T 901 一致。

2. 唐氏螺纹等长双头螺柱连接副一套包括唐氏螺纹等长双头螺柱一个，左旋及右旋螺母各两个。

3. 表格之外的螺栓连接副按图纸加工。

表 6-1-190　　唐氏螺纹 T 形槽用螺栓连接副（摘自 Q/TANGS 37）

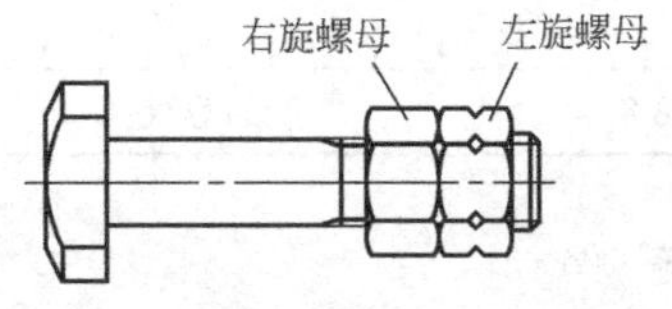

标记示例

螺纹规格 *d*=TM36，公称长度 *l*=200mm，性能等级为 8.8 级的唐氏螺纹 T 形槽用螺栓连接副：唐氏 T 形槽用螺栓连接副　Q/TANGS 37-TM36×200

六角螺母同 GB/T 6170—2000

唐氏螺纹 T 形槽用螺栓

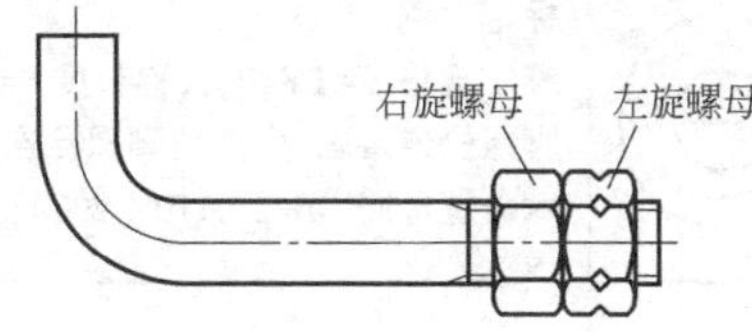

表 6-1-191　　　mm

螺纹规格 *d*		TM16	TM20	TM24	TM30	TM36	TM42	TM48
b	*l*≤125	38	46	54	66	78	—	—
	125<*l*≤200	44	52	60	72	84	96	108
	l>200	57	65	73	85	97	109	121
D		38	46	58	75	85	95	105
k		11.6	14	16	20	24	28	32
s		28	34	44	56	67	76	86
l		55～160	65～200	80～240	90～300	110～300	130～300	140～300
l 系列		55，60，65，70，80，90，100，110，120，130，140，150，160，180，200，220，240，260，280，300						
技术条件		材料：钢	螺纹公差：6g	性能等级：8.8	产品等级：B	表面处理：调质、发蓝、发黑		

注：1. 除螺纹外，其余尺寸与 GB/T 37 一致。

2. 唐氏螺纹 T 形槽用螺栓连接副一套包括唐氏螺纹 T 形槽用螺栓一个，左旋及右旋螺母各一个。

3. 表格之外的螺栓连接副按图纸加工。

表 6-1-192　唐氏螺纹直角地脚螺栓连接副（摘自 Q/TANGS 4364）

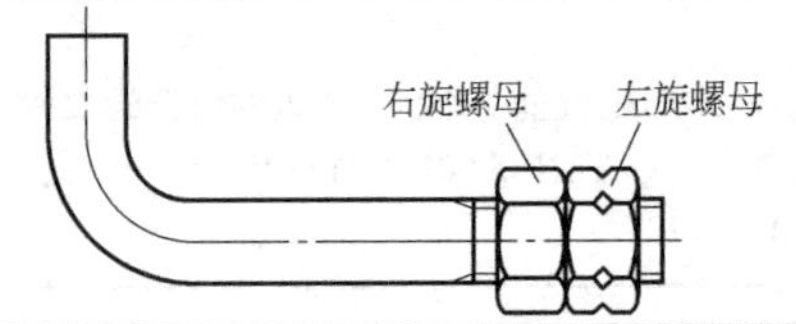

标记示例

螺纹规格 d=TM42,公称长度 l=1400mm,性能等级为 4.8 级的唐氏螺纹直角地脚螺栓连接副:唐氏直角地脚螺栓连接副　Q/TANGS 4364-TM42×1400-4.8

六角螺母同 GB/T 6170—2000

唐氏螺纹直角地脚螺栓

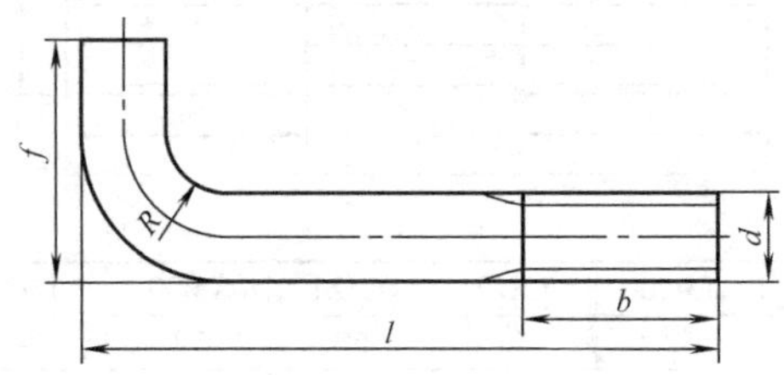

表 6-1-193　mm

螺纹规格 d	TM16	TM20	TM24	TM30	TM36	TM42	TM48	TM56
b(最小)	45	60	75	90	110	120	140	160
f	65	80	100	120	150	170	190	220
R≈	12	15	20	25	30	35	40	45
l	300~400	400~1000	600~1400	1000~1600	1000~2000	1400~2300	1400~2600	2000~2600
l 系列	300,400,600,800,1000,1200,1400,1600,1800,2000,2300,2600							
技术条件	材料:钢	螺纹公差:8g	性能等级:3.6,4.8,6.8,8.8			产品等级:C		

注：1. 除螺纹外，其余尺寸与 JB/ZQ 4364 一致。

2. 唐氏螺纹直角地脚螺栓连接副一套包括唐氏直角地脚螺栓一个，左旋及右旋螺母各一个。

3. 表格之外的螺栓连接副按图纸加工。

表 6-1-194　唐氏螺纹地脚螺栓连接副（摘自 Q/TANGS 799）

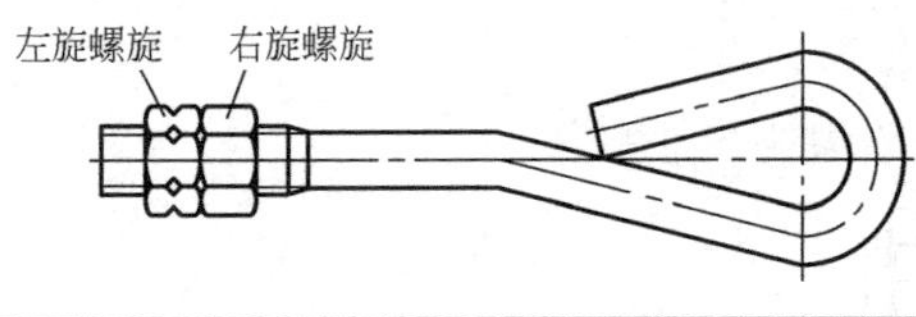

标记示例

螺纹规格 d=TM20,公称长度 l=400mm,性能等级为 3.6 级的唐氏螺纹地脚螺栓连接副:唐氏地脚螺栓连接副　Q/TANGS 799-TM20×400-3.6

六角螺母同 GB/T 6170—2000

唐氏螺纹地脚螺栓

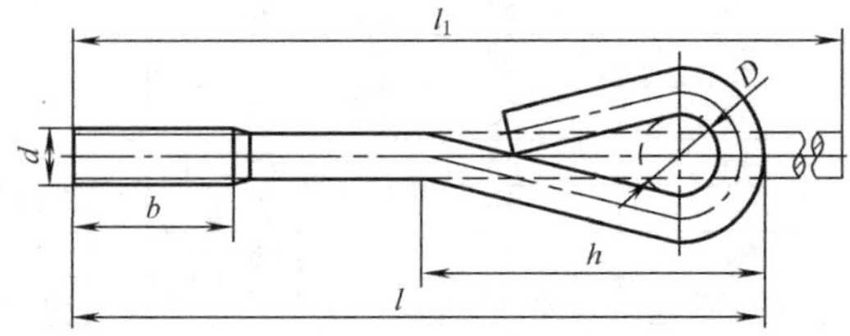

表 6-1-195　mm

螺纹规格 d	TM16	TM20	TM24	TM30	TM36	TM42	TM48
b	44	52	60	72	84	96	108
D	20	30	30	45	60	60	70

续表

螺纹规格 d	TM16	TM20	TM24	TM30	TM36	TM42	TM48
h	93	127	139	192	244	261	302
l_1	l+72	l+110	l+110	l+165	l+217	l+217	l+255
l	220~500	300~630	300~800	400~1000	500~1000	630~1250	630~1500
l 系列	220,300,400,500,630,800,1000,1250,1500						
技术条件	材料:钢	螺纹公差:8g	性能等级:3.6,4.8,6.8,8.8		产品等级:C	表面处理:发黑	

注：1. 除螺纹外，其余尺寸与 JB/ZQ 799 一致。

2. 唐氏螺纹地脚螺栓连接副一套包括唐氏螺纹地脚螺栓一个，左旋及右旋螺母各一个。

3. 表格之外的螺栓连接副按图纸加工。

4. 表中唐氏紧固件的生产厂为马鞍山市唐氏螺纹紧固件有限公司。

4.1.4 唐氏螺纹连接副在吊车梁压轨器上的应用

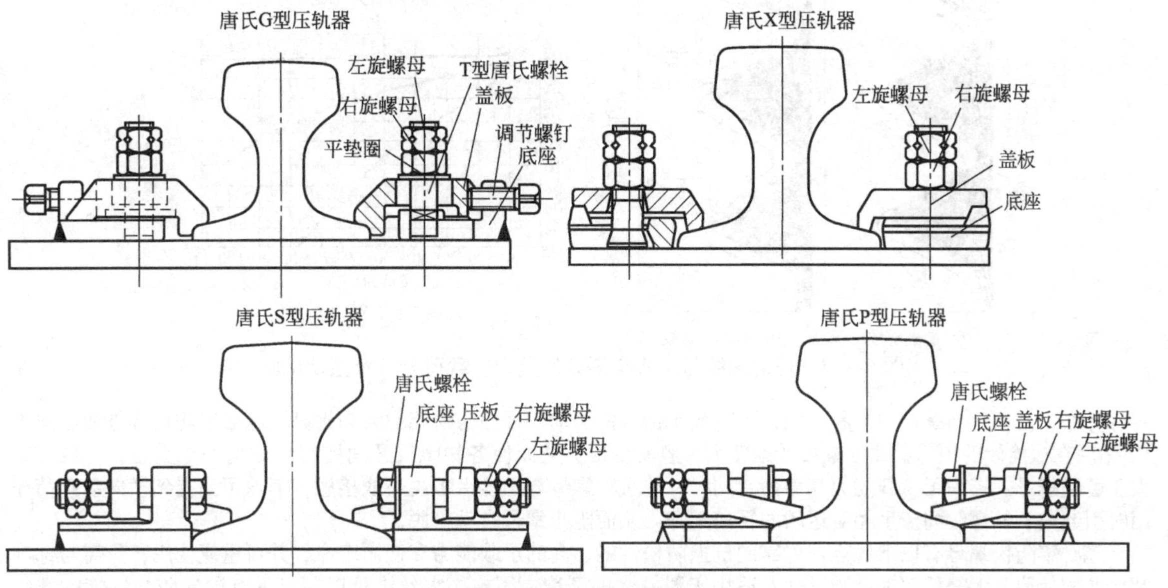

表 6-1-196 唐氏压轨器

型　式	型　号	适用轨道型号	适用吊车梁类型
G	唐氏 G38~G120	TG38~TG60;QU70~QU120	普通钢吊车梁
X	唐氏 X24~X120	TG24~TG60;QU70~QU120	较窄翼缘的钢吊车梁
S	唐氏 S38~S120	TG38~TG60;QU70~QU120	大吨位及水平轮吊车梁
P	唐氏 P38~P120	TG38~TG60;QU70~QU120	水平轮吊车梁

注：详细资料咨询：马鞍山市唐氏螺纹紧固件有限公司。

4.2 高性能防松螺母

本节介绍两种高性能防松螺母：施必牢（DTFLOCK）防松螺母和液压防松螺母。并已有企业标准。

4.2.1 施必牢（DTF）防松螺母

（1）施必牢防松螺母的特点及防松性能

DTF 螺母承载侧螺纹大径处的牙侧角为60°，其余部分的牙侧角与普通螺纹相同，均为30°。图 6-1-7a、b 分别为普通标准螺母和 DTF 防松螺母与普通标准螺栓拧紧后的受力图，图 6-1-7c 为两种螺纹连接的牙间载荷分布百分比；图 6-1-7d 为横向负载振动试验时三种螺纹连接预紧力的变化情况。

由图 6-1-7 可知：在相同预紧力 F_0 的情况下，施必牢防松螺母承载侧牙上的法向力 $F_n=F_0/\cos60°=2F_0$，大于普通螺母的法向力 $F_n=F_0/\cos30°=1.154F_0$，因而摩擦力矩大；施必牢螺母的径向载荷 F_r 大于轴向载荷 F_a 且

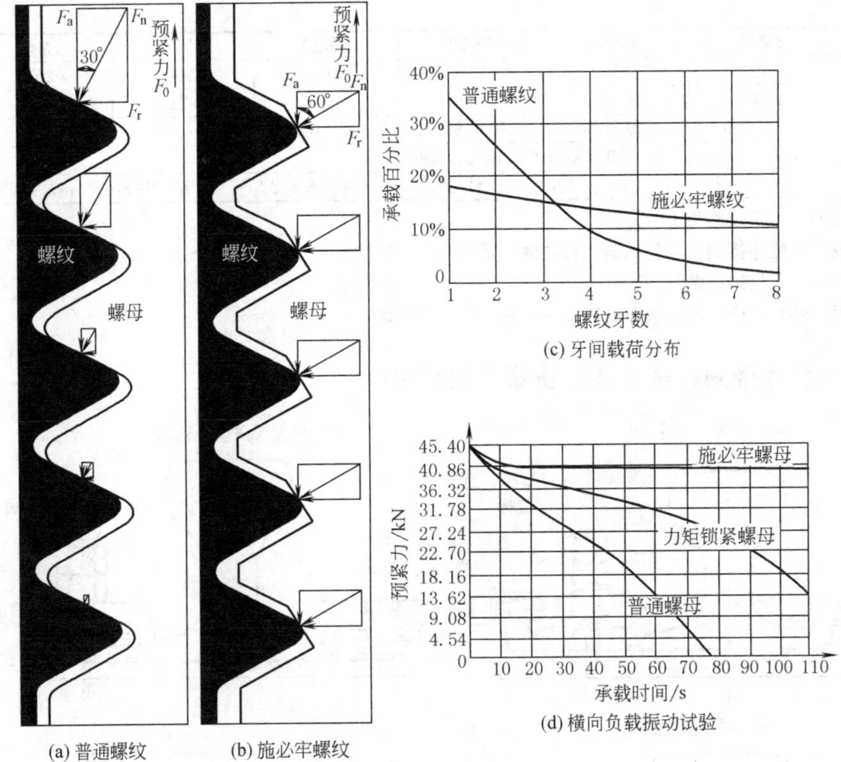

图 6-1-7　普通螺纹与施必牢螺纹的受力、载荷分布及振动试验

对称分布，使螺母与螺栓间不易松动，可有效抗击横向振动，因而防松能力大为提高。施必牢防松螺母的法向力 F_n 作用在螺栓牙的顶部，此处螺纹牙柔度大，容易变形，从而使各扣螺纹牙间能够比较均匀地受力，承载牙数大于普通螺母，提高了承载能力和寿命。同时，施必牢螺母与螺栓沿螺纹呈线接触，消除了当受到横向动载荷作用时引起内、外螺纹间产生相对运动的径向间隙，从而阻止螺母自动松脱。

施必牢防松螺母有以下优点：可靠的抗振防松性能、高的承载能力和使用寿命，并可重复使用；只需与标准螺栓匹配使用，无需任何辅助锁紧件；适用于温差大的环境；用施必牢丝锥可以制出具有同样防松性能的螺纹孔，可广泛用于要求具有自锁性能的零部件上；装拆方便。

施必牢防松螺母已用于汽车、火车、舰船、铁道、港口机械、工程机械、发动机、飞机、机械、电力、石油、军工及医疗器械等领域。

（2）施必牢防松螺母企业标准件

施必牢六角法兰面防松螺母（摘自 DTF 6177.1—2010、DTF 6177.2—2010）

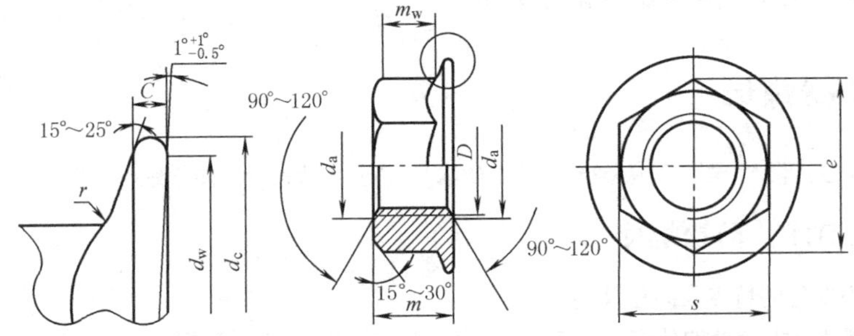

标记示例

螺纹规格 D=M12×1.75、性能等级 8 级、表面镀锌钝化（彩虹色）、等级为 A 级的六角法兰面螺母，标记为：

螺母　DTF 6177.1　M12-8F21

螺纹规格 D=M14×1.5、性能等级 10 级、表面镀锌、等级为 A 级，支承面具有防滑齿的六角法兰面螺母，标记为：

螺母 DTF　6177.2 M14×1.5-10HCF3

表 6-1-197

mm

螺纹规格 D		M5	M6	M8	M10	M12	M14	M16	M20
螺距 P	粗牙	0.8	1	1.25	1.5	1.75	2	2	2.5
	细牙	—	—	1	1.25 (1)	1.25 (1.5)	(1.5)	1.5	1.5
C(最小)		1	1.1	1.2	1.5	1.8	2.1	2.4	3
d_a	最大	5.75	6.75	8.75	10.8	13	15.1	17.3	21.6
	最小	5	6	8	10	12	14	16	20
d_w(最小)		9.8	12.2	15.8	19.6	23.8	27.6	31.9	39.9
d_c(最大)		11.8	14.2	17.9	21.8	26	29.9	34.5	42.8
e(最小)		8.79	11.05	14.38	16.64	20.03	23.36	26.75	32.95
m	最大	5	6	8	10	12	14	16	20
	最小	4.7	5.7	7.64	9.64	11.57	13.3	15.3	18.7
m_w(最小)		2.5	3.1	4.6	5.6	6.8	7.7	8.9	10.7
s	公称=最大	8	10	13	15	18	21	24	30
	最小	7.78	9.78	12.73	14.73	17.73	20.67	23.67	29.16
r(最大)		0.3	0.4	0.5	0.6	0.7	0.9	1	1.2
每1000个的质量/kg		0.0018	0.0036	0.0068	0.0112	0.019	0.029	0.046	0.08

<table>
<tr><td rowspan="6">技术条件</td><td rowspan="4">材料及性能等级</td><td colspan="7">钢</td><td rowspan="2">不锈钢</td></tr>
<tr><td colspan="5">8</td><td>10</td><td>12</td></tr>
<tr><td>粗牙</td><td rowspan="2">D≤16</td><td>1型</td><td rowspan="2">D>16</td><td>2型</td><td>1型</td><td>2型</td><td rowspan="2">A2-70</td></tr>
<tr><td>细牙</td><td>2型</td><td>1型</td><td>2型</td><td>D≤16:2型</td></tr>
<tr><td colspan="2">螺纹标准</td><td colspan="3">产品等级</td><td colspan="4">表面处理</td></tr>
<tr><td colspan="2">美国施必牢螺纹标准</td><td colspan="3">D≤16:A
D>16:B</td><td colspan="4">钢:氧化、电镀,或由供需双方协议
不锈钢:简单处理</td></tr>
</table>

注：1. 括号内的规格尽量不要采用。如需其他规格与生产厂联系。

2. r 适用于棱角和六角面。

施必牢六角凸缘防松螺母（摘自 DTF-CO—2010）

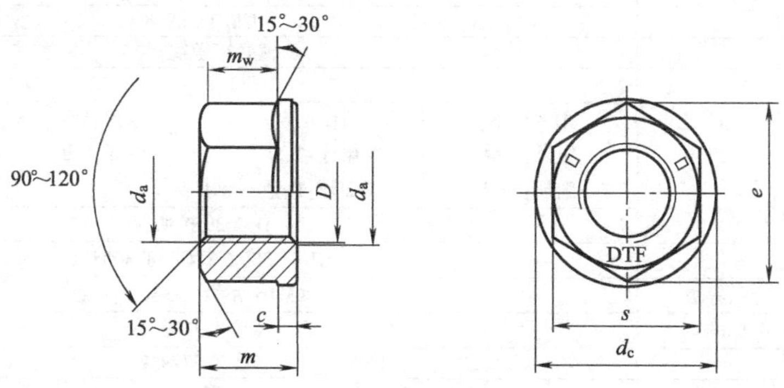

标记示例

螺纹规格 D=M12×1.75、性能等级为 10 级、表面磷化、产品等级为 A 级的施必牢六角凸缘防松螺母：

DTF-CO　M12-8F21

螺纹规格 D=M24×2、性能等级为 10 级、表面镀锌处理、产品等级为 B 级的施必牢六角凸缘防松螺母：

DTF-CO　M24×2-10F3A

表 6-1-198

螺纹规格 D		M12	M14	M16	M18	M20	M22	M24
P	粗牙	1.75	2	2	2.5	2.5	2.5	3
	细牙	1.25、1.5	1.5	1.5	1.5	1.5	1.5	1.5、2
c	max	2.4	3.0	3.4	4.2	4.2	4.2	5.3
	min	1.8	2.4	3.0	3.8	3.8	3.8	4.7
d_a	max	13.3	15.5	17.5	19.5	21.5	23.5	25.9
	min	12	14	16	18	20	22	24
d_c	max	23	25.5	29	33	36	41	43
	min	大于或等于实际对角						
e	min	20.03	23.36	26.75	29.56	32.95	37.29	39.55
m	max	12.0	14.0	16	18	20	22	24
	min	11.57	13.3	15.3	16.9	18.7	20.7	22.7
s	max	18	21	24	27	30	34	36
	min	17.73	20.67	23.67	26.16	29.16	33	35
螺纹规格 D		M27	M30	M33	M36	M39	M42	M48
P	粗牙	3	3.5	3.5	4	4	4.5	5
	细牙	2	2	2	3	3	3	3
c	max	5.3	6.4	7.0	7.5	8.0	8.5	10
	min	4.7	5.6	6	6.5	6.8	7.3	8.5
d_a	max	29	32	35.5	38.5	42	45	51.5
	min	27	30	33	36	39	42	48
d_c	max	49	55.5	59.5	65.5	72	77	88
	min	大于或等于实际对角						
e	min	45.2	50.85	55.37	60.79	66.44	71.3	82.6
m	max	27	30	33	36	39	42	48
	min	25.7	28.7	31.4	34.4	37.4	40.4	46.4
m_w	min	17.5	19.5	21.4	23.4	25.3	26.6	31.2
s	max	41	46	50	55	60	65	75
	min	40	45	49	53.8	58.8	63.1	73.1

技术条件					
材料		钢			
通用技术条件		GB/T 16938			
螺纹		施必牢螺纹标准			
力学性能	等级	8		10	12
		D≤M16 粗牙:1 型 细牙:2 型	D>M16 粗牙:2 型 细牙:1 型	粗牙:1 型 细牙:2 型	2 型
		D>M39 按协议			
	标准	GB/T 3098.2、GB/T 3098.4			
公差	产品等级	D≤M16:A 级;D>M16:B 级			
	标准	GB/T 3103.1			
表面缺陷		GB/T 5779.2			
表面处理		磷化 电镀技术要求按 GB/T 5267 如需其他表面镀层或表面处理,由供需双方协议			
验收及包装		GB/T 90.1,GB/T 90.2			

本标准的螺母高度(m_{min})属于 2 型螺母,但 GB/T 3098.2 对所有的性能等级和规格并非只规定了 2 型螺母(如本表所示),在某些情况下,还需按 1 型螺母进行试验

施必牢盖形螺母（摘自 SPL 923—2004）

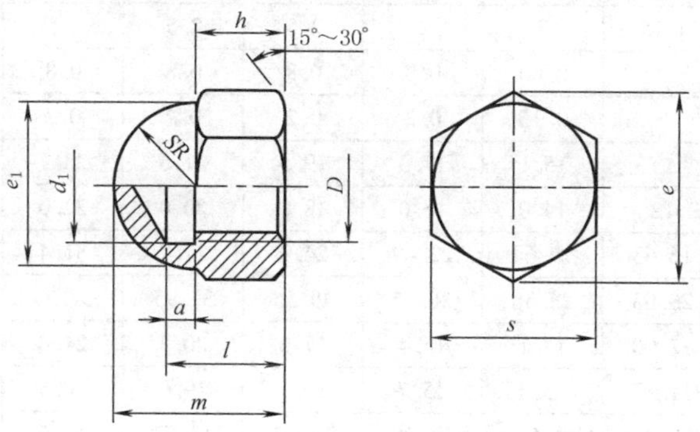

标记示例

螺纹规格 D=M10、性能等级 6 级、表面氧化的盖形螺母，标记为：螺母 SPL 923 M10-6 F9

表 6-1-199

mm

螺纹规格 D		M10	M12	M14	M16	M18	M20	M22	M24
h		8	10	11	13	14	16	18	19
e(最小)		17.77	20.03	23.35	26.75	29.56	32.95	37.29	39.55
e_1(最大)		16	18	20	22	25	28	30	34
a(最小)		4	4.5	5	5	6	6	6	7
m		18	22	24	26	29	32	35	38
d_1		10.5	13	15	17	19	21	23	25
l		13	16	17	19	22	25	26	28
s	最大	16	18	21	24	27	30	34	36
	最小	15.73	17.73	20.67	23.67	26.16	29.16	33	35
$SR\approx$		8	9	10	11.5	12.5	14	15	17
每 1000 个的质量/kg		12.88	17.46	24.66	39.84	48.78	71.96	102	127.8
技术条件		材料	螺纹标准		性能等级	产品等级	表面处理		
		钢	美国施必牢螺纹标准		5、6	$D\leqslant16$:A $D>16$:B	氧化、电镀,或由供需双方协议		

施必牢 2 型六角自锁防脱螺母（摘自 DTF 6175PT—2010）

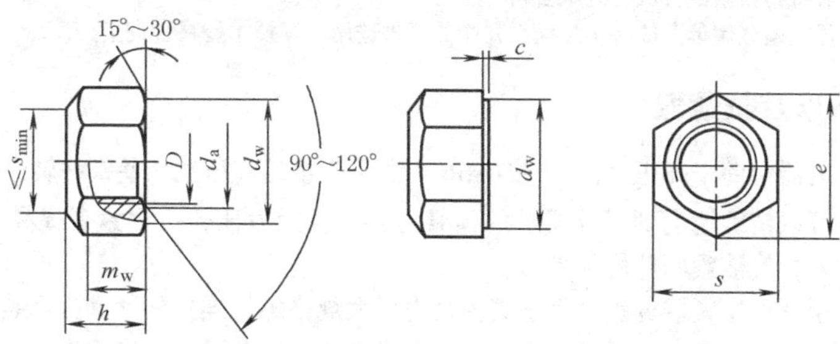

防脱功能部分形状任选；首选非垫圈面型

标记示例

螺纹规格 D=M12×1.75、性能等级 8 级、表面磷化、产品等级为 A 级的施必牢 2 型六角自锁防脱螺母，标记为：

DTF 6175PT M12-8 F2

螺纹规格 D=M24×3、性能等级 10 级、表面镀锌黄色钝化、产品等级为 B 级的施必牢 2 型六角自锁防脱螺母，标记为：

DTF 6175PTM 24-10 F6

表 6-1-200 mm

螺纹规格 D		M10	M12	M14	M16	M18	M20	M22	M24	M27	M30
P	(螺距)	1.5	1.75	2	2	2.5	2.5	2.5	3	3	3.5
c	max			0.60	0.8	0.8	0.8	0.8	0.8	0.8	0.8
	min			0.15	0.2	0.2	0.2	0.2	0.2	0.2	0.2
d_a	max	10.8	13	15.1	17.3	19.5	21.6	23.7	25.9	29.1	32.4
	min	10	12	14.0	16.0	18.0	20.0	22.0	24.0	27.0	30.0
d_w	min	14.63	16.63	19.64	22.49	24.9	27.7	31.4	33.25	38	42.8
e	min	17.77	20.03	23.36	26.75	29.56	32.95	37.29	39.55	45.2	50.85
h	max	9.3	12.00	14.1	16.4	17.6	20.3	21.8	23.9	26.7	28.6
	min	8.94	11.57	13.4	15.7	16.9	19.0	20.5	22.6	25.4	27.3
m_w	min	6.43	8.3	9.68	11.28	12.08	13.52	14.5	16.16	18	19.44
s	max	16	18.00	21.00	24.00	27.00	30.00	34	36	41	46
	min	15.73	17.73	20.67	23.67	26.16	29.16	33	35	40	45

技术条件

材料		钢			
通用技术条件		GB/T 16938			
螺纹		施必牢螺纹标准			
机械性能	等级	8		10	12
		D≤M16 1 型	D>M16 2 型	1 型	2 型
		D>M39 按协议			
	标准	GB/T 3098.2			
		防脱力矩:DTF-JS-17			
公差	产品等级	D≤M16:A 级;D>M16:B 级			
	标准	GB/T 3103.1			
表面缺陷		GB/T 5779.2			
表面处理		磷化、达克罗 电镀技术要求按 GB/T 5267; 如需其他表面镀层或表面处理,由供需双方协议			
验收及包装		GB/T 90.1、GB/T 90.2			

本标准的螺母高度(h_{min})属于 2 型螺母,但 GB/T 3098.2 对所有的性能等级和规格并非只规定了 2 型螺母(如本表所示),在某些情况下,还需按 1 型螺母进行试验。

注:1. 生产厂:上海底特精密紧固件股份有限公司。

2. 该厂另有:压铆螺母、镶嵌螺母及施必牢螺栓系列产品可供选用,其技术资料咨询生产厂。

4.2.2 液压防松螺母及拉紧器

液压防松螺母及拉紧器借助于高压(p_{max}=250MPa)油泵产生的高压油,使螺杆轴向伸长,利用螺杆的弹性变形将螺纹连接锁紧。可以精确地达到设计要求的预紧力,其预紧力比转矩预紧者提高 30%以上。采用附件后可实现多个螺栓同步预紧,使被紧固件均匀受力。

液压防松螺母与液压螺栓拉紧器分别是用于高预紧力、大规格螺纹连接的紧固件和装拆工具,适用于振动工况下大、重型机械设备和狭窄空间设备的紧固连接。具有优良的防松效果,连接可靠、装拆方便、节时省力等特点,兼有野外防盗功能。已较广泛地用于矿山、电力、石化、铁路、交通、建筑等行业,该产品尚无国家及行业标准。液压防松螺母及拉紧器的加压系统主要由高压手动泵、快换接头、高压软管、油管接头、液压螺母组成,如图 6-1-8 所示。

(1) 液压防松螺母的结构、装拆及产品规格性能

液压防松螺母由缸体,具有内、外螺纹和密封圈的活塞和锁紧螺母组成。其操作程序为:将液压防松螺母整体拧到连接螺栓上,直至消除各连接件之间的间隙(图 6-1-9a);卸去堵头,将排净空气后的高压手动油

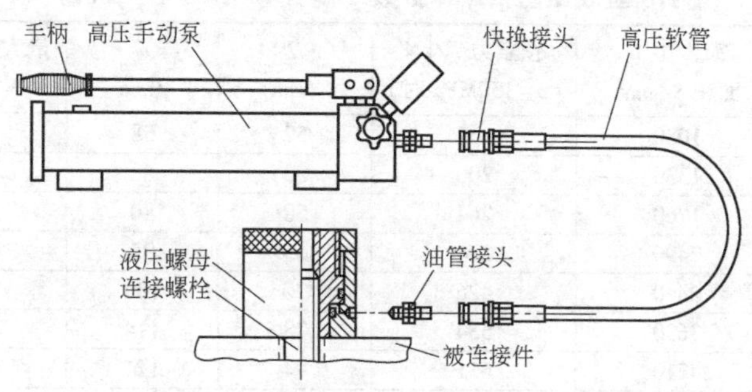

图 6-1-8　液压防松螺母加压系统示意

泵、软管接头接到缸体的油管接头上，往复扳动高压油泵的手柄，对油缸加压，使活塞上升，连接螺栓伸长，锁紧螺母、活塞与缸体之间产生间隙，活塞内螺纹与螺栓间形成了强大的预紧力（图 6-1-9b）；将锁紧螺母拧至与缸体上端面接触并拧紧，卸压，拆除加压系统，拧上堵头，连接被紧锁（图 6-1-9c）。拆卸液压防松螺母的过程与安装过程相仿，接装加压系统，加压，活塞带着锁紧螺母上升，当螺母底面与缸体上端面分离后，将锁紧螺母上端面拧至与活塞上端面平齐（图 6-1-9b），卸压，拆除加压系统，轻微敲击并旋转活塞及螺栓，即可卸下液压防松螺母。

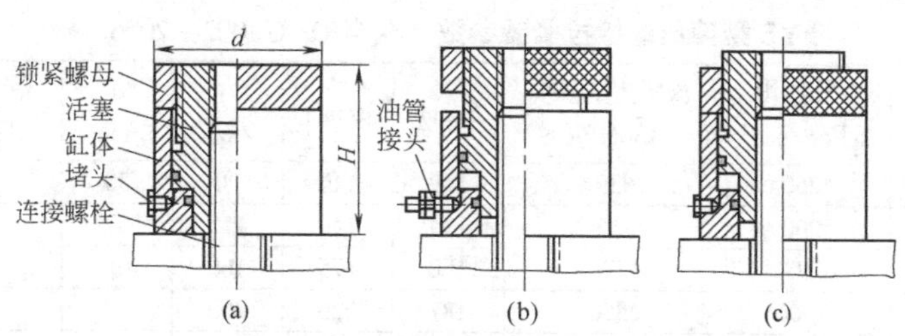

图 6-1-9　FYM 型液压防松螺母结构示意

（2）液压螺栓拉紧器的结构、装拆及产品规格性能

液压螺栓拉紧器是一种先进的螺纹连接预紧和拆卸工具。其原理及拆装方法与液压防松螺母相同，结构相仿。一个型号的拉紧器在更换其螺纹套和内六角套的情况下，可实现数个相近规格螺栓的预紧和拆卸，易于实现多个螺栓的同步紧固。液压螺栓拉紧器的结构如图 6-1-10。

其预紧及拆卸过程如下：先将螺母拧紧在螺栓上，再将内六角套套在螺母外面，放好支撑套，将拉紧器组件置于支撑套上，将螺纹套拧在螺栓上；装好加压系统，加压，推动活塞带着螺纹套上升，螺栓伸长带着螺母上升与连接件脱离接触，当达到所需的预紧力或最大拉伸长度时，停止加压；通过内六角套的径向孔将螺母拧紧，卸压，拆除拉紧器，螺母便将螺纹连接锁紧。拆卸螺母时，步骤同上，当螺母与被紧固件脱离接触后，停压，通过内六角套上的径向孔将螺母拧松若干圈，卸压，拆除拉紧器，即可轻松卸下螺母。

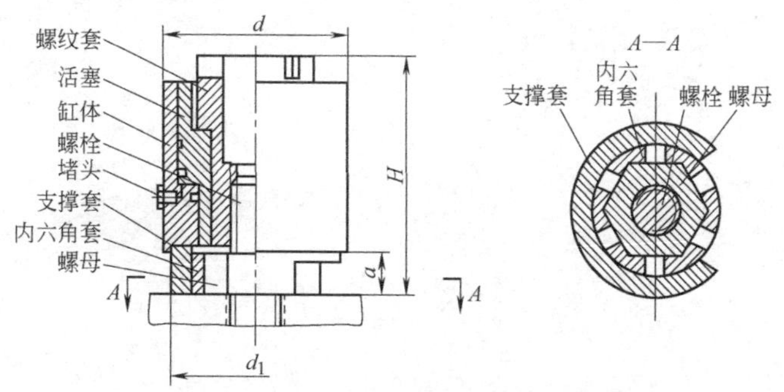

图 6-1-10　FYL 型液压螺栓拉紧器结构示意

表 6-1-201　FYM 型液压防松螺母参数（摘自 Q/XF 001—2006）

型号	螺纹规格	油压作用面积 S/mm²	预紧力 F/kN（p=150MPa 时）	H /mm	d /mm	最大拉伸长度 h /mm	质量 /kg
FYM24	M24×3	1080	162	52	58	5	0.7
FYM30	M30×3.5	1330	200	53	68	5	1
FYM36	M36×4	1760	264	58	80	5	1.6
FYM42	M42×4.5	2490	374	65	92	6	2.4
FYM48	M48×5	2840	426	70	100	6	2.9
FYM56	M56×5.5	3690	554	78	114	8	4.2
FYM64	M64×6	4210	631	84	124	10	5.2
FYM72	M72×6	5990	898	95	145	12	8.3
FYM80	M80×6	7190	1079	105	160	12	11
FYM90	M90×6	9110	1366	114	178	12	15
FYM100	M100×6	13750	2062	130	208	15	24
FYM110	M110×6	14660	2200	140	219	15	27
FYM125	M125×6	16530	2480	150	240	18	35
FYM140	M140×6	20770	3116	170	265	18	47
FYM160	M160×6	22480	3372	180	285	20	55
技术条件	材料:钢	性能等级:10、12	螺纹公差:6H	产品等级:A		表面处理:发黑	

表 6-1-202　FYL 型液压螺栓拉紧器参数（摘自 Q/XF 002—2006）

型号	螺纹规格	油压作用面积 S/mm²	预紧力 F/kN（p=150MPa 时）	H/mm	d/mm	d_1 /mm	a /mm	最大拉伸长度 h/mm	质量 /kg
FYL1	M24~M33	4260	639	109	110	90	30	12	5
FYL2	M36~M45	5900	885	124	140	115	37	14	10
FYL3	M48~M60	10500	1575	160	175	160	63	16	19
FYL4	M64~M80	17000	2550	187	220	200	77	18	42
FYL5	M90~M100	24300	3645	216	250	230	93	18	69
FYL6	M110~M125	36600	5490	248	305	290	112	20	102
FYL7	M140~M160	43200	6480	290	325	305	145	22	130
技术条件	材料:钢	性能等级:10、12	螺纹公差:6H	产品等级:A			表面处理:发黑		

注：1. 如需其他规格或有特殊要求，与生产厂联系。

2. 生产厂：西安帆力机电技术有限公司。

第2章 铆钉连接

1 铆钉连接的类型、特点和应用

铆钉连接是利用铆钉将两个或两个以上的元件（一般为板材或型材）连接在一起的一种不可拆卸的静连接，简称铆接。铆钉有空心和实心两大类。最常用的铆接是实心铆钉连接。实心铆钉连接多用于受力大的金属零件的连接，空心铆钉连接用于受力较小的薄板或非金属零件的连接。

铆接又分冷铆和热铆两种。热铆紧密性较好，但铆杆与钉孔间有间隙，不能参与传力。冷铆时钉杆镦粗，胀满钉孔，钉杆与钉孔间无间隙。直径大于10mm的钢铆钉加热到1000~1100℃进行热铆，钉杆上的单位面积锤击力为650~800MPa。直径小于10mm的钢铆钉和塑性较好的有色金属、轻金属及合金制造的铆钉，常用于冷铆。

铆接在建筑、锅炉制造、铁路桥梁和金属结构等方面均有应用。

铆接的主要特点是：工艺简单、连接可靠、抗振、耐冲击。与焊接相比，其缺点是：结构笨重，铆孔削弱被连接件截面强度15%~20%，操作劳动强度大，噪声大，生产效率低。因此，铆接经济性和紧密性不如焊接。

相对于螺栓连接而言，铆接更为经济，重量更轻，适于自动化安装。但铆接不适于太厚的材料，材料越厚，铆接越困难，一般的铆接不适于承受拉力，因为其抗拉强度比抗剪强度低得多。

2 铆 缝

2.1 铆缝的形式

表6-2-1 铆缝的形式

类型	单剪搭接	单剪垫板对接	双剪垫板对接	型材连接
结构简图				
特点和应用	通常用于没有严格要求的一般机械结构连接	通常用于要求表面平整的外部结构连接，被连接板可以等厚或不等厚，垫板厚度通常大于被连接板厚度	用于受力很大的结构连接，两块垫板应等厚，且其总厚度应不小于被连接板中的较厚者，被连接板厚度不等时应先垫平	用于各种桁架结构连接

2.2 铆缝的设计

设计铆缝时，通常是根据工作要求、载荷情况选择铆缝形式，确定结构参数、铆钉直径和数量，然后进行强度计算。

3 铆钉孔间距

表 6-2-2 **铆钉孔间距**（摘自 GB/T 152.1—1988）

名称	位置与方向		最大允许距离（取两者的小值）	最小允许距离	
间距 t	外排		$8d_0$ 或 12δ	钉并列	$3d_0$
	中间排	构件受压	$12d_0$ 或 18δ	钉错列	$3.5d_0$
		构件受拉	$16d_0$ 或 24δ		
边距	平行于载荷的方向 e_1		$4d_0$ 或 8δ	$2d_0$	
	垂直于载荷的方向 e_2	切割边		$1.5d_0$	
		轧制边		$1.2d_0$	

注：1. d_0 为铆钉孔直径；δ 为较薄板的厚度。

2. 钢板边缘与刚性构件（如角钢、槽钢等）相连的铆钉的最大间距，可按中间排确定。

3. 有色金属或异种材料（如石棉制动带与铸铁制动瓦）铆接时，铆缝的结构参数推荐：铆钉直径 $d=1.5\delta+2\text{mm}$；间距 $t=(2.5\sim3)d$；边距 $e_1\geqslant d$，$e_2\geqslant(1.8\sim2)d$。

4 铆钉公称杆径和铆钉长度计算

表 6-2-3 **铆钉公称杆径 d**（摘自 GB/T 18194—2000）**和铆钉长度计算** mm

基本系列	1	1.2	1.6	2	2.5	3	4	5	6	8	10	12	16	20	24	30	36
第二系列		1.4				3.5			7			14	18	22	27	33	

名称	简图	计算公式
半圆头铆钉		$l=1.12\sum\delta+1.4d$（钢制） $l=\sum\delta+1.4d$（有色金属） 式中 $\sum\delta$——被连接件的总厚度，一般取 $\sum\delta\leqslant5d$； d——铆钉直径
沉头铆钉		$A=\dfrac{d_0^2}{d^2}$ $l=A\sum\delta+B+C$ $B=\dfrac{h(D^2+Dd_0-2d_0^2)}{3d_0^2}$

铆钉直径	12~14	16	18~20	22	24	27	30
C	4~7	5~9	5~10	6~11		7~12	

5　铆钉用通孔直径

为使铆合时铆钉容易穿过钉孔，应使钉孔直径 d_0 大于铆钉的公称直径 d。

表 6-2-4　　　**铆钉用通孔直径**（摘自 GB/T 152.1—1988）　　　mm

d		0.6	0.7	0.8	1	1.2	1.4	1.6	2	2.5	3	3.5	4	5
d_0 精装配		0.7	0.8	0.9	1.1	1.3	1.5	1.7	2.1	2.6	3.1	3.6	4.1	5.2
d		6	8	10	12	14	16	18	20	22	24	27	30	36
d_0	精装配	6.2	8.2	10.3	12.4	14.5	16.5							
	粗装配			11	13	15	17	19	21.5	23.5	25.5	28.5	32	38

注：1. 钉孔尽量采用钻孔，尤其是受变载荷的铆缝。也可以先冲（留 3~5mm 余量）后钻，既经济又能保证孔的质量。冲孔的孔壁有冲剪的痕迹及硬化裂纹，故只用于不重要的铆接中。

2. 铆钉直径 d 小于 8mm 时，一般只选用精装配通孔尺寸。

6　铆钉连接的强度计算

进行铆钉连接的强度计算时，假设：连接的横向力通过铆钉组形心，铆钉组中各个铆钉受力均等，受旋转力矩或偏心力作用时，根据变形协调条件求出受力最大的铆钉所受的最大载荷；铆钉不受弯矩作用；被铆件结合面上摩擦力忽略不计；被铆件危险截面上的拉（压）应力、铆钉的切应力、工作结合面上的挤压应力都是均匀分布的。

表 6-2-5　　　**受拉（压）构件的铆接尺寸计算**

计算内容	公　　式	设计方法	说　　明
被铆件的横截面积 A/mm^2	受拉构件　$A=\dfrac{F}{\psi\sigma_{tp}}$ 受压构件　$A=\dfrac{F}{\zeta\sigma_{cp}}$	按 A 确定被铆件的厚度 δ 或构件尺寸，选定后再定 δ 值	F——作用在构件上的拉（压）外载荷，N； ψ——铆缝的强度系数，$\psi=(t-d)/t$，初算时可取 $\psi=0.6\sim0.8$； t——铆钉间距，mm； ζ——压杆纵弯曲系数，见表 6-2-6； δ——被铆件中较薄板的厚度，对于双盖板为两盖板厚度之和，mm； d_0——铆钉孔直径，mm； m——每个铆钉的抗剪面数； σ_{tp}，σ_{cp} 和 σ_{pp}——被铆件的许用拉应力、许用压应力和许用挤压应力； τ_p——铆钉许用切应力，MPa，见表6-2-9
铆钉直径 d/mm	当 $\delta\leqslant$5mm 时，$d\approx(1.1\sim1.6)\delta$ 当被连接件的厚度较大时，取系数的较小值		
铆钉数量 Z	按铆钉剪切强度 $Z=\dfrac{4F}{m\pi d_0{}^2\tau_p}$ 按被铆件挤压强度 $Z=\dfrac{F}{d_0\delta\sigma_{pp}}$	取两计算所得的大值，但铆钉数不得少于 2 个	

表 6-2-6　　　**压杆纵弯曲系数 ζ**

λ	10	20	30	40	50	60	70	80	90	100	110	120	140	160	180	200
ζ	0.99	0.96	0.94	0.92	0.89	0.86	0.81	0.75	0.69	0.6	0.52	0.45	0.36	0.29	0.23	0.19
说　明	λ——柔度，$\lambda=\dfrac{\mu l}{i_{min}}$；$\mu$——柱端系数；$l$——构件计算长度，m；$i_{min}$——构件截面最小惯性半径，m															

表 6-2-7　　受力矩铆缝的铆钉最大载荷计算

受力简图	计算公式	说明
受旋转力矩 M 作用的剪力铆钉	铆钉的最大载荷 $F_{max}=\dfrac{Ml_{max}}{l_1^2+l_2^2+\cdots+l_i^2}$	M——旋转力矩,N·mm; l——铆钉中心到铆钉组形心的距离,mm; 铆钉序列号 $i=1、2、3\cdots$
受偏心力 F 作用的剪力铆钉	铆钉的最大载荷 $F_{max}=R_{max}+\dfrac{F}{Z}$ $R_{max}=\dfrac{Ml_{max}}{l_1^2+l_2^2+\cdots+l_i^2}$ $M=FL$	F——偏心力,N; M——旋转力矩,N·mm; l——铆钉中心到铆钉组形心的距离,mm; Z——铆钉总数; 铆钉序列号 $i=1、2、3\cdots$

7　铆接的材料和许用应力

被铆接的材料通常是低碳钢或铝合金型材或板材，在机器的部件连接上，被铆件则是各种不同材料的成型零件。

铆钉材料必须具有高的塑性和不可淬性。铆钉常用材料及热处理工艺见表 6-2-8，钢铆钉连接的许用应力见表 6-2-9。

表 6-2-8　　铆钉常用材料及热处理（摘自 GB/T 116—1986）

<table>
<tr><td rowspan="3">材料</td><td>牌　号</td><td colspan="2">Q215、Q235
ML3、ML2</td><td colspan="2">10、15
ML10、ML15</td><td colspan="2">0Cr18Ni9
1Cr18Ni9Ti</td><td colspan="4">T2
T3</td></tr>
<tr><td>热处理</td><td colspan="2">退火(冷镦产品)</td><td colspan="2">退火(冷镦产品)</td><td>不处理</td><td>淬火</td><td colspan="2">不处理</td><td colspan="2">退　火</td></tr>
<tr><td>表面处理</td><td>不处理</td><td>镀锌钝化</td><td>不处理</td><td>镀锌钝化</td><td colspan="2">不处理</td><td>不处理</td><td>钝化</td><td>不处理</td><td>钝化</td></tr>
</table>

<table>
<tr><td rowspan="3">材料</td><td>牌　号</td><td colspan="4">H62
HPb59-1</td><td>1050A
1035
(L3,L4)</td><td colspan="2">2A01
(LY1)</td><td colspan="2">2A10
(LY10)</td><td colspan="2">5B05
(LF10)</td><td>3A21
(LF21)</td></tr>
<tr><td>热处理</td><td colspan="2">不处理</td><td colspan="2">退火</td><td>不处理</td><td colspan="2">淬火并时效</td><td colspan="2">淬火并时效</td><td colspan="2">退火</td><td>不处理</td></tr>
<tr><td>表面处理</td><td>不处理</td><td>钝化</td><td>不处理</td><td>钝化</td><td>不处理</td><td>不处理</td><td>阳极氧化</td><td>不处理</td><td>阳极氧化</td><td>不处理</td><td>阳极氧化</td><td>不处理</td></tr>
</table>

注：括号中的牌号为旧牌号。

表 6-2-9　　钢铆钉连接的许用应力　　MPa

<table>
<tr><td colspan="5">被铆件</td><td colspan="4">铆钉</td></tr>
<tr><td colspan="2">材料</td><td>Q215</td><td>Q235</td><td>16Mn</td><td colspan="2">材料</td><td>10、15、ML10、ML15</td><td>1Cr18Ni9Ti</td></tr>
<tr><td colspan="2">许用拉应力 σ_{tp}</td><td rowspan="2">140~155</td><td rowspan="2">155~170</td><td rowspan="2">215~240</td><td colspan="2" rowspan="2">许用挤压应力 σ_{pp}</td><td rowspan="2">240~320</td><td rowspan="2"></td></tr>
<tr><td colspan="2">许用压应力 σ_{cp}</td></tr>
<tr><td rowspan="2">许用挤压应力 σ_{pp}</td><td>钻孔</td><td>280~310</td><td>310~340</td><td>430~480</td><td rowspan="2">许用切应力 τ_p</td><td>钻孔</td><td>145</td><td>230</td></tr>
<tr><td>冲孔</td><td>240~265</td><td>265~290</td><td>365~410</td><td>冲孔</td><td>115</td><td></td></tr>
<tr><td>说明</td><td colspan="8">①受变载荷时,表中数值应降低 10%~20%,或按下式计算:
$$\tau'_p=\tau_p\nu,\sigma'_{cp}=\sigma_{cp}\nu$$
系数 $$\nu=\frac{1}{a-bF_{min}/F_{max}}\leqslant 1$$
式中　F_{min},F_{max}——绝对值为最小和最大的力,选取时带本身的符号;连接低碳钢制零件时,$a=1$,$b=0.3$;连接中碳钢制零件时,$a=1.2$,$b=0.8$
②被铆件之一厚度大于 16mm 时,表中数值取小值</td></tr>
</table>

8　铆接结构设计中应注意的问题

① 铆接结构应具有良好的开敞性，以方便操作。进行结构设计时，应尽量为机械化铆接创造条件。

② 强度高的零件不应夹在强度低的零件之间，厚的、刚性大的零件布置在外侧，铆钉镦头尽可能安排在材料强度大或厚度大的零件一侧，为减少铆件变形，铆钉镦头可以交替安排在被铆接件的两面。

③ 铆接厚度一般规定不大于 $5d$（d 为铆钉直径）；被铆接件的零件不应多于 4 层。在同一结构上铆钉种类不宜太多，一般不要超过两种。在传力铆接中，排在力作用方向的铆钉数不宜超过 6 个，且不应少于 2 个。

④ 冲孔铆接的承载能力比钻孔铆接的承载能力约小 20%，因此，冲孔的方法只可用于不受力或受力较小的构件。

⑤ 铆钉材料强度高或被铆件材料较软或镦头可能损伤构件时，在铆钉镦头处应加适当材料的薄垫圈。

⑥ 铆钉材料一般应与被铆件相同，以避免因线胀系数不同而影响铆接强度，或与腐蚀介质接触而产生电化学腐蚀。

9 铆钉类型及标准件

表 6-2-10 铆钉汇总表 mm

铆钉种类

名称	半圆头铆钉(粗制)	小半圆头铆钉(粗制)	半圆头铆钉	沉头铆钉(粗制)	沉头铆钉
图形	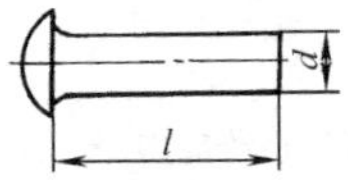			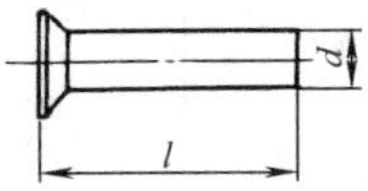	
标准	GB/T 863.1—1986	GB/T 863.2—1986	GB/T 867—1986	GB/T 865—1986	GB/T 869—1986
规格	d=12~36 l=20~200	d=10~36 l=12~200	d=0.6~16 l=1~110	d=12~36 l=20~200	d=1~16 l=2~100
名称	平锥头铆钉	平锥头铆钉(粗制)	半沉头铆钉(粗制)	半沉头铆钉	扁平头铆钉
图形	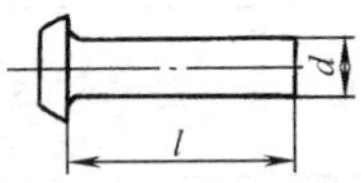		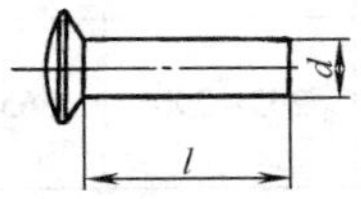		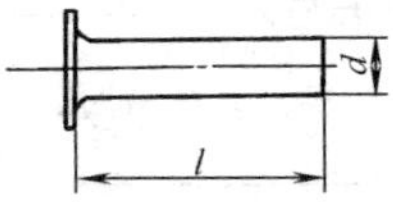
标准	GB/T 868—1986	GB/T 864—1986	GB/T 866—1986	GB/T 870—1986	GB/T 872—1986
规格	d=2~16 l=3~110	d=12~36 l=20~200	d=12~36 l=20~200	d=1~16 l=2~100	d=1.2~10 l=1.5~50
名称	扁圆头铆钉	120°沉头铆钉	扁平头半空心铆钉	扁圆头半空心铆钉	120°沉头半空心铆钉
图形	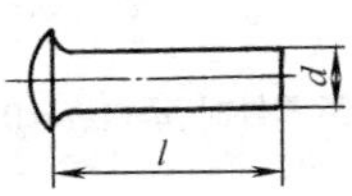	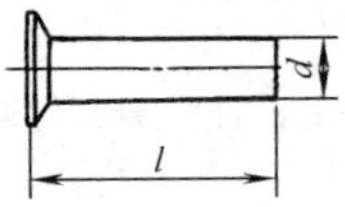	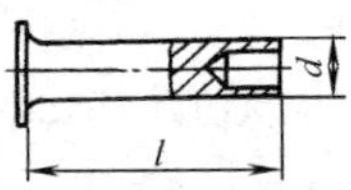	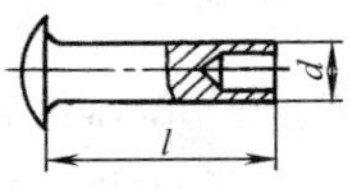	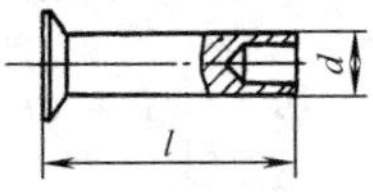
标准	GB/T 871—1986	GB/T 954—1986	GB/T 875—1986	GB/T 873—1986	GB/T 874—1986
规格	d=1.2~10 l=1.5~50	d=1.2~8 l=1.5~50	d=1.2~10 l=1.5~50	d=1.2~10 l=1.5~50	d=1.2~8 l=1.5~50
名称	空心铆钉	管状铆钉	标牌用钉	大扁圆头铆钉	120°半沉头铆钉
图形	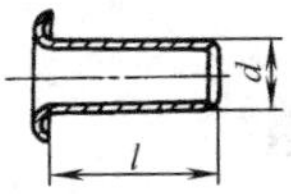	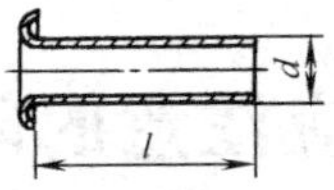	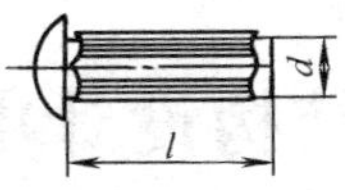	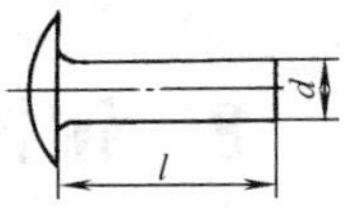	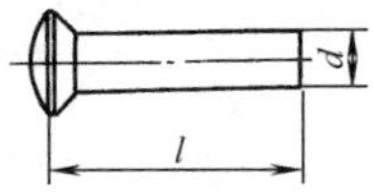
标准	GB/T 876—1986	JB/T 10582—2006	GB/T 827—1986	GB/T 1011—1986	GB/T 1012—1986
规格	d=1.4~6 l=1.5~15	d=0.7~20 l=1~40	d=1.6~5 l=3~20	d=2~8 l=3.5~50	d=3~6 l=5~40
名称	平锥头半空心铆钉	大扁圆头半空心铆钉	沉头半空心铆钉	无头铆钉	平头铆钉
图形	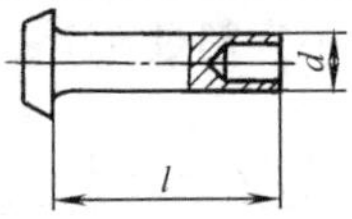	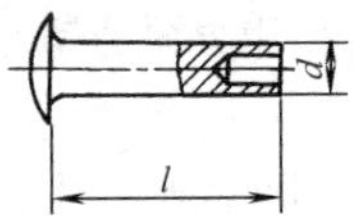	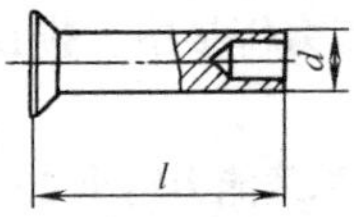	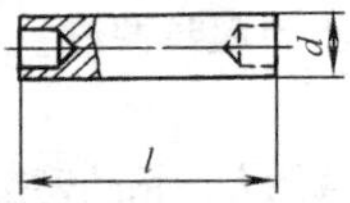	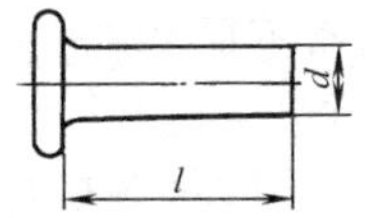
标准	GB/T 1013—1986	GB/T 1014—1986	GB/T 1015—1986	GB/T 1016—1986	GB/T 109—1986
规格	d=1.4~10 l=3~50	d=2~8 l=4~40	d=1.4~10 l=3~50	d=1.4~10 l=6~60	d=2~10 l=4~30

续表

铆钉种类

名称	封闭型扁圆头抽芯铆钉	封闭型沉头抽芯铆钉	开口型沉头抽芯铆钉	开口型扁圆头抽芯铆钉
图形	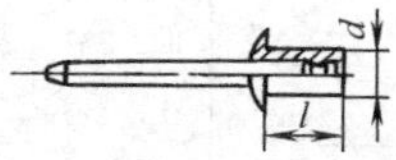	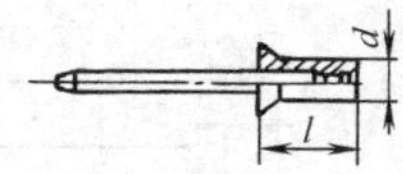	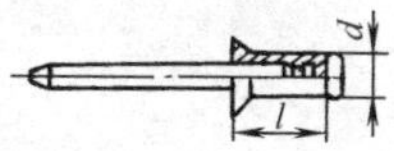	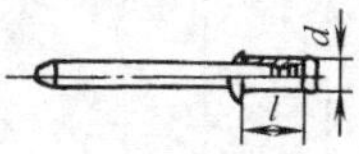
标准	GB/T 12615—2004	GB/T 12616—2004	GB/T 12617—2006	GB/T 12618—2006
规格	d=3~6 l=6~18	d=3~6 l=6~18	d=3~6 l=7~40	d=3~6 l=7~40

名称	开口型大帽沿抽芯铆钉	封闭型大帽沿抽芯铆钉	环槽铆钉
图形	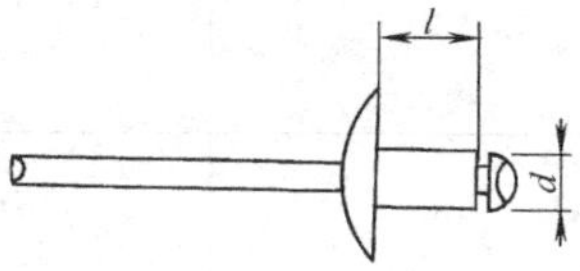	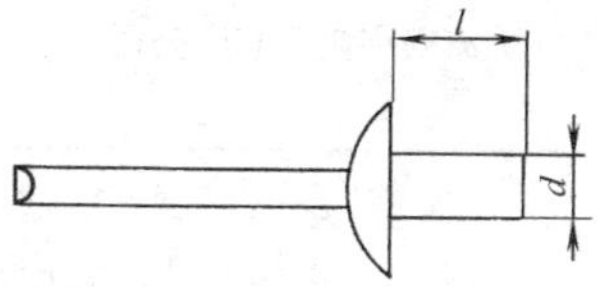	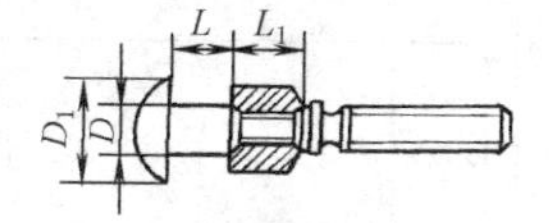 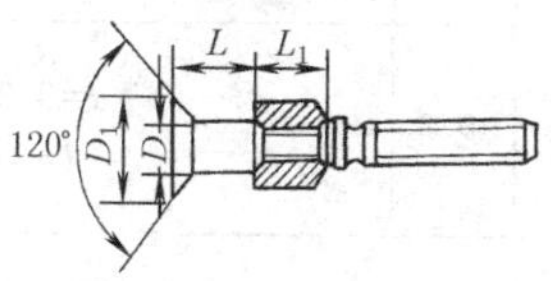
标准	GB/T 12618—2006	GB/T 12615—2004	上海安字实业有限公司
规格	d=3.2~5 l=8~24	d=3.2~5 l=6~20	d=5~10 l=4~26

名称	击芯铆钉	沟槽型抽芯铆钉	双鼓型抽芯铆钉
图形	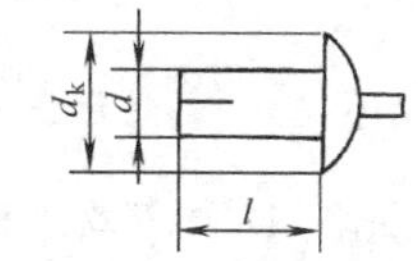 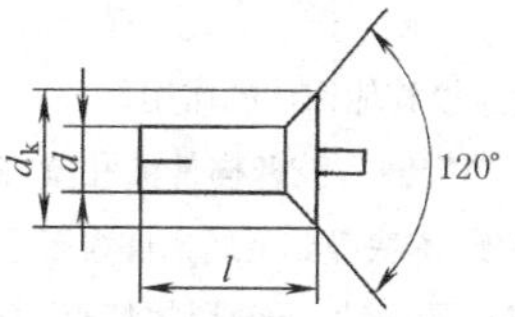	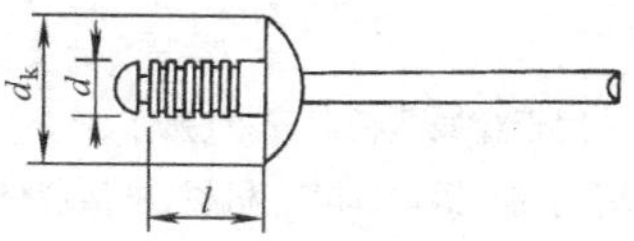 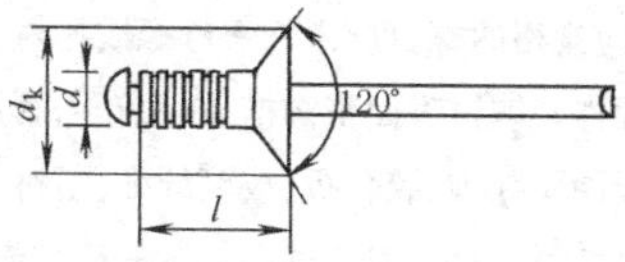	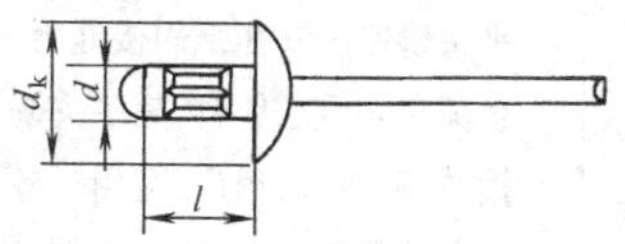 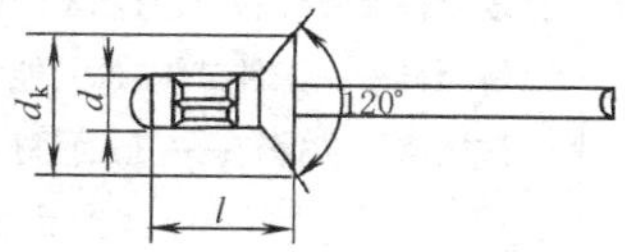
标准	上海安字实业有限公司		
规格	d=4.8~6.4 l=7~45	d=3.2~4.8 l=10~26	d=3.2~4.8 l=8~26

续表

<table>
<tr><td rowspan="4">铆钉种类</td><td>名称</td><td>双鼓型大帽沿抽芯铆钉</td><td colspan="2">铆 螺 母</td></tr>
<tr><td>图形</td><td> 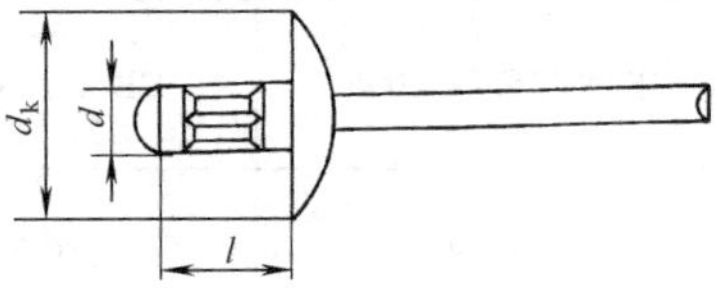d_k d l</td><td> 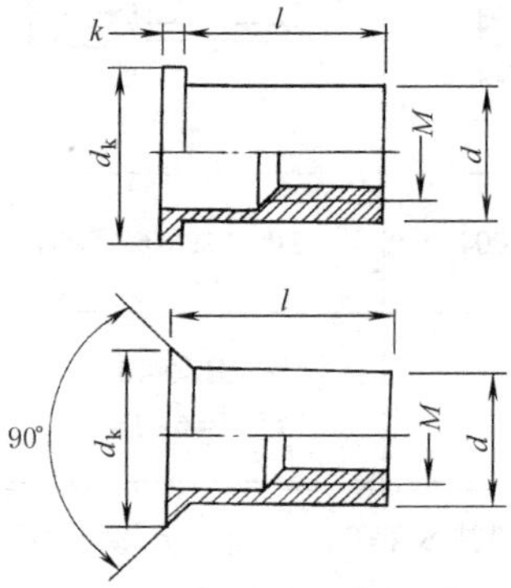k l d_k M d
l 90° d_k M d</td><td>图形(略)</td></tr>
<tr><td>标准</td><td colspan="2">上海安字实业有限公司</td><td>GB/T 17880.1～5—1999</td></tr>
<tr><td>规格</td><td>d=3.2～4.8
l=8～26</td><td>d=5～13
l=7.5～24</td><td>d=5～15
l=7.5～27</td></tr>
<tr><td>特性与用途</td><td colspan="4">铆钉用于少数受严重冲击或振动载荷的金属结构、某些异性金属的连接以及铝合金等焊接性能不良的金属连接
实心铆钉——多用于受剪力大的金属连接处
空心铆钉——用于受剪力不大处,常用于连接塑料、皮革、木料、帆布等
半空心铆钉——多用于金属薄板与其他非金属材料零件,可承受和实心铆钉一样的剪力
半圆头铆钉——应用最普遍,多作强固接缝和强密接缝用
沉头铆钉——用在零件表面需平滑的地方
半沉头铆钉——用在零件表面需光滑、受载荷不大的地方
平头铆钉——作强固接缝用
扁圆头半空心铆钉,扁平头铆钉——用于金属薄板或皮革、帆布、木料、塑料等
抽芯铆钉应用很广,适用于各种车辆、船舶、锅炉、印染、机械、电信器材及建筑等行业,使用方便、高效、牢固、抗振,能铆接复杂件及管件,并具有水密、气密性
铆螺母——工件被铆接后,能将相应规格的螺钉旋入铆螺母螺纹孔内,起到连接其他构件的作用
沟槽型抽芯铆钉——盲面铆接紧固件。铆钉表面带沟槽,在盲孔内膨胀后,沟槽嵌入被铆构件的孔壁内,起铆接作用,本产品适用于硬质纤维、胶合板、玻璃纤维、塑料、石棉板、木块等非金属构件铆接
双鼓型抽芯铆钉——铆接后呈两个鼓形。具有对各种薄如纸的构件进行铆接不松动、不变形的特点,适用于各种铆接领域(被铆接件厚度增加,只出现一个鼓形)
击芯铆钉——广泛应用于各种客车、航空、船舶、机械制造、电信器材、铁木家具等
环槽铆钉——机械强度高,铆接牢固,最大特点是抗振性好</td></tr>
</table>

半圆头铆钉（粗制）（摘自 GB/T 863.1—1986）**沉头铆钉**（粗制）（摘自 GB/T 865—1986）
小半圆头铆钉（粗制）（摘自 GB/T 863.2—1986）

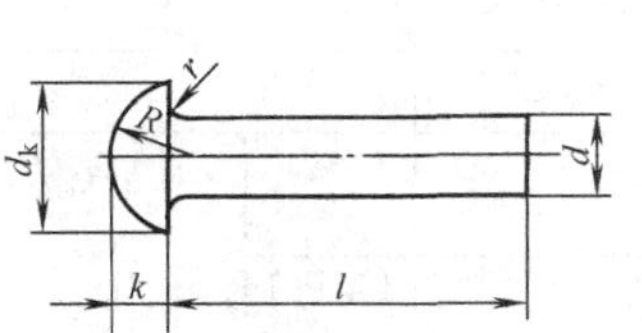

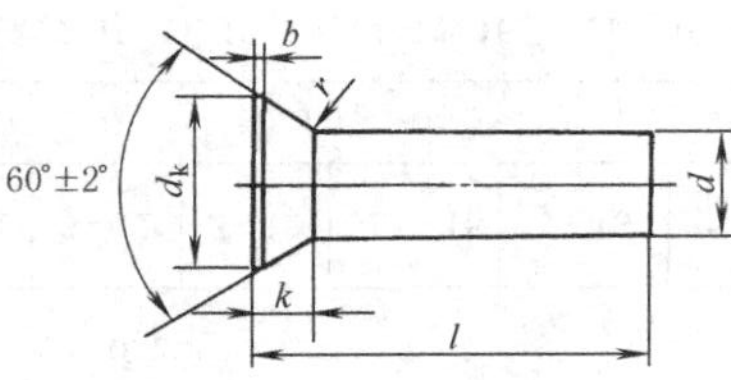

标记示例

公称直径 $d=12$mm、公称长度 $l=50$mm、材料 BL2、不经表面处理的半圆头铆钉，标记为：铆钉　GB/T 863.1　12×50

表 6-2-11　　mm

d（公称）	r（最大）	GB 863.1—1986					GB 865—1986					GB 863.2—1986						l 系列
		d_k（最大）	k（最大）	$R\approx$	l	100mm 长的质量/kg≈	d_k（最大）	b（最大）	$k\approx$	l	100mm 长的质量/kg≈	d_k（最大）	k（最大）	$R\approx$	r（最大）	l	100mm 长的质量/kg≈	
10								0.6				16	7.4	8	0.5	12~50	0.067	12,14,16,18,20,22,25,28,30,32,35,38,40,42,45,48,50,52,55,58,60,62,65,68,70,75,80,85,90,95,100,110,120,130,140,150,160,170,180,190,200
12	0.5	22	8.5	11	20~90	0.1	19.6		6	20~75	0.096	19	8.4	9.5	0.6	16~60	0.098	
(14)		25	9.5	12.5	22~100	0.137	22.5		7	20~100	0.132	22	9.9	11	0.6	20~70	0.136	
16		30	10.5	15.5	26~110	0.184	25.7		8	24~100	0.175	25	10.9	13	0.8	25~80	0.181	
(18)		33.4	13.3	16.5	32~150	0.241	29	0.8	9	28~150	0.225	28	12.6	14.5	0.8	28~90	0.233	
20	0.8	36.4	14.8	18	32~150	0.303	33.4		11	30~150	0.286	32	14.1	16.5	1	30~200	0.295	
(22)		40.4	16.3	20	38~180	0.377	37.4		12	38~180	0.354	36	15.1	18.5	1	35~200	0.363	
24		44.4	17.8	22	52~180	0.460	40.4		13	50~180	0.427	40	17.1	20.5	1.2	38~200	0.448	
(27)		49.4	20.2	26	55~180	0.602	44.4		14	55~180	0.545	43	18.1	22	1.2	40~200	0.562	
30		54.8	22.2	27	55~180	0.747	51.4		17	60~200	0.711	48	20.3	24.5	1.6	42~200	0.712	
36		63.8	26.2	32	58~200	1.128	59.8		19	65~200	1.037	58	24.3	30	2	48~200	1.084	

注：1. 全部为商品规格。
2. 标记示例中的材料为最常用的主要材料，其他材料和热处理、表面处理等见标准 GB/T 116。

半圆头铆钉（摘自 GB/T 867—1986）　**沉头铆钉**（摘自 GB/T 869—1986）

标记示例

公称直径 $d=8$mm、公称长度 $l=50$mm、材料 BL2、不经表面处理的半圆头铆钉，标记为：铆钉　GB/T 867　8×50

表 6-2-12　　mm

d(公称)		0.6	0.8	1	(1.2)	1.4	(1.6)	2	2.5	3	(3.5)	4	5	6	8	10	12	(14)	16
GB/T 867	d_k（最大）	1.3	1.6	2	2.3	2.7	3.2	3.74	4.84	5.54	6.59	7.39	9.09	11.35	14.35	17.35	21.42	24.42	29.42
	k（最大）	0.5	0.6	0.7	0.8	0.9	1.2	1.4	1.8	2	2.3	2.6	3.2	3.84	5.04	6.24	8.29	9.29	10.29
	$R\approx$	0.58	0.74	1	1.2	1.4	1.6	1.9	2.5	2.9	3.4	3.8	4.7	6	8	9	11	12.5	15.5
	l	1~6	1.5~8	2~8	2.5~8	3~12	3~12	3~16	5~20	5~26	7~26	7~50	7~55	8~60	16~65	16~85	20~90	22~100	26~110
GB/T 869	d_k（最大）	—	—	2.03	2.23	2.83	3.03	4.05	4.75	5.35	6.28	7.18	8.98	10.62	14.22	17.82	18.86	21.76	24.96
	$k\approx$	—	—	0.5	0.5	0.7	0.7	1	1.1	1.2	1.4	1.6	2	2.4	3.2	4	6	7	8
	α	90°															60°		
	b（最大）	0.2									0.4						0.5		
	l	—	—	2~8	2.5~8	3~12	3~12	3.5~16	5~18	5~22	6~24	6~30	6~50	6~50	12~60	16~75	18~75	20~100	24~100
r		0.05		0.1							0.3						0.4		
l 系列		1,1.5,2,2.5,3,3.5,4,5,6,7,8,9,10,11,12,13,14,15,16,17,18,19,20,22,24,26,28,30,32,34,36,38,40,42,44,46,48,50,52,55,58,60,62,65,68,70,75,80,85,90,95,100,110																	

注：1. $d=2\sim10$mm 为商品规格，其他为通用规格。

2. 同表 6-2-11 注 2。

平头铆钉（摘自 GB/T 109—1986）

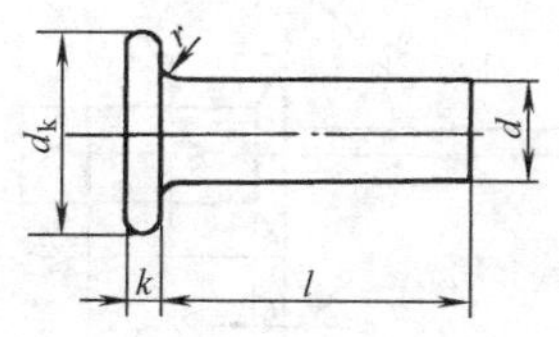

扁平头半空心铆钉（摘自 GB/T 875—1986）

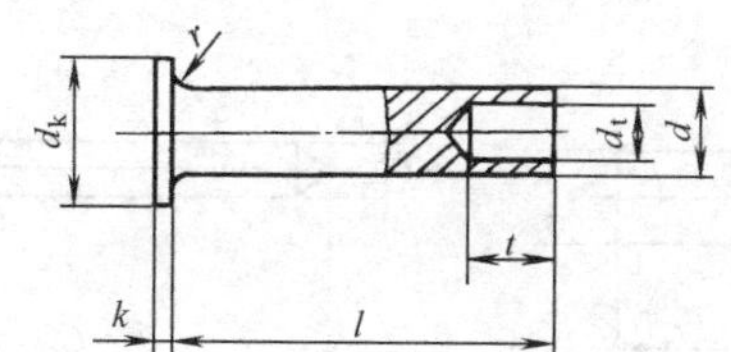

空心铆钉（摘自 GB/T 876—1986）

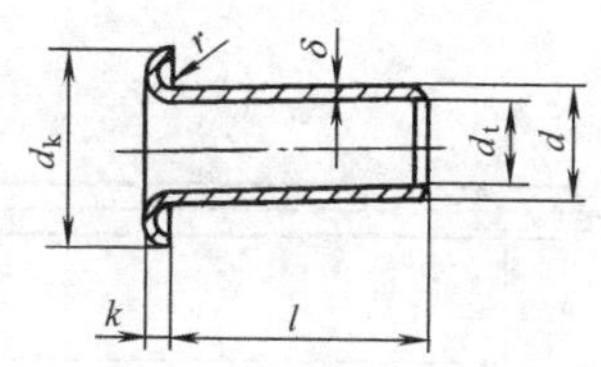

标记示例

公称直径 d=6mm、公称长度 l=15mm、材料 BL2、不经表面处理的平头铆钉，标记为：铆钉　GB/T 109　6×15

公称直径 d=3mm、公称长度 l=10mm、材料 H62、不经表面处理的空心铆钉，标记为：铆钉　GB/T 876　3×10

表 6-2-13

mm

d（公称）	GB/T 109				GB/T 875						GB/T 876					
	d_k（最大）	k（最大）	r（最大）	l	d_k（最大）	k（最大）	d_t（最大）	t（最大）	r（最大）	l	d_k（最大）	k（最大）	d_t（最大）	δ	r（最大）	l
(1.2)	—	—	—	—	2.4	0.58	0.66	1.44	0.1	1.5~6	—	—	—	—	—	
1.4	—	—	—	—	2.7		0.77	1.64		2~7	2.6	0.5	0.8	0.2	0.15	1.5~5
(1.6)	—	—	—	—	3.2		0.87	1.84		2~8	2.8		0.9	0.22	0.2	2~5
2	4.24	1.2	0.1	4~8	3.74	0.68	1.12	2.24		2~13	3.5	0.6	1.2	0.25	0.25	2~5
2.5	5.24	1.4		5~10	4.74		1.62	2.74		3~15	4		1.7			2~8
3	6.24	1.6		6~14	5.74	0.88	2.12	3.24		3.5~30	5	0.7	2	0.3		2~10
(3.5)	7.29	1.8	0.3	6~18	6.79		2.32	3.79	0.3	5~36	5.5		2.5		0.3	2.5~10
4	8.29	2		8~22	7.79	1.13	2.62	4.29		5~40	6	0.82	2.9	0.35		3~12
5	10.29	2.2		10~26	9.79		3.66	5.29		6~50	8	1.12	4		0.5	3~15
6	12.35	2.6		12~30	11.85	1.33	4.66	6.29		7~50	10		5		0.7	4~15
8	16.35	3	0.5	16~30	15.85		6.16	8.35		9~50	—	—	—	—	—	—
10	20.42	3.44		20~30	19.42	1.63	7.7	10.35		10~50	—	—	—	—	—	—
l 系列	1.5,2,2.5,3,3.5,4,5,6,7,8,9,10,11,12,13,14,15,16,17,18,19,20,22,24,26,28,30,32,34,36,38,40,42,44,46,48,50															

注：1. 全部为商品规格。

2. 同表 6-2-11 注 2。

标牌用钉（摘自 GB/T 827—1986）

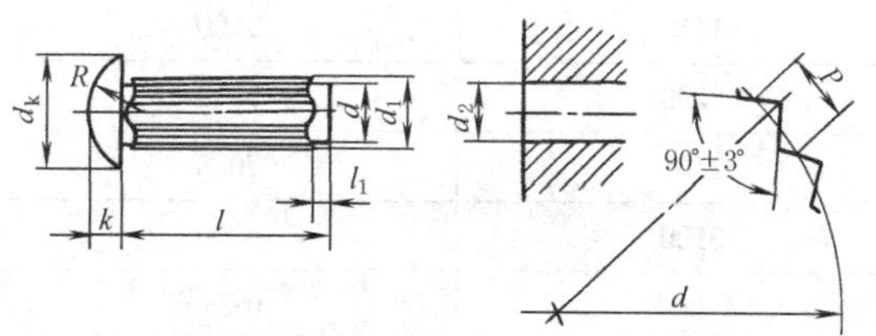

标记示例

公称直径 d=3mm、公称长度 l=10mm、材料 BL2、不经表面处理的标牌铆钉，标记为：铆钉　GB/T 827　3×10

表 6-2-14

mm

d(公称)	(1.6)	2	2.5	3	4	5
d_k(最大)	3.2	3.74	4.84	5.54	7.39	9.09
k(最大)	1.2	1.4	1.8	2	2.6	3.2
d_1(最小)	1.75	2.15	2.65	3.15	4.15	5.15
P≈	0.72				0.84	0.92
l_1	1				1.5	
R≈	1.6	1.9	2.5	2.9	3.8	4.7
d_2(推荐)(最大)	1.56	1.96	2.46	2.96	3.96	4.96
l	3~6	3~8	3~10	4~12	6~18	8~20
l 系列	3,4,5,6,8,10,12,15,18,20					

封闭型平圆头抽芯铆钉（摘自 GB/T 12615.1—2004） 封闭型沉头抽芯铆钉（摘自 GB/T 12616.1—2004）

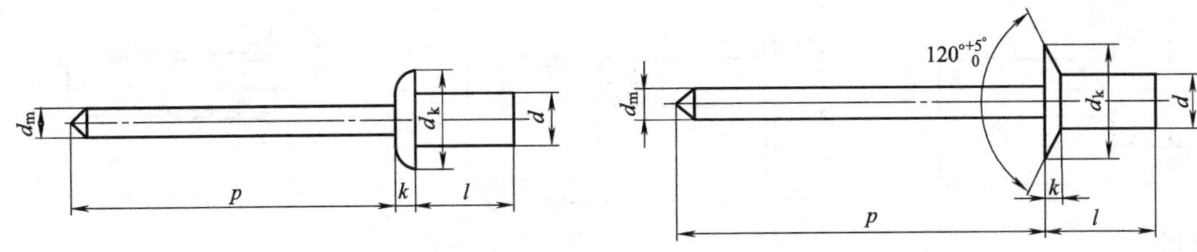

表 6-2-15

mm

钉体	d	公称	3.2	4	4.8	5	6.4
		max	3.28	4.08	4.88	5.08	6.48
		min	3.05	3.85	4.65	4.85	6.25
	d_k	max	6.7	8.4	10.1	10.5	13.4
		min	5.8	6.9	8.3	8.7	11.6
	k	max	1.3	1.7	2	2.1	2.7
钉芯	d_m	max	1.85	2.35	2.77	2.8	3.71
	p	min	25		27		
铆钉孔直径(最大/最小)			3.4/3.3	4.2/4.1	5.0/4.9	5.2/5.1	6.6/6.5

铆钉长度 l		推荐的铆接范围			
公称=min	max				
6.5	7.5	0.5~2.0			
8	9	2.0~3.5	0.5~3.5		
8.5	9.5	—	—	0.5~3.5	
9.5	10.5	3.5~5.0	3.5~5.0	3.5~5.0	
11	12	5.0~6.5	5.0~6.5	5.0~6.5	
12.5	13.5	6.5~8.0	6.5~8.0	—	1.5~6.5
13	14		—	6.5~8.0	—
14.5	15.5		8~10	8.0~9.5	—
15.5	16.5			—	6.5~9.5
16	17			9.5~11.0	—
18	19			11~13	—
21	22			13~16	—

力学性能(11 级)

公称直径 d /mm	剪切载荷 min	拉力载荷 min	钉芯断裂载荷 max
3.2	1100	1450	3500
4	1600	2200	5000
4.8	2200	3100	7000
5	2420	3500	8000
6.4	3600①	4900①	10230
材料	钉体:铝合金 5056;钉芯:铜 10,15,35,45		
钉体尺寸计算	$d_{max}=d+0.08$mm;$d_{min}=d-0.15$mm;$d_{kmax}=2.1d$;$k_{max}=0.415d$		

① 按 GB/T 3098.19 规定，数据待生产验证（含选用材料牌号）

开口型沉头抽芯铆钉（摘自 GB/T 12617.1—2006）　**开口型平圆头抽芯铆钉**（摘自 GB/T 12618.1—2006）

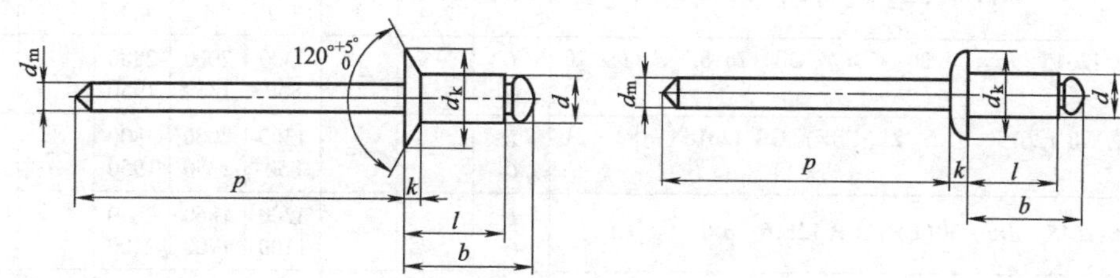

表 6-2-16

mm

			2.4	3	3.2	4	4.8	5	6	6.4
钉体	d	公称	2.4	3	3.2	4	4.8	5	6	6.4
		max	2.48	3.08	3.28	4.08	4.88	5.08	6.08	6.48
		min	2.25	2.85	3.05	3.85	4.65	4.85	5.85	6.25
	d_k	max	5.0	6.3	6.7	8.4	10.1	10.5	12.6	13.4
		min	4.2	5.4	5.8	6.9	8.3	8.7	10.8	11.6
	k	max	1	1.3	1.3	1.7	2	2.1	2.5	2.7
钉芯	d_m	max	1.55	2	2	2.45	2.95	2.95	3.4	3.9
	p	min	25			27				
盲区长度	b	max	$l_{max}+3.5$	$l_{max}+3.5$	$l_{max}+4$	$l_{max}+4$	$l_{max}+4.5$	$l_{max}+4.5$	$l_{max}+5$	$l_{max}+5.5$
铆钉孔直径(最大/最小)			2.6/2.5	3.2/3.1	3.4/3.3	4.2/4.1	5.0/4.9	5.2/5.1	6.2/6.1	6.6/6.5

铆钉长度 l 公称=min	铆钉长度 l max	推荐的铆接范围 (2.4)	(3, 3.2)	(4)	(4.8, 5)	(6)	(6.4)
4	5	0.5~2.0	0.5~1.5	—	—	—	—
6	7	2.0~4.0	1.5~3.5	1.0~3.0	1.5~2.5	—	—
8	9	4.0~6.0	3.5~5.0	3.0~5.0	2.5~4.0	2.0~3.0	—
10	11	6.0~8.0	5.0~7.0	5.0~6.5	4.0~6.0	3.0~5.0	—
12	13	8.0~9.5	7.0~9.0	6.5~8.5	6.0~8.0	5.0~7.0	3.0~6.0
16	17	—	9.0~13.0	8.5~12.5	8.0~12.0	7.0~11.0	6.0~10.0
20	21	—	13.0~17.0	12.5~16.5	12.0~15.0	11.0~15.0	10.0~14.0
25	26	—	17.0~22.0	16.5~21.0	15.0~20.0	15.0~20.0	14.0~18.0
30	31	—	—	—	20.0~25.0	20.0~25.0	18.0~23.0

剪切载荷、拉力载荷与钉芯断裂载荷

公称直径 d /mm	10 级 剪切载荷 min	10 级 拉力载荷 min	11 级 剪切载荷 min	11 级 拉力载荷 min	钉芯断裂载荷 max
2.4	250	350	350	550	2000
3	400	550	550	850	3000
3.2	500	700	750	1100	3500
4	850	1200	1250	1800	5000
4.8	1200	1700	1850	2600	6500
5	1400	2000	2150	3100	6500
6	2100	3000	3200	4600	9000
6.4	2200	3150	3400	4850	11000
材料 钉体	铝合金:5052;5A02		铝合金:5056;5A05		
材料 钉芯	钢 10,15,35,45				

注：1. GB/T 12617.1 标准中无 $d=6$ 及 $d=6.4$ 规格。

2. 规格长度大于 30mm 时，应按 5mm 递增。

3. 钉体尺寸计算：$d_{max}=d+0.08$mm，$d_{min}=d-0.15$mm；$d_{kmax}=2.1d$；$k_{max}=0.415d$。

表 6-2-17　　　　铆钉材料、性能及标记　　　　N

分类	铆钉材料、国家标准及标记	载荷	铆钉直径 d/mm							
			2.4	3	3.2	4	4.8	5	6	6.4
封闭型抽芯铆钉	铜/钢 GB 12615 $d\times l\cdot20$(CGF), GB 12616 $d\times l\cdot20$(CGF_2)	L	—	—	1300	2000	2800	—	—	—
		G			850	1350	1950			
	铜/不锈钢 GB 12615 $d\times l\cdot21$(CBF), GB 12616 $d\times l\cdot21$(CGF_2)	L	—	—	1300	2000	2800	—	—	—
		G			850	1350	1950			
	钢/钢 GB 12615 $d\times l\cdot30$(GF), GB 12616 $d\times l\cdot30$(GF_2)	L	—	—	1200	1860	2840	—	—	—
		G			1100	1700	2400			
	不锈钢/不锈钢 GB 12615 $d\times l\cdot51$(QBF), GB 12616 $d\times l\cdot51$(QBF_2)	L	—	—	2500	4000	5000	—	—	—
		G			2000	3000	4500			
	铝/铝 GB 12615 $d\times l\cdot06$(QLF), GB 12616 $d\times l\cdot06$(QLF_2)	L	—	—	490	712	1120	—	—	—
		G			450	580	900			
	铝合金/钢 GB 12615 $d\times l\cdot11$(HF), GB 12616 $d\times l\cdot11$(HF_2)	L	—	—	1240	2130	3070	3500	—	5000
		G			1070	1560	2230	2420		3950
	铝合金/不锈钢 GB 12615 $d\times l\cdot11$(HBF), GB 12616 $d\times l\cdot11$(HBF_2)	L	—	—	1240	2130	3070	3500	—	5000
		G			1070	1560	2230	2420		3950
开口型大帽沿抽芯铆钉	铝合金/钢 GB 12618 $d\times l\cdot08$(K), GB 12617 $d\times l\cdot08$(K_2)	L	258	380	450	750	1050	1150	—	2050
		G	172	300	360	540	935	990		1460
	铝合金/钢 GB 12618 $d\times l\cdot10$(H_2K), GB 12617 $d\times l\cdot10$(H_2K_2)	L	353	595	670	1020	1425	1525	—	2495
		G	314	475	530	850	1160	1280		2050
	铝合金/钢 GB 12618 $d\times l\cdot11$(HK), GB 12617 $d\times l\cdot11$(HK_2)	L	—	870	980	1600	2230	2500	—	4090
		G		680	760	1200	1690	2000		3120
	铝合金/不锈钢 GB 12618 $d\times l\cdot11$(HBK), GB 12617 $d\times l\cdot11$(HBK_2)	L	—	870	980	1600	2230	2500	—	4090
		G		680	760	1200	1690	2000		3120
	铝/铝 GB 12618 $d\times l\cdot12$(HLK), GB 12617 $d\times l\cdot12$(HLK_2)	L	—	—	670	1020	1425	1525	—	2495
		G			530	850	1160	1280		2050
	铜/钢 GB 12618 $d\times l\cdot20$(CGK), GB 12617 $d\times l\cdot20$(CGK_2)	L	—	700	800	1500	2000	—	—	—
		G		600	700	1000	1500			
	铜/不锈钢 GB 12618 $d\times l\cdot21$(CBK), GB 12617 $d\times l\cdot21$(CBK_2)	L	—	700	800	1500	2000	—	—	—
		G		600	700	1000	1500			
	钢/钢 GB 12618 $d\times l\cdot30$(GK), GB 12617 $d\times l\cdot30$(GK_2)	L	—	1225	1385	2090	3020	3355	5020	5515
		G		1015	1160	1650	2405	2675	4040	4455
	蒙乃尔/钢 GB 12618 $d\times l\cdot40$(NTK), GB 12617 $d\times l\cdot40$(NTK_2)	L	—	—	2000	3115	4450	—	—	—
		G			1560	2450	3560			
	不锈钢/钢 GB 12618 $d\times l\cdot50$(BK), GB 12617 $d\times l\cdot50$(BK_2)	L	—	2000	2360	3650	5335	5550	—	9354
		G		1600	1875	2895	4230	4250		7572
	不锈钢/不锈钢 GB 12618 $d\times l\cdot51$(QBK), GB 12617 $d\times l\cdot51$(QBK_2)	L	—	2000	2360	3650	5335	5550	—	9354
		G		1600	1875	2895	4230	4250		7572
开口型大帽沿抽芯铆钉	铝合金/钢 GB 12618 $d\times l\times d_k\cdot08$(K)	L	—	—	450	750	1050	1150	—	—
		G			360	540	935	990		
	铝合金/钢 GB 12618 $d\times l\times d_k\cdot10$($H_2K$)	L	—	—	670	1020	1425	1525	—	—
		G			530	850	1160	1280		
	铝合金/钢 GB 12618 $d\times l\times d_k\cdot11$($H_3K$)	L	—	—	980	1600	2230	2500	—	—
		G			760	1200	1690	2000		
	铝/铝 GB 12618 $d\times l\times d_k\cdot12$(HLK)	L	—	—	670	1020	1425	1525	—	—
		G			530	850	1160	1280		
封闭型大帽沿抽芯铆钉	铝合金/钢 GB 12615 $d\times l\times d_k\cdot11$(HF)	L	—	—	1240	2130	3070	3500	—	—
		G			1070	1560	2230	2420		
	铝合金/不锈钢 GB 12615 $d\times l\times d_k\cdot11$(HBF)	L	—	—	1240	2130	3070	3500	—	—
		G			1070	1560	2230	2420		

注：1. L 为最小抗拉载荷，G 为最小抗剪载荷。
2. 铆钉材料斜线前为铆钉钉体材料，斜线后为铆钉钉芯材料，如铜（钉体材料）/钢（钉芯材料）。
3. 本表数据取自上海安字实业有限公司产品。

表 6-2-18　　抽芯铆钉铆接厚度　　mm

铆钉长度 l	开口型大帽沿抽芯铆钉 K、H_2K、H_3K、HLK				铆钉长度 l	开口型大帽沿抽芯铆钉 K、H_2K、H_3K、HLK			
	铆钉直径 d					铆钉直径 d			
	3.2	4	4.8	5		3.2	4	4.8	5
8	3~5	2.5~4.5	—	—	18	—	12.5~14.5	12~14	12~14
10	5~7	4.5~6.5	4~6	4~6	20	—	14.5~16.5	14~16	14~16
12	7~9	6.5~8.5	6~8	6~8	22	—	—	16~18	16~18
14	9~11	8.5~10.5	8~10	8~10	24	—	—	18~20	18~20
16	11~13	10.5~12.5	10~12	10~12					

铆钉长度 l	封闭型											
	CGF、CGF_2、CBF、CBF_2、GF、GF_2、QBF、QBF_2			QLF、QLF_2、HF、HF_2、HBF、HBF_2					HF、HBF(大帽沿)			
	铆钉直径 d			铆钉直径 d					铆钉直径 d			
	3.2	4	4.8	3.2	4	4.8	5	6.4	3.2	4	4.8	5
6	—	—	—	≈2	≈1.5	≈1	—	—	≈2	≈1.5	≈1	≈1
7	≈2.5	≈2	—	1~3	—	—	—	—	—	—	—	—
8	1.5~2.5	1~3	≈2.5	2~4	1.5~3.5	1~3	1~3	—	2~4	1.5~3.5	1~3	1~3
9	2.5~4.5	2~4	1.5~3.5	3~5	—	—	—	—	—	—	—	—
10	3.5~5.5	3~5	2.5~4.5	4~6	3.5~5.5	3~5	3~5	1~3	4~6	3.5~5.5	3~5	3~5
11	—	—	—	5~7	—	—	—	—	—	—	—	—
12	5.5~7.5	5~7	4.5~6.5	6~8	—	5~7	—	—	—	5.5~7.5	5~7	5~7
13	—	—	—	—	6.5~8.5	—	6~8	4~6	—	—	—	—
14	7.5~9.5	7~9	6.5~8.5	8~10	—	7~9	—	—	—	—	7~9	7~9
15	—	—	—	—	—	—	8~10	6~8	—	—	—	—
16	—	9~11	8.5~10.5	—	9.5~11.5	9~11	—	—	—	—	9~11	9~11
17	—	—	—	11~13	—	—	—	—	—	—	—	—
18	—	—	10.5~12.5	—	11.5~13.5	11~13	10~13	9~11	—	—	11~13	11~13
20	—	—	12.5~14.5	—	—	13~15	—	11~13	—	—	13~15	13~15
22	—	—	—	—	—	15~17	—	—	—	—	—	—
23	—	—	—	—	—	—	16~18	—	—	—	—	—
25	—	—	—	—	—	18~20	—	—	—	—	—	—
28	—	—	—	—	—	—	21~23	—	—	—	—	—
30	—	—	—	—	—	—	23~25	—	—	—	—	—

铆钉长度 l	开口型													
	K，K_2、H_2K、H_2K_2、HK、HK_2、HBK、HBK_2、HLK、HLK_2							CGK，CGK_2，CBK，CBK_2，GK，GK_2，NTK，NTK_2，BK，BK_2，QBK，QBK_2						
	铆钉直径 d							铆钉直径 d						
	2.4	3	3.2	4	4.8	5	6.4	3	3.2	4	4.8	5	6	6.4
5	0.5~2.5	≈2	≈2	—	—	1~3	—	≈1.5	≈1.5	—	—	—	—	—
6	—	—	—	0.5~2.5	—	—	—	—	—	≈2	—	—	—	—
7	2.5~4.5	2~4	2~4	—	1~3	—	—	1.5~3.5	1.5~3.5	—	≈2.5	≈2.5	—	—
8	—	—	—	2.5~4.5	—	—	—	—	—	2~4	—	—	—	—
9	4.5~6.5	4~6	4~6	—	3~5	3~5	—	3.5~5.5	3.5~5.5	—	2.5~4.5	2.5~4.5	—	—
10	—	—	—	4.5~6.5	—	—	0.5~4	—	—	4~6	—	—	1.5~3.5	1.5~3.5
11	—	6~8	6~8	—	5~7	5~7	—	5.5~7.5	5.5~7.5	—	4.5~6.5	4.5~6.5	—	—
12	—	—	—	—	—	—	—	—	—	6~8	—	—	—	—
13	—	8~10	8~10	7.5~9.5	7~9	7~9	3~7	7.5~9.5	7.5~9.5	—	6.5~8.5	6.5~8.5	4.5~6.5	4.5~6.5
14	—	—	—	—	—	—	—	—	—	8~10	—	—	—	—
15	—	10~12	10~12	—	9~12	9~12	5~9	—	9.5~11.5	—	8.5~10.5	8.5~10.5	6.5~8.5	6.5~8.5
16	—	—	—	10.5~12.5	—	—	—	—	—	10~12	—	—	—	—
17	—	—	12~14	—	—	—	—	—	11.5~13.5	—	—	—	—	—
18	—	—	—	12.5~14.5	12~14	12~14	8~12	—	—	12~14	11.5~13.5	11.5~13.5	9.5~11.5	9.5~11.5
20	—	—	—	14.5~16.5	14~16	14~16	10~14	—	—	—	13.5~15.5	13.5~15.5	—	—
22	—	—	—	16.5~18.5	16~18	16~18	12~16	—	—	—	15.5~17.5	15.5~17.5	—	—
24	—	—	—	—	18~20	18~20	14~18	—	—	—	17.5~19.5	17.5~19.5	—	—
26	—	—	—	—	20~22	20~22	16~20	—	—	—	19.5~21.5	19.5~21.5	—	—
28	—	—	—	—	22~24	22~24	18~22	—	—	—	—	—	—	—
30	—	—	—	—	24~26	24~26	20~24	—	—	—	—	—	—	—
35	—	—	—	—	—	—	25~29	—	—	—	—	—	—	—

环槽铆钉（QLH、GH、OBH、QLH_2、GH_2、QBH_2）　　**击芯铆钉**（HJX、HBJX、HJX_2、$HBJX_2$）

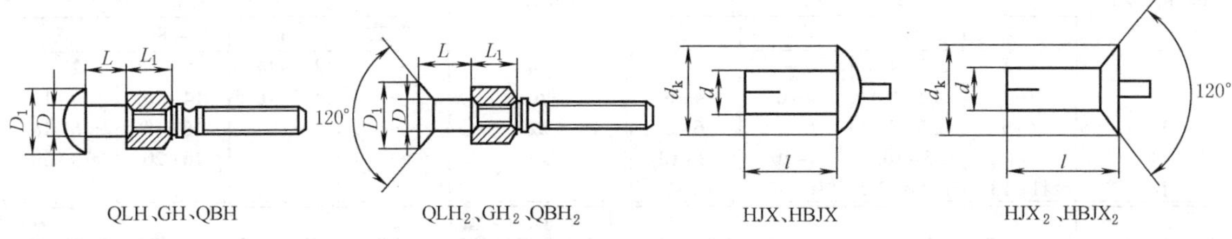

表 6-2-19　　mm

铆钉	$D(d)$	$L(l)$	$D_1(d_k)$	铆孔直径	铆接厚度	抗拉载荷/N	抗剪载荷/N	L_1	材料和标记方法
环槽铆钉	5	4 6 8 10 12 14 16 18	9	5.1	3.5~4.5 5.5~6.5 7.5~8.5 9.5~10.5 11.5~12.5 13.5~14.5 15.5~16.5 17.5~18.5	3450(A) 7000(B) 9000(C)	2360(A) 5000(B) 7000(C)	6	环槽铆钉 铝/铝 QLH　$D\times L$、 QLH_2　$D\times L$(A) 钢/钢 GH　$D\times L$、 GH_2　$D\times L$(B) 不锈钢/不锈钢 QBH　$D\times L$、 QBH_2　$D\times L$(C)
	6.4	4 6 8 10 12 14 16 18 20 22 24 26	12.5	6.5	3.5~4.5 5.5~6.5 7.5~8.5 9.5~10.5 11.5~12.5 13.5~14.5 15.5~16.5 17.5~18.5 19.5~20.5 21.5~22.5 23.5~24.5 25.5~26.5	6120(A) 10000(B)	4340(A) 8500(B)	8	
	10	8 10 12 14 16 18 20	19	10.1	7.5~8.5 9.5~10.5 11.5~12.5 13.5~14.5 15.5~16.5 17.5~18.5 19.5~20.5	18000(A) 25000(B) 30000(C)	10000(A) 20000(B) 21500(C)	11.4	
击芯铆钉	4.8	7 9 11 13 15 17 19 21	6.5	4.9	4~5 6~7 8~9 10~11 12~13 14~15 16~17 18~19	3500	2000	—	击芯铆钉 铝合金/钢 HJX　$d\times l$、 HJX_2　$d\times l$ 铝合金/不锈钢 HBJX　$d\times l$ $HBJX_2$　$d\times l$
	5	7 9 11 13 15 17 19 21	9.5	5.1	4~5 6~7 8~9 10~11 12~13 14~15 16~17 18~19	4900	2940	—	
	6.4	23 25 27 29 31 33 35 37 39 41 43 45	13	6.5	20~21 22~23 24~25 26~27 28~29 30~31 32~33 34~35 36~37 38~39 40~41 42~43	7640	4760	—	

注：1. 抗拉载荷和抗剪载荷均为最小值，环槽铆钉分 A、B、C 三种，相对应的载荷值有三种。

2. 选自上海安宇实业有限公司产品样本。

双鼓型抽芯铆钉（H_2S、H_2BS、H_2S_2、H_2BS_2） **双鼓型抽芯铆钉（GS、GS_2）**

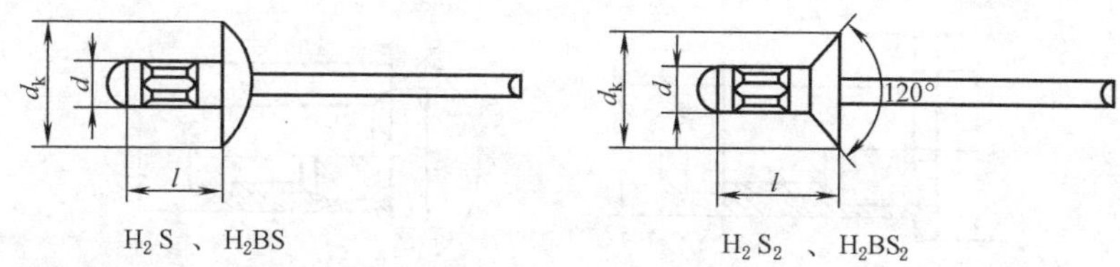

H_2S 、H_2BS H_2S_2 、H_2BS_2

双鼓型大帽沿抽芯铆钉（Q/YSVF 4） **沟槽型抽芯铆钉（Q/YSVF 6）（H_2G 、H_2G_2）**

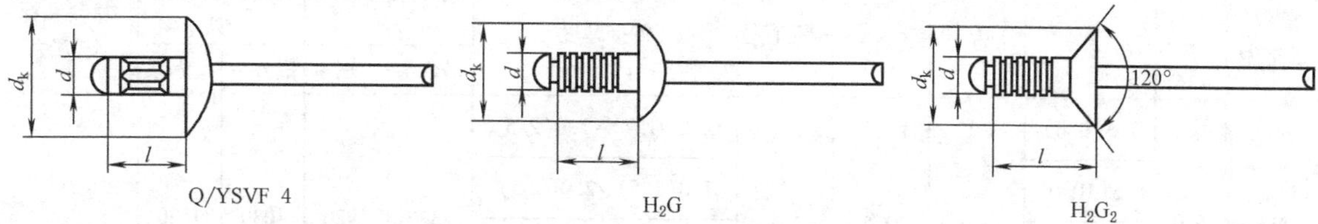

Q/YSVF 4 H_2G H_2G_2

表 6-2-20

mm

铆钉	d	l	d_k	铆孔直径	铆接厚度	抗拉载荷/N	抗剪载荷/N	材料和标记方法
双鼓型抽芯铆钉、双鼓型大帽沿抽芯铆钉	3.2	8 10 12 14 16	9(6)	3.4	0.5~5 2.5~7 4.5~9 6.5~11 8.5~13	670	530	双鼓型抽芯铆钉 铝合金/钢 H_2S $d×l$、H_2S_2 $d×l$ 铝合金/不锈钢 H_2BS $d×l$、H_2BS_2 $d×l$ 钢/钢 GS $d×l$、GS_2 $d×l$ 双鼓型大帽沿抽芯铆钉 铝合金/钢 H_2S $d×l$ 铝合金/不锈钢 H_2BS $d×l$
	4	10 12 14 16 18	12(8)	4.2	1~6.5 3~8.5 5~10.5 7~12.5 9~14.5	1020 (2225)	845 (1890)	
	4.8	10 12 14 16 18 20 22 24 26	14(9.5)、 16	5	0.5~5 2~7 4~9 6~11 8~13 10~15 12~17 14~19 15~21	1425 (3335)	1160 (3115)	
沟槽型抽芯铆钉	3.2	10 12 14 16 18	6	3.6	6(最大) 8(最大) 10(最大) 12(最大) 14(最大)	930	525	沟槽型抽芯铆钉 铝合金/钢铁 H_2G $d×l$、H_2G_2 $d×l$
	4	10 12 14 16 18	8	4.4	6(最大) 8(最大) 10(最大) 12(最大) 14(最大)	1410	885	
	4.8	10 12 14 16 18 20 22 24 26	9.5	5.2	6(最大) 8(最大) 10(最大) 12(最大) 14(最大) 16(最大) 18(最大) 20(最大) 22(最大)	1575	1185	

注：1. d_k 括号内的数据为双鼓型抽芯铆钉（GS、GS_2 无 d=3.2 规格）。

2. 抗拉载荷和抗剪载荷均为最小值，不带括号的数据用于双鼓型抽芯铆钉（H_2S、H_2BS、H_2S_2、H_2BS_2）和沟槽型抽芯铆钉（Q/YSVF 6）（H_2G、H_2G_2），带括号的数据用于双鼓型抽芯铆钉（GS、GS_2）。

3. 选自上海安字实业有限公司产品样本。

铆螺母（Q/YSVF 7）

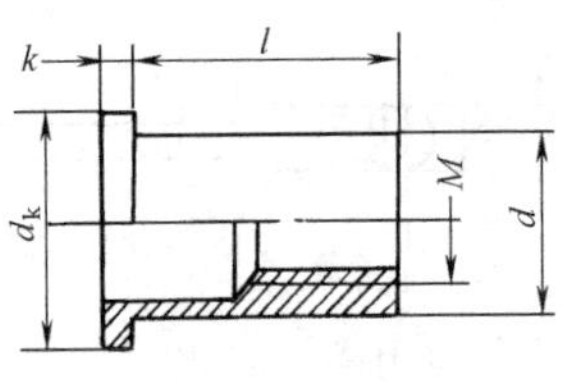

HM、GM

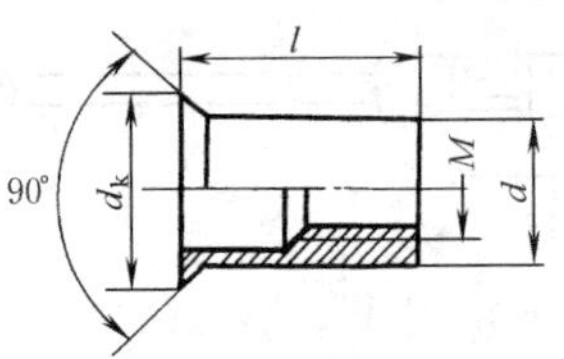

HM_2、GM_2

表 6-2-21 mm

螺纹规格 M	d	l	d_k	k	铆孔直径	铆接厚度	最小抗拉载荷/N		最小抗剪载荷/N		材料和标记方法
							铝合金	钢	铝合金	钢	
M3	5.0	7.5(9.0)	8.0	0.8	5.1	0.25(1.7)~1.0(2.5)	1330	1920	1030	1520	铝合金 HM $d×l$ HM_2 $d×l$ 钢 GM $d×l$ GM_2 $d×l$
		8.5(10.0)				1.0(2.5)~2.0(3.5)					
		9.5(11.0)				2.0(3.5)~3.0(4.5)					
		10.5				3.0~4.0					
M4	6.0	9.0(10.5)	9.0	0.8	6.1	0.25(1.7)~1.0(2.5)	2100	3200	1300	2000	
		10.0(11.5)				1.0(2.5)~2.0(3.5)					
		11.0(12.5)				2.0(3.5)~3.0(4.5)					
		12.0				3.0~4.0					
M5	7.0	11.0(12.5)	10.0	1.0	7.1	0.25(1.7)~1.0(2.5)	2700	4200	1750	2800	
		12.0(13.5)				1.0(2.5)~2.0(3.5)					
		13.0(14.5)				2.0(3.5)~3.0(4.5)					
		14.0				3.0~4.0					
M6	9.0	13.5(15.0)	12.0	1.5	9.1	0.5(1.7)~1.5(3.0)	4100	6300	2600	4750	
		15.0(16.5)				1.5(3.0)~3.0(4.5)					
		16.5(18.0)				3.0(4.5)~4.5(6.0)					
		18.0				4.5~6.0					
M8	11.0	15.0(16.5)	14.0	1.5	11.1	0.5(1.7)~1.5(3.0)	5600	8500	3600	6500	
		16.5(18.0)				1.5(3.0)~3.0(4.5)					
		18.0(19.5)				3.0(4.5)~4.5(6.0)					
		19.5				4.5~6.0					
M10	13.0	18.0(19.5)	16.0	1.8	13.1	0.5(1.7)~1.5(3.0)	6500	10000	4300	7800	
		19.5(21.0)				1.5(3.0)~3.0(4.5)					
		21.0(22.5)				3.0(4.5)~4.5(6.0)					
		22.5(24.0)				4.5(6.0)~6.0(7.5)					

注：1. 选自上海安字实业有限公司产品样本。

2. 括号内的数字为 HM_2、GM_2 的。

平头铆螺母（摘自 GB/T 17880.1—1999）

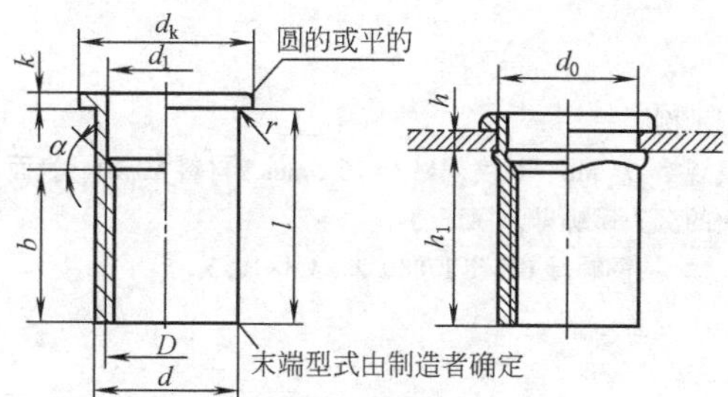

标记示例

螺纹规格 D=M8、长度规格 l=15mm、材料 ML10、表面镀锌钝化的平头铆螺母，标记为：

铆螺母 GB/T 17880.1　M8×15

$b=(1.25\sim1.5)D$；α 由制造者确定

允许在支承面和（或）d 圆周表面制出花纹

表 6-2-22

mm

螺纹规格(6H)		M3	M4	M5	M6	M8	M10	M12
	D×P	—	—	—	—	—	M10×1	M12×1.5
$d_{-0.10}^{-0.02}$		5	6	7	9	11	13	15
d_1(H12)		4	4.8	5.6	7.5	9.2	11	13
d_k(最大)		8	9	10	12	14	16	18
k		0.8		1	1.5		1.8	
r		0.2				0.3		
d_0		5	6	7	9	11	13	15
h_1(参考)		5.8	7.5	9.3	11	12.3	15	17.5
铆接厚度 h(推荐)		l(最大)						
0.25~1.0		7.5	9.0	11.0	—	—	—	—
1.0~2.0		8.5	10.0	12.0	—	—	—	—
2.0~3.0		9.5	10.5	13.0	—	—	—	—
3.0~4.0		10.5	11.0	14.0	—	—	—	—
0.5~1.5		—	—	—	13.5	15.0	18.0	21.0
1.5~3.0		—	—	—	15.0	16.5	19.5	22.5
3.0~4.5		—	—	—	16.5	18.0	21.0	24.0
4.5~6.0		—	—	—	18.0	19.5	22.5	25.5
保证载荷(最小)/N	钢	3900	6800	11500	16500	25000	32000	34000
	铝	1900	4000	6500	7800	12300	17500	—
头部结合力(最小)/N	钢	2236	3220	4648	6149	9034	11926	13914
	铝	1242	1789	2435	3416	5019	6626	—
剪切力(最小)/N	钢	1100	2100	2600	3800	5400	6900	7500
	铝	640	1200	1900	2700	3900	4200	—

注：1. 常用材料：钢—08F，ML10；铝合金—5056，6061。

2. 表面处理：钢—镀锌钝化；铝合金—不经处理。

沉头铆螺母（摘自 GB/T 17880.2—1999）

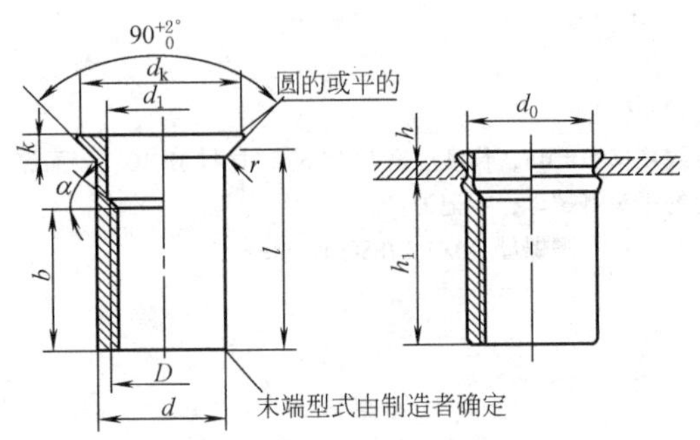

标记示例

螺纹规格 D=M8、长度规格 l=16.5mm、材料 ML10、表面镀锌钝化的沉头铆螺母，标记为：

铆螺母 GB/T 17880.2　M8×16.5

$b=(1.25\sim1.5)D$；α 由制造者确定

允许在支承面和（或）d 圆周表面制出花纹

表 6-2-23　　mm

螺纹规格（6H）		M3	M4	M5	M6	M8	M10	M12
	D	M3	M4	M5	M6	M8	M10	M12
	$D\times P$	—	—	—	—	—	M10×1	M12×1.5
$d^{-0.02}_{-0.10}$		5	6	7	9	11	13	15
d_1(H12)		4.0	4.8	5.6	7.5	9.2	11	13
d_k(最大)		8	9	10	12	14	16	18
k		1.5						
r		0.2				0.3		
d_0		5	6	7	9	11	13	15
h_1(参考)		5.8	7.5	9.3	11	12.3	15	17.5
铆接厚度 h(推荐)		l(最大)						
1.7~2.5		9.0	10.5	12.5	—	—	—	—
2.5~3.5		10.0	11.5	13.5	—	—	—	—
3.5~4.5		11.0	12.5	14.5	—	—	—	—
1.7~3.0		—	—	—	15.0	16.5	19.5	22.5
3.0~4.5		—	—	—	16.5	18.0	19.0	24.0
4.5~6.0		—	—	—	18.0	19.5	22.5	25.5
6.0~7.5		—	—	—	—	—	24.0	27.0
保证载荷(最小)/N	钢	3900	6800	11500	16500	25000	32000	34000
	铝	1900	4000	6500	7800	12300	17500	—
头部结合力(最小)/N	钢	2236	3220	4648	6149	9034	11926	13914
	铝	1242	1789	2435	3416	5019	6626	—
剪切力(最小)/N	钢	1100	2100	2600	3800	5400	6900	7500
	铝	640	1200	1900	2700	3900	4200	—

注：1. 常用材料：钢—08F，ML10；铝合金—5056，6061。

2. 表面处理：钢—镀锌钝化；铝合金—不经处理。

小沉头铆螺母（摘自 GB/T 17880.3—1999）

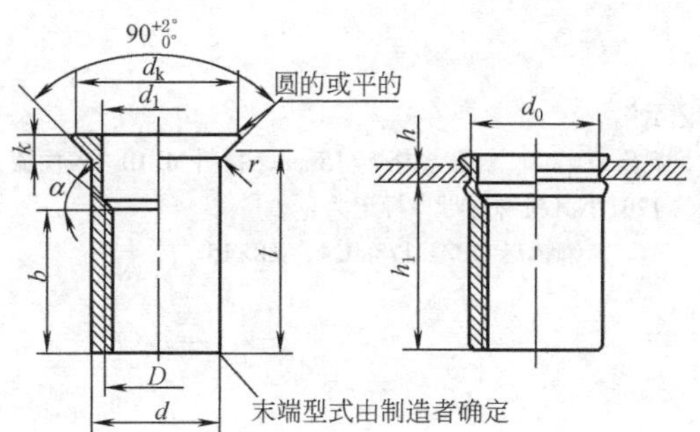

标记示例

螺纹规格 D=M8、长度规格 l=15mm、材料 ML10、表面镀锌钝化的小沉头铆螺母，标记为：

铆螺母 GB/T 17880.3　M8×15

$b=(1.25\sim1.5)D$；α 由制造者确定

允许在支承面和（或）d 圆周表面制出花纹

表 6-2-24

mm

螺纹规格(6H)								
	D	M3	M4	M5	M6	M8	M10	M12
	$D\times P$	—	—	—	—	—	M10×1	M12×1.5
$d^{-0.02}_{-0.10}$		5	6	7	9	11	13	15
d_1(H12)		4.0	4.8	5.6	7.5	9.2	11	13
d_k(最大)		5.5	6.75	8	10	12	14.5	16.5
k		0.8		1.0	1.5		1.8	
r		0.2				0.3		
d_0		5	6	7	9	11	13	15
h_1(参考)		5.8	7.5	9.3	11	12.3	15	17.5
铆接厚度 h(推荐)		l(最大)						
0.5~1.0		7.5	9.0	11.0	—	—	—	—
1.0~2.0		8.5	10.0	12.0	—	—	—	—
2.0~3.0		9.5	10.5	13.0	—	—	—	—
0.5~1.5		—	—	—	13.5	15.0	18.0	21.0
1.5~3.0		—	—	—	15.0	16.5	19.5	22.5
3.0~4.5		—	—	—	16.5	18.0	21.0	24.0
保证载荷(最小)/N	钢	3900	6800	11500	16500	25000	32000	34000
剪切力(最小)/N	钢	1100	2100	2600	3800	5400	6900	7500

注：1. 常用材料：钢—08F，ML10；铝合金—5056，6061。

2. 表面处理：钢—镀锌钝化。

120°小沉头铆螺母（摘自 GB/T 17880.4—1999）

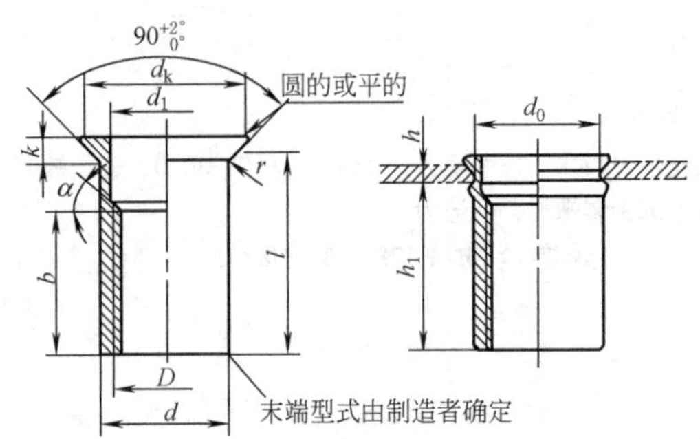

标记示例

螺纹规格 D=M8、长度规格 l=15mm、材料 ML10、表面镀锌钝化的 120°小沉头铆螺母，标记为：

铆螺母 GB/T 17880.4 M8×15

$b=(1.25\sim1.5)D$；α 由制造者确定

允许在支承面和（或）d 圆周表面制出花纹

表 6-2-25 mm

螺纹规格 (6H)	D	M3	M4	M5	M6	M8	M10	M12
	$D\times P$	—	—	—	—	—	M10×1	M12×1.5
$d^{-0.02}_{-0.10}$		5	6	7	9	11	13	15
d_1(H12)		4.0	4.8	5.6	7.5	9.2	11	13
d_k(最大)		6.5	8	9	11	13	16	18
k		0.35	0.5	0.6			0.85	
r		0.2				0.3		
d_0		5	6	7	9	11	13	15
h_1(参考)		5.8	7.5	9.3	11	12.3	15	17.5
铆接厚度 h(推荐)		l(最大)						
0.5~1.0		7.5	9.0	11.0	—	—	—	—
1.0~2.0		8.5	10.0	12.0	—	—	—	—
2.0~3.0		9.5	10.5	13.0	—	—	—	—
0.5~1.5		—	—	—	13.5	15.0	18.0	21.0
1.5~3.0		—	—	—	15.0	16.5	19.5	22.5
3.0~4.5		—	—	—	16.5	18.0	21.0	24.0
保证载荷(最小)/N	钢	3900	6800	11500	16500	25000	32000	34000
剪切力(最小)/N	钢	1100	2100	2600	3800	5400	6900	7500

注：1. 常用材料：钢—08F，ML10。

2. 表面处理：钢—镀锌钝化。

平头六角铆螺母（摘自 GB/T 17880.5—1999）

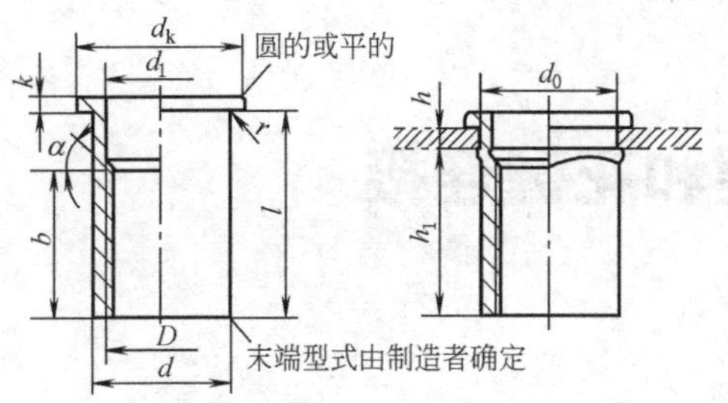

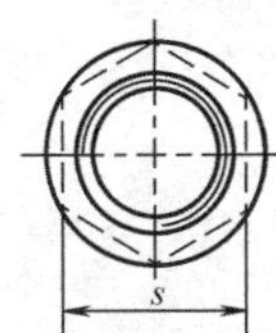

$b=(1.25\sim1.5)D$；α 由制造者确定

标记示例

螺纹规格 D=M8、长度规格 l=15mm、材料 ML10、表面镀锌钝化的平头六角铆螺母，标记为：

铆螺母 GB/T 17880.5　M8×15

表 6-2-26　　mm

螺纹规格（6H）		M6	M8	M10	M12
	D	M6	M8	M10	M12
	$D\times P$	—	—	M10×1	M12×1.5
$d_{-0.10}^{-0.02}$		9	11	13	15
d_1(H12)		8	10	11.5	13.5
d_k(最大)		12	14	16	18
k		1.5	1.5	1.8	1.8
r		0.2	0.3	0.3	0.3
$d_0{}_{0}^{+0.15}$		9	11	13	15
h_1(参考)		11	12.3	15	17.5
铆接厚度 h(推荐)		l(最大)			
0.5~1.5		13.5	15.0	18.0	21.0
1.5~3.0		15.0	16.5	19.5	22.5
3.0~4.5		16.5	18.0	21.0	24.0
4.5~6.0		18.0	19.5	22.5	25.5
保证载荷(最小)/N	钢	16500	25000	32000	34000
	铝	7800	12300	17500	—
头部结合力(最小)/N	钢	6149	9034	11926	13914
	铝	3416	5019	6626	—
剪切力(最小)/N	钢	3800	5400	6900	7500
	铝	2700	3900	4200	—

注：1. 常用材料：钢—08F，ML10；铝合金—5056，6061。

2. 表面处理：钢—镀锌钝化；铝合金—不经处理。

第3章 销、键和花键连接

1 销 连 接

1.1 销的类型、特点和应用

销主要用于装配定位，也可用作连接零件，还可作为安全装置中的过载剪断元件。销的类型、特点和应用见表6-3-1。

表 6-3-1 销的类型、特点和应用

类型	简 图	标准 规格/mm	特点和应用
圆柱销	圆柱销	GB/T 119.1—2000 GB/T 119.2—2000 $d=0.6\sim50$ $l=1\sim200$	主要用于定位,也可用于连接。直径偏差有m6、h8、h11、u8四种,以满足不同的使用要求。常用的加工方法是配钻、铰,以保证要求的装配精度
圆柱销	内螺纹圆柱销	GB/T 120.1—2000 GB/T 120.2—2000 $d=6\sim50$ $l=16\sim200$	主要用于定位,也可用于连接。内螺纹供拆卸用,有A、B两种规格,B型用于盲孔。直径偏差只有n6一种。销钉直径最小为6mm。常用的加工方法是配钻、铰,以保证要求的装配精度
圆柱销	开槽无头螺钉	GB/T 878—2007 M1~M10 $l=2.5\sim3.5$	主要用于定位,也可用于连接。常用的加工方法是配钻、铰,以保证要求的装配精度。直径偏差较大,定位精度低。主要用于定位精度要求不高的场合
圆柱销	无头销轴	GB/T 880—2008 $d=3\sim100$ $l=6\sim200$	用于铰接处,两端用开口销锁定,拆卸方便
圆柱销	弹性圆柱销 直槽 重型 弹性圆柱销 直槽 轻型	GB/T 879.1—2000 GB/T 879.2—2000 $d=1\sim50$ $l=4\sim200$	具有弹性,装入销孔后与孔壁压紧,不易松脱。销孔精度要求较低,可不铰制,互换性好,可多次装拆。刚性较差,不适于高精度定位,载荷大时几个套在一起使用,相邻内外两销的缺口应错开180°。用于有冲击、振动的场合,可代替部分圆柱销、圆锥销、开口销或销轴
圆柱销	弹性圆柱销 卷制 重型 弹性圆柱销 卷制 标准型 弹性圆柱销 卷制 轻型	GB/T 879.3—2000 GB/T 879.4—2000 GB/T 879.5—2000 $d=0.8\sim20$ $l=4\sim200$	销钉由钢板卷制,加工方便,有弹性,装配后不易松脱。钻孔精度要求低,可多次装拆。刚性较差,不适用于高精度定位。可用于有冲击、振动的场合

续表

类型	简　图	标准	规格/mm	特点和应用	
圆锥销	圆锥销 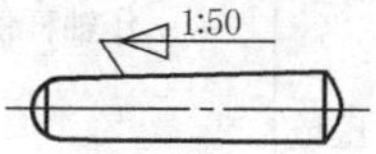	GB/T 117—2000	d=0.6~50 l=2~200	有 1∶50 的锥度,与有锥度的铰制孔相配。便于安装。主要用于定位,也可用于固定零件,传递动力。多用于经常装拆的场合。定位精度比圆柱销高,在受横向力时能自锁	
	内螺纹圆锥销 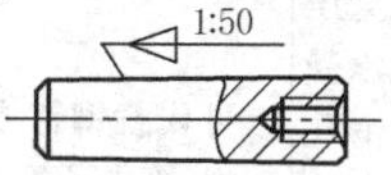	GB/T 118—2000	d=6~50 l=16~200	螺纹孔用于拆卸。可用于盲孔。有 1 50 的锥度,与有锥度的铰制孔相配。拆装方便,可多次拆装,定位精度比圆柱销高,能自锁。一般两端伸出被连接件,以便装卸	
	螺尾锥销 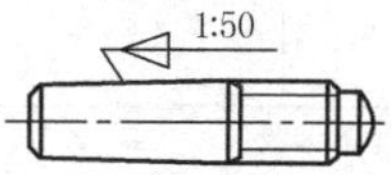	GB/T 881—2000	d=5~50 l=40~400	螺纹用于拆卸。有 1∶50 的锥度,与有锥度的铰制孔相配。拆装方便,可多次拆装,定位精度比圆柱销高,能自锁。一般两端伸出被连接件,以便拆装	
	开尾圆锥销 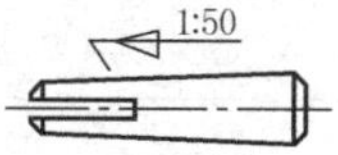	GB/T 877—1986	d=3~16 l=30~200	有 1∶50 的锥度,与有锥度的铰制孔相配。打入销孔后,末端可以稍张开,避免松脱,用于有冲击、振动的场合	
槽销	槽销　带导杆及全长平行沟槽 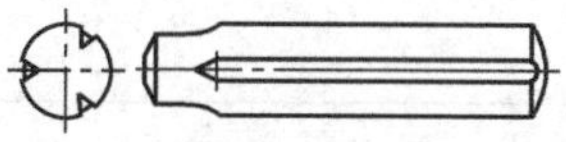	GB/T 13829.1—2004	d=1.5~25 l=8~100	沿销体母线辗压或模锻三条(相隔 120°)不同形状和深度的沟槽,打入销孔与孔壁压紧,不易松脱。能承受振动和变载荷。销孔不需铰光,可多次装拆	全长有平行槽,端部有导杆或倒角,销与孔壁间压力分布较均匀。适用于有严重振动、冲击的场合
	槽销　带倒角及全长平行沟槽 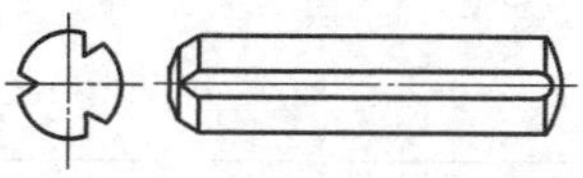	GB/T 13829.2—2004	d=1.5~25 l=8~200		
	槽销　中部槽长为 1/3 全长 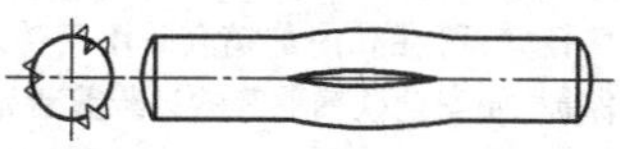	GB/T 13829.3—2004	d=1.5~25		槽中部的短槽等于全长的 1/3 或 1/2,常用作心轴,将带毂的零件固定在有槽处
	槽销　中部槽长为 1/2 全长 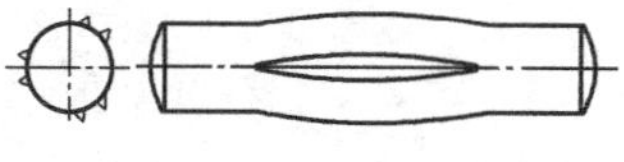	GB/T 13829.4—2004	d=1.5~25		
	槽销　全长锥销 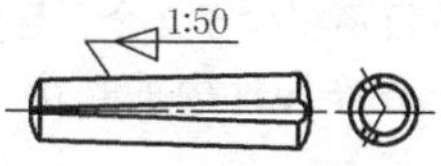	GB/T 13829.5—2004	d=1.5~25		槽为楔形,作用与圆锥销相似,销与孔壁间压力分布不均匀。比圆锥销拆装方便而定位精度较低
	槽销　半长锥销 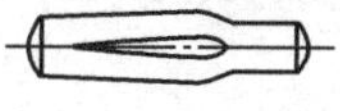	GB/T 13829.6—2004	d=1.5~25		

续表

<table>
<tr><th rowspan="2">类型</th><th rowspan="2">简　图</th><th>标准</th><th colspan="2" rowspan="2">特点和应用</th></tr>
<tr><th>规格/mm</th></tr>
<tr><td rowspan="6">槽销</td><td rowspan="2">槽销　半长倒锥销</td><td>GB/T 13829.7—2004</td><td rowspan="6">沿销体母线辗压或模锻三条(相隔 120°)不同形状和深度的沟槽,打入销孔与孔壁压紧,不易松脱。能承受振动和变载荷。销孔不需铰光,可多次装拆</td><td rowspan="2">常用作轴杆使用</td></tr>
<tr><td>$d=1.5\sim25$</td></tr>
<tr><td rowspan="2">圆头槽销</td><td>GB/T 13829.8—2004</td><td rowspan="4">可代替铆钉或螺钉,用于固定标牌、管夹子等</td></tr>
<tr><td>$d=1.4\sim20$</td></tr>
<tr><td rowspan="2">沉头槽销</td><td>GB/T 13829.9—2004</td></tr>
<tr><td>$d=1.4\sim20$</td></tr>
<tr><td rowspan="2">销轴</td><td rowspan="2">销轴</td><td>GB/T 882—2008</td><td colspan="2" rowspan="2">销轴也称轴销,常用作铰接轴,用开口销锁紧,工作可靠</td></tr>
<tr><td>$d=3\sim100$
$l=6\sim200$</td></tr>
<tr><td rowspan="4">开口销</td><td rowspan="2">开口销</td><td>GB/T 91—2000</td><td colspan="2" rowspan="2">用于锁定其他零件,如轴、槽形螺母等。是一种较可靠的方法,应用广泛</td></tr>
<tr><td>$d_0=0.6\sim20$
$l=4\sim280$</td></tr>
<tr><td rowspan="2">开口销</td><td>JB/ZQ 4355—2006</td><td colspan="2" rowspan="2">用于尺寸较大时</td></tr>
<tr><td>$d_0=15\sim18$
$l=180\sim290$</td></tr>
<tr><td>安全销</td><td colspan="2">安全销</td><td colspan="2">结构简单,形式多样。必要时在销上切出槽口。为防止断销时损坏孔壁,可在孔内加销套。用于传动装置和机器的过载保护,如安全联轴器等的过载剪断元件</td></tr>
</table>

1.2 销的选择和销连接的强度计算

用于连接的销，其直径可根据连接的结构特点按经验确定，必要时再进行强度计算。

用于定位的销通常不受载荷或只受很小的载荷，其直径可按结构确定，数目不得少于2个，且分布在被连接件整体结构的对称方向上，两个定位销相距越远定位效果越好。销在每一被连接件内的长度，约为销直径的1~2倍。

设计安全销时应考虑销剪断后不易飞出和易于更换。

销的常用材料为35及45钢，其他材料有30CrMnSi、H62、HPb59-1、QSi3-1、1Cr13、2Cr13、Cr17Ni2、1Cr18Ni9Ti等，其热处理和表面处理见GB/T 121。

安全销的材料常用35、45及50钢，或者用T8A及T10A等，热处理后的硬度为30~36HRC。

销套的材料常用45、35SiMn及40Cr等，热处理后的硬度为40~50HRC。

销连接的强度计算公式见表6-3-2。

表 6-3-2 **销连接的强度计算公式**

类型	受力简图	计算内容	计算公式	符号意义及系数选择
圆柱销	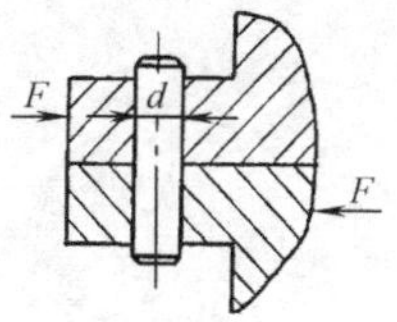	销的剪切应力	$\tau=\dfrac{4F}{\pi d^2 Z}\leqslant\tau_p$	F——横向力,N; d——销的直径,mm; Z——销的数量; τ_p——销的许用剪切应力,对于销的常用材料,取$\tau_p=80$MPa
	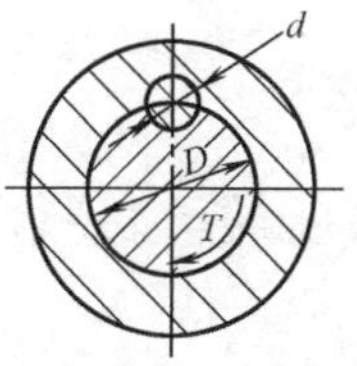 $d=(0.13\sim0.16)D$ $L=(1\sim1.5)D$	销或被连接件的挤压应力	$\sigma_p=\dfrac{4T}{DdL}\leqslant\sigma_{pp}$	T——转矩,N·mm; D——轴的直径,mm; d——销的直径,mm; L——销的长度,mm; σ_{pp}——销、轴、套三个零件中最弱者的许用挤压应力,MPa
		销的剪切应力	$\tau=\dfrac{2T}{DdL}\leqslant\tau_p$	
圆锥销	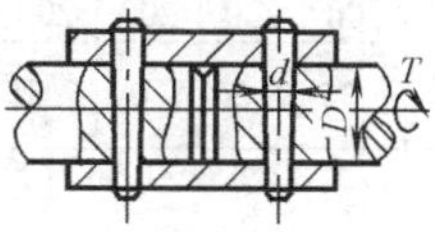 $d=(0.2\sim0.3)D$	销的剪切应力	$\tau=\dfrac{4T}{\pi d^2 D}\leqslant\tau_p$	d——圆锥销的平均直径,mm
轴销	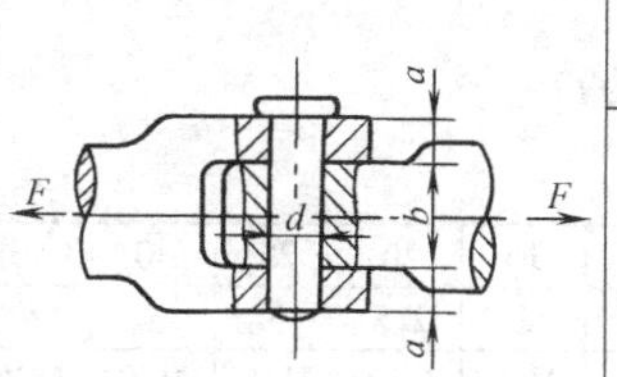 $a=(1.5\sim1.7)d$ $b=(2.0\sim3.5)d$	销或拉杆工作面的挤压应力	$\sigma_p=\dfrac{F}{2ad}\leqslant\sigma_{pp}$ 或 $\sigma_p=\dfrac{F}{bd}\leqslant\sigma_{pp}$	当轴销和被连接件间是静连接时应按挤压强度计算,当轴销和被连接件间是动连接时应按抗磨损强度计算,将σ_{pp}换为许用压强p_{pp}(表6-3-17) σ_{bp}——许用弯曲应力,对于35、45钢$\sigma_{bp}=120\sim150$MPa; d——轴销直径,mm; a,b——连杆头尺寸,mm
		轴销的剪切应力	$\tau=\dfrac{F}{2\times\dfrac{\pi d^2}{4}}\leqslant\tau_p$	
		轴销的弯曲应力	$\sigma_b\approx\dfrac{F(a+0.5b)}{4\times0.1d^3}\leqslant\sigma_{bp}$	
安全销	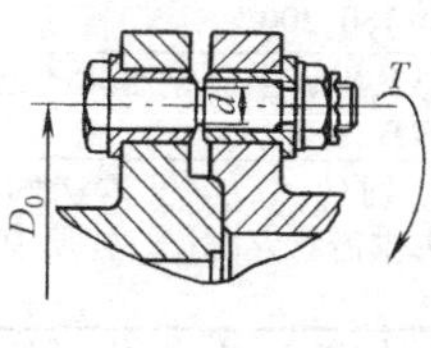	销直径的剪断	$d=1.6\sqrt{\dfrac{T}{D_0 Z\tau_b}}$	D_0——安全销中心圆的直径,mm; τ_b——剪切强度,MPa,$\tau_b=(0.6\sim0.7)\sigma_b$; σ_b——抗拉强度,MPa

注：弹性圆柱销的剪切强度略高于同一尺寸的实心冷镦钢销，当两个弹性圆柱销在一起使用时，其剪切强度为两销之和。

1.3 销的标准件

圆锥销（摘自 GB/T 117—2000）

A 型（磨削）：锥面表面粗糙度 $Ra=0.8\mu m$

B 型（切削或冷镦）：锥面表面粗糙度 $Ra=3.2\mu m$

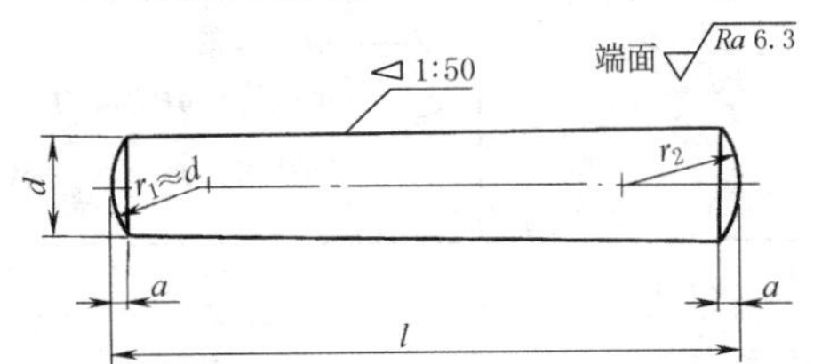

$$r_2=\frac{a}{2}+d+\frac{(0.02l)^2}{8a}$$

标记示例

公称直径 $d=6$mm、公称长度 $l=30$mm、材料为 35 钢、热处理硬度 28~38HRC、表面氧化处理 A 型圆锥销，标记为：

销　GB/T 117　6×30

表 6-3-3　　mm

d(h10)		0.6	0.8	1	1.2	1.5	2	2.5	3	4	5	6	8	10	12	16	20	25	30	40	50
a≈		0.08	0.1	0.12	0.16	0.2	0.25	0.3	0.4	0.5	0.63	0.8	1	1.2	1.6	2	2.5	3	4	5	6.3
商品规格 l		4~8	5~12	6~16	6~20	8~24	10~35	10~35	12~45	14~55	18~60	22~90	22~120	26~160	32~180	40~200	45~200	50~200	55~200	60~200	65~200
1m 长的质量/kg≈		0.003	0.005	0.007	—	0.015	0.027	0.04	0.062	0.11	0.16	0.3	0.5	0.74	1.03	1.77	2.66	4.09	5.85	10.1	15.7
l 系列		4,5,6,8,10,12,14,16,18,20,22,24,26,28,30,32,35,40,45,50,55,60,65,70,75,80,85,90,95,100,120,140,160,180,200																			
技术条件	材料	易切钢 Y12、Y15；碳素钢 35、45；合金钢 30CrMnSiA；不锈钢 1Cr13、2Cr13、Cr17Ni2、0Cr18Ni9Ti																			
	表面处理	①钢：不经处理；氧化；磷化；镀锌钝化。②不锈钢：简单处理。③其他表面镀层或表面处理，由供需双方协议。④所有公差仅适用于涂、镀前的公差																			

注：1. d 的其他公差，如 a11、c11、f8 由供需双方协议。

2. 公称长度大于 200mm，按 20mm 递增。

内螺纹圆锥销（摘自 GB/T 118—2000）

A 型（磨削）：锥表面粗糙度 $Ra=0.8\mu m$

B 型（切削或冷镦）：锥表面粗糙度 $Ra=3.2\mu m$

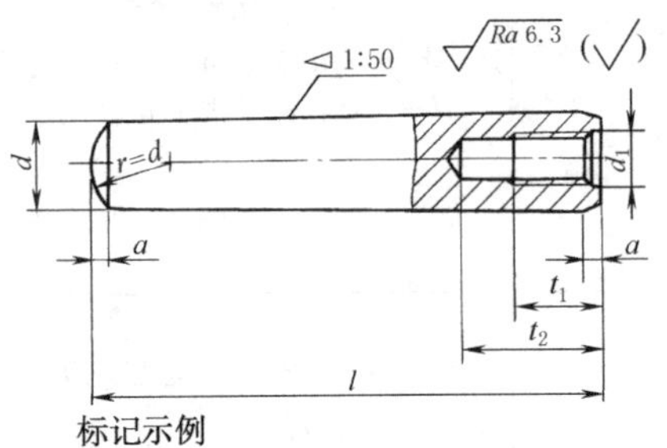

标记示例

公称直径 $d=6$mm、公称长度 $l=30$mm、材料 35 钢、热处理硬度 28~38HRC、表面氧化处理 A 型内螺纹圆锥销，标记为：

销　GB/T 118　6×30

表 6-3-4　　mm

d(h10)		6	8	10	12	16	20	25	30	40	50
a ≈		0.8	1	1.2	1.6	2	2.5	3	4	5	6.3
d_1		M4	M5	M6	M8	M10	M12	M16	M20	M20	M24
螺距 P		0.7	0.8	1	1.25	1.5	1.75	2	2.5	2.5	3
t_1		6	8	10	12	16	18	24	30	30	36
t_2(最小)		10	12	16	20	25	28	35	40	40	50
商品规格 l		16~60	18~80	22~100	26~120	32~160	40~200	50~200	60~200	80~200	100~200
1m 长的质量/kg≈		—	—	—	0.98	1.66	2.48	3.67	5.01	9.25	14.12
l 系列		16,18,20,22,24,26,28,30,32,35,40,45,50,55,60,65,70,75,80,85,90,95,100,120,140,160,180,200									
技术条件	材料	易切钢 Y12、Y13；碳素钢 35、45；合金钢 30CrMnSiA；不锈钢 1Cr13、2Cr13、Cr17Ni2、0Cr18Ni9Ti									
	表面处理	①钢：不经处理；氧化；磷化；镀锌钝化。②不锈钢：简单处理。③其他表面镀层或表面处理，由供需双方协议。④所有公差仅适用于涂、镀前的公差									

注：1. d 的其他公差，如 a11、c11、f8 由供需双方协议。

2. 公称长度大于 200mm，按 20mm 递增。

圆柱销　不淬硬钢和奥氏体不锈钢
（摘自 GB/T 119.1—2000）

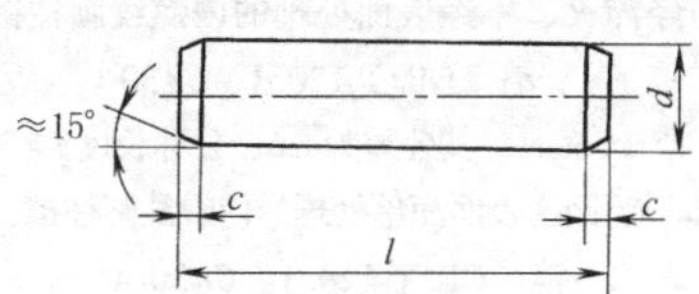

圆柱销　淬硬钢和马氏体不锈钢
（摘自 GB/T 119.2—2000）

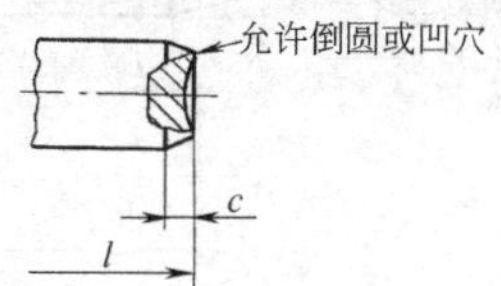

标记示例

公称直径 $d=6\text{mm}$、公差 m6、公称长度 $l=30\text{mm}$、材料为钢、不经淬火、不经表面处理的圆柱销，标记为：

销　GB/T 119.1　6m6×30

公称直径 $d=6\text{mm}$、公差 m6、公称长度 $l=30\text{mm}$、材料为 A1 组奥氏体不锈钢、表面简单处理的圆柱销，标记为：

销　GB/T 119.1　6m6×30-A1

公称直径 $d=6\text{mm}$、公差 m6、公称长度 $l=30\text{mm}$、材料为钢、普通淬火（A 型）、表面氧化处理的圆柱销，标记为：

销　GB/T 119.2　6×30-A

公称直径 $d=6\text{mm}$、其公差为 m6、公称长度 $l=30\text{mm}$、材料为 C1 组马氏体不锈钢、表面简单处理的圆柱销，标记为：

销　GB/T 119.2　6×30-C1

表 6-3-5　　mm

	d(m6/h8)	0.6	0.8	1	1.2	1.5	2	2.5	3	4	5	6	8	10	12	16	20	25	30	40	50
	c ≈	0.12	0.16	0.2	0.25	0.3	0.35	0.4	0.5	0.63	0.8	1.2	1.6	2	2.5	3	3.5	4	5	6.3	8
	商品规格 l	2~6	2~8	4~10	4~12	4~16	6~20	6~24	8~30	8~40	10~50	12~60	14~80	18~95	22~140	26~180	35~200	50~200	60~200	80~200	95~200
	1m 长的质量/kg≈	0.002	0.004	0.006	—	0.014	0.024	0.037	0.054	0.097	0.147	0.221	0.395	0.611	0.887	1.57	2.42	3.83	5.52	9.64	15.2
	l 系列	2,3,4,5,6,8,10,12,14,16,18,20,22,24,26,28,30,32,35,40,45,50,55,60,65,70,75,80,85,90,95,100,120,140,160,180,200																			
技术条件	材料	GB/T 119.1　钢：奥氏体不锈钢 A1。GB/T 119.2　钢：A 型，普通淬火；B 型，表面淬火；马氏体不锈钢 C1																			
	表面粗糙度	GB/T 119.1　m6：Ra≤0.8μm；h8：Ra≤1.6μm。GB/T 119.2　Ra≤0.8μm																			
	表面处理	①钢：不经处理；氧化；磷化；镀锌钝化。②不锈钢：简单处理。③其他表面镀层或表面处理，由供需双方协议。④所有公差仅适用于涂、镀前的公差																			

注：1. d 的其他公差由供需双方协议。

2. GB/T 119.2 中 d 的尺寸范围为 1~20mm。

3. 公称长度大于 200mm（GB/T 119.1）和大于 100mm（GB/T 119.2），按 20mm 递增。

内螺纹圆柱销　不淬硬钢和奥氏体不锈钢

（摘自 GB/T 120.1—2000）

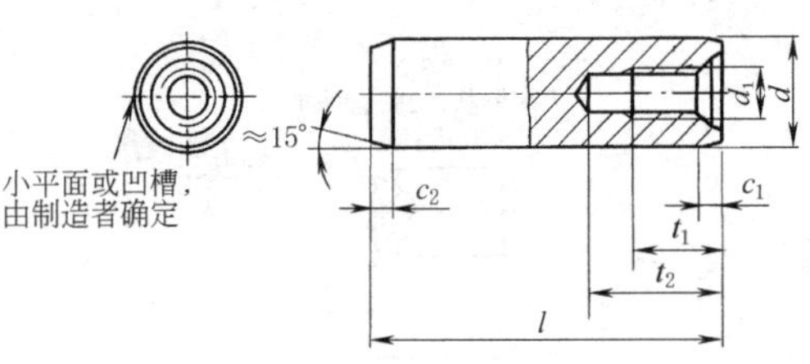

标记示例

公称直径 d=6mm、其公差为 m6、公称长度 l=30mm、材料为钢、不经淬火、不经表面处理的内螺纹圆柱销，标记为：

销　GB/T 120.1　6×30

公称直径 d=6mm、其公差为 m6、公称长度 l=30mm、材料为 A1 组奥氏体不锈钢、表面简单处理的内螺纹圆柱销，标记为：

销　GB/T 120.1　6×30-A1

内螺纹圆柱销　淬硬钢和马氏体不锈钢（摘自 GB/T 120.2—2000）

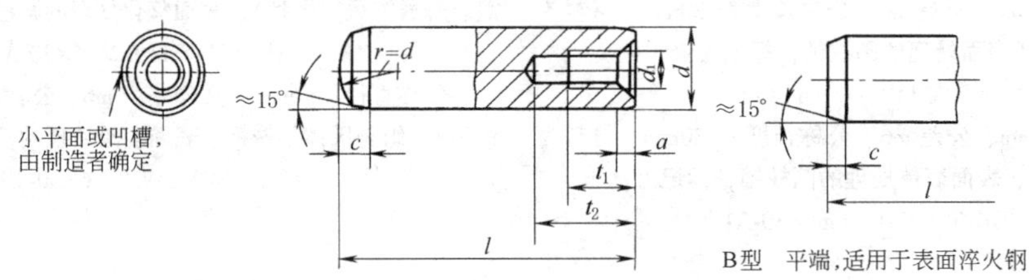

B型　平端，适用于表面淬火钢

A型　球面圆柱端，适用于普通淬火钢和马氏体不锈钢

标记示例

公称直径 d=6mm、公差 m6、公称长度 l=30mm、材料为钢、普通淬火（A 型）、表面氧化处理的内螺纹圆柱销，标记为：

销　GB/T 120.2　6×30-A

公称直径 d=6mm、公差 m6、公称长度 l=30mm、材料为 C1 组马氏体不锈钢、表面简单处理的内螺纹圆柱销，标记为：

销　GB/T 120.2　6×30-C1

表 6-3-6　　mm

d(m6)	6	8	10	12	16	20	25	30	40	50
a, c_1 ≈	0.8	1	1.2	1.6	2	2.5	3	4	5	6.3
c_2 ≈	1.2	1.6	2	2.5	3	3.5	4	5	6.3	8
d_1	M4	M5	M6	M6	M8	M10	M16	M20	M20	M24
t_1	6	8	10	12	16	18	24	30	30	36
t_2(最小)	10	12	16	20	25	28	35	40	40	50
c≈	2.1	2.6	3	3.8	4.6	6	6	7	8	10
商品规格 l	16~60	18~80	22~100	26~120	32~160	40~200	50~200	60~200	80~200	100~200
l 系列	16,18,20,22,24,26,28,30,32,35,40,45,50,55,60,65,70,75,80,85,90,95,100,120,140,160,180,200									
技术条件　材料	GB/T 120.1　钢：奥氏体不锈钢 A1。GB/T 120.2　钢：A 型，普通淬火；B 型，表面淬火；马氏体不锈钢 C1									
技术条件　表面粗糙度	$Ra \leqslant 0.8 \mu m$									
技术条件　表面处理	①钢：不经处理；氧化；磷化；镀锌钝化。②不锈钢：简单处理。③其他表面镀层或表面处理，由供需双方协议。④所有公差仅适用于涂、镀前的公差									

注：1. d 的其他公差由供需双方协议。

2. 公称长度大于 200mm，按 20mm 递增。

开尾圆锥销（摘自 GB/T 877—1986）

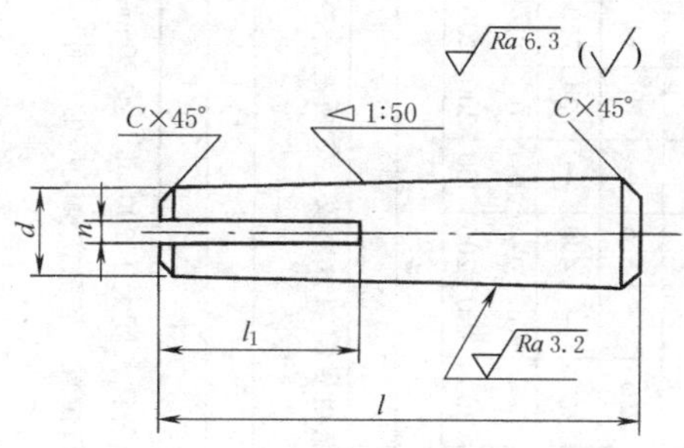

标记示例

公称直径 d=10mm、长度 l=60mm、材料35钢、不经热处理及表面处理的开尾圆锥销，标记为：

销　GB/T 877　8×60

表 6-3-7　　mm

d(公称)	3	4	5	6	8	10	12	16
n(公称)	0.8		1		1.6		2	
l_1	10		12	15	20	25	30	40
C≈	0.5		1			1.5		
l	30~55	35~60	40~80	50~100	60~120	70~160	80~200	100~200
l系列	30,32,35,40,45,50,55,60,65,70,75,80,85,90,95,100,120,140,160,180,200							

注：标记示例材料为常用材料，其他材料有45、30CrMnSiA、H62、HPb59-1、QSi3-1、1Cr3、2Cr3、Cr17Ni2、1Cr18Ni9Ti等，热处理及表面处理见GB/T 121。

开槽无头螺钉（摘自 GB/T 878—2007）

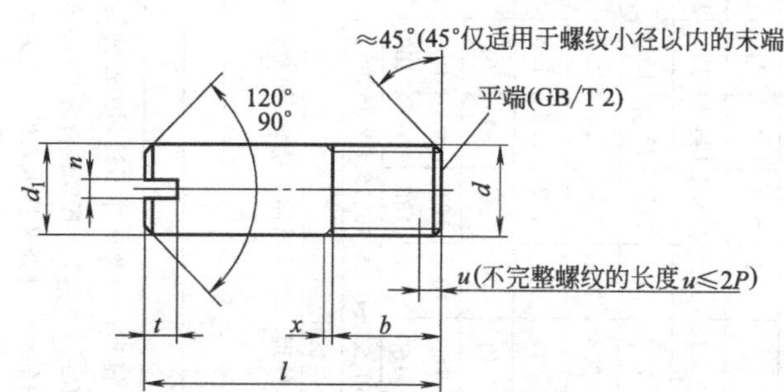

标记示例

螺纹规格为M4、公称长度 l=10mm、性能等级为14H、表面氧化处理的A级开槽无头螺钉的标记：

螺钉　GB/T 878　M4×10

表 6-3-8　　mm

螺纹规格 d		M1	M1.2	M1.6	M2	M2.5	M3	(M3.5)[a]	M4	M5	M6	M8	M10
螺距 P		0.25	0.25	0.35	0.4	0.45	0.5	0.6	0.7	0.8	1	1.25	1.5
$b\ ^{+2P}_{0}$		1.2	1.4	1.9	2.4	3	3.6	4.2	4.8	6	7.2	9.6	12
d_3	min	0.86	1.06	1.46	1.86	2.36	2.86	3.32	3.82	4.82	5.82	7.78	9.78
	max	1.0	1.2	1.6	2.0	2.5	3.0	3.5	4.0	5.0	6.0	8.0	10.0
n	公称	0.2	0.25	0.3	0.3	0.4	0.5	0.5	0.6	0.8	1	1.2	1.6
	min	0.26	0.31	0.36	0.36	0.46	0.56	0.56	0.66	0.86	1.06	1.26	1.66
	max	0.40	0.45	0.50	0.50	0.60	0.70	0.70	0.80	1.0	1.2	1.51	1.91
t	min	0.63	0.63	0.88	1.0	1.10	1.25	1.5	1.75	2.0	2.5	3.1	3.75
	max	0.78	0.79	1.06	1.2	1.33	1.5	1.78	2.05	2.35	2.9	3.6	4.25
x max		0.6	0.6	0.9	1	1.1	1.25	1.5	1.75	2	2.5	3.2	3.8
l		2.5~4	3~5	4~6	5~8	5~10	6~12	8~14	8~14	10~20	12~25	14~30	16~35

材料		钢	不锈钢	有色金属
机械性能	等级	14H、22H、45H	A1-12H	CU2、CU3、AL4
	标准	GB/T 3098.3	GB/T 3098.16	GB/T 3098.10
表面处理		不经处理； 氧化； 电镀，技术要求按GB/T 5267.1； 非电解锌片涂层，技术要求按GB/T 5267.2	简单处理	简单处理； 电镀，技术要求按GB/T 5267.1

弹性圆柱销 直槽 重型（摘自 GB/T 879.1—2000） 弹性圆柱销 直槽 轻型（摘自 GB/T 879.2—2000）

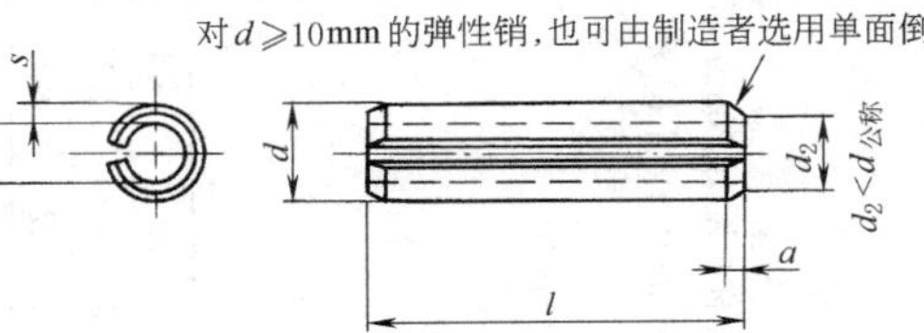

标记示例

公称直径 $d=6$mm、公称长度 $l=30$mm、材料为钢（St）、热处理硬度 500HV30~560HV30、表面氧化处理、直槽、重型弹性圆柱销，标记为：销 GB/T 879.1 6×30

表 6-3-9

mm

d	公称	1	1.5	2	2.5	3	3.5	4	4.5	5	6	8	10	12	13	14	16	18	20	21	25	28	30	32	35	38	40	45	50
	最大	1.3	1.8	2.4	2.9	3.4	4	4.6	5.1	5.6	6.7	8.5	10.8	12.8	13.8	14.8	16.8	18.9	20.9	21.9	25.9	28.9	30.9	32.9	35.9	38.9	40.9	45.9	50.9
	最小	1.2	1.7	2.3	2.8	3.3	3.8	4.4	4.9	5.4	6.4	8.3	10.5	12.5	13.5	14.5	16.5	18.5	20.5	21.5	25.1	28.5	30.5	32.5	35.5	38.5	40.5	45.5	50.5
GB/T 879.1	d_1	0.8	1.1	1.5	1.8	2.1	2.3	2.8	2.9	3.4	4	5.5	6.5	7.5	8.3	8.5	10.5	11.5	12.5	13.5	15.5	17.5	18.5	20.5	21.5	23.5	25.5	28.5	31.5
	a(最大)	0.35	0.45	0.55	0.6	0.7	0.8	0.85	1	1.1	1.4	2	2.4	2.4	2.4	2.4	2.4	2.4	3.4	3.4	3.4	3.4	3.4	3.6	3.6	4.6	4.6	4.6	4.6
	s	0.2	0.3	0.4	0.5	0.6	0.75	0.8	1	1	1.2	1.5	2	2.5	2.5	3	3	3.5	4	4	5	5.5	6	6	7	7.5	7.5	8.5	9.5
	G_{min}/kN	0.7	1.5	2.82	4.38	6.32	9.06	11.24	15.36	17.54	26.04	42.76	70.16	104.1	115.1	144.7	171	222.5	280.6	298.2	438.5	452.6	631.4	684	859	1003	1068	1360	1685
GB/T 879.2	d_1	—	—	1.9	2.3	2.7	3.1	3.4	3.9	4.4	4.9	7	8.5	10.5	11	11.5	13.5	15	16.5	17.5	21.5	23.5	25.5	—	28.5	—	32.5	37.5	40.5
	a(最大)	—	—	0.4	0.45	0.45	0.5	0.7	0.7	0.7	0.9	1.8	2.4	2.4	2.4	2.4	2.4	2.4	2.4	2.4	3.4	3.4	3.4	—	3.4	—	4.6	4.6	4.6
	s	—	—	0.2	0.25	0.3	0.35	0.5	0.5	0.5	0.75	0.75	1	1	1.2	1.5	1.5	1.7	2	2	2	2.5	2.5	—	3.5	—	4	4	5
	G_{min}/kN	—	—	1.5	2.4	3.5	4.6	8	8.8	10.4	18	24	40	48	66	84	98	126	158	168	202	280	302	—	490	—	634	720	1000
商品规格 l		4~20	4~20	4~30	4~30	4~40	4~40	4~50	5~50	5~80	10~100	10~120	10~160	10~180	10~180	10~200	10~200	10~200	10~200	14~200	14~200	14~200	14~200	20~200	20~200	20~200	20~200	20~200	20~200
l 系列		4,5,6,8,10,12,14,16,18,20,22,24,26,28,30,32,35,40,45,50,55,60,65,70,75,80,85,90,95,100,120,140,160,180,200																											
材料		由制造者任选，优质碳素钢或硅锰钢；奥氏体不锈钢 A；马氏体不锈钢 C。																											
表面处理		①钢：不经处理；氧化；磷化；镀锌钝化。②奥氏体不锈钢：简单处理。③马氏体不锈钢：简单处理。④其他表面镀层或表面处理，由供需双方协议。⑤所有公差仅适用于涂、镀前的公差																											
直槽		标准的、槽的形状和宽度由制造者任选																											
表面		不允许有不规则的和有害的缺陷；销的任何部位不得有毛刺																											

注：1. a 值为参考。2. G_{min} 为最小双面剪切载荷，kN。仅适用钢和马氏体不锈钢；对奥氏体不锈钢弹性柱销，不规定双面剪切载荷值。3. 公称长度大于 200mm，按 20mm 递增。4. d 的最大及最小尺寸为装配前尺寸。5. 销孔的公称直径应等于弹性销的公称直径（$d_{公称}$），其公差带为 H12。6. 由于弹性圆柱销带开口，槽口位置不应装在销受压的一面，在组装图上应表示槽口方向。销装入允许的最小销孔时，槽口也不得完全闭合。7. 详细的材料成分及技术条件，请见有关国家标准。

弹性圆柱销　卷制　重型（摘自 GB/T 879.3—2000）
弹性圆柱销　卷制　标准型（摘自 GB/T 879.4—2000）
弹性圆柱销　卷制　轻型（摘自 GB/T 879.5—2000）

两端挤压倒角

标记示例

公称直径 $d=6$mm、公称长度 $l=30$mm、材料为钢（St）、热处理硬度 420HV30～545HV30、表面氧化处理、卷制、重型弹性圆柱销，标记为：销　GB/T 879.3　6×30

公称直径 $d=6$mm、公称长度 $l=30$mm、材料为奥氏体不锈钢（A）、不经处理、表面简单处理、卷制、重型弹性圆柱销，标记为：销　GB/T 879.3　6×30-A

表 6-3-10

mm

d(公称)			0.8	1	1.2	1.5	2	2.5	3	3.5	4	5	6	8	10	12	14	16	20
GB/T 879.3	d（装配前）	最大	—	—	—	1.71	2.21	2.73	3.25	3.79	4.3	5.35	6.4	8.55	10.65	12.75	14.85	16.9	21
		最小	—	—	—	1.61	2.11	2.62	3.12	3.64	4.15	5.15	6.18	8.25	10.3	12.7	14.6	16.4	20.4
	s		—	—	—	0.17	0.22	0.28	0.33	0.39	0.45	0.56	0.67	0.9	1.1	1.3	1.6	1.8	2.2
	G_{min}/kN	①	—	—	—	1.9	3.5	5.5	7.6	10	13.5	20	30	53	84	120	165	210	340
		②	—	—	—	1.45	2.5	3.8	5.7	7.6	10	15.5	23	41	64	91	—	—	—
GB/T 879.4	d（装配前）	最大	0.91	1.15	1.35	1.73	2.25	2.78	3.3	3.85	4.4	5.5	6.5	8.83	10.8	12.85	14.95	17	21.1
		最小	0.85	1.05	1.25	1.62	2.13	2.65	3.15	3.67	4.2	5.25	6.25	8.3	10.35	12.4	14.45	16.45	20.4
	s		0.07	0.08	0.1	0.13	0.17	0.21	0.25	0.29	0.33	0.42	0.5	0.67	0.84	1	1.2	1.3	1.7
	G_{min}/kN	①	0.4	0.6	0.9	1.45	2.5	3.9	5.5	7.5	9.6	15	22	39	62	89	120	155	250
		②	0.3	0.45	0.65	1.05	1.9	2.9	4.2	5.7	7.6	11.5	16.8	30	48	67	—	—	—
GB/T 879.5	d（装配前）	最大	—	—	—	1.75	2.28	2.82	3.35	3.87	4.45	5.5	6.55	8.65	—	—	—	—	—
		最小	—	—	—	1.62	2.13	2.65	3.15	3.67	4.2	5.2	6.25	8.3	—	—	—	—	—
	s		—	—	—	0.08	0.11	0.14	0.17	0.19	0.22	0.28	0.33	0.45	—	—	—	—	—
	G_{min}/kN	①	—	—	—	0.8	1.5	2.3	3.3	4.5	5.7	9	13	23	—	—	—	—	—
		②	—	—	—	0.65	1.1	1.8	2.5	3.4	4.4	7	10	18	—	—	—	—	—
d_1（装配前）			0.75	0.95	1.15	1.4	1.9	2.4	2.9	3.4	3.9	4.85	5.85	7.8	9.75	11.7	13.6	15.6	19.6
a			0.3	0.3	0.4	0.5	0.7	0.7	0.9	1	1.1	1.3	1.5	2	2.5	3	3.5	4	4.5
商品规格 l			4～16			4～24	4～40	5～45	6～50		8～60	10～60	12～75	16～120	20～120	24～160	28～200	32～200	45～200
l 系列			4,5,6,8,10,12,14,16,18,20,22,24,26,28,30,32,35,40,45,50,55,60,65,70,75,80,85,90,95,100,140,160,180,200																
技术条件	材　料		钢；奥氏体不锈钢 A；马氏体不锈钢 C																
	表面缺陷		不允许有不规则的和有害的缺陷；销的任何部位不得有毛刺																
	表面处理		①钢：不经处理；氧化；磷化；镀锌钝化。②奥氏体不锈钢 A 和马氏体不锈钢 C：简单处理。③其他表面镀层或表面处理，由供需双方协议。④所有公差仅适用于涂、镀前的公差																

①适用于钢和马氏体不锈钢产品。②适用于奥氏体不锈钢产品。

注：1. G_{min}为最小双面剪切载荷，kN。2. 公称长度大于 200mm，按 20mm 递增（GB/T 879.3 和 GB/T 879.4）；公称长度大于 120mm，按 20mm 递增（GB/T 879.5）。3. 其他材料由供需双方协议。4. 同表 6-3-9 注 4、注 5、注 7。其中仅 GB/T 879.4 的公差带为：H12 适用于 $d \geqslant 1.5$mm；H10 适用于 $d \leqslant 1.2$mm。

无头销轴（摘自 GB/T 880—2008）

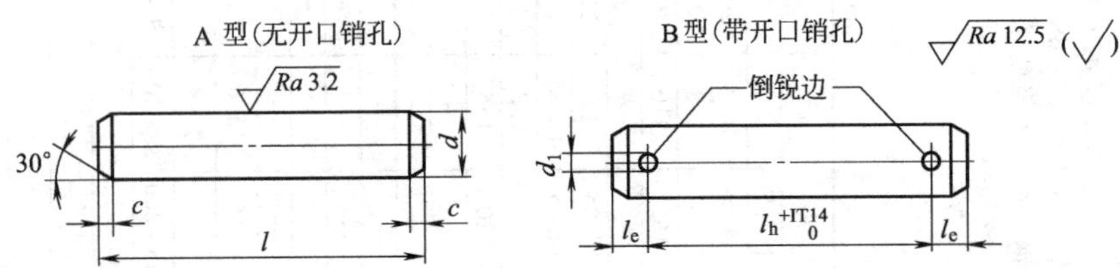

标记示例

公称直径 d=20mm、长度 l=100mm、由易切钢制造的硬度为 125~245HV、表面氧化处理的 B 型无头销轴的标记：

销 GB/T 880 20×100

开口销孔为 6.3mm，其余要求与上述示例相同的无头销轴的标记：

销 GB/T 880 20×100×6.3

孔距 l_h=80mm、开口销孔为 6.3mm，其余要求与上述示例相同的无头销轴的标记：

销 GB/T880 20×100×6.3×80

孔距 l_h=80mm，其余要求与上述示例相同的无头销轴的标记：

销 GB/T 880 20×100×80

表 6-3-11

d	h11[a]	3	4	5	6	8	10	12	14	16	18
d_1	H13[b]	0.8	1	1.2	1.6	2	3.2	3.2	4	4	5
c	max	1	1	2	2	2	2	3	3	3	3
l_e	min	1.6	2.2	2.9	3.2	3.5	4.5	5.5	6	6	7
l		6~30	8~40	10~50	12~60	16~80	20~100	24~120	28~140	32~160	35~180

d	h11[a]	20	22	24	27	30	33	36	40
d_1	H13[b]	5	5	6.3	6.3	8	8	8	8
c	max	4	4	4	4	4	4	4	4
l_e	min	8	8	9	9	10	10	10	10
l		40~200	45~200	50~200	55~200	60~200	65~200	70~200	80~200

d	h11[a]	45	50	55	60	70	80	90	100
d_1	H13[b]	10	10	10	10	13	13	13	13
c	max	4	4	6	6	6	6	6	6
l_e	min	12	12	14	14	16	16	16	16
l		90~200	100~200	120~200	120~200	140~200	160~200	180~200	200

l 系列	6,8,10,12,14,16,18,20,22,24,26,28,30,32,35,40,45,50,55,60,65,70,75,80,85,90,95,100,120,140,160,180,200
材料	钢：易切钢；硬度：125~245HV
表面处理	氧化；磷化(按 GB/T 11376)；镀锌铬酸盐转化膜(按 GB/T 5267.1)

螺尾锥销（摘自 GB/T 881—2000）

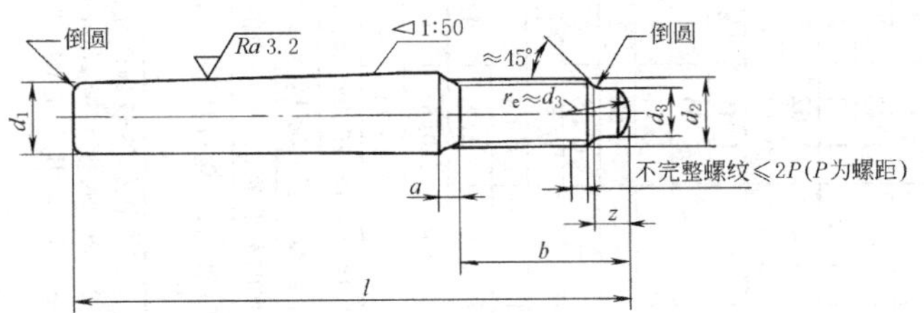

标记示例

公称直径 d=6mm、公称长度 l=60mm、材料 Y12 或 Y15、不经热处理、不经表面处理的螺尾锥销，标记为：销 GB/T 881 6×60

表 6-3-12

mm

d_1(h10)		5	6	8	10	12	16	20	25	30	40	50
a(最大)		2.4	3	4	4.5	5.3	6	6	7.5	9	10.5	12
b(最大)		15.6	20	24.5	27	30.5	39	39	45	52	65	78
d_2		M5	M6	M8	M10	M12	M16	M16	M20	M24	M30	M36
d_3(最大)		3.5	4	5.5	7	8.5	12	12	15	18	23	28
z(最大)		1.5	1.75	2.25	2.75	3.25	4.3	4.3	5.3	6.3	7.5	9.4
商品规格 l		40~50	45~60	55~75	65~100	85~120	100~160	120~190	140~250	160~280	190~360	220~400
100mm 长的质量/kg≈		0.027	0.031	0.057	0.078	0.116	0.203	0.318	0.509	0.753	1.34	2.122
l 系列		40,45,50,55,60,65,75,85,100,120,140,160,180,190,220,250,280,320,360,400										
技术条件	材料	易切钢 Y12、Y13；碳素钢 35(28~38HRC)、45(38~41HRC)；合金钢 30CrMnSiA；不锈钢 1Cr13、2Cr13、Cr17Ni2、0Cr18Ni9Ti										
	表面处理	①钢：不经处理；氧化；磷化；镀锌钝化。②不锈钢：简单处理。③其他表面镀层或表面处理，由供需双方协议。④所有公差仅适用于涂、镀前的公差										

注：1. 其他公差由供需双方协议。

2. 公称长度大于 400mm，按 40mm 递增。

销轴（摘自 GB/T 882—2008）

A 型（无开口销孔）　　B 型（带开口销孔）

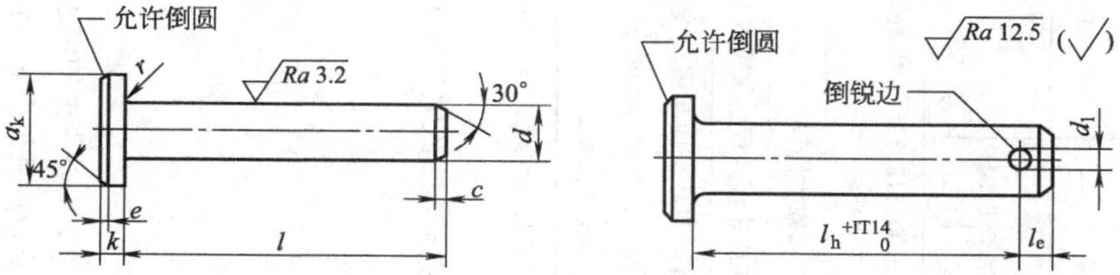

标记示例

公称直径 d=10mm、长度 l=50mm、材料 35 钢、热处理硬度 28~38HRC、表面氧化处理的 A 型销轴，标记为：销轴　GB/T 882　10×50

表 6-3-13

mm

d(h11)(公称)	3	4	5	6	8	10	12	14	16	18	20	22	24	27	30	33	36	40	45	50	55	60	70	80	90	100
d_k(h14)	5	6	8	10	14	18	20	22	25	28	30	33	36	40	44	47	50	55	60	66	72	78	90	100	110	120
k(js14)	1		1.6	2	3		4		4.5	5	5	5.5	6		8				9		11	12	13			
d_1(h13)	0.8	1	1.2	1.6	2	3.2	3.2	4		5			6.3		8				10				13			
r	0.6									1																
cmax	1		2				3				4											6				
e	0.5		1				1.6				2								4			6				
商品规格 l	6~30	8~40	10~50	12~60	16~80	14~100	20~120	28~140	32~160	35~180	40~200	45~200	50~200	55~200	60~200	65~200	70~200	80~200	90~200	100~200	120~200	120~200	140~200	160~200	180~200	200
l_e　min	1.6	2.2	2.9	3.2	3.5	4.5	5.5	6		7	8		9		10				12		14		16			
l 系列	6,8,10,12,14,16,18,20,22,24,26,28,30,32,35,40,45,50,55,60,65,70,75,80,85,90,95,100,120,140,160,180,200																									

注：材料同表 6-3-7 注。

开口销（摘自 GB/T 91—2000）

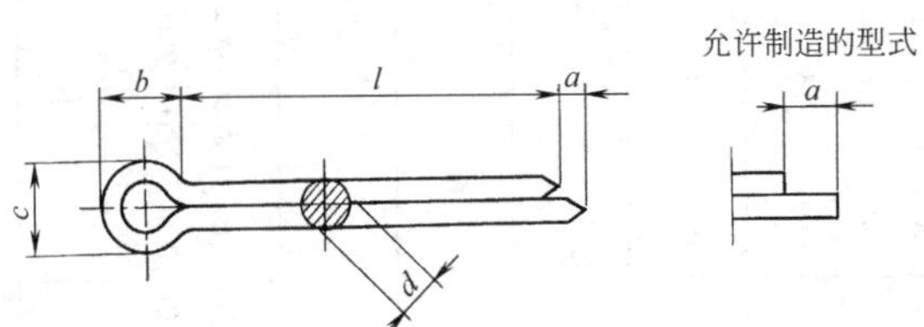

标记示例

公称规格为 5mm、公称长度 l = 50mm、材料 Q215 或 Q235、不经表面处理的开口销，标记为：销　GB/T 91　5×50

表 6-3-14　　mm

公称规格		0.6	0.8	1	1.2	1.6	2	2.5	3.2	4	5	6.3	8	10	13	16	20
d	最大	0.5	0.7	0.9	1.0	1.4	1.8	2.3	2.9	3.7	4.6	5.9	7.5	9.5	12.4	15.4	19.3
	最小	0.4	0.6	0.8	0.9	1.3	1.7	2.1	2.7	3.5	4.4	5.7	7.3	9.3	12.1	15.1	19.0
a(最大)		1.6	1.6	1.6	2.5	2.5	2.5	2.5	3.2	4	4	4	4	6.3	6.3	6.3	6.3
b≈		2	2.4	3	3	3.2	4	5	6.4	8	10	12.6	16	20	26	32	40
c(最大)		1	1.4	1.8	2	2.8	3.6	4.6	5.8	7.4	9.2	11.8	15	19	24.8	30.8	38.5
商品规格 l		4~12	5~16	6~20	8~25	8~32	10~40	12~50	14~63	18~80	22~100	32~125	40~160	45~200	71~250	112~280	160~280
使用的直径 螺栓	>	—	2.5	3.5	4.5	5.5	7	9	11	14	20	27	39	56	80	120	170
使用的直径 螺栓	≤	2.5	3.5	4.5	5.5	7	9	11	14	20	27	39	56	80	120	170	—
使用的直径 U形销	>	—	2	3	4	5	6	8	9	12	17	23	29	44	69	110	160
使用的直径 U形销	≤	2	3	4	5	6	8	9	12	17	23	29	44	69	110	160	—
100mm长的质量/kg≈		0.0004	0.0004	0.0007		0.0016	0.0033	0.005	0.0054	0.01	0.017	0.023	0.041				
l系列		4,5,6,8,10,12,14,16,18,20,22,25,28,32,36,40,45,50,56,63,71,80,90,100,112,125,140,160,180,200,224,250,280															
材料		碳素钢 Q215、Q235；铜合金 H63；不锈钢 1Cr17Ni7、0Cr18Ni9Ti；其他材料由供需双方协议															
表面处理		①钢：不经处理；镀锌钝化；磷化。②铜、不锈钢：简单处理。③其他表面镀层或表面处理由供需双方协议															
工作质量		①眼圈应尽可能制成圆形。②开口销两脚的横截面应为圆形，但允许开口销两脚平面与圆周交接处有圆角 $r=(0.05\sim0.1)d_{最大}$。③开口销两脚的间隙和两脚的错移量，应不大于开口销公称规格与 $d_{最大}$ 的差值。④开口销允许制成开口的（两脚内平面的夹角）：公称规格≤1.6 时，$\alpha\leqslant8°$；2~6.3 时，$\alpha\leqslant4°$；≥8 时，$\alpha\leqslant2°$															

注：1. 公称规格等于开口销孔直径。对销孔直径推荐的公差：公称规格≤1.2mm 为 H13；公称规格>1.2mm 为 H14。根据供需双方协议，允许采用公称规格为 3mm、6mm 和 12mm 的开口销。

2. 用于铁道和在 U 形销中开口销承受交变横向力的场合，推荐使用的开口销规格，应较本表规定的规格加大一挡。

2　键　连　接

2.1　键的类型、特点和应用

键连接是通过键来实现轴和轴上零件间的周向固定以传递运动和转矩。其中，有些类型的键还可实现轴向固定和传递轴向力，有些类型的键还能实现轴向动连接。键和键连接的类型、特点及应用见表 6-3-15。

表 6-3-15　键和键连接的类型、特点及应用

类型和标准		简图	特点和应用
平键	普通型　平键 GB/T 1096—2003 薄型　平键 GB/T 1567—2003	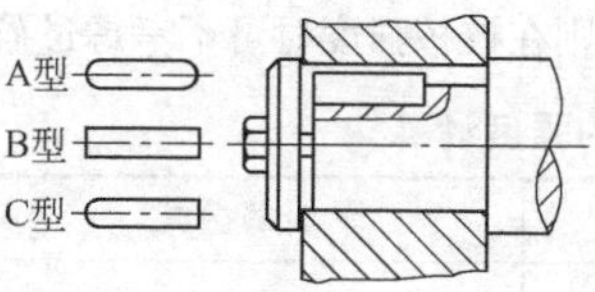 A型 B型 C型	键的侧面为工作面,靠侧面传力,对中性好,装拆方便。无法实现轴上零件的轴向固定。定位精度较高,用于高速或承受冲击、变载荷的轴。薄型平键用于薄壁结构和传递转矩较小的地方。A 型键用端铣刀加工轴上键槽,键在槽中固定好,但应力集中较大;B 型键用盘铣刀加工轴上键槽,应力集中较小;C 型用于轴端
	导向型　平键 GB/T 1097—2003	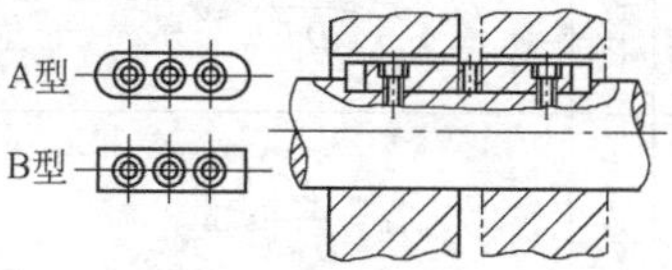 A型 B型	键的侧面为工作面,靠侧面传力,对中性好,拆装方便。无轴向固定作用。用螺钉把键固定在轴上,中间的螺纹孔用于起出键。用于轴上零件沿轴移动量不大的场合,如变速箱中的滑移齿轮
	滑键	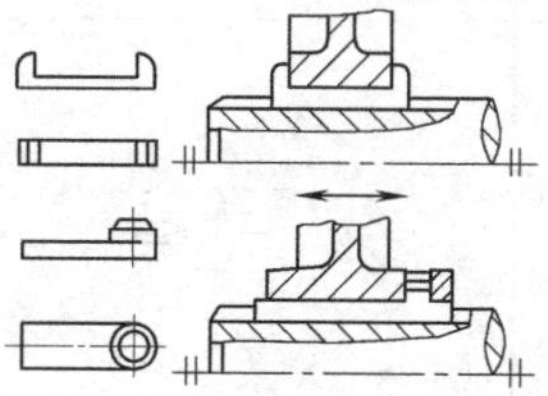	键的侧面为工作面,靠侧面传力,对中性好,拆装方便。键固定在轮毂上,轴上零件能带着键作轴向移动,用于轴上零件移动量较大的地方
半圆键	半圆键 GB/T 1099.1—2003	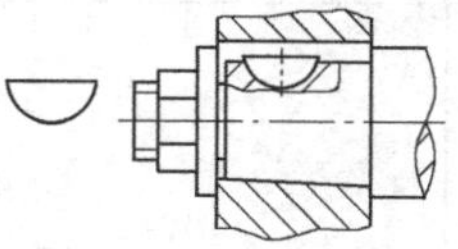	键的侧面为工作面,靠侧面传力,键可在轴槽中沿槽底圆弧滑动,装拆方便,但要加长键时,必定使键槽加深使轴强度削弱。一般用于轻载,常用于轴的锥形轴端处
楔键	普通型　楔键 GB/T 1564—2003 钩头型　楔键 GB/T 1565—2003 薄型　楔键 GB/T 16922—1997	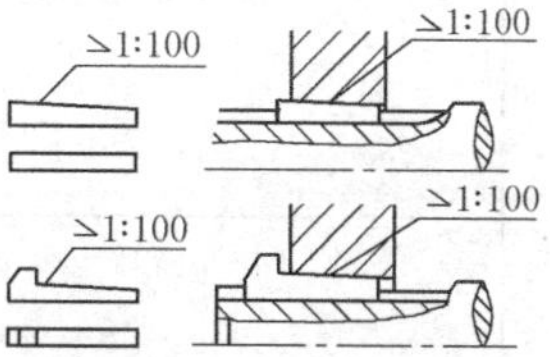 ≥1:100 ≥1:100 ≥1:100 ≥1:100	键的上下面为工作面,键的上表面和毂槽都有 1∶100 的斜度,装配时需打入、楔紧、造成偏心,键的上、下两面与轴和轮毂相接触。对轴上零件有轴向固定作用。由于楔紧力的作用使轴上零件偏心,导致对中精度不高,转速也受到限制。钩头供装拆用,但应加保护罩
	切向键 GB/T 1974—2003	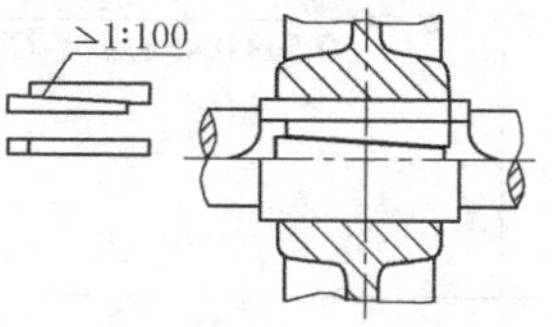 ≥1:100	由两个斜度为 1∶100 的楔键组成。能传递较大的转矩,一对切向键只能传递一个方向的转矩,传递双向转矩时,要用两对切向键,互成 120°~135°。用于载荷大、对中要求不高的场合。键槽对轴的削弱大,常用于直径大于 100mm 的轴
端面键	端面键	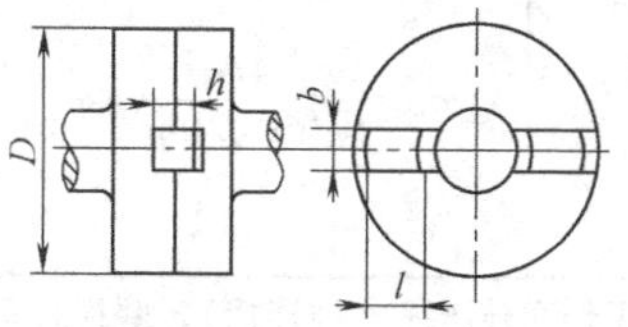 D　h　b　l	在圆盘端面嵌入平键,可用于凸缘间传力,常用于铣床主轴

2.2　键的选择和连接的强度计算

键的类型可根据使用要求、工作条件和连接的结构特点按表 6-3-15 选定。

键的剖面尺寸通常根据轴的直径和具体工作情况选取。对于薄壁空心轴、阶梯轴、传递转矩较小以及用于定位等情况下，允许选用剖面尺寸较小的键；有时，由于工艺需要也可选用较大的键。键的长度按轮毂长度从标准中选取，并按传递的转矩对键的剖面尺寸和长度进行验算。

键连接的强度计算公式见表 6-3-16。如单键强度不够采用双键时，应考虑键的合理布置。两个平键最好相隔

180°；两个半圆键则应沿轴心线布置在一条直线上；两个楔键夹角一般为 90°~120°；两个切向键间夹角一般为 120°~135°。双键连接的强度按 1.5 个键计算。如果轮毂允许适当加长，也可相应地增加键的长度，以提高单键连接的承载能力。但一般采用的键长不宜超过（1.6~1.8）d。必要时加大轴径或改用其他连接方式。

当键连接的轴与毂为过盈配合时，如过盈量较小，则在校核强度时可不考虑过盈连接。

表 6-3-16　　键连接的强度计算

类型	受力简图	计算内容		计算公式	说　明
平键	$y\approx\frac{D}{2}$	键或键槽工作面的挤压或磨损	静连接	$\sigma_p=\frac{2T}{Dkl}\leqslant\sigma_{pp}$	T——转矩，N·mm； D——轴的直径，mm； l——键的工作长度，mm，A 型 $l=L-b$，B 型 $l=L$，C 型 $l=L-b/2$； k——键与轮毂的接触高度，mm，平键 $k=0.4h$（毂 t_2），半圆键 k 见表毂 t_2； b——键的宽度，mm； t——切向键工作面宽度，mm； C——切向键倒角的宽度，mm； μ——摩擦因数，对钢和铸铁 $\mu=0.12\sim0.17$； σ_{pp}——键、轴、轮毂三者中最弱材料的许用挤压应力，MPa，见表 6-3-17； p_{pp}——键、轴、轮毂三者中最弱材料的许用压强 MPa，见表 6-3-17
			动连接	$p=\frac{2T}{Dkl}\leqslant p_{pp}$	
半圆键	$y\approx\frac{D}{2}$	键或键槽工作面的挤压		$\sigma_p=\frac{2T}{Dkl}\leqslant\sigma_{pp}$	
楔键	$y\approx\frac{D}{2}$，$x=\frac{b}{6}$	键或键槽工作面的挤压		$\sigma_p=\frac{12T}{bl(6\mu D+b)}\leqslant\sigma_{pp}$	
切向键	$y\approx\frac{D-t}{2}$，$t=\frac{D}{10}$	键或键槽工作面的挤压		$\sigma_p=\frac{T}{(0.5\mu+0.45)Dl(t-C)}\leqslant\sigma_{pp}$	
端面键		键或键槽工作面挤压		$\sigma_p=\frac{4T}{Dhl(1-l/D)^2}\leqslant\sigma_{pp}$	

注：平键连接的可能失效形式有较弱件（通常为轮毂）工作面被压溃（静连接）、磨损（动连接）和键的切断等。对于键实际采用的材料和标准尺寸来说，压溃和磨损常是主要失效形式，所以通常只进行键连接的挤压强度和耐磨性验算。

表 6-3-17　　键连接的许用挤压应力、许用压强和许用切应力　　MPa

许用应力及许用压强	连接工作方式	被连接零件材料	不同载荷性质的许用值		
			静　载	轻微冲击	冲　击
σ_{pp}	静连接	钢	125~150	100~120	60~90
		铸铁	70~80	50~60	30~45
p_{pp}	动连接	钢	50	40	30
τ_p			120	90	60

注：1. σ_{pp} 及 p_{pp} 应按连接中键、轴、轮毂三者的材料力学性能较弱的零件选取。

2. 如与键有相对滑动的被连接件表面经过表面硬化，则动连接的 p_{pp} 可提高 2~3 倍。

2.3 键的标准件

平键键槽的尺寸与公差（摘自 GB/T 1095—2003）

本标准规定了宽度 $b=2\sim100$mm 的普通型、导向型平键键槽的剖面尺寸

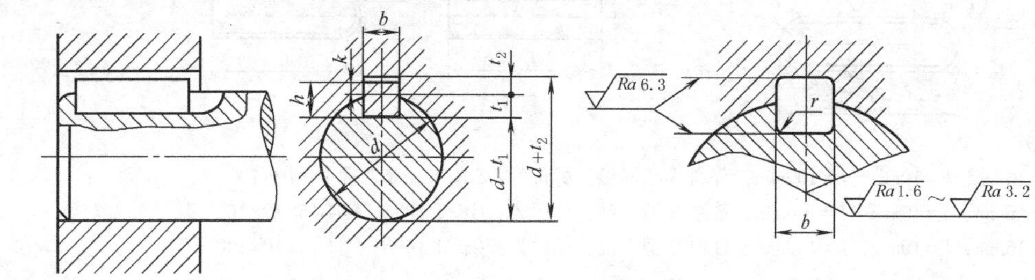

表 6-3-18　　　　mm

轴的公称直径 d	键尺寸 $b\times h$	键槽											
		宽度 b						深度				半径 r	
		基本尺寸	极限偏差					轴 t_1		毂 t_2			
			正常连接		紧密连接	松连接							
			轴 N9	毂 JS9	轴和毂 P9	轴 H9	毂 D10	基本尺寸	极限偏差	基本尺寸	极限偏差	最小	最大
6~8	2×2	2	−0.004	±0.0125	−0.006	+0.025	+0.060	1.2	+0.1	1.0		0.08	0.16
>8~10	3×3	3	−0.029		−0.031	0	+0.020	1.8	0	1.4	+0.1		
>10~12	4×4	4	0	±0.015	−0.012	+0.030	+0.078	2.5		1.8	0		
>12~17	5×5	5	−0.030		−0.042	0	+0.030	3.0		2.3		0.16	0.25
>17~22	6×6	6						3.5		2.8			
>22~30	8×7	8	0	±0.018	−0.015	+0.036	+0.098	4.0	+0.2	3.3			
>30~38	10×8	10	−0.036		−0.051	0	+0.040	5.0	0	3.3		0.25	0.40
>38~44	12×8	12						5.0		3.3			
>44~50	14×9	14	0	±0.0215	−0.018	+0.043	+0.120	5.5		3.8			
>50~58	16×10	16	−0.043		−0.061	0	+0.050	6.0		4.3			
>58~65	18×11	18						7.0		4.4	+0.2		
>65~75	20×12	20		±0.026				7.5		4.9	0	0.40	0.60
>75~85	22×14	22	0		−0.022	+0.052	+0.149	9.0		5.4			
>85~95	25×14	25	−0.052		−0.074	0	+0.065	9.0		5.4			
>95~110	28×16	28						10.0		6.4			
>110~130	32×18	32	0	±0.031	−0.026			11.0		7.4			
>130~150	36×20	36	−0.062		−0.088			12.0	+0.3	8.4		0.70	1.00
>150~170	40×22	40				+0.062	+0.180	13.0	0	9.4			
>170~200	45×25	45				0	+0.080	15.0		10.4			
>200~230	50×28	50						17.0		11.4			
>230~260	56×32	56		±0.037		+0.074	+0.220	20.0		12.4	+0.3	1.20	1.60
>260~290	63×32	63	0		−0.032	0	+0.100	20.0		12.4	0		
>290~330	70×36	70	−0.074		−0.106			22.0		14.4			
>330~380	80×40	80						25.0		15.4		2.00	2.50
>380~440	90×45	90	0	±0.0435	−0.037	+0.087	+0.260	28.0		17.4			
>440~500	100×50	100	−0.087		−0.124	0	+0.120	31.0		19.4			

注：1. 导向平键的轴槽与轮毂槽用较松键连接的公差。

2. 除轴伸外，在保证传递所需转矩条件下，允许采用较小截面的键，但 t_1 和 t_2 的数值必要时应重新计算，使键侧与轮毂槽接触高度各为 $h/2$。

3. 平键轴槽的长度公差用 H14。

4. 键槽的对称度公差：为便于装配，轴槽及轮毂槽对轴及轮毂轴心的对称度公差根据不同要求，一般可按 GB/T 1184—1996 中附表对称度公差 7~9 级选取。键槽（轴槽及轮毂槽）的对称度公差的公称尺寸是指键宽 b。

5. 表中（$d-t_1$）和（$d+t_2$）两组组合尺寸的极限偏差按相应的 t_1 和 t_2 的极限偏差选取，但（$d-t_1$）的极限偏差值应取负号。

6. 表中“轴的公称直径 d”是沿用旧标准（1979 年）的数据，仅供设计者初选时参考，然后根据工况验算确定键的规格。

普通平键的尺寸与公差（摘自 GB/T 1096—2003）

本标准规定了宽度 $b=2\sim100$mm 的普通 A 型、B 型、C 型的平键尺寸

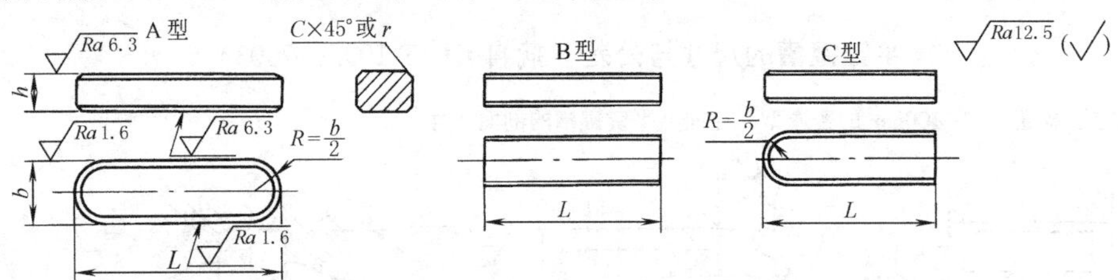

标记示例

宽度 $b=16$mm，$h=10$mm，$L=100$mm、普通 A 型平键，标记为：GB/T 1096　键 16×10×100

宽度 $b=16$mm，$h=10$mm，$L=100$mm、普通 B 型平键，标记为：GB/T 1096　键 B16×10×100

宽度 $b=16$mm，$h=10$mm，$L=100$mm、普通 C 型平键，标记为：GB/T 1096　键 C16×10×100

表 6-3-19　　mm

宽度 b	基本尺寸		2	3	4	5	6	8	10	12	14	16	18	20	22
	极限偏差（h8）		0 -0.014		0 -0.018			0 -0.022		0 -0.027				0 -0.033	
高度 h	基本尺寸		2	3	4	5	6	7	8	8	9	10	11	12	14
	极限偏差	矩形（h11）	—		—			0 -0.090					0 -0.110		
		方形（h8）	0 -0.014		0 -0.018			—					—		
C 或 r			0.16～0.25			0.25～0.40			0.40～0.60					0.60～0.80	
宽度 b	基本尺寸		25	28	32	36	40	45	50	56	63	70	80	90	100
	极限偏差（h8）		0 -0.033		0 -0.039					0 -0.046				0 -0.054	
高度 h	基本尺寸		14	16	18	20	22	25	28	32	32	36	40	45	50
	极限偏差	矩形（h11）	0 -0.110			0 -0.130				0 -0.160					
		方形（h8）	—			—				—					
C 或 r			0.60～0.80			1.00～1.20				1.60～2.00			2.50～3.00		
长度 L（极限偏差 h14）			10,12,14,16,18,20,22,25,28,32,36,40,45,50,56,63,70,80,90,100,110,125,140,160,180,200,250,280,320,360,400												

注：当键长大于 500mm 时，为减小由于直线度而引起的问题，键长应小于 10 倍的键宽。

薄型平键键槽的尺寸与公差（摘自 GB/T 1566—2003）

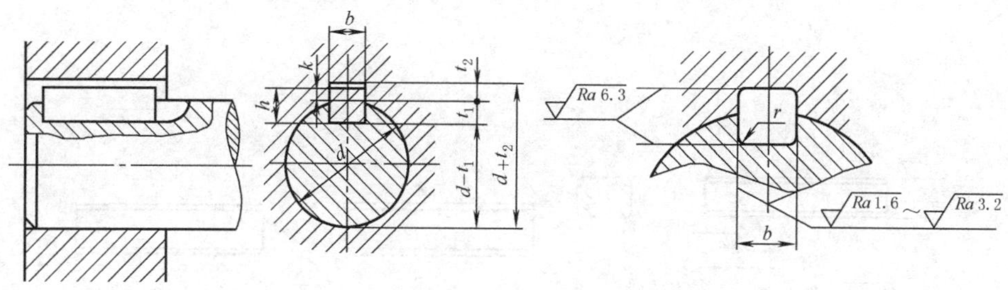

表 6-3-20

mm

轴的公称直径 d	键尺寸 $b\times h$	键槽												
		宽度 b						深度				半径 r	
		基本尺寸	极限偏差					轴 t_1		毂 t_2			
			正常连接		紧密连接	松连接		基本尺寸	极限偏差	基本尺寸	极限偏差		
			轴 N9	毂 JS9	轴和毂 P9	轴 H9	毂 D10					最小	最大
12~17	5×3	5	0	±0.015	−0.012	+0.030	+0.078	1.8		1.4			
>17~22	6×4	6	−0.030		−0.042	0	+0.030	2.5		1.8		0.16	0.25
>22~30	8×5	8	0	±0.018	−0.015	+0.036	+0.098	3.0	+0.1	2.3	+0.1		
>30~38	10×6	10	−0.036		−0.051	0	+0.040	3.5	0	2.8	0		
>38~44	12×6	12						3.5		2.8			
>44~50	14×6	14	0	±0.0215	−0.018	+0.043	+0.120	3.5		2.8		0.25	0.40
>50~58	16×7	16	−0.043		−0.061	0	+0.050	4.0		3.3			
>58~65	18×7	18						4.0		3.3			
>65~75	20×8	20						5.0		3.3			
>75~85	22×9	22	0	±0.026	−0.022	+0.052	+0.149	5.5	+0.2	3.8	+0.2		
>85~95	25×9	25	−0.052		−0.074	0	+0.065	5.5	0	3.8	0	0.40	0.60
>95~110	28×10	28						6.0		4.3			
>110~130	32×11	32	0	±0.031	−0.026	+0.062	+0.180	7.0		4.4			
>130~150	36×12	36	−0.062		−0.088	0	+0.080	7.5		4.9		0.70	1.00

注：1. 导向平键的轴槽与轮毂槽用较松键连接的公差。

2. 除轴伸外，在保证传递所需转矩条件下，允许采用较小截面的键，但 t_1 和 t_2 的数值必要时应重新计算，使键侧与轮毂槽接触高度各为 $h/2$。

3. 平键轴槽的长度公差用 H14。

4. 键槽的对称度公差：为便于装配，轴槽及轮毂槽对轴及轮毂轴心的对称度公差根据不同要求，一般可按 GB/T 1184—1996 中附表对称度公差 7~9 级选取。键槽（轴槽及轮毂槽）的对称度公差的公称尺寸是指键宽 b。

5. 表中（$d-t_1$）和（$d+t_2$）两组组合尺寸的极限偏差按相应的 t_1 和 t_2 的极限偏差选取，但（$d-t_1$）的极限偏差值应取负号。

6. 表中“轴的公称直径 d”是沿用旧标准（1979 年）的数据，仅供设计者初选时参考，然后根据工况验算确定键的规格。

薄型平键的尺寸与公差（摘自 GB/T 1567—2003）

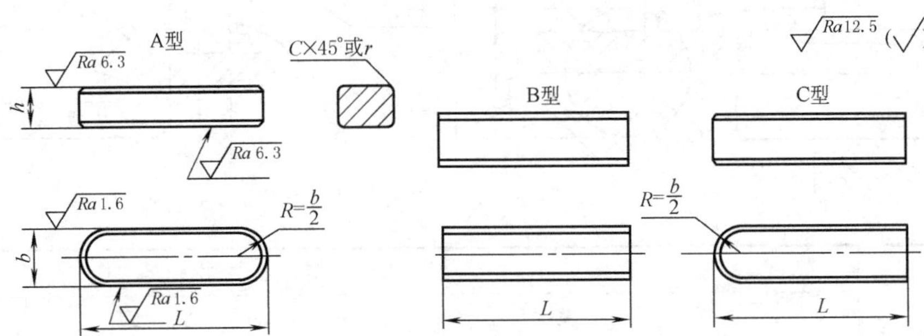

标记示例

宽度 b=16mm、高度 h=7mm、长度 L=100mm、薄 A 型平键，标记为：GB/T 1567　键 16×7×100

宽度 b=16mm、高度 h=7mm、长度 L=100mm、薄 B 型平键，标记为：GB/T 1567　键 B16×7×100

宽度 b=16mm、高度 h=7mm、长度 L=100mm、薄 C 型平键，标记为：GB/T 1567　键 C16×7×100

表 6-3-21　　　　mm

<table>
<tr><td rowspan="2">宽度 b</td><td>基本尺寸</td><td>5</td><td>6</td><td>8</td><td>10</td><td>12</td><td>14</td><td>16</td><td>18</td><td>20</td><td>22</td><td>25</td><td>28</td><td>32</td><td>36</td></tr>
<tr><td>极限偏差
（h8）</td><td colspan="2">0
−0.018</td><td colspan="2">0
−0.022</td><td colspan="4">0
−0.027</td><td colspan="4">0
−0.033</td><td colspan="2">0
−0.039</td></tr>
<tr><td rowspan="2">高度 h</td><td>基本尺寸</td><td>3</td><td>4</td><td>5</td><td>6</td><td>6</td><td>6</td><td>7</td><td>7</td><td>8</td><td>9</td><td>9</td><td>10</td><td>11</td><td>12</td></tr>
<tr><td>极限偏差
（h11）</td><td>0
−0.060</td><td colspan="5">0
−0.075</td><td colspan="6">0
−0.090</td><td colspan="2">0
−0.110</td></tr>
<tr><td colspan="2">C 或 r</td><td colspan="3">0.25~0.40</td><td colspan="5">0.40~0.60</td><td colspan="4">0.60~0.80</td><td colspan="2">1.0~1.2</td></tr>
<tr><td colspan="2">长度 L
（极限偏差 h14）</td><td colspan="14">10,12,14,16,18,20,22,25,28,32,36,40,45,50,56,63,70,80,90,100,110,125,140,160,180,200,250,280,320,360,400</td></tr>
</table>

导向平键的尺寸与公差（摘自 GB/T 1097—2003）

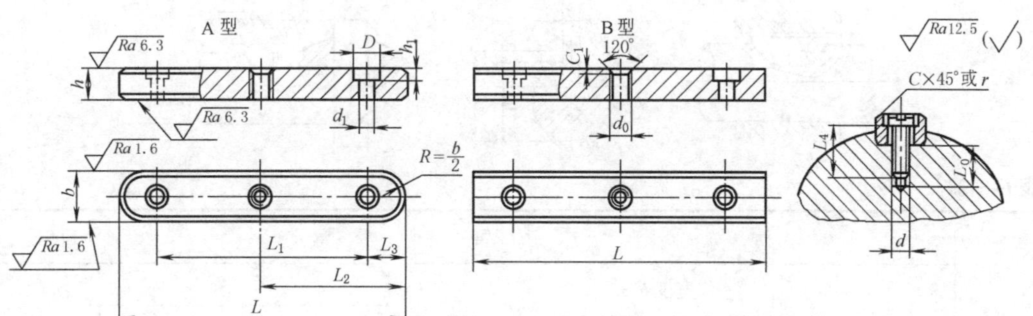

标记示例

宽度 $b=16$mm、高度 $h=10$mm、长度 $L=100$mm、导向 A 型平键，标记为：GB/T 1097　键 16×100

宽度 $b=16$mm、高度 $h=10$mm、长度 $L=100$mm、导向 B 型平键，标记为：GB/T 1097　键 B16×100

表 6-3-22

mm

<table>
<tr><td rowspan="2">b</td><td>基本尺寸</td><td>8</td><td>10</td><td>12</td><td>14</td><td>16</td><td>18</td><td>20</td><td>22</td><td>25</td><td>28</td><td>32</td><td>36</td><td>40</td><td>45</td></tr>
<tr><td>极限偏差
(h8)</td><td colspan="2">0
−0.022</td><td colspan="4">0
−0.027</td><td colspan="4">0
−0.033</td><td colspan="4">0
−0.039</td></tr>
<tr><td rowspan="2">h</td><td>基本尺寸</td><td>7</td><td>8</td><td>8</td><td>9</td><td>10</td><td>11</td><td>12</td><td>14</td><td>14</td><td>16</td><td>18</td><td>20</td><td>22</td><td>25</td></tr>
<tr><td>极限偏差
(h11)</td><td colspan="5">0
−0.090</td><td colspan="6">0
−0.110</td><td colspan="3">0
−0.130</td></tr>
<tr><td colspan="2">C 或 r</td><td>0.25~
0.40</td><td colspan="6">0.40~0.60</td><td colspan="4">0.60~0.80</td><td colspan="3">1.00~1.20</td></tr>
<tr><td colspan="2">h_1</td><td colspan="2">2.4</td><td>3.0</td><td colspan="2">3.5</td><td colspan="3">4.5</td><td colspan="2">6</td><td>7</td><td colspan="3">8</td></tr>
<tr><td colspan="2">d_0</td><td colspan="2">M3</td><td>M4</td><td colspan="2">M5</td><td colspan="3">M6</td><td colspan="2">M8</td><td>M10</td><td colspan="3">M12</td></tr>
<tr><td colspan="2">d_1</td><td colspan="2">3.4</td><td>4.5</td><td colspan="2">5.5</td><td colspan="3">6.6</td><td colspan="2">9</td><td>11</td><td colspan="3">14</td></tr>
<tr><td colspan="2">D</td><td colspan="2">6</td><td>8.5</td><td colspan="2">10</td><td colspan="3">12</td><td colspan="2">15</td><td>18</td><td colspan="3">22</td></tr>
<tr><td colspan="2">C_1</td><td colspan="2">0.3</td><td colspan="9">0.5</td><td colspan="3">1.0</td></tr>
<tr><td colspan="2">L_0</td><td>7</td><td>8</td><td colspan="3">10</td><td colspan="3">12</td><td colspan="2">15</td><td>18</td><td colspan="3">22</td></tr>
<tr><td colspan="2">螺钉($d×L_4$)</td><td>M3×8</td><td>M3×10</td><td>M4×10</td><td colspan="2">M5×10</td><td colspan="2">M6×12</td><td>M6×16</td><td colspan="2">M8×16</td><td>M10×20</td><td colspan="3">M12×25</td></tr>
</table>

L 与 L_1、L_2、L_3 的对应长度系列

L	25	28	32	36	40	45	50	56	63	70	80	90	100	110	125	140	160	180	200	220	250	280	320	360	400	450
L_1	13	14	16	18	20	23	26	30	35	40	48	54	60	66	75	80	90	100	110	120	140	160	180	200	220	250
L_2	12.5	14	16	18	20	22.5	25	28	31.5	35	40	45	50	55	62.5	70	80	90	100	110	125	140	160	180	200	225
L_3	6	7	8	9	10	11	12	13	14	15	16	18	20	22	25	30	35	40	45	50	55	60	70	80	90	100

注：1. 当键长大于 450mm 时，为减小由于直线度而引起的问题，键长应小于 10 倍的键宽。

2. 固定用螺钉应符合 GB/T 822 或 GB/T 65 的规定。

半圆键键槽的尺寸与公差（摘自 GB/T 1098—2003）

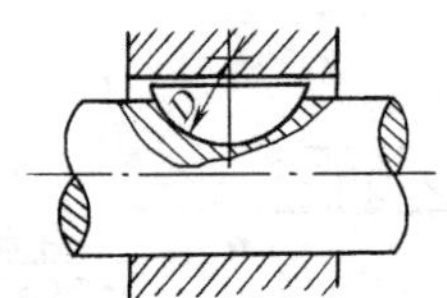

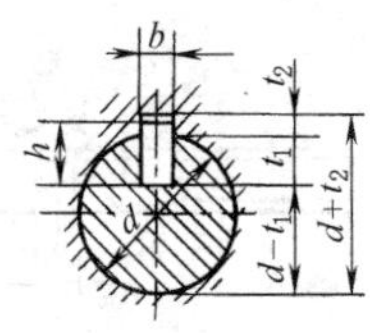

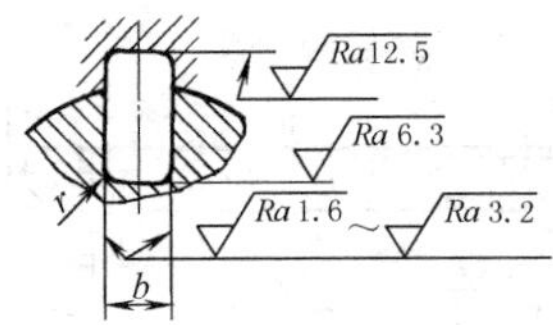

表 6-3-23 mm

键尺寸 $b\times h\times D$	键槽											
	宽度 b						深度				半径 r	
	基本尺寸	极限偏差					轴 t_1		毂 t_2			
		正常连接		紧密连接	松连接		基本尺寸	极限偏差	基本尺寸	极限偏差	最小	最大
		轴 N9	毂 JS9	轴和毂 P9	轴 H9	毂 D10						
1×1.4×4 1×1.1×4	1	−0.004 −0.029	±0.0125	−0.006 −0.031	+0.025 0	+0.060 +0.020	1.0	+0.1 0	0.6	+0.1 0	0.08	0.16
1.5×2.6×7 1.5×2.1×7	1.5						2.0		0.8			
2×2.6×7 2×2.1×7	2						1.8		1.0			
2×3.7×10 2×3×10	2						2.9		1.0			
2.5×3.7×10 2.5×3×10	2.5						2.7		1.2			
3×5×13 3×4×13	3						3.8	+0.2 0	1.4			
3×6.5×16 3×5.2×16	3						5.3		1.4			
4×6.5×16 4×5.2×16	4	0 −0.030	±0.015	−0.012 −0.042	+0.030 0	+0.078 +0.030	5.0		1.8		0.16	0.25
4×7.5×19 4×6×19	4						6.0		1.8			
5×6.5×16 5×5.2×19	5						4.5		2.3			
5×7.5×19 5×6×19	5						5.5		2.3			
5×9×22 5×7.2×22	5						7.0	+0.3 0	2.3			
6×9×22 6×7.2×22	6						6.5		2.8			
6×10×25 6×8×25	6						7.5		2.8	+0.2 0		
8×11×28 8×8.8×28	8	0 −0.036	±0.018	−0.015 −0.051	+0.036 0	+0.098 +0.040	8.0		3.3		0.25	0.40
10×13×32 10×10.4×32	10						10		3.3			

注：1. 键槽的对称度公差：为便于装配，轴槽及轮毂槽对轴及轮毂轴心的对称度公差根据不同要求，一般可按 GB/T 1184—1996 中附表对称度公差 7~9 级选取。键槽（轴槽及轮毂槽）的对称度公差的公称尺寸是指键宽 b。

2. 表中（$d-t_1$）和（$d+t_2$）两组组合尺寸的极限偏差按相应的 t_1 和 t_2 的极限偏差选取，但（$d-t_1$）的极限偏差值应取负号。

普通型半圆键的尺寸与公差（摘自 GB/T 1099.1—2003）

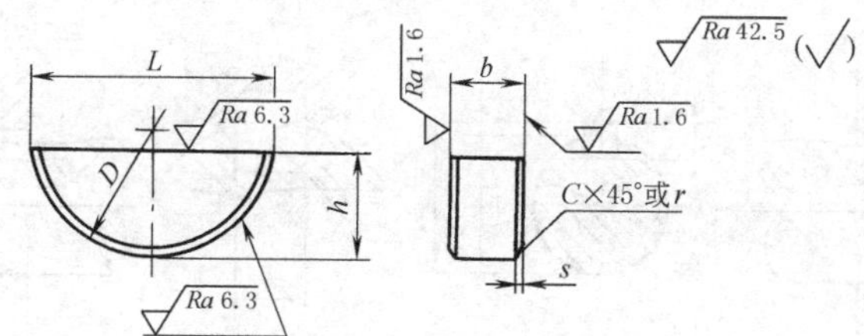

标记示例

宽度 b=6mm、高度 h=10mm、直径 D=25mm、普通型半圆键，标记为：GB/T 1099.1　键 6×10×25

表 6-3-24

mm

<table>
<tr><th rowspan="2">键尺寸
b×h×D</th><th colspan="2">宽度 b</th><th colspan="2">高度 h</th><th colspan="2">直径 D</th><th colspan="2">C 或 r</th></tr>
<tr><th>基本尺寸</th><th>极限偏差</th><th>基本尺寸
(h12)</th><th>极限偏差</th><th>基本尺寸</th><th>极限偏差
(h12)</th><th>最小</th><th>最大</th></tr>
<tr><td>1×1.4×4</td><td>1</td><td rowspan="15">0
-0.025</td><td>1.4</td><td rowspan="3">0
-0.10</td><td>4</td><td>0
-0.12</td><td rowspan="7">0.16</td><td rowspan="7">0.25</td></tr>
<tr><td>1.5×2.6×7</td><td>1.5</td><td>2.6</td><td>7</td><td rowspan="5">0
-0.15</td></tr>
<tr><td>2×2.6×7</td><td>2</td><td>2.6</td><td>7</td></tr>
<tr><td>2×3.7×10</td><td>2</td><td>3.7</td><td rowspan="3">0
-0.12</td><td>10</td></tr>
<tr><td>2.5×3.7×10</td><td>2.5</td><td>3.7</td><td>10</td></tr>
<tr><td>3×5×13</td><td>3</td><td>5</td><td>13</td></tr>
<tr><td>3×6.5×16</td><td>3</td><td>6.5</td><td rowspan="7">0
-0.15</td><td>16</td><td rowspan="2">0
-0.18</td></tr>
<tr><td>4×6.5×16</td><td>4</td><td>6.5</td><td>16</td><td rowspan="6">0.25</td><td rowspan="6">0.40</td></tr>
<tr><td>4×7.5×19</td><td>4</td><td>7.5</td><td>19</td><td>0
-0.21</td></tr>
<tr><td>5×6.5×16</td><td>5</td><td>6.5</td><td>16</td><td>0
-0.18</td></tr>
<tr><td>5×7.5×19</td><td>5</td><td>7.5</td><td>19</td><td rowspan="5">0
-0.21</td></tr>
<tr><td>5×9×22</td><td>5</td><td>9</td><td>22</td></tr>
<tr><td>6×9×22</td><td>6</td><td>9</td><td>22</td></tr>
<tr><td>6×10×25</td><td>6</td><td>10</td><td>25</td></tr>
<tr><td>8×11×28</td><td>8</td><td>11</td><td rowspan="2">0
-0.18</td><td>28</td><td rowspan="2">0.40</td><td rowspan="2">0.60</td></tr>
<tr><td>10×13×32</td><td>10</td><td>13</td><td>32</td><td>0
-0.25</td></tr>
</table>

楔键键槽的尺寸与公差（摘自 GB/T 1563—2003）

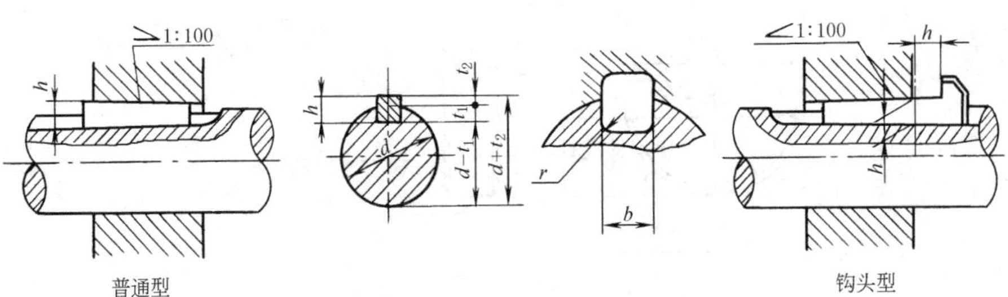

普通型　　钩头型

表 6-3-25　　mm

轴径 d	键尺寸 $b\times h$	键槽											
		宽度 b						深度				半径 r	
		基本尺寸	极限偏差					轴 t_1		毂 t_2			
			正常连接		紧密连接	松连接		基本尺寸	极限偏差	基本尺寸	极限偏差		
			轴 N9	毂 JS9	轴和毂 P9	轴 H9	毂 D10					最小	最大
6~8	2×2	2	-0.004	±0.0125	-0.006	+0.025	+0.060	1.2	+0.1 0	1.0	+0.1 0	0.08	0.16
>8~10	3×3	3	-0.029		-0.031	0	+0.020	1.8		1.4			
>10~12	4×4	4	0 -0.030	±0.015	-0.012 -0.042	+0.030 0	+0.078 +0.030	2.5		1.8			
>12~17	5×5	5						3.0		2.3		0.16	0.25
>17~22	6×6	6						3.5		2.8			
>22~30	8×7	8	0	±0.018	-0.015	+0.036	+0.098	4.0	+0.2 0	3.3	+0.2 0		
>30~38	10×8	10	-0.036		-0.051	0	+0.040	5.0		3.3		0.25	0.40
>38~44	12×8	12	0 -0.043	±0.0215	-0.018 -0.061	+0.043 0	+0.120 +0.050	5.0		3.3			
>44~50	14×9	14						5.5		3.8			
>50~58	16×10	16						6.0		4.3			
>58~65	18×11	18						7.0		4.4			
>65~75	20×12	20	0 -0.052	±0.026	-0.022 -0.074	+0.052 0	+0.149 +0.065	7.5		4.9		0.40	0.60
>75~85	22×14	22						9.0		5.4			
>85~95	25×14	25						9.0		5.4			
>95~110	28×16	28						10.0		6.4			
>110~130	32×18	32	0 -0.062	±0.031	-0.026 -0.088	+0.062 0	+0.180 +0.080	11.0		7.4			
>130~150	36×20	36						12.0	+0.3 0	8.4	+0.3 0	0.70	1.00
>150~170	40×22	40						13.0		9.4			
>170~200	45×25	45						15.0		10.4			
>200~230	50×28	50						17.0		11.4			
>230~260	56×32	56	0 -0.074	±0.037	-0.032 -0.106	+0.074 0	+0.220 +0.100	20.0		12.4		1.20	1.60
>260~290	63×32	63						20.0		12.4			
>290~330	70×36	70						22.0		14.4			
>330~380	80×40	80						25.0		15.4		2.00	2.50
>380~440	90×45	90	0	±0.0435	-0.037	+0.087	+0.260	28.0		17.4			
>440~500	100×50	100	-0.087		-0.124	0	+0.120	31.0		19.4			

注：1. （$d+t_2$）及 t_2 表示大端轮毂槽深度。

2. 安装时，键的斜面与轮毂的斜面必须紧密贴合。

3. 轴槽、轮毂槽的键槽宽度 b 两侧面粗糙度参数 Ra 值推荐为 1.6~3.2μm。

4. 轴槽底面、轮毂槽底面的表面粗糙度参数 Ra 值为 6.3μm。

5. 表中（$d-t_1$）和（$d+t_2$）两组组合尺寸的极限偏差按相应的 t_1 和 t_2 的极限偏差选取，但（$d-t_1$）的极限偏差值应取负号。

6. 表中"轴的公称直径 d"是沿用旧标准（1979 年）的数据，仅供设计者初选时参考，然后根据工况验算确定键的规格。

普通型楔键的尺寸与公差（摘自 GB/T 1564—2003）

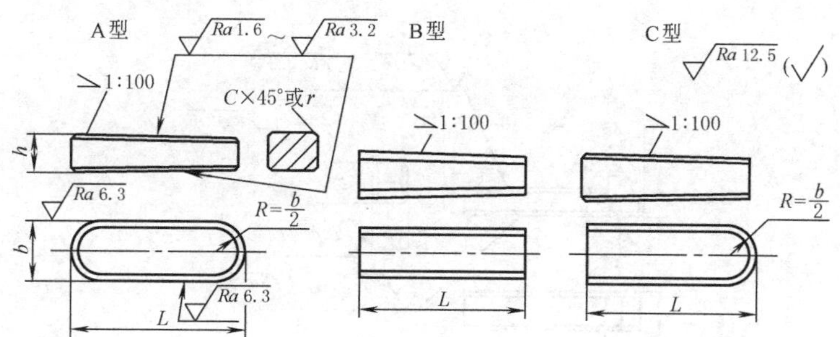

标记示例

宽度 $b=16$mm、高度 $h=10$mm、长度 $L=100$mm、普通 A 型楔键，标记为：GB/T 1564　键 16×100

宽度 $b=16$mm、高度 $h=10$mm、长度 $L=100$mm、普通 B 型楔键，标记为：GB/T 1564　键 B16×100

宽度 $b=16$mm、高度 $h=10$mm、长度 $L=100$mm、普通 C 型楔键，标记为：GB/T 1564　键 C16×100

表 6-3-26

mm

宽度 b	基本尺寸	2	3	4	5	6	8	10	12	14	16	18	20	22
	极限偏差（h8）	0 −0.014		0 −0.018			0 −0.022		0 −0.027				0 −0.033	
高度 h	基本尺寸	2	3	4	5	6	7	8	8	9	10	11	12	14
	极限偏差（h11）	0 −0.060		0 −0.075			0 −0.090					0 −0.110		
C 或 r		0.16～0.25			0.25～0.40			0.40～0.60					0.60～0.80	
宽度 b	基本尺寸	25	28	32	36	40	45	50	56	63	70	80	90	100
	极限偏差（h8）	0 −0.033		0 −0.039					0 −0.046				0 −0.054	
高度 h	基本尺寸	14	16	18	20	22	25	28	32	32	36	40	45	50
	极限偏差（h11）	0 −0.110			0 −0.130				0 −0.160					
C 或 r		0.60～0.80			1.00～1.20			1.60～2.00					2.50～3.00	
长度 L（极限偏差 h14）		6,8,10,12,14,16,18,20,22,25,28,32,36,40,45,50,56,63,70,80,90,100,125,140,160,180,200,220,250,280,320,360,400,450,500												

注：当键长大于 500mm 时，为减小由于直线度而引起的问题，键长应小于 10 倍的键宽。

钩头型楔键的尺寸与公差（摘自 GB/T 1565—2003）

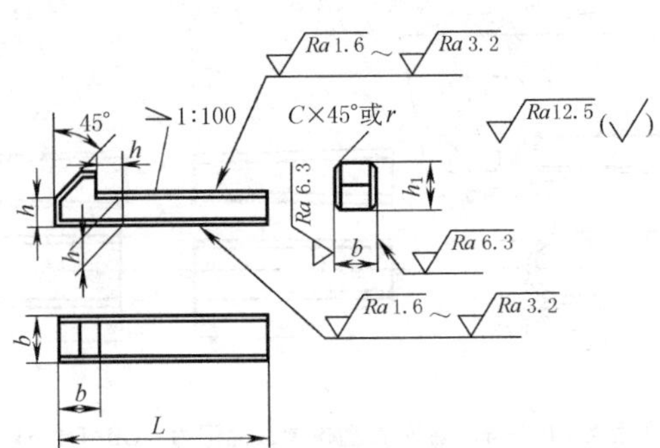

标记示例

宽度 $b=16$mm、高度 $h=10$mm、长度 $L=100$mm、钩头型楔键，标记为：GB/T 1565　键 16×100

表 6-3-27

mm

<table>
<tr><td rowspan="2">宽度 b</td><td>基本尺寸</td><td>4</td><td>5</td><td>6</td><td>8</td><td>10</td><td>12</td><td>14</td><td>16</td><td>18</td><td>20</td><td>22</td><td>25</td></tr>
<tr><td>极限偏差
(h8)</td><td colspan="3">0
−0.018</td><td colspan="2">0
−0.022</td><td colspan="4">0
−0.027</td><td colspan="3">0
−0.033</td></tr>
<tr><td rowspan="2">高度 h</td><td>基本尺寸</td><td>4</td><td>5</td><td>6</td><td>7</td><td>8</td><td>8</td><td>9</td><td>10</td><td>11</td><td>12</td><td>14</td><td>14</td></tr>
<tr><td>极限偏差
(h11)</td><td colspan="3">0
−0.075</td><td colspan="5">0
−0.090</td><td colspan="4">0
−0.110</td></tr>
<tr><td colspan="2">h_1</td><td>7</td><td>8</td><td>10</td><td>11</td><td>12</td><td>12</td><td>14</td><td>16</td><td>18</td><td>20</td><td>22</td><td>22</td></tr>
<tr><td colspan="2">C 或 r</td><td>0.16～0.25</td><td colspan="3">0.25～0.40</td><td colspan="5">0.40～0.60</td><td colspan="3">0.60～0.80</td></tr>
<tr><td rowspan="2">宽度 b</td><td>基本尺寸</td><td>28</td><td>32</td><td>36</td><td>40</td><td>45</td><td>50</td><td>56</td><td>63</td><td>70</td><td>80</td><td>90</td><td>100</td></tr>
<tr><td>极限偏差
(h8)</td><td>0
−0.033</td><td colspan="5">0
−0.039</td><td colspan="4">0
−0.046</td><td colspan="2">0
−0.054</td></tr>
<tr><td rowspan="2">高度 h</td><td>基本尺寸</td><td>16</td><td>18</td><td>20</td><td>22</td><td>25</td><td>28</td><td>32</td><td>32</td><td>36</td><td>40</td><td>45</td><td>50</td></tr>
<tr><td>极限偏差
(h11)</td><td colspan="3">0
−0.110</td><td colspan="5">0
−0.130</td><td colspan="4">0
−0.160</td></tr>
<tr><td colspan="2">h_1</td><td>25</td><td>28</td><td>32</td><td>36</td><td>40</td><td>45</td><td>50</td><td>50</td><td>56</td><td>63</td><td>70</td><td>80</td></tr>
<tr><td colspan="2">C 或 r</td><td colspan="2">0.60～0.80</td><td colspan="4">1.00～1.20</td><td colspan="3">1.60～2.00</td><td colspan="3">2.50～3.00</td></tr>
<tr><td colspan="2">长度 L
极限偏差(h14)</td><td colspan="12">14,16,18,20,22,25,28,32,36,40,45,50,56,63,70,80,90,100,125,140,160,180,200,220,250,280,320,360,400,450,500</td></tr>
</table>

薄型楔键的剖面尺寸及公差（摘自 GB/T 16922—1997）

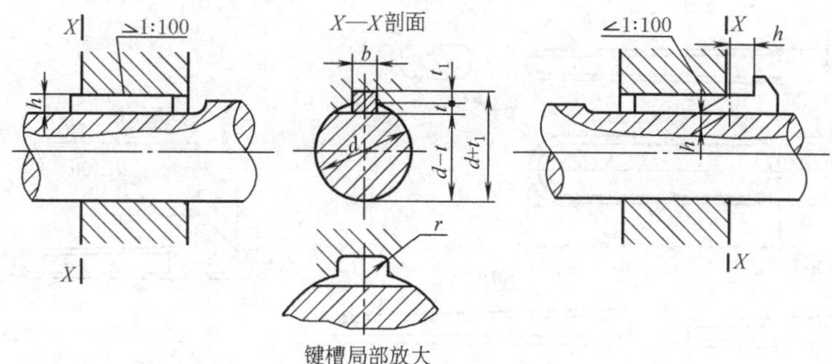

键槽局部放大

表 6-3-28

mm

<table>
<tr><th rowspan="3">轴基本
直径 d</th><th rowspan="3">键基本
尺寸 b×h</th><th colspan="6">键槽(轮毂)</th><th colspan="2" rowspan="2">平台(轴)
深度 t</th></tr>
<tr><th colspan="2">宽度 b</th><th colspan="2">深度 t_1</th><th colspan="2">半径 r</th></tr>
<tr><th>基本尺寸</th><th>极限偏差 D10</th><th>基本尺寸</th><th>极限偏差</th><th>最小</th><th>最大</th><th>基本尺寸</th><th>极限偏差</th></tr>
<tr><td>22~30</td><td>8×5</td><td>8</td><td rowspan="2">+0.098
+0.040</td><td>1.7</td><td rowspan="2">+0.1
0</td><td>0.16</td><td>0.25</td><td>3</td><td rowspan="4">+0.1
0</td></tr>
<tr><td>>30~38</td><td>10×6</td><td>10</td><td>2.2</td><td rowspan="5">0.25</td><td rowspan="5">0.40</td><td>3.5</td></tr>
<tr><td>>38~44</td><td>12×6</td><td>12</td><td rowspan="4">+0.120
+0.050</td><td>2.2</td><td rowspan="13">+0.2
0</td><td>3.5</td></tr>
<tr><td>>44~50</td><td>14×6</td><td>14</td><td>2.2</td><td>3.5</td></tr>
<tr><td>>50~58</td><td>16×7</td><td>16</td><td>2.4</td><td>4</td><td rowspan="11">+0.2
0</td></tr>
<tr><td>>58~65</td><td>18×7</td><td>18</td><td>2.4</td><td>4</td></tr>
<tr><td>>65~75</td><td>20×8</td><td>20</td><td rowspan="4">+0.149
+0.065</td><td>2.4</td><td rowspan="5">0.40</td><td rowspan="5">0.60</td><td>5</td></tr>
<tr><td>>75~85</td><td>22×9</td><td>22</td><td>2.9</td><td>5.5</td></tr>
<tr><td>>85~95</td><td>25×9</td><td>25</td><td>2.9</td><td>5.5</td></tr>
<tr><td>>95~110</td><td>28×10</td><td>28</td><td>3.4</td><td>6</td></tr>
<tr><td>>110~130</td><td>32×11</td><td>32</td><td rowspan="5">+0.180
+0.080</td><td>3.4</td><td>7</td></tr>
<tr><td>>130~150</td><td>36×12</td><td>36</td><td>3.9</td><td rowspan="4">0.70</td><td rowspan="4">1.00</td><td>7.5</td></tr>
<tr><td>>150~170</td><td>40×14</td><td>40</td><td>4.4</td><td>9</td></tr>
<tr><td>>170~200</td><td>45×16</td><td>45</td><td>5.4</td><td>10</td></tr>
<tr><td>>200~230</td><td>50×18</td><td>50</td><td>6.4</td><td>11</td></tr>
</table>

注：1. （$d+t_1$）及 t_1 表示大端轮毂槽深度。

2. 安装时，楔键的上工作面与轮毂槽的底面必须紧密贴合。

3. 楔键的上工作面表面粗糙度参数 *Ra* 值推荐为 3. 2μm。

4. （$d-t$）和（$d+t_1$）两个组合尺寸的极限偏差按相应的 t 和 t_1 的极限偏差选取，但（$d-t$）的极限偏差值应取负号。

薄型楔键的型式与尺寸（摘自 GB/T 16922—1997）

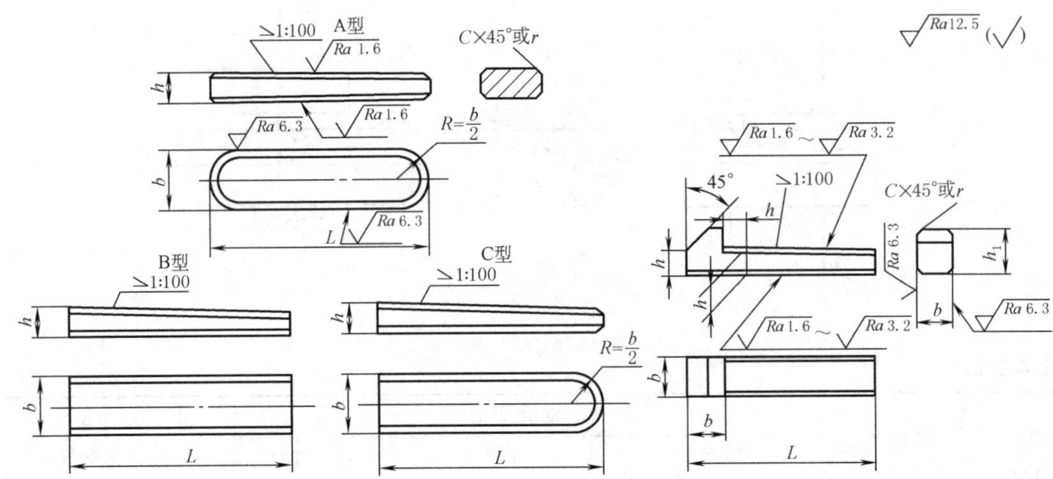

标记示例

宽度 b=16mm、高度 h=7mm、长度 L=100mm、A 型圆头薄型楔键，标记为：GB/T 16922　键 A16×7×100

宽度 b=16mm、高度 h=7mm、长度 L=100mm、B 型平头薄型楔键，标记为：GB/T 16922　键 B16×7×100

宽度 b=16mm、高度 h=7mm、长度 L=100mm、C 型单圆头薄型楔键，标记为：GB/T 16922　键 C16×7×100

宽度 b=16mm、高度 h=7mm、长度 L=100mm、钩头薄型楔键，标记为：GB/T 16922　键 16×7×100

表 6-3-29　　mm

b	基本尺寸	8	10	12	14	16	18	20	22	25	28	32	36	40	45	50
	极限偏差（h9）	0 −0.036		0 −0.043				0 −0.052				0 −0.062				
h	基本尺寸	5	6	6	6	7	7	8	9	9	10	11	12	14	16	18
	极限偏差（h11）	0 −0.075				0 −0.090						0 −0.110				
h_1		8	10			11		12	14		16	18	20	22	25	28
C 或 r①	最小	0.25	0.4				0.6						1.0			
	最大	0.4	0.6				0.8						1.2			
L② 商品规格范围		20~70	25~90	32~125	36~140	45~180	50~200	56~220	63~250	70~280	80~320	90~360	100~400	125~400	140~400	160~400

① 对长边和圆头的边倒角，其他边仅去毛刺。

② 长度系列（单位为 mm）为 20、22、25、28~40（4 进位）、45、50、56、63、70~110（10 进位）、125、140~220（20 进位）、250、280~400（40 进位）。

注：楔键的上、下工作面表面粗糙度参数 Ra 值也可以选用 3.2μm。

切向键及键槽的尺寸与公差（摘自 GB/T 1974—2003）

本标准规定了轴径 d=60～6300mm 的普通型切向键及键槽和轴径 d=100～6300mm 的强力型切向键及键槽尺寸。

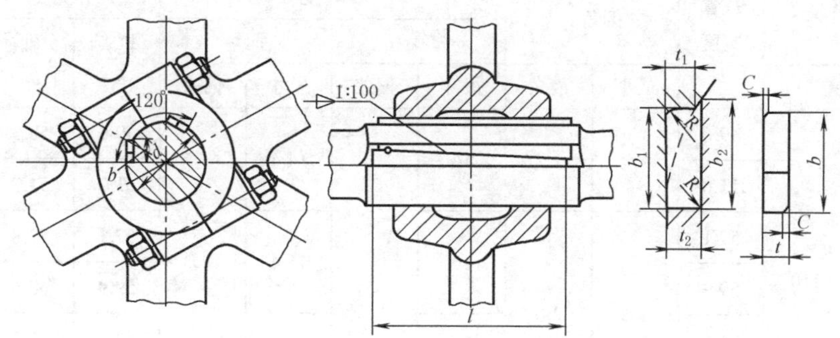

标记示例

计算宽度 b=24mm、厚度 t=8mm、长度 L=100mm、普通型切向键，标记为：GB/T 1974　切向键 24×8×100

计算宽度 b=60mm、厚度 t=20mm、长度 L=250mm、强力型切向键，标记为：GB/T 1974　强力切向键 60×20×250

表 6-3-30　　普通切向键及键槽的尺寸　　mm

<table>
<tr><th rowspan="4">轴径 d</th><th colspan="5">键</th><th colspan="8">键槽</th></tr>
<tr><th colspan="2" rowspan="2">厚度 t</th><th rowspan="3">计算宽度 b</th><th colspan="2" rowspan="2">倒角 C</th><th colspan="4">深度</th><th colspan="2">计算宽度</th><th colspan="2" rowspan="2">半径 R</th></tr>
<tr><th colspan="2">轮毂 t_1</th><th colspan="2">轴 t_2</th><th rowspan="2">轮毂 b_1</th><th rowspan="2">轴 b_2</th></tr>
<tr><th>尺寸</th><th>偏差(h11)</th><th>最小</th><th>最大</th><th>尺寸</th><th>偏差</th><th>尺寸</th><th>偏差</th><th>最小</th><th>最大</th></tr>
<tr><td>60</td><td rowspan="4">7</td><td rowspan="15">0
−0.090</td><td>19.3</td><td rowspan="12">0.6</td><td rowspan="12">0.8</td><td rowspan="4">7</td><td rowspan="17">0
−0.2</td><td rowspan="4">7.3</td><td rowspan="17">+0.2
0</td><td>19.3</td><td>19.6</td><td rowspan="12">0.4</td><td rowspan="12">0.6</td></tr>
<tr><td>63</td><td>19.8</td><td>19.8</td><td>20.2</td></tr>
<tr><td>65</td><td>20.1</td><td>20.1</td><td>20.5</td></tr>
<tr><td>70</td><td>21.0</td><td>21.0</td><td>21.4</td></tr>
<tr><td>71</td><td rowspan="5">8</td><td>22.5</td><td rowspan="5">8</td><td rowspan="5">8.3</td><td>22.5</td><td>22.8</td></tr>
<tr><td>75</td><td>23.2</td><td>23.2</td><td>23.5</td></tr>
<tr><td>80</td><td>24.0</td><td>24.0</td><td>24.4</td></tr>
<tr><td>85</td><td>24.8</td><td>24.8</td><td>25.2</td></tr>
<tr><td>90</td><td>25.6</td><td>25.6</td><td>26.0</td></tr>
<tr><td>95</td><td rowspan="3">9</td><td>27.8</td><td rowspan="3">9</td><td rowspan="3">9.3</td><td>27.8</td><td>28.2</td></tr>
<tr><td>100</td><td>28.6</td><td>28.6</td><td>29.0</td></tr>
<tr><td>110</td><td>30.1</td><td>30.1</td><td>30.6</td></tr>
<tr><td>120</td><td rowspan="3">10</td><td>33.2</td><td rowspan="8">1.0</td><td rowspan="8">1.2</td><td rowspan="3">10</td><td rowspan="3">10.3</td><td>33.2</td><td>33.6</td><td rowspan="8">0.7</td><td rowspan="8">1.0</td></tr>
<tr><td>125</td><td>33.9</td><td>33.9</td><td>34.4</td></tr>
<tr><td>130</td><td>34.6</td><td>34.6</td><td>35.1</td></tr>
<tr><td>140</td><td rowspan="2">11</td><td rowspan="5">0
−0.110</td><td>37.7</td><td rowspan="2">11</td><td rowspan="2">11.4</td><td>37.7</td><td>38.3</td></tr>
<tr><td>150</td><td>39.1</td><td>39.1</td><td>39.7</td></tr>
<tr><td>160</td><td rowspan="3">12</td><td>42.1</td><td rowspan="3">12</td><td rowspan="3">0
−0.3</td><td rowspan="3">12.4</td><td rowspan="3">+0.3
0</td><td>42.1</td><td>42.8</td></tr>
<tr><td>170</td><td>43.5</td><td>43.5</td><td>44.2</td></tr>
<tr><td>180</td><td>44.9</td><td>44.9</td><td>45.6</td></tr>
</table>

续表

轴径 d	键					键槽							
	厚度 t		计算宽度 b	倒角 C		深度				计算宽度		半径 R	
						轮毂 t_1		轴 t_2		轮毂 b_1	轴 b_2		
	尺寸	偏差 h11		最小	最大	尺寸	偏差	尺寸	偏差			最小	最大
190	14	0 −0.110	49.6	1.0	1.2	14	0 −0.3	14.4	+0.3 0	49.6	50.3	0.7	1.0
200			51.0							51.0	51.7		
220	16		57.1	1.6	2.0	16		16.4		57.1	57.8	1.2	1.6
240			59.9							59.9	60.6		
250	18		64.6			18		18.4		64.6	65.3		
260			66.0							66.0	66.7		
280	20	0 −0.130	72.1	2.5	3.0	20		20.4		72.1	72.8	2.0	2.5
300			74.8							74.8	75.5		
320	22		81.0			22		22.4		81.0	81.6		
340			83.6							83.6	84.3		
360	26		93.2			26		26.4		93.2	93.8		
380			95.9							95.9	96.6		
400			98.6							98.6	99.3		
420	30		108.2	3.0	4.0	30		30.4		108.2	108.8	2.5	3.0
440			110.9							110.9	111.6		
450			112.3							112.3	112.9		
460			113.6							113.6	114.3		
480	34	0 −0.160	123.1			34		34.4		123.1	123.8		
500			125.9							125.9	126.6		
530	38		136.7			38		38.4		136.7	137.4		
560			140.8							140.8	141.5		
600	42		153.1			42		42.4		153.1	153.8		
630			157.1							157.1	157.8		

注：1. 当轴径 d 位于两相邻轴径值之间时，采用大轴径的 t 和 t_1、t_2。b 和 b_1、b_2 按下式计算：$b=b_1=\sqrt{t(d-t)}$；$b_2=\sqrt{t_2(d-t_2)}$。

2. 当轴径 d 超过 630mm 时，推荐：$t=t_1=0.07d$；$b=b_1=0.25d$。

3. 一对切向键在装配之后的相互位置应用销或其他适当的方法固定。

4. 长度 L 按实际结构确定，建议一般比轮毂厚度长 10%～15%。

5. 一对切向键在装配时，1∶100 的两斜面之间，以及键的两工作面与轴槽和轮毂槽的工作面之间都必须紧密结合。

6. 当出现交变冲击负荷时，轴径从 100mm 起，推荐选用强力切向键。

7. 两副切向键如果 120°安装有困难时，也可以 180°安装。

表 6-3-31　　强力切向键及键槽的尺寸　　mm

轴径 d	键					键槽							
	厚度 t		计算宽度 b	倒角 C		深度				计算宽度		半径 R	
						轮毂 t_1		轴 t_2		轮毂 b_1	轴 b_2		
	尺寸	偏差(h11)		最小	最大	尺寸	偏差	尺寸	偏差			最小	最大
100	10	0 −0.090	30	1.0	1.2	10	0 −0.2	10.3	+0.2 0	30	30.4	0.7	1.0
110	11	0 −0.110	33			11		11.4		33	33.5		
120	12		36			12	0 −0.3	12.4	+0.3 0	36	36.5		
125	12.5		37.5			12.5		12.9		37.5	38.0		
130	13		39			13		13.4		39	39.5		
140	14		42			14		14.4		42	42.5		
150	15		45			15		15.4		45	45.5		
160	16		48			16		16.4		48	48.5		
170	17		51	1.6	2.0	17		17.4		51	51.5	1.2	1.6
180	18		54			18		18.4		54	54.5		
190	19	0 −0.130	57			19		19.4		57	57.5		
200	20		60			20		20.4		60	60.5		
220	22		66			22		22.4		66	66.5		
240	24		72	2.5	3.0	24		24.4		72	72.5	2.0	2.5
250	25		75			25		25.4		75	75.5		
260	26		78			26		26.4		78	78.5		
280	28		84			28		28.4		84	84.5		
300	30		90			30		30.4		90	90.5		
320	32	0 −0.160	96			32		32.4		96	96.5		
340	34		102	3.0	4.0	34		34.4		102	102.5	2.5	3.0
360	36		108			36		36.4		108	108.5		
380	38		114			38		38.4		114	114.5		
400	40		120			40		40.4		120	120.5		
420	42		126			42		42.4		126	126.5		
440	44		132			44		44.4		132	132.5		
450	45		135			45		45.4		135	135.5		
460	46		138			46		46.4		138	138.5		
480	48		144			48		48.4		144	144.5		
500	50		150			50		50.5		150	150.7		
530	53	0 −0.190	159			53		53.5		159	159.7		
560	56		168			56		56.5		168	168.7		
600	60		180			60		60.5		180	180.7		
630	63		189			63		63.5		189	189.7		

注：1. 当轴径 d 位于两相邻轴径值之间时，键与键槽的尺寸按下式计算：$t=t_1=0.1d$；$b=b_1=0.3d$；$t_2=t+0.33\text{mm}$（$t\leqslant10\text{mm}$）；$t_2=t+0.4\text{mm}$（$10\text{mm}<t\leqslant45\text{mm}$）；$t_2=t+0.5\text{mm}$（$t>45\text{mm}$）；$b_2=\sqrt{t_2(d-t_2)}$。

2. 当轴径 d 超过630mm 时，推荐：$t=t_1=0.1d$；$b=b_1=0.3d$。

3　花键连接

3.1　花键的类型、特点和应用

表 6-3-32　　花键的类型、特点和应用

类　型	特　点	应　用
矩形花键(GB/T 1144—2001)	花键连接为多齿工作,承载能力高,对中性、导向性好,齿根较浅,应力集中较小,轴与毂强度削弱小 矩形花键加工方便,能用磨削方法获得较高的精度。标准中规定两个系列:轻系列,用于载荷较轻的静连接;中系列,用于中等载荷	应用广泛,如飞机、汽车、拖拉机、机床制造业、农业机械及一般机械传动装置等
渐开线花键(GB/T 3478.1—1995)	渐开线花键的齿廓为渐开线,受载时齿上有径向力,能起自动定心作用,使各齿受力均匀,强度高、寿命长。加工工艺与齿轮相同,易获得较高精度和互换性 渐开线花键标准压力角 α_D 有 30°和 37.5°及 45°三种	用于载荷较大,定心精度要求较高,以及尺寸较大的连接

3.2　花键连接的强度计算

3.2.1　通用简单计算法

适用于矩形花键和渐开线花键。图 6-3-1 为其计算图。

花键连接的类型和尺寸通常需要根据被连接件的结构和特点、使用要求和工作条件来选择。为避免键齿工作表面压溃（静连接）或过度磨损（动连接），应进行必要的强度校核计算，计算公式如下：

静连接　$$\sigma_p=\frac{2T}{\psi zhld_m}\leqslant\sigma_{pp}$$

动连接　$$p=\frac{2T}{\psi zhld_m}\leqslant p_{pp}$$

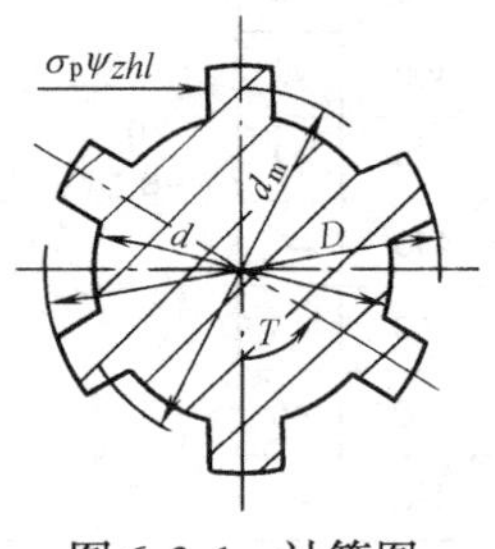

图 6-3-1　计算图

式中　T——传递转矩，N·mm；

z——花键的齿数；

l——齿的工作（配合）长度，mm；

d_m——平均圆直径，mm，矩形花键 $d_m=\frac{D+d}{2}$，渐开线花键 $d_m=D$；

D——矩形花键为大径，渐开线花键为分度圆直径，mm；

h——键齿工作高度，mm，矩形花键 $h=\frac{D-d}{2}-2C$（C 为倒角尺寸），渐开线花键 $h=m$（$\alpha=30°$）、$h=0.9m$（$\alpha=37.5°$）、$h=0.8m$（$\alpha=45°$）（m 为模数）；

ψ——各齿间载荷不均匀系数，一般取 $\psi=0.7\sim0.8$，齿数多时取偏小值；

σ_{pp}——花键连接许用挤压应力，MPa，见表 6-3-33；

p_{pp}——许用压强，MPa，见表 6-3-33。

表 6-3-33　　花键连接的许用挤压应力 σ_{pp}、许用压强 p_{pp}　　MPa

连接工作方式	许用值	使用和制造情况	齿面未经热处理	齿面经热处理
静连接	许用挤压应力 σ_{pp}	不良 中等 良好	35~50 60~100 80~120	40~70 100~140 120~200
动连接（无载荷作用下移动）	许用压强 p_{pp}	不良 中等 良好	15~20 20~30 25~40	20~35 30~60 40~70
动连接（有载荷作用下移动）	许用压强 p_{pp}	不良 中等 良好	— — —	3~10 5~15 10~20

注：1. 使用和制造情况不良，是指受变载，有双向冲击，振动频率高，振幅大，润滑不好（对动连接），材料硬度不高，精度不高等。

2. 同一情况下，σ_{pp} 或 p_{pp} 的较小值用于工作时间长和较重要的场合。

3. 内、外花键材料的抗拉强度不低于 600MPa。

3.2.2　花键承载能力计算法（摘自 GB/T 17855—1999）

GB/T 17855—1999《花键承载能力计算方法》规定了矩形花键和直齿圆柱渐开线花键承载能力计算方法。适用于按 GB/T 1144 和 GB/T 3478.1 制造的花键。其他类型的花键也可参照使用。

（1）术语与代号

表 6-3-34　　术语、代号及说明

序号	术　语	代号	单位	说　明
1	输入转矩	T	N·m	输入给花键副的转矩
2	输入功率	P	kW	输入给花键副的功率
3	转速	n	r/min	花键副的转速
4	名义切向力	F_t	N	花键副所受的名义切向力
5	分度圆直径	D	mm	渐开线花键分度圆直径
6	平均圆直径	d_m	mm	矩形花键大径与小径之和的一半
7	单位载荷	W	N/mm	单一键齿在单位长度上所受的法向载荷
8	齿数	z	—	花键的齿数
9	结合长度	l	mm	内花键与外花键相配合部分的长度(按名义值)
10	压轴力	F	N	花键副所受的与轴线垂直的径向作用力
11	标准压力角	α_D	(°)	渐开线花键齿形分度圆上的压力角
12	弯矩	M_b	N·m	作用在花键副上的弯矩
13	模数	m	mm	渐开线花键的模数
14	使用系数	K_1	—	主要考虑由于传动系统外部因素而产生的动力过载影响的系数
15	齿侧间隙系数	K_2	—	当花键副承受压轴力时,考虑花键副齿侧配合间隙(过盈)对各键齿上所受载荷影响的系数
16	分配系数	K_3	—	考虑由于花键的齿距累积误差(分度误差)影响各键齿载荷分配不均的系数
17	轴向偏载系数	K_4	—	考虑由于花键的齿向误差和安装后花键副的同轴度误差,以及受载后花键扭转变形,影响各键齿沿轴向受载不均匀的系数

续表

序号	术　语	代号	单位	说　明
18	齿面压应力	σ_H	MPa	键齿表面计算的平均接触压应力
19	工作齿高	h_w	mm	键齿工作高度，$h_w=h_{min}$，$h_w=\frac{D_{ee}-D_{ii}}{2}$
20	外花键大径	D_{ee}	mm	外花键大径的基本尺寸
21	内花键小径	D_{ii}	mm	内花键小径的基本尺寸
22	齿面接触强度的计算安全系数	S_H	—	S_H 值一般可取 1.25~1.50，较重要的及淬火的花键取较大值，一般的未经淬火的花键取较小值
23	齿面许用压应力	σ_{Hp}	MPa	
24	材料的屈服强度	$\sigma_{0.2}$	MPa	花键材料的屈服强度(按表层取值)
25	齿根弯曲应力	σ_F	MPa	花键齿根的计算弯曲应力
26	全齿高	h	mm	花键的全齿高，$h=\frac{D-d}{2}$，$h=\frac{D_{ee}-D_{ie}}{2}$
27	弦齿厚	S_{Fn}	mm	花键齿根危险截面(最大弯曲应力处)的弦齿厚
28	齿根许用弯曲应力	σ_{Fp}	MPa	
29	材料的抗拉强度	σ_b	MPa	花键材料的拉伸强度
30	抗弯强度的计算安全系数	S_F	—	一般情况 S_F，对矩形花键取 1.25~2.00，对渐开线花键取 1.00~1.50
31	齿根最大剪切应力	τ_{Fmax}	MPa	
32	剪切应力	τ_{tn}	MPa	靠近花键收尾处的切应力
33	应力集中系数	α_{tn}	—	
34	外花键小径	D_{ie}	mm	外花键小径的基本尺寸
35	作用直径	d_h	mm	当量应力处的直径，相当于光滑扭棒的直径
36	齿根圆角半径	ρ	mm	一般指外花键齿根圆弧最小曲率半径
37	许用剪切应力	τ_{Fp}	MPa	
38	齿面磨损许用压应力	σ_{Hp1}	MPa	花键副在 10^8 次循环数以下工作时的许用压应力
39	齿面磨损许用压应力	σ_{Hp2}	MPa	花键副长期工作无磨损的许用压应力
40	当量应力	σ_v	MPa	计算花键扭转与抗弯强度时，切应力与弯曲应力的合成应力
41	弯曲应力	σ_{Fn}	MPa	计算花键扭转与抗弯强度时的弯曲应力
42	转换系数	K	—	确定作用直径 d_h 的转换系数
43	许用应力	σ_{vp}	MPa	计算花键扭转与抗弯强度时的许用应力
44	作用侧隙	C_V	mm	花键副的全齿侧隙
45	位移量	e_0	mm	花键副的内外花键两轴线的径向相对位移量

（2）受力分析

① 无载荷。由于花键副是相互连接的同轴偶件，所以对于无误差的花键连接，在其无载荷状态时（不计自重，下同），内花键各齿槽的中心线（或对称面）与外花键各键齿的中心线（或对称面）是重合的。此时，键齿两侧的间隙（或过盈）相等，均为侧隙之半（图 6-3-2）。

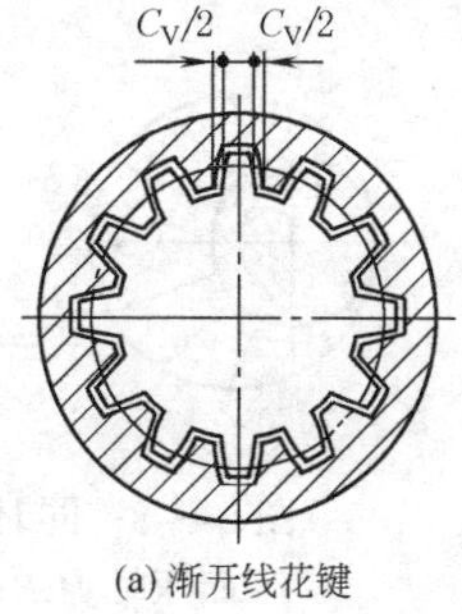

(a) 渐开线花键

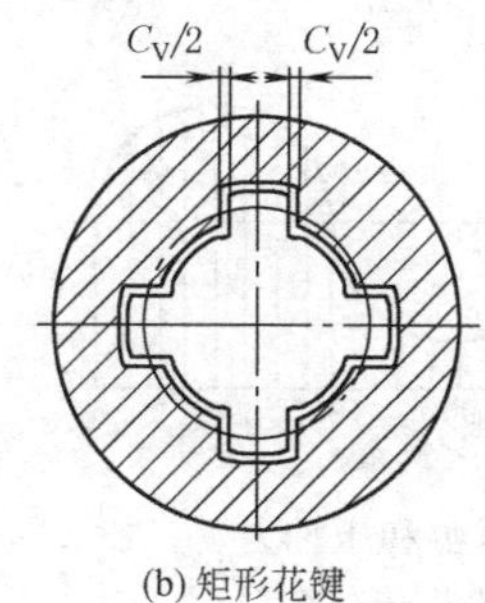

(b) 矩形花键

图 6-3-2　无载荷、有间隙的渐开线花键连接和矩形花键连接的理论位置

② 受纯转矩载荷。对无误差的花键连接，在其只传递转矩 T 而无压轴力 F 时，一侧的各齿面在转矩 T 的作用下，彼此接触、侧隙相等，内花键与外花键的两轴线仍是同轴的（图 6-3-3）。所有键齿传递转矩，承受同样大小的载荷（图 6-3-4）。

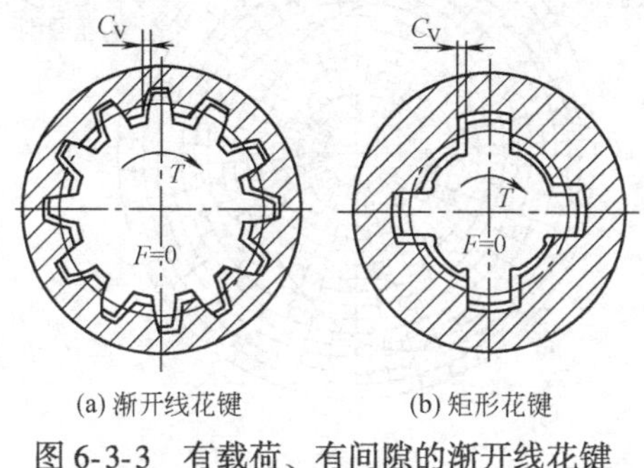

(a) 渐开线花键　　(b) 矩形花键

图 6-3-3　有载荷、有间隙的渐开线花键连接和矩形花键连接的理论位置

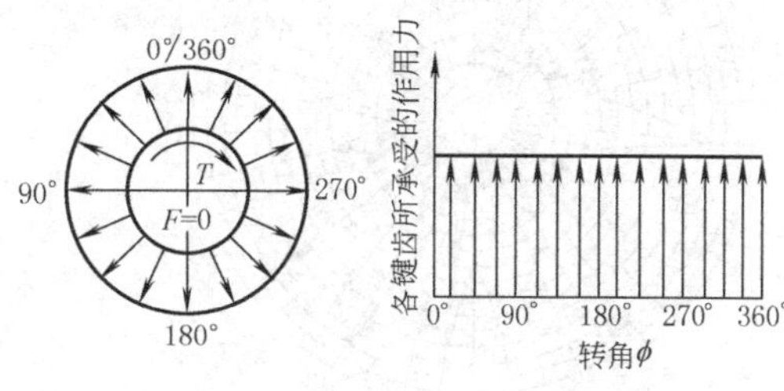

图 6-3-4　只传递转矩 T 而无压轴力 F 时的载荷分配

③ 受纯压轴力载荷。对无误差的花键连接，在只承受压轴力 F、不受转矩 T 时，内花键与外花键的两轴线不同轴，出现一个相对位移量 e_0（图 6-3-5）。这个相对位移量 e_0 是由花键副的部分侧隙消失和部分键齿弹性变形造成的。键齿的弹性变形主要与它们的受力大小和位置、侧隙（间隙或过盈）、弹性模量、花键齿数等因素有关。

当花键副回转时，各键齿两侧面所受载荷的大小按图 6-3-6 周期性变化。此时，花键副容易磨损。

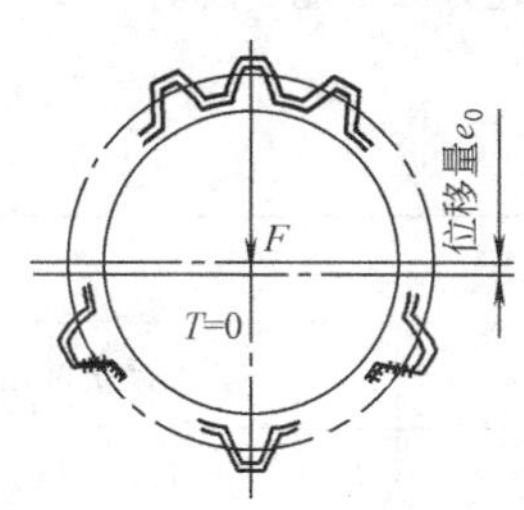

图 6-3-5　只承受压轴力 F 而无转矩 T 时内、外渐开线花键的相对位置

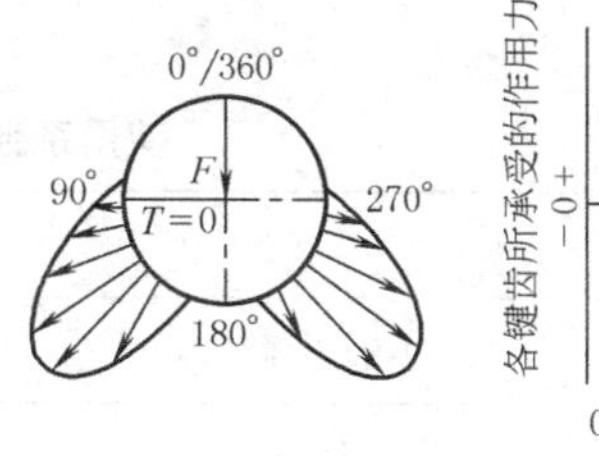

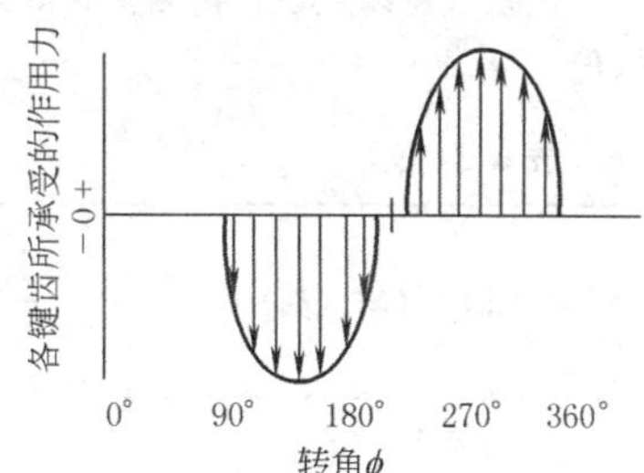

图 6-3-6　只承受压轴力 F 而无转矩 T 时的载荷分配

④ 受转矩和压轴力两种载荷。对无误差的花键连接，在其承受转矩 T 和压轴力 F 两种载荷时，内花键与外花键的相对位置和各键齿所受载荷的大小和方向，决定于所受转矩 T 和压轴力 F 的大小及两者的比例。

当花键副所受的载荷主要是转矩 T，压轴力 F 是次要的或很小时，该花键副回转后，各键齿的位置近似如图 6-3-3 所示，各键齿两侧面的受力状态发生周期性变化，如图 6-3-7 所示。

当花键副所受的载荷主要是压轴力 F，转矩 T 是次要的或很小时，该花键副回转后，各键齿的位置近似如图 6-3-5所示，各键齿两侧面的受力状态发生周期性变化，如图 6-3-8 所示。在这种情况下，花键副也容易磨损。

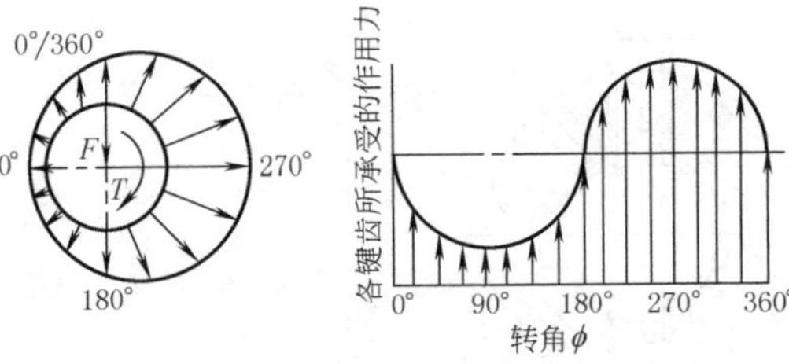

图 6-3-7　同时承受转矩 T 和压轴力 F 而转矩 T 占优势时的载荷分配

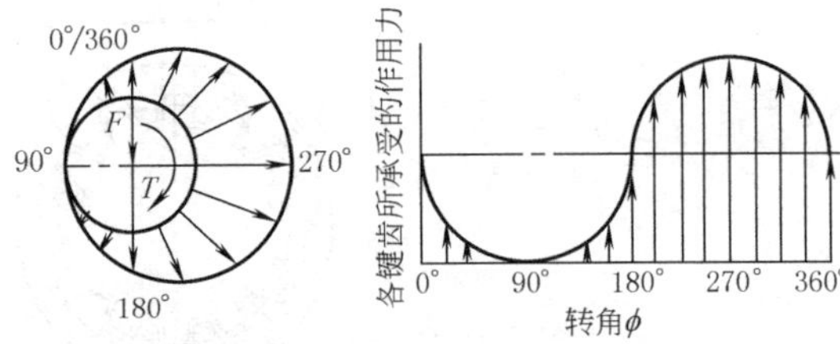

图 6-3-8　同时承受压轴力 F 和转矩 T 而压轴力 F 占优势时的载荷分配

对有误差的花键连接，在转矩 T 和压轴力 F 同时作用下，其载荷分配如图 6-3-9 所示，偏心状态如图 6-3-10 所示。

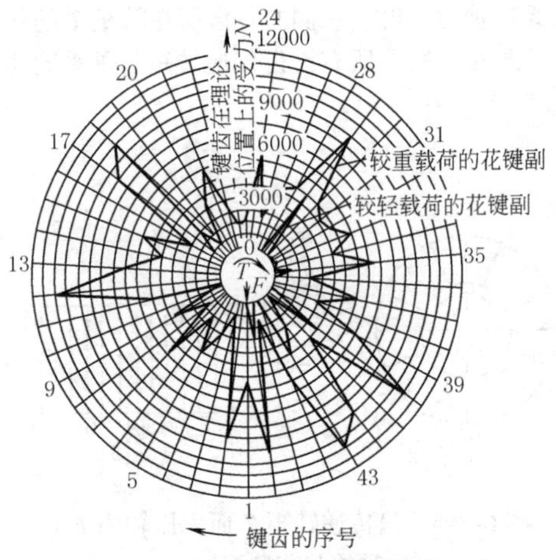

图 6-3-9　同时承受转矩 T 和压轴力 F 作用下齿数为 46 的渐开线花键副的载荷分配

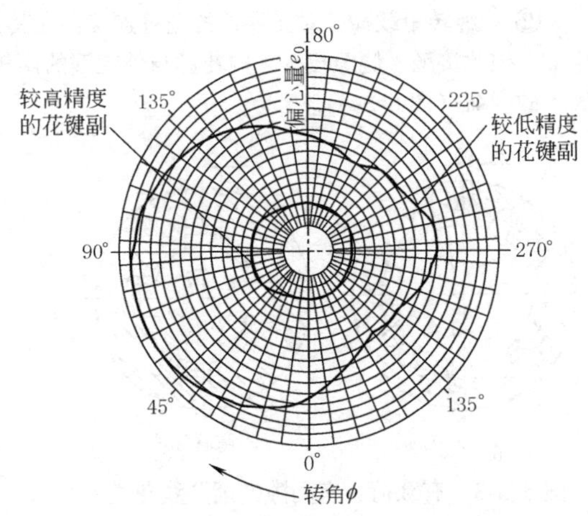

图 6-3-10　间隙配合、齿数为 46 的渐开线花键副在压轴力 F 和转矩 T 作用下的偏心状态

（3）花键承载能力计算中的系数

① 使用系数 K_1。其主要是考虑由于传动系统外部因素引起的动力过载影响的系数。这种过载影响取决于原动机（输入端）和工作机（输出端）的特性、质量比、花键副的配合性质与精度，以及运行状态等因素。

该系数可以通过精密测量获得，也可经过对全系统分析后确定。在上述方法不能实现时，可参考表 6-3-35 取值。

表 6-3-35　　使用系数 K_1

原动机(输入端)	工作机(输出端)		
	均匀、平稳	中等冲击	严重冲击
均匀、平稳	1.00	1.25	1.75 或更大
轻微冲击	1.25	1.50	2.00 或更大
中等冲击	1.50	1.75	2.25 或更大

注：1. 均匀、平稳的原动机：电动机、蒸汽机、燃气轮机等。

2. 轻微冲击的原动机：多缸内燃机等。

3. 中等冲击的原动机：单缸内燃机等。

4. 均匀、平稳的工作机：电动机、带式输送机、通风机、透平压缩机、均匀密度材料搅拌机等。

5. 中等冲击的工作机：机床主传动、非均匀密度材料搅拌机、多缸柱塞泵、航空或舰船螺旋桨等。

6. 严重冲击的工作机：冲床、剪床、轧机、钻机等。

② 齿侧间隙系数 K_2。当花键副承受压轴力 F、不受转矩 T 作用时，渐开线花键或矩形花键的各键齿上所受的载荷大小，除取决于键齿弹性变形大小外，还取决于花键副的侧隙大小。在压轴力 F 的作用下，随着侧隙的变化（一半圆周间隙增大，另一半圆周间隙减小），其各键齿的受力状态将失去均匀性。因花键侧隙发生变化，内、外花键的两轴线将出现一个相对位移量 e_0（图 6-3-5 和图 6-3-10）。其位移量 e_0 的大小与花键的作用侧隙（间隙）大小和制造精度高低等因素有关。产生位移后，使载荷分布在较少的键齿上（渐开线花键失去了自动定心的作用），因而影响花键的承载能力。这一影响用齿侧间隙系数 K_2 予以考虑。通常 $K_2=1.1\sim3.0$。

当压轴力较小、花键副精度较高时，可取 $K_2=1.1\sim1.5$；当压轴力较大、花键副精度较低时，可取 $K_2=2.0\sim3.0$；当压轴力为零、只承受转矩时，$K_2=1.0$。

③ 分配系数 K_3。花键副的内花键和外花键的两轴线在同轴状态下，由于其齿距累积误差（分度误差）的影响，使花键副的理论侧隙（单齿侧隙）不同，使各键齿所受载荷也不同。

这种影响用分配系数 K_3 予以考虑。对于磨合前的花键副，当精度较高时（按符合 GB/T 1144 标准规定的精密级的矩形花键或精度等级按 GB/T 3478.1 标准为 5 级或高于 5 级时），$K_3=1.1\sim1.2$；当精度较低时（按 GB/T 1144 标准为一般用的矩形花键或精度等级按 GB/T 3478.1 标准低于 5 级时），$K_3=1.3\sim1.6$。对于磨合后的花键副，各键齿均参与工作，且受载荷基本相同时，取 $K_3=1.0$。

④ 轴向偏载系数 K_4。由于花键副在制造时产生的齿向误差和安装后的同轴度误差，以及受载后的扭转变形，使各键齿沿轴向所受载荷不均匀。用轴向偏载系数 K_4 予以考虑。其值可从表 6-3-36 中选取。

对磨合后的花键副，各键齿沿轴向载荷分布基本相同时，可取 $K_4=1.0$。

当花键精度较高和分度圆直径 D 或平均圆直径 d_m 较小时，表 6-3-36 中的轴向偏载系数 K_4 取较小值，反之取较大值。

表 6-3-36　　轴向偏载系数 K_4

系列或模数 /mm	平均圆直径 d_m /mm	l/d_m		
		≤1.0	>1.0~1.5	>1.5~2.0
轻系列或 m≤2	≤30	1.1~1.3	1.2~1.6	1.3~1.7
	>30~50	1.2~1.5	1.4~2.0	1.5~2.3
	>50~80	1.3~1.7	1.6~2.4	1.7~2.9
	>80~120	1.4~1.9	1.8~2.8	1.9~3.5
	>120	1.5~2.1	2.0~3.2	2.1~4.1
中系列或 2<m≤5	≤30	1.2~1.6	1.3~2.1	1.4~2.4
	>30~50	1.3~1.8	1.5~2.5	1.6~3.0
	>50~80	1.4~2.0	1.7~2.9	1.8~3.6
	>80~120	1.5~2.2	1.9~3.3	2.0~4.2
	>120	1.6~2.4	2.1~3.6	2.2~4.8
5<m≤10	≤30	1.3~2.0	1.4~2.8	1.5~3.4
	>30~50	1.4~2.2	1.6~3.2	1.7~4.0
	>50~80	1.5~2.4	1.8~3.6	1.9~4.6
	>80~120	1.6~2.6	2.0~3.9	2.1~5.2
	>120	1.7~2.8	2.2~4.2	2.3~5.6

（4）花键承载能力计算公式

表 6-3-37　　花键承载能力计算公式

计算内容	计 算 公 式	
	矩 形 花 键	渐 开 线 花 键
载荷计算	输入转矩　$T=9549P/n$ 名义切向力　$F_t=2000T/d_m$ 单位载荷　$W=F_t/(zl)$	输入转矩　$T=9549P/n$ 名义切向力　$F_t=2000T/D$ 单位载荷　$W=F_t/(zl\cos\alpha_D)$

续表

计算内容	计算公式 矩形花键	 渐开线花键
齿面接触强度计算	齿面压应力　$\sigma_H=W/h_w$ 其中　$h_w=h_{min}$ 强度条件　$\sigma_H\leqslant\sigma_{Hp}$ 齿面许用压应力　$\sigma_{Hp}=\sigma_{0.2}/(S_HK_1K_2K_3K_4)$	
齿根弯曲强度计算	齿根弯曲应力　$\sigma_F=6hW/S_{Fn}^2$ S_{Fn}取键最小齿厚或齿根过渡曲线上的最小齿厚(两者的小值) 强度条件　$\sigma_F\leqslant\sigma_{Fp}$ 齿根许用弯曲应力　$\sigma_{Fp}=\sigma_b/(S_FK_1K_2K_3K_4)$	齿根弯曲应力　$\sigma_F=6hW\cos\alpha_D/S_{Fn}^2$ S_{Fn}取渐开线起始圆上的弦齿厚,并按下式计算: $S_{Fn}=D_{Fe}\sin\left\{\frac{360°\times\left[\frac{S}{D}+\mathrm{inv}\alpha_D-\mathrm{inv}\left(\arccos\frac{D\cos\alpha_D}{D_{Fe}}\right)\right]}{2\pi}\right\}$ 式中　S——分度圆弧齿厚,mm; D_{Fe}——渐开线起始圆直径,mm 强度条件　$\sigma_F\leqslant\sigma_{Fp}$ 齿根许用弯曲应力　$\sigma_{Fp}=\sigma_b/(S_FK_1K_2K_3K_4)$
齿根剪切强度计算	齿根最大扭转剪切应力　$\tau_{Fmax}=\tau_{tn}\alpha_{tn}$ 其中　$\tau_{tn}=\frac{16000T}{\pi d_h^3}$ $\alpha_{tn}=\frac{D_{ie}}{d_h}\left\{1+0.17\frac{h}{\rho}\left(1+\frac{3.94}{0.1+\frac{h}{\rho}}\right)+\frac{6.38\left(1+0.1\frac{h}{\rho}\right)}{\left[2.38+\frac{D_{ie}}{2h}\left(\frac{h}{\rho}+0.04\right)^{1/3}\right]^2}\right\}$ 强度条件　$\tau_{Fmax}\leqslant\tau_{Fp}$ 许用应力　$\tau_{Fp}=\sigma_{Fp}/2$	
	$d_h=d+\frac{Kd(D-d)}{D}$ 式中 K 值见表 6-3-39	$d_h=D_{ie}+\frac{KD_{ie}(D_{ee}-D_{ie})}{D_{ee}}$ 式中 K 值见表 6-3-39
10^8 循环数下工作时耐磨损计算	齿面压应力　$\sigma_H=W/h_w$ 其中　$h_w=h_{min}$ 强度条件　$\sigma_H\leqslant\sigma_{Hp1}$ 齿面许用压应力 σ_{Hp1} 见表 6-3-38	
长期工作无磨损时耐磨损计算	齿面压应力　$\sigma_H=W/h_w$ 其中　$h_w=h_{min}$ 强度条件　$\sigma_H\leqslant\sigma_{Hp2}$ 齿面许用压应力 σ_{Hp2} 见表 6-3-38	
外花键扭转与抗弯曲强度计算	外花键在扭转和弯曲及压轴力的作用下,将产生弯曲应力 σ_{Fn} 和剪切应力 τ_{tn}(通常靠近花键收尾处最大),这两种应力合成为当量应力 当量应力　$\sigma_v=\sqrt{\sigma_{Fn}^2+3\tau_{tn}^2}$ 其中　$\sigma_{Fn}=\frac{32000M_b}{\pi d_h^3}$, $\tau_{tn}=\frac{16000T}{\pi d_h^3}$ 强度条件　$\sigma_v\leqslant\sigma_{vp}$ 许用应力　$\sigma_{vp}=\sigma_{0.2}/(S_FK_1K_2K_3K_4)$	
	$d_h=d+\frac{Kd(D-d)}{D}$ 式中 K 值见表 6-3-39	$d_h=D_{ie}+\frac{KD_{ie}(D_{ee}-D_{ie})}{D_{ee}}$ 式中 K 值见表 6-3-39

表 6-3-38 σ_{Hp1}值、σ_{Hp2}值

σ_{Hp1}值						σ_{Hp2}值	
未经热处理 20HRC	调质处理 28HRC	淬火			渗碳、渗氮淬火 60HRC	未经热处理	0.028×布氏硬度值
		40HRC	45HRC	50HRC		调质处理	0.032×布氏硬度值
						淬火	0.3×洛氏硬度值
95	110	135	170	185	205	渗碳、渗氮淬火	0.4×洛氏硬度值

表 6-3-39 K值

轻系列矩形花键	0.5	较少齿渐开线花键	0.3
中系列矩形花键	0.45	较多齿渐开线花键	0.15

(5) 示例（矩形花键副省略）

渐开线花键副：INT/EXT 44z×2m×30R×5H/5h GB/T 3478.1—1995。

输入功率 P=1500kW，转速 n=1250r/min，输入端为燃气轮机（平稳），输出端为螺旋桨（中等冲击），花键结合长度 l=32mm，工作齿高 h_w=2mm，全齿高 h=2.8mm，齿根圆角半径 ρ=0.8mm，大径 D_{ee}=90mm，小径 D_{ie}=84.4mm，渐开线起始圆直径 D_{Fe}=85.7mm，材料为优质合金钢，硬度为 293～341HB，$\sigma_{0.2}\geqslant$ 835MPa，$\sigma_b\geqslant$980MPa。

① 载荷计算

输入转矩

$$T=9549P/n=9549\times1500/1250=11458.8\text{N}\cdot\text{m}$$

名义切向力

$$F_t=2000T/D=2000\times11458.8/(2\times44)=260427\text{N}$$

单位载荷

$$W=F_t/(zl\cos\alpha_D)=260427/(44\times32\times\cos30°)=213.6\text{N/mm}$$

② 齿面接触强度计算

齿面压应力

$$\sigma_H=W/h_w=213.6/2=106.8\text{MPa}$$

取 $S_H=1.25$，$K_1=1.25$，$K_2=1.1$，$K_3=1.1$，$K_4=1.5$。

齿面许用压应力

$$\sigma_{Hp}=\sigma_{0.2}/(S_HK_1K_2K_3K_4)=835/(1.25\times1.25\times1.1\times1.1\times1.5)=294.4\text{MPa}$$

计算结果：满足 $\sigma_H\leqslant\sigma_{Hp}$的强度条件，安全。

③ 齿根弯曲强度计算

$$S_{Fn}=D_{Fe}\sin\left\{\frac{360°\times\left[\dfrac{S}{D}+\text{inv}\alpha_D-\text{inv}\left(\arccos\dfrac{D\cos\alpha_D}{D_{Fe}}\right)\right]}{2\pi}\right\}$$

$$=85.7\times\sin\left\{\frac{360°\times\left[\dfrac{3.142}{2\times44}+\text{inv}30°-\text{inv}\left(\arccos\dfrac{2\times44\times\cos30°}{85.7}\right)\right]}{2\pi}\right\}$$

$$=4.2977\text{mm}$$

齿根弯曲应力

$$\sigma_F = 6hW\cos\alpha_D / S_{Fn}^2 = 6\times2.8\times213.6\times\cos30°/4.2977^2 = 168.3\text{MPa}$$

取 $S_F = 1.0$。

齿根许用弯曲应力

$$\sigma_{Fp} = \sigma_b/(S_F K_1 K_2 K_3 K_4) = 980/(1.0\times1.25\times1.1\times1.1\times1.5) = 432\text{MPa}$$

计算结果：满足 $\sigma_F \leqslant \sigma_{Fp}$ 的强度条件，安全。

④ 齿根剪切强度计算

$$\alpha_{tn} = \frac{D_{ie}}{d_h}\left\{1+0.17\frac{h}{\rho}\left(1+\frac{3.94}{0.1+\dfrac{h}{\rho}}\right)+\frac{6.38\left(1+0.1\dfrac{h}{\rho}\right)}{\left[2.38+\dfrac{D_{ie}}{2h}\left(\dfrac{h}{\rho}+0.04\right)^{1/3}\right]^2}\right\}$$

$$=\frac{84.4}{85.2}\left\{1+0.17\times\frac{2.8}{0.8}\times\left(1+\frac{3.94}{0.1+\dfrac{2.8}{0.8}}\right)+\frac{6.38\times\left(1+0.1\times\dfrac{2.8}{0.8}\right)}{\left[2.38+\dfrac{84.4}{2\times2.8}\times\left(\dfrac{2.8}{0.8}+0.04\right)^{1/3}\right]^2}\right\}$$

$$=2.238$$

$$d_h = D_{ie}+\frac{KD_{ie}(D_{ee}-D_{ie})}{D_{ee}} = 84.4+\frac{0.15\times84.4\times(90-84.4)}{90} = 85.2\text{mm}$$

$$\tau_{tn} = \frac{16000T}{\pi d_h^3} = \frac{16000\times11458.8}{\pi\times85.2^3} = 94.4\text{MPa}$$

齿根最大剪切应力

$$\tau_{F\max} = \tau_{tn}\alpha_{tn} = 94.4\times2.238 = 211.3\text{MPa}$$

许用剪切应力

$$\tau_{Fp} = \sigma_{Fp}/2 = 432/2 = 216\text{MPa}$$

计算结果：满足 $\tau_{F\max} \leqslant \tau_{Fp}$ 的强度条件，安全。

⑤ 齿面耐磨损能力计算

a. 花键副在 10^8 循环数以下工作时耐磨损能力计算

齿面压应力 $\sigma_H = 106.8\text{MPa}$，齿面磨损许用压应力 $\sigma_{Hp1} = 110\text{MPa}$（查表 6-3-38 得）。

计算结果：满足 $\sigma_H \leqslant \sigma_{Hp1}$ 的强度条件，安全。

b. 花键副长期工作无磨损时耐磨损能力计算

齿面压应力 $\sigma_H = 106.8\text{MPa}$，齿面磨损许用压应力 $\sigma_{Hp2} = 0.032\times293 = 9.4\text{MPa}$（查表 6-3-38 得）。

计算结果：未满足 $\sigma_H \leqslant \sigma_{Hp2}$ 的强度条件，不能长期无磨损（或很少磨损）工作。

⑥ 外花键的扭转与弯曲强度计算

当量应力

$$\sigma_v = \sqrt{\sigma_{Fn}^2+3\tau_{tn}^2} = \sqrt{3\times94.4^2} = 163.5\text{MPa}\ （因\ M_b=0，故\ \sigma_{Fn}=0）$$

许用压应力

$$\sigma_{vp} = \sigma_{0.2}/(S_F K_1 K_2 K_3 K_4) = 835/(1.0\times1.25\times1.1\times1.1\times1.5) = 368\text{MPa}$$

计算结果：满足 $\sigma_v \leqslant \sigma_{vp}$ 的强度条件，安全。

3.3 矩形花键（摘自 GB/T 1144—2001）

矩形花键的优点是定心精度高，定心的稳定性好，能用磨削的方法消除热处理变形，定心直径尺寸公差和位置公差都能获得较高的精度。按 GB/T 1144—2001 规定，矩形花键的定心方式为小径定心。

矩形花键基本尺寸系列

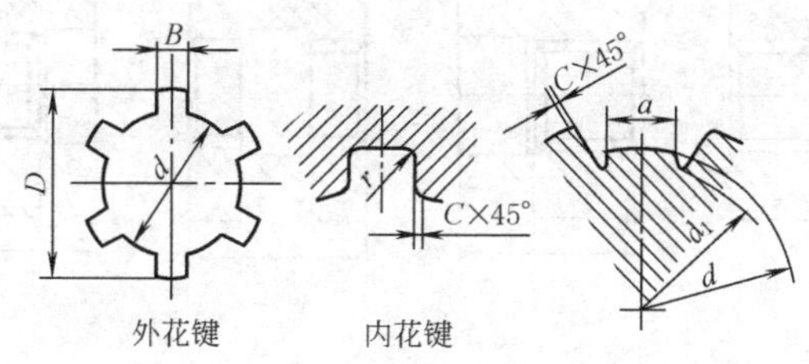

表 6-3-40

mm

小径 d	轻系列 规格 $N×d×D×B$	轻系列 C	轻系列 r	轻系列 参考 d_1（最小）	轻系列 参考 a（最小）	中系列 规格 $N×d×D×B$	中系列 C	中系列 r	中系列 参考 d_1（最小）	中系列 参考 a（最小）
11						6×11×14×3	0.2	0.1		
13						6×13×16×3.5				
16						6×16×20×4			14.4	1.0
18						6×18×22×5	0.3	0.2	16.6	1.0
21						6×21×25×5			19.5	2.0
23	6×23×26×6	0.2	0.1	22.0	3.5	6×23×28×6			21.2	1.2
26	6×26×30×6			24.5	3.8	6×26×32×6			23.6	1.2
28	6×28×32×7			26.6	4.0	6×28×34×7			25.8	1.4
32	8×32×36×6	0.3	0.2	30.3	2.7	8×32×38×6	0.4	0.3	29.4	1.0
36	8×36×40×7			34.4	3.5	8×36×42×7			33.4	1.0
42	8×42×46×8			40.5	5.0	8×42×48×8			39.4	2.5
46	8×46×50×9			44.6	5.7	8×46×54×9			42.6	1.4
52	8×52×58×10			49.6	4.8	8×52×60×10	0.5	0.4	48.6	2.5
56	8×56×62×10			53.5	6.5	8×56×65×10			52.0	2.5
62	8×62×68×12			59.7	7.3	8×62×72×12			57.7	2.4
72	10×72×78×12	0.4	0.3	69.6	5.4	10×72×82×12			67.4	1.0
82	10×82×88×12			79.3	8.5	10×82×92×12	0.6	0.5	77.0	2.9
92	10×92×98×14			89.6	9.9	10×92×102×14			87.3	4.5
102	10×102×108×16			99.6	11.3	10×102×112×16			97.7	6.2
112	10×112×120×18	0.5	0.4	108.8	10.5	10×112×125×18			106.2	4.1

矩形内花键　长度系列（摘自 GB/T 10081—2005）

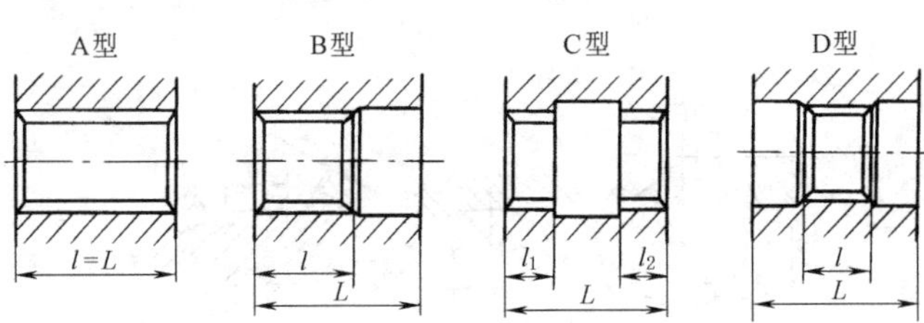

表 6-3-41　　mm

花键小径 d	11	13	16	18	21	23	26	28	32	36	42	46	52	56	62	72	82	92	102	112
花键长度 l 或 l_1+l_2	10~50		10~80							22~120						32~120	32~200			
孔的最大长度 L	50	80				120				200				250					300	
l 或 l_1+l_2 系列	10,12,15,18,22,25,28,30,32,36,38,42,45,48,50,56,60,63,71,75,80,85,90,95,100,110,120,130,140,160,180,200																			

矩形花键键槽截面尺寸

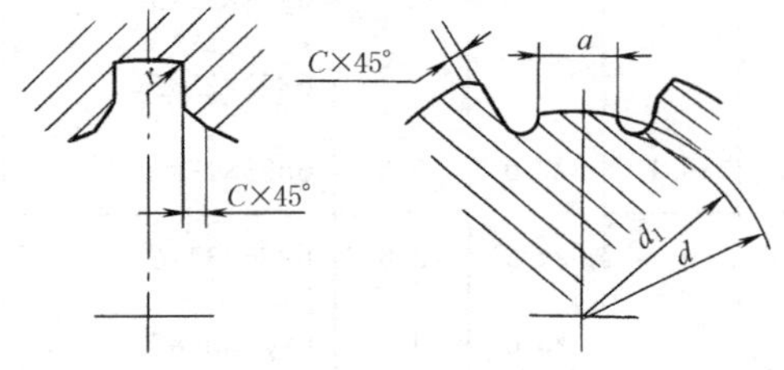

表 6-3-42　　mm

轻系列					中系列				
规格 $N \times d \times D \times B$	C	r	参考 d_1(最小)	参考 a(最小)	规格 $N \times d \times D \times B$	C	r	参考 d_1(最小)	参考 a(最小)
					6×11×14×3	0.2	0.1		
					6×13×16×3.5				
					6×16×20×4	0.3	0.2	14.4	1.0
					6×18×22×5			16.6	1.0
					6×21×25×5			19.5	2.0
6×23×26×6	0.2	0.1	22.0	3.5	6×23×28×6			21.2	1.2
6×26×30×6	0.3	0.2	24.5	3.8	6×26×32×6	0.4	0.3	23.6	1.2
6×28×32×7			26.6	4.0	6×28×34×7			25.8	1.4
8×32×36×6			30.3	2.7	8×32×38×6			29.4	1.0
8×36×40×7			34.4	3.5	8×36×42×7			33.4	1.0
8×42×46×8			40.5	5.0	8×42×48×8			39.4	2.5
8×46×50×9			44.6	5.7	8×46×54×9	0.5	0.4	42.6	1.4
8×52×58×10	0.4	0.3	49.6	4.8	8×52×60×10			48.6	2.5
8×56×62×10			53.5	6.5	8×56×65×10	0.6	0.5	52.0	2.5
8×62×68×12			59.7	7.3	8×62×72×12			57.7	2.4
10×72×78×12			69.6	5.4	10×72×82×12			67.4	1.0
10×82×88×12			79.3	8.5	10×82×92×12			77.0	2.9
10×92×98×14			89.6	9.9	10×92×102×14			87.3	4.5
10×102×108×16			99.6	11.3	10×102×112×16			97.7	6.2
10×112×120×18	0.5	0.4	108.8	10.5	10×112×125×18			106.2	4.1

注：d_1 和 a 值仅适用于展成法加工。

表 6-3-43　　矩形花键的尺寸公差带和表面粗糙度 *Ra*

内花键							外花键						装配型式
d		D		B			d		D		B		
公差带	Ra /μm	公差带	Ra /μm	公差带 拉削后不热处理	公差带 拉削后热处理	Ra /μm	公差带	Ra /μm	公差带	Ra /μm	公差带	Ra /μm	
一般用													
H7	0.8~1.6	H10	3.2	H9	H11	3.2	f7	0.8~1.6	a11	3.2	d10	1.6	滑动
							g7				f9		紧滑动
							h7				h10		固定
精密传动用													
H5	0.4	H10	3.2	H7,H9		3.2	f5	0.4	a11	3.2	d8	0.8	滑动
							g5				f7		紧滑动
							h5				h8		固定
H6	0.8						f6	0.8			d8		滑动
							g6				f7		紧滑动
							h6				h8		固定

注：1. 精密传动用的内花键，当需要控制键侧配合间隙时，槽宽可选 H7，一般情况下可选 H9。

2. d 为 H6 和 H7 的内花键，允许与提高一级的外花键配合。

矩形花键的位置度公差（摘自 GB/T 1144—2001）

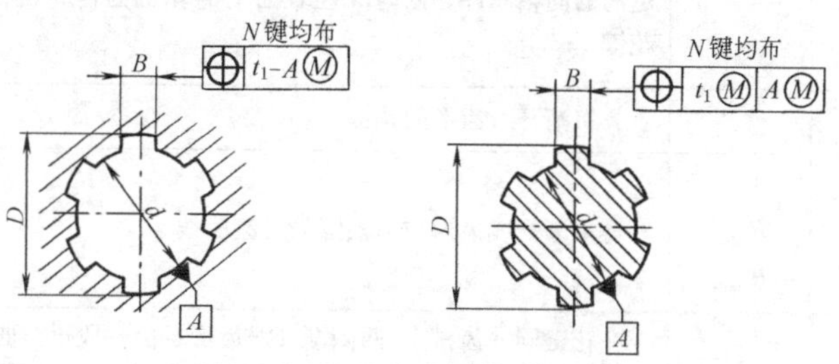

表 6-3-44

mm

键槽宽和键宽 B			3	3.5~6	7~10	12~18
t_1	键槽宽		0.010	0.015	0.020	0.025
	键宽	滑动、固定	0.010	0.015	0.020	0.025
		紧滑动	0.006	0.010	0.013	0.016

矩形花键的对称度公差（摘自 GB/T 1144—2001）

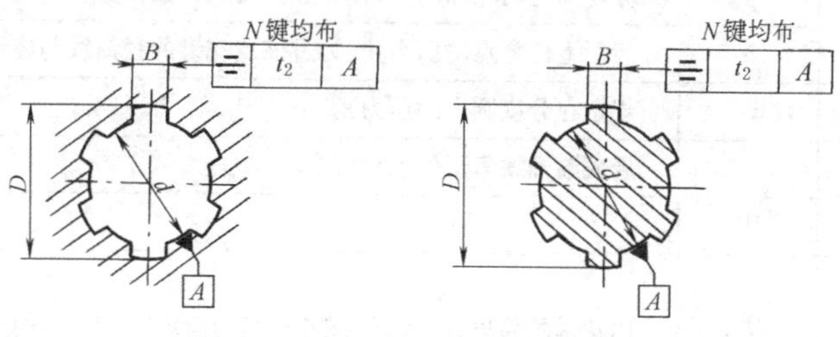

表 6-3-45

mm

键槽宽和键宽 B		3	3.5~6	7~10	12~18
t_2	一般用	0.010	0.012	0.015	0.018
	精密传动用	0.006	0.008	0.009	0.011

表 6-3-46　　矩形花键的标记（摘自 GB/T 1144—2001）

矩形花键的标记代号应按顺序包括下列内容：键数 N，小径 d，大径 D，键宽 B，基本尺寸及配合公差带代号和标准号

花键 $N=6$；$d=23\frac{H7}{f7}$；$D=26\frac{H10}{a11}$；$B=6\frac{H11}{d10}$的标记如下：

花键规格	$N\times d\times D\times B$　　6×23×26×6
花键副	$6\times23\frac{H7}{f7}\times26\frac{H10}{a11}\times6\frac{H11}{d10}$　GB/T 1144—2001
内花键	6×23H7×26H10×6H11　GB/T 1144—2001
外花键	6×23f7×26a11×6d10　GB/T 1144—2001

3.4 圆柱直齿渐开线花键

本标准规定了圆柱直齿渐开线花键的模数系列、基本齿廓、公差和齿侧配合类别等内容。本标准用于压力角为30°和37.5°（模数为0.5~10mm）以及45°（模数为0.25~2.5mm）齿侧配合的圆柱直齿渐开线花键。

3.4.1 术语、代号及定义（摘自 GB/T 3478.1—2008）

本标准采用的术语、代号及定义见表6-3-47和图6-3-11（30°压力角平齿根，以下简称30°平齿根；30°压力角圆齿根，以下简称30°圆齿根；37.5°压力角圆齿根，以下简称37.5°圆齿根；45°压力角圆齿根，以下简称45°圆齿根）。

表6-3-47 术语、代号及定义

序号	术　语	代号	定　　义
1	花键连接		两零件上借助内、外圆柱表面上等距分布且齿数相同的键齿相互连接、传递转矩或运动的同轴偶件。在内圆柱表面上的花键为内花键,在外圆柱表面上的花键为外花键
2	渐开线花键		具有渐开线齿形的花键
3	齿根圆弧最小曲率半径 内花键 外花键	 R_{imin} R_{emin}	连接渐开线齿形与齿根圆的过渡曲线
4	平齿根花键		在花键同一齿槽上,两侧渐开线齿形各由一段过渡曲线与齿根圆相连接的花键
5	圆齿根花键		在花键同一齿槽上,两侧渐开线齿形各由一段过渡曲线与齿根圆相连接的花键
6	模数	m	
7	齿数	z	
8	分度圆		计算花键尺寸用的基准圆,在此圆上的压力角为标准值
9	分度圆直径	D	
10	齿距	p	分度圆上两相邻同侧齿形之间的弧长,其值为圆周率 π 乘以模数 m
11	压力角	α	齿形上任意点的压力角,为过该点花键的径向线与齿形在该点的切线所夹锐角
12	标准压力角	α_D	规定在分度圆上的压力角
13	基圆		展成渐开线齿形的假想圆
14	基圆直径	D_b	
15	大径 内花键 外花键	 D_{ei} D_{ee}	内花键的齿根圆(大圆)或外花键的齿顶圆(大圆)的直径
16	小径 内花键 外花键	 D_{ii} D_{ie}	内花键的齿顶圆(小圆)或外花键的齿根圆(小圆)的直径
17	渐开线终止圆		渐开线花键内花键齿形终止点的圆,此圆与小圆共同形成渐开线齿形的控制界限
18	渐开线终止圆直径	D_{Fi}	
19	渐开线起始圆		渐开线花键外花键齿形起始点的圆,此圆与大圆共同形成渐开线齿形的控制界限
20	渐开线起始圆直径	D_{Fe}	
21	基本齿槽宽	E	内花键分度圆上弧齿槽宽,其值为齿距之半

续表

序号	术 语	代号	定 义
22	实际齿槽宽 最大值 最小值	E_{max} E_{min}	在内花键分度圆上实际测得的单个齿槽的弧齿槽宽
23	作用齿槽宽 最大值 最小值	E_V E_{Vmax} E_{Vmin}	等于一与之在全齿长上配合(无间隙且无过盈)的理想全齿外花键分度圆上的弧齿厚
24	基本齿厚	S	外花键分度圆上弧齿厚,其值为齿距之半
25	实际齿厚 最大值 最小值	S_{max} S_{min}	在外花键分度圆上实际测得的单个花键齿的弧齿厚
26	作用齿厚 最大值 最小值	S_V S_{Vmax} S_{Vmin}	等于一与之在全齿长上配合(无间隙且无过盈)的理想全齿内花键分度圆上的弧齿槽宽
27	作用侧隙 (全齿侧隙)	C_V	内花键作用齿槽宽减去与之相配合的外花键作用齿厚。正值为间隙,负值为过盈
28	理论侧隙 (单齿侧隙)	C	内花键实际齿槽宽减去与之相配合的外花键实际齿厚
29	齿形裕度	C_F	在花键连接中,渐开线齿形超过结合部分的径向距离
30	总公差	$T+\lambda$	加工公差与综合公差之和
31	加工公差	T	实际齿槽宽或实际齿厚的允许变动量
32	综合公差	λ	花键齿(或齿槽)的形状和位置误差的允许范围
33	齿距累积公差	F_p	在分度圆上任意两个同侧齿面间的实际弧长与理论弧长之差的最大绝对值的允许范围
34	齿形公差	f_f	在齿形工作部分(包括齿形裕度部分、不包括齿顶倒棱)包容实际齿形的两条理论齿形之间的法向距离的允许范围
35	齿向公差	F_β	在花键长度范围内,包容实际齿线的两条理论齿线之间的分度圆弧长的允许范围,齿线是分度圆柱面与齿面的交线
36	棒间距	M_{Ri}	借助两量棒测量内花键实际齿槽宽时两量棒间的内侧距离,统称为 M 值
37	跨棒距	M_{Re}	借助两量棒测量外花键实际齿厚时两量棒间的外侧距离,统称为 M 值
38	公法线长度 公法线平均长度	 W	相隔 K 个齿的两外侧齿面各与两平行平面中的一个平面相切,此两平行平面之间的垂直距离(必须指明两平行平面所跨的齿数) 同一花键上实际测得的公法线长度的平均值
39	基本尺寸		设计给定的尺寸,该尺寸是规定公差的基础
40	辅助尺寸		仅在必要时供生产和控制用的尺寸

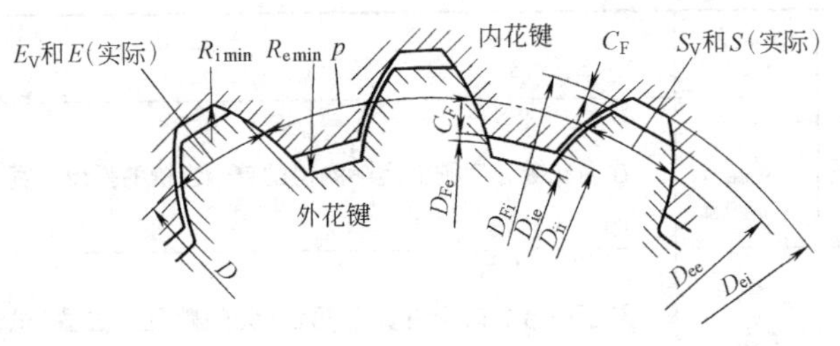

(a) 30°平齿根

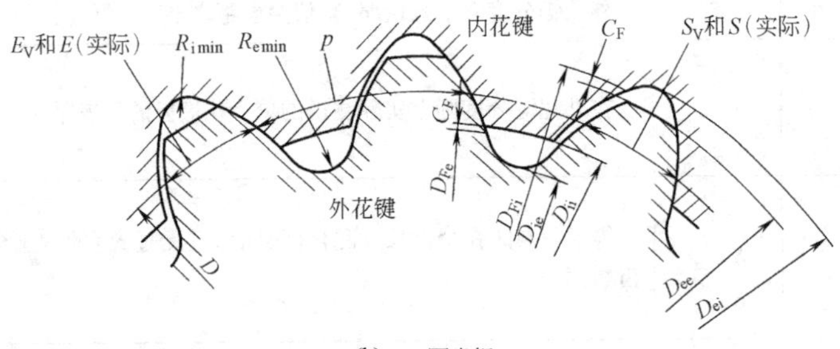

(b) 30°圆齿根

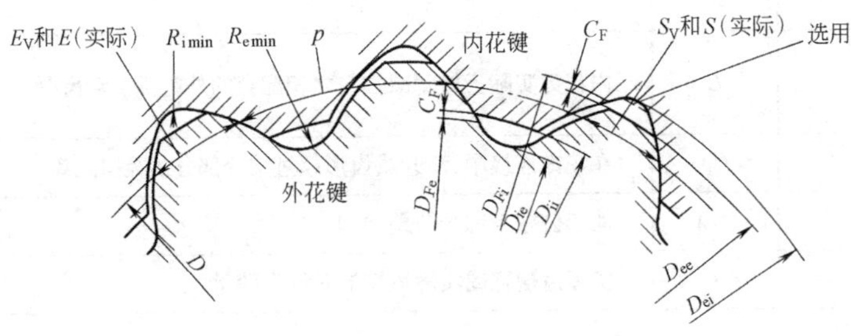

(c) 37.5°圆齿根

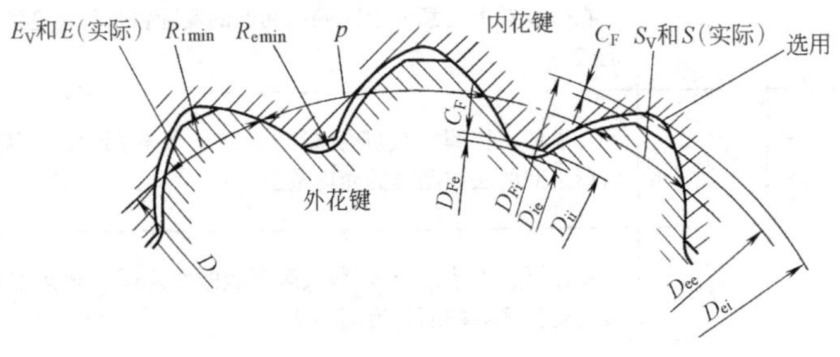

(d) 45°圆齿根

图 6-3-11　渐开线花键连接

3.4.2　基本参数（摘自 GB/T 3478.1—2008）

① 基本参数见表 6-3-48。

② 标准压力角 α_D 是基本齿廓的齿形角。压力角适用范围见表 6-3-49。

③ 模数 m 分为两个系列，共 15 种。优先采用第 1 系列。

花键的压力角大，则键齿强度大，在传递的圆周力相同时，大压力角花键的正压力也大，故摩擦力大。选择压力角时，主要应从构件的工作特点即有无滑动、浮动以及配合性质和工艺方法等方面考虑。

表 6-3-48 **基本参数** mm

齿	模数 m		齿距 p	基本齿槽宽 E 和基本齿厚 S	
				α_D	
	第 1 系列	第 2 系列		30°,37.5°	45°
	0.25	—	0.785	—	0.393
	0.5	—	1.571	0.785	0.785
	—	0.75	2.356	1.178	1.178
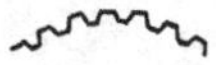	1	—	3.142	1.571	1.571
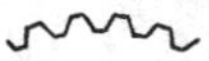	—	1.25	3.927	1.963	1.963
	1.5	—	4.712	2.356	2.356
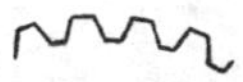	—	1.75	5.498	2.749	2.749
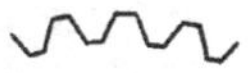	2	—	6.283	3.142	3.142
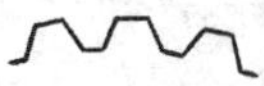	2.5	—	7.854	3.927	3.927
	3	—	9.425	4.712	—
	—	4	12.566	6.283	—
	5	—	15.708	7.854	—
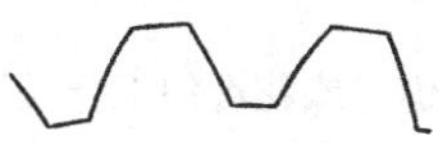	—	6	18.850	9.425	—
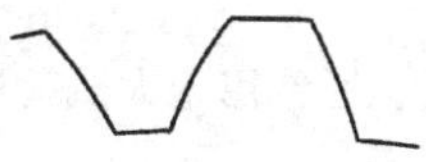	—	8	25.133	12.566	—
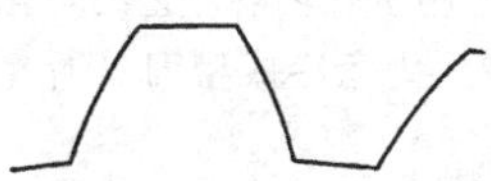	10	—	31.416	15.708	—

表 6-3-49　压力角适用范围

压力角	适用范围
30°	应用广泛,适用于传递运动、动力,常用于滑动、浮动和固定连接
37.5°	传递运动、动力,常用于滑动及过渡配合,适用于冷成型工艺
45°	适用于壁较厚足以防止破裂的零件,常用于过渡和较小间隙配合,适用于冷成型工艺

3.4.3　基本齿廓（摘自 GB/T 3478.1—2008）

① 本标准按三种压力角和两种齿根规定了四种基本齿廓，如图 6-3-12 所示。

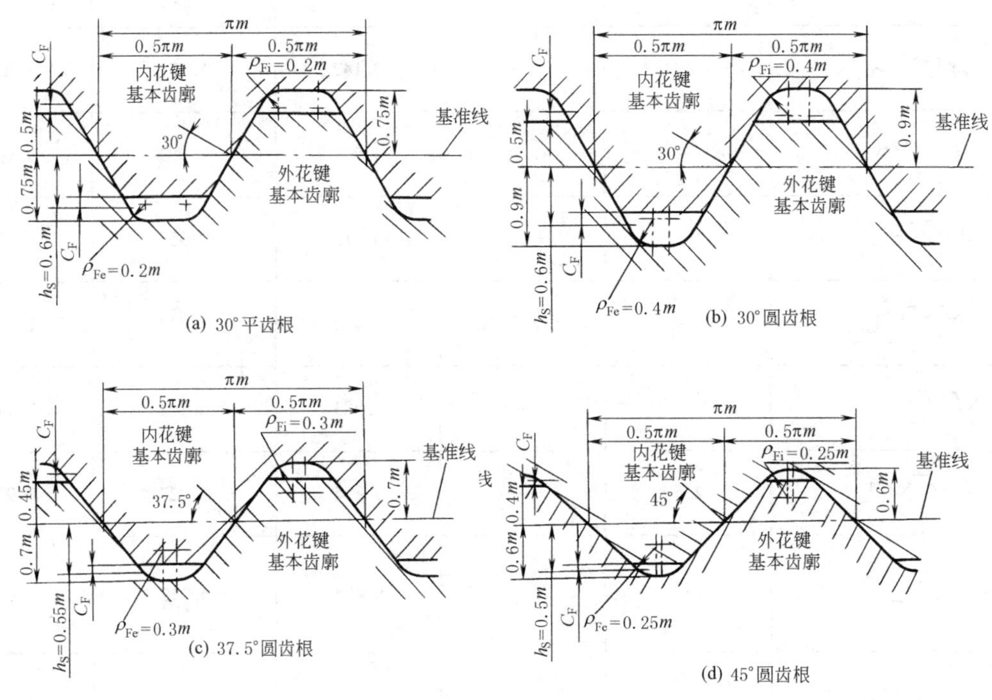

图 6-3-12　基本齿廓

② 渐开线花键的基本齿廓是指基本齿条的法向齿廓，基本齿条是指直径无穷大的无误差的理想花键。

③ 基本齿廓是决定渐开线花键尺寸的依据。

④ 基准线是贯穿基本齿廓的一条直线，以此线为基准，确定基本齿廓的尺寸。

⑤ 允许平齿根和圆齿根的基本齿廓在内、外花键上混合使用。

⑥ 基本齿廓的选择主要取决于花键的用途。

a. 30°平齿根　适用于零件的壁厚较薄，不能采用圆齿根的场合，或强度足够的花键，或花键的工作长度紧靠轴肩。从刀具制造看，加工平齿根花键的刀具由于切削深度较小，因而拉刀全长较短，较经济，易制造。这种齿形应用广泛。

b. 30°圆齿根　比平齿根花键弯曲强度大（齿根应力集中较小），承载能力较强，通常用于大载荷的传动轴上。

c. 37.5°圆齿根　花键的压力角和齿形参数恰好是30°和45°压力角花键的折中，常用于联轴器。它的外花键用冷成型工艺，特别是45°压力角的花键不能满足功能需要，以及轴材料硬度超过30°压力角冷成型刀具所允许的硬度极限时。

d. 45°圆齿根　齿矮、压力角大，故弯曲强度好，适用于壁较厚足以防止破裂的零件。适用于冷成型工艺。

3.4.4 尺寸系列

花键尺寸计算公式见表 6-3-50。

表 6-3-50　花键尺寸计算公式

项　目	代　号	公式或说明
分度圆直径	D	$D=mz$
基圆直径	D_b	$D_b=mz\cos\alpha_D$
齿距	p	$p=\pi m$
内花键大径基本尺寸①		
30°平齿根	D_{ei}	$D_{ei}=m(z+1.5)$
30°圆齿根	D_{ei}	$D_{ei}=m(z+1.8)$
37.5°圆齿根	D_{ei}	$D_{ei}=m(z+1.4)$
45°圆齿根	D_{ei}	$D_{ei}=m(z+1.2)$
内花键大径下偏差		0
内花键大径公差		从IT12、IT13或IT14中选取
内花键渐开线终止圆直径最小值		
30°平齿根和圆齿根	D_{Fimin}	$D_{Fimin}=m(z+1)+2C_F$
37.5°圆齿根	D_{Fimin}	$D_{Fimin}=m(z+0.9)+2C_F$
45°圆齿根	D_{Fimin}	$D_{Fimin}=m(z+0.8)+2C_F$
内花键小径基本尺寸	D_{ii}	$D_{ii}=D_{Femax}$②$+2C_F$
内花键小径极限偏差		见表 6-3-61
基本齿槽宽	E	$E=0.5\pi m$
作用齿槽宽	E_V	
作用齿槽宽最小值	E_{Vmin}	$E_{Vmin}=0.5\pi m$
实际齿槽宽最大值	E_{max}	$E_{max}=E_{Vmin}+(T+\lambda)$
实际齿槽宽最小值	E_{min}	$E_{min}=E_{Vmin}+\lambda$
作用齿槽宽最大值	E_{Vmax}	$E_{Vmax}=E_{max}-\lambda$
外花键作用齿厚上偏差	es_V	es_V 见表 6-3-62
外花键大径基本尺寸		
30°平齿根和圆齿根	D_{ee}	$D_{ee}=m(z+1)$
37.5°圆齿根	D_{ee}	$D_{ee}=m(z+0.9)$
45°圆齿根	D_{ee}	$D_{ee}=m(z+0.8)$
外花键大径上偏差		$es_V/\tan\alpha_D$
外花键大径公差		见表 6-3-61
外花键渐开线起始圆直径最大值③	D_{Femax}	$D_{Femax}=2\sqrt{(0.5D_b)^2+\left(0.5D\sin\alpha_D-\dfrac{h_S-0.5es_V/\tan\alpha_D}{\sin\alpha_D}\right)^2}$
外花键小径基本尺寸		
30°平齿根	D_{ie}	$D_{ie}=m(z-1.5)$
30°圆齿根	D_{ie}	$D_{ie}=m(z-1.8)$
37.5°圆齿根	D_{ie}	$D_{ie}=m(z-1.4)$
45°圆齿根	D_{ie}	$D_{ie}=m(z-1.2)$
外花键小径上偏差		$es_V/\tan\alpha_D$，见表 6-3-60
外花键小径公差		从IT12、IT13和IT14中选取
基本齿厚	S	$S=0.5\pi m$
作用齿厚最大值	S_{Vmax}	$S_{Vmax}=S+es_V$
实际齿厚最小值	S_{min}	$S_{min}=S_{Vmax}-(T+\lambda)$
实际齿厚最大值	S_{max}	$S_{max}=S_{Vmax}-\lambda$
作用齿厚最小值	S_{Vmin}	$S_{Vmin}=S_{min}+\lambda$
齿形裕度④	C_F	$C_F=0.1m$

① 37.5°和45°圆齿根内花键允许选用平齿根，此时，内花键大径基本尺寸 D_{ei} 应大于内花键渐开线终止圆直径最小值 D_{Fimin}。

② 对所有花键齿侧配合类别，均按 H/h 配合类别取 D_{Femax} 值。

③ D_{Femax} 公式是按齿条形刀具加工原理推导的，式中 $h_S=0.6m$（30°平齿根、圆齿根）、$h_S=0.55m$（37.5°圆齿根）、$h_S=0.5m$（45°圆齿根）。

④ 除 H/h 配合类别 C_F 均等于 $0.1m$ 外，其他各种配合类别的齿形裕度均有变化。

表 6-3-51　30°外花键大径基本尺寸系列（摘自 GB/T 3478.1—2008）

$D_{ee}=m(z+1)$

mm

齿数	模数													
z	0.5	(0.75)	1	(1.25)	1.5	(1.75)	2	2.5	3	(4)	5	(6)	(8)	10
10	5.5	8.25	11	13.75	16.5	19.25	22	27.5	33	44	55	66	88	110
11	6.0	9.00	12	15.00	18.0	21.00	24	30.0	36	48	60	72	96	120
12	6.5	9.75	13	16.25	19.5	22.75	26	32.5	39	52	65	78	104	130
13	7.0	10.50	14	17.50	21.0	24.50	28	35.0	42	56	70	84	112	140
14	7.5	11.25	15	18.75	22.5	26.25	30	37.5	45	60	75	90	120	150
15	8.0	12.00	16	20.00	24.0	28.00	32	40.0	48	64	80	96	128	160
16	8.5	12.75	17	21.25	25.5	29.75	34	42.5	51	68	85	102	136	170
17	9.0	13.50	18	22.50	27.0	31.50	36	45.0	54	72	90	108	144	180
18	9.5	14.25	19	23.75	28.5	33.25	38	47.5	57	76	95	114	152	190
19	10.0	15.00	20	25.00	30.0	35.00	40	50.0	60	80	100	120	160	200
20	10.5	15.75	21	26.25	31.5	36.75	42	52.5	63	84	105	126	168	210
21	11.0	16.50	22	27.50	33.0	38.50	44	55.0	66	88	110	132	176	220
22	11.5	17.25	23	28.75	34.5	40.25	46	57.5	69	92	115	138	184	230
23	12.0	18.00	24	30.00	36.0	42.00	48	60.0	72	96	120	144	192	240
24	12.5	18.75	25	31.25	37.5	43.75	50	62.5	75	100	125	150	200	250
25	13.0	19.50	26	32.50	39.0	45.50	52	65.0	78	104	130	156	208	260
26	13.5	20.25	27	33.75	40.5	47.25	54	67.5	81	108	135	162	216	270
27	14.0	21.00	28	35.00	42.0	49.00	56	70.0	84	112	140	168	224	280
28	14.5	21.75	29	36.25	43.5	50.75	58	72.5	87	116	145	174	232	290
29	15.0	22.50	30	37.50	45.0	52.50	60	75.0	90	120	150	180	240	300
30	15.5	23.25	31	38.75	46.5	54.25	62	77.5	93	124	155	186	248	310
31	16.0	24.00	32	40.00	48.0	56.00	64	80.0	96	128	160	192	256	320
32	16.5	24.75	33	41.25	49.5	57.75	66	82.5	99	132	165	198	264	330
33	17.0	25.50	34	42.50	51.0	59.50	68	85.0	102	136	170	204	272	340
34	17.5	26.25	35	43.75	52.5	61.25	70	87.5	105	140	175	210	280	350
35	18.0	27.00	36	45.00	54.0	63.00	72	90.0	108	144	180	216	288	360
36	18.5	27.75	37	46.25	55.5	64.75	74	92.5	111	148	185	222	296	370
37	19.0	28.50	38	47.50	57.0	66.50	76	95.0	114	152	190	228	304	380
38	19.5	29.25	39	48.75	58.5	68.25	78	97.5	117	156	195	234	312	390
39	20.0	30.00	40	50.00	60.0	70.00	80	100.0	120	160	200	240	320	400
40	20.5	30.75	41	51.25	61.5	71.75	82	102.5	123	164	205	246	328	410
41	21.0	31.50	42	52.50	63.0	73.50	84	105.0	126	168	210	252	336	420
42	21.5	32.25	43	53.75	64.5	75.25	86	107.5	129	172	215	258	344	430
43	22.0	33.00	44	55.00	66.0	77.00	88	110.0	132	176	220	264	352	440
44	22.5	33.75	45	56.25	67.5	78.75	90	112.5	135	180	225	270	360	450
45	23.0	34.50	46	57.50	69.0	80.50	92	115.0	138	184	230	276	368	460
46	23.5	35.25	47	58.75	70.5	82.25	94	117.5	141	188	235	282	376	470
47	24.0	36.00	48	60.00	72.0	84.00	96	120.0	144	192	240	288	384	480
48	24.5	36.75	49	61.25	73.5	85.75	98	122.5	147	196	245	294	392	490
49	25.0	37.50	50	62.50	75.0	87.50	100	125.0	150	200	250	300	400	500
50	25.5	38.25	51	63.75	76.5	89.25	102	127.5	153	204	255	306	408	510
51	26.0	39.00	52	65.00	78.0	91.00	104	130.0	156	208	260	312	416	520
52	26.5	39.75	53	66.25	79.5	92.75	106	132.5	159	212	265	318	424	530
53	27.0	40.50	54	67.50	81.0	94.50	108	135.0	162	216	270	324	432	540
54	27.5	41.25	55	68.75	82.5	96.25	110	137.5	165	220	275	330	440	550
55	28.0	42.00	56	70.00	84.0	98.00	112	140.0	168	224	280	336	448	560

续表

齿数	模数													
z	0.5	(0.75)	1	(1.25)	1.5	(1.75)	2	2.5	3	(4)	5	(6)	(8)	10
56	28.5	42.75	57	71.25	85.5	99.75	114	142.5	171	228	285	342	456	570
57	29.0	43.50	58	72.50	87.0	101.50	116	145.0	174	232	290	348	464	580
58	29.5	44.25	59	73.75	88.5	103.25	118	147.5	177	236	295	354	472	590
59	30.0	45.00	60	75.00	90.0	105.00	120	150.0	180	240	300	360	480	600
60	30.5	45.75	61	76.25	91.5	106.75	122	152.5	183	244	305	366	488	610
61	31.0	46.50	62	77.50	93.0	108.50	124	155.0	186	248	310	372	496	620
62	31.5	47.25	63	78.75	94.5	110.25	126	157.5	189	252	315	378	504	630
63	32.0	48.00	64	80.00	96.0	112.00	128	160.0	192	256	320	384	512	640
64	32.5	48.75	65	81.25	97.5	113.75	130	162.5	195	260	325	390	520	650
65	33.0	49.50	66	82.50	99.0	115.50	132	165.0	198	264	330	396	528	660
66	33.5	50.25	67	83.75	100.5	117.25	134	167.5	201	268	335	402	536	670
67	34.0	51.00	68	85.00	102.0	119.00	136	170.0	204	272	340	408	544	680
68	34.5	51.75	69	86.25	103.5	120.75	138	172.5	207	276	345	414	552	690
69	35.0	52.50	70	87.50	105.0	122.50	140	175.0	210	280	350	420	560	700
70	35.5	53.25	71	88.75	106.5	124.25	142	177.5	213	284	355	426	568	710
71	36.0	54.00	72	90.00	108.0	126.00	144	180.0	216	288	360	432	576	720
72	36.5	54.75	73	91.25	109.5	127.75	146	182.5	219	292	365	438	584	730
73	37.0	55.50	74	92.50	111.0	129.50	148	185.0	222	296	370	444	592	740
74	37.5	56.25	75	93.75	112.5	131.25	150	187.5	225	300	375	450	600	750
75	38.0	57.00	76	95.00	114.0	133.00	152	190.0	228	304	380	456	608	760
76	38.5	57.75	77	96.25	115.5	134.75	154	192.5	231	308	385	462	616	770
77	39.0	58.50	78	97.50	117.0	136.50	156	195.0	234	312	390	468	624	780
78	39.5	59.25	79	98.75	118.5	138.25	158	197.5	237	316	395	474	632	790
79	40.0	60.00	80	100.00	120.0	140.00	160	200.0	240	320	400	480	640	800
80	40.5	60.75	81	101.25	121.5	141.75	162	202.5	243	324	405	486	648	810
81	41.0	61.50	82	102.50	123.0	143.50	164	205.0	246	328	410	492	656	820
82	41.5	62.25	83	103.75	124.5	145.25	166	207.5	249	332	415	498	664	830
83	42.0	63.00	84	105.00	126.0	147.00	168	210.0	252	336	420	504	672	840
84	42.5	63.75	85	106.25	127.5	148.75	170	212.5	255	340	425	510	680	850
85	43.0	64.50	86	107.50	129.0	150.50	172	215.0	258	344	430	516	688	860
86	43.5	65.25	87	108.75	130.5	152.25	174	217.5	261	348	435	522	696	870
87	44.0	66.00	88	110.00	132.0	154.00	176	220.0	264	352	440	528	704	880
88	44.5	66.75	89	111.25	133.5	155.75	178	222.5	267	356	445	534	712	890
89	45.0	67.50	90	112.50	135.0	157.50	180	225.0	270	360	450	540	720	900
90	45.5	68.25	91	113.75	136.5	159.25	182	227.5	273	364	455	546	728	910
91	46.0	69.00	92	115.00	138.0	161.00	184	230.0	276	368	460	552	736	920
92	46.5	69.75	93	116.25	139.5	162.75	186	232.5	279	372	465	558	744	930
93	47.0	70.50	94	117.50	141.0	164.50	188	235.0	282	376	470	564	752	940
94	47.5	71.25	95	118.75	142.5	166.25	190	237.5	285	380	475	570	760	950
95	48.0	72.00	96	120.00	144.0	168.00	192	240.0	288	384	480	576	768	960
96	48.5	72.75	97	121.25	145.5	169.75	194	242.5	291	388	485	582	776	970
97	49.0	73.50	98	122.50	147.0	171.50	196	245.0	294	392	490	588	784	980
98	49.5	74.25	99	123.75	148.5	173.25	198	247.5	297	396	495	594	792	990
99	50.0	75.00	100	125.00	150.0	175.00	200	250.0	300	400	500	600	800	1000
100	50.5	75.75	101	126.25	151.5	176.75	202	252.5	303	404	505	606	808	1010

表 6-3-52　　37.5°外花键大径基本尺寸系列（摘自 GB/T 3478.1—2008）

$D_{ee}=m(z+0.9)$　　mm

齿数 z	模数 0.5	(0.75)	1	(1.25)	1.5	(1.75)	2	2.5	3	(4)	5	(6)	(8)	10
10	5.45	8.18	10.9	13.62	16.35	19.07	21.8	27.25	32.7	43.6	54.5	65.4	87.2	109
11	5.95	8.93	11.9	14.87	17.85	20.82	23.8	29.75	35.7	47.6	59.5	71.4	95.2	119
12	6.45	9.68	12.9	16.12	19.35	22.57	25.8	32.25	38.7	51.6	64.5	77.4	103.2	129
13	6.95	10.43	13.9	17.37	20.85	24.32	27.8	34.75	41.7	55.6	69.5	83.4	111.2	139
14	7.45	11.18	14.9	18.62	22.35	26.07	29.8	37.25	44.7	59.6	74.5	89.4	119.2	149
15	7.95	11.93	15.9	19.87	23.85	27.82	31.8	39.75	47.7	63.6	79.5	95.4	127.2	159
16	8.45	12.67	16.9	21.12	25.35	29.57	33.8	42.25	50.7	67.6	84.5	101.4	135.2	169
17	8.95	13.42	17.9	22.37	26.85	31.32	35.8	44.75	53.7	71.6	89.5	107.4	143.2	179
18	9.45	14.17	18.9	23.62	28.35	33.07	37.8	47.25	56.7	75.6	94.5	113.4	151.2	189
19	9.95	14.92	19.9	24.87	29.85	34.82	39.8	49.75	59.7	79.6	99.5	119.4	159.2	199
20	10.45	15.67	20.9	26.12	31.35	36.57	41.8	52.25	62.7	83.6	104.5	125.4	167.2	209
21	10.95	16.43	21.9	27.37	32.85	38.32	43.8	54.75	65.7	87.6	109.5	131.4	175.2	219
22	11.45	17.18	22.9	28.62	34.35	40.07	45.8	57.25	68.7	91.6	114.5	137.4	183.2	229
23	11.95	17.93	23.9	29.87	35.85	41.82	47.8	59.75	71.7	95.6	119.5	143.4	191.2	239
24	12.45	18.68	24.9	31.12	37.35	43.57	49.8	62.25	74.7	99.6	124.5	149.4	199.2	249
25	12.95	19.43	25.9	32.37	38.85	45.32	51.8	64.75	77.7	103.6	129.5	155.4	207.2	259
26	13.45	20.18	26.9	33.62	40.35	47.07	53.8	67.25	80.7	107.6	134.5	161.4	215.2	269
27	13.95	20.93	27.9	34.87	41.85	48.82	55.8	69.75	83.7	111.6	139.5	167.4	223.2	279
28	14.45	21.68	28.9	36.12	43.35	50.57	57.8	72.25	86.7	115.6	144.5	173.4	231.2	289
29	14.95	22.43	29.9	37.37	44.85	52.32	59.8	74.75	89.7	119.6	149.5	179.4	239.2	299
30	15.45	23.18	30.9	38.62	46.35	54.07	61.8	77.25	92.7	123.6	154.5	185.4	247.2	309
31	15.95	23.93	31.9	39.87	47.85	55.82	63.8	79.75	95.7	127.6	159.5	191.4	255.2	319
32	16.45	24.68	32.9	41.12	49.35	57.57	65.8	82.25	98.7	131.6	164.5	197.4	263.2	329
33	16.95	25.43	33.9	42.37	50.85	59.32	67.8	84.75	101.7	135.6	169.5	203.4	271.2	339
34	17.45	26.18	34.9	43.62	52.35	61.07	69.8	87.25	104.7	139.6	174.5	209.4	279.2	349
35	17.95	26.93	35.9	44.87	53.85	62.82	71.8	89.75	107.7	143.6	179.5	215.4	287.2	359
36	18.45	27.68	36.9	46.12	55.35	64.58	73.8	92.25	110.7	147.6	184.5	221.4	295.2	369
37	18.95	28.43	37.9	47.37	56.85	66.33	75.8	94.75	113.7	151.6	189.5	227.4	303.2	379
38	19.45	29.18	38.9	48.62	58.35	68.08	77.8	97.25	116.7	155.6	194.5	233.4	311.2	389
39	19.95	29.93	39.9	49.87	59.85	69.83	79.8	99.75	119.7	159.6	199.5	239.4	319.2	399
40	20.45	30.68	40.9	51.12	61.35	71.58	81.8	102.25	122.7	163.6	204.5	245.4	327.2	409
41	20.95	31.43	41.9	52.37	62.85	73.33	83.8	104.75	125.7	167.6	209.5	251.4	335.2	419
42	21.45	32.17	42.9	53.62	64.35	75.08	85.8	107.25	128.7	171.6	214.5	257.4	343.2	429
43	21.95	32.92	43.9	54.87	65.85	76.83	87.8	109.75	131.7	175.6	219.5	263.4	351.2	439
44	22.45	33.67	44.9	56.12	67.35	78.58	89.8	112.25	134.7	179.6	224.5	269.4	359.2	449
45	22.95	34.42	45.9	57.37	68.85	80.33	91.8	114.75	137.7	183.6	229.5	275.4	367.2	459
46	23.45	35.17	46.9	58.62	70.35	82.08	93.8	117.25	140.7	187.6	234.5	281.4	375.2	469
47	23.95	35.92	47.9	59.87	71.85	83.83	95.8	119.75	143.7	191.6	239.5	287.4	383.2	479
48	24.45	36.67	48.9	61.12	73.35	85.58	97.8	122.25	146.7	195.6	244.5	293.4	391.2	489
49	24.95	37.42	49.9	62.37	74.85	87.33	99.8	124.75	149.7	199.6	249.5	299.4	399.2	499
50	25.45	38.17	50.9	63.62	76.35	89.08	101.8	127.25	152.7	203.6	254.5	305.4	407.2	509
51	25.95	38.92	51.9	64.87	77.85	90.83	103.8	129.75	155.7	207.6	259.5	311.4	415.2	519
52	26.45	39.67	52.9	66.12	79.35	92.58	105.8	132.25	158.7	211.6	264.5	317.4	423.2	529
53	26.95	40.42	53.9	67.37	80.85	94.33	107.8	134.75	161.7	215.6	269.5	323.4	431.2	539
54	27.45	41.17	54.9	68.62	82.35	96.08	109.8	137.25	164.7	219.6	274.5	329.4	439.2	549
55	27.95	41.92	55.9	69.87	83.85	97.83	111.8	139.75	167.7	223.6	279.5	335.4	447.2	559

续表

齿数	模数													
z	0.5	(0.75)	1	(1.25)	1.5	(1.75)	2	2.5	3	(4)	5	(6)	(8)	10
56	28.45	42.67	56.9	71.12	85.35	99.58	113.8	142.25	170.7	227.6	284.5	341.4	455.2	569
57	28.95	43.42	57.9	72.37	86.85	101.33	115.8	144.75	173.7	231.6	289.5	347.4	463.2	579
58	29.45	44.17	58.9	73.62	88.35	103.08	117.8	147.25	176.7	235.6	294.5	353.4	471.2	589
59	29.95	44.92	59.9	74.87	89.85	104.83	119.8	149.75	179.7	239.6	299.5	359.4	479.2	599
60	30.45	45.67	60.9	76.12	91.35	106.58	121.8	152.25	182.7	243.6	304.5	365.4	487.2	609
61	30.95	46.42	61.9	77.37	92.85	108.33	123.8	154.75	185.7	247.6	309.5	371.4	495.2	619
62	31.45	47.17	62.9	78.62	94.35	110.08	125.8	157.25	188.7	251.6	314.5	377.4	503.2	629
63	31.95	47.92	63.9	79.87	95.85	111.83	127.8	159.75	191.7	255.6	319.5	383.4	511.2	639
64	32.45	48.68	64.9	81.13	97.35	113.58	129.8	162.25	194.7	259.6	324.5	389.4	519.2	649
65	32.95	49.43	65.9	82.38	98.85	115.33	131.8	164.75	197.7	263.6	329.5	395.4	527.2	659
66	33.45	50.18	66.9	83.63	100.35	117.08	133.8	167.25	200.7	267.6	334.5	401.4	535.2	669
67	33.95	50.93	67.9	84.88	101.85	118.83	135.8	169.75	203.7	271.6	339.5	407.4	543.2	679
68	34.45	51.68	68.9	86.13	103.35	120.58	137.8	172.25	206.7	275.6	344.5	413.4	551.2	689
69	34.95	52.43	69.9	87.38	104.85	122.33	139.8	174.75	209.7	279.6	349.5	419.4	559.2	699
70	35.45	53.18	70.9	88.63	106.35	124.08	141.8	177.25	212.7	283.6	354.5	425.4	567.2	709
71	35.95	53.93	71.9	89.88	107.85	125.83	143.8	179.75	215.7	287.6	359.5	431.4	575.2	719
72	36.45	54.68	72.9	91.13	109.35	127.58	145.8	182.25	218.7	291.6	364.5	437.4	583.2	729
73	36.95	55.43	73.9	92.38	110.85	129.33	147.8	184.75	221.7	295.6	369.5	443.4	591.2	739
74	37.45	56.18	74.9	93.63	112.35	131.08	149.8	187.25	224.7	299.6	374.5	449.4	599.2	749
75	37.95	56.93	75.9	94.88	113.85	132.83	151.8	189.75	227.7	303.6	379.5	455.4	607.2	759
76	38.45	57.68	76.9	96.13	115.35	134.58	153.8	192.25	230.7	307.6	384.5	461.4	615.2	769
77	38.95	58.43	77.9	97.38	116.85	136.33	155.8	194.75	233.7	311.6	389.5	467.4	623.2	779
78	39.45	59.18	78.9	98.63	118.35	138.08	157.8	197.25	236.7	315.6	394.5	473.4	631.2	789
79	39.95	59.93	79.9	99.88	119.85	139.83	159.8	199.75	239.7	319.6	399.5	479.4	639.2	799
80	40.45	60.68	80.9	101.13	121.35	141.58	161.8	202.25	242.7	323.6	404.5	485.4	647.2	809
81	40.95	61.43	81.9	102.38	122.85	143.33	163.8	204.75	245.7	327.6	409.5	491.4	655.2	819
82	41.45	62.18	82.9	103.63	124.35	145.08	165.8	207.25	248.7	331.6	414.5	497.4	663.2	829
83	41.95	62.93	83.9	104.88	125.85	146.83	167.8	209.75	251.7	335.6	419.5	503.4	671.2	839
84	42.45	63.68	84.9	106.13	127.35	148.58	169.8	212.25	254.7	339.6	424.5	509.4	679.2	849
85	42.95	64.43	85.9	107.38	128.85	150.33	171.8	214.75	257.7	343.6	429.5	515.4	687.2	859
86	43.45	65.18	86.9	108.63	130.35	152.08	173.8	217.25	260.7	347.6	434.5	521.4	695.2	869
87	43.95	65.93	87.9	109.88	131.85	153.83	175.8	219.75	263.7	351.6	439.5	527.4	703.2	879
88	44.45	66.68	88.9	111.13	133.35	155.58	177.8	222.25	266.7	355.6	444.5	533.4	711.2	889
89	44.95	67.43	89.9	112.38	134.85	157.33	179.8	224.75	269.7	359.6	449.5	539.4	719.2	899
90	45.45	68.18	90.9	113.63	136.35	159.08	181.8	227.25	272.7	363.6	454.5	545.4	727.2	909
91	45.95	68.93	91.9	114.88	137.85	160.83	183.8	229.75	275.7	367.6	459.5	551.4	735.2	919
92	46.45	69.68	92.9	116.13	139.35	162.58	185.8	232.25	278.7	371.6	464.5	557.4	743.2	929
93	46.95	70.43	93.9	117.38	140.85	164.33	187.8	234.75	281.7	375.6	469.5	563.4	751.2	939
94	47.45	71.18	94.9	118.63	142.35	166.08	189.8	237.25	284.7	379.6	474.5	569.4	759.2	949
95	47.95	71.93	95.9	119.88	143.85	167.83	191.8	239.75	287.7	383.6	479.5	575.4	767.2	959
96	48.45	72.68	96.9	121.13	145.35	169.58	193.8	242.25	290.7	387.6	484.5	581.4	775.2	969
97	48.95	73.43	97.9	122.38	146.85	171.33	195.8	244.75	293.7	391.6	489.5	587.4	783.2	979
98	49.45	74.18	98.9	123.63	148.35	173.08	197.8	247.25	296.7	395.6	494.5	593.4	791.2	989
99	49.95	74.93	99.9	124.88	149.85	174.83	199.8	249.75	299.7	399.6	499.5	599.4	799.2	999
100	50.45	75.68	100.9	126.13	151.35	176.58	201.8	252.25	302.7	403.6	504.5	605.4	807.2	1009

表 6-3-53　45°外花键大径基本尺寸系列（摘自 GB/T 3478.1—2008）

$D_{ee}=m(z+0.8)$　　mm

齿数	模数								
z	0.25	0.5	(0.75)	1	(1.25)	1.5	(1.75)	2	2.5
10	2.70	5.4	8.10	10.8	13.50	16.2	18.90	21.6	27.0
11	2.95	5.9	8.85	11.8	14.75	17.7	20.65	23.6	29.5
12	3.20	6.4	9.60	12.8	16.00	19.2	22.40	25.6	32.0
13	3.45	6.9	10.35	13.8	17.25	20.7	24.15	27.6	34.5
14	3.70	7.4	11.10	14.8	18.50	22.2	25.90	29.6	37.0
15	3.95	7.9	11.85	15.8	19.75	23.7	27.65	31.6	39.5
16	4.20	8.4	12.60	16.8	21.00	25.2	29.40	33.6	42.0
17	4.45	8.9	13.35	17.8	22.25	26.7	31.15	35.6	44.5
18	4.70	9.4	14.10	18.8	23.50	28.2	32.90	37.6	47.0
19	4.95	9.9	14.85	19.8	24.75	29.7	34.65	39.6	49.5
20	5.20	10.4	15.60	20.8	26.00	31.2	36.40	41.6	52.0
21	5.45	10.9	16.35	21.8	27.25	32.7	38.15	43.6	54.5
22	5.70	11.4	17.10	22.8	28.50	34.2	39.90	45.6	57.0
23	5.95	11.9	17.85	23.8	29.75	35.7	41.65	47.6	59.5
24	6.20	12.4	18.60	24.8	31.00	37.2	43.40	49.6	62.0
25	6.45	12.9	19.35	25.8	32.25	38.7	45.15	51.6	64.5
26	6.70	13.4	20.10	26.8	33.50	40.2	46.90	53.6	67.0
27	6.95	13.9	20.85	27.8	34.75	41.7	48.65	55.6	69.5
28	7.20	14.4	21.60	28.8	36.00	43.2	50.40	57.6	72.0
29	7.45	14.9	22.35	29.8	37.25	44.7	52.15	59.6	74.5
30	7.70	15.4	23.10	30.8	38.50	46.2	53.90	61.6	77.0
31	7.95	15.9	23.85	31.8	39.75	47.7	55.65	63.6	79.5
32	8.20	16.4	24.60	32.8	41.00	49.2	57.40	65.6	82.0
33	8.45	16.9	25.35	33.8	42.25	50.7	59.15	67.6	84.5
34	8.70	17.4	26.10	34.8	43.50	52.2	60.90	69.6	87.0
35	8.95	17.9	26.85	35.8	44.75	53.7	62.65	71.6	89.5
36	9.20	18.4	27.60	36.8	46.00	55.2	64.40	73.6	92.0
37	9.45	18.9	28.35	37.8	47.25	56.7	66.15	75.6	94.5
38	9.70	19.4	29.10	38.8	48.50	58.2	67.90	77.6	97.0
39	9.95	19.9	29.85	39.8	49.75	59.7	69.65	79.6	99.5
40	10.20	20.4	30.60	40.8	51.00	61.2	71.40	81.6	102.0
41	10.45	20.9	31.35	41.8	52.25	62.7	73.15	83.6	104.5
42	10.70	21.4	32.10	42.8	53.50	64.2	74.90	85.6	107.0
43	10.95	21.9	32.85	43.8	54.75	65.7	76.65	87.6	109.5
44	11.20	22.4	33.60	44.8	56.00	67.2	78.40	89.6	112.0
45	11.45	22.9	34.35	45.8	57.25	68.7	80.15	91.6	114.5
46	11.70	23.4	35.10	46.8	58.50	70.2	81.90	93.6	117.0
47	11.95	23.9	35.85	47.8	59.75	71.7	83.65	95.6	119.5
48	12.20	24.4	36.60	48.8	61.00	73.2	85.40	97.6	122.0
49	12.45	24.9	37.35	49.8	62.25	74.7	87.15	99.6	124.5
50	12.70	25.4	38.10	50.8	63.50	76.2	88.90	101.6	127.0
51	12.95	25.9	38.85	51.8	64.75	77.7	90.65	103.6	129.5
52	13.20	26.4	39.60	52.8	66.00	79.2	92.40	105.6	132.0
53	13.45	26.9	40.35	53.8	67.25	80.7	94.15	107.6	134.5
54	13.70	27.4	41.10	54.8	68.50	82.2	95.90	109.6	137.0
55	13.95	27.9	41.85	55.8	69.75	83.7	97.65	111.6	139.5

续表

齿数	模数								
z	0.25	0.5	(0.75)	1	(1.25)	1.5	(1.75)	2	2.5
56	14.20	28.4	42.60	56.8	71.00	85.2	99.40	113.6	142.0
57	14.45	28.9	43.35	57.8	72.25	86.7	101.15	115.6	144.5
58	14.70	29.4	44.10	58.8	73.50	88.2	102.90	117.6	147.0
59	14.95	29.9	44.85	59.8	74.75	89.7	104.65	119.6	149.5
60	15.20	30.4	45.60	60.8	76.00	91.2	106.40	121.6	152.0
61	15.45	30.9	46.35	61.8	77.25	92.7	108.15	123.6	154.5
62	15.70	31.4	47.10	62.8	78.50	94.2	109.90	125.6	157.0
63	15.95	31.9	47.85	63.8	79.75	95.7	111.65	127.6	159.5
64	16.20	32.4	48.60	64.8	81.00	97.2	113.40	129.6	162.0
65	16.45	32.9	49.35	65.8	82.25	98.7	115.15	131.6	164.5
66	16.70	33.4	50.10	66.8	83.50	100.2	116.90	133.6	167.0
67	16.95	33.9	50.85	67.8	84.75	101.7	118.65	135.6	169.5
68	17.20	34.4	51.60	68.8	86.00	103.2	120.40	137.6	172.0
69	17.45	34.9	52.35	69.8	87.25	104.7	122.15	139.6	174.5
70	17.70	35.4	53.10	70.8	88.50	106.2	123.90	141.6	177.0
71	17.95	35.9	53.85	71.8	89.75	107.7	125.65	143.6	179.5
72	18.20	36.4	54.60	72.8	91.00	109.2	127.40	145.6	182.0
73	18.45	36.9	55.35	73.8	92.25	110.7	129.15	147.6	184.5
74	18.70	37.4	56.10	74.8	93.50	112.2	130.90	149.6	187.0
75	18.95	37.9	56.85	75.8	94.75	113.7	132.65	151.6	189.5
76	19.20	38.4	57.60	76.8	96.00	115.2	134.40	153.6	192.0
77	19.45	38.9	58.35	77.8	97.25	116.7	136.15	155.6	194.5
78	19.70	39.4	59.10	78.8	98.50	118.2	137.90	157.6	197.0
79	19.95	39.9	59.85	79.8	99.75	119.7	139.65	159.6	199.5
80	20.20	40.4	60.60	80.8	101.00	121.2	141.40	161.6	202.0
81	20.45	40.9	61.35	81.8	102.25	122.7	143.15	163.6	204.5
82	20.70	41.4	62.10	82.8	103.50	124.2	144.90	165.6	207.0
83	20.95	41.9	62.85	83.8	104.75	125.7	146.65	167.6	209.5
84	21.20	42.4	63.60	84.8	106.00	127.2	148.40	169.6	212.0
85	21.45	42.9	64.35	85.8	107.25	128.7	150.15	171.6	214.5
86	21.70	43.4	65.10	86.8	108.50	130.2	151.90	173.6	217.0
87	21.95	43.9	65.85	87.8	109.75	131.7	153.65	175.6	219.5
88	22.20	44.4	66.60	88.8	111.00	133.2	155.40	177.6	222.0
89	22.45	44.9	67.35	89.8	112.25	134.7	157.15	179.6	224.5
90	22.70	45.4	68.10	90.8	113.50	136.2	158.90	181.6	227.0
91	22.95	45.9	68.85	91.8	114.75	137.7	160.65	183.6	229.5
92	23.20	46.4	69.60	92.8	116.00	139.2	162.40	185.6	232.0
93	23.45	46.9	70.35	93.8	117.25	140.7	164.15	187.6	234.5
94	23.70	47.4	71.10	94.8	118.50	142.2	165.90	189.6	237.0
95	23.95	47.9	71.85	95.8	119.75	143.7	167.65	191.6	239.5
96	24.20	48.4	72.60	96.8	121.00	145.2	169.40	193.6	242.0
97	24.45	48.9	73.35	97.8	122.25	146.7	171.15	195.6	244.5
98	24.70	49.4	74.10	98.8	123.50	148.2	172.90	197.6	247.0
99	24.95	49.9	74.85	99.8	124.75	149.7	174.65	199.6	249.5
100	25.20	50.4	75.60	100.8	126.00	151.2	176.40	201.6	252.0

表 6-3-54　　齿根圆弧最小曲率半径 R_{imin} 和 R_{emin}　　mm

模数 m	标准压力角 α_D				模数 m	标准压力角 α_D			
	30°		37.5°	45°		30°		37.5°	45°
	平齿根 0.2m	圆齿根 0.4m	0.3m	0.25m		平齿根 0.2m	圆齿根 0.4m	0.3m	0.25m
0.25				0.06	2.5	0.50	1.00	0.75	0.62
0.5	0.10	0.20	0.15	0.12	3	0.60	1.20	0.90	
0.75	0.15	0.30	0.22	0.19	4	0.80	1.60	1.20	
1	0.20	0.40	0.30	0.25	5	1.00	2.00	1.50	
1.25	0.25	0.50	0.38	0.31	6	1.20	2.40	1.80	
1.5	0.30	0.60	0.45	0.38	8	1.60	3.20	2.40	
1.75	0.35	0.70	0.52	0.44	10	2.00	4.00	3.00	
2	0.40	0.80	0.60	0.50					

注：在产品设计允许的情况下，对平齿根花键，齿根圆弧曲率半径可小于表中数值。

3.4.5　公差等级及公差

表 6-3-55　　渐开线花键公差等级

压力角 α_D = 30°、37.5°、40°	公差等级：4、5、6、7

表 6-3-56　　渐开线花键公差计算式　　μm

公差等级	齿槽宽和齿厚的总公差 ($T+\lambda$)	综合公差 λ	齿距累积公差 F_p	齿形公差 f_f	齿向公差 F_β
4	$10i^{①}+40i^{②}$	$\lambda=0.6\sqrt{(F_p)^2+(f_f)^2+(F_\beta)^2}$	$2.5\sqrt{L}+6.3$	$1.6\varphi_f+10$	$0.8\sqrt{g}+4$
5	$16i^{①}+64i^{②}$		$3.55\sqrt{L}+9$	$2.5\varphi_f+16$	$1.0\sqrt{g}+5$
6	$25i^{①}+100i^{②}$		$5\sqrt{L}+12.5$	$4\varphi_f+25$	$1.25\sqrt{g}+6.3$
7	$40i^{①}+160i^{②}$		$7.1\sqrt{L}+18$	$6.3\varphi_f+40$	$2.0\sqrt{g}+10$
说明	L——分度圆周长之半，即 $L=\pi mz/2$，mm；φ_f——公差因数，$\varphi_f=m+0.0125D$，mm；g——花键长度，mm				

① 是以分度圆直径 D 为基础的公差，其公差单位 i 为：当 $D\leqslant500$mm 时，$i=0.45\sqrt[3]{D}+0.001D$；当 $D>500$mm 时，$i=0.004D+2.1$。

② 是以基本齿槽宽 E 或基本齿厚 S 为基础的公差，其公差单位 i 为：$i=0.45\sqrt[3]{E}+0.001E$ 或 $i=0.45\sqrt[3]{S}+0.001S$（D、E 和 S 的单位为 mm）。

注：1. 加工公差 T 为总公差（$T+\lambda$）与综合公差 λ 之差，即（$T+\lambda$）$-\lambda$。

2. 综合公差是根据齿距累积误差、齿形误差和齿向误差对花键配合的综合影响给定的。考虑到各单项误差不大可能同时以最大值出现在同一花键上，而且三项单项误差不大可能相互无补偿地影响花键配合等情况，所以将三项公差按统计法相加并取其 60% 为综合公差。当花键长度 g 不同时，会影响 λ 值的变化，但总公差（$T+\lambda$）不变。

表 6-3-57　　齿向公差 F_β　　μm

花键长度 g/mm		≤5	>5~10	>10~15	>15~20	>20~25	>25~30	>30~35	>35~40	>40~45	>45~50	>50~55	>55~60	>60~70	>70~80	>80~90	>90~100
公差等级	4	6	7	7	8	8	8	9	9	9	10	10	10	11	11	12	12
	5	7	8	9	9	10	10	11	11	12	12	12	13	13	14	14	15
	6	9	10	11	12	13	13	14	14	15	15	16	16	17	17	18	19
	7	14	16	18	19	20	21	22	23	23	24	25	25	27	28	29	30

注：当花键长度不为表中数值时，可按表 6-3-56 中给出的计算式计算。

表 6-3-58　　齿圈径向跳动公差 F_r　　μm

公差等级	模数 m /mm	分度圆直径D/mm															
		≤125				>125~400				>400~800				>800			
		A	B	C	D	A	B	C	D	A	B	C	D	A	B	C	D
4	≤3	10	16	25	36	15	22	36	50	18	28	45	63	20	32	50	71
	4~6	11	18	28	40	16	25	40	56	20	32	50	71	22	36	56	80
	8和10	13	20	32	45	18	28	45	63	22	36	56	80	25	40	63	90
5	≤3	16	25	36	45	22	36	50	63	28	45	63	80	32	50	71	90
	4~6	18	28	40	50	25	40	56	71	32	50	71	90	36	56	80	100
	8和10	20	32	45	56	28	45	63	86	36	56	80	100	40	63	90	112
6	≤3	25	36	45	71	36	50	63	80	45	63	80	100	50	71	90	112
	4~6	28	40	50	80	40	56	71	100	50	71	90	112	56	80	100	125
	8和10	32	45	56	90	45	63	86	112	56	80	100	125	63	90	112	140
7	≤3	36	45	71	100	50	63	80	112	63	80	100	125	71	90	112	140
	4~6	40	50	80	125	71	90	112	140	71	90	112	140	80	100	125	160
	8和10	45	56	90	140	80	100	125	160	80	100	125	160	90	112	140	180

表 6-3-59　　总公差（$T+\lambda$）、综合公差 λ、齿距累积公差 F_p 和齿形公差 f_f　　μm

z	公差等级															
	4				5				6				7			
	$T+\lambda$	λ	F_p	f_f	$T+\lambda$	λ	F_p	f_f	$T+\lambda$	λ	F_p	f_f	$T+\lambda$	λ	F_p	f_f
$m=1$mm																
11	31	13	17	12	50	19	24	19	78	27	33	30	124	41	48	47
12	31	13	17	12	50	19	24	19	79	28	34	30	126	42	49	47
13	32	13	18	12	51	19	25	19	79	28	35	30	127	42	50	47
14	32	13	18	12	51	20	26	19	80	29	36	30	128	43	51	47
15	32	14	18	12	52	20	26	19	81	29	37	30	129	43	52	47
16	32	14	19	12	52	20	27	19	81	29	38	30	130	44	54	48
17	33	14	19	12	52	20	27	19	82	30	38	30	131	45	55	48
18	33	14	20	12	53	21	28	19	82	30	39	30	132	45	56	48
19	33	14	20	12	53	21	28	19	83	31	40	30	133	46	57	48
20	33	15	20	12	53	21	29	19	84	31	41	30	134	46	58	48
21	34	15	21	12	54	21	29	19	84	31	41	30	134	47	59	48
22	34	15	21	12	54	22	30	19	85	32	42	30	135	47	60	48
23	34	15	21	12	54	22	30	19	85	32	43	30	136	48	61	48
24	34	15	22	12	55	22	31	19	86	32	43	30	137	48	62	48
25	34	16	22	12	55	22	31	19	86	33	44	30	138	48	62	48
26	35	16	22	12	55	23	32	19	86	33	44	30	138	49	63	48
27	35	16	23	12	56	23	32	19	87	33	45	30	139	49	64	48
28	35	16	23	12	56	23	33	19	87	34	46	30	140	50	65	49
29	35	16	23	12	56	23	33	19	88	34	46	30	140	50	66	49
30	35	16	23	12	56	24	33	19	88	34	47	31	141	51	67	49
31	35	17	24	12	57	24	34	19	89	34	47	31	142	51	68	49
32	36	17	24	12	57	24	34	20	89	35	48	31	142	52	68	49
33	36	17	24	12	57	24	35	20	89	35	48	31	143	52	69	49
34	36	17	25	12	57	24	35	20	90	35	49	31	144	52	70	49
35	36	17	25	12	58	25	35	20	90	36	50	31	144	53	71	49

续表

z	公差等级 4				5				6				7			
	$T+\lambda$	λ	F_p	f_f	$T+\lambda$	λ	F_p	f_f	$T+\lambda$	λ	F_p	f_f	$T+\lambda$	λ	F_p	f_f
36	36	17	25	12	58	25	36	20	91	36	50	31	145	53	71	49
37	36	18	25	12	58	25	36	20	91	36	51	31	145	54	72	49
38	36	18	26	12	58	25	36	20	91	37	51	31	146	54	73	49
39	37	18	26	12	59	25	37	20	92	37	52	31	147	54	74	49
40	37	18	26	12	59	26	37	20	92	37	52	31	147	55	74	49
$m=2$mm																
11	39	16	21	14	63	23	30	22	98	33	42	34	157	49	60	54
12	40	16	22	14	64	23	31	22	99	34	43	34	159	50	62	54
13	40	16	22	14	64	23	32	22	100	34	44	34	160	51	63	55
14	40	17	23	14	65	24	33	22	101	35	46	34	162	52	65	55
15	41	17	23	14	65	24	33	22	102	36	47	35	163	53	67	55
16	41	17	24	14	66	25	34	22	103	36	48	35	164	54	68	55
17	41	17	25	14	66	25	35	22	104	37	49	35	166	55	70	55
18	42	18	25	14	67	26	36	22	104	37	50	35	167	55	71	55
19	42	18	26	14	67	26	36	22	105	38	51	35	168	56	73	56
20	42	18	26	14	68	26	37	22	106	38	52	35	169	57	74	56
21	43	19	27	14	68	27	38	22	106	39	53	35	170	58	76	56
22	43	19	27	14	69	27	39	22	107	39	54	35	171	58	77	56
23	43	19	28	14	69	28	39	22	108	40	55	35	172	59	78	56
24	43	19	28	14	69	28	40	23	108	40	56	35	173	60	80	56
25	44	20	28	14	70	28	40	23	109	41	57	36	174	60	81	57
26	44	20	29	14	70	29	41	23	110	41	58	36	175	61	82	57
27	44	20	29	14	70	29	42	23	110	42	59	36	176	62	83	57
28	44	20	30	14	71	29	42	23	111	42	59	36	177	62	85	57
29	44	21	30	14	71	30	43	23	111	43	60	36	178	63	86	57
30	45	21	31	14	72	30	43	23	112	43	61	36	179	64	87	57
31	45	21	31	14	72	30	44	23	112	44	62	36	180	64	88	57
32	45	21	31	14	72	31	45	23	113	44	63	36	181	65	89	58
33	45	22	32	15	73	31	45	23	113	45	63	36	181	66	90	58
34	46	22	32	15	73	31	46	23	114	45	64	36	182	66	91	58
35	46	22	33	15	73	31	46	23	114	45	65	37	183	67	92	58
36	46	22	33	15	73	32	47	23	115	46	66	37	184	67	94	58
37	46	22	33	15	74	32	47	23	115	46	66	37	184	68	95	58
38	46	23	34	15	74	32	48	23	116	47	67	37	185	69	96	59
39	46	23	34	15	74	33	48	23	116	47	69	37	186	69	97	59
40	47	23	34	15	75	33	49	24	117	48	69	37	187	70	98	59
$m=2.5$mm																
11	42	17	23	15	68	24	32	23	106	35	45	36	170	53	65	58
12	43	17	23	15	69	25	33	23	107	36	47	37	171	54	67	58
13	43	17	24	15	69	25	34	23	108	37	48	37	173	55	69	58
14	44	18	25	15	70	26	35	23	109	38	50	37	174	56	71	59
15	44	18	25	15	70	26	36	23	110	38	51	37	176	57	72	59
16	44	19	26	15	71	27	37	24	111	39	52	37	177	58	74	59
17	45	19	27	15	71	27	38	24	112	40	53	37	179	59	76	59
18	45	19	27	15	72	28	39	24	112	40	55	37	180	60	78	59

续表

z	公差等级															
	4				5				6				7			
	$T+\lambda$	λ	F_p	f_f	$T+\lambda$	λ	F_p	f_f	$T+\lambda$	λ	F_p	f_f	$T+\lambda$	λ	F_p	f_f
19	45	20	28	15	72	28	40	24	113	41	56	37	181	61	79	59
20	46	20	28	15	73	29	40	24	114	42	57	38	182	62	81	60
21	46	20	29	15	73	29	41	24	115	42	58	38	184	62	82	60
22	46	21	30	15	74	29	42	24	115	43	59	38	185	63	84	60
23	46	21	30	15	74	30	43	24	116	43	60	38	186	64	85	60
24	47	21	31	15	75	30	43	24	117	44	61	38	187	65	87	60
25	47	21	31	15	75	31	44	24	118	44	62	38	188	66	88	61
26	47	22	32	15	76	31	45	24	118	45	63	38	189	66	90	61
27	48	22	32	15	76	31	46	24	119	45	64	38	190	67	91	61
28	48	22	33	15	76	32	46	24	119	46	65	39	191	68	92	61
29	48	22	33	15	77	32	47	25	120	47	66	39	192	69	94	61
30	48	23	33	16	77	33	48	25	121	47	67	39	193	69	95	62
31	49	23	34	16	78	33	48	25	121	48	68	39	194	70	96	62
32	49	23	34	16	78	33	49	25	122	48	69	39	195	71	98	62
33	49	24	35	16	78	34	49	25	122	49	69	39	196	71	99	62
34	49	24	35	16	79	34	50	25	123	49	70	39	197	72	100	62
35	49	24	36	16	79	34	51	25	123	50	71	39	198	73	101	63
36	50	24	36	16	79	35	51	25	124	50	72	40	198	73	102	63
37	50	25	36	16	80	35	52	25	125	51	73	40	199	74	104	63
38	50	25	37	16	80	35	52	25	125	51	74	40	200	75	105	63
39	50	25	37	16	80	36	53	25	126	51	74	40	201	75	106	63
40	50	25	38	16	81	36	53	25	126	52	75	40	202	76	107	64
$m=3$mm																
11	45	18	24	15	72	26	35	25	113	38	48	39	181	57	69	61
12	46	18	25	16	73	26	36	25	114	39	50	39	182	58	71	62
13	46	19	26	16	74	27	37	25	115	39	52	39	184	59	74	62
14	46	19	27	16	74	28	38	25	116	40	53	39	186	60	76	62
15	47	19	27	16	75	28	39	25	117	41	55	39	187	61	78	62
16	47	20	28	16	76	29	40	25	118	42	56	39	189	62	80	63
17	48	20	29	16	76	29	41	25	119	42	57	40	190	63	82	63
18	48	21	29	16	77	30	42	25	120	43	59	40	192	64	83	63
19	48	21	30	16	77	30	43	25	121	44	60	40	193	65	85	63
20	49	21	31	16	78	31	44	25	121	44	61	40	194	66	87	64
21	49	22	31	16	78	31	44	25	122	45	62	40	196	67	89	64
22	49	22	32	16	79	32	45	26	123	46	63	40	197	68	90	64
23	50	22	32	16	79	32	46	26	124	46	65	40	198	69	92	64
24	50	23	33	16	80	32	47	26	125	47	66	41	199	69	93	65
25	50	23	33	16	80	33	48	26	125	48	67	41	200	70	95	65
26	50	23	34	16	81	33	48	26	126	48	68	41	201	71	97	65
27	51	24	34	16	81	34	49	26	127	49	69	41	203	72	98	65
28	51	24	35	16	81	34	50	26	127	49	70	41	204	73	100	66
29	51	24	36	17	82	35	50	26	128	50	71	41	205	74	101	66
30	51	24	36	17	82	35	51	26	129	51	72	42	206	74	102	66

续表

z	公差等级															
	4				5				6				7			
	$T+\lambda$	λ	F_p	f_f	$T+\lambda$	λ	F_p	f_f	$T+\lambda$	λ	F_p	f_f	$T+\lambda$	λ	F_p	f_f
31	52	25	37	17	83	35	52	26	129	51	73	42	207	75	104	66
32	52	25	37	17	83	36	53	27	130	52	74	42	208	76	105	66
33	52	25	37	17	83	36	53	27	130	52	75	42	209	77	107	67
34	52	26	38	17	84	37	54	27	131	53	76	42	210	78	108	67
35	53	26	38	17	84	37	55	27	132	53	77	42	210	78	109	67
36	53	26	39	17	85	37	55	27	132	54	78	42	211	79	110	67
37	53	26	39	17	85	38	56	27	133	54	79	43	212	80	112	68
38	53	27	40	17	85	38	57	27	133	55	79	43	213	81	113	68
39	54	27	40	17	86	38	57	27	134	55	80	43	214	81	114	68
40	54	27	41	17	86	39	58	27	134	56	81	43	215	82	115	68
$m=5$mm																
11	54	22	30	19	86	31	42	30	134	46	59	48	215	69	84	76
12	54	22	31	19	87	32	43	30	136	47	61	48	217	70	87	76
13	55	23	32	19	88	33	45	31	137	48	63	48	219	72	90	77
14	55	23	33	19	89	34	46	31	138	49	65	49	221	73	92	77
15	56	24	33	20	89	34	48	31	140	50	67	49	223	75	95	77
16	56	24	34	20	90	35	49	31	141	51	68	49	225	76	98	78
17	57	25	35	20	91	36	50	31	142	52	70	49	227	77	100	78
18	57	25	36	20	91	36	51	31	143	53	72	50	229	79	102	79
19	58	26	37	20	92	37	52	31	144	54	74	50	230	80	105	79
20	58	26	38	20	93	38	53	32	145	55	75	50	232	81	107	79
21	58	27	38	20	93	38	54	32	146	56	77	50	233	82	109	80
22	59	27	39	20	94	39	56	32	147	57	78	51	235	84	111	80
23	59	28	40	20	95	39	57	32	148	57	80	51	237	85	113	81
24	59	28	41	20	95	40	58	32	149	58	81	51	238	86	115	81
25	60	28	41	21	96	41	59	32	150	59	82	51	239	87	117	81
26	60	29	42	21	96	41	60	33	150	60	84	52	241	88	119	82
27	61	29	43	21	97	42	61	33	151	61	85	52	242	89	121	82
28	61	30	43	21	97	42	62	33	152	61	87	52	243	90	123	83
29	61	30	44	21	98	43	63	33	153	62	88	52	245	92	125	83
30	61	30	45	21	98	43	63	33	154	63	89	53	246	93	127	83
31	62	31	45	21	99	44	64	33	155	64	90	53	247	94	129	84
32	62	31	46	21	99	44	65	34	155	64	92	53	248	95	130	84
33	62	31	46	21	100	45	66	34	156	65	93	53	250	96	132	84
34	63	32	47	21	100	45	67	34	157	66	94	54	251	97	134	85
35	63	32	48	22	101	46	68	34	158	67	95	54	252	98	136	85
36	63	33	48	22	101	46	69	34	158	67	96	54	253	99	137	86
37	64	33	49	22	102	47	70	34	159	68	98	54	254	100	139	86
38	64	33	49	22	102	47	70	34	160	69	99	55	255	101	141	86
39	64	34	50	22	103	48	71	35	160	69	100	55	257	102	142	87
40	64	34	51	22	103	48	72	35	161	70	101	55	258	103	144	87

注：当模数 m 及齿数 z 超出表中数值时，上述公差可用表 6-3-56 中的公式计算。

表 6-3-60　　外花键小径 D_{ie} 和大径 D_{ee} 的上偏差 $es_V/\tan\alpha_D$

分度圆直径 D/mm	d			e			f			h	js	k
	标准压力角 α_D											
	30°	37.5°	45°	30°	37.5°	45°	30°	37.5°	45°	30°、37.5°、45°		
	$(es_V/\tan\alpha_D)$/μm											
≤6	-52	-39	-30	-35	-26	-20	-17	-13	-10			
>6~10	-69	-52	-40	-43	-33	-25	-23	-17	-13			
>10~18	-87	-65	-50	-55	-42	-32	-28	-21	-16			
>18~30	-113	-85	-65	-69	-52	-40	-35	-26	-20			
>30~50	-139	-104	-80	-87	-65	-50	-43	-33	-25			
>50~80	-173	-130	-100	-104	-78	-60	-52	-39	-30			
>80~120	-208	-156	-120	-125	-94	-72	-62	-47	-36			
>120~180	-251	-189	-145	-147	-111	-85	-74	-56	-43	0	$+(T+\lambda)/2\tan\alpha_D$①	$+(T+\lambda)/\tan\alpha_D$①
>180~250	-294	-222	-170	-173	-130	-100	-87	-65	-50			
>250~315	-329	-248	-190	-191	-143	-110	-97	-73	-56			
>315~400	-364	-274	-210	-217	-163	-125	-107	-81	-62			
>400~500	-398	-300	-230	-234	-176	-135	-118	-89	-68			
>500~630	-450	-339	-260	-251	-189	-145	-132	-99	-76			
>630~800	-502	-378	-290	-277	-209	-160	-139	-104	-80			
>800~1000	-554	-417	-320	-294	-222	-170	-149	-112	-86			

① 对于大径，取值为零。

表 6-3-61　　内花键小径 D_{ii} 极限偏差和外花键大径 D_{ee} 公差　　μm

直　径 D_{ii} 和 D_{ee}/mm	内花键小径 D_{ii} 极限偏差			外花键大径 D_{ee} 公差		
	模数 m/mm					
	0.25~0.75	1~1.75	2~10	0.25~0.75	1~1.75	2~10
	H10	H11	H12	IT10	IT11	IT12
<6	+48 0			48		
>6~10	+58 0	+90 0		58		
>10~18	+70 0	+110 0	+180 0	70	110	
>18~30	+84 0	+130 0	+210 0	84	130	210
>30~50	+100 0	+160 0	+250 0	100	160	250
>50~80	+120 0	+190 0	+300 0	120	190	300
>80~120		+220 0	+350 0		220	350
>120~180		+250 0	+400 0		250	400
>180~250			+460 0			460
>250~315			+520 0			520
>315~400			+570 0			570
>400~500			+630 0			630
>500~630			+700 0			700
>630~800			+800 0			800
>800~1000			+900 0			900

注：若花键尺寸超出表中数值时，按 GB/T 1800.2—1998《公差、偏差和配合的基本规定》取值。

表 6-3-62　渐开线花键作用齿槽宽 E_V 下偏差和作用齿厚 S_V 上偏差　μm

分度圆直径 D/mm	作用齿槽宽 E_V 下偏差	作用齿厚 S_V 上偏差 es_V					
	基本偏差						
	H	d	e	f	h	js	k
≤6	0	-30	-20	-10	0		
>6~10	0	-40	-25	-13	0		
>10~18	0	-50	-32	-16	0		
>18~30	0	-65	-40	-20	0		
>30~50	0	-80	-50	-25	0		
>50~80	0	-100	-60	-30	0		
>80~120	0	-120	-72	-36	0		
>120~180	0	-145	-85	-43	0	$+\dfrac{(T+\lambda)}{2}$	$+(T+\lambda)$
>180~250	0	-170	-100	-50	0		
>250~315	0	-190	-110	-56	0		
>315~400	0	-210	-125	-62	0		
>400~500	0	-230	-135	-68	0		
>500~630	0	-260	-145	-76	0		
>630~800	0	-290	-160	-80	0		
>800~1000	0	-320	-170	-86	0		

注：当表中的作用齿厚上偏差 es_V 值不能满足需要时，对 30°压力角花键允许采用 GB/T 1800.2—2009《公差、偏差和配合的基本规定》中的基本偏差 c 或 b；对 45°压力角花键，允许采用 e 或 d。总公差（$T+\lambda$）的数值按表 6-3-56 计算。

表 6-3-63　渐开线花键齿侧配合

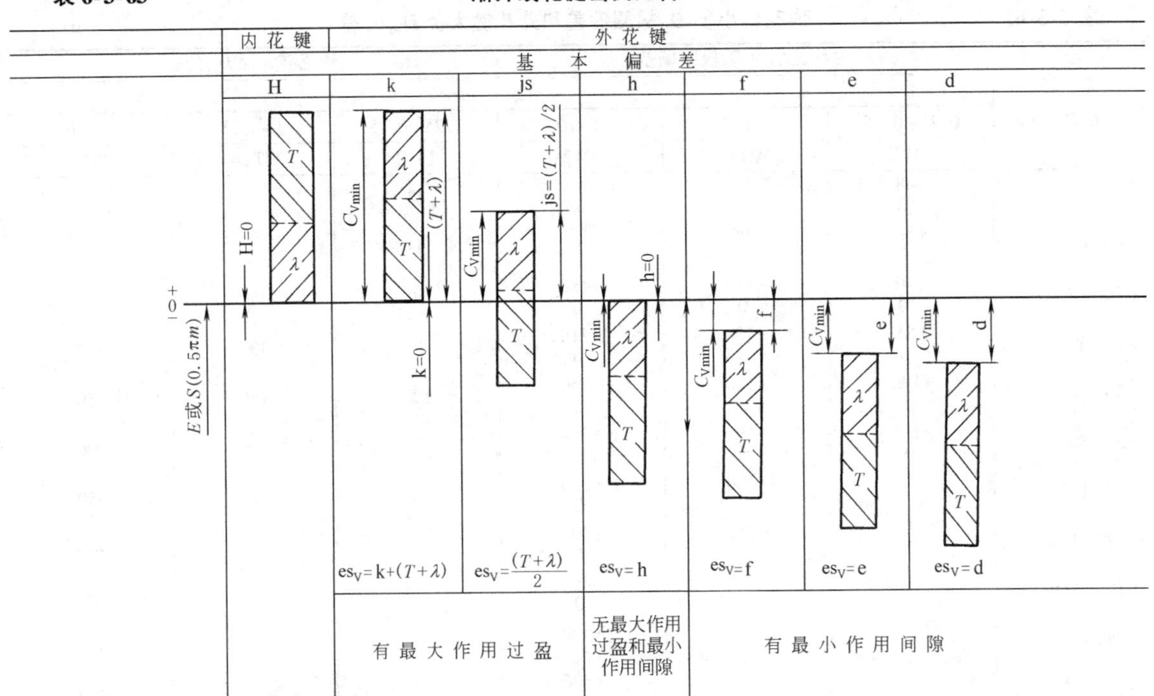

注：1. 花键齿侧配合的性质取决于最小作用侧隙。本标准规定花键连接有 6 种齿侧配合类别，即 H/k、H/js、H/h、H/f、H/e 和 H/d。对 45°标准压力角的花键连接，应优先选用 H/k、H/h 和 H/f。

2. 渐开线花键连接的齿侧配合采用基孔制，即仅用改变外花键作用齿厚上偏差的方法实现不同的配合。

3. 在渐开线花键连接中，键齿侧面既起驱动作用，又有自动定心作用，在结构设计时应考虑到这一特点。

4. 当内、外花键对其安装基准有同轴度误差时，将影响花键齿侧的最小作用间隙，因此应适当调整齿侧配合类别予以补偿。

5. 允许不同公差等级的内、外花键相互配合。

6. 齿距累积误差、齿形误差和齿向误差都会减小作用间隙或增大作用过盈。

3.4.6 渐开线花键的参数标注

① 在零件图样上，应给出制造花键时所需的全部尺寸、公差和参数，列出参数表，表中应给出齿数、模数、压力角、公差等级和配合类别、渐开线终止圆直径最小值或渐开线起始圆直径最大值、齿根圆弧最小曲率半径及其偏差、*M* 值和 *W* 值等项目，必要时画出齿形放大图。

② 花键的检验方法见 GB/T 3478.5，其中对花键的齿槽宽和齿厚规定了三种综合检验法和一种单项检验法（详见 GB/T 3478.5），花键的参数标注与采取检验方法有关。

③ 在有关图样和技术文件中，需要标记时，应符合如下规定。

内花键：INT

外花键：EXT

花键副：INT/EXT

齿数：*z*（前面加齿数值）

模数：*m*（前面加模数值）

30°平齿根：30P

30°圆齿根：30R

37.5°圆齿根：37.5

45°圆齿根：45

45°直线齿形圆齿根：45ST

公差等级：4、5、6、7

配合类别：H（内花键）；k、js、h、f、e、d（外花键）

标准号：GB/T 3478.1—2008

花键副，齿数 24，模数 2.5mm，30°圆齿根，公差等级为 5 级，配合类别为 H/h，标记为

花键副：INT/EXT　24*z*×2.5*m*×30R×5H/5h　GB/T 3478.1—2008

内花键：INT　24*z*×2.5*m*×30R×5H　GB/T 3478.1—2008

外花键：EXT　24*z*×2.5*m*×30R×5h　GB/T 3478.1—2008

花键副，齿数 24，模数 2.5mm，内花键为 30°平齿根，公差等级为 6 级，外花键为 30°圆齿根，公差等级为 5 级，配合类别为 H/h，标记为

花键副：INT/EXT　24*z*×2.5*m*×30P/R×6H/5h　GB/T 3478.1—2008

内花键：INT　24*z*×2.5*m*×30P×6H　GB/T 3478.1—1995

外花键：EXT　24*z*×2.5*m*×30R×5h　GB/T 3478.1—1995

花键副，齿数 24，模数 2.5mm，37.5°圆齿根，公差等级 6 级，配合类别为 H/h，标记为

花键副：INT/EXT　24*z*×2.5*m*×37.5×6H/6h　GB/T 3478.1—2008

内花键：INT　24*z*×2.5*m*×37.5×6H　GB/T 3478.1—2008

外花键：EXT　24*z*×2.5*m*×37.5×6h　GB/T 3478.1—2008

花键副，齿数 24，模数 2.5mm，45°圆齿根，内花键公差等级为 6 级，外花键公差等级为 7 级，配合类别为 H/h，标记为

花键副：INT/EXT　24*z*×2.5*m*×45×6H/7h　GB/T 3478.1—2008

内花键：INT　24*z*×2.5*m*×45×6H　GB/T 3478.1—2008

外花键：EXT　24*z*×2.5*m*×45×7h　GB/T 3478.1—2008

花键副，齿数 24，模数 2.5mm，内花键为 45°直线齿形圆齿根，公差等级为 6 级，外花键为 45°渐开线齿形圆齿根，公差等级为 7 级，配合类别为 H/h，标记为

花键副：INT/EXT　24*z*×2.5*m*×45ST×6H/7h　GB/T 3478.1—2008

内花键：INT　24*z*×2.5*m*×45ST×6H　GB/T 3478.1—2008

外花键：EXT　24*z*×2.5*m*×45×7h　GB/T 3478.1—2008

④ 齿数 24，模数 2.5mm，公差等级 5 级，配合类别 H/h 的内、外花键，选用基本检验方法时的参数见表 6-3-64 和表 6-3-65。

表 6-3-64　**内花键参数**　mm

项　目	代号	数　值	项　目	代号	数　值
齿数	z	24	小径	D_{ii}	$\phi 57.74^{+0.30}_{0}$
模数	m	2.5	齿根圆弧最小曲率半径	R_{imin}	$R0.5$
压力角	α_D	30°	作用齿槽宽最小值	E_{Vmin}	3.927
公差等级和配合类别	5H	5H GB/T 3478.1—1995	实际齿槽宽最大值	E_{max}	4.002
大径	D_{ei}	$\phi 63.75^{+0.30}_{0}$	量棒直径	D_{Ri}	4.75
渐开线终止圆直径最小值	D_{Fimin}	$\phi 63$	棒间距最大值	M_{Rimax}	52.467

注：当用非全齿止端量规检验时，D_{Ri}和M_{Rimax}可不列出。

表 6-3-65　**外花键参数**　mm

项　目	代号	数　值	项　目	代号	数　值
齿数	z	24	小径	D_{ie}	$\phi 56.25^{0}_{-0.30}$
模数	m	2.5	齿根圆弧最小曲率半径	R_{emin}	$R0.5$
压力角	α_D	30°	作用齿厚最大值	S_{Vmax}	3.927
公差等级和配合类别	5h	5h GB/T 3478.1—1995	实际齿厚最小值	S_{min}	3.852
大径	D_{ee}	$\phi 62.50^{0}_{-0.30}$	跨齿数	K	5
渐开线起始圆直径最大值	D_{Femax}	$\phi 57.24$	公法线平均长度最小值	W_{min}	33.336

注：1. 根据产品要求，可增加齿形公差、齿向公差和齿距累积公差的要求。

2. 也可选用跨棒距代替公法线平均长度测量。

3. 当用非全齿止端量规检验时，K和W_{min}可不列出。

第4章 过盈连接

1 过盈连接的方法、特点与应用

表 6-4-1

装配方法		原理	配合面型式	特点与应用
机械压入法		利用工具(如螺旋式、杠杆式、气动式)或压力机(压力范围通常为 10~10000kN)将被包容件装入包容件内	圆柱、圆锥	易擦伤结合表面,降低传递载荷的能力。适用于小或中等过盈量,传递载荷较小的场合,如齿轮、车轮、飞轮、滚动轴承与轴的配合
胀缩法	热胀法	利用火焰(如氧乙炔、液化气可加热至350℃)、加热介质(如沸水可加热到100℃、蒸汽可加热至120℃、油品可加热至320℃)、电阻(如电阻炉可加热至400℃)、感应(可加热至400℃)等加热方式将包容件加热到一定温度,使包容件内孔直径加大,形成装配间隙,然后将被包容件装入包容件内。也可同时加热包容件和冷却被包容件	圆柱、圆锥	不易擦伤结合表面,传递载荷能力高 火焰加热操作简便,但有局部过热的危险,适用于局部受热和膨胀尺寸要求严格控制的中型和大型连接件,如汽轮机、鼓风机、离心压缩机的叶轮与轴配合 介质加热包容件热胀均匀,适用于过盈量小的场合,如滚动轴承、连杆衬套、齿轮等 电阻加热热胀均匀,加热温度易于自动控制,适用于中、小型连接件 感应加热的加热时间短,调节温度方便,热效率高,适用于过盈量大的大型连接件,如汽轮机叶轮、大型压榨机等 干冰冷缩适用于过盈量小的小型零件 低温箱冷缩适用于结合面精度较高的连接,如发动机气门座圈等 液氮冷缩适用于过盈量中等的场合,如发动机主、副衬套等
	冷缩法	利用干冰(可冷至-78℃)、低温箱(可冷至-140℃)、液氮(可冷至-195℃)等冷缩方式将被包容件冷却到一定温度,使被包容件外径减小,形成装配间隙,然后装入包容件内		
油压法		在包容件与被包容件之间的结合面上,压入高压油(油压达 200MPa),使包容件和被包容件在结合处发生弹性变形,形成间隙,压力油在结合面间形成油膜,并用液压装置(图 6-4-13)或机械压推装置(图 6-4-14)等给以轴向推力,当配合件达到所要求位置后,卸去高压油,即可形成过盈连接。对于圆锥形结合面,过盈量是靠被连接件彼此相对轴向移动而获得;对于圆柱形结合面,过盈量大小取决于选出的配合	阶梯圆柱及圆锥 圆柱仅用于拆卸和调整位置	不易擦伤结合表面,便于安装和拆卸,方便维修,装拆时轴向力较小,但制造精度要求高,多用于圆锥轴的装拆。适用于过盈量大的大、中型或需要经常拆卸的连接件,如大型联轴器、船舶螺旋桨、化工机械、机车车轮和轧钢设备;特别适用于连接定位要求严格的连接件,如大型凸轮与轴的连接。一般仅用于钢制零件 对于圆柱面连接,因装配困难,故一般用于拆卸或调整结合位置,如车轮与轴的连接,用胀缩法或机械压入法装配,用油压法拆卸,但阶梯圆柱形可用油压法装拆
螺母压紧法		拧紧螺母,使结合面压紧形成过盈配合(见下图)。连接计算参照表 6-4-10 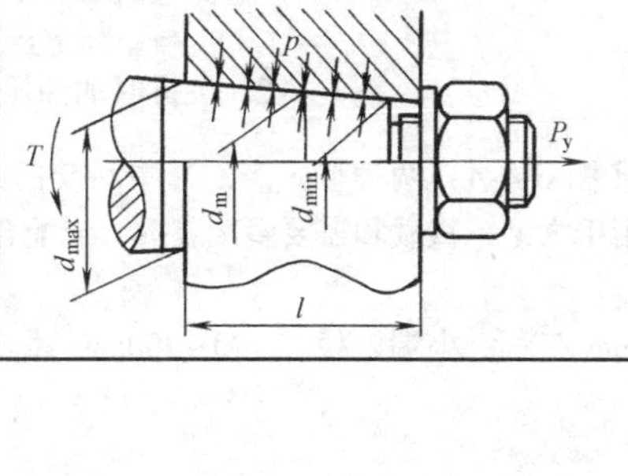 p T P_y d_m d_{min} d_{max} l	圆锥	结合面锥度一般取(1 30)~(1 8),锥度小时,所需轴向力小,但不易拆卸;锥度大时,则反之。多用于轴端连接,有时可作为轴端保护装置

2 过盈连接的设计与计算

以下介绍的过盈连接的计算，只适用于被连接件材料在弹性范围内的过盈连接计算。连接的承载能力主要取决于连接的摩擦力和连接件的强度。

当设计的已知条件件为传递载荷、被连接件的材料、摩擦因数、尺寸和表面粗糙度等时，过盈连接设计的内容如下。

① 根据所需的传递载荷确定最小结合压强 p_{fmin} 及相应的最小过盈量 δ_{min}。

② 根据已知被连接件的材料和尺寸，确定不产生塑性变形的最大结合压强 p_{fmax} 及相应的最大有效过盈量 δ_{emax}。

③ 根据最小过盈量 δ_{min} 和最大有效过盈量 δ_{emax} 的计算结果，确定基本过盈量，选出配合的最大过盈量 $[\delta_{max}]$ 和最小过盈量 $[\delta_{min}]$。

④ 必要时再进行校核计算及被连接件直径变化量的计算。

⑤ 计算过盈连接的装拆参数。

⑥ 确定被连接件的合理结构和装配方法。

过盈连接计算假设如下。

① 零件的应变在弹性范围内，即被连接件的应力低于其材料的屈服极限。

② 被连接件是两个等长厚壁圆筒，其配合面间的压强均匀分布。

③ 包容件与被包容件处于平面应力状态，即轴向应力 $\sigma_z=0$，圆柱面过盈配合的应力分布见图 6-4-1，图中假设，结合面压强为 p_f，包容件与被包容件切向应力为 σ_t，径向应力为 σ_r。

④ 材料弹性模量为常数。

⑤ 计算的强度理论按变形能理论。

圆锥面过盈连接的计算与圆柱面过盈连接相同，但还应注意下列各点。

① 结合直径 d_f 应以平均直径 d_m 代替。

② 通常装拆油压高于实际结合压强，因此，计算材料是否产生塑性变形时，应以装拆油压进行计算。装拆油压是实际结合压强 p_{fmin} 与油压增量 Up_{fmin} 之和，U 是油压增加系数，见图 6-4-2。油压增加系数 U 根据 d_a/d_m 在图中阴影部分确定，由于 U 与结合面的几何形状误差、表面粗糙度、表面质量、安装的正确性等因素有关，所以图中 U 是一个范围，一般装配时取较小值，拆卸时取较大值。

③ 油压拆装时，因结合面间存在油膜，因此装拆时的摩擦因数与连接工作时的摩擦因数不同，计算压入力和压出力时应按装拆时的摩擦因数进行计算。

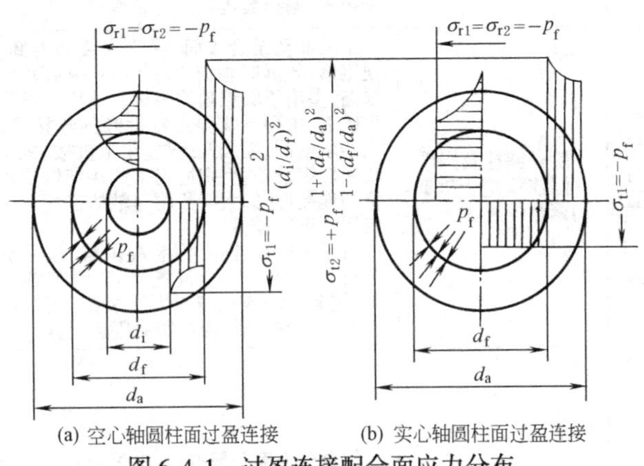

(a) 空心轴圆柱面过盈连接 (b) 实心轴圆柱面过盈连接

图 6-4-1 过盈连接配合面应力分布

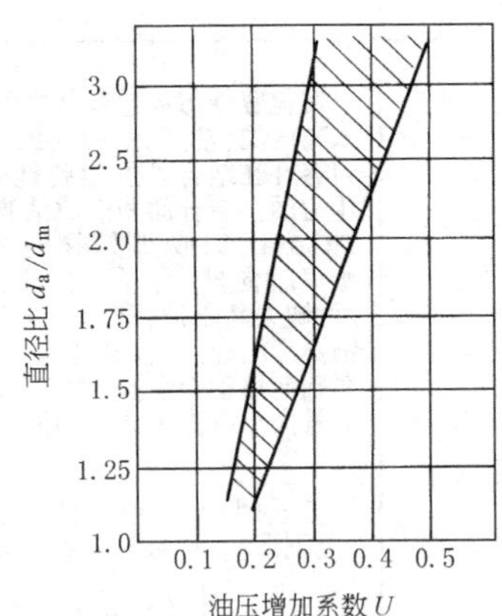

图 6-4-2 装拆时的油压增加系数

圆锥面过盈连接有不带中间套（图 6-4-3）和带中间套（图 6-4-4）两种型式。不带中间套的连接用于中、小尺寸的连接，或不需多次装拆的连接；带中间套的连接多用于大型、重载和需要多次装拆，或配合件之一是铸件（可能有砂眼、气孔等）的连接。

中间套小端内径小于 100mm 者，其小端厚度一般为 2.5mm 左右；小端内径在 100~300mm 者，其小端厚度一般为 2.5~6mm。

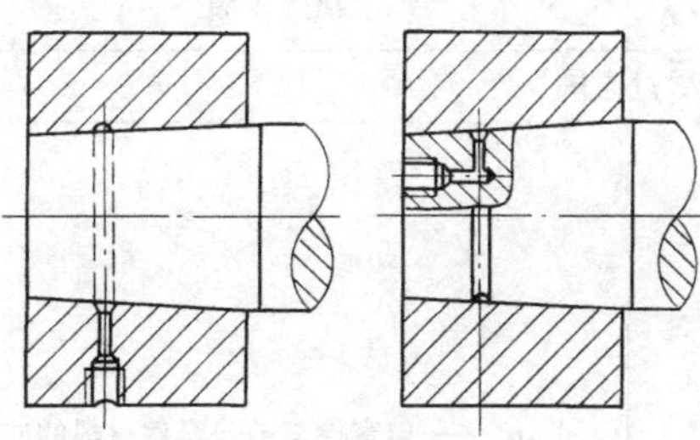

图 6-4-3　不带中间套的过盈连接

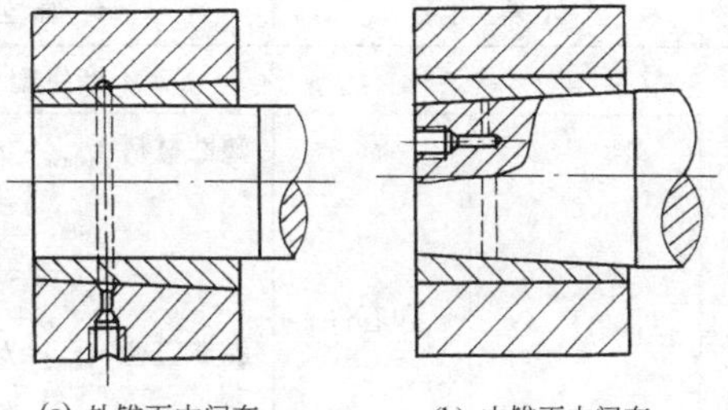

(a) 外锥面中间套　　(b) 内锥面中间套

图 6-4-4　带中间套的过盈连接

2.1　圆柱面过盈连接的计算（摘自 GB/T 5371—2004）

表 6-4-2

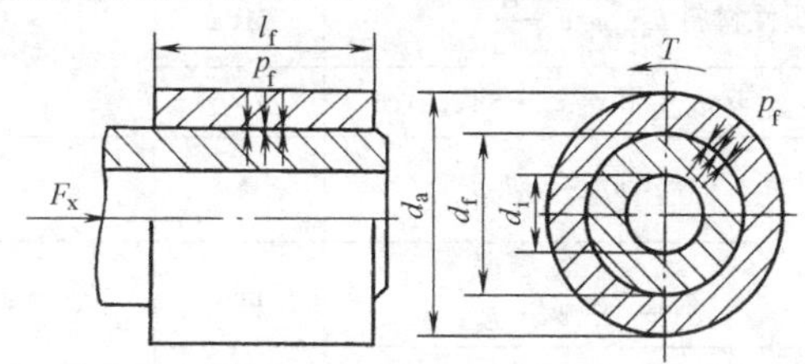

序号	计算项目		计算公式	单位	说明
一、传递载荷所需的最小过盈量					
1	传递载荷所需的最小结合压强	传递转矩	$p_{f\min}=\dfrac{2T}{\pi d_f^2 l_f \mu}$	MPa	T——传递的转矩，N·mm d_f——接合直径，mm l_f——接合长度，mm，一般取 $l_f=(0.9\sim1.6)d_f$ μ——被连接件摩擦副的摩擦因数，见表 6-4-3、表 6-4-4 F_x——传递的轴向力，N F_t——传递力，N
		承受轴向力	$p_{f\min}=\dfrac{F_x}{\pi d_f l_f \mu}$	MPa	
		传递力	$p_{f\min}=\dfrac{F_t}{\pi d_f l_f \mu}$	MPa	
			$F_t=\sqrt{F_x^2+\left(\dfrac{2T}{d_f}\right)^2}$	N	
2	直径比	包容件	$q_a=\dfrac{d_f}{d_a}$		d_a——包容件外径，mm d_i——被包容件内径，mm
3		被包容件	$q_i=\dfrac{d_i}{d_f}$，实心轴 $q_i=0$		
4	传递载荷所需的最小直径变化量	包容件	$e_{a\min}=p_{f\min}d_f\dfrac{C_a}{E_a}$ $C_a=\dfrac{1+q_a^2}{1-q_a^2}+\nu_a$	mm	E——被连接件材料的弹性模量，MPa，见表 6-4-6 ν——被连接件材料的泊松比，见表 6-4-6 下标 a 表示包容件，下标 i 表示被包容件（下同），C 值可查表 6-4-5
5		被包容件	$e_{i\min}=p_{f\min}d_f\dfrac{C_i}{E_i}$ $C_i=\dfrac{1+q_i^2}{1-q_i^2}-\nu_i$	mm	
6	传递载荷所需的最小有效过盈量		$\delta_{e\min}=e_{a\min}+e_{i\min}$	mm	有效过盈量是指过盈连接中起作用的过盈量
7	考虑压平量的所需最小过盈量		用胀缩法装配 $\delta_{\min}=\delta_{e\min}$ 用压入法装配 $\delta_{\min}=\delta_{e\min}+2(S_a+S_i)$ 取 $S_a=1.6R_{aa}$，$S_i=1.6R_{ai}$	mm	S——压平深度（结合面的表面粗糙度被压平部分的深度，见图 6-4-5），mm R_a——轮廓算术平均偏差，mm

续表

序号	计算项目		计算公式	单位	说明
二、不产生塑性变形所允许的最大有效过盈量					
8	不产生塑性变形所允许的最大结合压强	包容件	塑性材料 $p_{\text{famax}}=a\sigma_{\text{sa}}$ $a=\dfrac{1-q_{\text{a}}^{2}}{\sqrt{3+q_{\text{a}}^{4}}}$ 脆性材料 $p_{\text{famax}}=b\dfrac{\sigma_{\text{ba}}}{2\sim3}$ $b=\dfrac{1-q_{\text{a}}^{2}}{1+q_{\text{a}}^{2}}$	MPa MPa	σ_{s}——包容件与被包容件材料的屈服点,MPa σ_{b}——包容件与被包容件材料的抗拉强度,MPa a,b,c——系数,可查图6-4-8
9		被包容件	塑性材料 $p_{\text{fimax}}=c\sigma_{\text{si}}$ $c=\dfrac{1-q_{\text{i}}^{2}}{2}$ 实心轴 $q_{\text{i}}=0$,此时 $c=0.5$ 脆性材料 $p_{\text{fimax}}=c\dfrac{\sigma_{\text{bi}}}{2\sim3}$	MPa MPa	
10		被连接件	p_{fmax}取p_{famax}和p_{fimax}中的较小者		
11	被连接件不产生塑性变形的传递力		$F_{\text{t}}=p_{\text{fmax}}\pi d_{\text{f}}l_{\text{f}}\mu$	N	
12	不产生塑性变形所允许的最大直径变化量	包容件	$e_{\text{amax}}=p_{\text{fmax}}d_{\text{f}}\dfrac{C_{\text{a}}}{E_{\text{a}}}$	mm	
13		被包容件	$e_{\text{imax}}=p_{\text{fmax}}d_{\text{f}}\dfrac{C_{\text{i}}}{E_{\text{i}}}$	mm	
14	被连接件不产生塑性变形所允许的最大有效过盈量		$\delta_{\text{emax}}=e_{\text{amax}}+e_{\text{imax}}$	mm	
三、配合选择					
15	初选基本过盈量		一般情况下,取 $\delta_{\text{b}}\approx\dfrac{\delta_{\min}+\delta_{\text{emax}}}{2}$;要求有较多的连接强度储备时,取 $\delta_{\text{emax}}>\delta_{\text{b}}>\dfrac{\delta_{\min}+\delta_{\text{emax}}}{2}$;要求有较多的被连接件材料强度储备时,取 $\delta_{\min}<\delta_{\text{b}}<\dfrac{\delta_{\min}+\delta_{\text{emax}}}{2}$		δ_{b}——基本过盈量(选择过盈配合的基准值。基孔制时,其值等于轴的基本偏差的绝对值;基轴制时,其值等于孔的基本偏差的绝对值),mm,见图6-4-6
16	确定基本偏差代号		按 δ_{b} 及 d_{f} 由图6-4-7查出		
17	选定配合		按基本偏差代号和 δ_{emax}、$\delta_{\min}$ 查 GB/T 1801 和 GB/T 1800.4 确定选用的配合和孔、轴公差带。要求选出配合的最大和最小过盈量能满足: $[\delta_{\max}]\leqslant\delta_{\text{emax}}$(保证连接件不产生塑性变形) $[\delta_{\min}]>\delta_{\min}$(保证过盈连接传递给定载荷)		选择配合种类时,在过盈量的上、下限范围内常有几种配合可供选用,一般应选择其最小过盈$[\delta_{\min}]$等于或稍大于所需过盈$\delta_{\min}$的配合;$[\delta_{\min}]$过大会增加装配困难。选择较高精度的配合,其实际过盈变动范围较小,连接性能较稳定,但加工要求较高。配合精度较低时,虽可降低加工精度要求,但实际配合过盈变动范围较大,如成批生产,则各连接的承载能力和装配性能相差较大,这时,宜分组选择装配,既可保证加工的经济性,又可使各连接的过盈量接近 当包容件和被包容件的工作温度不同时,应计入温差引起的过盈量的变化,见表注1 当工作角速度很高时,应考虑由于离心力使配合过盈减小而引起连接可靠性降低的情况

续表

序号	计算项目		计算公式	单位	说明
			四、校核计算(需要时进行)		
18	过盈连接的最小传递力		$F_{tmin}=[p_{fmin}]\pi d_f l_f \mu \geqslant F_t$ $[p_{fmin}]=\dfrac{[\delta_{min}]-2(S_a+S_i)}{d_f(C_a/E_a+C_i/E_i)}$	N MPa	
19	连接件的最大应力	包容件	塑性材料 $\sigma_{amax}=\dfrac{[p_{fmax}]}{a}\leqslant\sigma_{sa}$ 脆性材料 $\sigma_{amax}=\dfrac{[p_{fmax}]}{b}\leqslant\sigma_{sa}$ $[p_{fmax}]=\dfrac{[\delta_{max}]}{d_f(C_a/E_a+C_i/E_i)}$	MPa MPa MPa	
20		被包容件	$\sigma_{imax}=\dfrac{[p_{fmax}]}{c}\leqslant\sigma_{si}$	MPa	
			五、被连接件的直径变化量(需要时求)		
21	包容件的外径增大量		$\Delta d_a=\dfrac{2p_f d_a q_a^2}{E_a(1-q_a^2)}$	mm	p_f 取$[p_{fmax}]$与$[p_{fmin}]$分别计算,其结果为最大增大(减小)量和最小增大(减小)量
22	被包容件的内径减小量		$\Delta d_i=\dfrac{2p_f d_i}{E_i(1-q_i^2)}$	mm	
			六、过盈连接的装配参数		
23	采用压入法时	需要的压入力	$P_{xi}=[p_{fmax}]\pi d_f l_f \mu$	N	Δ——装配的最小间隙,mm,见表 6-4-7 α——材料的线胀系数,见表 6-4-6 e_{it}——被包容件外径的冷缩量,为实际过盈量与冷装的最小间隙之和,mm t——装配环境的温度见图 6-4-9,℃
24		需要的压出力	$P_{xe}=(1.3\sim1.5)P_{xi}$	N	
25	采用胀缩法时	包容件加热温度	$t_2=\dfrac{[\delta_{max}]+\Delta}{\alpha_a d_f}+t$	℃	
26		被包容件冷却温度	$t_1=\dfrac{e_{it}}{\alpha_i d_f}+t$	℃	

注：1. 包容件和被包容件的工作温度不同时，温差引起的过盈量变化为

$$\delta_t=[\alpha_a(t_a-t_g)-\alpha_i(t_i-t_g)]d_f\ \text{(mm)}$$

式中 t_i，t_a——被包容件和包容件的工作温度,℃；

t_g——工作环境温度,℃。

2. 压装设备应有足够的压力吨位，该值约为压出力的 2.5 倍。

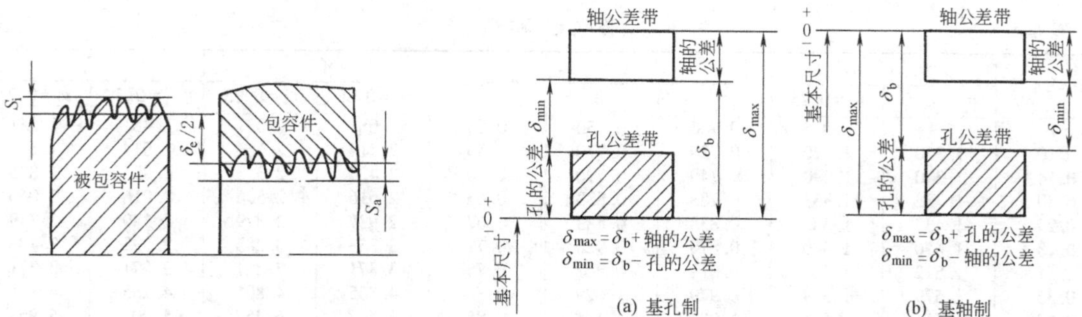

图 6-4-5 过盈连接压平深度

图 6-4-6 公差带

第6篇

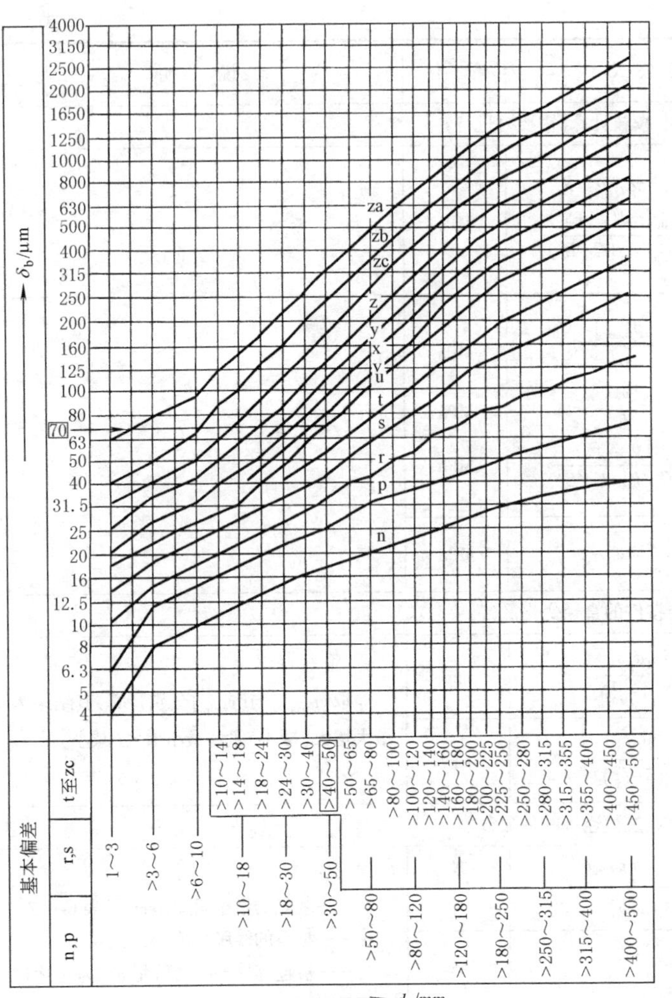

图 6-4-7 配合选择

图 6-4-8 a、b、c 线图

a—用于塑性材料包容件；

b—用于脆性材料包容件；

c—用于塑性或脆性材料被包容件

表 6-4-3 纵向过盈连接的摩擦因数 μ

材料	摩擦因数 μ	
	无润滑	有润滑
钢-钢	0.07~0.16	0.05~0.13
钢-铸钢	0.11	0.08
钢-结构钢	0.10	0.07
钢-优质结构钢	0.11	0.08
钢-青铜	0.15~0.2	0.03~0.06
钢-铸铁	0.12~0.15	0.05~0.1
铸铁-铸铁	0.15~0.25	0.05~0.1

表 6-4-4 横向过盈连接的摩擦因数 μ

材料	结合方式、润滑	摩擦因数 μ
钢-钢	油压扩径，压力油为矿物油	0.125
	油压扩径，压力油为甘油，结合面排油干净	0.18
	在电炉中加热包容件至300℃	0.14
	在电炉中加热包容件至300℃以后，结合面脱脂	0.2
钢-铸铁	油压扩径，压力油为矿物油	0.1
钢-铝镁合金	无润滑	0.10~0.15

表 6-4-5 系数 C_a 和 C_i

q_a 或 q_i	C_a		C_i		q_a 或 q_i	C_a		C_i	
	$\nu_a=0.30$	$\nu_a=0.25$	$\nu_i=0.3$	$\nu_i=0.25$		$\nu_a=0.30$	$\nu_a=0.25$	$\nu_i=0.3$	$\nu_i=0.25$
0	—	—	0.700	0.750	0.53	2.081	2.031	1.481	1.531
0.10	1.320	1.270	0.720	0.770	0.56	2.214	2.164	1.614	1.664
0.14	1.340	1.290	0.740	0.790	0.60	2.425	2.375	1.825	1.875
0.20	1.383	1.333	0.783	0.833	0.63	2.616	2.566	2.016	2.066
0.25	1.433	1.383	0.833	0.883	0.67	2.929	2.879	2.329	2.379
0.28	1.470	1.420	0.870	0.920	0.71	3.333	3.283	2.733	2.783
0.31	1.512	1.462	0.912	0.962	0.75	3.871	3.821	3.271	3.321
0.35	1.579	1.529	0.979	1.029	0.80	4.855	4.805	4.255	4.305
0.40	1.681	1.631	1.081	1.131	0.85	6.507	6.457	5.907	5.957
0.45	1.808	1.758	1.208	1.258	0.90	9.826	9.776	9.226	9.276
0.50	1.967	1.917	1.367	1.417					

表 6-4-6　　常用材料的弹性模量、泊松比和线胀系数

材料	弹性模量 E /MPa ≈	泊松比 ν ≈	线胀系数 $\alpha/10^{-6}℃^{-1}$	
			加热 ≈	冷却 ≈
碳钢、低合金钢、合金结构钢	200000～235000	0.3～0.31	11	-8.5
灰口铸铁 HT150、HT200	70000～80000	0.24～0.25	10	-8
灰口铸铁 HT250、HT300	105000～130000	0.24～0.26	10	-8
可锻铸铁	90000～100000	0.25	10	-8
非合金球墨铸铁	160000～180000	0.28～0.29	10	-8
青铜	85000	0.35	17	-15
黄铜	80000	0.36～0.37	18	-16
铝合金	69000	0.32～0.36	21	-20
镁合金	40000	0.25～0.3	25.5	-25

表 6-4-7　　装配的最小间隙

mm

结合直径 d_f	≤3	>3～6	>6～10	>10～18	>18～30	>30～50	>50～80
最小间隙 Δ	0.003	0.006	0.010	0.018	0.030	0.050	0.059
结合直径 d_f	>80～120	>120～180	>180～250	>250～315	>315～400	>400～500	—
最小间隙 Δ	0.069	0.079	0.090	0.101	0.111	0.123	—

注：表中 d_f>30mm 的最小间隙按间隙配合 H7/g6 的最大间隙列出。

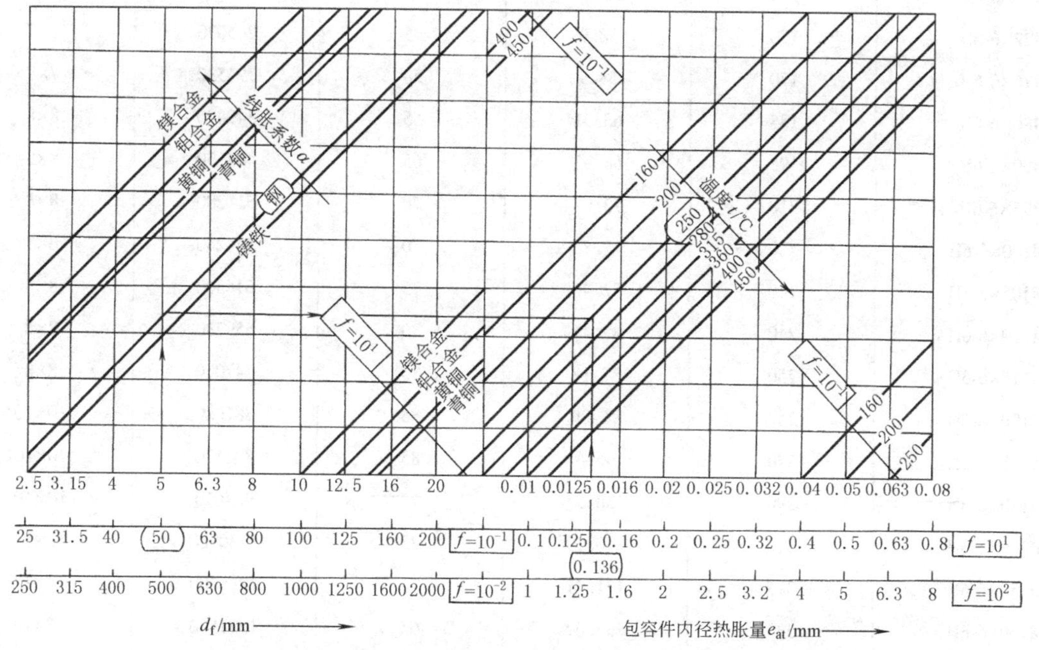

查图计算示例：包容件为钢，d_f=50mm，采用加热包容件的方式装配，热装的最小间隙为 0.136mm，则从图中可得出包容件的加热温度 $t=250\times10^{-1}\times10^{1}=250℃$

图 6-4-9　包容件加热温度计算

（计算结果应乘以图表中与所用各参数数列相对应的以 10 为底的幂）

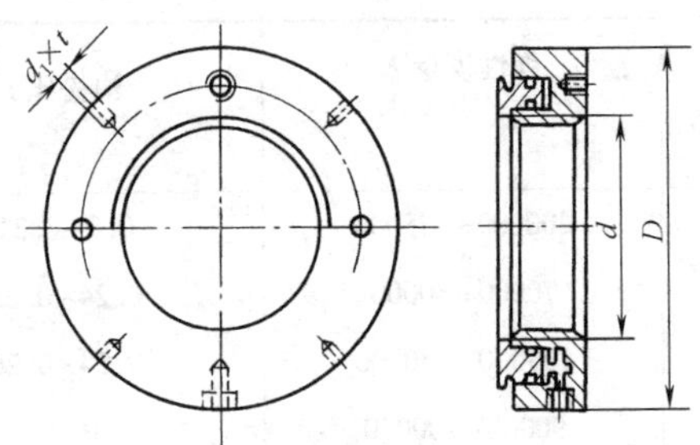

表 6-4-8　液压螺栓拉伸器的规格与参数

连接螺纹直径 d /mm	外径 D /mm	活塞面积 F /cm^2	最大工作压力 p /MPa	最大拉伸力 /N	扳手孔 $d_1 \times t$/mm
M36×4-6H	105	20.4	32	65340	6×6
M42×4.5-6H	115	23.56	37	87180	6×6
M48×5-6H	125	26.7	45	120170	6×6
M52×5-6H	130	28.27	50	141370	6×6
M56×5.5-6H	140	38.28	42	160800	6×6
M64×6-6H	150	49.48	42	207820	7×7
M68×6-6H	160	54.19	45	243860	7×7
M72×6-6H	170	58.9	45	265070	7×7
M76×6-6H	170	58.9	50	294530	7×7
M80×6-6H	185	63.61	55	349890	8×8
M90×6-6H	195	68.33	65	444150	8×8
M95×6-6H	210	73.04	70	511280	8×8
M100×6-6H	220	77.75	70	544280	8×8
M105×6-6H	240	82.46	75	618500	8×8
M110×6-6H	240	82.46	80	659730	8×8
M115×6-6H	250	87.18	85	741020	8×8
M120×6-6H	260	91.89	85	781080	10×10
M125×6-6H	270	96.6	85	821130	10×10
M130×6-6H	290	138.23	70	967610	10×10
M140×6-6H	310	150.79	75	1130980	12×12
M150×6-6H	315	171.41	75	1285600	12×12
M160×6-6H	330	235.62	65	1531530	12×12
M170×6-6H	380	287.26	60	1723560	15×15
M175×6-6H	400	292.17	60	1753010	15×15
M180×6-6H	400	292.17	65	1899100	15×15
M190×6-6H	400	292.17	70	2045180	15×15

续表

连接螺纹直径 d /mm	外径 D /mm	活塞面积 F /cm^2	最大工作压力 p /MPa	最大拉伸力 /N	扳手孔 $d_1 \times t$/mm
M200×6-6H	430	311	70	2177130	15×15
M220×6-6H	470	362.44	70	2537130	18×18
M250×6-6H	520	431.87	70	3021340	18×18

注：液压螺栓拉伸器的应用示例见图 6-4-10。

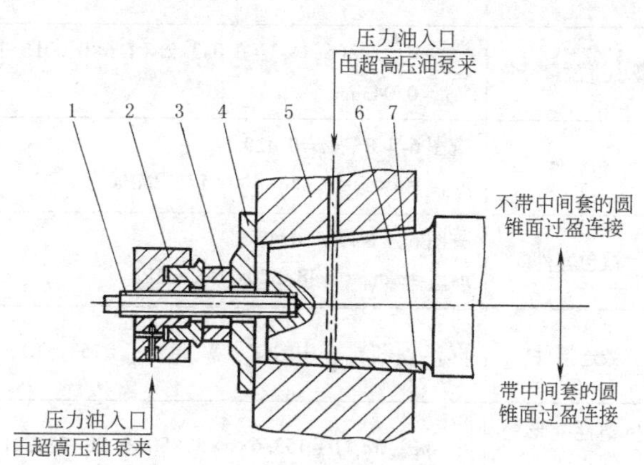

图 6-4-10　液压螺栓拉伸器

1—螺杆；2—液压螺栓拉伸器；3—隔套；4—压板；5—包容件；6—被包容件；7—中间套

2.2　圆柱面过盈连接的计算举例

表 6-4-9

已知条件：
装配方式为压入法或热装法

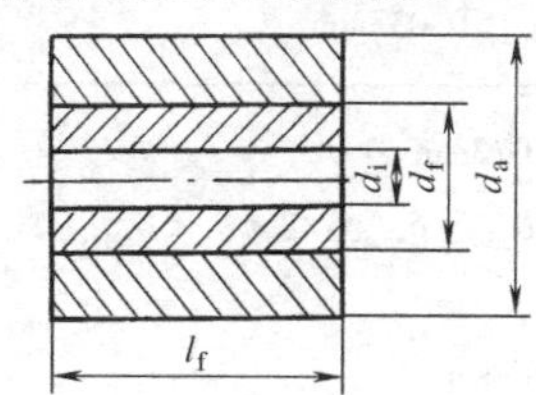

包容件材料为 45 钢
被包容件材料为 35 钢
包容件外径 $d_a = 100$mm
结合直径 $d_f = 50$mm
被包容件内径 $d_i = 10$mm
结合长度 $l_f = 80$mm
表面粗糙度微观不平度十点高度
$R_{aa} = R_{ai} = 0.0016$mm

被连接件摩擦副的摩擦因数(钢-钢,无润滑)$\mu = 0.11$
包容件和被包容件材料的弹性模量
$E_a = E_i = 210000$MPa
包容件和被包容件材料的泊松比
$\nu_a = \nu_i = 0.3$
包容件材料的屈服点 $\sigma_{sa} = 400$MPa
被包容件材料的屈服点 $\sigma_{si} = 320$MPa
传递力 $F_t = 70000$N

序号	计算内容			计算公式和计算结果
1	传递载荷所需的最小过盈量	传递载荷所需的最小接合压强		$p_{fmin} = \frac{F_t}{\pi d_f l_f \mu} = \frac{70000}{\pi \times 50 \times 80 \times 0.11} = 50.6$MPa
2		直径比	包容件	$q_a = \frac{d_f}{d_a} = \frac{50}{100} = 0.5$
3			被包容件	$q_i = \frac{d_i}{d_f} = \frac{10}{50} = 0.2$
4		传递载荷所需的最小直径变化量	包容件	查表 6-4-5 得 $C_a = 1.967$ $e_{amin} = p_{fmin} \frac{d_f}{E_a} C_a = 50.6 \times \frac{50}{210000} \times 1.967 = 0.024$mm

续表

序号	计算内容			计算公式和计算结果
5	传递载荷所需的最小过盈量	传递载荷所需的最小直径变化量	被包容件	查表 6-4-5 得 $C_i=0.783$ $e_{imin}=p_{fmin}\dfrac{d_f}{E_i}C_i=50.6\times\dfrac{50}{210000}\times0.783=0.009\text{mm}$
6		传递载荷所需的最小有效过盈量		$\delta_{emin}=e_{amin}+e_{imin}=0.024+0.009=0.033\text{mm}$
7		考虑压平后的最小过盈量		$\delta_{min}=\delta_{emin}+2(S_a+S_i)=0.033+2\times(1.6\times0.0016+1.6\times0.0016)$ $=0.043\text{mm}$
8	不产生塑性变形的最大有效过盈量	不产生塑性变形所允许的最大接合压强	包容件	查图 6-4-8 得 $a=0.428$ $p_{famax}=a\ \sigma_{sa}=0.428\times400=171.2\text{MPa}$
9			被包容件	查图 6-4-8 得 $c=0.48$ $p_{fimax}=c\ \sigma_{si}=0.48\times320=153.6\text{MPa}$
10			被连接件	取 p_{famax} 和 p_{fimax} 中的较小者，则 $p_{fmax}=153.6\text{MPa}$
11		被连接件不产生塑性变形的最大传递力		$F_t=p_{fmax}\pi d_f l_f \mu=153.6\times\pi\times50\times80\times0.11=212321\text{N}$
12		不产生塑性变形所允许的最大直径变化量	包容件	$e_{amax}=\dfrac{p_{fmax}d_f}{E_a}C_a=\dfrac{153.6\times50}{210000}\times1.967=0.072\text{mm}$
13			被包容件	$e_{imax}=\dfrac{p_{fmax}d_f}{E_i}C_i=\dfrac{153.6\times50}{210000}\times0.783=0.029\text{mm}$
14		被连接件不产生塑性变形所允许的最大有效过盈量		$\delta_{emax}=e_{amax}+e_{imax}=0.072+0.029=0.101\text{mm}$
15	选择配合	选择配合的要求		$[\delta_{min}]>0.043\text{mm}$，$[\delta_{max}]\leqslant0.101\text{mm}$ 胀缩法装配时 $\delta_{min}=\delta_{emin}=0.033\text{mm}$，则 $[\delta_{min}]>0.033\text{mm}$
16		初选基本过盈量		$\delta_b\approx(\delta_{min}+\delta_{emax})/2=(0.043+0.101)/2=0.072\text{mm}$ 若要求较多的连接强度储备时，可取 $(\delta_{min}+\delta_{emax})/2<\delta_b<\delta_{emax}$，此时取 $\delta_b=0.081\text{mm}$ 胀缩法装配时 $\delta_b\approx(0.033+0.101)/2=0.067\text{mm}$
17		确定基本偏差代号		取 $\delta_b=0.07\text{mm}$ 根据 δ_b 和 d_f，从图 6-4-7 中查出相应的基本偏差代号“u”
18		确定公差等级		采用的公差：孔为 IT7，轴为 IT6
19		选定配合		H7/u6
20		对选定配合进行复核计算		根据 GB/T 1800.3—1998 查出：代号“u”的基本偏差为 0.07mm IT7=0.025mm，IT6=0.016mm $[\delta_{max}]=0.07+0.016=0.086\text{mm}<0.101\text{mm}$ $[\delta_{min}]=0.07-0.025=0.045\text{mm}>0.043\text{mm}$

续表

序号	计算内容			计算公式和计算结果
21	装拆力及装配温度	需要的压入力		取$[\delta_{max}]=0.086mm$ $[p_{fmax}]=\frac{[\delta_{max}]}{d_f(C_a/E_a+C_i/E_i)}=\frac{0.086}{50(1.967/210000+0.783/210000)}\approx131.3MPa$ $P_{xi}=[p_{fmax}]\pi d_f l_f\mu=131.3\times\pi\times50\times80\times0.11=181.5kN$
22		需要的压出力		$P_{xe}=(1.3\sim1.5)P_{xi}=(1.3\sim1.5)\times181.5=235.95\sim272.25kN$
23		采用热装法时,包容件的加热温度		$e_{at}=[\delta_{max}]+\Delta$,由表6-4-7查热装的最小间隙$\Delta=0.05mm$,由表6-4-6查线胀系数$\alpha_a=11\times10^{-6}$ ℃$^{-1}$ $t_r=\frac{e_{at}}{\alpha_a d_f}=\frac{0.086+0.05}{11\times10^{-6}\times50}=247.27$℃ 也可根据$d_f=50mm$,$e_{at}=0.136mm$,由图6-4-9查出 $t=250\times10^{-1}\times10=250$℃
24	校核计算(需要时进行)	最小传递力		取$[\delta_{min}]=0.045mm$ $[p_{fmin}]=\frac{[\delta_{min}]-2(S_a+S_i)}{d_f(C_a/E_a+C_i/E_i)}=\frac{0.045-2\times(0.4\times0.0063+0.4\times0.0063)}{50\times(1.967/210000+0.783/210000)}$ $\approx53.3MPa$ $F_{tmin}=[p_{fmin}]\pi d_f l_f\mu=53.3\times\pi\times50\times80\times0.11=73.7N$ 故$F_{tmin}>F_t$满足设计要求
25		实际最大应力	包容件	$\sigma_{amax}=\frac{[p_{fmax}]}{a}=\frac{131.3}{0.428}=306.8MPa<\sigma_{sa}$
26			被包容件	$\sigma_{imax}=\frac{[p_{fmax}]}{c}=\frac{131.3}{0.48}=273.5MPa<\sigma_{si}$
27	被连接件的直径变化量	包容件的外径增大量		$\Delta d_{amax}=\frac{2[p_{fmax}]d_a q_a^2}{E_a(1-q_a^2)}$ $=\frac{2\times131.3\times100\times0.5^2}{210000\times(1-0.5^2)}=0.0417mm$ $\Delta d_{amin}=\frac{2[p_{fmin}]d_a q_a^2}{E_a(1-q_a^2)}$ $=\frac{2\times53.3\times100\times0.5^2}{210000\times(1-0.5^2)}=0.0169mm$
28		被包容件的内径减小量		$\Delta d_{imax}=\frac{2[p_{fmax}]d_i}{E_i(1-q_i^2)}$ $=\frac{2\times131.3\times10}{210000\times(1-0.2^2)}=0.013mm$ $\Delta d_{imin}=\frac{2[p_{fmin}]d_i}{E_i(1-q_i^2)}$ $=\frac{2\times53.3\times10}{210000\times(1-0.2^2)}=0.0053mm$

2.3 圆锥面过盈连接的计算（摘自 GB/T 15755—1995）

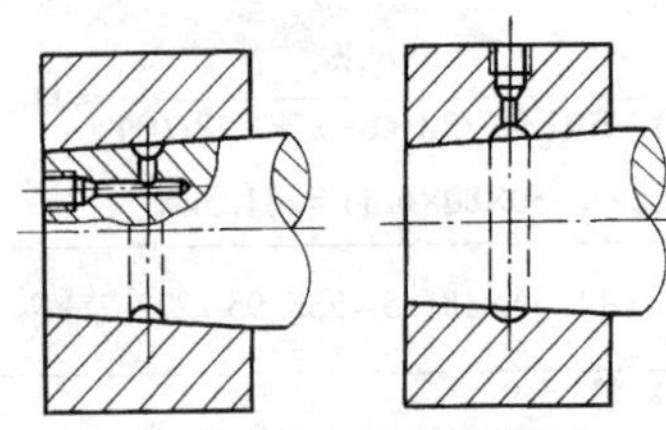

(a) 不带中间套的圆锥过盈连接

（用于中、小尺寸，或不需多次装拆的连接）

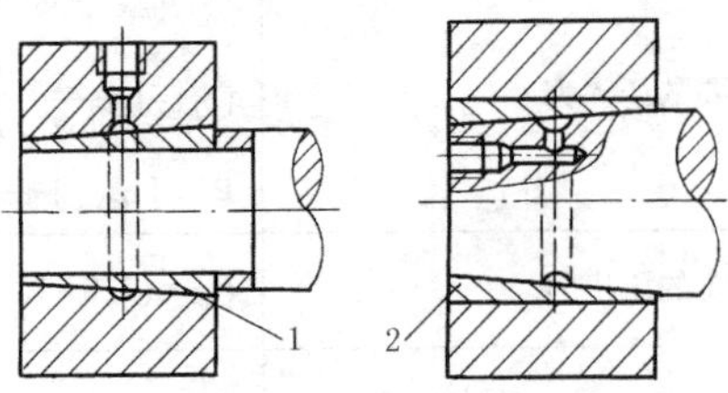

(b) 带中间套的圆锥过盈连接

（用于大型、重载和需多次装拆的连接）

1—带外锥面中间套；2—带内锥面中间套

表 6-4-10

序号	计算内容		计算公式	单位	说明
	一、传递载荷所需的最小过盈量				T——传递的转矩，N·mm F_x——传递的轴向力，N d_m——圆锥面结合平均直径，mm，$d_m=\frac{1}{2}(d_{f1}+d_{f2})$ d_{f1}，d_{f2}——圆锥结合面小端和大端直径，mm l_f——结合长度，推荐 $l_f\leqslant 1.5d_m$ μ——被连接件摩擦副的摩擦因数，见表 6-4-3、表 6-4-4，推荐 $\mu=0.12$ K——安全系数，根据连接的重要程度决定，推荐 $K=1.2\sim3$ F_t——传递力，N，$F_t=\sqrt{F_x^2+(2T/d_m)^2}$ d_a——包容件外径（最大外径），mm d_i——被包容件内径（最小直径），mm E_a——包容件材料的弹性模量，MPa，查表 6-4-6 E_i——被包容件材料的弹性模量，MPa，查表 6-4-6 $C_a=\frac{1+q_a^2}{1-q_a^2}+\nu_a$，见表 6-4-5 $C_i=\frac{1+q_i}{1-q_i}-\nu_i$，见表 6-4-5 $S_a=1.6R_{aa}$（不带中间套） $S_a=1.6(R_{aa}+R_{aaa})$（带中间套） $S_i=1.6R_{ai}$（不带中间套） $S_i=1.6(R_{ai}+R_{aii})$（带中间套） ν_a、ν_i——被连接件材料的泊松比，查表 6-4-6 $a=\frac{1-q_a^2}{\sqrt{3+q_a^4}}$，$b=\frac{1-q_a^2}{1+q_a^2}$ a、b 值可查图 6-4-8 $c=\frac{1-q_i^2}{2}$，c 值可查图 6-4-8；当实心轴 $q_i=0$ 时，$c=0.5$ σ_{sa}，σ_{si}——包容件和被包容件材料的屈服点，MPa σ_{ba}，σ_{bi}——包容件和被包容件材料的抗拉强度，MPa $[\delta_{max}]$，$[\delta_{min}]$——满足连接要求的最大过盈量和最小过盈量
1	传递载荷所需的最小结合压强	传递转矩 T 时	$p_{fmin}=\frac{2TK}{\pi d_m^2 l_f\mu}$	MPa	
		传递轴向力 F_x 时	$p_{fmin}=\frac{F_x K}{\pi d_m l_f\mu}$		
		同时传递 T 和 F_x 时	$p_{fmin}=\frac{F_t K}{\pi d_m l_f\mu}$		
2	直径比	包容件	$q_a=\frac{d_m}{d_a}$		
3		被包容件	$q_i=\frac{d_i}{d_m}$，实心轴 $q_i=0$		
4	传递载荷所需的最小直径变化量	包容件	$e_{amin}=p_{fmin}\frac{d_m}{E_a}C_a$	mm	
5		被包容件	$e_{imin}=p_{fmin}\frac{d_m}{E_i}C_i$		
6	传递载荷所需的最小有效过盈量		$\delta_{emin}=e_{amin}+e_{imin}$		
7	考虑压平量后的所需最小过盈量		$\delta_{min}=\delta_{emin}+2(S_a+S_i)$		
	二、不产生塑性变形所允许的最大过盈量				
8	不产生塑性变形所允许的最大接合压强	包容件	塑性材料 $p_{famax}=a\sigma_{sa}$ 脆性材料 $p_{famax}=b\frac{\sigma_{ba}}{2\sim3}$	MPa	
9		被包容件	塑性材料 $p_{fimax}=c\sigma_{si}$ 脆性材料 $p_{fimax}=c\frac{\sigma_{bi}}{2\sim3}$		
10		被连接件	p_{fmax} 取 p_{famax} 和 p_{fimax} 中较小者		
11	被连接件不产生塑性变形的传递力		$F_t=p_{fmax}\pi d_m l_f\mu$	N	
12	不产生塑性变形所允许的最大直径变化量	包容件	$e_{amax}=\frac{p_{fmax}d_m}{E_a}C_a$	mm	
13		被包容件	$e_{imax}=\frac{p_{fmax}d_m}{E_i}C_i$		
14	被连接件不产生塑性变形所允许的最大有效过盈量		$\delta_{emax}=e_{amax}+e_{imax}$		
	三、选择配合				
15	满足连接要求的过盈量	保证过盈连接传递给定的载荷	$[\delta_{min}]>\delta_{min}$	mm	
		保证被连接件不产生塑性变形	$[\delta_{max}]\leqslant\delta_{emax}$		

续表

<table>
<tr><th>序号</th><th colspan="3">计算内容</th><th>计算公式</th><th>单位</th><th>说明</th></tr>
<tr><td rowspan="8">16</td><td rowspan="5">结构型圆锥过盈配合</td><td rowspan="3">确定基本过盈量</td><td>一般情况</td><td>$\delta_b \approx (\delta_{min}+\delta_{emax})/2$</td><td rowspan="3">mm</td><td rowspan="8">δ_b——基本过盈量(选择过盈配合的基准值。基孔制时,其值等于轴的基本偏差的绝对值;基轴制时,其值等于孔的基本偏差的绝对值),mm,见图6-4-6
选择配合种类时,在过盈量的上、下限范围内常有几种配合可供选用,一般应选择其最小过盈[δ_{min}]等于或稍大于所需过盈 δ_{min} 的配合;[δ_{min}]过大会增加装配困难。选择较高精度的配合,其实际过盈变动范围较小,连接性能较稳定,但加工要求较高。配合精度较低时,虽可降低加工精度要求,但实际配合过盈变动范围较大,如成批生产,则各连接的承载能力和装配性能相差较大,这时,宜分组选择装配,既可保证加工的经济性,又可使各连接的过盈量接近
当包容件和被包容件的工作温度不同时,应计入温差引起的过盈量的变化,见表6-4-2注1
当工作角速度很高时,应考虑由于离心力使配合过盈减小而引起连接可靠性降低的情况</td></tr>
<tr><td>要求有较多的连接强度储备</td><td>$\delta_{emax}>\delta_b>(\delta_{min}+\delta_{emax})/2$</td></tr>
<tr><td>要求有较多的被连接件材料强度储备</td><td>$\delta_{min}<\delta_b<(\delta_{min}+\delta_{emax})/2$</td></tr>
<tr><td colspan="2">确定配合基本偏差代号</td><td>根据基本过盈量 δ_b 和以基本圆锥直径(一般取最大圆锥直径 d_{f2})为基本尺寸由图6-4-7查出</td><td></td></tr>
<tr><td colspan="2">选取内、外圆锥直径的配合和公差</td><td>根据基本偏差代号、基本圆锥直径和 δ_{emax}、δ_{min} 由GB/T 1801确定</td><td></td></tr>
<tr><td rowspan="3">位移型圆锥过盈配合</td><td colspan="2">选取内、外圆锥直径的配合和公差</td><td>按GB/T 1800和GB/T 1801选取,推荐选用IT7、IT6公差等级的H、h、JS、js配合</td><td></td></tr>
<tr><td colspan="2">对基面距有要求的圆锥过盈配合</td><td>根据基面距的尺寸公差要求,按GB/T 12360计算选取内、外圆锥直径公差带</td><td></td></tr>
<tr><td colspan="2">所选配合的最大过盈量[δ_{max}]和最小过盈量[δ_{min}]</td><td>按GB/T 1801给出的极限偏差计算</td><td>mm</td></tr>
<tr><td colspan="7">四、油压装拆参数</td></tr>
<tr><td rowspan="2">17</td><td colspan="2" rowspan="2">中间套尺寸(不带中间套不需计算)</td><td>外锥面中间套</td><td>$d_{fi1}=1.03d+3$
$d_{fi2}=d_{fi1}+Cl_f$</td><td rowspan="2">mm</td><td rowspan="3">d——中间套圆柱面直径,mm
d_{fi1},d_{fi2}——被包容件结合面的小端、大端直径,mm
C——圆锥过盈连接锥度,推荐选用1∶20、1∶30、1∶50</td></tr>
<tr><td>内锥面中间套</td><td>$d_{fi2}=0.97d-3$
$d_{fi1}=d_{fi2}-Cl_f$</td></tr>
<tr><td>18</td><td colspan="3">中间套与相关件圆柱面配合</td><td>外锥面中间套:
推荐 $d\leqslant100$mm 时按 $\frac{G6}{h5}$
100mm<$d\leqslant200$mm 时按 $\frac{G7}{h6}$
$d>200$mm 时按 $\frac{G7}{h7}$
内锥面中间套:
推荐 $d\leqslant100$mm 时按 $\frac{H6}{n5}$
$d>100$mm 时按 $\frac{H7}{p6}$</td><td></td></tr>
</table>

续表

序号	计算内容		计算公式	单位	说明
19	中间套与相关件圆柱面配合极限间隙		按 GB/T 1801 的规定计算 $X_{\min}$、$X_{\max}$	mm	计算中间套变形所需压力时，按最大间隙
20	轴向位移的极限值(压入行程)	不带中间套	$E_{\text{amin}}=\frac{1}{C}[\delta_{\min}]$ $E_{\text{amax}}=\frac{1}{C}[\delta_{\max}]$	mm	轴向位移公差 $T_E=E_{\text{amax}}-E_{\text{amin}}$
		带中间套	$E_{\text{amin}}=\frac{1}{C}([\delta_{\min}]+X_{\max})$ $E_{\text{amax}}=\frac{1}{C}([\delta_{\max}]+X_{\max})$		
21	装配时中间套变形所需压强		$\Delta p_f=\frac{EX_{\max}}{2d}\left[1-\left(\frac{d}{d_m}\right)^2\right]$	MPa	E——中间套材料的弹性模量，MPa
22	实际最大结合压强	不带中间套	$[p_{\text{fmax}}]=\frac{[\delta_{\max}]}{d_m(C_a/E_a+C_i/E_i)}$	MPa	
		带中间套	$[p_{\text{fmax}}]=\frac{[\delta_{\max}]}{d_m(C_a/E_a+C_i/E_i)}+\Delta p_f$		
23	需要的装拆油压		$p_x=1.1[p_{\text{fmax}}]$	MPa	应使 $p_x<p_{\text{fmax}}$，否则应重新选择材料
24	需要的压入力		$P_{xi}=p_x\pi d_m l_f\left(\mu_1+\frac{C}{2}\right)$	N	μ_1——油压装配时的摩擦因数，推荐 $\mu_1=0.02$
25	需要的压出力		$P_{xe}=p_x\pi d_m l_f\left(\mu_1-\frac{C}{2}\right)$	N	μ_1——油压拆卸时的摩擦因数，推荐 $\mu_1=0.02$，当$(\mu_1-C/2)$出现负数时，其压出力为负值。应注意采用安全措施，防止弹出
五、校核计算(需要时进行)					
26	实际最小结合压强		$[p_{\text{fmin}}]=\frac{[\delta_{\min}]-2(S_a+S_i)}{d_m(C_a/E_a+C_i/E_i)}\geqslant p_{\text{fmin}}$	MPa	
27	最小传递载荷	传递转矩	$T_{\min}=\frac{[p_{\text{fmin}}]\pi d_m{}^2 l_f\mu}{2}\geqslant T$	N·m	μ——连接工作时的摩擦因数，查表 6-4-3 和表 6-4-4，推荐 $\mu=0.12$
		传递力	$F_{\text{tmin}}=[p_{\text{fmin}}]\pi d_m l_f\mu\geqslant F_t$	N	
28	装拆时实际最大应力	包容件	塑性材料 $\sigma_{\text{amax}}=\frac{p_x}{a}$ 脆性材料 $\sigma_{\text{amax}}=\frac{p_x}{b}$	MPa	p_x——装拆油压，MPa a,b,c——见序号 8、9
29		被包容件	$\sigma_{\text{imax}}=\frac{p_x}{c}$		
六、被连接件直径变化量					
30	包容件的外径增大量		$\Delta d_a=\frac{2p_f d_a q_a^2}{E_a(1-q_a^2)}$	mm	p_f 取$[p_{\text{fmax}}]$与$[p_{\text{fmin}}]$分别计算，其结果为最大增大(减小)量和最小增大(减小)量
31	被包容件的内径减小量		$\Delta d_i=\frac{2p_f d_i}{E_i(1-q_i^2)}$		

注：同表 6-4-2 注。

2.4 圆锥过盈连接的计算举例

表 6-4-11

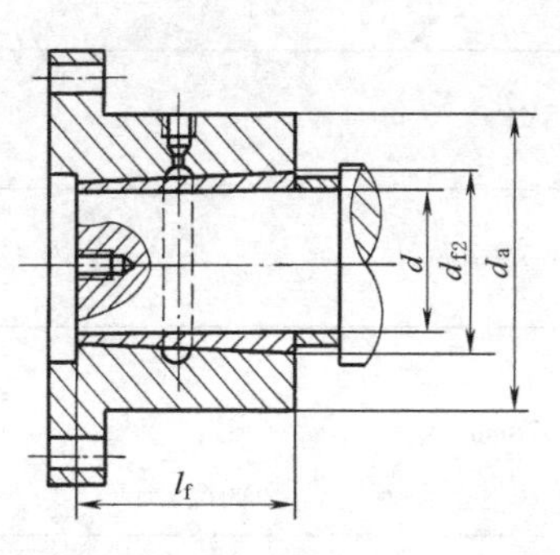

已知条件：
包容件材料为 35CrMo，调质硬度为 269~302HB
被包容件材料为 35CrMo，调质硬度为269~302HB
中间套材料为 45 钢，调质硬度为 241~286HB
包容件外径 $d_a=460$mm
被包容件内径 $d_i=0$
结合面最大圆锥直径 $d_{f2}=320$mm
结合面长度 $l_f=400$mm
结合面锥度 $C=1:50$
外锥中间套圆柱面直径 $d=300$mm

包容件与被包容件材料的屈服点 $\sigma_{sa}=\sigma_{si}=540$MPa
包容件与被包容件材料的弹性模量 $E_a=E_i=210000$MPa
中间套材料的弹性模量 $E=210000$MPa
包容件与被包容件材料的波松比 $\nu_a=\nu_i=0.3$
传递转矩 $T=370$kN·m
承受轴向力 $F_x=470$kN
圆锥结合面轮廓算术平均偏差 $R_{aa}=R_{ai}=0.0016$mm
圆柱结合面轮廓算术平均偏差 $R_{aaa}=R_{aai}=0.0016$mm

序号	计算内容			计算公式和结果
1	传递载荷所需的最小过盈量	传递载荷所需的最小结合压强		$F_t=\sqrt{F_x^2+\left(\frac{2T}{d_m}\right)^2}=\sqrt{470000^2+\left(\frac{2\times370000000}{316}\right)^2}=2388472$N $d_m=d_{f2}-\frac{Cl_f}{2}=320-\frac{\frac{1}{50}\times400}{2}=316$mm $p_{fmin}=\frac{F_tK}{\pi d_m l_f \mu}=\frac{2388472\times1.5}{\pi\times316\times400\times0.12}=75.2$MPa 根据连接特性，取 $K=1.5$；查表 6-4-3 得 $\mu=0.12$
2		直径比	包容件	$q_a=\frac{d_m}{d_a}=\frac{316}{460}=0.687$
3			被包容件	$q_i=\frac{d_i}{d_m}=\frac{0}{316}=0$（对实心轴 $q_i=0$）
4		传递载荷所需的最小直径变化量	包容件	查表 6-4-5 得 $C_a=3.0877$（内插法） 或 $C_a=\frac{1+q_a^2}{1-q_a^2}+\nu_a=\frac{1+0.687^2}{1-0.687^2}+0.3=3.0877$ $e_{amin}=p_{fmin}\frac{d_m}{E_a}C_a=75.2\times\frac{316}{210000}\times3.0877=0.3494$mm
5			被包容件	查表 6-4-5 得 $C_i=0.7$ 或 $C_i=\frac{1+q_i^2}{1-q_i^2}-\nu_i=1-0.3=0.7$ $e_{imin}=p_{fmin}\frac{d_m}{E_i}C_i=75.2\times\frac{316}{210000}\times0.7=0.0792$mm
6		传递载荷所需的最小有效过盈量		$\delta_{emin}=e_{amin}+e_{imin}=0.3494+0.0792=0.4286$mm
7		考虑压平量后的所需最小过盈量		$S_a=1.6(R_{aa}+R_{aaa})$ $S_i=1.6(R_{ai}+R_{aii})$ $\delta_{min}=\delta_{emin}+2(S_a+S_i)=0.4286+2\times[1.6\times(0.0016+0.0016)+1.6\times(0.0016+0.0016)]=0.4491$mm
8	不产生塑性变形所允许的最大过盈量	不产生塑性变形所允许的最大结合压强	包容件	$a=\frac{1-q_a^2}{\sqrt{3+q_a^4}}=\frac{1-0.687^2}{\sqrt{3+0.687^4}}=0.2941$ 或查图 6-4-8 $p_{famax}=a\sigma_{sa}=0.2941\times540=158.8$MPa

续表

序号	计算内容			计算公式和结果
9	不产生塑性变形所允许的最大过盈量	不产生塑性变形所允许的最大结合压强	被包容件	$c=\frac{1-q_i^2}{2}=\frac{1-0}{2}=0.5$ $p_{fimax}=c\,\sigma_{si}=0.5\times540=270\text{MPa}$
10			被连接件	取 p_{famax} 和 p_{fimax} 中的较小者,则 $p_{fmax}=158.8\text{MPa}$
11		被连接件不产生塑性变形所允许的传递力		$F_t=p_{fmax}\pi d_m l_f \mu=158.8\times\pi\times316\times400\times0.12=7567086\text{N}$
12		不产生塑性变形所允许的最大直径变化量	包容件	$e_{amax}=\frac{p_{fmax}d_m}{E_a}C_a=\frac{158.8\times316}{210000}\times3.0877=0.7378\text{mm}$
13			被包容件	$e_{imax}=\frac{p_{fmax}d_m}{E_i}C_i=\frac{158.8\times316}{210000}\times0.7=0.1673\text{mm}$
14		被连接件不产生塑性变形所允许的最大有效过盈量		$\delta_{emax}=e_{amax}+e_{imax}=0.7378+0.1673=0.9051\text{mm}$
15	选择配合	满足连接要求的最小和最大过盈量		$[\delta_{min}]>0.4491$ mm $[\delta_{max}]\leqslant0.9051$ mm
16		选取内、外圆锥直径公差及配合		选取内锥 H7、外锥 x6
17		所选配合的实际最小和最大过盈量		根据配合$\frac{H7}{x6}$,在 $d_m=316\text{mm}$ 上的偏差分别为 $H7\left(^{+0.057}_{\ \ 0}\right)$、$x6\left(^{+0.626}_{+0.590}\right)$ $[\delta_{min}]=0.590-0.057=0.533\text{mm}$ $[\delta_{max}]=0.626-0=0.626\text{mm}$ 已考虑了安全系数,故使$[\delta_{min}]$接近 δ_{min}
18	油压装拆参数	外锥中间套与相关件圆柱面配合间隙		选定配合 $d=300\,\frac{G7}{h7}$,偏差分别为 $G7\left(^{+0.069}_{+0.017}\right)$、$h7\left(^{\ \ 0}_{-0.052}\right)$ 最大间隙 $X_{max}=0.069-(-0.052)=0.121\text{mm}$ 最小间隙 $X_{min}=0.017-0=0.017\text{mm}$
19		轴向位移的极限值(压入行程)		$E_{amin}=\frac{[\delta_{min}]+X_{max}}{C}=\frac{0.533+0.121}{1/50}=32.7\text{mm}$ $E_{amax}=\frac{[\delta_{max}]+X_{max}}{C}=\frac{0.626+0.121}{1/50}=37.35\text{mm}$
20		装配时中间套变形所需的压强		$\Delta p_f=\frac{EX_{max}}{2d}\left[1-\left(\frac{d}{d_m}\right)^2\right]=\frac{210000\times0.121}{2\times300}\times\left[1-\left(\frac{300}{316}\right)^2\right]=4.18\text{MPa}$
21		实际最大结合压强		$[p_{fmax}]=\frac{[\delta_{max}]}{d_m(C_a/E_a+C_i/E_i)}+\Delta p_f$ $=\frac{0.626}{316\times(3.0877/210000+0.7/210000)}+4.18=114\text{MPa}$
22		需要的装拆油压		$p_x=1.1[p_{fmax}]=1.1\times114=125.4\text{MPa}$

续表

序号	计算内容			计算公式和结果
23	油压装拆参数	需要的压入力		$P_{xi}=p_x\pi d_m l_f\left(\mu_1+\dfrac{C}{2}\right)=125.4\times\pi\times316\times400\times\left(0.02+\dfrac{1/50}{2}\right)=1493.88\text{kN}$
24	油压装拆参数	需要的压出力		$P_{xe}=p_x\pi d_m l_f\left(\mu_1-\dfrac{C}{2}\right)=125.4\times\pi\times316\times400\times\left(0.02-\dfrac{1/50}{2}\right)=497.96\text{kN}$
25	校核计算	实际最小结合压强		$S_a=1.6\times(0.0016+0.0016)=0.00512\text{mm}$ $S_i=1.6\times(0.0016+0.0016)=0.00512\text{mm}$ $[p_{fmin}]=\dfrac{[\delta_{min}]-2(S_a+S_i)}{d_m(C_a/E_a+C_i/E_i)}=\dfrac{0.533-2\times(0.00512+0.00512)}{316\times(3.0877/210000+0.7/210000)}=89.92\text{MPa}$
26	校核计算	传递最小载荷	传递转矩	取$\mu=0.12$ $T_{min}=\dfrac{[p_{fmin}]\pi d_m^2 l_f\mu}{2}=\dfrac{89.92\times\pi\times316^2\times400\times0.12}{2}=677\text{kN}\cdot\text{m}$
	校核计算	传递最小载荷	传递力	$F_{tmin}=[p_{fmin}]\pi d_m l_f\mu=89.92\times\pi\times316\times400\times0.12=4284.84\text{kN}$
27	校核计算	装拆时实际最大应力	包容件	$\sigma_{amax}=\dfrac{p_x}{a}=\dfrac{125.4}{0.2941}=426.4\text{MPa}<\sigma_{sa}$ 故安全
28	校核计算	装拆时实际最大应力	被包容件	$\sigma_{imax}=\dfrac{p_x}{c}=\dfrac{125.4}{0.5}=250.8\text{MPa}<\sigma_{si}$ 故安全
29	被连接件直径变化量	包容件外径增大量		$\Delta d_{amax}=\dfrac{2[p_{fmax}]d_a q_a^2}{E_a(1-q_a^2)}=\dfrac{2\times114\times460\times0.687^2}{210000\times(1-0.687^2)}=0.4464\text{mm}$ $\Delta d_{amin}=\dfrac{2[p_{fmin}]d_a q_a^2}{E_a(1-q_a^2)}=\dfrac{2\times89.92\times460\times0.687^2}{210000\times(1-0.687^2)}=0.3521\text{mm}$
30	被连接件直径变化量	被包容件内径减小量		因为是实心轴，$d_i=0$，故 $\Delta d_i=0$

3 过盈连接的结构设计

3.1 圆柱面过盈连接的合理结构

过盈连接的结合面沿轴向压力分布不均匀（图 6-4-11），为了改善压力不均，以减少应力集中，结构上可采取下列措施。

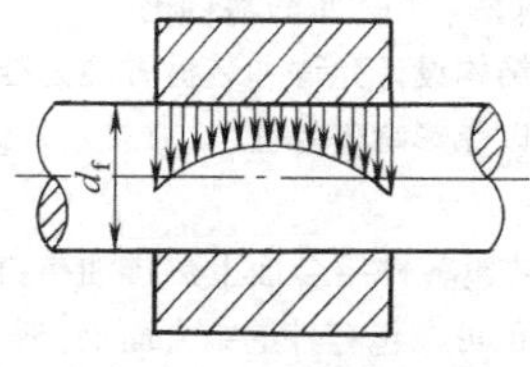

图 6-4-11 结合面沿轴向压力分布

① 使非配合部分的直径小于配合直径（图 6-4-12a），并以较大圆弧过渡，配合直径 d_f 与非配合直径 d' 之比通常取 $d_f/d'\geqslant1.05$，圆弧半径可取 $r\geqslant(0.1\sim0.2)d_f$。

② 在被包容件上加工出卸载槽（图 6-4-12b、c），必要时卸载槽应经滚压处理，以提高疲劳强度。

③ 包容件的端面加工出卸载槽（图 6-4-12d）或减小包容件端部的厚度（图 6-4-12e），前一种措施结构简单，应用较广。

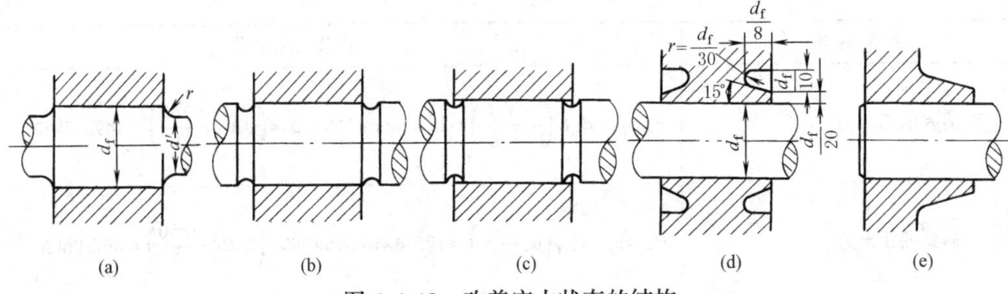

图 6-4-12　改善应力状态的结构

为了便于装配，对结构的要求如下。

① 包容件的孔端和被包容件的进入端应有倒角，通常取倒角 α 为 5°或 10°，倒角尺寸可按表 6-4-12 选定。

② 当轴承受较大的变载荷时，包容件的孔端应倒圆，以提高轴的疲劳强度。

③ 结合长度一般不宜超过结合直径 d_f 的 1.6 倍，如结合长度过长，结合直径宜制成阶梯形，以改善装配工艺。

④ 轴与盲孔的过盈配合，应有排气孔。

⑤ 结合面的粗糙度一般不宜大于 $Ra6.3\mu m$。

⑥ 结合材料相同时，为避免压入时发生粘着现象，包容面与被包容面应有不同的硬度。

表 6-4-12　　**过盈连接零件孔端和进入端倒角尺寸**　　mm

d_f　A　d_f　α′　α　a

α′=30°~45°

α≤10°(或5°)

结合直径 d	倒角尺寸	配合种类			
		s7,s6,r6	x7	y7	z7
≤50	a	0.5	1	1.5	2
	A	1	1.5	2	2.5
50~100	a	1	2	2	3
	A	1.5	2.5	2.5	3.5
100~250	a	2	3	4	5
	A	2.5	3.5	4.5	6
250~500	a	3.5	4.5	7	8.5
	A	4	5.5	8	10

3.2　圆锥面过盈连接的一般要求（摘自 GB/T 15755—1995）

表 6-4-13

结构要求	①为降低圆锥面过盈连接两端的应力集中，在包容件或被包容件端部可采用卸载槽、过渡圆弧等结构形式(图 6-4-12) ②被连接件材料相同时，为避免粘着和装拆时表面擦伤，包容件和被包容件的结合面应具有不同的表面硬度 ③为便于装拆，在包容件结合面的两端加工成 15°的倒角或在被包容件两端加工成过渡圆槽 ④进油孔和进油环槽，可以设在包容件上，也可以设在被包容件上，以结构设计允许和装拆方便为准。进油环槽的位置，应放在大约位于包容件的质心处，但不能离两端太近，以免影响密封性 ⑤进油环槽的边缘必须倒圆，以免影响结合面压力油的挤出 ⑥为使油压分布均匀，并能迅速建立油压和释放油压，应在包容件或被包容件结合面上刻排油槽：在被包容件的结合面上，沿轴向刻有 4~8 条均匀分布的细刻油槽(图 a)；也可在包容件的结合面上，刻一条螺旋形的细刻油槽(图 b)

续表

结构要求	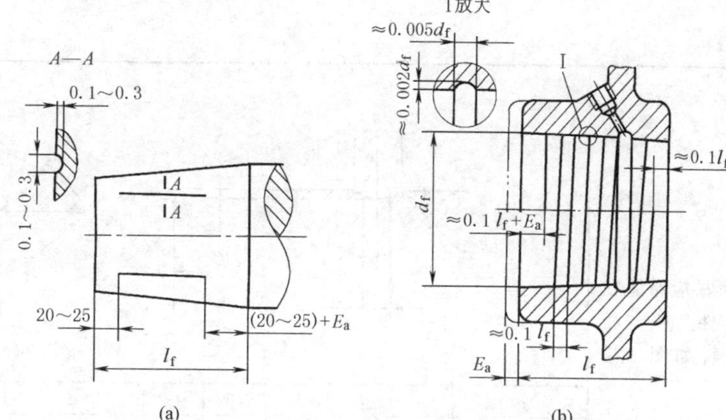 (a) (b) ⑦需多次装拆或大尺寸圆锥过盈连接,应采用中间套。中间套一般采用45碳素结构钢,并经调质处理,其硬度为241~286HB ⑧经多次装拆的圆锥过盈连接,由于表面压平过盈量减小,设计压入行程应比计算值加大0.5~1mm
对结合面的要求	①尺寸精度 包容件最大圆锥直径公差按GB/T 1800规定的IT6或IT7选取;被包容件的最大圆锥直径公差按GB/T 1800规定的IT5或IT6选取 ②表面粗糙度 对圆锥面:当$d_m \leqslant 180$mm时,$Ra \leqslant 0.8\mu m$;$d_m > 180$mm时,$Ra \leqslant 1.6\mu m$ 对圆柱面:$Ra \leqslant 1.6\mu m$ ③接触精度 圆锥面接触率,应不低于80%
压力油的选择	通常使用矿物油,推荐油在50℃时的运动黏度为30~45mm^2/s。油应清洁,不得含有杂质和污物
装配和拆卸	①装配 a. 将被连接件的结合面擦净,并涂以润滑油 b. 将被连接件装在一起,用手推移包容件,直至推不动时为止,以此状态下的位置为压入行程的起点 c. 压装开始时,轴向压力不能过大。以后随着油压的加大而逐步提高,但不能超过最大轴向压力 d. 压装之后,轴向压力应继续保持15~30min,以免包容件脱出 e. 压装后应放置3h才可承受载荷 f. 压装速度一般为2~5mm/s ②拆卸 a. 拆卸时高压油应缓慢注入,需5~10min才可将套脱开 b. 拆卸时油的压力一般不超过规定值。当拆卸困难时,可适当提高油压,但最大不得超过规定值的10% c. 锥度大的圆锥过盈连接件,在油压下脱开时有自卸能力$\left(\mu-\frac{C}{2}<0\right)$,必须采取防护措施,防止包容件自动弹出

3.3 油压装卸结构设计规范（摘自 JB/T 6136—2007）

表 6-4-14 mm

环形槽和油孔

环形槽应布置在一个零件上，并与油孔相通，如图 a、b 所示

(a)

(b)

d	b	d_1	H	r_1	r_2	d	b	d_1	H	r_1	r_2
≤30	2.5	2	0.5	2	0.4	>250~300	8	6	1.5	6	1.6
>30~50	3	2.5	0.5	2.5	0.4	>300~400	10	7	2	7	1.6
>50~100	4	3	0.8	3	0.6	>400~500	12	8	2.5	8	2.5
>100~150	5	4	1	4	1	>500~650	14	10	3	10	2.5
>150~200	6	5	1.25	4.5	1	>650~800	16	12	3	12	2.5
>200~250	7	5	1.5	5	1.6	>800~1000	18	12	4	12	2.5

油孔接口尺寸

油孔接口螺纹 d_2	α /(°)	d_1 ≤	l_1	l_2	适用轴径范围 d
M10×1-6H	120	5	10	12	≤200
M14×1.5-6H	120	8	12	15	≤500
M18×1.5-6H	120	8	16	19	≤500
M27×2-6H	120	12	18	22	>250~1000

环形槽的数量及分布

一般圆柱形过盈连接

环形槽数量及分布取决于被连接件的结构形状和结合长度，环形槽的分布应保证在安装和拆卸过程中使整个结合面上有分布均匀的压力油膜

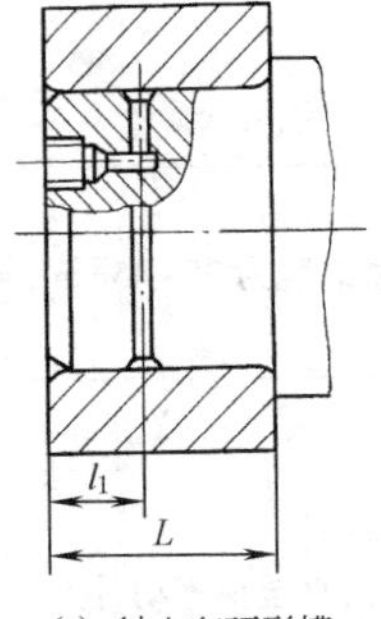

(a) 轴上有环形槽

螺塞(焊接封死)

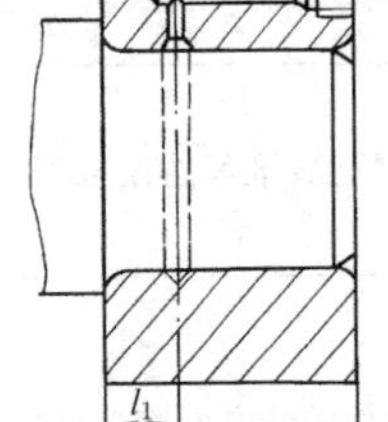

(b) 孔上有环形槽

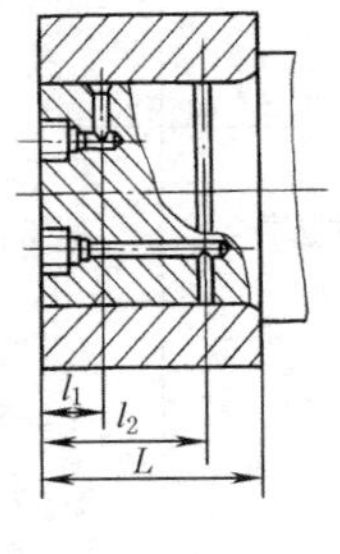

(c) 轴上有两个环形槽

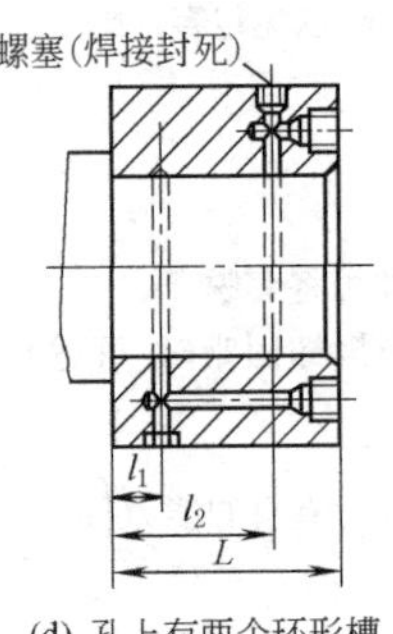

(d) 孔上有两个环形槽

环形槽分布尺寸

图号	L	l_1	l_2	环形槽数量
图 a、图 b	≤100	(0.3~0.4)L	—	1
图 c、图 d	>100~300	0.25L	(0.5~0.6)L	2
	>300~600	0.20L		3
	>600	0.15L		4

备注：当环形槽的数量为 3 或 4 个时，其第 3 和第 4 个环形槽应均匀布置在 l_1 至 l_2 区间

续表

<table>
<tr>
<td rowspan="3">环形槽的数量及分布</td>
<td>壁厚不均匀的圆柱形过盈连接</td>
<td>环形槽的布置应能改善压力分布，环形槽应布置在辐板和凸缘的下方</td>
<td colspan="5"> 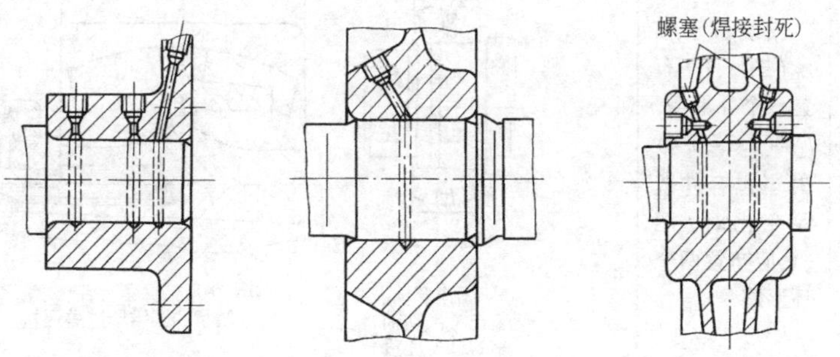螺塞(焊接封死)
(a) 包容件侧面有凸缘的圆柱形过盈连接
(b) 包容件带单辐板的圆柱形过盈连接
(c) 包容件有双辐板的圆柱形过盈连接</td>
</tr>
<tr>
<td colspan="2">滚动轴承用圆柱形过盈连接</td>
<td colspan="5"> 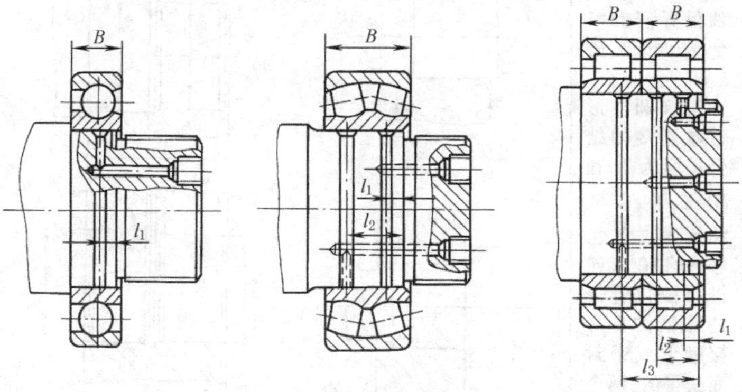(a) 一个滚动轴承的圆柱形轴(有一个环形槽)
(b) 一个滚动轴承的圆柱形轴(有两个环形槽)
(c) 两个滚动轴承的圆柱形轴(有三个环形槽)</td>
</tr>
<tr>
<td>壁厚均匀的圆锥形过盈连接</td>
<td>布置一个环形槽，$l_1=(0.3\sim0.4)L$</td>
<td colspan="5"> 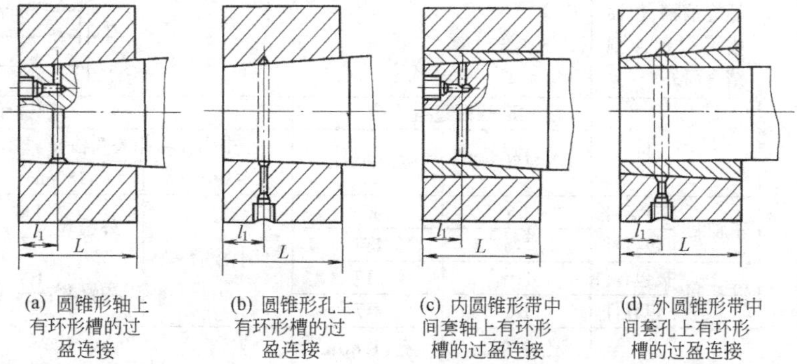(a) 圆锥形轴上有环形槽的过盈连接
(b) 圆锥形孔上有环形槽的过盈连接
(c) 内圆锥形带中间套轴上有环形槽的过盈连接
(d) 外圆锥形带中间套孔上有环形槽的过盈连接</td>
</tr>
</table>

图号	B	l_1	l_2	l_3
图 a	≤100	$(0.3\sim0.4)B$	—	—
图 b	>100	$0.2B$	$(0.5\sim0.6)B$	—
图 c	任意	$0.2B$	$0.6B$	$(1.2\sim1.3)B$

续表

<table>
<tr><td>环形槽的数量及分布</td><td>安装轴承及壁厚变化的圆锥形过盈连接</td><td>安装滚动轴承(图a、b)布置一个环形槽，$l_1=(0.3\sim0.4)B$，当包容件壁厚变化时(图c)，应布置两个环形槽</td><td>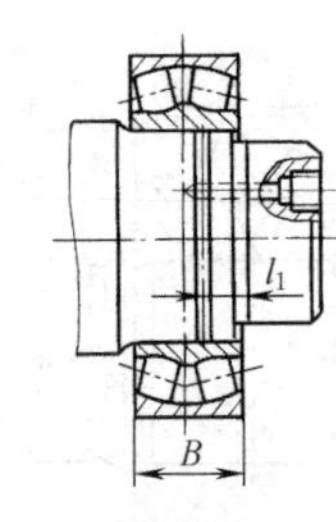
(a) 圆锥形轴上装一个滚动轴承的过盈连接
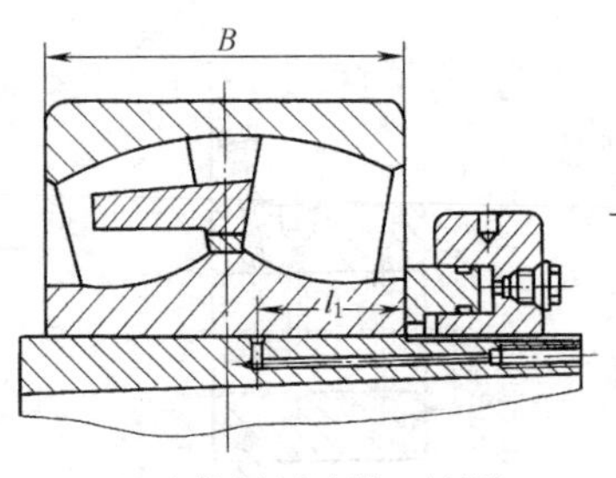
(b) 在紧定衬套上装一个滚动轴承的圆锥形过盈连接
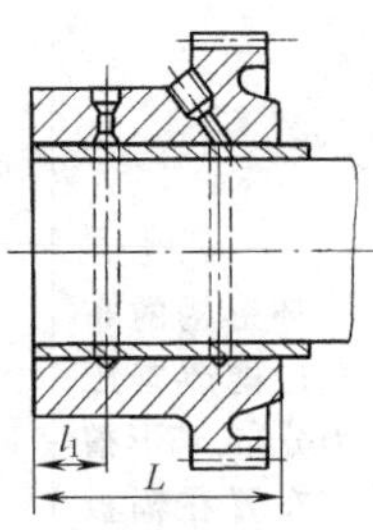
(c) 带中间套、包容件侧面有凸缘的外圆锥形过盈连接</td></tr>
<tr><td colspan="2">配合长度要求及阶梯圆柱形过盈连接尺寸</td><td>为了便于拆卸，包容件的结合表面应超出被包容件的结合表面，见图a、b
阶梯圆柱形过盈连接的结合长度为 l_1 和 l_2(图c)，安装油压是通过包容件的10°导向锥与被包容件的α锥体良好接触形成密封而获得的，两个零件的 l_3 尺寸应符合要求</td><td>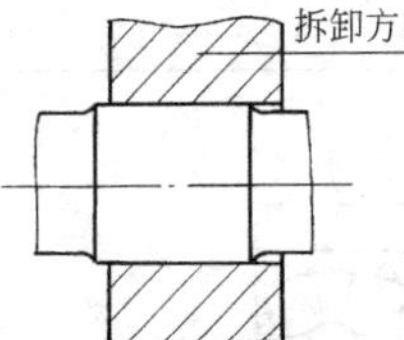

(a) 无轴肩的过盈连接
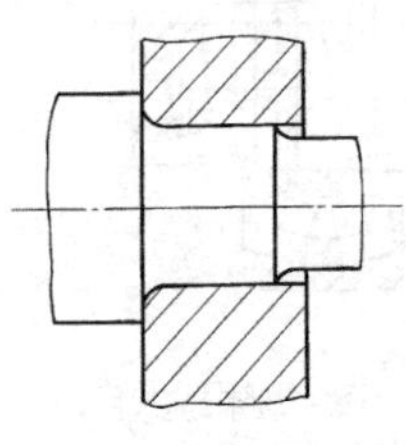
(b) 有轴肩的过盈连接
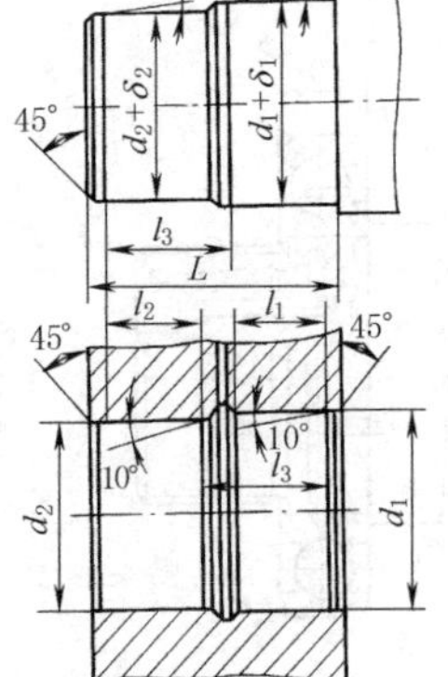
(c) 阶梯圆柱形过盈连接
d_1,d_2—直径；
δ_1,δ_2—过盈；
l_1,l_2—结合长度；
l_3—密封锥间的距离；
α—密封锥倾角(可根据过盈量的大小选择，α=0.5°~1.5°)</td></tr>
<tr><td colspan="2">圆锥过盈连接的螺旋油槽</td><td>装配完成后，为了使结合面间高压油排出，圆锥包容件或被包容件的结合面上应有与环形槽相通的螺旋油槽，但油槽不得延伸到结合面外</td><td>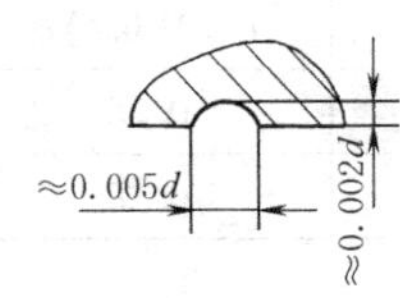

H—压入行程
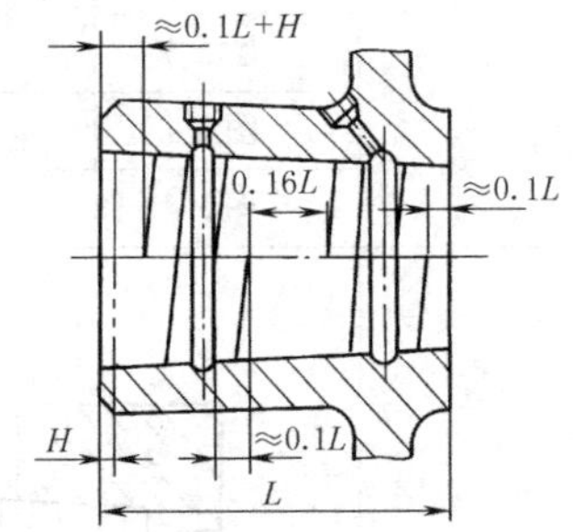
</td></tr>
</table>

<table>
<tr><td rowspan="8">尺寸公差和粗糙度</td><td colspan="2" rowspan="3">项　目</td><td colspan="2">圆柱面过盈连接</td><td colspan="4">圆锥面过盈连接</td></tr>
<tr><td rowspan="2">d≤180mm</td><td rowspan="2">d>180mm</td><td colspan="2">中间套与相关圆柱面</td><td colspan="2">圆锥结合面(平均直径)</td></tr>
<tr><td>L≤180mm</td><td>L>180mm</td><td>d_m≤180mm</td><td>d_m>180mm</td></tr>
<tr><td rowspan="2">基轴制</td><td>被包容件</td><td>h6</td><td>h7</td><td rowspan="4">H7/h7</td><td rowspan="2">外锥套：$\frac{F8}{h7}$</td><td>h6</td><td>h7</td></tr>
<tr><td>包容件</td><td>IT6</td><td>IT7</td><td>IT6</td><td>IT7</td></tr>
<tr><td rowspan="2">基孔制</td><td>被包容件</td><td>IT6</td><td>IT7</td><td rowspan="2">内锥套：$\frac{H8}{f7}$</td><td rowspan="2"></td><td rowspan="2"></td></tr>
<tr><td>包容件</td><td>H6</td><td>H7</td></tr>
<tr><td colspan="2">粗糙度 Ra</td><td>孔：0.8μm
轴：0.8μm</td><td>孔：1.6μm
轴：0.8μm</td><td colspan="2"></td><td colspan="2">孔：0.4μm
轴：0.4μm</td></tr>
</table>

注：1. 圆锥结合面的圆锥角公差为AT5，接触率不小于75%。

2. 环形槽圆角处的表面粗糙度 Ra=3.2μm。

3.4 油压装卸说明（摘自 JB/T 6136—2007）

（1）安装说明

过盈连接安装时，对于圆柱面配合，根据其尺寸，一般情况下加热孔或冷缩轴，或同时加热孔和冷缩轴后进行安装。对于圆锥形和阶梯圆柱形过盈连接，不必加热孔和冷缩轴，而用压力油的方法进行快速安装。在采用油压安装时，应注意以下事项：安装表面不允许有破坏压力油膜形成的杂质、划痕和缺陷；应清除结合面上的油孔和环形油槽的毛刺；如果没有特殊要求，结合孔选用 H7 的公差带；对于未注公差的尺寸，按切削加工件有关技术要求的规定；对于结合面，应按照包容原则设计和制造。

通过加热或冷缩方法安装的过盈连接，在常温状态下，还没有达到预先要求的位置时，可通过油压重新调整到要求位置；安装好后，用螺塞将管路连接工艺用的螺孔堵死。

图 6-4-13、图 6-4-14 表示油压装配时的情况。油压拆卸时和装配时一样，通以高压油，同时用一个适当的工具将被连接件卸出。对于圆锥被连接件，当高压油在配合处产生足够大的轴向分力时，被连接件自动推出，可不另用工具。

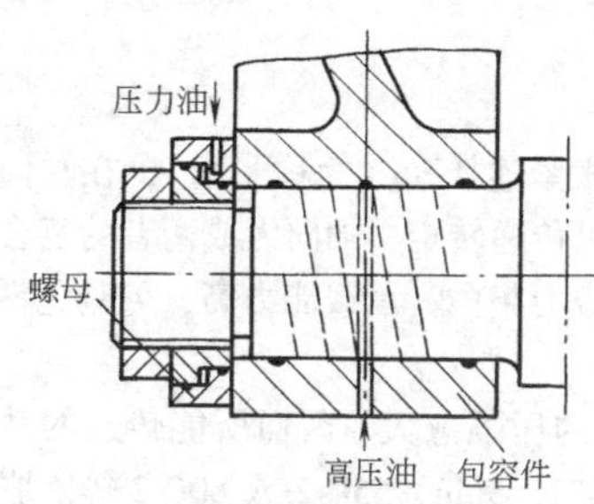

图 6-4-13　油压装配简图（一）

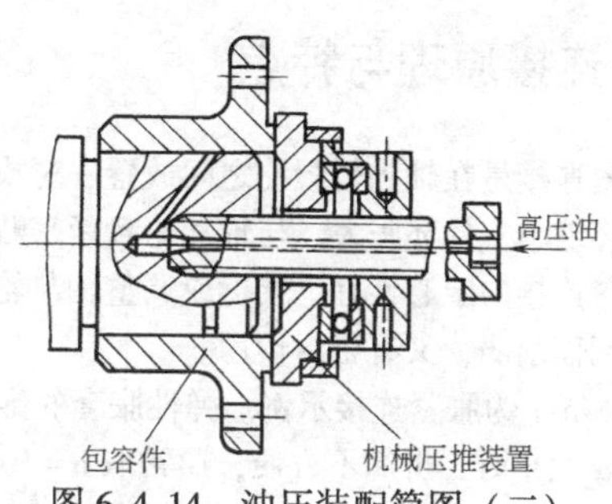

图 6-4-14　油压装配简图（二）

（2）拆卸说明

在拆卸之前，应先检查油路部分是否清洁，如不清洁应清理干净，通入压力油后，应保持压力油从过盈连接面溢出。这时用拆卸工具或压力机，将包容件不间断地拉出。在用拆卸工具或压力机拆卸过程中，应使压力油的压力保持不变。对于简单的圆柱面过盈连接，当拆卸离开最后一个环形槽之后，拆卸过程不能中断，如果中断会使油从结合面压出，并且轮毂（轴套）仍固定在轴上。

拆卸完成后应用螺塞将管路连接工艺用的螺孔堵死。

拆卸用的介质，推荐采用运动黏度为 46~68mm²/s（40℃时）的矿物油（不是液压油）。

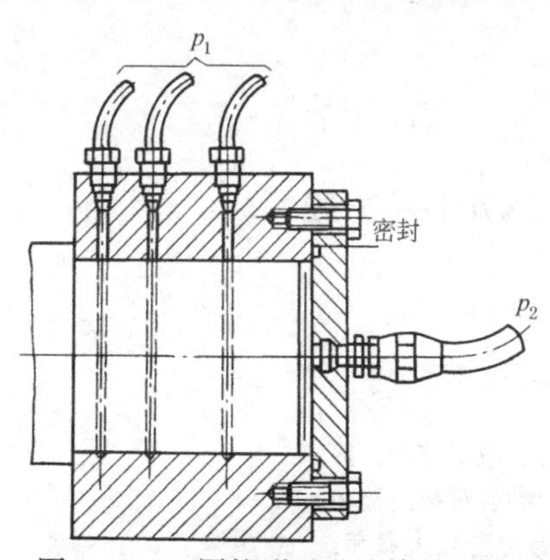

图 6-4-15　圆柱形过盈连接的拆卸

圆柱形过盈连接拆卸时，可同时向圆柱面和轴向加压，但轴向的油压力 p_2 约为圆柱面油压力 p_1 的 1/5（图 6-4-15），当圆柱面的油压力达到计算的拆卸压力时，即可将包容件（或被包容件）不间断地拉出，在拉出过程中应特别注意安全，同时应保持油的压力稳定。

阶梯圆柱形过盈连接拆卸时，当压力油使两个零件产生变形形成油膜后，在轴向力的作用下轴开始移动，这时应特别注意由于阶梯形圆柱直径 d_1、d_2 不同，在轴向产生的力将大于开始施加的轴向力，所以在拆卸时，事先应采取安全措施，防止拆卸结束后，轴（或轴套）被弹出。

（3）安全注意事项

对油压拆卸（或安装）的操作，事先必须制定出安全操作规程，并且由有经验的人员进行操作。

对于圆锥形和阶梯圆柱形过盈连接，当大压力拆卸时应特别注意安全，防止过盈连接在拆卸过程自动脱出。

对于重新使用拆卸过的零件之前，应检查是否有影响使用的缺陷。

第  章　胀紧连接和型面连接

1　胀紧连接

1.1　连接原理与特点

胀紧连接是在轴和轮毂孔之间放置一对或数对与内、外锥面贴合的胀紧连接套（简称胀套），在轴向力作用下，内环缩小，外环胀大，与轴和轮毂紧密贴合，产生足够的摩擦力，以传递转矩、轴向力或两者的复合载荷。

胀紧连接的定心性好，装拆或调整轴与轮毂的相对位置方便，没有应力集中，承载能力高，可避免零件因键槽等原因而削弱，又有密封作用。

图 6-5-1 为胀紧连接示例。弹性胀套的锥面半锥角 α 愈小，结合面的压强愈大，因而所能传递的载荷也愈大。但 α 太小时，拆卸不方便，通常取 $\alpha=10°\sim14°$。胀套的材料多为 65、65Mn、55Cr2 或 60Cr2 等。胀套可用螺母压紧，也可在轴端或毂端用多个螺钉压紧。当采用多对胀套时，如采用同一轴向夹紧力（压紧力），各对胀套传递的转矩应递减。

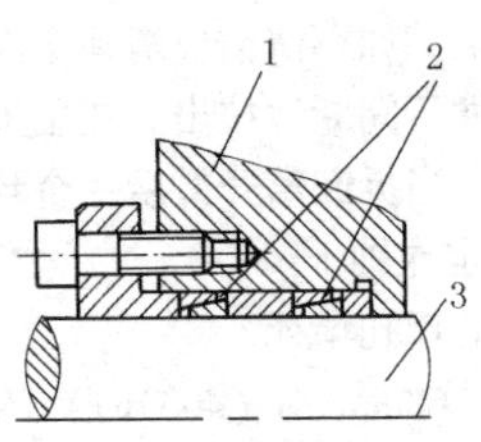

图 6-5-1　胀紧连接

1—齿轮；2—胀套；3—轴

1.2　胀紧连接套的型式与基本尺寸（摘自 GB/T 28701—2012）

1.2.1　ZJ1 型胀紧连接套

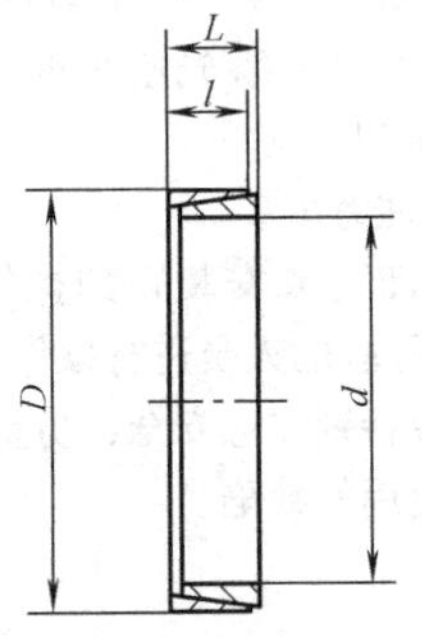

整体锥环，成对使用，拆卸方便，可代替各种键连接和过盈连接。为传递较大载荷，可采用多对环，单侧压紧不超过 4 对环，双侧压紧可达 8 对环。有轴毂配合面对中时对中精度较高

表 6-5-1

基本尺寸/mm				当 $p_f=100$MPa 时的额定负荷		质量/kg
d	D	L	l	轴向力 F_t/kN	转矩 M_t/kN·m	
8	11	4.5	3.7	1.2	0.005	0.001
9	12			1.3	0.006	0.001
10	13			1.6	0.008	0.002
12	15			2.0	0.012	0.002
13	16			2.4	0.016	0.002
14	18	6.3	5.3	2.8	0.020	0.004
15	19			3.0	0.022	0.004
16	20			3.2	0.025	0.005
17	21			3.3	0.028	0.005
18	22			3.6	0.032	0.005
19	24			3.8	0.036	0.007
20	25			4.0	0.040	0.007
22	26			4.5	0.050	0.007
24	28			4.8	0.055	0.007
25	30			5.0	0.060	0.009
28	32			5.6	0.080	0.009
30	35			6.0	0.09	0.01
32	36			6.4	0.10	0.01
35	40	7.0	6.0	8.5	0.15	0.02
36	42			9.0	0.16	0.02
38	44			9.4	0.18	0.02
40	45	8.0	6.6	10.0	0.20	0.02
42	48			10.5	0.22	0.03
45	52	10.0	8.6	14.6	0.33	0.04
48	55			15.4	0.37	0.05
50	57			16.2	0.40	0.05
55	62			17.8	0.49	0.05
56	64	12.0	10.4	21.7	0.61	0.06
60	68			23.5	0.70	0.07
65	73			25.6	0.83	0.08
70	79	14.0	12.2	32.0	1.12	0.11
75	84			34.4	1.29	0.12
80	91	17.0	15	45.0	1.81	0.19
85	96			48.0	2.04	0.20
90	101			51.0	2.29	0.22
95	106			54.0	2.55	0.23
100	114	21.0	18.7	70.0	3.50	0.38
105	119			73.2	3.82	0.40
110	124			77.0	4.25	0.41
120	134			84.0	5.05	0.45
125	139			92.0	5.75	0.62
130	148	28.0	25.3	124.0	8.05	0.85
140	158			134.0	9.35	0.91
150	168			143.0	10.70	0.97
160	178			152.5	12.20	1.02

续表

基本尺寸/mm				当 $p_f=100$MPa 时的额定负荷		质量/kg
d	*D*	*L*	*l*	轴向力 F_t/kN	转矩 M_t/kN·m	
170	191	33.0	30.0	192.0	16.30	1.50
180	201			204.0	18.30	1.58
190	211			214.0	20.40	1.68
200	224	38.0	34.8	262.0	26.20	2.32
210	234			275.0	28.90	2.45
220	244			288.0	37.70	2.49
240	267	42.0	39.5	358.0	43.00	3.52
250	280	53.0	49.0	415.0	52.00	4.68
260	290			435.0	56.50	4.82
280	313	65.0	59.0	520.0	72.50	6.27
300	333			555.0	83.00	6.47
320	360			710.0	114.00	10.90
340	380			755.0	128.50	11.50
360	400			800.0	144.00	12.20
380	420			845.0	160.50	12.80
400	440			890.0	178.00	13.50
420	460			935.0	196.00	14.10
450	490			998.0	224.50	15.20
480	520			1070.0	256.00	16.00
500	540			1110.0	278.00	16.50

注：p_f 为胀紧连接套与轴结合面上的压力。

1.2.2 ZJ2 型胀紧连接套

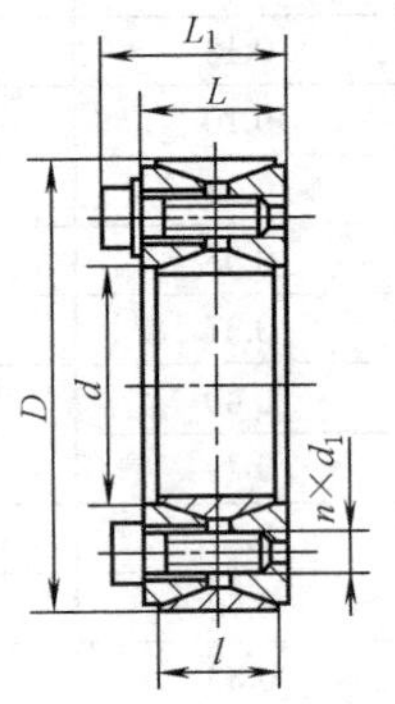

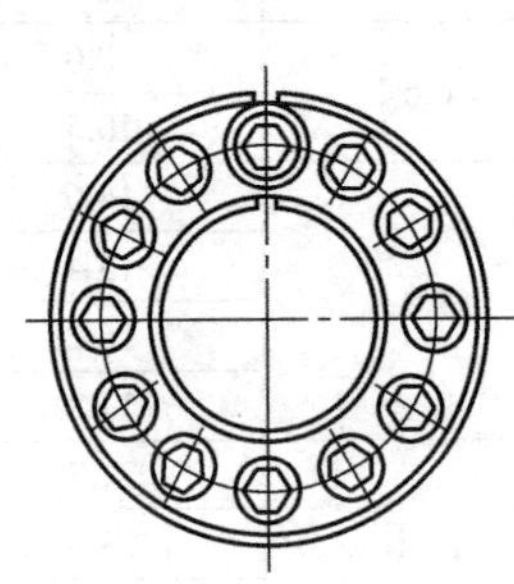

由一个开口的双锥内环、一个开口的双锥外环和两个双锥压紧环组成。用内六角螺钉压紧，压紧时因弹性环没有相对于轴、毂的轴向移动，同样压紧力能产生比 Z_1 型更大的径向力，能传递更大的载荷。在一个压紧环上沿圆周有三处用于拆卸的螺纹。因内、外环均有开口，连接需轴毂配合面对中。应用较广泛

表 6-5-2

基本尺寸/mm					螺钉			额定负荷	胀紧套与轴结合面上的压力	胀紧套与轮毂结合面上的压力	螺钉的拧紧力矩 M_a /N·m	质量/kg
d	*D*	*l*	*L*	L_1	d_1 /mm	*n*	轴向力 F_t/kN	转矩 M_t/kN·m	p_f/MPa	p_f'/MPa		
19	47	17	20	27.5	M6	8	27	0.25	215	85	14	0.24
20								0.27	210	90		0.23
22								0.30	195			0.20
24	50						30	0.36		95		0.26
25						9		0.38	190			0.25
28	55					10	33	0.47	185			0.30
30								0.50	175			0.29
35	60					12	40	0.70	180	105		0.32
38	63					14	46	0.88	190	115		0.33
38	65							0.88		110		0.34
40								0.92	180			0.34

续表

基本尺寸/mm					螺钉			额定负荷	胀紧套与轴结合面上的压力 p_f/MPa	胀紧套与轮毂结合面上的压力 p_f'/MPa	螺钉的拧紧力矩 M_a/N·m	质量/kg
d	D	l	L	L_1	d_1/mm	n	轴向力 F_t/kN	转矩 M_t/kN·m				
42	72	20	24	33.5	M8	12	65	1.36	205	120	35	0.48
45	75						72	1.62	210	125		0.57
50	80						71	1.77	190	115		0.60
55	85					14	83	2.27	200	130		0.63
60	90							2.47	180	120		0.69
65	95					16	93	3.04	190	130		0.73
70	110	24	28	39	M10	14	132	4.60	210	130	70	1.26
75	115						131	4.90	195	125		1.33
80	120							5.20	180	120		1.40
85	125					16	148	6.30	195	130		1.49
90	130						147	6.60	180	125		1.53
95	135					18	167	7.90	195	135		1.62
100	145	29	33	47	M12	14	192	9.60			125	2.01
105	150						190	9.98	165	115		2.10
110	155						191	10.50	180	125		2.15
120	165					16	218	13.10	185	135		2.35
125	170					18	220	13.78	160	118		2.95
130	180					20	272	17.60	165	120		3.51
140	190	34	38	52		22	298	20.90		125		3.85
150	200					24	324	24.20	170			4.07
160	210					26	350	28.00		130		4.30
170	225	38	44	60	M14	22	386	32.80	160	120	190	5.78
180	235					24	420	37.80	165	125		6.05
190	250	46	52	68		28	490	46.50	150	115		8.25
200	260					30	525	52.50				8.65
210	275	50	56	74	M16	24	599	62.89			295	10.10
220	285					26	620	68.00				11.22
240	305					30	715	85.50	160	125		12.20
250	315					32	768	96.00	165	130		12.70
260	325					34	800	104.00				13.20
280	355	60	66	86.5	M18	32	915	128.00	145	115	405	19.20
300	375					36	1020	153.00	150	120		20.50
320	405	72	78	100.5	M20		1310	210.00			580	29.60
340	425							224.00	145	115		31.10
360	455	84	90	116	M22		1630	294.00			780	42.20
380	475						1620	308.00	135	110		44.00
400	495						1610	322.00	130	105		46.00
420	515					40	1780	374.00	135	110		50.00
450	555	96	102	130	M24	40	2050	461.25	125	100	1000	65.00
480	585					42	2160	518.40				71.00
500	605					44	2240	560.00				72.60
530	640					45	2330	617.00	120			83.60
560	670					48	2440	680.00				85.00
600	710					50	2580	775.00				91.00
630	740					52	2680	844.00		105		94.00
670	780					56	2820	944.00	115	100		101.00
710	820					60	2970	1054.00				106.00
750	860					62	3130	1173.00				112.00
800	910					66	3260	1300.00				118.00
850	960					70	3500	1487.00				125.00
900	1010					75	3680	1650.00				132.00
950	1060					80	3870	1838.00				139.00
1000	1110					82	4000	2000.00	110			146.00

1.2.3 ZJ3 型胀紧连接套

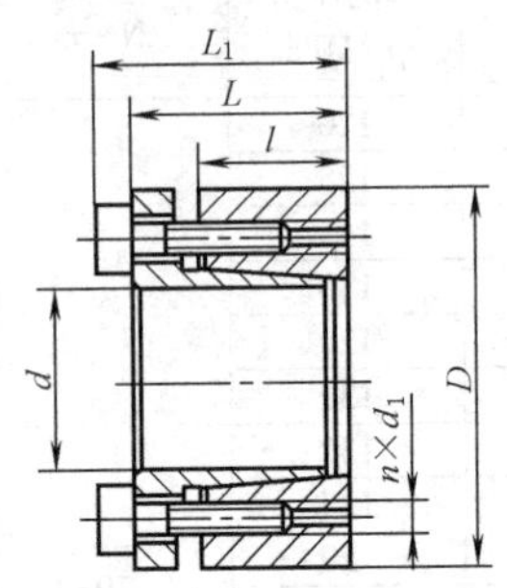

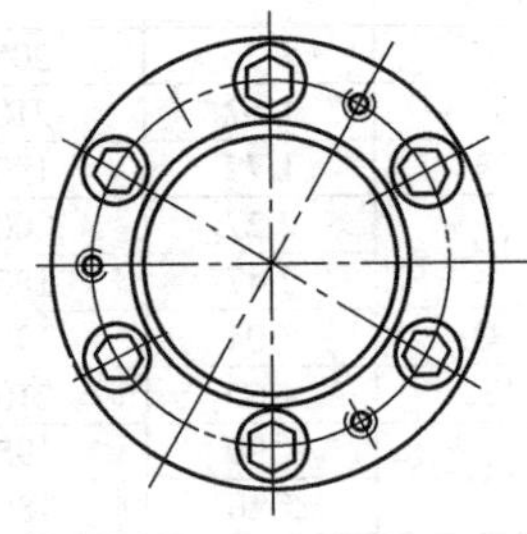

内、外锥环用六角螺钉压紧。接合面较长，能自动对中。用于旋转精度要求高和传递载荷大的场合

表 6-5-3

基本尺寸/mm					螺钉			额定负荷	胀紧套与轴结合面上的压力	胀紧套与轮毂结合面上的压力	螺钉的拧紧力矩 M_a	质量/kg
d	D	l	L	L_1	d_1 /mm	n	轴向力 F_t/kN	转矩 M_t/kN·m	p_f/MPa	p_f'/MPa	/N·m	
20	47	17	28	34	M6	5	37	0.377	286	124	14	0.25
22								0.416	260			0.25
24	50							0.481				0.27
25						6	47	0.585	279	143		0.27
28	55							0.650	260			0.32
30								0.702	247	130		0.35
32	60					8	62	1.001	279	150		0.37
35								1.092	247	143		0.34
38	65							1.183	254	150		0.40
40								1.248	247	137		0.38
45	75	20	33	41	M8	7	100	2.275	299	176	35	0.63
50	80							2.500	273	169		0.68
55	85					8	114	3.185	280	176		0.73
60	90							3.510	247	163		0.78
63	95					9	130	4.134	267	182		0.89
65								4.225	260	180		0.83
70	110	24	40	50	M10	8	183	6.500	286	182	70	1.33
75	115							6.825	260	169		1.40
80	120							7.280	247	163		1.48
85	125					9	207	8.775	260	176		1.55
90	130							9.230	247	169		1.63
95	135					10	229	10.855	260	182		1.70
100	145	26	44	56	M12	8	267	13.380	273	189	125	2.60
110	155							14.625	247	176		2.80
120	165					9	277	18.070	273	189		3.00
130	180	34	54	68		12	400	26.000	247	182		4.60
140	190				M14	9	412	28.925	234	169	190	4.90
150	200					10	458	34.19	247	182		5.20
160	210					11	504	40.30		189		5.50
170	225	44	64	78		12	549	46.67	195	149		7.75
180	235							49.40	189	143		8.15
190	250					15	686	65.13	221	169		9.50
200	260							68.64	208	163		9.90

续表

基本尺寸/mm					螺钉		额定负荷		胀紧套与轴结合面上的压力 p_f/MPa	胀紧套与轮毂结合面上的压力 p_f'/MPa	螺钉的拧紧力矩 M_a /N·m	质量/kg
d	D	l	L	L_1	d_1 /mm	n	轴向力 F_t/kN	转矩 M_t/kN·m				
220	285					12	763	83.85	189	143		13.40
240	305	50	72	88	M16	15	945	114.40	215	169	295	14.30
260	325					18	1144	148.72	234	189		15.50
280	355	60	84	102	M18	16	1232	171.60	195	156	405	22.90
300	375					18	1376	206.70	208	163		24.40
320	405	74	101	121	M20	18	1786	286.00	195	156	580	36.10
340	425					21	2084	354.25	228	176		38.40
360	455					18	2223	400.4	182	143		46.20
380	475	86	116	138	M22	21	2594	492.7	202	163	780	55.00
400	495							518.7	195	156		61.00

1.2.4 ZJ4 型胀紧连接套

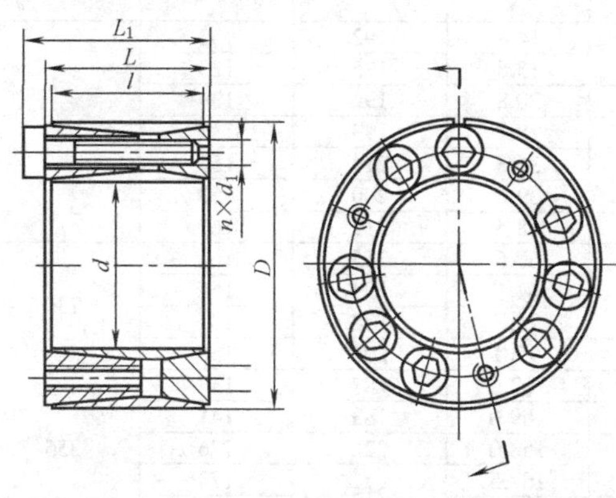

由锥度不同的开口双锥内环与开口双锥外环及两个双锥压紧环组成。用内六角螺钉压紧。其他特点与 Z_2 型同，但接合面长，对中精度高。用于旋转精度要求较高和传递较大载荷的场合

表 6-5-4

基本尺寸/mm					螺钉		额定负荷		胀紧套与轴结合面上的压力 p_f/MPa	胀紧套与轮毂结合面上的压力 p_f'/MPa	螺钉的拧紧力矩 M_a /N·m	质量/kg
d	D	l	L	L_1	d_1 /mm	n	轴向力 F_t/kN	转矩 M_t/kN·m				
70	120					8	197	6.85	201	117		3.3
80	130	56	62	74	M12	12	291	11.65	263	162	145	3.7
90	140						290	13.00	234	150		4.0
100	160						389	19.70	213	133		7.2
110	170						483	22.60	242	157		7.7
120	180					15	482	28.90	222	148		8.3
125	185	74	80	94	M14		480	30.00	212	143	230	8.5
130	190							31.20	205	140		8.8
140	200						574	40.20	227	159		9.3
150	210					18	572	42.90	212	152		10.0
160	230						800	64.00	227	158		14.9
170	240						795	67.80	214	152		15.7
180	250	88	94	110	M16	21	923	83.00	235	170	355	16.4
190	260						921	88.00	223	163		17.2
200	270					24	1050	105.00	242	179		18.8
210	290					20	1118	117.30	197	143		23.0
220	300					21	1120	123.00	189	138		27.7
240	320	110	116	134	M18	24	1280	153.00	198	148	485	29.8
250	330					27	1282	160.20	205	157		31.0
260	340						1430	186.00	205	157		32.0
280	370	130	136	156	M20	24	1650	230.00	192	145	690	46.0
300	390							245.00	179	138		49.0

1.2.5 ZJ5 型胀紧连接套

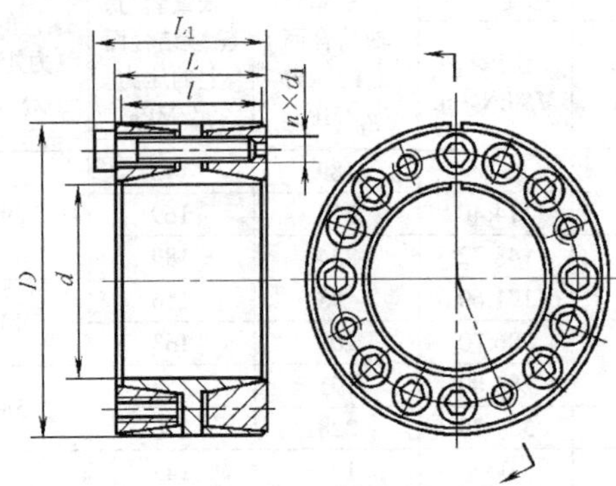

同 Z_4 型，但各锥环锥度相同，且内环中间有凸缘，便于拆卸。锥度较小，可传递很大载荷。接合面较长，对中精度较高。用于传递很大载荷和对中精度要求较高的场合

表 6-5-5

基本尺寸/mm					螺钉		额定负荷		胀紧套与轴结合面上的压力 p_f/MPa	胀紧套与轮毂结合面上的压力 p_f'/MPa	螺钉的拧紧力矩 M_a /N·m	质量/kg
d	D	l	L	L_1	d_1 /mm	n	轴向力 F_t/kN	转矩 M_t/kN·m				
100	145	60	65	77	M12	10	288	14.4	192	132	145	4.1
110	155							15.8	175	123		4.4
120	165					12	346	20.8	192	139		4.8
130	180	68	74	86		15	433	28.1	193	139		6.5
140	190					18	519	36.3	214	157		7.0
150	200							39.0	200	150		7.4
160	210					21	606	48.5	219	167		7.8
170	225	75	81	95	M14	18	712	60.6	215	162	230	10.0
180	235							64.1	203	155		10.6
190	250	88	94	108		20	792	75.2	178	135		14.3
200	260					24	950	95.0	203	156		15.0
210	275	98	104	120	M16	18	970	102.0	187	142	355	17.5
220	285						990	109.0	183	141		19.8
240	305					24	1318	158.0	222	176		21.4
250	315						1340	167.5	215	170		22.0
260	325					25	1370	178.0		172		23.0
280	355	120	126	144	M18	24	1590	222.5	188	149	485	35.2
300	375					25	1650	248.0	183	146		37.4
320	405	135	142	162	M20		2140	344.0	192	152	690	51.3
340	425							365.0	181	144		54.1
360	455	158	165	187	M22	25	2670	480.0	176	139	930	75.4
380	475							508.0	166	133		79.0
400	495							535.0	158	128		82.8
420	515					30	3200	673.0	181	147		86.5
450	555	172	180	204	M24		3700	832.5	175	142	1200	112.0
480	585					32	3950	948.0		143		119.0
500	605							988.0	168	139		123.0
530	640	190	200	227	M27	30	4320	1145.0	157	130	1600	151.0
560	670							1210.0	148	124		160.0
600	710					32	4610	1380.0	147			170.0

注：1. GB/T 28701—2012 还规定了 ZJ6~ZJ19 型的基本参数和主要尺寸，此外未编入。

2. 国内外生产胀紧套的厂商较多，其中北京古德高机电技术有限公司的产品型号与国标（GB/T 128701—2012）对照如下表：

古德高	Z1	Z2	Z3	Z4	Z5	Z6	Z7 A/B/C	Z8	Z9	Z10	Z11 A/B	Z12 A/B/C
国标	ZJ1	ZJ2	ZJ3	ZJ4	ZJ5	ZJ6	—	—	ZJ7	—	ZJ8	ZJ19 A/B/C
古德高	Z13 A/B	Z14 A/B	Z15	Z16	Z17 A/B	Z18	Z19 A/B	Z20	Z21	Z22	ZJ19	
国标	ZJ10	ZJ11、12	ZJ13	ZJ14	ZJ15 A/B	ZJ16	ZJ17 A/B	—	ZJ18	—	ZJ19	

1.3 胀紧连接套的标记示例

内径 $d=100$mm，外径 $D=114$mm，ZJ1 型胀紧连接套标记为：

胀套 ZJ1-100×114 GB/T 28701—2012

1.4 胀紧连接套的选用（摘自 GB/T 28701—2012）

1.4.1 按传递负荷选择胀套的计算

表 6-5-6

项目	计算式	说明				
选择胀套应满足的条件	传递转矩：$M_t \geqslant M$ 承受轴向力：$F_t \geqslant F_x$ 传递力：$F_t \geqslant \sqrt{F_x^2+\left(M\frac{d}{2}\times10^{-3}\right)^2}$ 承受径向力：$p_f \geqslant \frac{F_r}{dl}\times10^3$	M——需传递的转矩，kN·m； F_x——需承受的轴向力，kN； M_t——胀套的额定转矩，kN·m； F_t——胀套的额定轴向力，kN； F_r——需承受的径向力，kN； d,l——胀套内径和内环宽度，mm； p_f——胀套与轴结合面上的压强，MPa				
一个连接采用数个胀套时的额定载荷	一个胀套的额定载荷小于需传递的载荷时，可用两个以上的胀套串联使用，其总额定载荷为 $M_{tn}=mM_t$	M_{tn}——n 个胀套总额定载荷； m——载荷系数				
		连接中胀套的数量 n		1	2	3	4
		m	ZJ1 型胀套	1.0	1.56	1.86	2.03
			ZJ2～ZJ5 型胀套	1.0	1.8	2.7	—

1.4.2 结合面公差及表面粗糙度

表 6-5-7

胀套型式	结合面公差			结合面表面粗糙度 Ra/μm	
	胀套内径 d/mm	与胀套结合的轴的公差带	与胀套结合的孔的公差带	与胀套结合的轴	与胀套结合的孔
ZJ1	所有直径	h8	H8	≤1.6	≤1.6
	>38	h8	H8	≤1.6	≤1.6
其他型式	所有直径	h8	H8	≤3.2	≤3.2
ZJ3、ZJ5	所有直径	h8	H8	≤3.2	≤3.2
ZJ4	所有直径	h9 或 k9	N9 或 H9	≤3.2	≤3.2

1.4.3 被连接件的尺寸

表 6-5-8　　空心轴内径

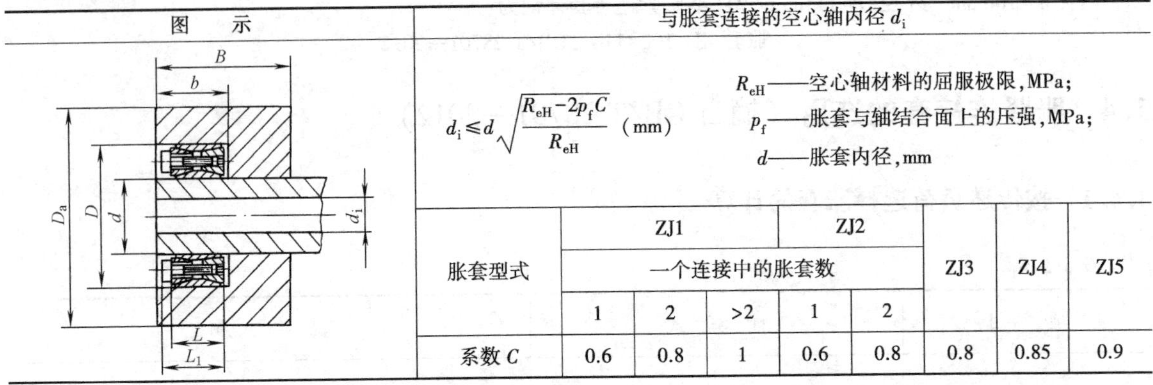

图示	与胀套连接的空心轴内径 d_i							
	$d_i \leqslant d\sqrt{\dfrac{R_{eH}-2p_fC}{R_{eH}}}$ (mm) R_{eH}——空心轴材料的屈服极限,MPa; p_f——胀套与轴结合面上的压强,MPa; d——胀套内径,mm							
胀套型式	ZJ1			ZJ2		ZJ3	ZJ4	ZJ5
	一个连接中的胀套数							
	1	2	>2	1	2			
系数 C	0.6	0.8	1	0.6	0.8	0.8	0.85	0.9

表 6-5-9　　轮毂外径

毂孔与胀套连接型式

毂孔与胀套连接有 A、B、C 三种型式,如图 a~图 h 所示。最好采用毂型 A、C,因其用料少,省工时。毂型 B 用后会产生锈蚀,拆卸困难

毂型 A:$C_1=1$

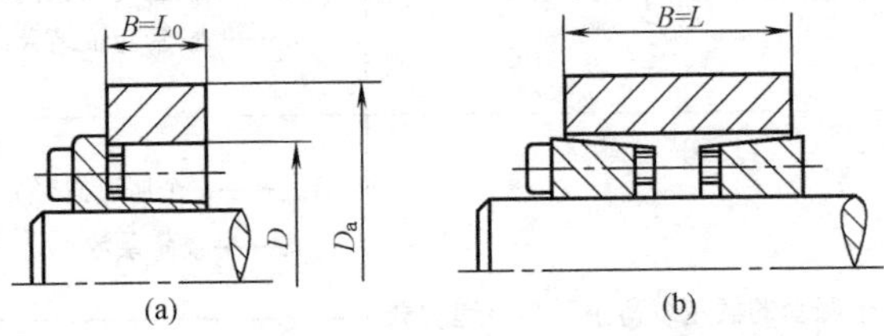

毂型 B:$C_1=0.8$

毂型 C:$C_1=0.6$

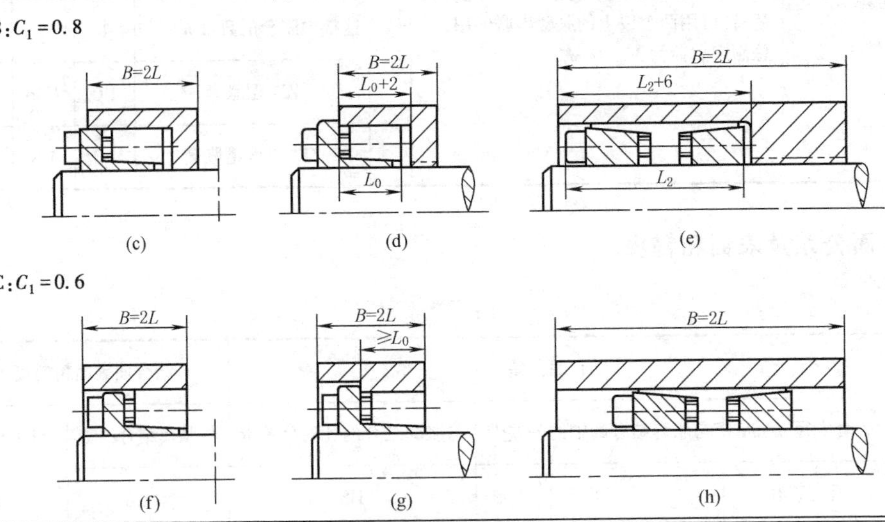

与胀套连接的轮毂外径 D_a

$$D_a \geqslant D\sqrt{\frac{R_{eH}+p_f'C_1}{R_{eH}-p_f'C_1}}$$

式中　D——胀套外径,mm;

R_{eH}——轮毂材料的屈服极限,MPa;

p_f'——胀套与轮毂结合面上的压强,MPa;

C_1——系数,轮毂与装在毂孔中的胀套宽度相同时 $C_1=1$

1.5 胀紧连接套安装和拆卸的一般要求（摘自 GB/T 28701—2012）

（1）连接前的准备工作

被连接件的尺寸应按 GB/T 3177《光滑工件尺寸的检验》所规定的方法进行检验。

结合表面必须无污物、无腐蚀、无损伤。

在清洗干净的胀套表面和被连接件的结合表面上，均匀涂一层薄润滑油（不应含二硫化钼添加剂）。

（2）胀套的安装

把被连接件推移到轴上，使其到达设计规定的位置。

将拧松螺钉的胀套平滑地装入连接孔处，要防止被连接件的倾斜，然后用手将螺钉拧紧。

（3）拧紧胀套螺钉的方法

胀套螺钉应使用力矩扳手按对角交叉均匀地拧紧。

按表 6-5-2~表 6-5-5 中规定的拧紧力矩 M_a 和步骤拧紧：第一次以 $1/3M_a$ 值拧紧；第二次以 $1/2M_a$ 值拧紧；第三次以 M_a 值拧紧，最后以 M_a 值进行检查，确保全部螺钉拧紧。

（4）胀套的拆卸

拆卸时先松开全部螺钉，但不要将螺钉全部拧出。

取下镀锌的螺钉和垫圈，将拉出螺钉旋入前压环的辅助螺孔中，轻轻敲击拉出螺钉的头部，使胀套松动，然后拉动螺钉，即可将胀套拉出。

（5）防护

安装完毕后，在胀套外露端面及螺钉头部涂上一层防锈油脂。

对于露天作业或工作环境较差的机器，应定期在外露的胀套端面上涂防锈油脂。

需在腐蚀介质中工作的胀套，应采取专门的防护措施（如加盖板）以防止胀套锈蚀。

1.6 ZJ1 型胀紧连接套的连接设计要点（摘自 GB/T 28701—2012）

（1）ZJ1 型胀套的连接型式

ZT1 型胀套需以法兰和螺栓夹紧，有在轮毂上或在轴端面上夹紧两种型式（图 6-5-2），按需要选择。

（2）夹紧力

ZJ1 型胀套的总夹紧力 P_A 等于单件螺栓的夹紧力 P_V 乘以螺栓的数量 Z（即 $P_A=ZP_V$）。

单件螺栓的拧紧力矩 M_A 与单件螺栓的夹紧力 P_V 的关系见表 6-5-10。

按表 6-5-7 选定公差带，在夹紧过程中（图 6-5-3）消除配合间隙所需夹紧力 P_0 及 ZJ1 型胀套与轴结合面上的压强 $p_f=100\text{MPa}$ 时所需的有效夹紧力 P_y 见表 6-5-11。

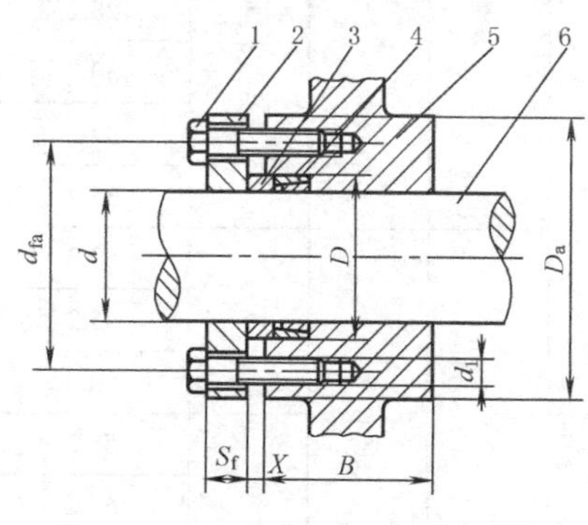

(a) 在轮毂上夹紧ZJ1型胀套

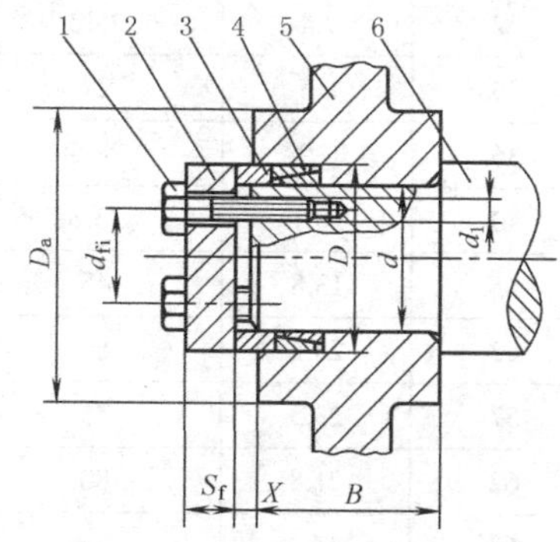

(b) 在轴端面上夹紧ZJ1型胀套

图 6-5-2 ZJ1 型胀套的连接型式

1—螺栓；2—法兰；3—隔套；4—ZJ1 型胀套；5—轮毂；6—轴

表 6-5-10　　螺栓的夹紧力 P_V

螺栓直径 /mm	力学性能等级 8.8 级		力学性能等级 10.9 级	
	M_A /N·m	P_V /kN	M_A /N·m	P_V /kN
M5	6	6.4	8	8.43
M6	10	9.0	14	12.6
M8	25	16.5	35	23.2
M10	49	26.2	69	36.9
M12	86	38.3	120	54.0
M16	210	73.0	295	102.0
M20	410	114.0	580	160.0
M24	710	164.0	1000	230.0

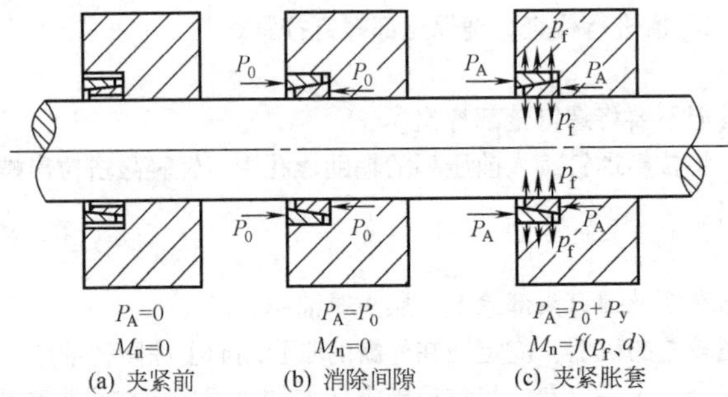

图 6-5-3　ZJ1 型胀套的夹紧过程

表 6-5-11　　夹紧过程中消除配合间隙所需夹紧力 P_0 及 ZJ1 型胀套与轴结合面上的压强 p_f=100MPa 时所需的有效夹紧力 P_y

<table>
<tr><th rowspan="3">d/mm</th><th rowspan="3">D/mm</th><th rowspan="3">P_0/kN</th><th>p_f=100MPa</th><th colspan="4">X/mm</th><th colspan="2">隔套尺寸(图 6-5-4)</th></tr>
<tr><th rowspan="2">P_y/kN</th><th colspan="4">连接中的胀套数量</th><th rowspan="2">d_2/mm</th><th rowspan="2">D_2/mm</th></tr>
<tr><th>1</th><th>2</th><th>3</th><th>4</th></tr>
<tr><td>20</td><td>25</td><td>12.1</td><td>18</td><td rowspan="15">3</td><td rowspan="7">3</td><td rowspan="7">4</td><td rowspan="7">5</td><td>20.2</td><td>24.8</td></tr>
<tr><td>22</td><td>26</td><td>9.1</td><td>19.8</td><td>22.2</td><td>25.8</td></tr>
<tr><td>25</td><td>30</td><td>9.9</td><td>22.5</td><td>25.2</td><td>29.8</td></tr>
<tr><td>28</td><td>32</td><td>7.4</td><td>25.2</td><td>28.2</td><td>31.8</td></tr>
<tr><td>30</td><td>35</td><td>8.5</td><td>27</td><td>30.2</td><td>34.8</td></tr>
<tr><td>32</td><td>36</td><td>7.9</td><td>28.8</td><td>32.2</td><td>35.8</td></tr>
<tr><td>35</td><td>40</td><td>10.1</td><td>35.6</td><td>35.2</td><td>39.8</td></tr>
<tr><td>40</td><td>45</td><td>13.8</td><td>45</td><td rowspan="7">4</td><td rowspan="7">5</td><td rowspan="3">6</td><td>40.2</td><td>44.8</td></tr>
<tr><td>45</td><td>52</td><td>28.2</td><td>66</td><td>45.2</td><td>51.8</td></tr>
<tr><td>50</td><td>57</td><td>23.5</td><td>73</td><td>50.2</td><td>56.8</td></tr>
<tr><td>55</td><td>62</td><td>21.8</td><td>80</td><td rowspan="5">7</td><td>55.2</td><td>61.8</td></tr>
<tr><td>60</td><td>68</td><td>27.4</td><td>106</td><td>60.2</td><td>67.8</td></tr>
<tr><td>65</td><td>73</td><td>25.4</td><td>115</td><td>65.2</td><td>72.8</td></tr>
<tr><td>70</td><td>79</td><td>31</td><td>145</td><td>70.3</td><td>78.7</td></tr>
<tr><td>75</td><td>84</td><td>34.6</td><td>155</td><td>5</td><td>6</td><td>75.3</td><td>83.7</td></tr>
</table>

续表

<table>
<tr><th rowspan="3">d/mm</th><th rowspan="3">D/mm</th><th rowspan="3">P_0/kN</th><th>$p_f=100$MPa</th><th colspan="4">X/mm</th><th colspan="2">隔套尺寸(图 6-5-4)</th></tr>
<tr><th rowspan="2">P_y/kN</th><th colspan="4">连接中的胀套数量</th><th rowspan="2">d_2/mm</th><th rowspan="2">D_2/mm</th></tr>
<tr><th>1</th><th>2</th><th>3</th><th>4</th></tr>
<tr><td>80</td><td>91</td><td>48</td><td>203</td><td rowspan="8">4</td><td rowspan="4">5</td><td rowspan="4">6</td><td rowspan="4">8</td><td>80.3</td><td>90.7</td></tr>
<tr><td>85</td><td>96</td><td>45.6</td><td>216</td><td>85.3</td><td>95.7</td></tr>
<tr><td>90</td><td>101</td><td>43.4</td><td>229</td><td>90.3</td><td>100.7</td></tr>
<tr><td>95</td><td>106</td><td>41.2</td><td>242</td><td>95.3</td><td>105.7</td></tr>
<tr><td>100</td><td>114</td><td>60.7</td><td>347</td><td rowspan="4">6</td><td rowspan="4">7</td><td rowspan="4">9</td><td>100.3</td><td>113.7</td></tr>
<tr><td>105</td><td>119</td><td>63.2</td><td>332</td><td>105.3</td><td>119.7</td></tr>
<tr><td>110</td><td>124</td><td>66</td><td>349</td><td>110.3</td><td>123.7</td></tr>
<tr><td>120</td><td>134</td><td>60.2</td><td>380</td><td>120.4</td><td>133.6</td></tr>
<tr><td>125</td><td>139</td><td>70.1</td><td>420</td><td rowspan="5">5</td><td rowspan="5">7</td><td rowspan="5">9</td><td rowspan="5">11</td><td>125.4</td><td>138.6</td></tr>
<tr><td>130</td><td>148</td><td>96.2</td><td>558</td><td>130.4</td><td>147.6</td></tr>
<tr><td>140</td><td>158</td><td>89</td><td>600</td><td>140.4</td><td>157.6</td></tr>
<tr><td>150</td><td>168</td><td>84.5</td><td>643</td><td>150.4</td><td>167.6</td></tr>
<tr><td>160</td><td>178</td><td>78.5</td><td>686</td><td>160.4</td><td>177.6</td></tr>
<tr><td>170</td><td>191</td><td>117.5</td><td>865</td><td rowspan="7">6</td><td rowspan="6">8</td><td rowspan="6">11</td><td rowspan="6">13</td><td>170.5</td><td>190.5</td></tr>
<tr><td>180</td><td>201</td><td>111.2</td><td>916</td><td>180.5</td><td>200.5</td></tr>
<tr><td>190</td><td>211</td><td>105</td><td>966</td><td>190.5</td><td>211.5</td></tr>
<tr><td>200</td><td>224</td><td>134</td><td>1180</td><td>200.6</td><td>223.4</td></tr>
<tr><td>210</td><td>234</td><td>127</td><td>1239</td><td>210.6</td><td>233.4</td></tr>
<tr><td>220</td><td>244</td><td>122</td><td>1298</td><td>220.6</td><td>243.4</td></tr>
<tr><td>240</td><td>267</td><td>157.5</td><td>1610</td><td>9</td><td>12</td><td>14</td><td>240.6</td><td>266.4</td></tr>
<tr><td>250</td><td>280</td><td>190</td><td>1870</td><td rowspan="4">7</td><td rowspan="2">10</td><td rowspan="2">13</td><td rowspan="2">16</td><td>250.8</td><td>279.2</td></tr>
<tr><td>260</td><td>290</td><td>182</td><td>1950</td><td>260.8</td><td>289.2</td></tr>
<tr><td>280</td><td>313</td><td>206</td><td>2330</td><td rowspan="2">11</td><td rowspan="2">14</td><td rowspan="2">17</td><td>280.8</td><td>312.2</td></tr>
<tr><td>300</td><td>333</td><td>214</td><td>2490</td><td>300.8</td><td>332.2</td></tr>
<tr><td>320</td><td>360</td><td>292</td><td>3200</td><td rowspan="10">10</td><td rowspan="10">15</td><td rowspan="10">15</td><td rowspan="10">25</td><td>321</td><td>359</td></tr>
<tr><td>340</td><td>380</td><td>272</td><td>3400</td><td>341</td><td>379</td></tr>
<tr><td>360</td><td>400</td><td>258</td><td>3600</td><td>361</td><td>399</td></tr>
<tr><td>380</td><td>420</td><td>269</td><td>3800</td><td>381</td><td>419</td></tr>
<tr><td>400</td><td>440</td><td>256</td><td>4000</td><td>401</td><td>439</td></tr>
<tr><td>420</td><td>460</td><td>244</td><td>4200</td><td>421</td><td>459</td></tr>
<tr><td>450</td><td>490</td><td>238</td><td>4500</td><td>451</td><td>489</td></tr>
<tr><td>480</td><td>520</td><td>239</td><td>4800</td><td>481</td><td>519</td></tr>
<tr><td>500</td><td>540</td><td>229</td><td>5000</td><td>501</td><td>539</td></tr>
</table>

(3) 夹紧附件的基本尺寸

隔套的基本尺寸见图 6-5-4 和表 6-5-11。

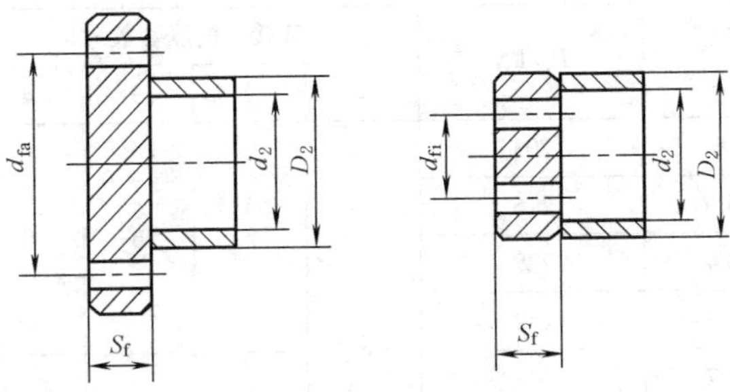

图 6-5-4 隔套的基本尺寸

法兰与轮毂端面的距离 X (图 6-5-2) 见表 6-5-11。

法兰的基本尺寸 (图 6-5-2):

$$d_{fa}=D+10+d_1 \quad (\text{mm})$$

$$d_{fi}=D-10-d_1 \quad (\text{mm})$$

$$S_f \geqslant d_1\left(a_1+\frac{a}{Z}\right) \quad (\text{mm})$$

式中 d_1——螺栓直径, mm;

Z——螺栓数;

a——螺栓布置系数, 查表 6-5-12;

a_1——系数。

对于法兰的屈服极限 $R_{eH}\geqslant$295MPa、螺栓的强度级为 8.8 级时, $a_1=1$; 对于法兰的屈服极限 $R_{eH}\geqslant$345MPa、螺栓的强度级为 10.9 级时, $a_1=1.5$。

表 6-5-12 **螺栓布置系数 a**

a	六角头螺栓直径 d_1							
	M5	M6	M8	M10	M12	M16	M20	M24
	d_{fa}或d_{fi}/mm							
3	18	19	26	30	33	41	51	60
4	22	23	32	37	41	50	63	74
5	26	28	38	44	49	60	75	88
6	30	32	44	52	58	71	88	104
7	35	37	51	60	66	82	102	119
8	39	42	58	68	75	92	115	135
9	44	47	65	76	84	103	129	152
10	49	52	72	84	93	114	143	168
11	53	57	78	92	102	125	156	184
12	58	62	85	100	111	136	170	200
13	63	67	92	108	119	147	184	216
14	67	72	99	116	128	158	198	222
15	72	77	106	124	138	170	212	249
16	77	82	113	133	147	181	226	266
17	81	87	120	141	156	192	240	281

续表

a	六角头螺栓直径 d_1							
	M5	M6	M8	M10	M12	M16	M20	M24
	d_{fa}或d_{fi}/mm							
18	86	93	127	149	165	203	254	298
19	91	98	134	157	174	214	268	314
20	96	103	141	165	183	225	282	330
21	100	108	148	174	192	237	296	347
22	105	113	155	182	201	247	309	363
23	110	118	162	190	211	259	324	380
24	115	123	169	198	219	270	338	396
25	119	128	176	206	228	281	351	412
26	124	133	183	215	238	293	365	429
27	129	138	190	222	246	304	379	445
28	134	143	197	231	256	315	394	463
29	138	148	204	239	265	326	407	479
30	143	153	211	247	274	337	421	495

(4) 胀套数量和夹紧螺栓数量的计算

表 6-5-13

序号	计算内容	计算公式	说明
1	轮毂不产生塑性变形所允许的最大压强	在轮毂上夹紧(图 6-5-2a) $p_{f\max}'=\frac{R_{eH}}{C}\times\frac{(D_a-d_1)^2-D^2}{(D_a-d_1)^2+D^2}$ 在轴端面上夹紧(图 6-5-2b) $p_{f\max}'=\frac{R_{eH}}{C}\times\frac{(D_a^2-D^2)}{(D_a^2+D^2)}$	R_{eH}——轮毂的屈服极限,MPa; d_1——螺栓直径,mm; C——系数,见表 6-5-8
2	与 $p_{f\max}'$ 相应的压强 $p_{f\max}$	$p_{f\max}=\frac{D}{d}p_{f\max}'$	
3	胀套可传递的载荷	当 $p_f=100$MPa 时,胀套可传递的转矩为 M_t 当压强为 $p_{f\max}$ 时,胀套可传递的转矩为 $M_{t\max}=\frac{M_t p_{f\max}}{100}$	M_t 值查表 6-5-1
4	求载荷系数并求出传递给定载荷所需的胀套数 n	$m\geqslant\frac{M}{M_{t\max}}$ 由 m 值求出 n	m 值查表 6-5-6
5	传递给定载荷所需的有效夹紧力	$p_f=100$MPa 时,胀套有效夹紧力为 P_y 当压强为 $p_{f\max}$ 时,胀套有效夹紧力为 $P_y'=\frac{P_y p_{f\max}}{100}$	P_y 值查表 6-5-11
6	总夹紧力	$P_A=P_0+P_y'$	P_0 值查表 6-5-11
7	螺栓数量	$Z=\frac{P_A}{P_V}$	P_V 值查表 6-5-10 Z 值应取整数

（5）计算示例

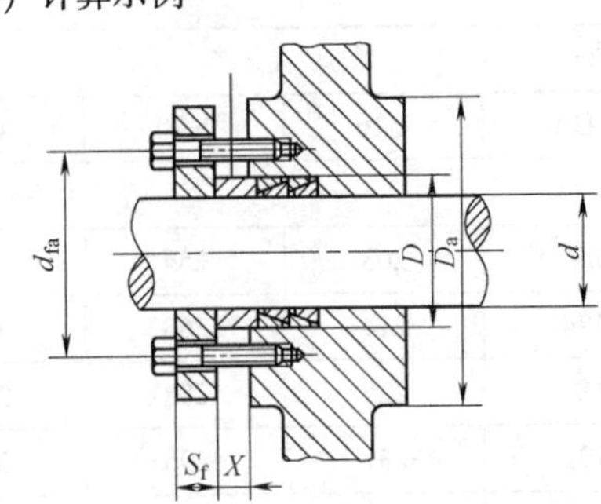

已知条件：$d=100$mm，$D_a=170$mm，轮毂材料 $R_{eH}=315$MPa，法兰材料 $R_{eH}=355$MPa，需传递转矩 $M=7.8$kN·m

确定胀套数量、螺栓数量及法兰尺寸，计算内容见表 6-5-14

表 6-5-14

序号	计算内容	计算公式	说明
1	选择胀套规格	根据 $d=100$mm，选定胀套 ZJ1-100×114 $d=100$mm，$D=114$mm $p_f=100$MPa 时 $M_t=3.5$kN·m	查表 6-5-1
2	查消除间隙所需夹紧力和有效夹紧力	$P_0=60.7$kN 当 $p_f=100$MPa 时 $P_y=347$kN	查表 6-5-11
3	初选螺栓尺寸	根据连接结构选定： 螺栓直径 M12，力学性能等级 8.8 拧紧力矩 $M_A=86$N·m 夹紧力 $P_V=38.3$kN	M_A 和 P_V 值查表 6-5-10
4	轮毂不产生塑性变形所允许的最大压强	$p_{f\max}'=\dfrac{R_{eH}}{C}\times\dfrac{(D_a-d_1)^2-D^2}{(D_a-d_1)^2+D^2}$ $=\dfrac{355}{0.8}\times\dfrac{(170-12)^2-114^2}{(170-12)^2+114^2}$ $=139.9$MPa	试设胀套数为 2，C 值查表 6-5-8
5	与 $p_{f\max}'$ 相应的压强 $p_{f\max}$	$p_{f\max}=p_{f\max}'\dfrac{D}{d}$ $=139.9\times\dfrac{114}{100}$ $=159.5$MPa	
6	胀套可传递的载荷	$p_f=100$MPa 时 $M_t=3.5$kN·m，当压强为 $p_{f\max}=159.5$MPa 时 $M_{t\max}=\dfrac{M_t p_{f\max}}{100}$ $=\dfrac{3.50\times159.5}{100}$ $=5.58$kN·m	
7	传递载荷所需的胀套数量	载荷系数 $m=\dfrac{M}{M_{t\max}}=\dfrac{7.8}{5.58}$ $=1.398$ 胀套数 $n=2$	查表 6-5-6，当 $m<1.56$ 时 $n=2$

续表

序号	计算内容	计算公式	说明
8	传递给定载荷所需的有效夹紧力	$p_f=100\text{MPa}$ 时 $P_y=347\text{kN}$，当压强为 $p_{fmax}=159.5\text{MPa}$ 时 $P'_y=\dfrac{P_y p_{fmax}}{100}$ $=\dfrac{347\times159.5}{100}$ $=553.5\text{kN}$	
9	总夹紧力	$P_A=P_0+P'_y$ $=60.7+553.5$ $=614.2\text{kN}$	
10	螺栓数量	$Z=\dfrac{P_A}{P_V}=\dfrac{614.2}{38.3}=16$	
11	确定法兰尺寸	$d_{fa}=D+10+d_1$ $=114+10+12$ $=136\text{mm}$ $S_f=d_1\left(a_1+\dfrac{a}{Z}\right)$ $=12\left(1+\dfrac{15}{16}\right)$ $=23.3\text{mm}$ 取 $S_f=24\text{mm}$	查表 6-5-12
12	法兰与轮毂端面的距离	$X=6$	查表 6-5-11

2　型面连接

型面连接是由轴与相应的轮毂沿光滑的非圆表面接触而成。表面可做成柱形或锥形。柱形只能传递转矩，锥形除传递转矩外，还能传递轴向力。型面连接的优点是装拆方便，能保持良好的对中；被连接件上没有像键连接那样的应力集中。其缺点是被连接件上挤压应力较高；加工较复杂。

图 6-5-5 所示为三边形连接，图 6-5-6 所示为方形连接。二者均采用 H7/g6～H7/k6 配合，其尺寸可参考表 6-5-15。图 6-5-7 所示为风机叶片三边形连接的实例。

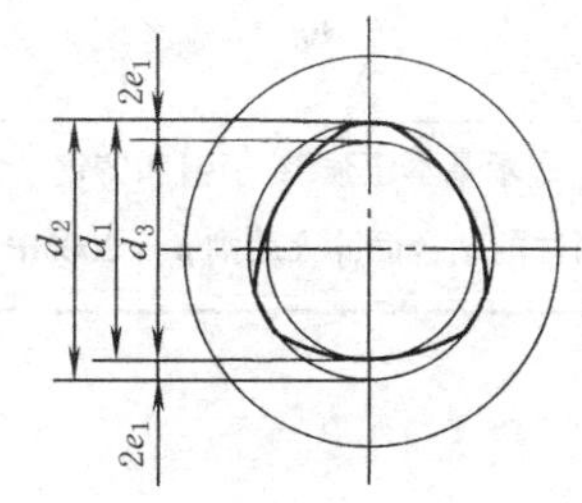

图 6-5-5　三边形连接

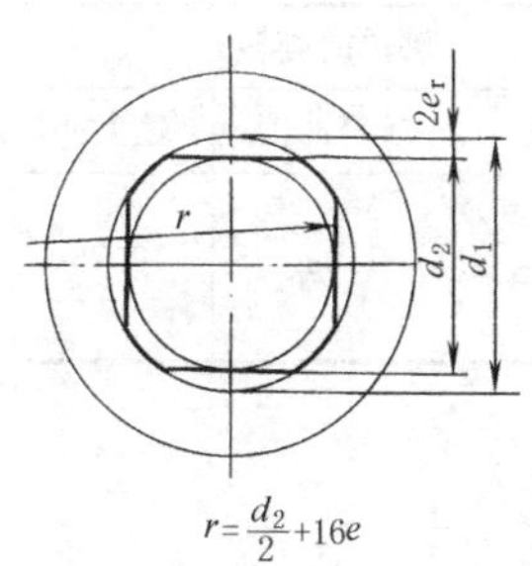

图 6-5-6　方形连接

表 6-5-15　　多边形连接尺寸　　mm

三边形连接								方形连接							
d_1	d_2	d_3	e_1	d_1	d_2	d_3	e_1	d_1	d_2	e	e_r	d_1	d_2	e	e_r
14	14.88	13.12	0.44	50	53.6	46.4	1.8	14	11	1.6	0.75	50	43	6	1.75
16	17	15	0.5	55	59	51	2	16	13	2	0.75	55	48	6	1.75
18	19.12	16.88	0.56	60	64.5	55.5	2.25	18	15	2	0.75	60	53	6	1.75
20	21.26	18.74	0.63	65	69.9	60.1	2.45	20	17	3	0.75	65	58	6	1.75
22	23.4	20.6	0.7	70	75.6	64.4	2.8	22	18	3	1	70	60	6	2.5
25	26.6	23.4	0.8	75	81.3	68.7	3.15	25	21	5	1	75	65	6	2.5
28	29.8	26.2	0.9	80	86.7	73.3	3.35	28	24	5	1	80	70	8	2.5
30	32	28	1	85	92.1	77.9	3.55	30	25	5	1.25	85	75	8	2.5
32	34.24	29.76	1.12	90	98	82	4	32	27	5	1.25	90	80	8	2.5
35	37.5	32.5	1.25	95	103.5	86.5	4.25	35	30	5	1.25	95	85	8	2.5
40	42.8	37.2	1.4	100	109	91	4.5	40	35	6	1.25	100	90	8	2.5
45	48.2	41.8	1.6					45	40	6	1.25				

注：三边形连接尺寸摘自 DIN 32711，方形连接尺寸摘自 DIN 32712。

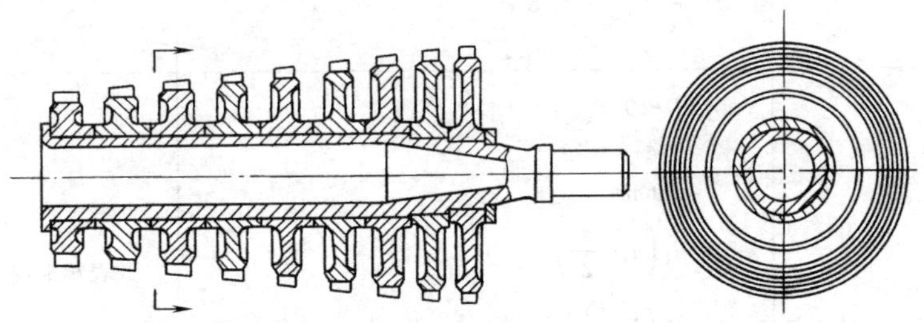

图 6-5-7　风机叶片三边形连接

多边形连接中轴和毂孔在转矩作用下，其结合面产生的最大压强应满足下式：

三边形时

$$p=\frac{T}{l_t(2.36d_1e_1+0.05d_1^2)}\leqslant p_p$$

方形时

$$p=\frac{T}{l_t(\pi d_r e_r+0.05d_r^2)}\leqslant p_p$$

式中　T——传递的转矩，N·mm；

l_t——结合长度，mm；

d_1——等距直径，mm；

d_r——计算直径，mm，$d_r=d_2+2e$；

e_1，e_r——剖面的偏心度，mm；

p_p——许用压强，见表 6-5-16。

表 6-5-16　　多边形轴许用压强 p_p　　MPa

	轴单向旋转			轴双向旋转		说　　明
	静载荷	较轻冲击	较大冲击	较轻冲击	较大冲击	
p_p	$1.1p_0$	$1.0p_0$	$0.75p_0$	$0.6p_0$	$0.45p_0$	p_0 表示基本压强，对于钢和铸钢 $p_0=150$MPa，当钢制件的结合面淬火后则 $p_0=200$MPa

第6章　锚固连接[1]

锚固连接是通过特种锚固件（如锚栓等）将被安装的构架或机器固定连接到基础上的一种安装连接方式，它避免了预埋地脚螺栓安装施工复杂的缺点，具有快捷方便（可以立即承载）的优点，已普遍应用在建筑业和设备安装工程中。

1　锚固连接的作用原理

锚固连接按作用原理可分为凸型结合（机械嵌固结合）、摩擦结合和材料结合，见表6-6-1。

表 6-6-1

类　　型	作 用 原 理	图　　示
凸型结合	凸型结合时，载荷通过锚栓与锚固基础间的机械啮合来传递。此类结合的钻孔需使用专门与锚栓匹配的钻头进行拓孔，锚栓在拓孔部分与锚固基础形成凸型结合，通过啮合将载荷传给锚固基础。此类锚栓在混凝土结构中具有良好的抗振、抗冲击性能。后扩底柱锥式锚栓FZA及后扩底柱锥式浅埋型锚栓FZEA等的作用原理均属于凸型结合	N
摩擦结合	摩擦结合为外力作用于锚栓上，使锚栓的膨胀片张开，在锚栓与孔壁间形成摩擦力。膨胀力可由扭矩控制（力控）或由位移控制。扭矩控制是用力矩扳手拧到规定的力矩使锥体压入膨胀套管内，把膨胀片挤向孔壁。位移控制是把扩充锥体敲入膨胀套管内，达到规定的打入行程后，膨胀片张开，挤向孔壁。后继膨胀套管锚栓FH、后继膨胀螺杆锚栓FAZ、螺杆锚栓FBN、敲击式螺杆锚栓FNA、重载锚栓SLM-N等的作用原理均属于摩擦结合。后继膨胀锚栓是指当锚固区混凝土出现裂缝时，锚栓的锥体继续滑入膨胀套筒内使膨胀套管继续张开，增大锚栓与基材（混凝土）的膨胀压力，补偿因裂缝而损失的承载力	N
材料结合	通过胶合体将载荷传递给锚固基础。例如慧鱼高强化学锚栓R，其结合材料由合成树脂及内部粗细骨料-石英颗粒及石英砂组成，锚固时，形成具有良好亲和力的胶体将锚杆与基材连为一体	N

❶ 本章介绍的德国慧鱼（太仓）建筑锚栓有限公司和国内部分厂商提供的产品资料供设计选用参考。锚栓承载力验算方法是由慧鱼公司根据目前国际通用的验算方法经过实验提出的，可供参考。如遇特殊使用条件时可直接向有关厂家技术咨询，以保证合理选用。

2　锚固连接失效的几种主要形式

表 6-6-2

失效类别		说明	图示
受拉失效	钢材失效	锚栓本身钢材拉断，主要发生在锚固深度过深或混凝土强度过高或锚固区钢筋密集或锚栓材质强度较低或截面积偏小的地方。这种失效一般具有明显的塑性变形，失效载荷离散性小	N
	混凝土锥体失效	通常表现为以锚栓膨胀区或柱锥区为顶点的混凝土锥体受拉失效，此种失效形式为锚固失效的基本形式	N
	锚栓拔出或穿出失效	表现为锚栓从锚孔中拔出或从套筒中穿出。锚栓从锚孔拔出主要由于锚栓安装方法不当，如钻孔过大、清孔不净、锚栓预紧力不够或黏结剂强度过低或失效等。一般情况下，此种失效是一种不正常的失效现象，一般不允许发生，一旦发生应按锚固质量不合格处理。锚栓从套筒中穿出是在受控条件下，如对锚固基材施加约束，限制混凝土锥体失效，则可能发生此种失效，但其承载力较高，数值较为稳定	N　N
	混凝土劈裂失效	此种失效是不常见的失效形式，多发生于膨胀锚栓群锚区域，主要是由于锚栓布置及施工安装所造成，一般可通过控制边距、间距、构件厚度及裂缝宽度防止	
受剪失效	钢材失效	当锚栓距离混凝土构件边缘较远，且锚栓剪切强度不够时通常出现此种失效	V
	混凝土楔形体失效	如果锚栓距离混凝土构件边缘较近，可能出现此种失效	V
	沿剪力反向混凝土撬坏	当采用短而粗、刚性较大的锚栓或锚栓的间距较小时，可能出现此种失效	V

3　锚固连接的基础与安装

3.1　锚固基础

设备安装基础有普通混凝土、钢筋混凝土及其他砌体材料等多种类型，不同类型锚固基础的特性和强度直接影响锚固连接的承载性能。锚固连接的混凝土破坏载荷随着混凝土强度的提高而升高。适用的混凝土标号为C15~C55。

锚固基础混凝土又分为开裂和非开裂两类，当 $\sigma_L+\sigma_R \leqslant 0$ 时，可判定为非开裂混凝土，否则视为开裂混凝土。其中 σ_L 为外载荷及锚固载荷在混凝土中产生的标准应力，拉为正，压为负；σ_R 为由于混凝土收缩、温度变化及支座位移在混凝土中产生的标准应力，可近似取 $\sigma_R=3\text{MPa}$。在混凝土中通常使用钢制锚栓作锚固件，在承载力不大的情况下也可使用尼龙型锚栓。在砌体材料中通常选用尼龙锚栓或高强度化学锚栓。

3.2 锚栓的安装

表 6-6-3

安装型式	齐平式安装	预先钻孔,插入锚栓后再安装被安装件,并拧紧螺母。锚固基础的孔径大于被安装件的孔径	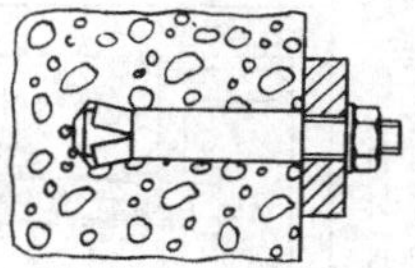
	穿透式安装	锚栓通过被安装设备的地脚孔直接插入钻孔中并拧紧螺母。被安装件的孔径至少等于锚固基础上的钻孔直径	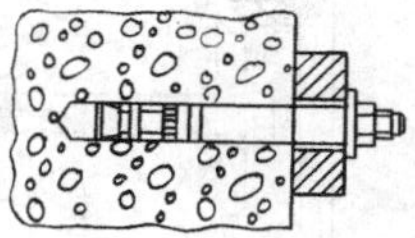
	悬挑式安装	被安装物体与锚固基础表面相隔一段距离。此种安装方式多采用内螺纹锚栓及化学锚栓	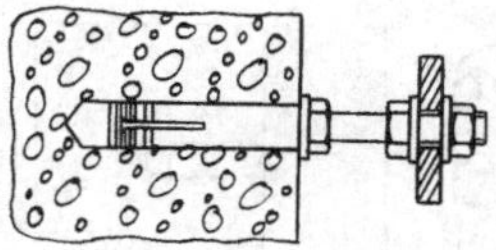
安装尺寸说明	钻孔深度	由锚栓的类型及规格决定需要的钻孔深度 h_0,它一般大于锚固深度 h_{ef}	
	锚固深度	锚固深度 h_{ef}是影响锚栓承载力的重要参数。不同型号的锚栓的锚固深度也不同	
	锚固厚度	锚固厚度等于被安装件的厚度。如果锚固基础有覆盖层(如抹灰层、保温层和防火层等),锚栓的锚固厚度应包括覆盖层厚度及被安装件厚度	
	间距、边距及基础厚度	锚栓的间距 s 是指相邻锚栓之间的距离。边距 c 是指锚栓轴线到构件自由边缘的距离。基础厚度 h 是指锚固基础的厚度。最小基础厚度 h_{min} 是指确保不发生混凝土劈裂失效的允许基础厚度最小值。最小边距 c_{min}(最小间距 s_{min})是指在拉力作用下,确保每根锚栓的最低受拉承载力值时的边距值(间距值)。特征边距 $c_{cr,N}$(特征间距 $s_{cr,N}$)是指拉力作用下,混凝土在理想化锥体失效的情况,确保每根锚栓受拉承载力为标准值 $N^0_{Rd,c}$ 时的边距值(间距值)	

续表

安装程序图示及说明	FZA 型后扩底柱锥式锚栓	钻孔	扩底孔	清孔	装锚栓、套管	装被安装件并紧固	
		将锚栓插入经过清除灰尘后的孔中，套管敲击至与被固定件表面齐平或进入约 1mm					
	FZEA 型后扩底浅埋锚栓	钻孔	扩底孔	清孔	装入锚栓	扩张套管	用螺钉安装被安装件并紧固
		把锚栓插入经过清除灰尘的孔中，然后用敲击安装工具使扩充套管充分张开，锚栓与孔壁实现凸型结合					
		钻孔	清孔	插入锚栓	拧紧螺母	安装完毕	
	FH 型扭矩控制后继膨胀套管锚栓						清除钻孔中的灰尘后插入锚栓，并按规定的扭矩 T_{inst} 值拧紧，垫圈应紧贴被固定的构件
	FAZ 型扭矩控制后继膨胀螺杆锚栓						
	FBN 型扭矩控制螺杆锚栓						

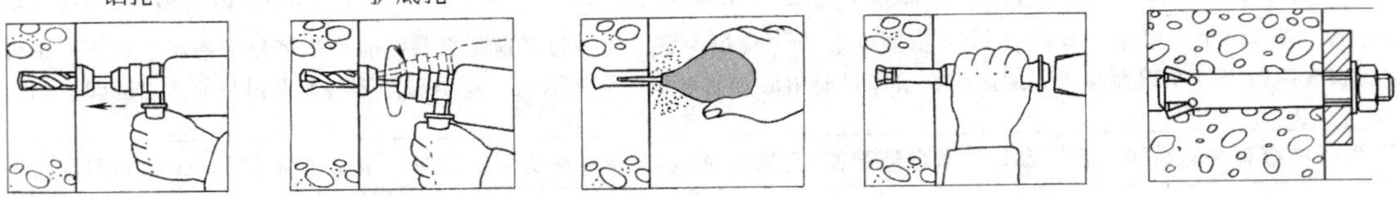

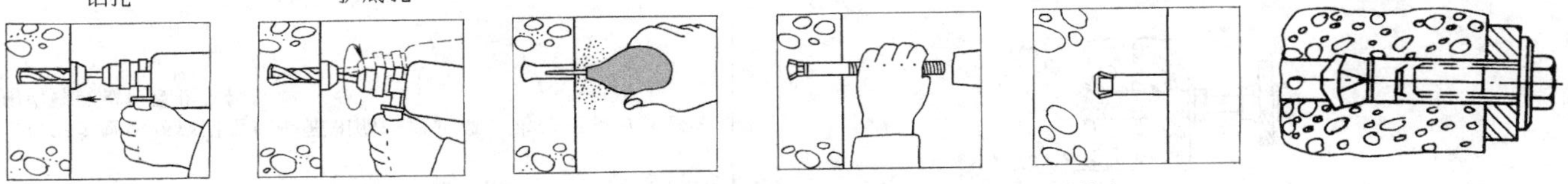

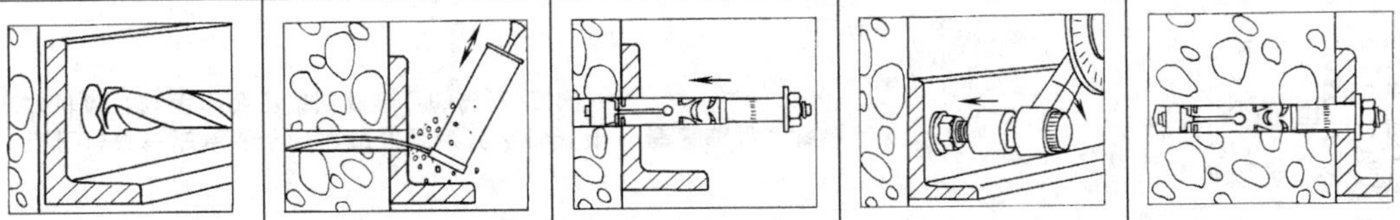

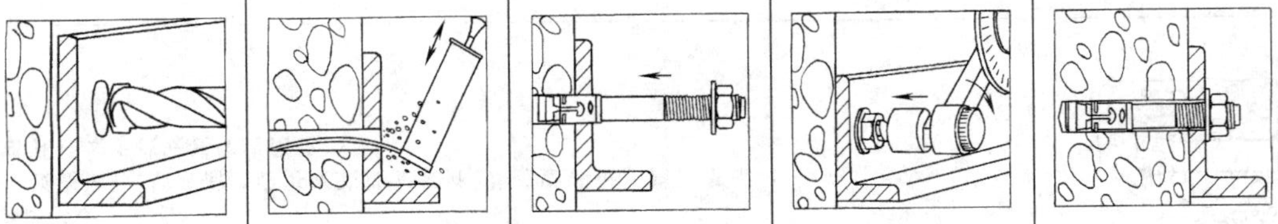

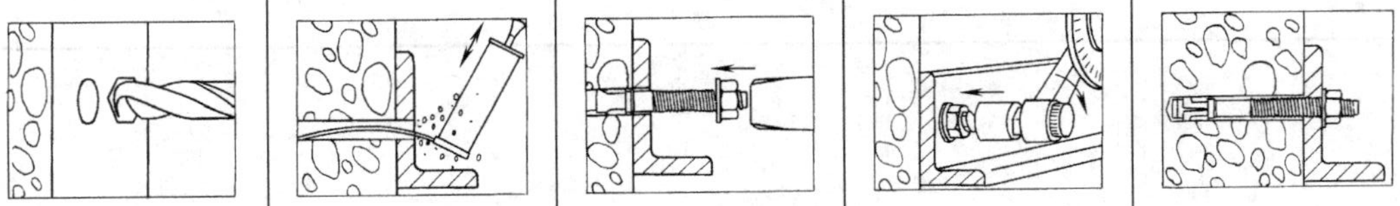

续表

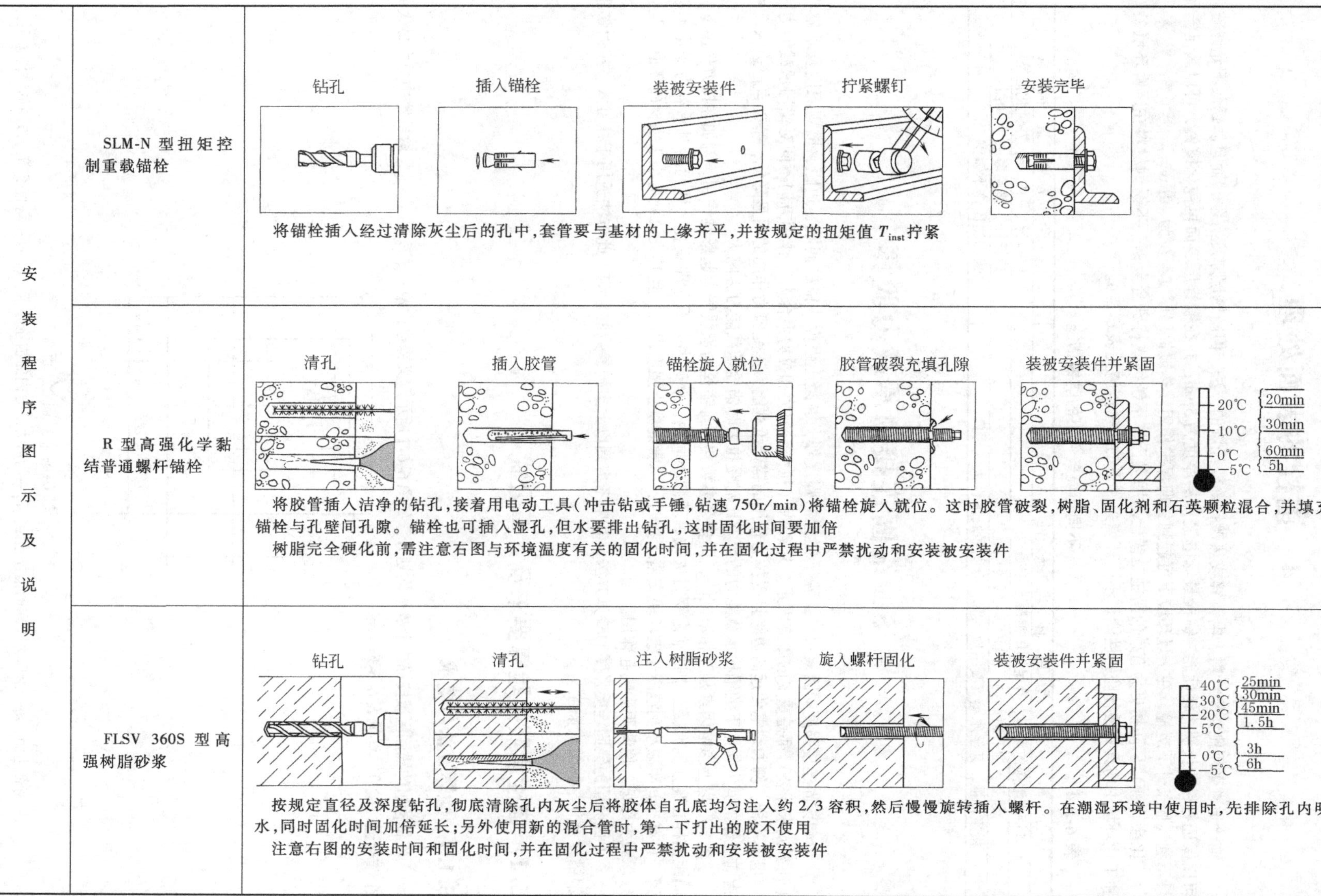

安装程序图示及说明	SLM-N 型扭矩控制重载锚栓	将锚栓插入经过清除灰尘后的孔中，套管要与基材的上缘齐平，并按规定的扭矩值 T_{inst} 拧紧
	R 型高强化学黏结普通螺杆锚栓	将胶管插入洁净的钻孔，接着用电动工具（冲击钻或手锤，钻速 750r/min）将锚栓旋入就位。这时胶管破裂，树脂、固化剂和石英颗粒混合，并填充锚栓与孔壁间孔隙。锚栓也可插入湿孔，但水要排出钻孔，这时固化时间要加倍 树脂完全硬化前，需注意右图与环境温度有关的固化时间，并在固化过程中严禁扰动和安装被安装件
	FLSV 360S 型高强树脂砂浆	按规定直径及深度钻孔，彻底清除孔内灰尘后将胶体自孔底均匀注入约 2/3 容积，然后慢慢旋转插入螺杆。在潮湿环境中使用时，先排除孔内明水，同时固化时间加倍延长；另外使用新的混合管时，第一下打出的胶不使用 注意右图的安装时间和固化时间，并在固化过程中严禁扰动和安装被安装件

4 锚栓的表面处理

锚栓通常采用刷防锈涂料、电镀锌或热镀锌等较经济的方法，但防锈层厚度有限，而且防锈层不允许破坏才可以保证材料的长期防锈性能。锚栓最低电镀锌层厚度为5μm，并在镀锌层表面再钝化镀铬，可以满足产品在最不利气候条件下运输，在干燥环境下可起到长期保护作用。热镀锌层厚度至少为40μm。

比涂（镀）层防锈更为有效的措施是锚栓采用奥氏体不锈钢或特殊合金钢，不锈钢材料在通常环境条件下和工业环境中均具有最佳防锈性能。不同环境条件下的防锈措施见表6-6-4。

表6-6-4 不同环境条件下的防锈措施

适用环境条件	产品防锈措施
非特别潮湿的室内；有足够的混凝土覆盖	电镀锌5~10μm，并钝化镀铬
室内潮湿，偶有凝结物；有少许大气污染	热镀锌，镀层厚大于40μm
极度潮湿，甚至水蒸气凝结成水滴；有明显腐蚀性大气污染	采用奥氏体不锈钢

5 锚固连接的承载力验算

影响锚固连接强度的因素很多，除了锚栓的强度外，混凝土强度、锚栓间距、边距、锚固深度及基础状态（开裂或未开裂）都是重要的影响因素。外载荷（拉力、剪力和拉剪力合力）作用方向不同对锚固承载能力的影响也不一样，例如裂缝使远离边缘且受拉力作用的锚栓承载能力比受剪力作用的明显降低，基础自由边缘尺寸对指向边缘的剪力作用下的锚栓承载能力的影响比对受拉力时锚栓承载能力影响大。

此外，以上影响因素是互相牵制的，即多个参数共同对锚栓的承载能力起影响作用。例如在拉力作用下，大间距锚栓在高强度混凝土中通常是钢材失效；若减小间距，承载力并不立即变化，即间距对承载力变化不起作用，只有当间距减小到混凝土破坏块交错干扰时，尽管混凝土强度很高，且其失效载荷小于钢材破坏值，但会导致承载力降低，使间距影响起作用。

下面介绍的锚固连接强度的验算方法，其中考虑到以上多种参数的影响。此方法适用于柱锥式、拉力膨胀式钢锚栓及化学黏结式锚栓。

5.1 锚栓承载力验算要求及计算公式

5.1.1 验算方法与要求

将锚栓组的锚固区域按锚栓个数平均划分，如图6-6-1所示定义锚栓边距 c_1、c_2、c_3、c_4，取群锚中受力最大的单个锚栓进行验算，详见表6-6-5。

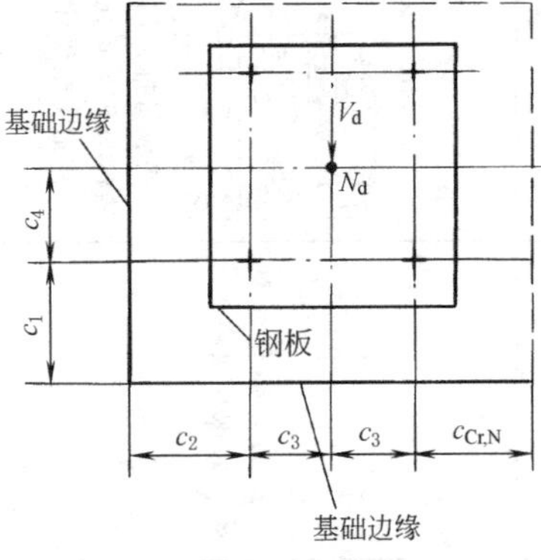

图6-6-1 锚栓分布

$c_{Cr,N}$—特征边距；c_1—沿剪力方向的锚栓边距；c_4—沿剪力反方向的锚栓边距；c_2,c_3—垂直于剪力方向的锚栓边距；虚线—表示非实际锚固基础边缘；N_d—轴向拉力；V_d—横向剪力

表 6-6-5　　　　**锚栓承载力验算要求**

锚栓受力	失效类型	承载力要求	说　明
拉力	钢材失效	$N_{sd} \leqslant N_{Rd,s}$	N_{sd}——群锚中受拉程度最大的锚栓的拉力设计值,kN; $N_{Rd,s}$——锚栓钢材失效时的受拉承载力设计值(已考虑材料的分项系数,或称安全系数,下同),kN; $N_{Rd,c}$——锚栓在混凝土锥体失效时的受拉承载力设计值(已考虑材料的分项系数),kN; V_{sd}——群锚中受剪程度最大的锚栓的剪力设计值,kN; $V_{Rd,s}$——锚栓钢材失效时的受剪承载力设计值(已考虑材料的分项系数),kN; $V_{Rd,c}$——锚栓在混凝土楔形体失效时的受剪承载力设计值(已考虑材料的分项系数),kN; $V_{Rd,cp}$——锚栓在沿剪力反向混凝土撬坏时的受剪承载力设计值(已考虑材料的分项系数),kN;
	混凝土锥体失效	$N_{sd} \leqslant N_{Rd,c}$	
	锚栓穿出失效	若锚栓从套筒中穿出,其承载力由试验确定	
	混凝土劈裂失效	通过限制裂缝宽度($W_{max} \leqslant 0.3$mm)等条件避免此种失效发生	
剪力	钢材失效	$V_{sd} \leqslant V_{Rd,s}$	
	混凝土楔形体失效	$V_{sd} \leqslant V_{Rd,c}$	
	沿剪力反向混凝土撬坏	$V_{sd} \leqslant V_{Rd,cp}$	
拉剪合力		$\dfrac{N_{sd}}{N_{Rd}}+\dfrac{V_{sd}}{V_{Rd}} \leqslant 1.2$	$\dfrac{N_{sd}}{N_{Rd}}$, $\dfrac{V_{sd}}{V_{Rd}}$——取各种失效类型计算结果的最小值

5.1.2　受拉承载力计算

① 锚栓受拉承载力设计值 $N_{Rd,s}$在产品性能数据表中直接查得。

② 混凝土锥体失效时受拉承载力设计值 $N_{Rd,c}$应按式(6-6-1) 计算:

$$N_{Rd,c}=N^0_{Rd,c}\psi_1\psi_2\psi_3\psi_4\varphi\psi_{ucr,N}\ (\text{kN}) \tag{6-6-1}$$

式中　$N^0_{Rd,c}$——混凝土锥体失效时受拉承载力特征设计值, kN;

$\psi_1,\psi_2,\psi_3,\psi_4(\psi_i)$——锚栓各边距 c_1、c_2、c_3、$c_4(c_i)$对混凝土锥体失效时的受拉承载力的影响系数, 分别查表;

φ——构件边缘对中心对称应力的影响系数, 取锚栓最小边距 c_{min}所对应的值, 查表;

$\psi_{ucr,N}$——混凝土基材状况影响系数, 用于开裂混凝土时 $\psi_{ucr,N}=1.0$; 用于未开裂混凝土时 $\psi_{ucr,N} \geqslant 1.4$。

5.1.3　受剪承载力计算

① 锚栓受剪承载力设计值 $V_{Rd,s}$在产品性能数据表中直接查得。

② 锚栓在混凝土楔形体失效时的受剪承载力设计值 $V_{Rd,c}$应按式(6-6-2) 计算:

$$V_{Rd,c}=V^0_{Rd,c}\frac{c_2+c_3}{4500c_1^{0.5}}h\psi_{ucr,v}\ (\text{kN}) \tag{6-6-2}$$

式中　$V^0_{Rd,c}$——锚栓在混凝土楔形体失效时的受剪承载力特征设计值, N;

c_1, c_2, c_3——如图 6-6-1 所定义的锚栓的边距, mm, c_1 为沿剪力方向的锚栓边距, c_2、c_3 为垂直于剪力方向的锚栓边距, 如 $c_2(c_3) \geqslant 1.5c_1$, 则取 $1.5c_1$ 代入式中;

h——构件厚度, mm, 如 $h \geqslant 1.5c_1$, 则取 $1.5c_1$ 代入式中;

$\psi_{ucr,v}$——未开裂混凝土及锚固区配筋对受剪承载力的提高影响系数, 开裂混凝土, 无边缘配筋, $\psi_{ucr,v}=1.0$; 开裂混凝土, 边缘直钢筋$\geqslant \phi$12mm, $\psi_{ucr,v}=1.2$; 开裂混凝土, 边缘直钢筋$\geqslant \phi$12mm, 且箍筋间隔$\leqslant$10mm 或焊接筋网$\geqslant$8mm, 且间距$\leqslant$100mm, $\psi_{ucr,v}=1.4$; 未开裂混凝土, $\psi_{ucr,v}=1.4$。

③ 沿剪力反向混凝土撬坏时的受剪承载力设计值应按式(6-6-3) 计算:

$$V_{Rd,cp}=kN_{Rd,c}\gamma_{Mc}(拉)/\gamma_{Mc}(剪)\quad (kN) \tag{6-6-3}$$

式中 $N_{Rd,c}$——混凝土锥体失效时受拉承载力设计值，kN；

γ_{Mc}(拉)——锚栓在拉力作用下混凝土失效时的材料分项系数，查表；

γ_{Mc}(剪)——锚栓在剪力作用下混凝土失效时的材料分项系数，查表；

k——锚固深度 h_{ef} 对 $V_{Rd,cp}$ 的影响系数，查表。

5.1.4 拉剪共同作用下的承载力计算

在拉剪共同作用下，除应分别满足表 6-6-5 中拉力和剪力作用下的承载力要求外，还应满足表中规定的拉剪合力承载力要求。

5.2 例题

如图 6-6-2 所示，一轴承底架用锚栓紧固连接在正常配筋的 C30 混凝土基础上，基础厚 $h=100$mm。根据受力计算，锚栓 1 和 2 受力最大，其轴向拉力设计值 $N_{sd}=3$kN，横向剪力设计值 $V_{sd}=0.9$kN。初选 4 个 FZA10×40M6/10 后扩底螺杆锚栓，材质为电镀锌钢。取锚栓 1 按表 6-6-5 的要求进行验算。

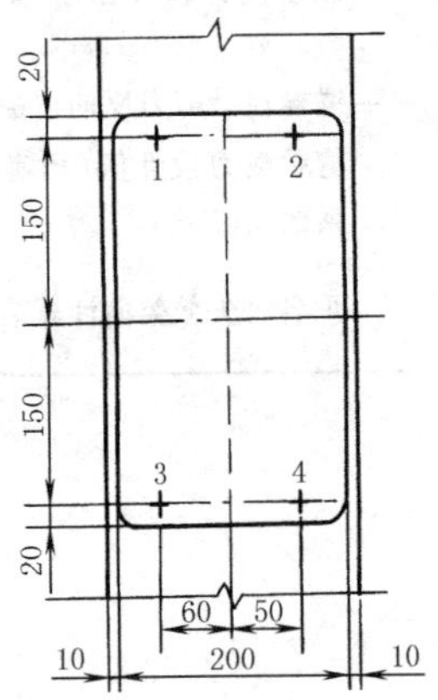

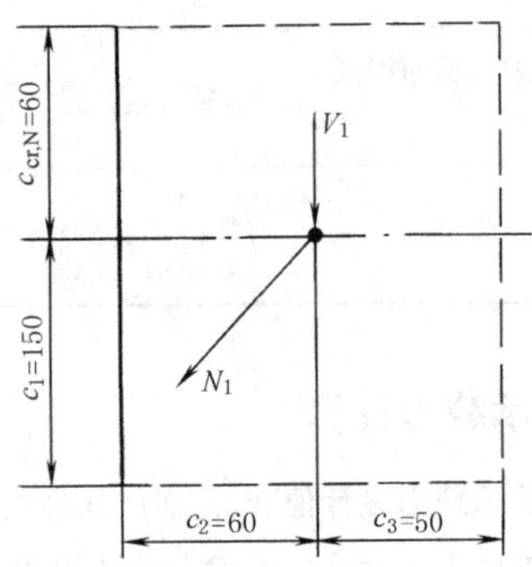

图 6-6-2 轴承底架锚栓布置及锚栓 1 的受力图

(1) 锚栓受拉承载力的验算

① 钢材失效时的承载力由表 6-6-8 直接查得 $N_{Rd,s}=10.8$kN。

② 混凝土锥体失效时的承载力为

$$N_{Rd,c}=N^0_{Rd,c}\psi_1\psi_2\psi_3\psi_4\varphi\psi_{ucr,N}$$

由表 6-6-8 先查得 C25 及 C35 的 $N^0_{Rd,c}$ 值，再用线性插值法求 C30 的 $N^0_{Rd,c}$，即

$$N^0_{Rd,c}=\frac{4.9-4.1}{2}+4.1=4.5\text{kN}$$

$c_1=150$mm 时，由表 6-6-8 查得 $\psi_1=1.0$；$c_2=60$mm 时，由表 6-6-8 查得 $\psi_2=1.0$；$c_3=50$mm 时，由表 6-6-8 查得$\psi_3=0.92$；$c_4=c_{cr,N}=60$mm 时，由表 6-6-8 查得 $\psi_4=1.0$；最小边距 $c_{min}=50$mm，由表 6-6-8 查得 $\varphi=0.95$；由于为开裂混凝土，$\psi_{ucr,N}=1.0$。

故 $$N_{Rd,c}=4.5\times1.0\times1.0\times0.92\times1.0\times0.95\times1.0=3.9\text{kN}$$

③ 验算：$N_{sd}=3\text{kN}<3.9\text{kN}$（$N_{Rd,s}$和 $N_{Rd,c}$中的较小值），受拉时连接强度满足要求。

(2) 锚栓受剪承载力的验算

① 钢材失效时的承载力由表 6-6-8 直接查得 $V_{Rd,s}=6.4$kN。

② 混凝土楔形体失效时的承载力为

$$V_{Rd,c}=V^0_{Rd,c}\frac{c_2+c_3}{4500c_1^{0.5}}h\psi_{ucr,v}$$

由表 6-6-8 先查得 C25 及 C35 的 $V^0_{\mathrm{Rd,c}}$值，再用线性插值法求得 C30 的 $V^0_{\mathrm{Rd,c}}$，即

$$V^0_{\mathrm{Rd,c}}=\frac{6.5-5.2}{2}+5.2=5.7\mathrm{kN}$$

立柱为正常配筋，$\psi_{\mathrm{ucr,v}}=1.2$，则

$$V_{\mathrm{Rd,c}}=5.7\times\frac{60+50}{4500\times150^{0.5}}\times100\times1.2=1.4\mathrm{kN}$$

沿剪力方向混凝土反向撬坏的承载力为

$$V_{\mathrm{Rd,cp}}=kN_{\mathrm{Rd,c}}\gamma_{\mathrm{Mc}}(拉)/\gamma_{\mathrm{Mc}}(剪)$$

由表 6-6-8 查得 $k=1.3$，$\gamma_{\mathrm{Mc}}(拉)=2.15$，$\gamma_{\mathrm{Mc}}(剪)=1.8$。

故

$$V_{\mathrm{Rd,cp}}=1.3\times3.9\times2.15/1.8=6.1\mathrm{kN}$$

③ 验算：$V_{\mathrm{sd}}=0.9\mathrm{kN}<1.4\mathrm{kN}$（$V_{\mathrm{Rd,s}}$和 $V_{\mathrm{Rd,c}}$中较小值），受剪时，连接强度满足要求。

(3) 拉剪复合受力验算

相对钢材破坏：

$$\frac{N_{\mathrm{sd}}}{N_{\mathrm{Rd,s}}}+\frac{V_{\mathrm{sd}}}{V_{\mathrm{Rd,s}}}=\frac{3}{10.8}+\frac{0.9}{6.4}=0.42<1.2\ （满足要求）$$

相对混凝土破坏：

$$\frac{N_{\mathrm{sd}}}{N_{\mathrm{Rd,c}}}+\frac{V_{\mathrm{sd}}}{V_{\mathrm{Rd,c}}}=\frac{3}{3.9}+\frac{0.9}{6.1}=0.92<1.2\ （满足要求）$$

(4) 结论

所选锚栓满足承载力及构造要求。

6 锚栓型号与规格

表 6-6-6 锚栓的类型、主要特点及使用范围

锚栓类型	锚固基础							螺纹直径	材质		安装方式		主要特点	使用范围
	开裂混凝土	非开裂混凝土	石材	实心砖	加气混凝土	多孔砖	空心砖		电镀锌钢	不锈钢A4	齐平式安装	穿透式安装		
后扩底柱锥式锚栓 FZA	●	●	■	■				M6~M16	▲	▲	●		无膨胀压力，边间距要求小，抗振性能好	适用于各种机器设备、电梯、管路、传送装置、支架等，特别适用于安装动载荷设备
后扩底柱锥式浅埋型锚栓 FZEA	●	●	■	■				M8~M12	▲	▲	●		无膨胀压力，埋深浅，边间距要求小，抗振性能好，可目测安装结果	适用于各种机器设备、电梯、管路、传送装置、支架等，特别适用于安装动载荷设备
扭矩控制后继膨胀套管锚栓 FH	●	●	■					M6~M16（电镀锌钢）M6~M12（不锈钢 A4）	▲	▲		●	良好的后继膨胀功能，边间距要求小，安装后可拆卸	适用于各种机器设备、轨道、支架、管路等
扭矩控制后继膨胀螺杆锚栓 FAZ	●	●	■					M8~M16	▲			●	良好的后继膨胀功能，边间距要求小	适用于各种机器设备、轨道、支架、管路等
扭矩控制螺杆锚栓 FBN		●	■					M6~M20	▲	▲		●	双锚深选择，使用范围广	适用于各种机器设备、轨道、支架、管路等

续表

锚栓类型	锚固基础							螺纹直径	材质		安装方式		主要特点	使用范围
	开裂混凝土	非开裂混凝土	石材	实心砖	加气混凝土	多孔砖	空心砖		电镀锌钢	不锈钢A4	齐平式安装	穿透式安装		
扭矩控制重荷锚栓 SLM-N		●	■					M6～M24	▲	▲	●		可控制其膨胀力,可自行配置所需螺杆	适用于各种机器设备、轨道、支架、管路等
高强化学黏结普通螺杆锚栓 R		●	■	■				M8～M30	▲	▲	●		无膨胀力安装,可在潮湿状态下施工,边间距要求小,固化时间短	适用于各种机器设备、轨道、支架、管路以及水下安装工程等
注射式黏结锚栓-高强乙烯基砂浆 FISV 360S（FIPS）	●	●	●	●	■	●	●						可用于几乎所有的基材,无膨胀力安装,固化时间短,可在潮湿状态下施工	适用于各种机器设备、轨道、支架、管路以及水下安装工程等,适用于安装动载荷设备

注：●表示最佳匹配。■表示可以匹配。▲表示存在。

FZA 型后扩底柱锥式锚栓

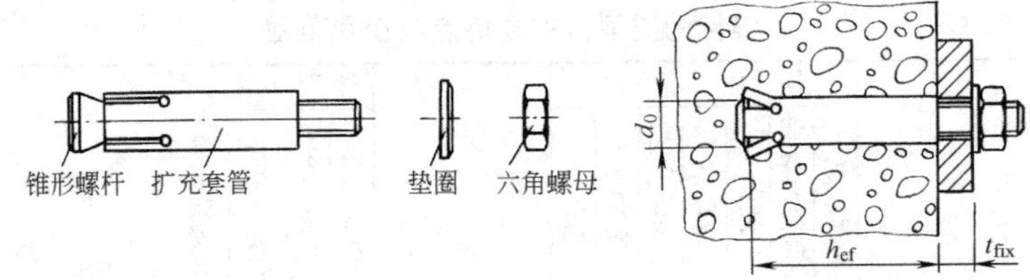

通过专用的具有底部扩孔功能的钻头进行钻孔，使锚栓与基材实现凸型结合，达到无膨胀力安装，可满足小边距和小间距的安装要求。适用于≥C15 的开裂和未开裂混凝土以及致密的天然石材，可用于安装设备机器等，特别适用于在振动区使用

表 6-6-7　　FZA 型锚栓规格、材料及安装尺寸

型号	材质	钻头直径 d_0 /mm	锚固深度 h_{ef} /mm	安装扭矩 T_{inst} /N·m	固定件最大厚度 t_{fix} /mm	固定件中钻孔直径 /mm	基础要求				
							最小间距 s_{min} /mm	最小边距 c_{min} /mm	最小基础厚度 h_{min} /mm	特征间距 $s_{cr,N}$ /mm	特征边距 $c_{cr,N}$ /mm
FZA10×40M6/10	电镀锌钢	10	40	8.5	10	≤7	50	50	100	120	60
FZA12×40M8/15		12	40	20	15	≤9	50	50	100	120	60
FZA12×50M8/15		12	50	20	15	≤9	50	50	100	150	75
FZA14×40M10/25		14	40	40	25	≤12	50	50	100	120	60
FZA14×60M10/20		14	60	40	20	≤12	60	60	110	180	90
FZA18×80M12/25		18	80	60	25	≤14	80	80	150	240	120
FZA22×100M16/60		22	100	130	60	≤18	100	100	200	300	150
FZA22×125M16/60		22	125	130	60	≤18	125	125	250	380	190

续表

型号	材质	钻头直径 d_0 /mm	锚固深度 h_{ef} /mm	安装扭矩 T_{inst} /N·m	固定件最大厚度 t_{fix} /mm	固定件中钻孔直径 /mm	基础要求				
							最小间距 s_{min} /mm	最小边距 c_{min} /mm	最小基础厚度 h_{min} /mm	特征间距 $s_{cr,N}$ /mm	特征边距 $c_{cr,N}$ /mm
FZA10×40M6/10A4	不锈钢	10	40	8.5	10	≤7	50	50	100	120	60
FZA10×40M6/35A4		10	40	8.5	35	≤7	50	50	100	120	60
FZA12×40M8/15A4		12	40	20	15	≤9	50	50	100	120	60
FZA12×50M8/15A4		12	50	20	15	≤9	50	50	100	150	75
FZA12×50M8/50A4		12	50	20	50	≤9	50	50	100	150	75
FZA14×40M10/25A4		14	40	40	25	≤12	50	50	100	120	60
FZA14×60M10/20A4		14	60	40	20	≤12	60	60	110	180	90
FZA14×60M10/50A4		14	60	40	50	≤12	60	60	110	180	90
FZA18×80M12/25A4		18	80	60	25	≤14	80	80	150	240	120
FZA18×80M12/55A4		18	80	60	55	≤14	80	80	150	240	120
FZA22×100M16/60A4		22	100	130	60	≤18	100	100	200	300	150
FZA22×125M16/60A4		22	125	130	60	≤18	125	125	250	380	190

表 6-6-8 **FZA 型锚栓的设计承载力及边距影响系数**

受力状态				锚栓型号							
				10×40 M6	12×40 M8	14×40 M10	12×50 M8	14×60 M10	18×80 M12	22×100 M16	22×125 M16
钢材失效时承载力设计值	拉力	$N_{Rd,s}$ /kN	电镀锌钢	10.8	19.5	30.9	19.5	30.9	45	83.8	83.8
			不锈钢	7.5	13.8	21.8	13.8	21.8	31.6	58.9	58.9
	剪力	$V_{Rd,s}$ /kN	电镀锌钢	6.4	11.8	18.6	11.8	18.6	27	50.3	50.3
			不锈钢	4.5	8.3	13.1	8.3	13.1	19	35.3	35.3
混凝土失效时承载力特征设计值	拉力	$N^0_{Rd,c}$ /kN	C15	3.2	3.8	3.8	4.5	7	10.8	15.1	21.1
			C25	4.1	4.9	4.9	5.8	9.1	13.9	19.4	27.2
			C35	4.9	5.8	5.8	6.8	10.7	16.4	23	32.2
			C45	5.5	6.6	6.6	7.7	12.1	18.7	26.1	36.4
			C55	6.1	7.3	7.3	8.6	13.4	20.6	28.8	40.3
		γ_{Mc}		2.15	1.8	1.8	2.15	1.8	1.8	1.8	1.8
		$\psi_{ucr,N}$(拉)		1.54	1.54	1.54	1.54	1.54	1.54	1.54	1.54
	剪力	$V^0_{Rd,c}$ /kN	C15	4.1	4.3	4.4	4.4	4.8	5.6	6.2	6.4
			C25	5.2	5.5	5.8	5.8	6.3	7.2	7.9	8.3
			C35	6.2	6.5	6.8	6.8	7.4	8.4	9.4	9.8
			C45	7	7.4	7.7	7.7	8.4	9.6	10.7	11.1
			C55	7.7	8.2	8.6	8.6	9.3	10.6	11.8	12.3
		γ_{Mc}(剪)		1.8	1.8	1.8	1.8	1.8	1.8	1.8	1.8
		k		1.3	1.3	1.3	1.3	2	2	2	2

续表

边距 c /mm		10×40M6		12×40M8		14×40M10		12×50M8		14×60M10		18×80M12		22×100M16		22×125M16	
		ψ	φ	ψ	φ	ψ	φ	ψ	φ	ψ	φ	ψ	φ	ψ	φ	ψ	φ
	25	0.71	0.83	0.71	0.83	0.71	0.83	0.67	0.80								
	30	0.75	0.85	0.75	0.85	0.75	0.85	0.70	0.82	0.67	0.80						
	40	0.83	0.90	0.83	0.90	0.83	0.90	0.77	0.86	0.72	0.83	0.67	0.80				
	50	0.92	0.95	0.92	0.95	0.92	0.95	0.83	0.90	0.78	0.87	0.71	0.83	0.67	0.80		
	60	1.00	1.00	1.00	1.00	1.00	1.00	0.90	0.94	0.83	0.90	0.75	0.85	0.70	0.82		
	62.5	1.00	1.00	1.00	1.00	1.00	1.00	0.92	0.95	0.85	0.91	0.76	0.86	0.71	0.83	0.66	0.80
	70	1.00	1.00	1.00	1.00	1.00	1.00	0.97	0.98	0.89	0.93	0.79	0.88	0.73	0.84	0.68	0.81
	75	1.00	1.00	1.00	1.00	1.00	1.00	1.00	1.00	0.92	0.95	0.81	0.89	0.75	0.85	0.70	0.82
	80	1.00	1.00	1.00	1.00	1.00	1.00	1.00	1.00	0.94	0.97	0.83	0.90	0.77	0.86	0.71	0.83
锚栓受拉时的边距影响系数	90	1.00	1.00	1.00	1.00	1.00	1.00	1.00	1.00	1.00	1.00	0.88	0.93	0.80	0.88	0.74	0.84
	100	1.00	1.00	1.00	1.00	1.00	1.00	1.00	1.00	1.00	1.00	0.92	0.95	0.83	0.90	0.76	0.86
	110	1.00	1.00	1.00	1.00	1.00	1.00	1.00	1.00	1.00	1.00	0.96	0.98	0.87	0.92	0.79	0.87
	120	1.00	1.00	1.00	1.00	1.00	1.00	1.00	1.00	1.00	1.00	1.00	1.00	0.90	0.94	0.82	0.89
	130	1.00	1.00	1.00	1.00	1.00	1.00	1.00	1.00	1.00	1.00	1.00	1.00	0.93	0.96	0.84	0.91
	140	1.00	1.00	1.00	1.00	1.00	1.00	1.00	1.00	1.00	1.00	1.00	1.00	0.97	0.98	0.87	0.92
	150	1.00	1.00	1.00	1.00	1.00	1.00	1.00	1.00	1.00	1.00	1.00	1.00	1.00	1.00	0.90	0.94
	160	1.00	1.00	1.00	1.00	1.00	1.00	1.00	1.00	1.00	1.00	1.00	1.00	1.00	1.00	0.92	0.95
	170	1.00	1.00	1.00	1.00	1.00	1.00	1.00	1.00	1.00	1.00	1.00	1.00	1.00	1.00	0.95	0.97
	180	1.00	1.00	1.00	1.00	1.00	1.00	1.00	1.00	1.00	1.00	1.00	1.00	1.00	1.00	0.97	0.98
	190	1.00	1.00	1.00	1.00	1.00	1.00	1.00	1.00	1.00	1.00	1.00	1.00	1.00	1.00	1.00	1.00

注：$N_{Rd,s}$—锚栓钢材失效时的受拉承载力设计值，已考虑材料分项系数；

$V_{Rd,s}$—锚栓钢材失效时的受剪承载力设计值，已考虑材料分项系数；

$N^0_{Rd,c}$—混凝土锥体失效时受拉承载力特征设计值，已考虑材料分项系数；

γ_{Mc}(拉)—锚栓在拉力作用下混凝土失效时的材料分项系数；

$\psi_{ucr,N}$—混凝土基材状况影响系数；

$V^0_{Rd,c}$—锚栓在混凝土楔形体失效时的受剪承载力特征设计值，已考虑材料分项系数；

γ_{Mc}(剪)—锚栓在剪力作用下混凝土失效时的材料分项系数；

k—锚固深度 h_{ef} 对 $V_{Rd,cp}$ 的影响系数；

ψ—锚栓边距 c 对混凝土锥体失效时的受拉承载力的影响系数；

φ—构件边缘对中心对称应力的影响系数，取锚栓最小边距 c_{min} 所对应的值。

FZEA 型后扩底浅埋锚栓

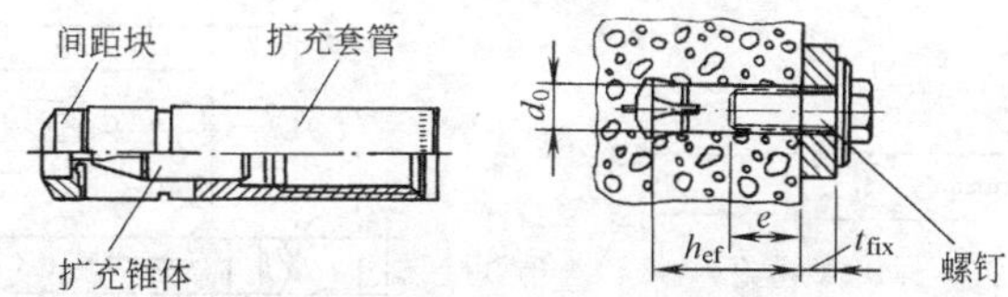

锚栓在没有膨胀应力作用下被安装在圆锥形钻孔中，并经凸型结合实现锚固，可达到最小的边距和间距，h_{ef}值小。适用于≥C15的开裂和未开裂混凝土以及致密的天然石材的薄构件，用于安装机器设备等，可用于振动区

表 6-6-9　FZEA 型锚栓规格、材料及安装尺寸

型号	材质	钻头直径 d_0 /mm	锚固深度 h_{ef} /mm	安装扭矩 T_{inst} /N·m	旋入深度/mm e_{min}	旋入深度/mm e_{max}	固定件中钻孔直径 /mm	基础要求 最小间距 s_{min} /mm	最小边距 c_{min} /mm	最小基础厚度 h_{min} /mm	特征间距 $s_{cr,N}$ /mm	特征边距 $c_{cr,N}$ /mm
FZEA10×40M8	电镀锌钢	10	40	8.5	11	17	≤9	50	50	100	120	60
FZEA12×40M10		12	40	15	13	19	≤12					
FZEA14×40M12		14	40	30	15	21	≤14					
FZEA10×40M8A4	不锈钢	10	40	8.5	11	17	≤9					
FZEA12×40M10A4		12	40	15	13	19	≤12					
FZEA14×40M12A4		14	40	30	15	21	≤14					

表 6-6-10　FZEA 型锚栓的设计承载力及边距影响系数

受力状态				锚栓型号 10×40M8	12×40M10	14×40M12
钢材失效时承载力设计值	拉力	$N_{Rd,s}$ /kN	电镀锌钢	11.8	14.4	17.5
			不锈钢	9.5	12.4	15.2
	剪力	$V_{Rd,s}$ /kN	电镀锌钢	7.1	8.7	10.5
			不锈钢	5.8	7.5	9.1
混凝土失效时承载力特征设计值	拉力	$N^0_{Rd,c}$ /kN	C15	3.2	3.8	3.8
			C25	4.1	4.9	4.9
			C35	4.9	5.8	5.8
			C45	5.5	6.6	6.6
			C55	6.1	7.3	7.3
		γ_{Mc}(拉)		2.15		
		$\psi_{ucr,N}$		1.54		
	剪力	$V^0_{Rd,c}$ /kN	C15	4.1	4.3	4.4
			C25	5.2	5.5	5.8
			C35	6.2	6.5	6.8
			C45	7	7.4	7.7
			C55	7.7	8.2	8.6
		γ_{Mc}(剪)		1.8		
		k		1		

边距 c /mm		10×40M8 ψ	10×40M8 φ	12×40M10 ψ	12×40M10 φ	14×40M12 ψ	14×40M12 φ
锚栓受拉时的边距影响系数	25	0.71	0.83	0.71	0.83	0.71	0.83
	30	0.75	0.85	0.75	0.85	0.75	0.85
	40	0.83	0.90	0.83	0.90	0.83	0.90
	50	0.92	0.95	0.92	0.95	0.92	0.95
	60	1.00	1.00	1.00	1.00	1.00	1.00

注：同表 6-6-8 注。

FH 型扭矩控制后继膨胀套管锚栓

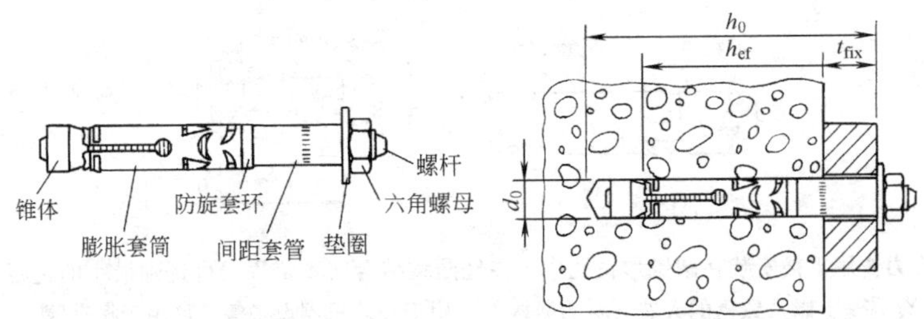

锚栓的双层膨胀片设计使载荷分布更均匀，有利于在小边距、小间距情况下安装。锚栓可拆卸，可实现锚栓的再利用。适用于≥C15 的开裂和未开裂混凝土以及致密的天然石材。可用于振动区，可用于安装设备等

表 6-6-11　　FH 型锚栓规格、材料及安装尺寸

型　号	钻头直径 d_0 /mm	穿透式安装需要的最小钻孔深度（含固定件厚度）h_0 /mm	锚固深度 h_{ef} /mm	安装扭矩 T_{inst} /N·m	固定件最大厚度 t_{fix} /mm	固定件中钻孔直径 /mm	基础要求 最小间距 s_{min} /mm	最小边距 c_{min} /mm	最小基础厚度 h_{min} /mm	特征间距 $s_{cr,N}$ /mm	特征边距 $c_{cr,N}$ /mm
FH10/10B	10	80	50	10	10	≤12	50	50	100	150	75
FH10/25B	10	95	50		25	≤12					
FH10/50B	10	120	50		50	≤12					
FH10/100B	10	170	50		100	≤12					
FH12/10B	12	90	60	25	10	≤14	60	60	130	180	90
FH12/25B	12	105	60		25	≤14					
FH12/50B	12	130	60		50	≤14					
FH12/100B	12	180	60		100	≤14					
FH15/10B	15	100	70	40	10	≤18	70	70	140	210	105
FH15/25B	15	115	70		25	≤18					
FH15/50B	15	140	70		50	≤18					
FH15/100B	15	190	70		100	≤18					
FH18×80/10B	18	115	80	80	10	≤20	80	80	160	240	120
FH18×80/25B	18	130	80		25	≤20					
FH18×80/50B	18	155	80		50	≤20					
FH18×80/100B	18	205	80		100	≤20					
FH18×100/10B	18	135	100		10	≤20	80	80	200	300	150
FH18×100/25B	18	150	100		25	≤20					
FH18×100/50B	18	175	100		50	≤20					
FH18×100/100B	18	225	100		100	≤20					
FH24/10B	24	160	125	120	10	≤26	125	125	250	380	190
FH24/25B	24	175	125		25	≤26					
FH24/50B	24	200	125		50	≤26					
FH24/100B	24	250	125		100	≤26					

注：材质全为电镀锌钢。

表 6-6-12　FH 型锚栓的设计承载力及边距影响系数

受力状态				锚栓型号					
				FH10	FH12	FH15	FH18×80	FH18×100	FH24
钢材失效时承载力设计值	拉力	$N_{Rd,s}$ /kN	电镀锌钢	10.7	19.3	30.7	44.7	44.7	83.3
			不锈钢	7.5	13.7	21.7	—	31.6	—
	剪力	$V_{Rd,s}$ /kN	电镀锌钢	9	15.7	25.3	37.3	37.3	78
			不锈钢	7.5	11.2	18.3	—	27.1	—
混凝土失效时承载力特征设计值	拉力	$N^0_{Rd,c}$ /kN	C15	5.3	7	8.8	10.8	15.7	21.1
			C25	6.9	9.1	11.4	13.9	19.4	27.2
			C35	8.1	10.7	13.5	16.4	23	32.2
			C45	9.2	12.1	15.3	18.7	26.1	36.4
			C55	10.2	13.4	16.9	20.7	28.8	40.3
		γ_{Mc}(拉)		1.8	1.8	1.8	1.8	1.8	1.8
		$\psi_{ucr,N}$		1.54	1.54	1.54	1.54	1.54	1.54
	剪力	$V^0_{Rd,c}$ /kN	C15	3.3	3.5	3.9	4.3	4.9	6.1
			C25	4.3	4.6	5.1	5.6	6.3	7.2
			C35	5.1	5.3	6	6.6	7.4	8.5
			C45	5.8	6.1	6.8	7.5	8.4	9.6
			C55	6.3	6.7	7.6	8.3	9.4	10.7
		γ_{Mc}(剪)		1.8	1.8	1.8	1.8	1.8	1.8
		k		1	2	2	2	2	2

边距 c /mm		FH10		FH12		FH15		FH18×80		FH18×100		FH24	
		ψ	φ	ψ	φ	ψ	φ	ψ	φ	ψ	φ	ψ	φ
锚栓受拉时的边距影响系数	25	0.67	0.80										
	30	0.70	0.82	0.67	0.80								
	35	0.74	0.84	0.70	0.82	0.67	0.80						
	40	0.77	0.86	0.72	0.83	0.69	0.81	0.67	0.80	0.63	0.71		
	50	0.83	0.90	0.78	0.87	0.74	0.86	0.71	0.83	0.67	0.80		
	60	0.90	0.94	0.83	0.90	0.79	0.87	0.75	0.85	0.70	0.82		
	62.5	0.92	0.95	0.85	0.91	0.80	0.88	0.76	0.86	0.71	0.83	0.66	0.8
	70	0.97	0.98	0.89	0.93	0.83	0.90	0.79	0.88	0.73	0.84	0.68	0.81
	75	1.00	1.00	0.92	0.95	0.86	0.92	0.81	0.89	0.75	0.85	0.70	0.82
	80	1.00	1.00	0.94	0.97	0.88	0.93	0.83	0.90	0.77	0.86	0.71	0.83
	90	1.00	1.00	1.00	1.00	0.93	0.96	0.88	0.93	0.80	0.88	0.74	0.84
	100	1.00	1.00	1.00	1.00	0.98	0.99	0.92	0.95	0.83	0.90	0.76	0.86
	105	1.00	1.00	1.00	1.00	1.00	1.00	0.94	0.97	0.85	0.91	0.78	0.865
	110	1.00	1.00	1.00	1.00	1.00	1.00	0.96	0.98	0.87	0.92	0.79	0.87
	120	1.00	1.00	1.00	1.00	1.00	1.00	1.00	1.00	0.90	0.94	0.82	0.89
	130	1.00	1.00	1.00	1.00	1.00	1.00	1.00	1.00	0.93	0.96	0.84	0.91
	140	1.00	1.00	1.00	1.00	1.00	1.00	1.00	1.00	0.97	0.98	0.87	0.92
	150	1.00	1.00	1.00	1.00	1.00	1.00	1.00	1.00	1.00	1.00	0.90	0.94
	160	1.00	1.00	1.00	1.00	1.00	1.00	1.00	1.00	1.00	1.00	0.92	0.95
	170	1.00	1.00	1.00	1.00	1.00	1.00	1.00	1.00	1.00	1.00	0.95	0.97
	180	1.00	1.00	1.00	1.00	1.00	1.00	1.00	1.00	1.00	1.00	0.97	0.98
	190	1.00	1.00	1.00	1.00	1.00	1.00	1.00	1.00	1.00	1.00	1.00	1.00

注：同表 6-6-8 注。

FAZ 型扭矩控制后继膨胀螺杆锚栓

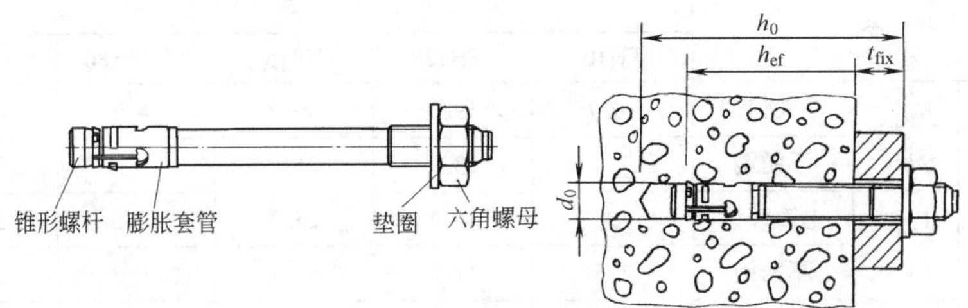

锚栓配置有优质不锈钢 A4 制的膨胀套管，它具有高强弹簧的后继膨胀功能，能保证最佳的可控后膨胀，双层的膨胀片设计使载荷分布更均匀，有利于小边距安装。可用于设备安装及管路支架等的固定，适用于≥C15 的开裂和未开裂混凝土以及致密的天然石材，可用于振动区

表 6-6-13　　FAZ 型锚栓规格、材料及安装尺寸

<table>
<tr><th rowspan="2">型 号</th><th rowspan="2">钻头直径 d_0 /mm</th><th rowspan="2">穿透式安装需要的最小钻孔深度(含固定件厚度) h_0 /mm</th><th rowspan="2">锚固深度 h_{ef} /mm</th><th rowspan="2">安装扭矩 T_{inst} /N·m</th><th rowspan="2">固定件最大厚度 t_{fix} /mm</th><th rowspan="2">固定件中钻孔直径 /mm</th><th colspan="5">基 础 要 求</th></tr>
<tr><th>最小间距 s_{min} /mm</th><th>最小边距 c_{min} /mm</th><th>最小基础厚度 h_{min} /mm</th><th>特征间距 $s_{cr,N}$ /mm</th><th>特征边距 $c_{cr,N}$ /mm</th></tr>
<tr><td>FAZ8/10</td><td>8</td><td>75</td><td>45</td><td rowspan="5">20</td><td>10</td><td>≤9</td><td rowspan="5">50</td><td rowspan="5">50</td><td rowspan="5">100</td><td rowspan="5">140</td><td rowspan="5">70</td></tr>
<tr><td>FAZ8/30</td><td>8</td><td>95</td><td>45</td><td>30</td><td>≤9</td></tr>
<tr><td>FAZ8/50</td><td>8</td><td>115</td><td>45</td><td>50</td><td>≤9</td></tr>
<tr><td>FAZ8/100</td><td>8</td><td>165</td><td>45</td><td>100</td><td>≤9</td></tr>
<tr><td>FAZ8/150</td><td>8</td><td>215</td><td>45</td><td>150</td><td>≤9</td></tr>
<tr><td>FAZ10/10</td><td>10</td><td>90</td><td>60</td><td rowspan="6">45</td><td>10</td><td>≤12</td><td rowspan="6">55</td><td rowspan="6">55</td><td rowspan="6">120</td><td rowspan="6">180</td><td rowspan="6">90</td></tr>
<tr><td>FAZ10/30</td><td>10</td><td>110</td><td>60</td><td>30</td><td>≤12</td></tr>
<tr><td>FAZ10/50</td><td>10</td><td>130</td><td>60</td><td>50</td><td>≤12</td></tr>
<tr><td>FAZ10/80</td><td>10</td><td>160</td><td>60</td><td>80</td><td>≤12</td></tr>
<tr><td>FAZ10/100</td><td>10</td><td>180</td><td>60</td><td>100</td><td>≤12</td></tr>
<tr><td>FAZ10/150</td><td>10</td><td>230</td><td>60</td><td>150</td><td>≤12</td></tr>
<tr><td>FAZ12/10</td><td>12</td><td>105</td><td>70</td><td rowspan="7">60</td><td>10</td><td>≤14</td><td rowspan="7">65</td><td rowspan="7">65</td><td rowspan="7">140</td><td rowspan="7">210</td><td rowspan="7">105</td></tr>
<tr><td>FAZ12/30</td><td>12</td><td>125</td><td>70</td><td>30</td><td>≤14</td></tr>
<tr><td>FAZ12/50</td><td>12</td><td>145</td><td>70</td><td>50</td><td>≤14</td></tr>
<tr><td>FAZ12/80</td><td>12</td><td>170</td><td>70</td><td>80</td><td>≤14</td></tr>
<tr><td>FAZ12/100</td><td>12</td><td>195</td><td>70</td><td>100</td><td>≤14</td></tr>
<tr><td>FAZ12/150</td><td>12</td><td>245</td><td>70</td><td>150</td><td>≤14</td></tr>
<tr><td>FAZ12/200</td><td>12</td><td>295</td><td>70</td><td>200</td><td>≤14</td></tr>
<tr><td>FAZ16/25</td><td>16</td><td>140</td><td>85</td><td rowspan="7">110</td><td>25</td><td>≤18</td><td rowspan="7">75</td><td rowspan="7">75</td><td rowspan="7">170</td><td rowspan="7">260</td><td rowspan="7">130</td></tr>
<tr><td>FAZ16/50</td><td>16</td><td>165</td><td>85</td><td>50</td><td>≤18</td></tr>
<tr><td>FAZ16/100</td><td>16</td><td>215</td><td>85</td><td>100</td><td>≤18</td></tr>
<tr><td>FAZ16/150</td><td>16</td><td>265</td><td>85</td><td>150</td><td>≤18</td></tr>
<tr><td>FAZ16/200</td><td>16</td><td>315</td><td>85</td><td>200</td><td>≤18</td></tr>
<tr><td>FAZ16/250</td><td>16</td><td>365</td><td>85</td><td>250</td><td>≤18</td></tr>
<tr><td>FAZ16/300</td><td>16</td><td>415</td><td>85</td><td>300</td><td>≤18</td></tr>
</table>

续表

型号	钻头直径 d_0 /mm	穿透式安装需要的最小钻孔深度（含固定件厚度）h_0 /mm	锚固深度 h_{ef} /mm	安装扭矩 T_{inst} /N·m	固定件最大厚度 t_{fix} /mm	固定件中钻孔直径 /mm	基础要求：最小间距 s_{min} /mm	最小边距 c_{min} /mm	最小基础厚度 h_{min} /mm	特征间距 $s_{cr,N}$ /mm	特征边距 $c_{cr,N}$ /mm
FAZ20/30	20	160	100	200	30	≤22	95	100	200	300	150
FAZ20/60	20	190	100		60	≤22					
FAZ20/150	20	280	100		150	≤22					
FAZ24/30	24	185	125	270	30	≤26	120	120	250	380	190
FAZ24/60	24	215	125		60	≤26					

注：材质全为电镀锌钢。

表 6-6-14　　FAZ 型锚栓的设计承载力及边距影响系数

受力状态				FAZ8	FAZ10	FAZ12	FAZ16	FAZ20	FAZ24
钢材失效时承载力设计值	拉力	$N_{Rd,s}$ /kN	电镀锌钢	12.6	21	28.1	52.9	63.3	91.7
	剪力	$V_{Rd,s}$ /kN	电镀锌钢	8.7	13.3	20	26.7	41.6	57.3
混凝土失效时承载力特征设计值	拉力	$N^0_{Rd,c}$ /kN	C15	4.6	7	8.8	11.8	15.1	21.1
			C25	5.9	9.1	11.4	15.2	19.4	27.2
			C35	6.9	10.7	13.5	18.1	22.8	32.2
			C45	7.9	12.1	15.3	20.4	26.1	36.4
			C55	8.7	13.4	16.9	22.6	28.8	40.3
		γ_{Mc}(拉)		1.8	1.8	1.8	1.8	1.8	1.8
		$\psi_{ucr,N}$		1.54	1.54	1.54	1.54	1.54	1.54
	剪力	$V^0_{Rd,c}$ /kN	C15	3.9	4.4	4.8	5.4	6	6.6
			C25	5	5.7	6.2	7	7.7	8.5
			C35	5.9	6.7	7.3	8.3	9.1	10.1
			C45	6.7	7.6	8.3	9.4	10.3	11.4
			C55	7.9	8.4	9.2	10.3	11.4	12.6
		γ_{Mc}(剪)		1.8	1.8	1.8	1.8	1.8	1.8
		k		1	2	2	2	2	2

	边距 c /mm	FAZ8 ψ	FAZ8 φ	FAZ10 ψ	FAZ10 φ	FAZ12 ψ	FAZ12 φ	FAZ16 ψ	FAZ16 φ	FAZ20 ψ	FAZ20 φ	FAZ24 ψ	FAZ24 φ
锚栓受拉时的边距影响系数	25	0.68	0.81										
	27.5	0.69	0.82	0.65	0.79								
	30	0.71	0.83	0.67	0.80								
	32.5	0.73	0.84	0.68	0.81	0.66	0.79						
	37.5	0.77	0.86	0.70	0.82	0.68	0.80	0.64	0.79				
	40	0.79	0.87	0.72	0.83	0.69	0.81	0.65	0.79				
	47.5	0.84	0.90	0.77	0.86	0.73	0.83	0.68	0.81	0.66	0.79		

续表

边距 c /mm		FAZ8		FAZ10		FAZ12		FAZ16		FAZ20		FAZ24	
		ψ	φ	ψ	φ	ψ	φ	ψ	φ	ψ	φ	ψ	φ
锚栓受拉时的边距影响系数	50	0.86	0.91	0.78	0.87	0.74	0.84	0.69	0.82	0.67	0.80		
	60	0.93	0.96	0.83	0.90	0.79	0.87	0.73	0.84	0.70	0.82	0.66	0.80
	70	1.00	1.00	0.89	0.93	0.83	0.90	0.77	0.86	0.73	0.84	0.68	0.81
	80	1.00	1.00	0.94	0.97	0.88	0.93	0.81	0.89	0.77	0.86	0.71	0.83
	90	1.00	1.00	1.00	1.00	0.93	0.96	0.85	0.91	0.80	0.88	0.74	0.84
	100	1.00	1.00	1.00	1.00	0.98	0.99	0.89	0.93	0.83	0.90	0.76	0.86
	105	1.00	1.00	1.00	1.00	1.00	1.00	0.91	0.92	0.85	0.91	0.78	0.865
	110	1.00	1.00	1.00	1.00	1.00	1.00	0.92	0.95	0.87	0.92	0.79	0.87
	120	1.00	1.00	1.00	1.00	1.00	1.00	0.96	0.98	0.90	0.94	0.82	0.89
	130	1.00	1.00	1.00	1.00	1.00	1.00	1.00	1.00	0.93	0.96	0.84	0.91
	140	1.00	1.00	1.00	1.00	1.00	1.00	1.00	1.00	0.97	0.98	0.87	0.92
	150	1.00	1.00	1.00	1.00	1.00	1.00	1.00	1.00	1.00	1.00	0.90	0.94
	160	1.00	1.00	1.00	1.00	1.00	1.00	1.00	1.00	1.00	1.00	0.92	0.95
	170	1.00	1.00	1.00	1.00	1.00	1.00	1.00	1.00	1.00	1.00	0.95	0.97
	180	1.00	1.00	1.00	1.00	1.00	1.00	1.00	1.00	1.00	1.00	0.97	0.98
	190	1.00	1.00	1.00	1.00	1.00	1.00	1.00	1.00	1.00	1.00	1.00	1.00

注：同表 6-6-8 注。

FBN 型扭矩控制螺杆锚栓

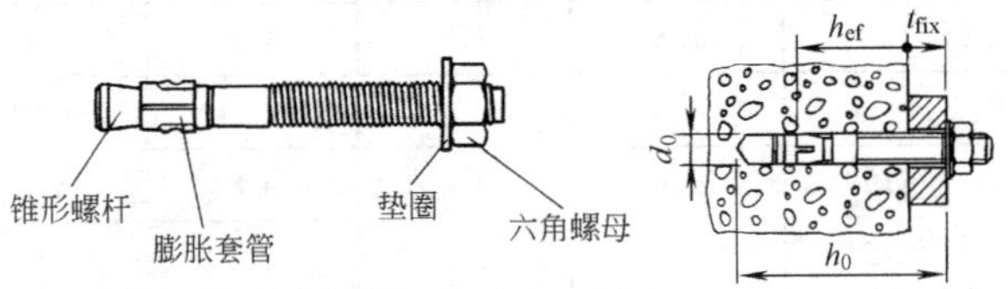

锚栓具有可靠的膨胀功能并有两种锚深选择，螺纹部分加长设计，易于调整结构误差。适用于≥C15 的开裂及未开裂混凝土。可用于安装机电设备等，不宜在振动区使用

表 6-6-15　　FBN 型锚栓规格、材料及安装尺寸

型　号	钻头直径 d_0 /mm	穿透式安装需要的最小钻孔深度（含固定件厚度）h_0 /mm	锚固深度 h_{ef} /mm	安装扭矩 T_{inst} /N·m	固定件最大厚度 t_{fix} /mm	固定件中钻孔直径 /mm	基础要求：最小间距 s_{min} /mm	基础要求：最小边距 c_{min} /mm	基础要求：最小基础厚度 h_{min} /mm	基础要求：特征间距 $s_{cr,N}$ /mm	基础要求：特征边距 $c_{cr,N}$ /mm
FBN8/10+23	8	73	48	15	10	≤9	50	50	100	144	72
FBN8/30+43	8	93	48		30	≤9					
FBN8/50+63	8	113	48		50	≤9					
FBN8/100+113	8	163	48		100	≤9					
FBN10/5	10	65	42	30	5	≤12	45	55	100	126	63
FBN10/15+23	10	83	50/42		15/23	≤12	55/45	65/55	100	150/126	75/63
FBN10/35+43	10	109	50/42		35/43	≤12					

续表

型号	钻头直径 d_0 /mm	穿透式安装需要的最小钻孔深度（含固定件厚度） h_0 /mm	锚固深度 h_{ef} /mm	安装扭矩 T_{inst} /N·m	固定件最大厚度 t_{fix} /mm	固定件中钻孔直径 /mm	基础要求				
							最小间距 s_{min} /mm	最小边距 c_{min} /mm	最小基础厚度 h_{min} /mm	特征间距 $s_{cr,N}$ /mm	特征边距 $c_{cr,N}$ /mm
FBN10/50+58	10	118	50/42	30	50/58	≤12	55/45	65/55	100	150/126	75/63
FBN10/100+108	10	168	50/42		100/108	≤12					
FBN10/140+148	10	208	50/42		140/148	≤12					
FBN10/160+168	10	228	50/42		160/168	≤12					
FBN12/5	12	75	50	50	5	≤14	100	100	100	150	75
FBN12/15+35	12	105	70/50		15/35	≤14	75/100	90/100	140/100	210/150	105/75
FBN12/30+50	12	120	70/50		30/50	≤14					
FBN12/45+65	12	135	70/50		45/65	≤14					
FBN12/100+120	12	190	70/50		100/120	≤14					
FBN16/10	16	98	64	100	10	≤18	140	100	130	192	96
FBN16/25+45	16	133	84/64		25/45	≤18	90/140	105/100	170/130	252/192	126/96
FBN16/50+70	16	158	84/64		50/70	≤18					
FBN16/100+120	16	208	84/64		100/120	≤18					
FBN20/20	20	151	100	200	20	≤22	170	150	200	300	150
FBN20/60	20	191	100		60	≤22					
FBN20/120	20	251	100		120	≤22					
FBN20/250	20	381	100		250	≤22					

注：材质全为电镀锌钢。

表 6-6-16　FBN 型锚栓的设计承载力及边距影响系数

受力状态				锚栓型号							
				FBN8	FBN10		FBN12		FBN16		FBN20
				锚固深度 h_{ef}/mm							
				48	42	50	50	70	64	84	100
钢材失效时承载力设计值	拉力	$N_{Rd,s}$ /kN	电镀锌钢	9.5	15.5	15.5	23.6	23.6	35	35	64.3
	剪力	$V_{Rd,s}$ /kN	电镀锌钢	7.3	11.3	11.3	18	18	23.7	23.7	51.1
混凝土失效时承载力特征设计值	拉力	$N^0_{Rd,c}$ /kN	C15	4.2	3.4	4.4	5.3	8.8	7.7	11.6	15.1
			C25	5.4	4.4	5.7	6.9	11.4	9.9	15	19.4
			C35	6.4	5.2	6.8	8.1	13.5	11.8	17.7	23
			C45	7.2	5.9	7.7	9.2	15.3	13.3	20.1	26.1
			C55	8	6.5	8.5	10.2	16.9	14.8	22.2	28.8
		γ_{Mc}		2.16	2.16	2.16	1.8	1.8	1.8	1.8	1.8
		$\psi_{ucr,N}$		1.4	1.4	1.4	1.4	1.4	1.4	1.4	1.4

续表

受力状态				锚栓型号							
				FBN8	FBN10		FBN12		FBN16		FBN20
				锚固深度 h_{ef}/mm							
				48	42	50	50	70	64	84	100
混凝土失效时承载力特征设计值	剪力	$V^0_{Rd,c}$ /kN	C15	3.9	4.1	4.2	4.4	4.8	5.1	5.4	6
			C25	5.1	5.3	5.4	5.8	6.2	6.6	6.9	7.7
			C35	6	6.2	6.4	6.8	7.3	7.8	8.2	9.1
			C45	6.8	7.1	7.3	7.7	8.3	8.8	9.3	10.3
			C55	7.5	7.8	8.1	8.6	9.2	9.8	10.3	11.4
		γ_{Mc}		1.8	1.8	1.8	1.8	1.8	1.8	1.8	1.8
		k		1	1	1	1	2	2	2	2

边距 c /mm		FBN8 (h_{ef}=48mm)		FBN10				FBN12				FBN16				FBN20 (h_{ef}=100mm)	
				(h_{ef}=42mm)		(h_{ef}=50mm)		(h_{ef}=50mm)		(h_{ef}=70mm)		(h_{ef}=64mm)		(h_{ef}=84mm)			
		ψ	φ	ψ	φ	ψ	φ	ψ	φ	ψ	φ	ψ	φ	ψ	φ	ψ	φ
锚栓受拉时的边距影响系数	22.5			0.68	0.81												
	25	0.67	0.80	0.70	0.82												
	27.5	0.69	0.81	0.72	0.83	0.68	0.81										
	30	0.71	0.83	0.74	0.84	0.70	0.82										
	37.5	0.74	0.85	0.78	0.87	0.74	0.84			0.68	0.80						
	40	0.78	0.87	0.82	0.89	0.77	0.86			0.69	0.81						
	50	0.85	0.91	0.90	0.94	0.83	0.90	0.83	0.90	0.74	0.84			0.70	0.82		
	60	0.92	0.95	0.98	0.99	0.90	0.94	0.90	0.94	0.79	0.87			0.74	0.84		
	63	0.94	0.96	1.00	1.00	0.92	0.95	0.92	0.95	0.80	0.88			0.75	0.85		
	70	0.99	0.99	1.00	1.00	0.97	0.98	0.97	0.98	0.83	0.90	0.87	0.92	0.78	0.87		
	72	1.00	1.00	1.00	1.00	0.98	0.99	0.98	0.99	0.84	0.91	0.89	0.93	0.79	0.87		
	75	1.00	1.00	1.00	1.00	1.00	1.00	1.00	1.00	0.86	0.92	0.90	0.94	0.80	0.88		
	80	1.00	1.00	1.00	1.00	1.00	1.00	1.00	1.00	0.88	0.93	0.92	0.95	0.82	0.89		
	85	1.00	1.00	1.00	1.00	1.00	1.00	1.00	1.00	0.91	0.94	0.95	0.97	0.84	0.90	0.78	0.87
	90	1.00	1.00	1.00	1.00	1.00	1.00	1.00	1.00	0.93	0.96	0.97	0.98	0.86	0.91	0.80	0.88
	96	1.00	1.00	1.00	1.00	1.00	1.00	1.00	1.00	0.96	0.98	1.00	1.00	0.88	0.93	0.82	0.89
	100	1.00	1.00	1.00	1.00	1.00	1.00	1.00	1.00	0.98	0.99	1.00	1.00	0.90	0.94	0.83	0.90
	105	1.00	1.00	1.00	1.00	1.00	1.00	1.00	1.00	1.00	1.00	1.00	1.00	0.92	0.95	0.85	0.91
	110	1.00	1.00	1.00	1.00	1.00	1.00	1.00	1.00	1.00	1.00	1.00	1.00	0.94	0.96	0.87	0.92
	120	1.00	1.00	1.00	1.00	1.00	1.00	1.00	1.00	1.00	1.00	1.00	1.00	0.98	0.99	0.90	0.94
	126	1.00	1.00	1.00	1.00	1.00	1.00	1.00	1.00	1.00	1.00	1.00	1.00	1.00	1.00	0.92	0.95
	130	1.00	1.00	1.00	1.00	1.00	1.00	1.00	1.00	1.00	1.00	1.00	1.00	1.00	1.00	0.93	0.96
	140	1.00	1.00	1.00	1.00	1.00	1.00	1.00	1.00	1.00	1.00	1.00	1.00	1.00	1.00	0.97	0.98
	150	1.00	1.00	1.00	1.00	1.00	1.00	1.00	1.00	1.00	1.00	1.00	1.00	1.00	1.00	1.00	1.00

注：同表6-6-8注。

SLM-N 型扭矩控制重载锚栓

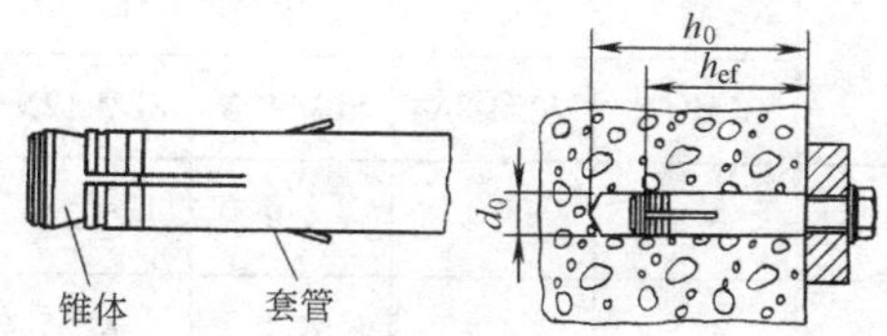

力控强制膨胀锚栓，由一个锚栓套管和一个带内螺纹的锥体组成，可自行配用 M6～M24 的螺钉。适用于≥C15 的未开裂混凝土以及致密的天然石材。可用于安装各种机器设备等

表 6-6-17　　SLM-N 型锚栓规格、材料及安装尺寸

型号	材质	钻头直径 d_0 /mm	最小钻孔深度 h_0 /mm	锚固深度 h_{ef} /mm	连接螺纹	最大安装扭矩 T_{inst} /N·m	固定件中钻孔直径 /mm	基础要求 最小间距 s_{min} /mm	最小边距 c_{min} /mm	最小基材厚度 h_{min} /mm	特征间距 $s_{cr,N}$ /mm	特征边距 $c_{cr,N}$ /mm
SLM 6N	电镀锌钢	10	50	35	M6	10	≤7	50	70	100	105	52
SLM 8N		12	60	45	M8	25	≤9	50	90	100	135	68
SLM 10N		16	70	50	M10	50	≤12	50	100	100	150	75
SLM 12N		18	85	60	M12	80	≤14	60	120	120	180	90
SLM 16N		24	110	62	M16	100	≤18	60	120	130	180	90
SLM 20N		30	130	77	M20	150	≤22	80	160	150	230	115
SLM 24N		35	150	90	M24	200	≤26	90	180	200	270	135
SLM 8N A4	不锈钢	12	60	45	M8	24	≤9	50	90	100	135	68
SLM 10N A4		16	70	50	M10	45	≤12	50	100	100	150	75

表 6-6-18　　SLM-N 型锚栓的设计承载力及边距影响系数

受力状态				锚栓型号 SLM 6N	SLM 8N	SLM 10N	SLM 12N	SLM 16N	SLM 20N	SLM 24N
钢材失效时承载力设计值	拉力	$N_{Rd,s}$ /kN	电镀锌钢	10.8	19.5	30.9	45	83.8	130.7	188.3
			不锈钢	—	13.8	21.8	—	—	—	—
	剪力	$V_{Rd,s}$ /kN	电镀锌钢	6.4	11.8	18.6	27	50.3	78.4	113
			不锈钢	—	8.3	13.1	—	—	—	—
混凝土失效时承载力特征设计值	拉力	$N^0_{Rd,c}$ /kN	C15	2.6	3.8	4.5	5.9	6.1	8.5	10.7
			C25	3.4	4.9	5.8	7.6	8	11	13.9
			C35	4	5.8	6.8	8.9	9.4	13	16.4
			C45	4.5	6.6	7.7	10.1	10.7	14.7	18.7
			C55	5	7.3	8.6	11.2	11.8	16.3	20.6
	γ_{Mc}(拉)			2.15						
	$\psi_{ucr,N}$			1.4						

续表

受力状态				锚栓型号						
				SLM 6N	SLM 8N	SLM 10N	SLM 12N	SLM 16N	SLM 20N	SLM 24N
混凝土失效时承载力特征设计值	剪力	$V^{0}_{Rd,c}$ /kN	C15	3.9	4.4	4.9	5.2	5.7	6.4	6.9
			C25	5.1	5.7	6.3	6.7	7.4	8.3	8.9
			C35	6	6.7	7.3	8	8.8	9.8	10.6
			C45	6.8	7.6	8.4	9.1	9.9	11.1	12
			C55	7.6	8.4	9.3	10	11	12.3	13.2
		γ_{Mc}(剪)		1.8	1.8	1.8	1.8	1.8	1.8	1.8
		k		1	1	1	2	2	2	2

边距 c /mm		SLM 6N		SLM 8N		SLM 10N		SLM 12N		SLM 16N		SLM 20N		SLM 24N	
		ψ	φ	ψ	φ	ψ	φ	ψ	φ	ψ	φ	ψ	φ	ψ	φ
锚栓受拉时的边距影响系数	25	0.74	0.84	0.69	0.81	0.68	0.80								
	30	0.79	0.87	0.72	0.83	0.70	0.82	0.67	0.80	0.67	0.80				
	40	0.88	0.93	0.80	0.88	0.77	0.86	0.72	0.83	0.72	0.83	0.67	0.80	0.65	0.79
	50	0.98	0.99	0.87	0.92	0.83	0.90	0.78	0.87	0.78	0.87	0.72	0.83	0.69	0.81
	52.5	1.00	1.00	0.89	0.93	0.85	0.91	0.79	0.88	0.79	0.88	0.73	0.84	0.70	0.815
	60	1.00	1.00	0.94	0.96	0.90	0.94	0.83	0.90	0.83	0.90	0.76	0.86	0.72	0.83
	67.5	1.00	1.00	1.00	1.00	0.95	0.97	0.88	0.92	0.88	0.92	0.79	0.875	0.75	0.845
	70	1.00	1.00	1.00	1.00	0.97	0.98	0.89	0.93	0.89	0.93	0.80	0.88	0.76	0.85
	75	1.00	1.00	1.00	1.00	1.00	1.00	0.92	0.95	0.92	0.95	0.83	0.90	0.78	0.87
	80	1.00	1.00	1.00	1.00	1.00	1.00	0.94	0.96	0.94	0.96	0.85	0.91	0.80	0.88
	90	1.00	1.00	1.00	1.00	1.00	1.00	1.00	1.00	1.00	1.00	0.89	0.93	0.83	0.90
	100	1.00	1.00	1.00	1.00	1.00	1.00	1.00	1.00	1.00	1.00	0.93	0.96	0.87	0.92
	110	1.00	1.00	1.00	1.00	1.00	1.00	1.00	1.00	1.00	1.00	0.98	0.99	0.91	0.94
	115	1.00	1.00	1.00	1.00	1.00	1.00	1.00	1.00	1.00	1.00	1.00	1.00	0.93	0.95
	120	1.00	1.00	1.00	1.00	1.00	1.00	1.00	1.00	1.00	1.00	1.00	1.00	0.94	0.96
	130	1.00	1.00	1.00	1.00	1.00	1.00	1.00	1.00	1.00	1.00	1.00	1.00	0.98	0.99
	135	1.00	1.00	1.00	1.00	1.00	1.00	1.00	1.00	1.00	1.00	1.00	1.00	1.00	1.00

注：同表6-6-8注。

R 型高强化学黏结普通螺杆锚栓

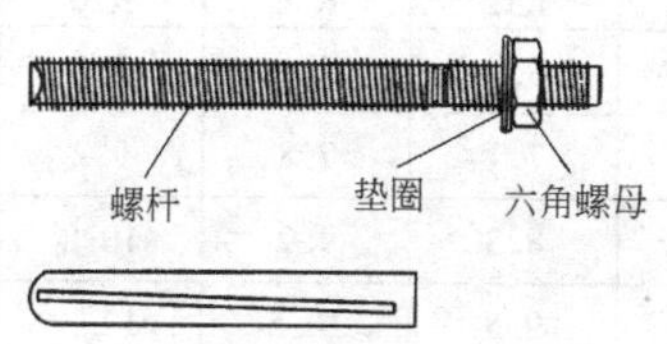

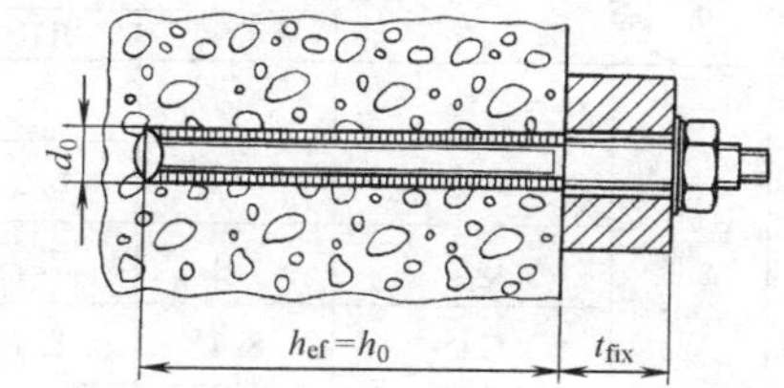

锚栓可实现对基材的无膨胀力安装，对间距和边距要求小。适用于≥C15 的未开裂混凝土，可用于安装机器设备等

表 6-6-19　　R 型锚栓规格、材料及安装尺寸

型号	材质	配用化学胶管型号	钻头直径 d_0 /mm	锚固深度（最小钻孔深度）$h_{ef}(h_0)$ /mm	最大安装扭矩 T_{inst} /N·m	固定件最大厚度 t_{fix} /mm	固定件中钻孔直径 /mm	基础要求 最小间距 s_{min} /mm	最小边距 c_{min} /mm	最小基材厚度 h_{min} /mm	特征间距 $s_{cr,N}$ /mm	特征边距 $c_{cr,N}$ /mm
RGM8×110	电镀锌钢	RM8	10	80	10	20	≤9	80	40	130	160	80
RGM10×130		RM10	12	90	20	30	≤12	90	50	140	180	90
RGM12×160		RM12	14	110	40	35	≤14	110	60	160	220	110
RGM16×190		RM16	18	125	80	45	≤18	125	65	175	250	125
RGM20×260		RM20	25	170	150	65	≤22	170	85	220	340	170
RGM24×300		RM24	28	210	200	65	≤26	210	105	260	420	210
RGM30×380		RM30	35	280	400	65	≤33	280	140	330	560	280
RGM8×110 A4	不锈钢	RM8	10	80	10	20	≤9	80	40	130	160	80
RGM10×130 A4		RM10	12	90	20	30	≤12	90	50	140	180	90
RGM12×160 A4		RM12	14	110	40	35	≤14	110	60	160	220	110
RGM16×190 A4		RM16	18	125	80	45	≤18	125	65	175	250	125
RGM20×260 A4		RM20	25	170	150	65	≤22	170	85	220	340	170
RGM24×300 A4		RM24	28	210	200	65	≤26	210	105	260	420	210

表 6-6-20　　R 型锚栓的设计承载力及边距影响系数

受力状态				锚栓型号 R8	R10	R12	R16	R20	R24	R30
钢材失效时承载力设计值	拉力	$N_{Rd,s}$ /kN	电镀锌钢	12.8	20.3	29.5	54.9	85.8	123.6	196.3
			不锈钢	13.8	23.4	31.6	58.9	91.9	73.6	—
	剪力	$V_{Rd,s}$ /kN	电镀锌钢	7.7	12.2	17.7	33	51.4	74.2	117.8
			不锈钢	8.3	13.1	19	35.3	55.2	44.2	—
混凝土失效时承载力特征设计值	拉力	$N^0_{Rd,c}$ /kN	C15	3.6	5.3	7.9	10.8	20	28.4	37.7
			C25	5.1	7.6	11.3	15.4	28.6	40.5	53.8
			C35	5.5	8.1	12.1	17.6	33.6	46	60.6
			≥C45	5.8	8.5	12.8	19.5	37.9	50.7	66.5
		γ_{Mc}		2.15						
		$\psi_{ucr,N}$		1.4						

续表

受 力 状 态				锚 栓 型 号						
				R8	R10	R12	R16	R20	R24	R30
混凝土失效时承载力特征设计值	剪力	$V^{0}_{\mathrm{Rd,c}}$ /kN	C15	4.7	5	5.4	6.1	7.1	7.7	8.7
			C25	6	6.5	7.1	7.8	9.2	9.9	11.2
			C35	7.1	7.7	8.3	9.2	10.8	11.7	13.3
			C45	8.1	8.7	9.5	10.5	12.3	13.3	15.1
			≥C55	8.9	9.6	10.5	11.6	13.6	14.7	16.6
		γ_{Mc}		1.8						
		k		2						

边距 c /mm		R8		R10		R12		R16		R20		R24		R30	
		ψ	φ	ψ	φ	ψ	φ	ψ	φ	ψ	φ	ψ	φ	ψ	φ
锚栓受拉时的边距影响系数	40	0.75	0.85												
	50	0.81	0.89	0.78	0.87										
	60	0.88	0.93	0.83	0.90	0.77	0.86								
	65	0.91	0.95	0.86	0.92	0.80	0.88	0.76	0.86						
	70	0.94	0.96	0.89	0.93	0.82	0.89	0.78	0.87						
	80	1.00	1.00	0.94	0.97	0.86	0.92	0.82	0.89						
	85	1.00	1.00	0.97	0.99	0.89	0.94	0.84	0.91	0.75	0.85				
	90	1.00	1.00	1.00	1.00	0.91	0.95	0.86	0.92	0.76	0.86				
	100	1.00	1.00	1.00	1.00	0.96	0.97	0.90	0.94	0.79	0.88				
	105	1.00	1.00	1.00	1.00	0.98	0.99	0.92	0.95	0.81	0.89	0.75	0.85		
	110	1.00	1.00	1.00	1.00	1.00	1.00	0.94	0.96	0.82	0.89	0.76	0.86		
	120	1.00	1.00	1.00	1.00	1.00	1.00	0.98	0.99	0.85	0.91	0.79	0.87		
	130	1.00	1.00	1.00	1.00	1.00	1.00	1.00	1.00	0.88	0.93	0.81	0.89		
	140	1.00	1.00	1.00	1.00	1.00	1.00	1.00	1.00	0.91	0.95	0.83	0.90	0.75	0.85
	150	1.00	1.00	1.00	1.00	1.00	1.00	1.00	1.00	0.94	0.97	0.86	0.91	0.77	0.86
	160	1.00	1.00	1.00	1.00	1.00	1.00	1.00	1.00	0.97	0.98	0.88	0.93	0.79	0.87
	170	1.00	1.00	1.00	1.00	1.00	1.00	1.00	1.00	1.00	1.00	0.91	0.94	0.80	0.88
	180	1.00	1.00	1.00	1.00	1.00	1.00	1.00	1.00	1.00	1.00	0.93	0.96	0.82	0.89
	190	1.00	1.00	1.00	1.00	1.00	1.00	1.00	1.00	1.00	1.00	0.95	0.97	0.84	0.90
	200	1.00	1.00	1.00	1.00	1.00	1.00	1.00	1.00	1.00	1.00	0.98	0.99	0.86	0.91
	210	1.00	1.00	1.00	1.00	1.00	1.00	1.00	1.00	1.00	1.00	1.00	1.00	0.88	0.93
	220	1.00	1.00	1.00	1.00	1.00	1.00	1.00	1.00	1.00	1.00	1.00	1.00	0.89	0.94
	230	1.00	1.00	1.00	1.00	1.00	1.00	1.00	1.00	1.00	1.00	1.00	1.00	0.91	0.95
	240	1.00	1.00	1.00	1.00	1.00	1.00	1.00	1.00	1.00	1.00	1.00	1.00	0.93	0.96
	250	1.00	1.00	1.00	1.00	1.00	1.00	1.00	1.00	1.00	1.00	1.00	1.00	0.95	0.97
	260	1.00	1.00	1.00	1.00	1.00	1.00	1.00	1.00	1.00	1.00	1.00	1.00	0.96	0.98
	270	1.00	1.00	1.00	1.00	1.00	1.00	1.00	1.00	1.00	1.00	1.00	1.00	0.98	0.99
	280	1.00	1.00	1.00	1.00	1.00	1.00	1.00	1.00	1.00	1.00	1.00	1.00	1.00	1.00

注：同表6-6-8注。

FISV 360S（FIHB 345）型高强树脂砂浆

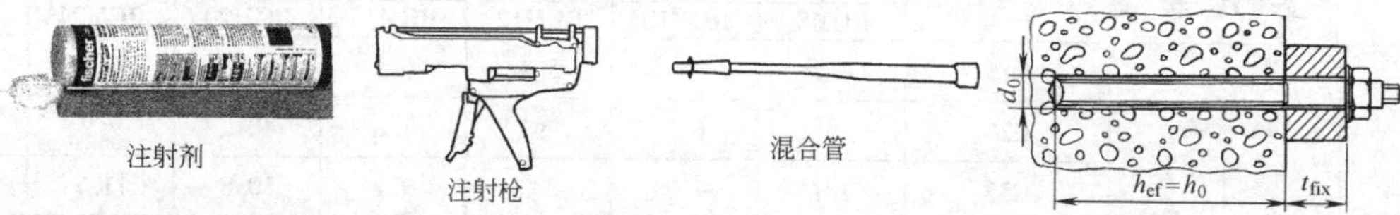

适用于≥C15的混凝土的螺杆和钢筋锚固，无膨胀安装，对间距和边距要求小，配用安装附件。可用于空心基材上的锚固，用于安装各种机器设备等

表 6-6-21　FISV 360S（FIHB 345）型高强树脂砂浆配用的螺杆规格、材料及安装尺寸

配用螺杆型号	材质	钻头直径 d_0 /mm	锚固深度(最小钻孔深度) $h_{ef}(h_0)$ /mm	最大安装扭矩 T_{inst} /N·m	固定件最大厚度 t_{fix} /mm	固定件中钻孔直径 /mm	基础要求 最小间距 s_{min} /mm	最小边距 c_{min} /mm	最小基材厚度 h_{min} /mm	特征间距 $s_{cr,N}$ /mm	特征边距 $c_{cr,N}$ /mm
RGM8×110	电镀锌钢	10	80	10	20	≤9	80	40	130	160	80
RGM10×130		12	90	20	30	≤12	90	50	140	180	90
RGM12×160		14	110	40	35	≤14	110	60	160	220	110
RGM16×190		18	125	80	45	≤18	125	65	175	250	125
RGM20×260		25	170	150	65	≤22	170	85	220	340	170
RGM24×300		28	210	200	65	≤26	210	105	260	420	210
RGM30×380		35	280	400	65	≤33	280	140	330	560	280
RGM8×110 A4	不锈钢	10	80	10	20	≤9	80	40	130	160	80
RGM10×130 A4		12	90	20	30	≤12	90	50	140	180	90
RGM12×160 A4		14	110	40	35	≤14	110	60	160	220	110
RGM16×190 A4		18	125	80	45	≤18	125	65	175	250	125
RGM20×260 A4		25	170	150	65	≤22	170	85	220	340	170
RGM24×300 A4		28	210	200	65	≤26	210	105	260	420	210
RGM30×380 A4		35	280	400	65	≤33	280	140	330	560	280

表 6-6-22　FISV 360S（FIHB 345）型锚栓的设计承载力及边距影响系数

受力状态				锚栓型号 RGM8	RGM10	RGM12	RGM16	RGM20	RGM24	RGM30
钢材失效时承载力设计值	拉力	$N_{Rd,s}$ /kN	电镀锌钢	12.8	20.3	29.5	54.9	85.8	123.6	196.3
			不锈钢	13.8	23.4	31.6	58.9	91.9	73.6	—
	剪力	$V_{Rd,s}$ /kN	电镀锌钢	7.7	12.2	17.7	33.0	51.4	74.2	117.8
			不锈钢	8.3	13.1	19.0	35.3	55.2	44.2	—
混凝土失效时承载力特征设计值	拉力	$N^0_{Rd,c}$ /kN	C15	3.6	5.3	7.9	10.8	20	28.4	37.7
			C25	5.1	7.6	11.3	15.4	28.6	40.5	53.8
			C35	5.5	8.1	12.1	17.6	33.6	46	60.6
			≥C45	5.8	8.5	12.8	19.5	37.9	50.7	66.5
	γ_{Mc}(拉)			2.15						
	$\psi_{ucr,N}$			1.4						

续表

受力状态				锚栓型号						
				RGM8	RGM10	RGM12	RGM16	RGM20	RGM24	RGM30
混凝土失效时承载力特征设计值	剪力	$V_{Rd,c}^{0}$ /kN	C15	4.7	5	5.4	6.1	7.1	7.7	8.7
			C25	6	6.5	7.1	7.8	9.2	9.9	11.2
			C35	7.1	7.7	8.3	9.2	10.8	11.7	13.3
			C45	8.1	8.7	9.5	10.5	12.3	13.3	15.1
			≥C55	8.9	9.6	10.5	11.6	13.6	14.7	16.6
		γ_{Mc}(剪)		1.8						
		k		2						

	边距 c /mm	RGM8		RGM10		RGM12		RGM16		RGM20		RGM24		RGM30	
		ψ	φ	ψ	φ	ψ	φ	ψ	φ	ψ	φ	ψ	φ	ψ	φ
锚栓受拉时的边距影响系数	40	0.75	0.85												
	50	0.81	0.89	0.78	0.87										
	60	0.88	0.93	0.83	0.90	0.77	0.86								
	65	0.91	0.95	0.86	0.92	0.80	0.88	0.76	0.86						
	70	0.94	0.96	0.89	0.93	0.82	0.89	0.78	0.87						
	80	1.00	1.00	0.94	0.97	0.86	0.92	0.82	0.89						
	85	1.00	1.00	0.97	0.99	0.89	0.94	0.84	0.91	0.75	0.85				
	90	1.00	1.00	1.00	1.00	0.91	0.95	0.86	0.92	0.76	0.86				
	100	1.00	1.00	1.00	1.00	0.96	0.97	0.90	0.94	0.79	0.88				
	105	1.00	1.00	1.00	1.00	0.98	0.99	0.92	0.95	0.81	0.89	0.75	0.85		
	110	1.00	1.00	1.00	1.00	1.00	1.00	0.94	0.96	0.82	0.89	0.76	0.86		
	120	1.00	1.00	1.00	1.00	1.00	1.00	0.98	0.99	0.85	0.91	0.79	0.87		
	130	1.00	1.00	1.00	1.00	1.00	1.00	1.00	1.00	0.88	0.93	0.81	0.89		
	140	1.00	1.00	1.00	1.00	1.00	1.00	1.00	1.00	0.91	0.95	0.83	0.90	0.75	0.85
	150	1.00	1.00	1.00	1.00	1.00	1.00	1.00	1.00	0.94	0.97	0.86	0.91	0.77	0.86
	160	1.00	1.00	1.00	1.00	1.00	1.00	1.00	1.00	0.97	0.98	0.88	0.93	0.79	0.87
	170	1.00	1.00	1.00	1.00	1.00	1.00	1.00	1.00	1.00	1.00	0.91	0.94	0.80	0.88
	180	1.00	1.00	1.00	1.00	1.00	1.00	1.00	1.00	1.00	1.00	0.93	0.96	0.82	0.89
	190	1.00	1.00	1.00	1.00	1.00	1.00	1.00	1.00	1.00	1.00	0.95	0.97	0.84	0.90
	200	1.00	1.00	1.00	1.00	1.00	1.00	1.00	1.00	1.00	1.00	0.98	0.99	0.86	0.91
	210	1.00	1.00	1.00	1.00	1.00	1.00	1.00	1.00	1.00	1.00	1.00	1.00	0.88	0.93
	220	1.00	1.00	1.00	1.00	1.00	1.00	1.00	1.00	1.00	1.00	1.00	1.00	0.89	0.94
	230	1.00	1.00	1.00	1.00	1.00	1.00	1.00	1.00	1.00	1.00	1.00	1.00	0.91	0.95
	240	1.00	1.00	1.00	1.00	1.00	1.00	1.00	1.00	1.00	1.00	1.00	1.00	0.93	0.96
	250	1.00	1.00	1.00	1.00	1.00	1.00	1.00	1.00	1.00	1.00	1.00	1.00	0.95	0.97
	260	1.00	1.00	1.00	1.00	1.00	1.00	1.00	1.00	1.00	1.00	1.00	1.00	0.96	0.98
	270	1.00	1.00	1.00	1.00	1.00	1.00	1.00	1.00	1.00	1.00	1.00	1.00	0.98	0.99
	280	1.00	1.00	1.00	1.00	1.00	1.00	1.00	1.00	1.00	1.00	1.00	1.00	1.00	1.00

注：同表6-6-8注。

7 国产钢膨胀螺栓及膨胀螺母

7.1 钢膨胀螺栓

（1）型式

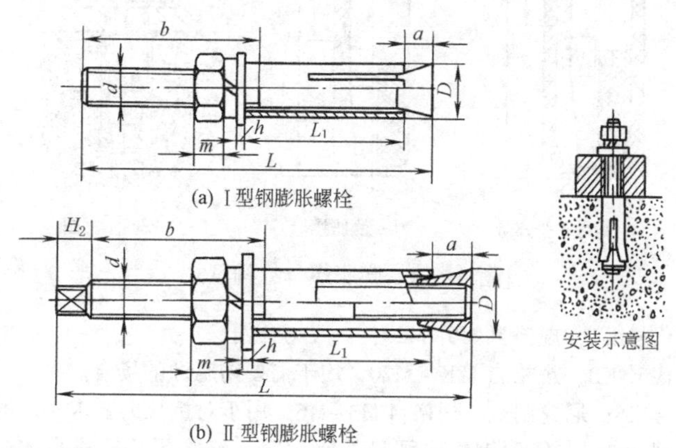

(a) Ⅰ型钢膨胀螺栓

(b) Ⅱ型钢膨胀螺栓

安装示意图

图 6-6-3 钢膨胀螺栓结构型式

Ⅰ型（普通型）由沉头螺栓、胀管、平垫圈、弹簧垫圈和六角螺母组成，如图 6-6-3a 所示；Ⅱ型由螺柱、锥形螺母、胀管、平垫圈、弹簧垫圈和六角螺母组成，如图 6-6-3b 所示。

（2）安装说明

安装时，先用冲击钻（锤）在地基上钻一个孔。Ⅰ型螺栓，先把螺栓、胀管装入孔中，然后依次把机器上的安装孔和平垫圈、弹簧垫圈套在螺栓上，最后把螺母旋在螺栓上，并拧紧，安装结束。Ⅱ型螺栓，先把锥形螺母和胀管放入孔中，然后将机器的安装孔对准地基的孔，再将螺柱插入孔中，与锥形螺母旋紧，并依次将平垫圈和弹簧垫圈套在螺柱上，最后把六角螺母旋在螺柱上，并拧紧，安装结束。

（3）钢膨胀螺栓的主要尺寸及承载能力

表 6-6-23

螺纹规格 d	螺栓长度 L	胀管		被连接件厚度	钻孔		允许承受拉(剪)力			
		外径 D	长度 L_1		直径	深度	静止状态		悬吊状态	
							拉力	剪力	拉力	剪力
	/mm						/N			
M6	65,75,85	10	35	$L-55$	10.5	40	2350	1770	1667	1226
M8	80,90,100	12	45	$L-65$	12.5	50	4310	3240	2354	1765
M10	95,110,125,130	14	55	$L-75$	14.5	60	6860	5100	4315	3236
M12	110,130,150,200	18	65	$L-90$	19	75	10100	7260	6865	5100
M16	150,175,200,220,250,300	22	90	$L-120$	23	100	19200	14120	10101	7257

注：1. 产品等级：螺栓，$L \leqslant 10d$ 或 $L \leqslant 150$mm（按最小值）时，A 级，$L > 10d$ 或 $L > 150$mm（按最小值）时，B 级；螺母和平垫圈，A 级。

2. 螺纹公差：螺栓为 6g，螺母为 6H。

3. 表面处理：镀锌钝化。

7.2 膨胀螺母

(1) 型式

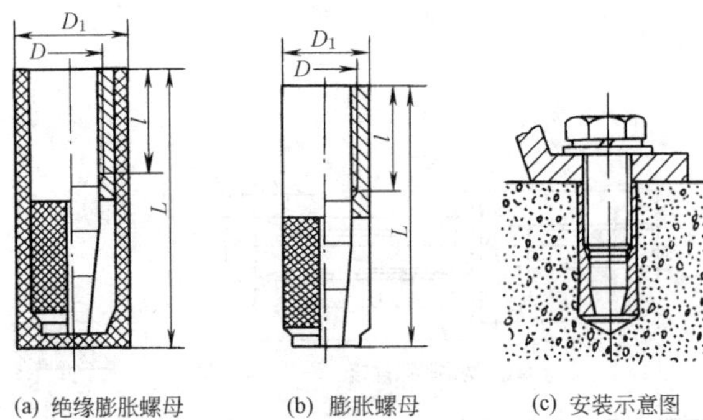

(a) 绝缘膨胀螺母　(b) 膨胀螺母　(c) 安装示意图

图 6-6-4　膨胀螺母结构型式

① 低碳钢膨胀螺母：代号 KT，规格自 M6~M20，一般场合用。

② 不锈钢膨胀螺母：代号 KB，规格自 M12~M20，用于需要防腐蚀的场合。

③ 尼龙膨胀螺母：代号 KS，尼龙制造，规格自 M3~M6，用于对抗拉力要求不高的场合。

④ 绝缘膨胀螺母：代号 KF，在低碳钢膨胀螺母外面包覆一绝缘层，规格自 M6~M12，用于需要电绝缘的场合。

(2) 安装说明

膨胀螺母是与膨胀螺栓相似的一种专用螺母，由圆形管状螺母和锥销两个零件组成。配合六角头螺栓、平垫圈和弹簧垫圈，用于机件固定安装在混凝土地基（或墙壁等）上。使用时，先用冲击钻（锤）在地基上钻孔，再把螺母和锥销放入孔中，另用手锤和专用芯棒锤击锥销，使锥销底端与螺母底端平齐，从而使螺母底部四周胀开，牢固地固定在地基中，然后把机件上的安装孔对准螺母孔，依次放上平垫圈和弹簧垫圈，旋入六角头螺栓，使机件牢固地固定在地基上。

(3) 膨胀螺母的主要尺寸及承载能力

表 6-6-24

尺寸与性能		钢膨胀螺母									绝缘膨胀螺母			
主要尺寸/mm	螺纹规格 D	M3	M4	M5	M6	M8	M10	M12	M16	M20	M6	M8	M10	M12
	螺母全长 L	28	28	28	28	30	40	50	60	80	30	32	43	53
	螺纹长度 l	8	9	11	11	13	15	18	23	34	11	13	15	18
	螺母径 D_1	5	6	8	8	10	12	16	20	25	10	12	16	20
	钻孔直径	5	6	8	8	10	12	16	20	25	10	12	16	20
允许横向抗拉静载荷/N					4710	7140	11440	14680	24010	31620	2000	3500	6000	8000
绝缘电阻		—									在电压 2000V，1min 条件下 5MΩ			

注：1. 产品等级：A 级。

2. 螺纹公差：6H。

3. 表面处理：镀锌钝化、热镀锌、热渗锌。

4. 配用螺栓长度 L_z 的计算公式：

$$L_z = 螺母螺纹长度\ l + 平垫圈厚度 + 弹簧垫圈厚度 + 被紧固件机件厚度 - (3\sim5)\,\text{mm}$$

5. 安装膨胀螺母的混凝土抗压强度应不小于 27MPa 时，才能保证允许横向抗拉静载荷。

6. 本产品的有关资料由上海沪日特种紧固件厂提供。

第7章 粘接

粘接技术近年来发展较快，应用广泛，它与铆接、焊接、螺纹连接等方法相比有许多独特优点，主要表现在如下几个方面。

① 可以粘接不同性质的材料。两种性质完全不同的金属是很难焊接的，若采用铆接或螺钉连接容易产生电化学腐蚀。至于陶瓷等脆性材料则既不易打孔，也不能焊接，而采用粘接就会取得良好的效果。

② 可以粘接异型、复杂部件及大的薄板结构件。有些结构复杂部件若采用粘接方法制造和组装，比焊接、铆接省工、省时，还可避免焊接时产生的热变形和铆接时产生的机械变形；有些大面积薄板结构件若不采用粘接方法是难以制造的。

③ 粘接件外形平滑。对航空工业和导弹、火箭等尖端工业是非常重要的。

④ 粘接接头有良好的疲劳强度。粘接是面连接，不易产生应力集中。通常，粘接疲劳强度要比铆接提高几十倍。

⑤ 粘接容易实现密封、绝缘、防腐蚀，可根据要求使接头具有某些特种性能，如导电、透明、隔热等。

⑥ 粘接工艺简便，操作方便，提高工效，节约能源，降低成本，减轻劳动强度等。在直升机制造中应用粘接工艺可省工40%~50%，建筑结构中应用粘接工艺可减少劳动量40%左右。

⑦ 粘接比铆、焊及螺纹连接重量轻，在飞机制造中，粘接代替铆接之后重量可减轻20%~30%，大型天文望远镜用粘接结构的重量可减轻25%左右。

粘接也具有以下缺点。

① 粘接接头剥离强度、不均匀扯离强度和冲击强度较低。一般只有焊接、铆接强度的1/10~1/2。

② 多数胶黏剂的耐热性不高，使用温度有很大局限性，通常在100~150℃下使用。少数胶黏剂如芳杂环类和有机硅类可以在300℃以上使用；无机胶黏剂可达600~1000℃，但太脆，经不起冲击。

③ 耐老化性能差。

④ 粘接工艺的影响因素很多，难以控制，检测手段还不完善，有待改进和发展。

1 胶黏剂的选择

表 6-7-1

选择依据	被粘材料名称或要求	常用胶黏剂及说明
根据被粘材料的化学性质	钢、铝	酚醛-丁腈胶、酚醛-缩醛胶、环氧胶、丙烯酸聚酯、无机胶等
	镍、铬、不锈钢	酚醛-丁腈胶、聚氨酯胶、聚苯并咪唑胶、聚硫醚胶、环氧胶等
	铜	酚醛-缩醛胶、环氧胶、丙烯酸聚酯胶等
	钛	酚醛-丁腈胶、酚醛-缩醛胶、聚酰亚胺胶、丙烯酸聚酯胶等
	镁	酚醛-丁腈胶、聚氨酯胶、丙烯酸聚酯胶等
	陶瓷、水泥、玻璃	环氧胶、不饱和聚酯胶、无机胶等
	木 材	聚醋酸乙烯乳胶、脲醛树脂胶、酚醛树脂胶等
	纸 张	聚醋酸乙烯乳胶、聚乙烯醇胶等
	织 物	聚醋酸乙烯乳胶、氯丁-酚醛胶、聚氨酯胶等
	环氧、酚醛、氨基塑料	环氧胶、聚氨酯胶、丙烯酸聚酯胶等
	聚氨酯塑料	聚氨酯胶、环氧胶等

续表

选择依据	被粘材料名称或要求	常用胶黏剂及说明	
根据被粘材料的化学性质	有机玻璃	丙烯酸聚酯胶、聚氨酯胶、α-氰基丙烯酸酯胶、二氯乙烷	
	聚碳酸酯、聚砜	不饱和聚酯胶、聚氨酯胶、二氯乙烷	
	氯化聚醚	丙烯酸聚酯胶、聚氨酯胶	
	聚氯乙烯	过氯乙烯胶、丙烯酸聚酯胶、α-氰基丙烯酸酯胶、环己酮	
	ABS	不饱和聚酯胶、聚氨酯胶、α-氰基丙烯酸酯胶、甲苯胶	
	天然橡胶、丁苯橡胶	氯丁胶、聚氨酯胶	
	聚乙烯、聚丙烯	聚异丁烯胶、F-2胶、F-3胶、EVA热熔胶	
	聚苯乙烯	甲苯胶、聚氨酯胶、α-氰基丙烯酸酯胶	
	聚苯醚	丙烯酸聚酯胶、α-氰基丙烯酸酯胶、二氯乙烷	
	聚四氟乙烯、氟橡胶	F-2胶、F-3胶	
	硅树脂	有机硅胶、α-氰基丙烯酸酯胶、丙烯酸聚酯胶	
	硅橡胶	硅橡胶	
根据被粘材料的物理性质	陶瓷、玻璃、水泥、石料等脆性材料	选用强度高、硬度大、不易变形的热固性树脂胶，如环氧树脂胶、酚醛树脂胶、不饱和聚酯胶	
	金属及其合金等刚性材料	选用既有高粘接强度、又有较高冲击强度和剥离强度的热固性树脂和橡胶或线型树脂配制的复合胶，如酚醛-丁腈胶、酚醛-缩醛胶、环氧-丁腈胶、环氧-尼龙胶等。对于不受冲击力和剥离力作用的工件，可选用剪切强度高的热固性树脂胶，如环氧树脂胶，丙烯酸聚酯胶	
	橡胶制品等弹性变形大的材料	选用弹性好、有一定韧性的胶，如氯丁胶、氯丁-酚醛胶、聚氨酯胶	
	皮革、人造革、塑料薄膜和纸张等韧性材料	选用韧性好、能经受反复弯折的胶，如聚醋酸乙烯胶、氯丁胶、聚氨酯胶、聚乙烯醇胶及聚乙烯醇缩醛胶	
	泡沫塑料、海绵、织物等多孔材料	选用黏度较大的胶黏剂，如环氧树脂胶、聚氨酯胶、聚醋酸乙烯胶等	
根据被粘材料的用途和要求	受力构件	选用强度高、韧性好的结构胶，一般工件可采用非结构胶，如粘塑料薄膜用压敏胶	
	耐高温构件	耐热性由配制胶液的树脂、固化剂、填料和固化方法决定	
		胶黏剂	允许使用温度/℃
		普通环氧树脂胶、聚氨酯胶、α-氰基丙烯酸酯胶、氯丁胶	≤100
		FSC-1胶(201#胶)	150
		E-4胶(酚醛-缩醛-环氧胶)	200~250
		JF-1胶(酚醛-缩醛-有机硅胶)	200
		J-09胶(酚醛-改性聚硼硅酮胶)	400~450
		J-01胶(酚醛-丁腈胶)	150~200
		JX-9胶(酚醛-丁腈胶)	200~300
		J-16胶	250~350
		聚酰亚胺胶	-60~280
		聚苯并咪唑胶(PBI胶)	-253~538

续表

<table>
<tr><th>选择依据</th><th>被粘材料名称或要求</th><th colspan="6">常用胶黏剂及说明</th></tr>
<tr><td rowspan="18">根据被粘材料的用途和要求</td><td rowspan="6">耐低温构件</td><td colspan="6">多数胶黏剂在-20~40℃下性能较好，被粘工件在-70℃以下使用时需采用耐低温胶</td></tr>
<tr><td colspan="5">胶黏剂</td><td>允许使用温度/℃</td></tr>
<tr><td colspan="5">环氧-聚氨酯胶</td><td>-200~60</td></tr>
<tr><td colspan="5">聚氨酯1#耐超低温胶</td><td>-273~60</td></tr>
<tr><td colspan="5">聚氨酯3#耐超低温胶</td><td>-200~150</td></tr>
<tr><td colspan="5">环氧尼龙胶</td><td>-200~150</td></tr>
<tr><td>冷热交变构件</td><td colspan="6">冷热交变、线胀系数不同的材料构成的接头，会因产生较大的内应力而破坏。应选用既耐高温又耐低温且韧性较好的胶，如酚醛-丁腈胶、聚酰亚胺胶、环氧-尼龙胶、环氧-聚砜胶等</td></tr>
<tr><td>耐潮构件</td><td colspan="6">常用胶黏剂在湿度较大的环境中使用会降低接头的粘接强度，需用耐潮能力较强的材料，如酚醛胶、酚醛-环氧胶、硅胶、氯丁胶、丁苯胶、环氧-聚酯胶，一般分子交联密度越高，吸潮性越小</td></tr>
<tr><td rowspan="7">耐酸、碱构件</td><td>胶黏剂</td><td>耐酸</td><td>耐碱</td><td>胶黏剂</td><td>耐酸</td><td>耐碱</td></tr>
<tr><td>环氧树脂胶</td><td>尚可</td><td>好</td><td>氰基丙烯酸酯胶</td><td>较差</td><td>较差</td></tr>
<tr><td>聚氨酯胶</td><td>较差</td><td>较差</td><td>乙烯基树脂胶</td><td>好</td><td>好</td></tr>
<tr><td>酚醛树脂胶</td><td>好</td><td>较差</td><td>丙烯酸酯树脂胶</td><td>好</td><td>较差</td></tr>
<tr><td>氨基树脂胶</td><td>较差</td><td>尚可</td><td>丁腈胶</td><td>尚可</td><td>尚可</td></tr>
<tr><td>有机硅树脂胶</td><td>较差</td><td>较差</td><td>氯丁胶</td><td>好</td><td>好</td></tr>
<tr><td>不饱和聚酯胶</td><td>尚可</td><td>尚可</td><td>聚硫胶</td><td>好</td><td>好</td></tr>
<tr><td>密封防漏</td><td colspan="6">密封胶或厌氧胶</td></tr>
<tr><td>接头要求透明</td><td colspan="6">聚乙烯醇缩醛胶、丙烯酸聚酯胶、不饱和聚酯胶、聚氨酯胶</td></tr>
<tr><td>导电、导热、耐辐射的接头</td><td colspan="6">选用相应的胶黏剂</td></tr>
<tr><td rowspan="4">根据被粘件使用的工艺条件</td><td>耐溶剂（石油、醇、酯、芳香烃）构件</td><td colspan="6">聚乙烯醇胶、酚醛胶、聚酰胺胶、酚醛-聚酰胺胶、氯丁胶</td></tr>
<tr><td>满足固化条件</td><td colspan="6">胶黏剂固化条件有常压、加压及常温、高温之分。一般性能优异的胶黏剂都需要加温、加压固化，但由于被粘材料本身性质、接头部位和形状的限制，有的能加温而不能加压，有的既不能加温也不能加压。因此在选择胶黏剂时，就必须考虑被粘接工件所能允许的工艺条件，常用胶黏剂固化条件见第1卷材料篇</td></tr>
<tr><td>要求快速粘接</td><td colspan="6">在自动化生产线中，往往需要粘接工序在几分钟甚至几秒钟内完成，可选用热溶胶、光敏胶、压敏胶、α-氰基丙烯酸酯胶</td></tr>
<tr><td>防止胶中有机溶剂污染</td><td colspan="6">热熔胶、水乳胶、水溶胶等不含或少含有机溶剂的胶黏剂</td></tr>
<tr><td rowspan="8">金属与非金属材料粘接</td><td>金属-木材</td><td colspan="6">环氧胶、氯丁胶、醋酸乙烯酯胶、不饱和聚酯胶、丁腈胶、无机胶</td></tr>
<tr><td>金属-织物</td><td colspan="6">氯丁胶、聚酰胺胶、环氧胶、不饱和聚酯胶</td></tr>
<tr><td>金属-玻璃</td><td colspan="6">环氧胶、聚丙烯酸酯胶、酚醛-环氧胶</td></tr>
<tr><td>金属-硬聚氯乙烯</td><td colspan="6">聚丙烯酸酯胶、丁苯胶、氯丁胶、无机胶、环氧胶</td></tr>
<tr><td>金属-聚丙烯</td><td colspan="6">丁腈胶、环氧-聚硫胶、无机胶</td></tr>
<tr><td>金属-软聚氯乙烯</td><td colspan="6">丁腈胶</td></tr>
<tr><td>金属-聚苯乙烯</td><td colspan="6">聚丙烯酸酯胶、不饱和聚酯胶</td></tr>
<tr><td>金属-聚乙烯</td><td colspan="6">丁腈胶、环氧胶</td></tr>
</table>

注：胶黏剂的牌号及性能见第1卷材料篇。

2 粘接接头的设计

设计原则如下。

① 粘接接头强度和被粘接物强度在同一数量级上。

② 合理增大粘接面积，以提高接头承载能力。通常，在一定搭接范围内，增加搭接宽度优于增加搭接长度。

③ 尽量使粘缝受剪力或拉力，应尽力避免粘缝承受剥离力、弯曲力，否则应采取局部加强。为避免过大应力集中，加盖板对接粘缝应采用三角形盖板。

④ 接头加工方便、夹具简单、粘接质量易于掌握。

⑤ 接头表面粗糙度对有机胶以 $Ra2.5\sim6.3\mu m$ 为宜；无机胶以 $Ra25\sim100\mu m$ 为宜。

表 6-7-2 **接头型式及说明**

型式	简图	说明
对接	(a) (b) (c) (d) (e)	图 a 粘接面积小，除拉力外，任何方向的力都容易形成不均匀扯离力而造成应力集中，粘接强度低，一般不采用 图 b 为双对接，明显增加胶接面积，对受压有利 图 c 为插接形式，对承受弯曲应力有利 图 d 为加盖板对接，受力性能较图 a 大有提高 图 e 为加三角盖板对接，可改善图 d 由于截面突变而产生的应力急剧变化
角接	(a) (b) (c) (d) (e)	图 a、图 b 粘接面积小，所受的力是不均匀扯离力，强度低，应避免使用 图 c～图 e 是改进设计，合理增加粘接面积，提高承载能力。另外，防止材料厚度突变，使应力分布更加均匀
T 形接	(a) (b) (c) (d) (e)	图 a 粘接强度低，一般不允许采用 图 b～图 e 为改进设计，采用支撑接头或插入接头，效果较好

续表

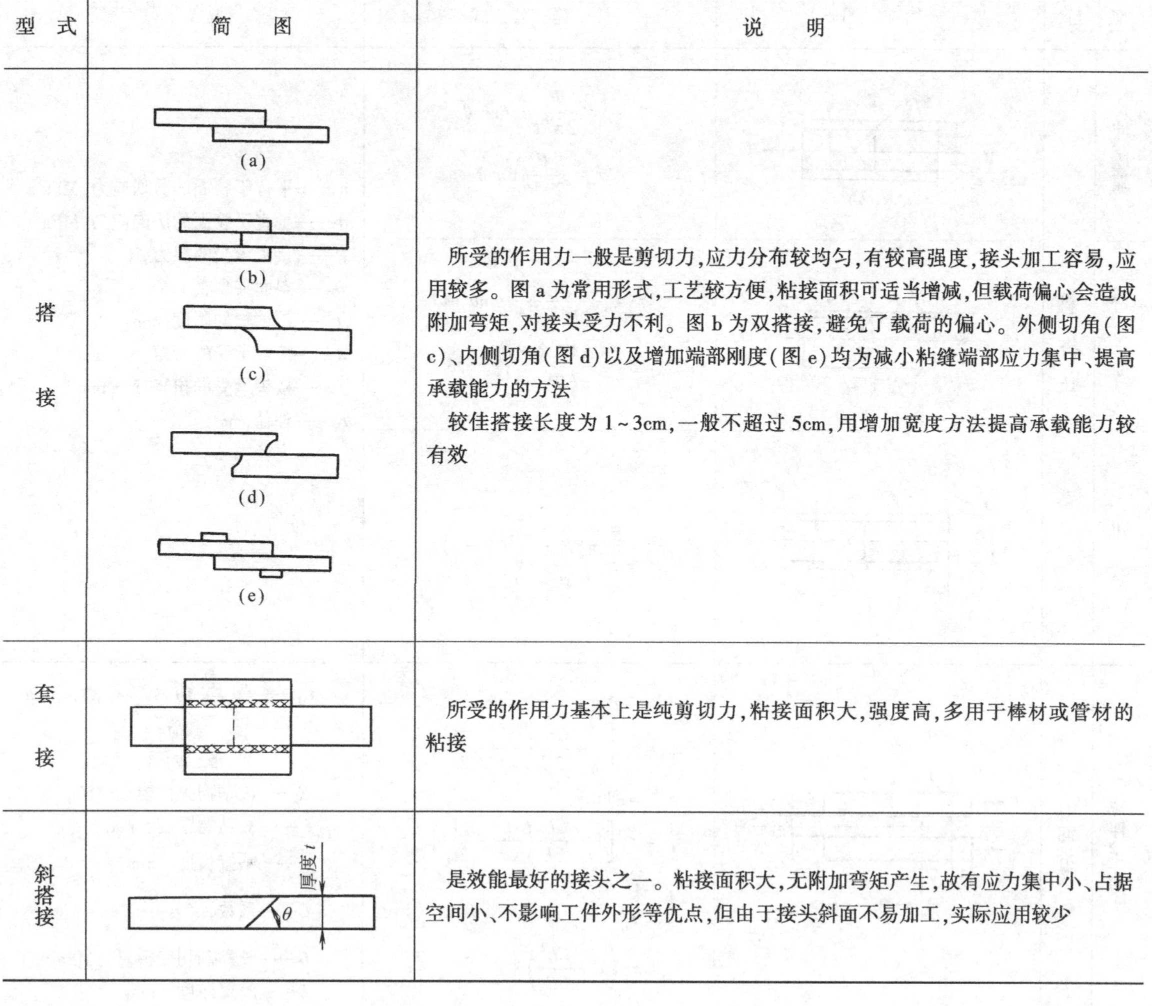

型式	简图	说明
搭接	(a) (b) (c) (d) (e)	所受的作用力一般是剪切力,应力分布较均匀,有较高强度,接头加工容易,应用较多。图a为常用形式,工艺较方便,粘接面积可适当增减,但载荷偏心会造成附加弯矩,对接头受力不利。图b为双搭接,避免了载荷的偏心。外侧切角(图c)、内侧切角(图d)以及增加端部刚度(图e)均为减小粘缝端部应力集中、提高承载能力的方法 较佳搭接长度为1~3cm,一般不超过5cm,用增加宽度方法提高承载能力较有效
套接		所受的作用力基本上是纯剪切力,粘接面积大,强度高,多用于棒材或管材的粘接
斜搭接	厚度t θ	是效能最好的接头之一。粘接面积大,无附加弯矩产生,故有应力集中小、占据空间小、不影响工件外形等优点,但由于接头斜面不易加工,实际应用较少

表 6-7-3　　接头应力计算

项目		简图	计算公式	说明
拉伸、压缩	斜搭接	θ, P, b, P 板 θ, P, t, P 板	$\tau=\dfrac{P}{bt}\sin\theta\cos\theta$ $\sigma=\dfrac{P}{bt}\sin^2\theta$	τ——平行于胶面的剪切应力,MPa σ——垂直于胶面的法向应力,MPa P——接头承受的拉力,N θ——斜面夹角,(°) b——被粘物的宽度,mm t——被粘物的厚度,mm M——接头承受的弯矩,N·mm
弯曲		θ, M, t, M 板	$\tau=\dfrac{6M}{t^2b}\sin\theta\cos\theta$ $\sigma=\dfrac{6M}{t^2b}\sin^2\theta$	

续表

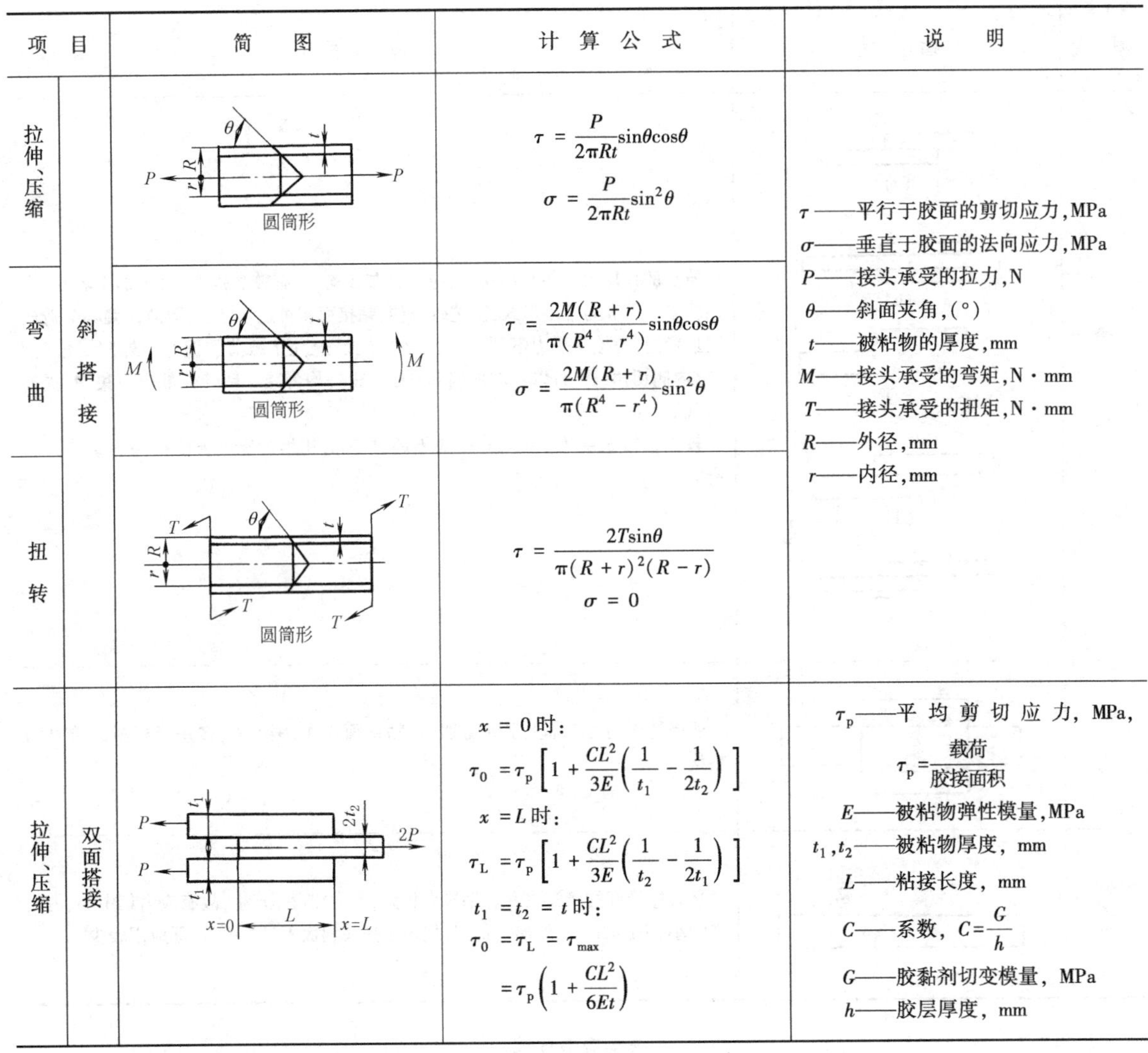

项目		简图	计算公式	说明
拉伸、压缩	斜搭接	圆筒形	$\tau=\dfrac{P}{2\pi Rt}\sin\theta\cos\theta$ $\sigma=\dfrac{P}{2\pi Rt}\sin^2\theta$	τ——平行于胶面的剪切应力,MPa σ——垂直于胶面的法向应力,MPa P——接头承受的拉力,N θ——斜面夹角,(°) t——被粘物的厚度,mm M——接头承受的弯矩,N·mm T——接头承受的扭矩,N·mm R——外径,mm r——内径,mm
弯曲	斜搭接	圆筒形	$\tau=\dfrac{2M(R+r)}{\pi(R^4-r^4)}\sin\theta\cos\theta$ $\sigma=\dfrac{2M(R+r)}{\pi(R^4-r^4)}\sin^2\theta$	
扭转	斜搭接	圆筒形	$\tau=\dfrac{2T\sin\theta}{\pi(R+r)^2(R-r)}$ $\sigma=0$	
拉伸、压缩	双面搭接		$x=0$时: $\tau_0=\tau_p\left[1+\dfrac{CL^2}{3E}\left(\dfrac{1}{t_1}-\dfrac{1}{2t_2}\right)\right]$ $x=L$时: $\tau_L=\tau_p\left[1+\dfrac{CL^2}{3E}\left(\dfrac{1}{t_2}-\dfrac{1}{2t_1}\right)\right]$ $t_1=t_2=t$时: $\tau_0=\tau_L=\tau_{max}$ $=\tau_p\left(1+\dfrac{CL^2}{6Et}\right)$	τ_p——平均剪切应力,MPa, $\tau_p=\dfrac{载荷}{胶接面积}$ E——被粘物弹性模量,MPa t_1,t_2——被粘物厚度,mm L——粘接长度,mm C——系数,$C=\dfrac{G}{h}$ G——胶黏剂切变模量,MPa h——胶层厚度,mm

注:1. 粘接胶层厚度一般为0.08~0.15mm。

2. 承受静载荷粘接接头安全系数$n\geqslant3$;承受动载荷粘接接头安全系数$n=10$。

3 粘接工艺与步骤

3.1 表面处理

被粘材料经表面处理后,表面洁净、坚实,使胶黏剂能充分润滑,获得良好的接头强度。表面处理方法对接缝的剪切强度有较大影响,表6-7-4为环氧胶经不同表面处理方法处理后的剪切强度。表面处理步骤见表6-7-5。

表6-7-4　环氧胶经不同表面处理方法处理后的剪切强度　MPa

被粘物	处理方法			
	溶剂除油	蒸汽脱油	喷砂	化学浸蚀
铝	3	5.9	12.3	19.4
钢	20.3	20.4	29.6	31.6
铜	—	12.5	—	16.3

表 6-7-5　　表面处理步骤

金属材料	非金属材料
1.除油 (1)有机溶剂除油 如汽油、丙酮、甲苯、三氟三氯乙烷,溶解力强、沸点低,但去油污能力较差,有时需反复多次,用丙酮需擦洗三次以上 (2)碱洗除油 无毒、不燃,较为经济 (3)电解除油 效率高,除油效果好 (4)超声波除油 常用于小型精密工件 2.除锈 (1)机械除锈 手工除锈——简便易行,劳动强度大,工效低,用于粘接强度不高的工件 电动工具除锈——效率高,除锈效果好 喷砂除锈(干法、湿法)——干法喷砂粉尘大,对操作人员健康不利;湿法喷砂消除粉尘,表面质量好,但效率比干法喷砂低,冬季不易露天操作 (2)化学除锈 化学浸蚀——黑色金属用酸浸蚀,铝及铝合金用氢氧化钠浸蚀 电化学浸蚀(阴极法、阳极法)——浸蚀速度快,酸液消耗少,但需耗电,表面不规整工件浸蚀效果差。阴极法使金属基本不受浸蚀、不改变零件几何尺寸,易引起氢脆。阳极法则相反 3.化学活化处理 金属材料经除油、除锈后能满足一般粘接要求,但要进一步提高粘接强度,还需要进行化学活化处理,使工件表面呈现高表面能状态 4.用水滴法检验表面处理质量 用蒸馏水滴在被处理金属表面,若呈连续水膜,说明表面洁净;若呈不连续珠状,说明表面仍有非极性物质,需继续处理。被粘材料若停放超过 8h 需重新处理	1.机械处理 除去油污,还要除去高分子材料表面残存的脱模剂、增塑剂和硫化剂。对于极性塑料,用砂纸打磨较好 2.物理处理 效率高,效果好,耗材少,但处理设备造价高,适用于非极性高分子材料 火焰处理——表面发生氧化反应,得到含碳的极性表面,适用于粘接聚乙烯、聚丙烯 电晕放电处理——使表面产生极性膜,适用于粘接聚烯烃薄膜 接触放电处理——耗电少,处理均匀 等离子处理——适用范围广,可以处理几乎所有高分子材料,效果显著,如聚丙烯、尼龙、聚苯乙烯采用环氧树脂粘接,强度可达 20MPa、聚四氟乙烯达 5MPa,但设备造价高 3.化学处理 用酸、强氧化剂除去工件表面油污,并生成含碳等极性物质以利于粘接 4.辐射接枝 用甲基丙烯酸甲酯、丙烯酸、醋酸乙烯等极性单体处理聚乙烯、聚丙烯、氟塑料等非极性材料,改善表面性质,效果显著,但费用高 5.溶剂处理 用甲苯、丙酮、氯仿等对聚烯烃材料进行溶胀处理,提高粘接强度,方法简便,但效果不太理想

注：高分子材料介电常数一般在 3.6 以上的为极性材料，在 2.8~3.6 的为弱极性材料，在 2.8 以下的为非极性材料。

3.2　胶液配制和涂敷

(1) 配胶

用胶量少时，通常采用双层壁配胶罐配胶；用胶量多时，用带搅拌桨叶的调胶机进行配胶。

配胶时，需对树脂与固化剂等组分称量准确，比例适当，注意加料顺序；要充分搅拌。配胶量要适当，用多少，配多少。

(2) 涂敷

涂敷是将胶黏剂用适当工具涂在被粘材料表面。涂敷工作需注意的是胶黏剂应充分浸润和吸附被粘工件表面，胶液黏度一般为 0.5~3Pa·s。每个被粘面应分别涂胶。为排除胶液中的水分和气体，涂胶速度以 2~4cm/s 为宜。涂胶要均匀，胶层厚度一般为 0.08~0.15mm。涂敷方法有以下几种。

刮涂法——是最常用的方法，用玻璃棒、刮刀等工具将胶液刮在被粘材料表面。适用于黏度较大的胶液，效率低，胶层不易均匀。

刷涂法——也是最常用的方法，用漆刷将胶液涂在被粘材料表面。适用于黏度较小的胶液，效率比刮涂法高，且胶层均匀。

喷涂法——适用于大面积涂胶，工效高，胶液浪费大，喷出胶雾对人体有害。

滚涂法——适用于压敏胶带的制造，工效高，胶层均匀，易于自动化。

3.3 晾置与固化

表 6-7-6

项目	方法或参数		特点或说明
晾置	自然晾置		①环氧树脂胶等没有惰性溶剂的胶液,一般不需晾置 ②α-氰基丙烯酸酯胶在微量潮气催化下迅速聚合的胶黏剂,晾置时间越短越好 ③酚醛树脂胶等含惰性溶剂的胶黏剂,应多次涂敷,每一层晾置 20~30min,保证溶剂挥发,提高粘接强度 ④环境湿度越低越好,尤其是对聚氨酯胶、氯丁胶
固化	固化参数	固化温度	热固性胶黏剂必须在一定温度下固化。不同的胶种固化温度不同,适当选择固化温度,能有较好的力学和耐老化性能
		固化时间	在一定固化温度下,需保持一定时间。提高固化温度可以缩短时间
		固化压力	加压有助于粘接面紧密接触及胶液微孔渗透;有助于排除胶液中的水分和溶剂,保证胶层厚度均匀致密
	加热方法	电烘箱加热	简便易行,常用,尤其适合小批量,但周期长、耗电量大、不易实现自动化
		红外线烘房或隧道窑加热	缩短固化时间、耗电量低,易自动化
		热风加热	传热快,加热范围变化灵活,适用于压敏胶带加热
		工频和高频电流加热	效率高,加热速度快
	加压方法	触　压	靠工件自重压紧,适用于环氧树脂胶
		锤　压	用木榔头砸实粘接部位,适用于氯丁胶
		机械夹子加压	方便灵活、压力高、工效低、压力不均匀,适用于形状复杂的零件
		液压机加压	压力大而均匀,用于胶合板、复合材料的制造
		滚　压	适用于复合材料的制造

4 粘接技术的应用

表 6-7-7

项目	用途	主要粘接工艺	说明
机械设备制造	液压机导柱、导套粘接	①粘接部位用丙酮或汽油擦洗,再用 100#砂纸打磨并除尘 ②胶液配方:618#环氧树脂 100 份;650#低分子聚酰胺 80~100 份;铁粉或铝粉 100 份 ③固化 24h	由传统的过盈配合改为粘接,操作简便,易保证精度。粘接间隙为 0.02~0.03cm
	喷砂机密封圈的粘接	①粘接部位用丙酮或汽油擦洗,再用木锉和砂纸打磨并除尘 ②胶液:长城牌 303 胶或接枝氯丁胶 ③晾干 10~15min,再用木榔头砸实,固化 24h	密封圈用橡胶制成,箱体为钢制,用粘接方法加工效果较好
	风动工具螺栓防松	①用汽油或丙酮清洗 ②用 Y-150 胶的促进液涂抹一次,待 3~5min 后涂 Y-150 胶,拧上螺母固定 24h	风动工具冲击次数 2500~3000 次/min,用机械锁紧,一般一周就会松动,改用厌氧胶锁紧可用两个月以上
	液压机的防漏	①将油路系统有关螺栓、接口用汽油或丙酮洗净 ②涂上铁锚 350#厌氧胶后安装即可	原螺栓接头有漏油,与厌氧胶配合使用可解决漏油
	大型油压机上、下台面的粘接(大受力构件的粘接),见图 6-7-1	①将一定形状的钢板刨平,经喷砂、除油后立即涂胶(喷砂后存放时间不得超过 8h) ②胶液配方:E-44 环氧树脂 100 份;JLY-121 聚硫橡胶 10 份;203#聚酰胺 5 份;703#固化剂 10 份;铁粉(200 目)150 份 ③分次调胶,每次调胶量不得超过 400g,每次调胶量最好在一个结合面用完 ④涂胶要均匀、无气泡,并应在接合面两面分别涂胶 ⑤两块钢板叠合后,应往复推动 1~2 次,使胶液均匀分布 ⑥固化条件:60~80℃,2~4h;80~100℃,2h	大型油压机上、下台面一般为整体铸件或锻件,质量可达十几吨,就制造而言,无论铸造或锻造都是十分困难的,若采用一定厚度和形状钢板叠合粘接,将大大简化制造工艺

续表

项目	用途	主要粘接工艺	说明
机床机件修复	零件尺寸修复	①将工件用汽油清洗后，用1∶1的盐酸腐蚀后立即烘干(或用铬酸处理) ②胶液配方：618#环氧树脂100份；聚硫橡胶20份；703#固化剂20份；石墨粉10份；二硫化钼40份 ③涂胶后室温放置24h后，加温60℃，固化4h	各种机床的一些轴套，长期使用会磨损而增大间隙，采用胶黏剂修补可恢复原状
	铸件砂眼修复	618#环氧树脂100份；聚酯树脂20份；二乙烯三胺10份；铁粉或铝粉200份	可填补各种铁、铝铸件的砂眼，其强度不小于铸件本身
刀具、量具制造	铰刀、铣刀的粘接(图6-7-2)	①刀架和硬质合金刀刃用丙酮或汽油清洗后，再用盐酸等溶液处理干净并烘干 ②常用无机胶或环氧胶。无机胶配方：磷酸溶液1份；氧化铜粉3.5~4.5份。环氧胶配方：618#环氧树脂100份；聚硫橡胶20份；704#固化剂10份；铁粉100~200份 ③ 粘接后在60~70℃加热2~4h	适用于陶瓷刀、硬质合金刀及金刚石刀的粘接
	量具的粘接	选用磷酸-氧化铜无机胶，因无机胶膨胀系数小，能保证量具的精度	常用于塞规、卡规、高度尺刀刃、硬质合金顶尖的粘接
模具制造	冲头的粘接	①将下模板的冲头安装孔和冲头用丙酮清洗三遍 ②胶液配方：618#环氧树脂100份；聚硫橡胶(或丁腈橡胶)20份；704#固化剂10份 ③粘接后在60℃固化4h	如多孔复式冲孔模有250个冲头，用机械镶嵌方法加工，每个冲头都要对准下模板，技术要求高，生产周期长，用粘接方法可大大简化工艺
	卸料板制造	①按尺寸加工成卸料板的金属框，用丙酮清洗三次 ②用模具冲制几张白纸板 ③将冲头用丙酮或汽油清洗后套上白纸板并涂一层甲苯胶，然后放上卸料板金属框，将白纸板贴上 ④胶液配方：618#环氧树脂100份；聚硫橡胶20份；苯二甲胺20份；氧化铝粉100份；白炭黑2份 ⑤ 将胶液倒入金属框内，固化24h，最好再在60℃下固化4h	
航天工业	巨型火箭储存推进剂的储箱	用聚氨酯型和环氧-尼龙型超低温胶黏剂	储箱储存液态氧、液态氢，用多层多种保温材料制成，不易用机械方法连接
航空工业	飞机用铝合金蜂窝结构	用酚醛-丁腈胶、环氧-丁腈胶、环氧-尼龙胶	
汽车工业	刹车闸片的粘接	①将酚醛石棉塑料摩擦片和钢带分别进行除油和打磨处理 ②分别涂J-03胶或J-04胶，2~3次，每次间隔20min，然后在胎具上加压0.3MPa，放在160~170℃下固化2h	过去用铆接，工序多、寿命短。改用粘接后，使用寿命可提高3倍以上
	油箱、水箱修复	①在裂纹两端分别钻ϕ3mm止裂孔，用丙酮洗净裂纹油污 ②在裂纹中挤入α-氰基丙烯酸酯胶，固化后去掉表面胶层，再涂环氧胶，其配方：618#环氧树脂100份；聚硫橡胶20份；二乙烯三胺10份。如果加几层玻璃布，效果更好	α-氰基丙烯酸酯胶耐油性好，黏度小，渗透力强，同时，因裂缝里的α-氰基丙烯酸酯胶遇水膨胀而不被溶解，能将裂纹塞满，故适于修复油箱和水箱。如果只用环氧胶，胶液无法渗入裂缝，效果差

续表

项目	用途	主要粘接工艺	说明
造船工业	螺旋桨与艉轴的粘接	①将艉轴和桨的轴孔用丙酮或汽油清洗干净后,用砂纸打磨并除尘 ②用环氧胶粘接,其配方:6101#环氧树脂 100 份;聚硫橡胶 JLY-121 20~25 份;三乙烯四胺 8~10 份;DMP-30 1~3 份 ③粘接后室温固化 24h 以上	过去用机械方法连接,加工精度高、加工量大,易被海水腐蚀。采用粘接后,降低了加工精度,简化了装配工艺,提高了耐蚀能力
电子元器件制造	波导的粘接	用导电胶粘接	代替锡焊、锡铅焊,简化了工艺,保证了质量
	高频插头的粘接	用导电胶粘接	代替锡焊,简化了工艺,提高了质量
	扬声器的粘接	音圈与纸盒、音圈与减振器的粘接:用硝基胶、氯丁胶或环氧胶 减振器与金属框架的粘接:用氯丁胶或环氧胶 防尘罩的粘接:用氯丁胶和硝基胶 引线与纸盒的粘接:用缩醛胶、酚醛胶	
电子产品装配	铝铭牌的粘接	①用丙酮、酒精洗净 ②用酚醛树脂和氯丁橡胶配制的标牌胶及 703#、706#单组分有机硅胶粘接 ③粘接后晾置 10~20min,再压实	
	防振垫的粘接	将 S01-3 聚氨酯清漆按比例配好,涂敷在防振垫上固化 20h	防振垫一般由聚氨酯泡沫塑料或海绵制成
电器制造	C 形铁芯的粘接	①胶液配方:618#环氧树脂 50 份;已二酸环氧树脂(或 622#)25 份;501#活性稀释剂 25 份;595#固化剂 10 份 ②铁芯经退火后除去砂子,放入绝压为 1.3kPa 的浸胶罐中(真空除去后加压 0.4MPa,保持 15min) ③150℃固化 2h	C 形铁芯是由硅钢片卷绕而成。除所述配方外,还可用无溶剂绝缘漆
	离合器环形磁芯的粘接	①将硅钢片清洗干净 ②胶液配方:601#环氧树脂 100 份;邻苯二甲酸酐 30 份;丙酮 300 份 ③胶液配制:将 601#树脂加热至 120℃,再加入邻苯二甲酸酐搅匀,温度为 150℃,保温 10~15min 后倒入丙酮中溶解 ④用喷漆枪将硅钢片正反面各喷一层胶,待溶剂挥发后,组装在一起加热至 150℃,固化 8h	电火花机床磁粉离合器的环形铁芯是由几千片硅钢片粘接成的
自行车工业	车架连接	①胶液配方:618#环氧树脂 100 份;固化剂 12 份;聚硫橡胶 10 份;南大-42 2 份;石英粉(400 目)50 份 ②粘接方法:将管材酸洗烘干后,接头内外涂胶,经车架组合,缩口校准后,150℃烘 0.5h,取出磷化加工	自行车车架连接采用盐浴加热浸渍铜焊,存在工艺复杂、劳动条件差、能源消耗大、浸焊后去盐不易干净、接头处泛锈、应力集中等缺点,改用粘接可以解决以上问题

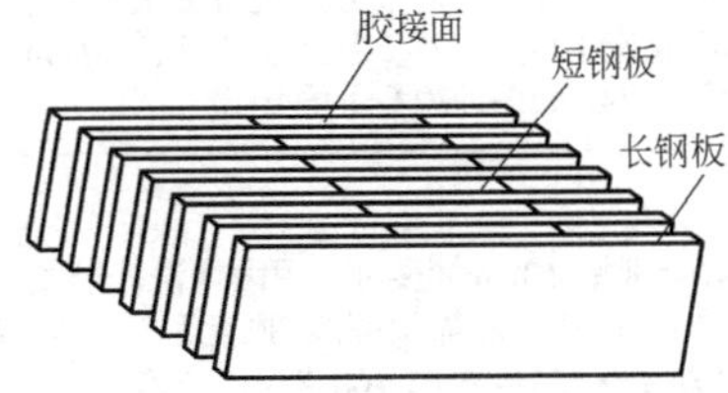

图 6-7-1 3000t 油压机台面示意图

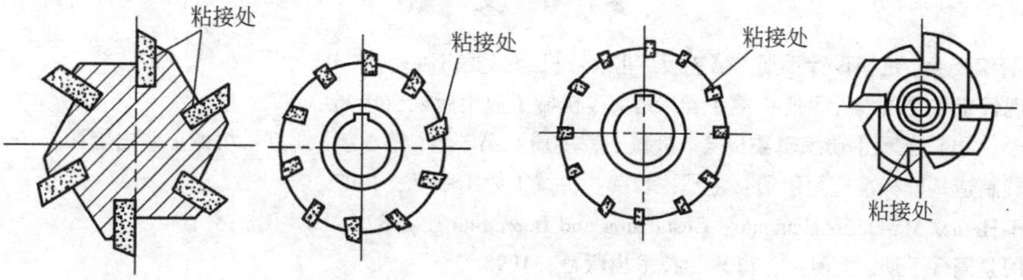

(a) 铰刀的粘接　(b) 错齿三面刃铣刀粘接　(c) 直齿三面刃铣刀粘接　(d) 三面刃铣刀粘接

图 6-7-2　几种铰刀、铣刀的粘接

参 考 文 献

[1] 机械设计手册编委会. 机械设计手册. 第3版. 北京：机械工业出版社，2004.
[2] 辛一行等. 现代机械设备设计手册：第1卷. 北京：机械工业出版社，1996.
[3] 机械工程手册、电机工程手册编辑委员会. 机械工程手册：第5卷. 第2版. 北京：机械工业出版社，1996.
[4] 汪恺等. 机械制造基础标准应用手册：上册. 北京：机械工业出版社，1997.
[5] Decker，Karl-Heinz. Maschinenelemente：GestaHung and Berechnung. 1982.
[6] 祝燮权. 实用紧固件手册. 上海：上海科学技术出版社，1998.
[7] 李士学，蔡永源，周振丰，胡金生. 胶粘剂制备及应用. 天津：天津科学技术出版社，1984.
[8] 贺曼罗. 胶粘剂与其应用. 北京：中国铁道出版社，1987.
[9] 余梦生，吴宗泽. 机械零件手册. 北京. 机械工业出版社，1996.